大学物理

主　编 ⊙ 胡祥青　付淑英　黄新华
副主编 ⊙ 罗月娥

DAXUE WULI

北京师范大学出版集团
BEIJING NORMAL UNIVERSITY PUBLISHING GROUP
北京师范大学出版社

图书在版编目(CIP)数据

大学物理/胡祥青，付淑英，黄新华主编. —北京：北京师范大学出版社，2022.11

ISBN 978-7-303-28083-4

Ⅰ. ①大… Ⅱ. ①胡…②付…③黄… Ⅲ. ①物理学－高等学校－教材 Ⅳ. ①O4

中国版本图书馆 CIP 数据核字(2022)第 138525 号

图书意见反馈： gaozhifk@bnupg.com 010-58805079

营销中心电话：010-58806880 58801876

出版发行：北京师范大学出版社 www.bnupg.com
北京市西城区新街口外大街 12-3 号
邮政编码：100088

印　　刷：唐山玺诚印务有限公司

经　　销：全国新华书店

开　　本：787 mm×1092 mm 1/16

印　　张：22

字　　数：492 千字

版　　次：2022 年 11 月第 1 版

印　　次：2022 年 11 月第 1 次印刷

定　　价：49.80 元

策划编辑：周光明　　责任编辑：周光明

美术编辑：焦　丽　　装帧设计：焦　丽

责任校对：陈　民　　责任印制：赵　龙

内容提要

物理学蕴含着丰富的思政资源，“大学物理”课程担负着育人的重要职责。本书以习近平新时代中国特色社会主义思想为指导，聚焦立德树人、全面融合来重构大学物理教材的内容。全书围绕物理思想、物理思维、物理方法、物理学史、物理之美、物理成就等方面，深入挖掘物理学中的思政元素，并将其有机融入教材知识体系，从而让学生掌握马克思主义原理指导下的科学思维方法，培养学生敢于质疑、勤于思考、勇于探索、追求真理的科学精神和热爱祖国、热爱人民、乐于奉献的伟大情怀。

全书共5篇12章，分为撬动地球——力学篇、温暖人类——热学篇、触动世界——电磁学篇、点亮文明——光学篇、改变世界——近代物理学篇。本书主要内容有质点运动学、牛顿运动定律、动量守恒定律和能量守恒定律、刚体转动、机械振动与机械波、热力学基础、静电场、静电场中的导体、稳恒磁场、电磁感应、波动光学、近代物理学简介及附录和习题参考答案。教材配有电子教学资源，读者可扫码获取，包括“科学家介绍”“物理方法”“物理实验”“物理应用”“物理成就”“课外阅读”“本章要点”“本章小结”栏目资源，以及微课等。

本书可作为高等学校理工科非物理学类专业大学物理课程的教材，也可供文科相关专业选用和社会读者学习参考。

前言

物理学以深邃厚重的历史底蕴、实事求是的科学精神、洞悉万物的科学思维、唯物辩证的研究方法、潜移默化的人文价值和引领科技的基础作用，为“大学物理”课程提供了丰富多彩的思政教育元素和资源。课程教授的物理思想、物理方法、物理理论对帮助学生树立正确的世界观和方法论，增强学生爱国主义精神与人文情怀，培养学生的科学素养和科学精神，具有十分重要的地位和作用。“大学物理”课程是高等学校理工科学生必修的基础课程之一，担负着重要的育人职责。

本书的编写思路是贯彻习近平新时代中国特色社会主义思想，突出课程思政，融合多种资源。一是聚焦立德树人、全面融合来重构大学物理教材的内容，围绕物理思想、物理思维、物理方法、物理学史、物理之美、物理成就等方面，深入挖掘物理学中的思政元素，并将其渗透到物理知识体系之中，形成新的教材体系。二是融合多种资源，建成“互联网+”的立体化教材。教材配有电子教学资源，读者可扫码获取，包括“科学家介绍”“物理方法”“物理实验”“物理应用”“物理成就”“课外阅读”“本章要点”“本章小结”等栏目资源，以及微课等。这些资源对伽利略、牛顿、爱因斯坦以及“两弹一星”功勋奖章获得者王淦昌、钱学森等科学家，物理思想和方法，物理应用，物理成就特别是我国的重大成就等，进行了全面介绍。教材线上线下联动，形成一个完整的大学物理思政教育体系。

全书共 5 篇 12 章，在 2015 版《大学物理》基础上增加了“近代物理学篇”，该教材曾被评“十二五”职业教育国家规划教材。本书由景德镇学院胡祥青老师、韩山师范学院付淑英老师、景德镇学院黄新华老师任主编，景德镇学院罗月娥老师任副主编。第 1、第 2、第 6 章由黄新华老师编写，第 3、第 4、第 5 章由罗月娥老师编写，物理学导论、第 7、第 8、第 12 章、附录由胡祥青老师编写，第 9、第 10、第 11 章由付淑英老师编写；全书由胡祥青老师、黄新华老师统稿。

由于编者水平有限，书中难免有错误和不妥之处，肯望同行和读者指正。

编　者

目 录

温暖人类——热学篇

触动世界——电磁学篇

点亮文明——光学篇

改变世界——近代物理学篇

物理学导论

中国自古就有一个美丽的传说——嫦娥奔月，多少年来，一代又一代中国人孜孜不倦地探求，如今神话终于变成了现实。2003 年 10 月，由宇航员杨利伟驾驶“神舟”五号飞船，环绕地球 14 圈，圆了中国人的千年飞天梦。从意大利航海家哥伦布(C. Columbus，1451—1506)的帆船航海，到美国莱特兄弟的飞机上天，直至今天的宇宙飞船漫游天际，人类就像插上了翅膀，在浩瀚的宇宙翱翔。回首过去，我们不禁感叹，世界变化得多么快！我们不禁要问，谁使我们这个世界变化得这么快？这就是现代科学技术，是现代科学的基础——物理学！

在中学，同学们已经学习了一些基础的物理知识和基本的物理方法。现在你们迈入了大学，将进一步领悟物理学深邃厚重的历史底蕴，培养物理学洞悉万物的科学思维、实事求是的科学精神，学习物理学唯物辩证的研究方法，感悟物理学引领科技的基础作用，见证中国在物理学上的巨大成就，掌握马克思主义原理指导下的科学思维方法，培养热爱祖国、热爱人民、乐于奉献的伟大情怀以及敢于质疑、勤于思考、勇于探索、追求真理的科学精神。

智能机器人佳佳

一、物理学的形成与发展

本节我们将沿着物理学发展的历程，介绍经典物理学的建立过程以及 20 世纪物理学的革命，使大家对物理学的理论体系、研究方法及其作用有一个初步的了解。

1. 从自然哲学到物理学

早期的物理学含义非常广泛，它在直觉经验基础上探寻一切自然现象的哲理。中国作为发明指南针、火药、造纸术和印刷术的文明古国，在哲学思考上有着辉煌的成就。我国春秋战国时代的《墨经》是一本古老的哲学和自然科学书籍，里面记载了许多关于自然科学问题的研究。其中有一句话：“力，刑之所以奋也。”“刑”即“形”，可解释为“物体”，“奋”可解释为“运动的加速”，这与牛顿第二定律($\boldsymbol{F}=m\boldsymbol{a}$)有一定的联系。书中载有万物都是由“不可斫(斫，zhuó，用刀斧砍的意思)”的“端”即“点”所构成。《墨经》中的观点与差不多同时提出的希腊“原子”说，是世界上关于物质组成问题的最早文字记载。但是这些观察和分析，仅仅是定性的，没有系统化、定量化。

公元前 7 —前 6 世纪，古希腊文化进入一个繁荣时期，人才辈出。其杰出的代表——亚里士多德(Aristotle，公元前 384 —前 322)，这位百科全书式的学者，系统研究了运动、空间和时间等物理及相邻自然科学方面的问题，著有《物理学》《力学问题》《论天》等书籍。他的著作处于古希腊及整个中世纪自然哲学的皇冠地位，其中《物理学》一书，是“physics”一词最早的起源(虽然今天含义已不同了)。他提出了许多观念，但有一些观念是错误的，如“在地球上重物比轻物落得快”的观念，直到伽利略(Galileo Galilei，1564—1642)在 1590 年登上比萨一座八层楼高的斜塔，用实验证明了一个 100 磅重和一个半磅重的两个球体几乎同时落地，才纠正过来。又如，他的“地心说”认为，地球位于整个宇宙的中心，整个宇宙由环绕地球的七个同心球壳所组成，月亮、太阳、星星在其上做完美的圆运动。当然，用今天的知识我们很容易指出其错误，但当时终归不是今天。在两千年前，亚里士多德敢于主张“地球是球形”，较之远古人的学说“大地是平坦的”，客观地说，是人类认识上的一大飞跃。但后来一些观点被神学所利用，在封建和教会的统治下，欧洲中世纪的科学发展十分缓慢。直到 15 世纪后，工业革命使得科学技术获得了快速的进步，为科学实验开展提供了前所未有的条件，带动了科学理论的飞速发展。

2. 经典物理学的建立

波兰天文学家哥白尼(N. Copernicus，1473—1543)，在他的不朽著作《天体运行论》中，提出“太阳是宇宙的中心，地球是围绕太阳旋转的一颗行星”的“日心说”，引起了宇宙观的大革命。“日心说”使教会感到恐慌，因为若地球是诸行星之一，那么圣经上所说的那些大事件就完全不能够在地面上出现了。“日心说”被称为“邪说”，《天体运行论》被列为禁书。为捍卫真理，当时的科学家进行了不屈不挠、可歌可泣的斗争。意大利天文学家布鲁诺(G. Bruno，1548—1600)为此付出了生命。这种科学的精神和崇高的胸怀永远让人崇敬，永远值得我们学习。

在 15 世纪以后，科学空前发展，逐步建立了比较完整的系统理论。物理学先驱伽利略研究了落体和斜面运动，做了著名的比萨斜塔实验，发展了科学实验方法，并提出了物质惯性等重要概念。到 17 世纪，杰出的英国物理学家牛顿(I. Newton，1643—1727)在前人工作的基础上，于 1687 年发表了他的名著《自然哲学的数学原理》，提出牛顿三大定律，这成为经典力学的理论基石。后来，他在开普勒(J. Kepler，1571—1630)提出的行星运动三定律的基础上，提出了万有引力定律，这是牛顿对物理学的两大杰出的贡献。牛顿谦逊地说：“如果我比别人看得远些，那是因为我站在巨人们的肩上。”牛顿还是位数学家，他和莱布尼茨(G. W. Leibniz，1646—1716)同时创立了微积分，并应用于力学，使力学与数学不断结合。后来，欧勒(L. Euler，1707—1783)等人进一步使力学沿分析方向发展，建立了分析力学。至此，在常速情况下宏观物体的机械运动所遵循的规律——经典力学已建立起来了。我们常把经典力学称为牛顿力学，它的建立被认为是第一次科学革命。牛顿力学体系对自然界的力学现象做出了系统、合理的说明，从而完成了人类对自然界认识史上的第一次理论大综合。牛顿也被誉为科学史上的一位巨人，因为他代表了整整一个科学时代。

1850 年左右，在大量实验的基础上，物理学家确立了能量转化和守恒定律，其另一种表达形式是热力学第一定律，这是和进化论以及细胞学说并列为当时的三大自然发现。能量的转化和守恒是一回事，但能量的可利用性是另一回事，这种研究导致了 1851 年热力学第二定律的建立。另外，对于低温的研究，于 1848 年了解到“绝对零度”即 −273 ℃是不可能达到的，这就是热力学第三定律。同时，物理学家意识到热现象的基本规律是研究热现象的基础，是研究一切热现象的出发点，应列入热力学定律。因为这时热力学第一、第二定律都已有了明确的内容和含义，有人提出这应该是第零定律。于是，热力学形成了一个以四个定律为基础的系统完整的体系。

热学的微观理论是建立在分子—原子理论上的。19 世纪末，从分子运动论逐渐发展到统计物理学，建立了统计物理学。

从美国的富兰克林(B. Franklin，1706—1790)首次用风筝把“天电”引入实验室，英国的卡文迪许(H. Cavendish，1731—1810)精密地用实验证明了静电力与距离的平方成反比，再经过法国的库仑(C. A. Coulomb，1736—1806)的研究，确立了静电学的基础——库仑定律。

电荷的流动显现为电流，电流会对周围产生磁效应。电能生磁，那磁能否生电呢?英国物理学家法拉第(M. Faraday，1791—1867)于1831年发现并确立了电磁感应定律，这一划时代的伟大发现是今天广泛应用电力的开端。完整地总结电和磁的联系的工作是由麦克斯韦(J. C. Maxwell，1831—1879)完成的，他建立了微分形式的“麦克斯韦方程组”。该方程组的形式极为对称和优美，被誉为物理学“最美的一首诗”，是19世纪物理学最辉煌的成就之一。至此，经典电磁学建立起来了。

光的现象是一类重要的物理现象，光的本质是什么?这一直是物理学要回答的问题。

17世纪，人们对光的本质提出了两种假说：一种是牛顿的微粒说，认为光是发光物体射出的大量的微粒；另一种是荷兰科学家惠更斯(C. Huygens，1629—1695)的波动说，认为光是发光物体发出的波动。两种学说展开了旷日持久的论战。开始由于牛顿在科学界的威望，以及光在均匀介质中的直线传播、折射与反射现象等实验的支持，微粒说占据有利地位。后来，光的干涉、衍射现象的发现给波动说强有力的支持。最后，由麦克斯韦确认了“光实际上是一种电磁波”，波动光学由此建立。

到19世纪末和20世纪初，经典物理学理论已经系统、完整地建立，它包括经典力学、热力学、统计物理学、电磁学、光学。至此，经典物理学辉煌的科学大厦建立起来了。

3. 20世纪初物理学的革命

经过力学、热力学、统计物理学、电磁学和光学各分支学科的迅猛发展，到19世纪末，经典物理学似乎已经很完善了。英国物理学家开尔文(L. Kelvin，1824—1907)在著名的题为《遮盖在热和光的动力理论上的19世纪乌云》的演说中说：“在已经基本建成的科学大厦中，后辈物理学家似乎只要做一些零碎的修补工作就行了；但是，在物理学晴朗天空的远处，还有两朵令人不安的乌云。”开尔文所说的一朵乌云指的是热辐射的“紫外灾难”，它冲击了电磁理论和统计物理；另一朵乌云指的是迈克尔逊—莫雷实验的“零结果”，它否定了以太的存在。开尔文没料到，正是这两朵小小的乌云，引发了物理学史上一场伟大的革命。

1905年，著名物理学家爱因斯坦(A. Einstein，1879—1955)对高速物体运动进行研究，创立了狭义相对论。爱因斯坦以其独特的思维方式，发动了一场关于时空观的革命，打破了牛顿以来传统的绝对时空观，它揭示了时间和空间是相互联系的，并且时空的变化、时空结构与物质的运动和状态密不可分。从低速到高速，从小宇宙到大宇宙，爱因斯坦于1915年建立了广义相对论，使人们的视野扩展到广阔无垠的宇宙空间。爱因斯坦因他的相对论，做出了划时代的贡献。

在研究微观世界时，经典理论暴露出其局限性，从而把物理学的伟大革命推向一个新高潮。在研究黑体辐射时，普朗克(M. Planck，1858—1947)发现：若假设光子能量是量子化的，则理论与实验结果相符。但普朗克摆脱不了经典概念的束缚，竟不敢加以承认。又是爱因斯坦，这位杰出的理论物理学家，第一个勇于承认。尔后，玻尔(N. Bohr，1885—1962)、薛定谔(E. Schrödinger，1887—1961)、海森伯(W. K. Heisenberg，1901—1976)等物理学家建立了量子力学。这标志着人类对客观规律的认识开始从宏观世界深入到微观世界。

20 世纪初的 30 年，相对论和量子论的建立完成了近代物理学的一场深远的革命，改变了近代物理学中的传统观念，从而把物理学的伟大革命推向了一个新高潮，把人类认识世界的能力提升到了前所未有的高度，为实践应用开辟了广阔的道路，为 20 世纪层出不穷、不断涌现的高科技、新学科、新技术的发展奠定了基础。19 世纪两朵令人不安的乌云转化为近代物理学诞生的彩霞。物理学不仅仍然是自然科学基础研究中最重要的前沿学科之一，而且已发展成为一门应用性极强、渗透性极强的学科。今天的物理学绝不仅是少数物理学家关起门来埋头研究的专门学问，而是生机勃勃地向一切科学技术，甚至经济管理部门渗透的一种力量，它不断地改变着我们这个世界！

二、物质的层次

物理学是研究物质结构和运动基本规律的学科，或者说物理学是关于自然界最基础形态的学科。它研究宇宙间物质存在的各种基本形式，即它们的内部结构、相互作用及运动基本规律。物理学研究范围也和它本身的发展一样，经历着历史的变化。物理学对客观世界的描述，已由可与人体大小相比的范围(称为宏观世界)向两个方向发展：一个是向小的方面——原子内部(称为微观世界)发展；另一个是向大的方面——天体、宇宙(称为宇观世界)发展。近年来随着高科技的发展，要求器件微型化、超微型化，出现了呈现微观特性的准宏观世界，称为介观世界。

宇观世界按物体线度从大到小排列有总星系、星系团、银河系、太阳系、地球、月球等；宏观世界，人们对它的研究比较透彻，其运动服从经典物理规律。微观世界是构成宏观物质的基本单元，从外向内有分子、原子、原子核、强子、夸克或轻子。介观世界介于宏观和微观的世界里，一方面它表现出微观世界中的量子力学特性；另一方面就尺度而言，它几乎又是宏观的。

三、物理学的特点

1. 物理学是“普遍”的、“基本”的

我们知道：物理学几乎和宇宙中各种物质都有关系，它的研究范围非常宽广，所以物理学是普遍的。

物理学是一切自然科学中最基本的，它的重要性在于努力诠释“更基础”“更基本”的含义，在于对最基础、最基本内容的理性追求和对内容作精巧、成熟性的提炼，从而提供了基本性、理论性的框架，以及几乎为所有领域可用的理论、实验手段和研究方法。

物理学由于它的普遍性、基本性，在自然科学中占有独特的地位，渗透性极强，与许多学科关系密切。在 19 世纪，力学、热学、电磁学从少得惊人的几条基本原理出发，引出了众多意义深远的推论，加强了物理学同数学、天文学、化学和哲学的密切联系。近代科学的发展，使物理学进一步与其他学科融合，如量子力学是物理化学和结构化学的理论基础，同时又产生了许多交叉学科，像生物物理学、量子生物学和生物磁学等。现代计量学多采用物理现象来定义它的基本单位(如时间、长度等)，甚至

连考古学、艺术学等学科，也采用了现代物理学的成就和方法。可见，物理学不仅促进了对自然界的探索，同时对人类的社会进步做出了巨大的贡献。

2. 物理学是“求真”的

物理学研究“物”之“理”，从哲学的思辨时期开始就具有彻底的唯物主义精神。物理学中的实验方法充分体现了“实践是检验真理的唯一标准”的哲学原则，物理学发展出一套成功的探求规律的研究方法，是相对真理不断逼近绝对真理的充分展示；物理学家不畏权势、不盲目迷信、勇于牺牲的科学精神，达到了“求真”的最高境界。

3. 物理学是“至善”的

物理学致力于把人从自然界中解放出来，导向自由，帮助人认识自己，使理论趋于完善，使人类生活趋于高尚。从根本上说，它是“至善”的。

人类知识的发展从来都是从肯定—否定—否定之否定，呈一种螺旋式上升趋势。这是一种长期而曲折的过程，这个过程永远不会终结，使认识不断逼近真理。物理学的发展亦如此。从历史上看，物理学已经历了几次革命：力学率先发展完成了物理学的第一次大综合，这是第一次革命；第二次是能量转化与守恒定律的建立，完成了力学和热学的综合；第三次是把光、电、磁三者统一起来的麦克斯韦电磁理论的建立；第四次则是由相对论和量子力学带动起来的。每一次革命都产生了观念上深刻的变革，每一个新理论都是对旧理论批判地继承和发展，并把旧理论中经过实践检验为正确的那一部分很自然地包容其中，从而使理论趋于完善。

4. 物理学是“至美”的

几百年来，人们对物理学中的“简单、和谐、统一”，赏心悦目，赞叹不已。物理规律在各自适用的范围内有其普遍的适用性、统一性和简单性，这本身就是一种深刻的美。表达物理规律的语言是数学，而且往往是非常简单的数学表达式，这又是一种微妙的美。如爱因斯坦的质能关系式：$E=mc^2$，形式极为简单，却揭示了一种巨大的能量——原子核能可从核内释放出来的深刻理论，导致了原子能的利用，质能关系式被称为“改变世界的方程”。

科学的统一性本身就显示出一种崇高的美，物理学上的几次大统一，也显示出和谐统一之美。牛顿用三大定律和万有引力定律把天上和地上所有宏观物体统一了；麦克斯韦电磁理论的建立，又使电和磁实现了统一；爱因斯坦质能关系式把质量和能量建立了统一；光的波粒二象性理论使粒子性、波动性实现了统一；爱因斯坦的相对论又把时间、空间统一了。爱因斯坦曾说：“从那些看来与直接可见的真理十分不同的各种复杂现象中认识到它们的统一性，是一种壮丽的感觉。”

四、物理学的方法及思想

回顾物理学的发展，我们感到，当今物理学成果实在是太丰富了！一系列重大的突破性成果的取得，充分体现了物理学家勇于探索、不畏艰难的精神，更得益于物理学家的创造性思维及正确科学方法的运用。我们学习物理学的目的，不只是掌握其知识内容，更重要的是掌握其物理思想和物理方法，这才是物理学的精华之所在。对那些杰出的物理学家的丰富的物理思想、绝妙的物理方法，我们不应只是赞叹，更重要的是好好领悟，并力求全面掌握。下面仅就重要的物理思想及方法作一简介。

1. 模型方法

物理学研究中发展出一种十分成功的研究方法，叫作“模型方法”。它是一种抓住主要矛盾，暂时除去次要矛盾，从而使问题简化的方法。它突出本质，亦更深刻、更正确、更完全地反映着自然，这也是物理学建立模型的目的之所在。实际上，全部物理学的原理、定律都是对于一定的模型行为如力学中的质点、刚体、弹性体等模型的刻画；原子结构中的葡萄干面包模型、行星原子模型、原子核的液滴模型等，都是物理模型。

模型方法具有三大特点。一是简单性。物理现象常常是很复杂的，包含的因素很多，要想对某个物理现象直接建立起一套完整的理论进行阐明往往是很困难的。物理学家常用分析的方法把物理对象分解为许多较简单的部分，对这些简单的部分建立模型，再通过对模型的研究建立基本规律，最后利用综合的方法把各个较简单的部分复合起来，得到总的结果。二是形象性。随着人们的认识深入到微观领域之后，为了更好地说明微观现象，物理学家通过模型把微观的东西宏观化，把抽象的东西形象化，从而使人们得到一个比较直观的认识。如汤姆逊的葡萄干面包模型，把原子中的正电荷比作面包，把电子比作嵌在面包中的葡萄干；卢瑟福却提出了大家熟知的行星原子模型，这两种模型都是非常生动和直观的。随着物理学的发展，人们的认识越深入，表现形式也越抽象，模型理论的形象性的意义也就越大。三是近似性。模型只突出了物理对象的主要因素，常常忽略其次要因素，因而利用模型所得到的结论一般是近似的，只有通过一级级作近似，才可能逼近真实。另外，模型常常是一种假说，因而模型的正确性是不确定的，像葡萄干面包模型就是错误的。这就需要不断改进模型，使其逐步向真实逼近。

2. 类比方法

类比方法是物理学研究中常用的一种逻辑推理方法，是根据两个或两类对象之间某些方面的相似性，从而推出它们在其他方面也可能相似的推理方法。

例如，电磁学中电与磁的相似性不仅反映了自然界的对称美，而且也说明电与磁之间有一种内在联系。法拉第正是从电与磁的对称性出发，由电能生磁大胆猜想磁能生电，发现了电磁感应现象。

类比方法是逻辑推理方法中最富有创造性的一种方法。它是从特殊事物推论另外的特殊事物，这种推论不受已有知识的限制，也不受特殊事物数量的限制，凭的是预感和猜测，因而最富有创造性，在物理学中得到了广泛的应用。

3.“实验—理论—实验”方法

物理学的一个重要研究方法，也是自然科学所公认的科学工作方法，可概括为“实验—理论—实验”，意即：深入观察自然现象，从复杂因素中选择典型的单个因素进行实验⟶对观察和实验所得的结果进行分析综合，作出必要的假设，建立恰当的模型，再利用数学工具得出规律，从而形成一套理论⟶理论又回到实践中，得到检验和校正。这个“实验—理论—实验”的研究方法，贯穿物理学始终，望大家多加体会。

4. 辩证唯物主义思想

物理学包含了丰富的哲学思想。从上面提到的“实验—理论—实验”研究方法中，我们自然联想到哲学的认识发展规律：“实践—认识—实践，如此循环往复，以至无穷”。

物理学对自然的认识遵循同样的规律。其实，早期的物理学是从“哲学的思辨”开始的，它在直觉经验基础上探寻一切自然现象的哲理。因而，大家学习物理时，应以辩证唯物主义思想为指导，辩证地、科学地研究问题。

五、物理学与技术

当今物理学和科学技术的关系是两种模式并存，相互交叉，相互促进。李政道说过：“没有昨日的基础科学就没有今日的技术革命。”例如，核能的利用、激光器的产生、层析成像技术、超导电子技术、粒子散射实验、X 射线的发现、受激辐射理论、低温超导微观理论、电子计算机的诞生，几乎所有的重大新(高)技术领域的创立，事先都在物理学中经过长期的酝酿，这也包括直接从各分支物理实验室移植到工业上的新技术，如纳米技术、皮秒技术等。20 世纪，物理学被公认为科学技术发展中最重要的带头学科。

撬动地球——力学篇

阿基米德曾有一句名言："给我一个支点和一根足够长的杠杆，我就可以撬动地球。"

3000 多年前的《墨经》上就记载有简单的杠杆原理。阿基米德在《论平面图形的平衡》一书中提出了杠杆原理，即"二重物平衡时，它们离支点的距离与重量成反比。"他还据此原理进行了一系列的发明创造。据说，他曾经借助杠杆和滑轮组，使停放在沙滩上的桅船顺利下水；制造了远、近距离的投石器，利用它射出各种飞弹和巨石攻击敌人，这种投石器曾把罗马人阻于叙拉古城外达三年之久。

生活中处处有力学。宇宙中任一物质运动的根本原因——力无时不在、无处不在。力与运动共存，小到粒子，大到天体，任何物质的运动都是绝对的。无论是什么物质，以何种运动形式存在，力都是它们运动得以实现的源泉。

力学是研究物质机械运动与力的关系规律的科学，简言之就是力和运动的科学。人类文明有多久，力学就有多久。在从石头和木棍开始的迄今人类所创造的各种工具中，大部分都是在力学的指导下逐渐改进的。蒸汽机、内燃机、桥梁、铁路、机车、轮船、航天飞机等，无一不是在力学知识积累基础上产生与发展起来的。还有众多的关系到人类生存和生活质量的宏观现象，如全球的气候问题、环境问题、海洋问题等，将会不断提出新的力学问题。力学的发展对人类生存和社会进步是永远不可缺少的。

第 1 章　质点运动学

本章要点

物理学(physics)是研究物质最一般的运动规律和物质基本结构的学科，是自然科学的带头学科，它研究大至宇宙、小至基本粒子等一切物质最基本的运动形式和规律，这些运动形式包括机械运动、分子热运动、电磁运动、原子和原子核运动以及其他微观粒子运动等。机械运动是这些运动中最简单、最常见的运动形式，其基本形式有平动和转动。在平动过程中，若物体内各点的位置没有相对变化，那么各点所移动的路径完全相同，可用物体上任一点的运动来代表整个物体的运动，从而可研究物体的位置随时间而改变的情况。在力学中，这部分内容称为质点运动学。

1.1　质点运动的描述

1.1.1　参考系　质点

1. 参考系

在自然界中所有的物体都在不停地运动，绝对静止不动的物体是没有的。在观察一个物体的位置及位置的变化时，总要选取其他物体作为标准，选取的标准物不同，对物体运动情况的描述也就不同，这就是运动描述的相对性。

为描述物体的运动而选定的标准物叫作参考系。不同的参考系对同一物体运动情况的描述是不同的。因此，在讲述物体的运动情况时，必须指明是对什么参考系而言。参考系的是可以任意的选择，在讨论地面上物体的运动时，通常选地球作为参考系。

2. 质点

物体都有大小和形状，运动方式又都各不相同。例如，太阳系中，行星除绕自身的轴线自转外，还绕太阳公转；从枪口射出的子弹，它在空中向前飞行的同时，还绕自身的轴转动；有些双原子分子，除了分子的平动、转动外，分子内各个原子还在振动。这些事实都说明，物体的运动情况十分复杂，物体的大小、形状、质量也都千差万别。

如果我们研究某一物体的运动，可以忽略其大小和形状，或者只考虑其平动，那么，我们就可把物体当作一个有一定质量的点，这样的点通常叫作质点。

质点是经过科学抽象而形成的物理模型。把物体当作质点是有条件的、相对的，而不是无条件的、绝对的，因而对具体情况要作具体分析。例如，研究地球绕太阳公转时，由于地球至太阳的平均距离约为地球半径的 10^4 倍，故地球上各点相对于太阳的运动可以看作相同的，所以在研究地球公转时可以把地球当作质点。但是，在研究地球上物体的运动情况时，就不能再把地球当作质点处理了。当我们所研究的运动物体不能视为质点时，可把整个物体看成由许多质点组成的，弄清这些质点的运动，有利于弄清楚整个物体的运动。所以，研究质点的运动是研究物体运动的基础。

应当指出，把物体视为质点这种抽象的研究方法，在实践上和理论上都有重要意义。质点是一种科学的抽象，突出问题的主要方面，忽略次要方面，有助于我们研究物理问题，使物理问题简单化，体现了马克思辩证唯物主义思想。

物理方法：理想模型

1.1.2 位置矢量、速度、加速度

“正如伽利略所指出的那样，数学是物理学的自然语言。”牛顿正是因力学的需要而研究微积分。“矢量”这一数学工具的引入能使对力学规律的描述简明且不依赖坐标系的选择。本节利用“矢量”这个数学工具就质点的一般运动建立质点的运动方程。

1. 位置矢量　运动方程　位移

(1)位置矢量 $\boldsymbol{r}$。

在参考系选定以后，为定量地描述质点的位置和位置随时间的变化，须在参考系上选择一个坐标系。

在如图 1-1 所示的直角坐标系中，在时刻 t，质点 P 在坐标系里的位置可用位置矢量(简称位矢)$\boldsymbol{r}(t)$来表示。位置矢量简称位矢，它是一个有向线段，其始端位于坐标系的原点 O，末端则与质点 P 在时刻 t 的位置重合。从图中可以看出，位矢 $\boldsymbol{r}$ 在 Ox 轴、Oy 轴和 Oz 轴上的投影(即质点的坐标)分别为 x，y 和 z。所以，质点 P 在直角坐标系中的位置，既可以用位矢 $\boldsymbol{r}$ 来表示，也可以用坐标 x，y 和 z 来表示。那么位矢 $\boldsymbol{r}$ 亦可写成

$$\boldsymbol{r}=x\boldsymbol{i}+y\boldsymbol{j}+z\boldsymbol{k} \tag{1-1}$$

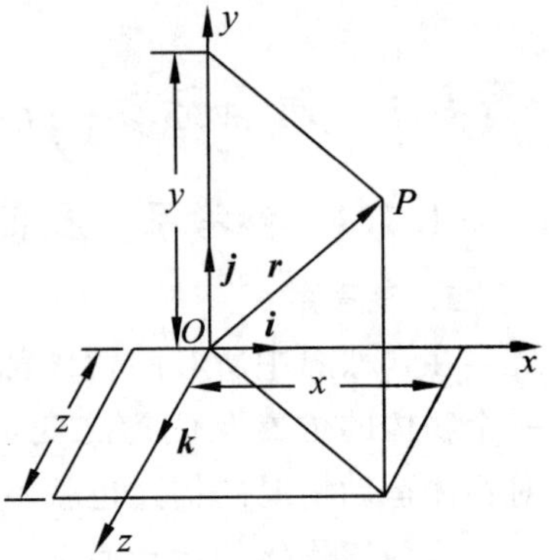

图 1-1　位置矢量

其大小为

$$|\boldsymbol{r}|=\sqrt{x^2+y^2+z^2}$$

位矢 $\boldsymbol{r}$ 的方向余弦由下式确定

$$\cos\alpha=\frac{x}{|\boldsymbol{r}|},\ \cos\beta=\frac{y}{|\boldsymbol{r}|},\ \cos r=\frac{z}{|\boldsymbol{r}|}$$

(2)运动方程。

当质点运动时，它相对坐标原点 O 的位矢 $\boldsymbol{r}$ 是随时间而变化的。因此，$\boldsymbol{r}$ 是时间的函数，即

$$\boldsymbol{r}=\boldsymbol{r}(t)=x(t)\boldsymbol{i}+y(t)\boldsymbol{j}+z(t)\boldsymbol{k} \tag{1-2}$$

式(1-2)称为质点的运动方程；而 $x(t)$，$y(t)$和 $z(t)$则是运动方程的分量式，即

$$\begin{cases}x=x(t)\\y=y(t)\\z=z(t)\end{cases}$$

位置矢量

从中消去参数 t 便得到了质点运动的轨迹方程，即

$$f(x,\ y,\ z)=c$$

所以，它们也是轨迹的参数方程。

应当指出，运动学的重要任务之一就是找出各种具体运动所遵循的运动方程。

(3)位移。

在图1-2所示平面直角坐标系 Oxy 中，有一质点沿曲线从时刻 t_1 的点 A 运动到时刻 t_2 的点 B，质点相对原点 O 的位矢由 $\boldsymbol{r}_A$ 变化到 $\boldsymbol{r}_B$。显然，在时间间隔 $\Delta t=t_2-t_1$ 内，位矢的长度和方向都发生了变化。我们将由起始点 A 指向终点 B 的有向线段 $\overrightarrow{AB}$ 称为点 A 到点 B 的位移矢量，简称位移。位移 $\boldsymbol{AB}$ 反映了质点位矢的变化。如把 $\boldsymbol{AB}$ 写为 $\Delta\boldsymbol{r}$，则质点从 A 点到点 B 的位移为

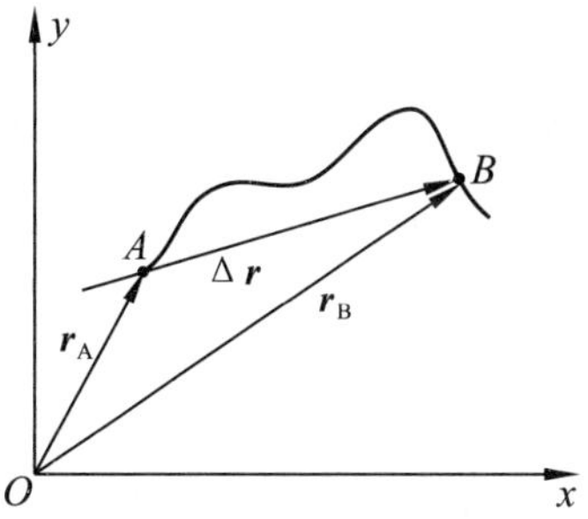

图 1-2　位移

$$\Delta\boldsymbol{r}=\boldsymbol{r}_B-\boldsymbol{r}_A \tag{1-3a}$$

也可写成

$$\Delta\boldsymbol{r}=\boldsymbol{r}_B-\boldsymbol{r}_A=(x_B-x_A)\boldsymbol{i}+(y_B-y_A)\boldsymbol{j}$$

上式表明，当质点在平面上运动时，它的位移等于在 x 轴和 y 轴上的位移矢量和。

若质点在三维空间运动，则在直角坐标系 $Oxyz$ 中的位移为

$$\Delta\boldsymbol{r}=\boldsymbol{r}_B-\boldsymbol{r}_A=(x_B-x_A)\boldsymbol{i}+(y_B-y_A)\boldsymbol{j}+(z_B-z_A)\boldsymbol{k} \tag{1-3b}$$

应当注意，位移是描述质点位置变化的物理量，它只表示位置变化的实际效果，并非质点所经历的路程。如在图1-2中，曲线 AB 所示的路径是质点实际运动的轨迹，轨迹的长度为质点所经历的路程，而位移则是 $\Delta\boldsymbol{r}$。当质点经一闭合路径回到原来的起始位置时，其位移为零，而路程则不为零。所以，质点的位移和路程是两个完全不同的概念。只有在 Δt 取得很小极限的情况下，位移的大小 $|\Delta\boldsymbol{r}|$ 才可视为与路程 AB 没有区别。

位移

2. 速度

在力学中，若仅知道质点在某时刻的位矢，而不能同时知道该质点是静还是动，是动的话又动到什么程度，这就不能确定质点的运动状态。所以，还应引入一物理量来描述位置矢量随时间的变化程度，这就是速度。

(1)平均速度。

如图1-3所示，一个质点在平面上沿轨迹 $CABD$ 曲线运动。在时刻 t，它处于点 A，其位矢为 $\boldsymbol{r}_1(t)$。在时刻 $t+\Delta t$，它处于点 B，其位矢为 $\boldsymbol{r}_2(t+\Delta t)$。在 Δt 时间内，质点的位移为 $\Delta\boldsymbol{r}=\boldsymbol{r}_2-\boldsymbol{r}_1$。在时间间隔 Δt 内的平均速度 $\bar{\boldsymbol{v}}$ 为

$$\bar{\boldsymbol{v}}=\frac{\boldsymbol{r}_2-\boldsymbol{r}_1}{\Delta t}=\frac{\Delta\boldsymbol{r}}{\Delta t}$$

平均速度可写成

$$\bar{\boldsymbol{v}}=\frac{\Delta\boldsymbol{r}}{\Delta t}=\frac{\Delta x}{\Delta t}\boldsymbol{i}+\frac{\Delta y}{\Delta t}\boldsymbol{j}=\bar{v}_x\boldsymbol{i}+\bar{v}_y\boldsymbol{j}$$

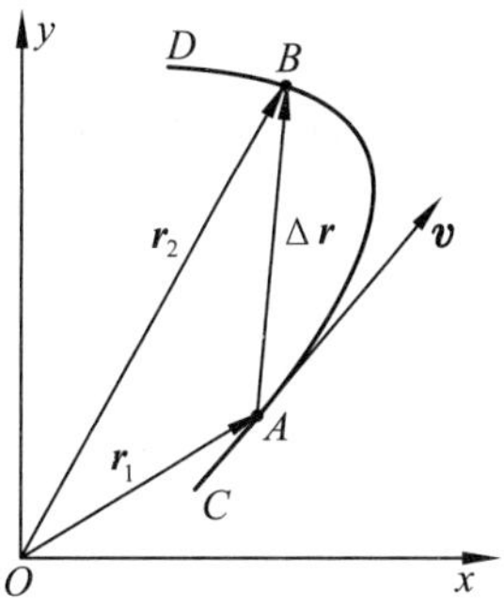

图 1-3　平均速度

其中，$\bar{v}_x$ 和 $\bar{v}_y$ 是平均速度 $\bar{\boldsymbol{v}}$ 在 Ox 轴和 Oy 轴上的分量大小。

(2) 瞬时速度。

当 $\Delta t\to 0$ 时，平均速度 $\bar{\boldsymbol{v}}$ 的极限值称为瞬时速度(简称速度)，用 $\boldsymbol{v}$ 表示，有

$$\boldsymbol{v}=\lim_{\Delta t\to 0}\frac{\Delta \boldsymbol{r}}{\Delta t}=\frac{\mathrm{d}\boldsymbol{r}}{\mathrm{d}t} \tag{1-4a}$$

或

$$\boldsymbol{v}=\lim_{\Delta t\to 0}\frac{\Delta x}{\Delta t}\boldsymbol{i}+\lim_{\Delta t\to 0}\frac{\Delta y}{\Delta t}\boldsymbol{j}=v_x\boldsymbol{i}+v_y\boldsymbol{j} \tag{1-4b}$$

其中

$$v_x=\frac{\mathrm{d}x}{\mathrm{d}t},\ v_y=\frac{\mathrm{d}y}{\mathrm{d}t}$$

v_x 和 v_y 是速度 $\boldsymbol{v}$ 在 Ox 轴和 Oy 轴上的分量值，又称为速度分量。

显然，如以 $\boldsymbol{v}_x$ 和 $\boldsymbol{v}_y$ 分别表示速度 $\boldsymbol{v}$ 在 Ox 轴和 Oy 轴上的分速度(注意：它们是分矢量!)，那么有

$$\boldsymbol{v}=v_x\boldsymbol{i}+v_y\boldsymbol{j}$$

速度 $\boldsymbol{v}$ 的方向与 $\Delta\boldsymbol{r}$ 在 $\Delta t\to 0$ 时的极限方向一致。当 $\Delta t\to 0$ 时，$\Delta\boldsymbol{r}$ 趋于和轨道相切，即与点 A 的切线重合。所以当质点做曲线运动时，质点在某一点的速度方向就是沿该点曲线的切线方向，如图 1-4 所示。

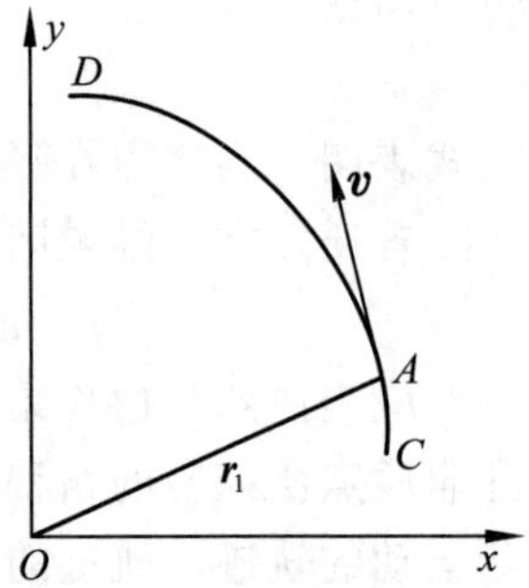

图 1-4　速度方向

只有当质点的位矢和速度同时被确定时，其运动状态才被确知。所以位矢 $\boldsymbol{r}$ 和速度 $\boldsymbol{v}$ 是描述质点运动状态的两个物理量。这两个物理量可以从运动方程求出，所以已知运动方程，可以确定质点在任意时刻的运动状态。因此，概括说来，运动学问题有两类：一是由已知运动方程求解运动状态，二是由已知运动状态求解运动方程。

例 1-1　设质点的运动方程为 $\boldsymbol{r}(t)=x(t)\boldsymbol{i}+y(t)\boldsymbol{j}$，其中

$$x(t)=(1\ \mathrm{m}\cdot\mathrm{s}^{-1})t+2\ \mathrm{m}$$

$$y(t)=\left(\frac{1}{4}\ \mathrm{m}\cdot\mathrm{s}^{-2}\right)t^2+2\ \mathrm{m}$$

(1)求 $t=3$ s 时的速度；(2)画出质点的运动轨迹图。

解　这是已知运动方程求运动状态的一类运动学问题，可以通过求导数的方法求出。

(1)由题意可得速度分量值分别为

$$v_x=\frac{\mathrm{d}x}{\mathrm{d}t}=1\mathrm{m}\cdot\mathrm{s}^{-1},\ v_y=\frac{\mathrm{d}y}{\mathrm{d}t}=\left(\frac{1}{2}\mathrm{m}\cdot\mathrm{s}^{-2}\right)t$$

故 $t=3$ s 时的速度分量值为

$$v_x=1\ \mathrm{m}\cdot\mathrm{s}^{-1},\ v_y=1.5\ \mathrm{m}\cdot\mathrm{s}^{-1}$$

于是 $t=3$ s 时，质点的速度为

$$\boldsymbol{v}=(1\ \mathrm{m}\cdot\mathrm{s}^{-1})\boldsymbol{i}+(1.5\ \mathrm{m}\cdot\mathrm{s}^{-1})\boldsymbol{j}$$

速度的值为 $v=1.8\ \mathrm{m}\cdot\mathrm{s}^{-1}$，速度 $\boldsymbol{v}$ 与 x 之间的夹角为

$$\theta=\arctan\frac{1.5}{1}=56.3°$$

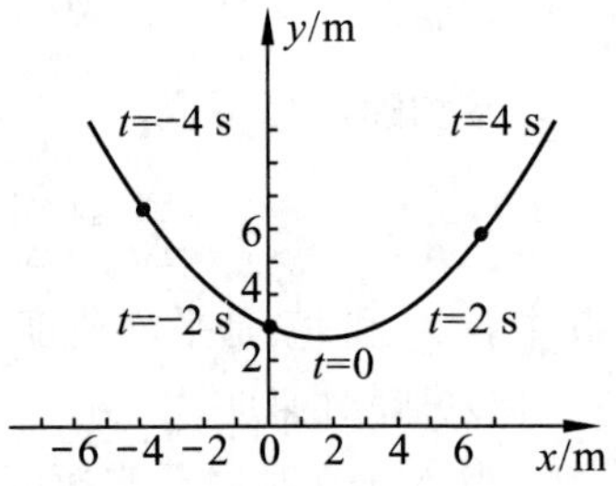

图 1-5　质点运动轨迹图

(2)由已知运动方程

$$x(t)=(1\ \mathrm{m\cdot s^{-1}})t+2\ \mathrm{m},\quad y(t)=\left(\frac{1}{4}\mathrm{m\cdot s^{-2}}\right)t^2+2\ \mathrm{m}$$

消去 t 可得轨迹方程

$$y=\left(\frac{1}{4}x^2-x+3\right)\mathrm{m}$$

速度

并可画出如图 1-5 所示的质点运动轨迹图。

3. 加速度

上面已经指出，作为描述质点状态的一个物理量，速度是一个矢量，所以，无论是速度的数值发生改变，还是其方向发生改变，都表示速度发生了变化。为衡量速度的变化，我们将从曲线运动出发引出加速度的概念。

(1)平均加速度。

如图 1-6 所示，设在时刻 t，质点位于点 A，其速度为 $\boldsymbol{v}_1$，在 $t+\Delta t$ 时刻，质点位于点 B，其速度为 $\boldsymbol{v}_2$，则在时间间隔 Δt 内，质点的速度增量为 $\Delta\boldsymbol{v}=\boldsymbol{v}_2-\boldsymbol{v}_1$，它在单位时间内的速度增量即平均加速度为

$$\overline{\boldsymbol{a}}=\frac{\Delta\boldsymbol{v}}{\Delta t}$$

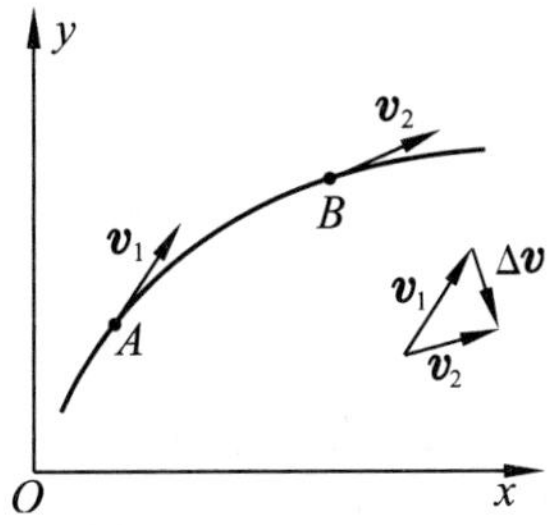

图 1-6 平均加速度

(2)瞬时加速度。

当 $\Delta t\to 0$ 时，平均加速度的极限值称为瞬时加速度，用 $\boldsymbol{a}$ 表示，有

$$\boldsymbol{a}=\lim_{\Delta t\to 0}\frac{\Delta\boldsymbol{v}}{\Delta t}=\frac{\mathrm{d}\boldsymbol{v}}{\mathrm{d}t}\tag{1-5}$$

$\boldsymbol{a}$ 的方向是 $\Delta t\to 0$ 时 $\Delta\boldsymbol{v}$ 的极限方向，而 $\boldsymbol{a}$ 的数值是 $\left|\frac{\Delta\boldsymbol{v}}{\Delta t}\right|$ 的极限值。

应当注意，加速度 $\boldsymbol{a}$ 既反映了速度方向的变化，也反映了速度数值的变化。所以质点做曲线运动时，任一时刻质点的加速度方向并不与速度方向相同，即加速度方向不沿着曲线的切线方向。在曲线运动中，加速度的方向指向曲线的凹侧。

式(1-5)可以写为

$$\boldsymbol{a}=\frac{\mathrm{d}}{\mathrm{d}t}(v_x\boldsymbol{i}+v_y\boldsymbol{j})$$

即

$$\boldsymbol{a}=a_x\boldsymbol{i}+a_y\boldsymbol{j}=\boldsymbol{a}_x+\boldsymbol{a}_y\tag{1-6}$$

式中

$$a_x=\frac{\mathrm{d}v_x}{\mathrm{d}t}$$

$$a_y=\frac{\mathrm{d}v_y}{\mathrm{d}t}$$

例 1-2 有一个球体在某液体中垂直下落，球体的初速度为 $\boldsymbol{v}_0=(10\ \mathrm{m\cdot s^{-1}})\boldsymbol{j}$，它在液体中的加速度为 $\boldsymbol{a}=(-1.0\ \mathrm{s^{-1}})v\boldsymbol{j}$。求：(1)任一时刻 t 的球体的速度；(2)时刻 t 球体经历的路程有多长？

解 由题意知，球体做变速直线运动，加速度 $\boldsymbol{a}$ 的方向与球体的速度 $\boldsymbol{v}$ 的方向相反，由加速度的定义有

$$a=\frac{\mathrm{d}v}{\mathrm{d}t}=(-1.0\ \mathrm{s}^{-1})v$$

得

$$\int_{v_0}^{v}\frac{\mathrm{d}v}{v}=(-1.0\ \mathrm{s}^{-1})\int_0^t \mathrm{d}t$$

有

$$v=v_0\mathrm{e}^{(-1.0\ \mathrm{s}^{-1})t}$$

上式表明，球体的速度大小 v 随时间 t 的增长而减小。

又由速度的定义，有

$$v=\frac{\mathrm{d}y}{\mathrm{d}t}=v_0\mathrm{e}^{(-1.0\ \mathrm{s}^{-1})t}$$

得

$$\int_0^y \mathrm{d}y=v_0\int_0^t \mathrm{e}^{(-1.0\ \mathrm{s}^{-1})t}\mathrm{d}t$$

$$y=10\times\left[-\frac{1}{1.0}(\mathrm{e}^{(-1.0\ \mathrm{s}^{-1})t}-1)\right]\mathrm{m}=10\times[1-\mathrm{e}^{(-1.0\ \mathrm{s}^{-1})t}]\ \mathrm{m}$$

物理成就：中国北斗——服务全球　造福人类

1.1.3 几种常用的坐标

1. 直角坐标

二维直角坐标的正交归一基矢为($\boldsymbol{i}$，$\boldsymbol{j}$)，($\boldsymbol{i}$，$\boldsymbol{j}$)分别是沿直角坐标轴 x，y 方向的单位矢量。在直角坐标下，有

$$\boldsymbol{r}=x\boldsymbol{i}+y\boldsymbol{j}$$

$$\boldsymbol{v}=\boldsymbol{v}_x\boldsymbol{i}+\boldsymbol{v}_y\boldsymbol{j}=\frac{\mathrm{d}x}{\mathrm{d}t}\boldsymbol{i}+\frac{\mathrm{d}y}{\mathrm{d}t}\boldsymbol{j}$$

$$\boldsymbol{a}=\boldsymbol{a}_x\boldsymbol{i}+\boldsymbol{a}_y\boldsymbol{j}=\frac{\mathrm{d}^2x}{\mathrm{d}t^2}\boldsymbol{i}+\frac{\mathrm{d}^2y}{\mathrm{d}t^2}\boldsymbol{j}$$

例 1-3　一质点具有恒定加速度 $\boldsymbol{a}=(6\ \mathrm{m}\cdot\mathrm{s}^{-2})\boldsymbol{i}+(4\ \mathrm{m}\cdot\mathrm{s}^{-2})\boldsymbol{j}$，在 $t=0$ 时，其速度为零，位置矢量 $\boldsymbol{r}_0=(10\ \mathrm{m})\boldsymbol{i}$。求：(1)在任意时刻的速度和位置矢量；(2)质点在平面 Oxy 上的轨迹方程，并画出轨迹的示意图。

解　由加速度定义式，根据初始条件 $t_0=0$ 时 $v_0=0$，积分可得

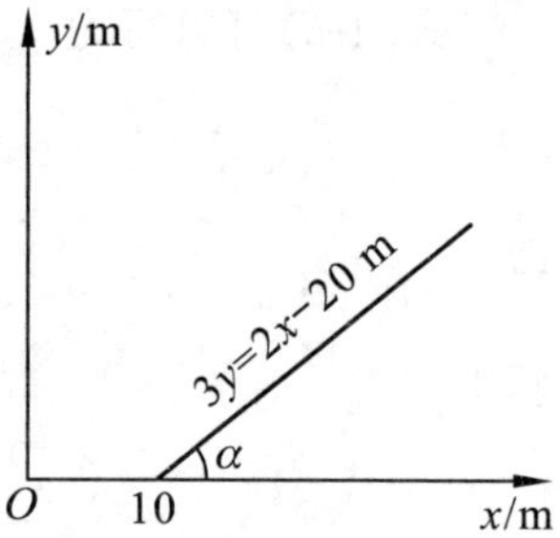

图 1-7　例 1-3 图

$$\int_{r_0}^{v}\mathrm{d}\boldsymbol{v}=\int_0^t\boldsymbol{a}\,\mathrm{d}t=\int_0^t[(6\ \mathrm{m}\cdot\mathrm{s}^{-2})\boldsymbol{i}+(4\ \mathrm{m}\cdot\mathrm{s}^{-2})\boldsymbol{j}]\mathrm{d}t$$

$$\boldsymbol{v}=(6\ \mathrm{m}\cdot\mathrm{s}^{-2})t\boldsymbol{i}+(4\ \mathrm{m}\cdot\mathrm{s}^{-2})t\boldsymbol{j}$$

又由 $\boldsymbol{v}=\frac{\mathrm{d}\boldsymbol{r}}{\mathrm{d}t}$ 及初始条件 $t=0$ 时，$\boldsymbol{r}_0=(10\ \mathrm{m})\boldsymbol{i}$，积分可得

$$\int_0^r\mathrm{d}\boldsymbol{r}=\int_0^t\boldsymbol{v}\mathrm{d}t=\int_0^t[(6\ \mathrm{m}\cdot\mathrm{s}^{-2})t\boldsymbol{i}+(4\ \mathrm{m}\cdot\mathrm{s}^{-2})t\boldsymbol{j}]\mathrm{d}t$$

$$\boldsymbol{r}=[10\ \mathrm{m}+(3\ \mathrm{m}\cdot\mathrm{s}^{-2})t^2]\boldsymbol{i}+[(2\ \mathrm{m}\cdot\mathrm{s}^{-2})t^2]\boldsymbol{j}$$

由上述结果可得质点运动方程的分量式，即

$$\begin{cases} x = 10\ \text{m} + (3\ \text{m} \cdot \text{s}^{-2})t^2 \\ y = (2\ \text{m} \cdot \text{s}^{-2})t^2 \end{cases}$$

消去参数 t，可得运动的轨迹方程为

$$y = \frac{2x - 20}{3}\ \text{m}$$

这是一个直线方程，直线斜率为

$$k = \frac{\mathrm{d}y}{\mathrm{d}x} = \tan\alpha = \frac{2}{3}$$

2. 平面极坐标

设有一质点在如图 1-8 所示平面 Oxy 内运动，某时刻它位于点 A。由坐标原点 O 到点 A 的有向线段 $\boldsymbol{r}$ 称为径矢，$\boldsymbol{r}$ 与 Ox 轴之间的夹角为 θ。于是，质点在点 A 的位置可由 (r, θ) 来确定。这种以 (r, θ) 为坐标的参考系称为平面极坐标系。而在平面直角坐标系内，点 A 的坐标则为 (x, y)。这两个坐标系的坐标之间的变换关系为

$$x = r\cos\theta, \quad y = r\sin\theta$$

式中，θ 称为角坐标，它是时间 t 的函数，即 $\theta = \theta(t)$，$\omega = \dfrac{\mathrm{d}\theta}{\mathrm{d}t}$ 为角速度大小，在圆周运动下，$v = r\omega$。

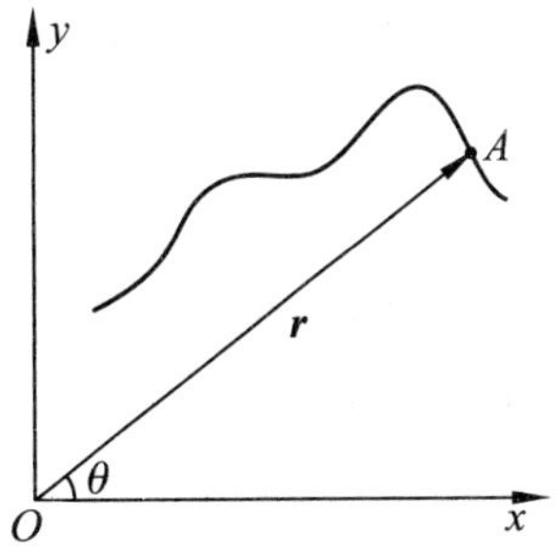

图 1-8　平面极坐标

3. 自然坐标

(1)自然坐标。

一般来说，质点平面运动需用两个独立的变量(是标量)来描述，如在平面直角坐标系中就是用 x，y 来描述，但质点又有其运动轨迹 $y = y(x)$，则 x，y 间只有一个是独立的。这就是说，在已知质点轨迹的前提下，质点的平面运动仅需一个标量函数就能确切描述质点的运动状况。这里，我们既不选择 x，也不选择 y 充当这一描述运动的标量函数，而是选用另一种所谓的“自然坐标”。

圆周运动

在已知运动轨迹上任选一点 O 为原点，沿质点的轨迹为“坐标轴”(当然是弯曲的)，原点至质点位置的弧长 s 作为质点的位置坐标，弧长 s 称为平面自然坐标，它确定质点的位置，并在质点所在处 A 点取一单位矢量，沿曲线切线且指向自然坐标增加方向的矢量 $\boldsymbol{e}_t$，称为切向单位矢量，另取一单位矢量，沿曲线的法向且指向曲线的凹侧的矢量 $\boldsymbol{e}_n$，称为法向单位矢量。下面以圆周运动为例进行说明。

(2)切向速度。

如图 1-9 所示，质点在圆周上点 A 的速度为 $\boldsymbol{v}$，于是质点的速度 $\boldsymbol{v}$ 可以写成

$$\boldsymbol{v} = v\,\boldsymbol{e}_t \tag{1-7}$$

式中，v 为速度 $\boldsymbol{v}$ 的值，$\boldsymbol{e}_t$ 则代表速度 $\boldsymbol{v}$ 的方向。

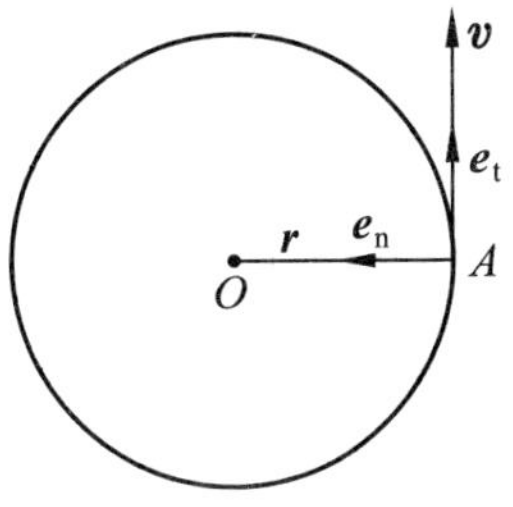

图 1-9　切向速度

(3)切向加速度和法向加速度。

在圆周上任意点的加速度为

$$\boldsymbol{a}=\frac{\mathrm{d}\boldsymbol{v}}{\mathrm{d}t}=\frac{\mathrm{d}v}{\mathrm{d}t}\boldsymbol{e}_{\mathrm{t}}+v\frac{\mathrm{d}\boldsymbol{e}_{\mathrm{t}}}{\mathrm{d}t} \tag{1-8}$$

式(1-8)中，第一项$\frac{\mathrm{d}v}{\mathrm{d}t}\boldsymbol{e}_{\mathrm{t}}$是由于速度大小的变化而引起的，其方向为$\boldsymbol{e}_{\mathrm{t}}$的方向，即与速度$\boldsymbol{v}$的方向相同。因此，此项加速度分矢量称为切向加速度，用$\boldsymbol{a}_{\mathrm{t}}$表示。

另外，可得
$$\frac{\mathrm{d}v}{\mathrm{d}t}=r\frac{\mathrm{d}\omega}{\mathrm{d}t}$$

式中，$\frac{\mathrm{d}\omega}{\mathrm{d}t}$为角速度随时间的变化率，称为角加速度，用符号$\alpha$表示，有

$$\alpha=\frac{\mathrm{d}\omega}{\mathrm{d}t}=\frac{\mathrm{d}^2\theta}{\mathrm{d}t^2} \tag{1-9}$$

角加速度α的单位为$\mathrm{rad\cdot s^{-2}}$，

则切向加速度

$$\boldsymbol{a}_t=r\alpha\,\boldsymbol{e}_{\mathrm{t}} \tag{1-10}$$

式(1-8)中的第二项$\frac{\mathrm{d}\boldsymbol{e}_{\mathrm{t}}}{\mathrm{d}t}$表示切向单位矢量随时间的变化。这一点从图 1-10(a)中可以看出。设在时刻t，质点位于圆周上点A，其速度为$\boldsymbol{v}_1$，切向单位矢量为$\boldsymbol{e}_{\mathrm{t}_1}$；在时刻$t+\Delta t$，质点位于点$B$，速度为$\boldsymbol{v}_2$，切向单位矢量为$\boldsymbol{e}_{\mathrm{t}_2}$。在时间间隔$\Delta t$内，径矢$\boldsymbol{r}$转过的角度为$\Delta\theta$，速度增量为$\Delta\boldsymbol{v}$，切向单位矢量的增量则为$\Delta\boldsymbol{e}_{\mathrm{t}}=\boldsymbol{e}_{\mathrm{t}_2}-\boldsymbol{e}_{\mathrm{t}_1}$。由于切向单位矢量的值为 1，即$|\boldsymbol{e}_{\mathrm{t}_1}|=|\boldsymbol{e}_{\mathrm{t}_2}|=1$，因而，从图 1-10(b)可以知道$|\Delta\boldsymbol{e}_{\mathrm{t}}|=\Delta\theta\times1=\Delta\theta$。当$\Delta t\to0$时，$\Delta\theta$亦趋于零，这时$\Delta\boldsymbol{e}_{\mathrm{t}}$的方向趋于与$\boldsymbol{e}_{\mathrm{t}_1}$垂直，即趋于与$\boldsymbol{v}_1$垂直，并且趋于指向圆心。如果在沿径矢而指向圆心的法线方向上取单位矢量即法向单位矢量$\boldsymbol{e}_{\mathrm{n}}$(见图 1-9)，那么，在$\Delta t\to0$时，$\Delta\boldsymbol{e}_{\mathrm{t}}/\Delta t$的极限值为

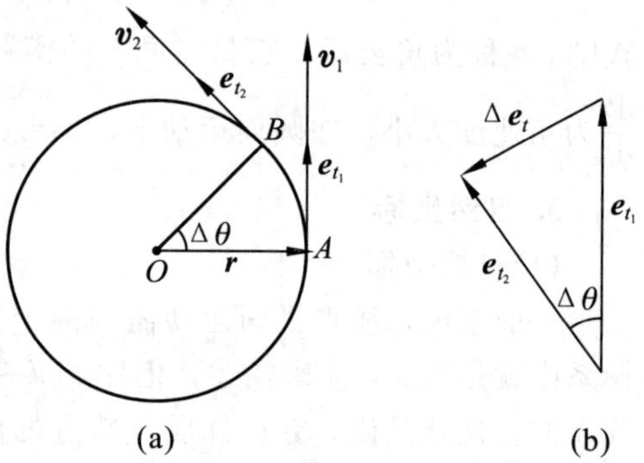

图 1-10　切向加速度和法向加速度

$$\lim_{\Delta t\to0}\frac{\Delta\boldsymbol{e}_{\mathrm{t}}}{\Delta t}=\frac{\mathrm{d}\boldsymbol{e}_{\mathrm{t}}}{\mathrm{d}t}=\frac{\mathrm{d}\theta}{\mathrm{d}t}\boldsymbol{e}_{\mathrm{n}}$$

这样，式(1-8)中第二项可以写成

$$v\frac{\mathrm{d}\boldsymbol{e}_{\mathrm{t}}}{\mathrm{d}t}=v\frac{\mathrm{d}\theta}{\mathrm{d}t}\boldsymbol{e}_{\mathrm{n}}$$

由于这个加速度的方向是垂直于切向的，故称为法向加速度，用$\boldsymbol{a}_{\mathrm{n}}$表示，有

$$\boldsymbol{a}_{\mathrm{n}}=v\frac{\mathrm{d}\theta}{\mathrm{d}t}\boldsymbol{e}_{\mathrm{n}} \tag{1-11a}$$

考虑到$\omega=\frac{\mathrm{d}\theta}{\mathrm{d}t}$，$v=r\omega$，故上式为

$$\boldsymbol{a}_{\mathrm{n}}=r\omega^2\boldsymbol{e}_{\mathrm{n}}=\frac{v^2}{r}\boldsymbol{e}_{\mathrm{n}},\qquad |\boldsymbol{a}_{\mathrm{n}}|=\frac{v^2}{r} \tag{1-11b}$$

由式(1-10)和式(1-11b)，可将质点做变速圆周运动时的加速度表达式(1-8)写成

$$\boldsymbol{a}=\boldsymbol{a}_{\mathrm{t}}+\boldsymbol{a}_{\mathrm{n}}=\frac{\mathrm{d}v}{\mathrm{d}t}\boldsymbol{e}_{\mathrm{t}}+\frac{v^2}{r}\boldsymbol{e}_{\mathrm{n}} \tag{1-12a}$$

或

$$\boldsymbol{a}=r\alpha\,\boldsymbol{e}_{\mathrm{t}}+r\omega^2\boldsymbol{e}_{\mathrm{n}} \tag{1-12b}$$

其中，切向加速度 $\boldsymbol{a}_{\mathrm{t}}$ 是由速度数值的变化而引起的，法向加速度 $\boldsymbol{a}_{\mathrm{t}}$ 则是由速度方向的变化而引起。

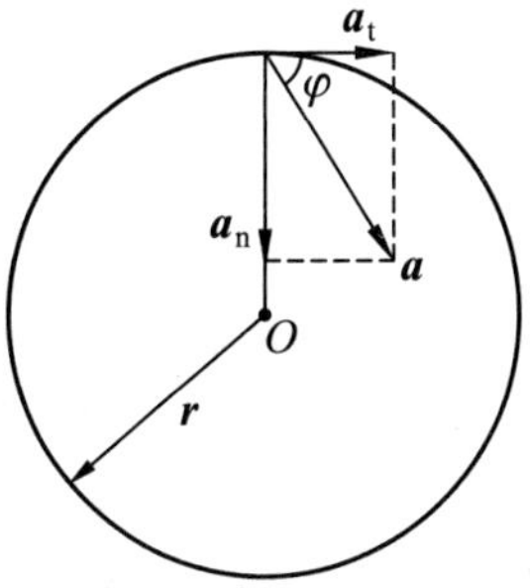

图 1-11　变速运动的加速度

在变速圆周运动中，由于速度的方向和大小都在变化，所以加速度 $\boldsymbol{a}$ 的方向不再指向圆心(见图 1-11)，其值和方向为 $a=(a_{\mathrm{t}}^2+a_{\mathrm{n}}^2)^{1/2}$，$\tan\varphi=\dfrac{a_{\mathrm{n}}}{a_{\mathrm{t}}}$。

上述结果虽然是从变速圆周运动中得出的，但对于一般的曲线运动，式(1-10)、式(1-11)仍然适用。此时可以把一段足够小的曲线看成一段圆弧。这样包含这段圆弧的圆周就被称为曲线在给定点的曲率圆，从而可用曲率半径 ρ 来替代圆的半径 r。

例 1-4　如图 1-12 所示，飞机在高空点 A 时的水平速率为 $v_A=1\,940\ \mathrm{km\cdot h^{-1}}$，沿近似于圆弧的曲线俯冲到点 B，其速率为 $v_B=2\,192\ \mathrm{km\cdot h^{-1}}$，所经历的时间为 $\Delta t=3\ \mathrm{s}$。设圆弧 AB 的半径约为 3.5 km，且飞机从点 A 到点 B 的俯冲过程可视为匀变速率圆周运动。若不计重力加速度的影响，求：(1)飞机在点 B 的加速度；(2)飞机由点 A 到达点 B 所经历的路程。

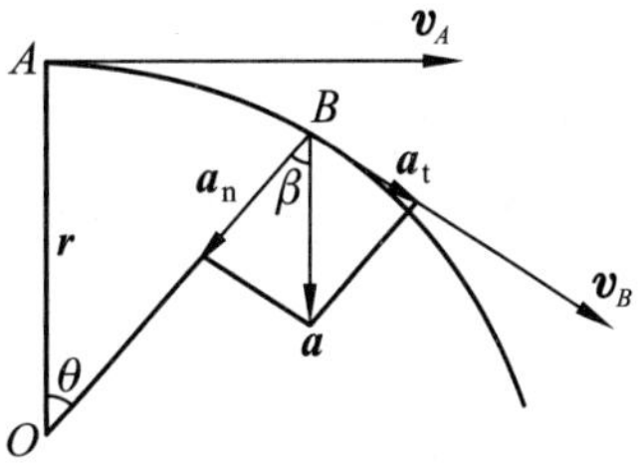

图 1-12　例 1-4 图

解　(1)由于飞机在圆弧 AB 之间做匀变速率圆周运动，所以$\dfrac{\mathrm{d}v}{\mathrm{d}t}$和角加速度 α 均为常量。切向加速度 $\boldsymbol{a}_{\mathrm{t}}$ 的值为

$$a_{\mathrm{t}}=\frac{\mathrm{d}v}{\mathrm{d}t}$$

有

$$\int_{v_A}^{v_B}\mathrm{d}v=\int_0^t a_{\mathrm{t}}\mathrm{d}t=a_{\mathrm{t}}\int_0^t\mathrm{d}t$$

得点 B 的切向加速度为

$$a_{\mathrm{t}}=\frac{v_B-v_A}{\Delta t}\approx 23.3\ \mathrm{m\cdot s^{-2}}$$

而在点 B 的法向加速度的值为

$$a_{\mathrm{n}}=\frac{v_B^2}{r}\approx 105.9\ \mathrm{m\cdot s^{-2}}$$

故飞机在点 B 时的加速度的值为

$$a=(a_{\mathrm{t}}^2+a_{\mathrm{n}}^2)^{1/2}\approx 108.4\ \mathrm{m\cdot s^{-2}}$$

a 与 a_{n} 之间的夹角 β 为

$$\beta=\arctan\frac{a_t}{a_n}\approx 12.4°$$

(2)在时间 t 内，径矢 $\boldsymbol{r}$ 转过的角度为

$$\theta=\omega_A\Delta t+\frac{1}{2}a\Delta t^2$$

其中，ω_A 是飞机在点 A 的角速度。故在此时间内，飞机经过的路程为

$$s=r\theta=r\omega_A\Delta t+\frac{1}{2}ra\Delta t^2=v_A\Delta t+\frac{1}{2}a_t\Delta t^2\approx 1721.5\ \mathrm{m}$$

1.2 运动学的基本问题

运动学的问题一般分为两大类：第一类问题是已知质点的位置矢量 $\boldsymbol{r}=\boldsymbol{r}(t)$，求质点的速度和加速度，这类问题可以通过矢径对时间的逐级微商得到。第二类问题是已知质点的加速度或速度，反过来求质点的速度、位置及运动方程。第二类问题则是通过对加速度或速度积分而得到结果，积分常数要由问题给定的初始条件如初始位置和初始速度来决定。

例 1-5 如图 1-13 所示，长为 l 的细棒，在竖直平面内沿墙角下滑，上端 A 下滑速度为匀速，大小为 v。当下端 B 离墙角距离为 $x(x<l)$时，B 端水平速度和加速度多大？

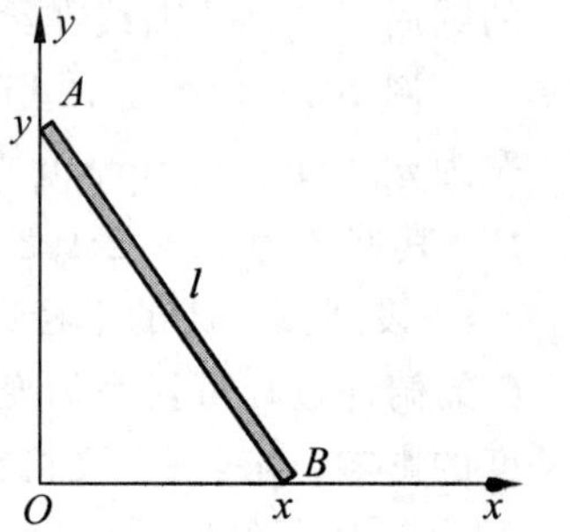

图 1-13 例 1-5 图

解 建立如图 1-13 所示的坐标系，设 A 端离地高度为 y，已知上端 A 下滑速度为匀速，大小为 v，则

$$\frac{\mathrm{d}y}{\mathrm{d}t}=-v$$

又因为

$$x^2+y^2=l^2$$

方程两边对 t 求导得

$$\frac{2x\mathrm{d}x}{\mathrm{d}t}+\frac{2y\mathrm{d}y}{\mathrm{d}t}=0$$

则有

$$\frac{\mathrm{d}x}{\mathrm{d}t}=-\frac{y}{x}\frac{\mathrm{d}y}{\mathrm{d}t}=\frac{y}{x}v=\frac{\sqrt{l^2-x^2}}{x}v$$

则加速度为
$$\frac{\mathrm{d}^2x}{\mathrm{d}t^2}=\frac{x\mathrm{d}y/\mathrm{d}t-y\mathrm{d}x/\mathrm{d}t}{x^2}v=-\frac{l^2}{x^3}v^2$$

例 1-6 质点做半径为 R 的圆周运动，其速率 $v=2t$，求质点任意时刻的加速度 $\boldsymbol{a}$。

解 因为 $a_n=\frac{v^2}{R}=\frac{4t^2}{R}$ $a_t=\frac{\mathrm{d}v}{\mathrm{d}t}=2$，所以

$$\boldsymbol{a}=\frac{4t^2}{R}\boldsymbol{e}_n+2\boldsymbol{e}_t$$

例 1-7 一质点沿圆周运动，其切向加速度与法向加速度的大小恒保持相等。设 θ 为质点在圆周上任意两点速度 $\boldsymbol{v}_1$ 与 $\boldsymbol{v}_2$ 之间的夹角。试证：$\boldsymbol{v}_2=\boldsymbol{v}_1\mathrm{e}^{\theta}$。

证 因为 $|\boldsymbol{a}_n|=\frac{v^2}{R}$，$|\boldsymbol{a}_t|=\frac{dv}{dt}$，所以

$$\frac{v^2}{R}=\frac{dv}{dt}=v\frac{dv}{ds} \quad 即 \quad \frac{ds}{R}=\frac{dv}{v}$$

$\int_0^s\frac{ds}{R}=\int_{v_1}^{v_2}\frac{dv}{v}$ 积分得

$$\frac{s}{R}=\ln\frac{v_2}{v_1} \quad \theta=\frac{s}{R}=\ln\frac{v_2}{v_1}$$

即 $\boldsymbol{v}_2=\boldsymbol{v}_1e^{\theta}$。

1.3 运动的叠加

1. 运动叠加原理

在日常生活和生产实践中，常可看到一个物体同时参与两个或几个不同方向上的运动的情形。大量实验事实表明，宏观物体任何一个方向的运动，都不因为其他方向的运动而受到影响，即各种方向的运动都具有独立性，这称为运动独立性原理。

2. 实例

以抛体运动为例，如图 1-14 所示。抛体运动是平面曲线运动，物体在空中任意时刻速度分量为

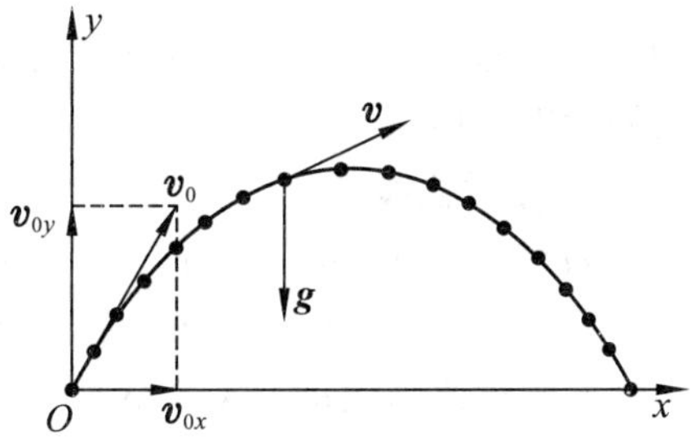

图 1-14 抛体运动曲线

$$\begin{cases}v_x=v_0\cos\theta\\ v_y=v_0\sin\theta-gt\end{cases}$$

将上式积分可得

$$\begin{cases}x=v_0\cos\theta\cdot t\\ y=v_0\sin\theta\cdot t-\frac{1}{2}gt^2\end{cases}$$

消去 t 得轨迹方程

$$y=x\tan\theta-\frac{g}{2v_0^2\cos^2\theta}x^2$$

由 $y=0$ 得水平射程

$$x_m=\frac{v_0^2\sin 2\theta}{g}$$

由 $v_y=0$，有 $t=\frac{v_0\sin\theta}{g}$，则垂直射程

$$y_m=\frac{v_0^2\sin^2\theta}{2g}$$

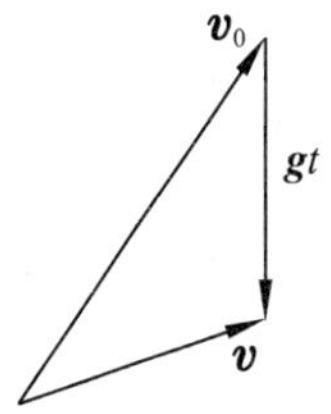

图 1-15 速度三角形

矢量形式(见图 1-15)为 $\boldsymbol{v}=v_0\cos\theta\boldsymbol{i}+(v_0\sin\theta-gt)\boldsymbol{j}$，即

$$\boldsymbol{v}=v_0\cos\theta\boldsymbol{i}+(v_0\sin\theta-gt)\boldsymbol{j}=\boldsymbol{v}_0+\boldsymbol{g}t$$

$$\boldsymbol{r}=\int_0^t\boldsymbol{v}dt=\boldsymbol{v}_0t+\frac{1}{2}\boldsymbol{g}t^2$$

可见，抛体运动可归结为初速度方向的匀速直线运动和竖直方向的自由落体运动的叠加。

例 1-8 证明在猎人和猴子的演示中，不论子弹的初速度如何，总能击中猴子(不计空气阻力)，如图 1-16 所示。

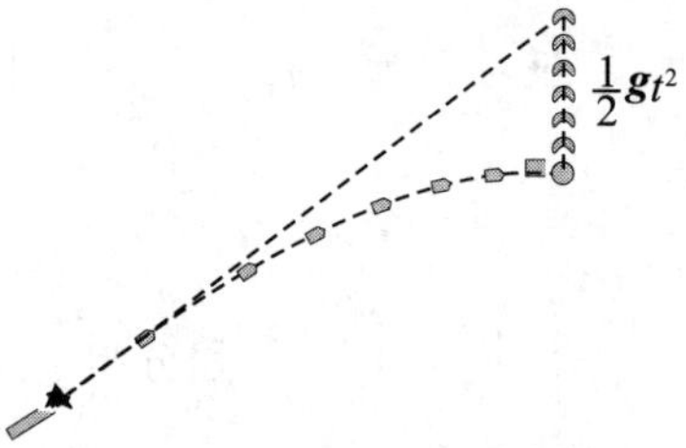

图 1-16 例 1-8 图

解 $\boldsymbol{v}_{弹对猴}=\boldsymbol{v}_{弹对地}+\boldsymbol{v}_{地对猴}=\boldsymbol{v}_{弹对地}-\boldsymbol{v}_{猴对地}$

$=\boldsymbol{v}_0+\boldsymbol{g}t-\boldsymbol{g}t=\boldsymbol{v}_0$

即子弹相对于猴子的速度为子弹的初速度，只要一开始瞄准猴子总能击中，如图 1-16 所示。

*1.4 相对运动

质点的运动轨迹依赖于观察者(即参考系)的例子是很多的。例如，一个人站在做匀速直线运动的车上，竖直向上抛出一块石子，车上的观察者看到石子竖直上升并竖直下落。但是，站在地面上的另一人却看到石子的运动轨迹为一抛物线。从这个例子可以看出，石子的运动情况依赖于参考系。在描述物体的运动时，总是相对于选定的参考系而言的。通常，我们选地面(或相对于地面静止的物体作为参考系)，但是有时为了方便起见，往往也改选相对于地面运动的物体作为参考系。由于参考系的变换，就要考虑物体相对于不同参考系的运动及其相互关系，这就是相对运动问题。

1. 相对位移

如图 1-17 所示，先选定一个基本参考系 K(地面)，如果另一个参考系(车)相对于基本参考系 K 在运动，则称之为运动参考系 K'。设一运动物体(球)P 在某一时刻相对于参考系 K 和 K' 的位置，可分别用位矢 $\boldsymbol{r}$ 和 $\boldsymbol{r}'$ 表示；而运动参考系 K' 上的原点 O' 在基本参考系 K 中的位矢为 $\boldsymbol{r}_0$，它们之间的关系为

$$\boldsymbol{r}=\boldsymbol{r}_0+\boldsymbol{r}' \tag{1-13}$$

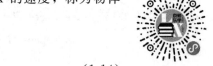

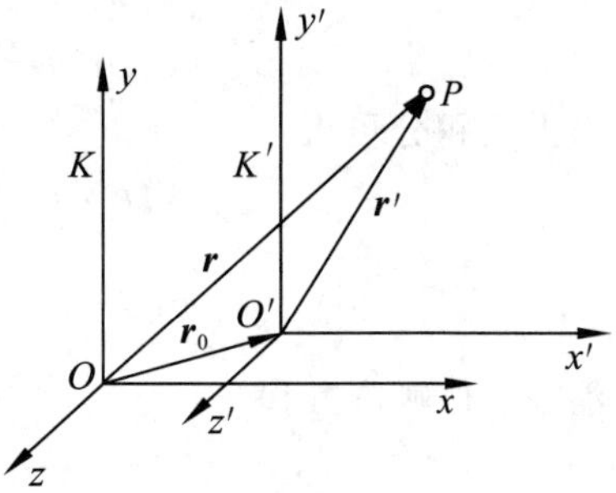

图 1-17 相对位移

2. 相对速度

将式(1-13)对时间 t 求导，$\frac{\mathrm{d}\boldsymbol{r}}{\mathrm{d}t}=\frac{\mathrm{d}\boldsymbol{r}_0}{\mathrm{d}t}+\frac{\mathrm{d}\boldsymbol{r}'}{\mathrm{d}t}$，则

(1) $\frac{\mathrm{d}\boldsymbol{r}}{\mathrm{d}t}$：物体在基本参考系 K 中观察到的速度，称为物体的绝对速度，用 $\boldsymbol{v}$ 表示；

(2) $\frac{\mathrm{d}\boldsymbol{r}'}{\mathrm{d}t}$：物体在运动参考系 K' 中观测到的速度，称为物体的相对速度，用 $\boldsymbol{v}'$ 表示；

(3) $\frac{\mathrm{d}\boldsymbol{r}_0}{\mathrm{d}t}$：运动参考系自身相对于基本参考系 K 的速度，称为物体的牵连速度，用 $\boldsymbol{u}$ 表示。

于是，上式可以写成

$$\boldsymbol{v}=\boldsymbol{v}'+\boldsymbol{u} \tag{1-14}$$

相对运动

即绝对速度等于相对速度与牵连速度的矢量和，这一结论称为速度合成定理，它表述了不同参考系之间的速度变换关系。

例 1-9 如图 1-18 所示，两船 A 和 B 各以速度 $\boldsymbol{v}_A$ 和 $\boldsymbol{v}_B$ 行驶，试问它们会相撞吗？

解 船 B 相对于船 A 的速度为

$$\begin{aligned}\boldsymbol{v}_{BA} &= \boldsymbol{v}_{B地} + \boldsymbol{v}_{地A} = \boldsymbol{v}_{B地} - \boldsymbol{v}_{A地} \\ &= \boldsymbol{v}_B - \boldsymbol{v}_A\end{aligned}$$

因此两船不会相撞。

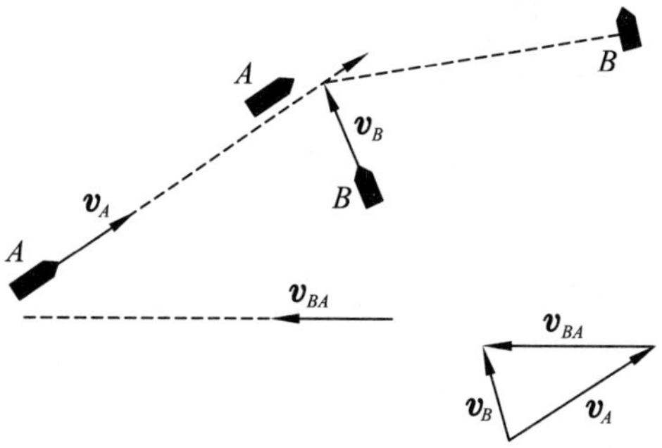

图 1-18 例 1-9 图

例 1-10 如图 1-19 所示，东流的江水，流速为 $v_1=4$ m/s，一船在江中以航速 $v_2=3$ m/s 向正北行驶。试求：岸上的人将看到船以多大的速率 v、向什么方向航行？

解 以岸为 K 系，江水为 K'系，则船相对于岸的速度为

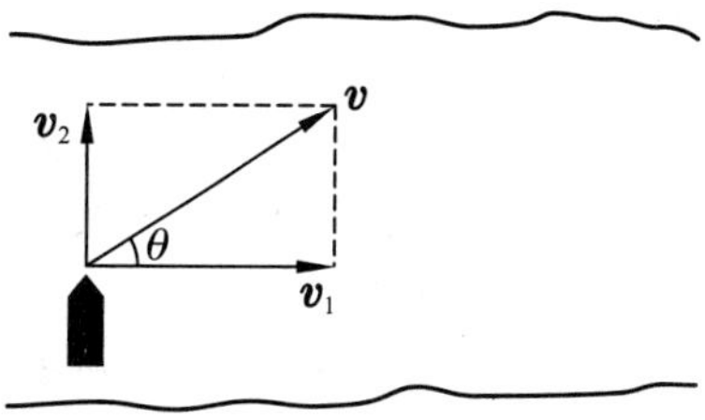

图 1-19 例 1-10 图

$$\boldsymbol{v} = \boldsymbol{v}_1 + \boldsymbol{v}_2$$

则 $v=\sqrt{v_1^2+v_2^2}=\sqrt{3^2+4^2}=5(\mathrm{m\cdot s^{-1}})$

方向为
$$\theta=\tan\frac{v_2}{v_1}=\tan\frac{3}{4}\approx 36.87°$$

例 1-11 一小船运载木料逆水而行，经过某桥下时，一块木料不慎落入水中，经过半小时后才发现，立即回程追赶，在桥下游 5 km 处追上木料，设小船顺流及逆流的速度相同。求：(1)小船回程追赶所需时间。(2)水流速度？

解 运动质点：船；静止参照系：河岸；运动参照系：木料。

(1)先假设水不流动，则木料静止在桥下，船来回速度相同，那么船来回所需时间相同，即

$$t_1=t_2=0.5\ \mathrm{h}$$

则来回共用时间 $2t_1=1$ h。

现水流动，若由木料上观察者看：船来回所需时间如何？(船相对于运动参照系的运动如何)

因为水流动，自然木料以水流速度向下漂移，但应注意，船同样也有一个由于水流动而向下漂移的运动，两者互相抵消。这样，以木料为运动参照系来看，船的运动情况

与水不流动时完全相同。所以所需时间 $t_1=t_2=0.5\ \text{h}$，则来回共用时间 $2t_1=1\ \text{h}$。

(2)求水流速度。

以河岸为参照系，木料以 $\boldsymbol{v}_水$ 匀速下漂，共用时间为 1 h，木料漂下距离为 5 km，则 $\boldsymbol{v}_水=\frac{5}{1}=5(\text{km}\cdot\text{h}^{-1})$。

知识拓展：中国古代运动学的研究

本章小结

习 题

1-1 一质点沿 x 轴方向做直线运动，其速率与时间的关系如图 1-20 所示。设 $t=0$ 时，$x=0$。试根据已知的 v-t 图，画出图 a-t 及图 x-t。

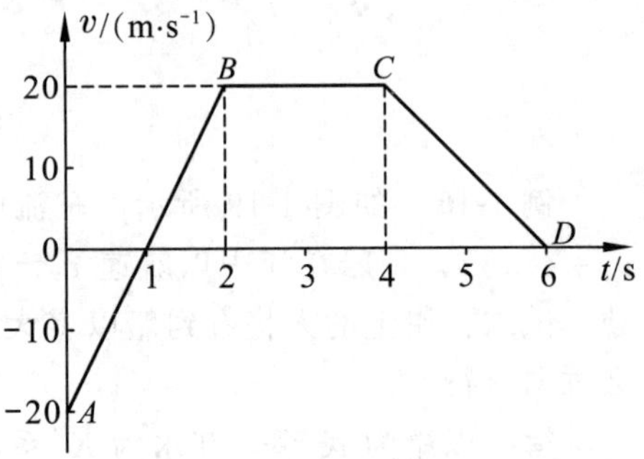

图 1-20 习题 1-1 图

1-2 已知质点运动方程为

$$\begin{cases} x=-R\sin\omega t \\ y=R(1-\cos\omega t) \end{cases}$$

式中，R，ω 为常量，试求质点做什么运动，并求其速度和加速度大小。

1-3 一质点由静止开始做直线运动，初始的加速度大小为 a_0，以后以 $a=a_0+\frac{a_0}{b}t$ 均匀增加(式中 b 为一常数)，求经 t 秒后质点的速度和位移大小。

1-4 质点在平面 Oxy 内运动，其运动方程为 $\boldsymbol{r}=(2\ \text{m}\cdot\text{s}^{-1})t\boldsymbol{i}+[19\ \text{m}-(2\ \text{m}\cdot\text{s}^{-2})t^2]\boldsymbol{j}$，

求：(1)质点的轨迹方程；(2)在 $t_1=1$ s 到 $t_2=2$ s 时间内的平均速率；(3)$t_1=1$ s 时的速率及切向和法向加速度大小。

1-5 矿山升降机做加速运动时，其角速度大小可用下式表示：$a=C\left(1-\sin\frac{\pi t}{T}\right)$。其中 C 及 T 为常数，试求运动开始 t 秒后，升降机的速度大小及其所走过的路程。

1-6 如图 1-21 所示，湖中有一小船。岸上有人用绳跨过定滑轮拉船靠岸。设滑轮距水面高度为 h，滑轮到原船位置的绳长为 l_0，试求：当人以匀速率 $\boldsymbol{v}$ 拉绳时，船运动的速率 $\boldsymbol{v}'$ 为多少。

1-7 如图 1-22 所示，杆 AB 以匀角速度绕 A 点转动，并带动水平杆 OC 上的质点 M 运动。设起始时刻杆在竖直位置，$OA=h$。(1)列出质点 M 沿水平杆 OC 的运动方程；(2)求质点 M 沿杆 OC 滑动的速度和加速度大小。

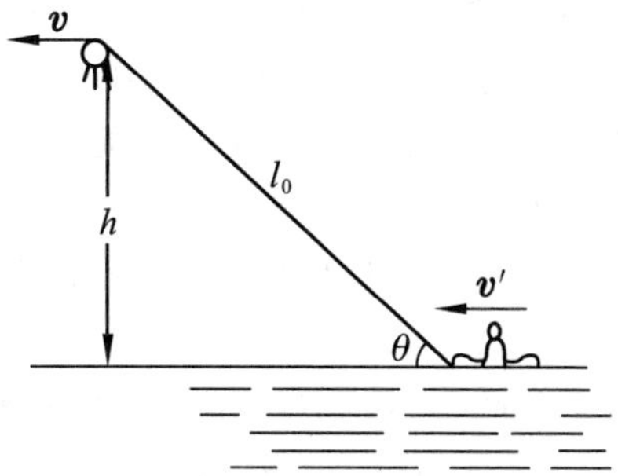

图 1-21　习题 1-6 图

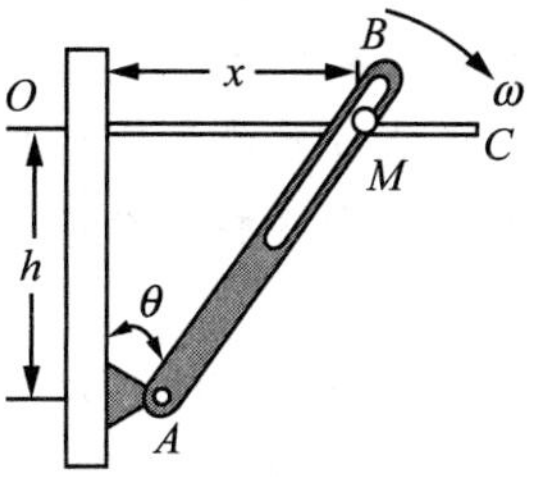

图 1-22　习题 1-7 图

1-8　一质点自原点开始沿抛物线 $y=bx^2$ 运动，它在 Ox 轴上的分速度为一恒量，其值为 $v_x=4\ \mathrm{m\cdot s^{-1}}$，求质点位于 $x=2$ m 处的速度和加速度大小。

1-9　一足球运动员在正对球门前 25 m 处以 $20\ \mathrm{m\cdot s^{-1}}$ 的初速率罚任意球，已知球门高为 3.44 m。若要在垂直于球门的竖直平面内将足球直接踢进球门，请问：他应在与地面成什么角度的范围内踢出足球？（足球可视为质点，忽略空气阻力）

1-10　质点沿轴运动，已知加速度 $a=6t\ \mathrm{m\cdot s^{-s}}$，时 $t=0$ s 时，$v=-3\ \mathrm{m\cdot s^{-1}}$，$x_0=10$ m，求(1)质点的运动方程；(2)质点在前 2 s 内的位移和路程。

1-11　质点沿 x 轴运动，加速度 $a=Ax+Bx^3$（A，B 均为正常量），设时 $t=0$ s，质点的速度 $v_0=0\ \mathrm{m\cdot s^{-1}}$，位置 $x=0$ m，求质点在任意位置 x 的速度。

1-12　滑雪运动员离开水平滑雪道飞入空中时的速率 $v=110\ \mathrm{km\cdot h^{-1}}$，着陆的斜坡与水平面成 α 角，如图 1-23 所示角度。(1)计算滑雪运动员着陆时沿斜坡的位移(忽略起飞点到斜面的距离)；(2)在实际的跳跃中，运动员所到达的距离 $L=165$ m，此结果为何与计算结果不符？

1-13　一质点沿光滑的抛物线轨道，从坐标为(2，2)的起始位置无初速地滑下，如图 1-24 所示。问质点将在何处离开抛物线？抛物线方程为 $y^2=2x$，式中 x、y 以 m 为单位。

图 1-23　习题 1-12 图

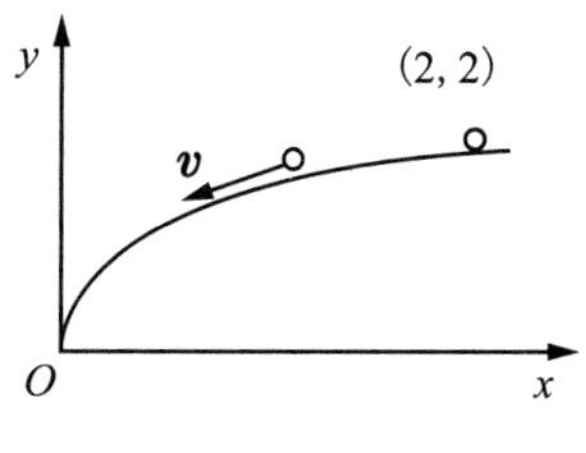

图 1-24　习题 1-13 图

1-14　一质点沿半径为 R 的圆周按规律 $s=v_0t-\dfrac{1}{2}bt^2$ 运动，v_0、b 都是常量。(1)求 t 时刻的总加速度大小；(2)t 为何值时总加速度在数值上等于 b？(3)当加速度值达到 b 时，质点已沿圆周运行了多少圈？

1-15　一半径为 0.50 m 的飞轮在启动时的短时间内，其角速度值与时间的平方成正比。在 $t=2$ s 时测得轮缘一点速度值为 $4\ \mathrm{m\cdot s^{-1}}$。求：(1)该轮在 $t'=0.5$ s 时的角速度值、轮缘一点的切向加速度和总加速度值；(2)该点在 2 s 内所转过的角度。

1-16　一质点在半径为0.10 m的圆周上运动，其角位置为$\theta=2\ \mathrm{rad}+(4\ \mathrm{rad}\cdot\mathrm{s}^{-3})t^3$。(1)求在$t=2$ s时质点的法向加速度和切向加速度值；(2)当切向加速度值恰等于总加速度值一半时，θ值为多少？(3)t为多少时，法向加速度和切向加速度的值相等？

1-17　一无风的下雨天，一列火车以$v_1=20\ \mathrm{m}\cdot\mathrm{s}^{-1}$的速率匀速前进，在车内的旅客看见玻璃窗外的雨滴和垂线成75°角下降，求雨滴下落的速率v_2(设下降的雨滴做匀速运动)。

1-18　一人能在静水中以$1.10\ \mathrm{m}\cdot\mathrm{s}^{-1}$的速率划船前进，今欲横渡一宽为$1.00\times10^3$ m、水流速率为$0.55\ \mathrm{m}\cdot\mathrm{s}^{-1}$的大河。(1)他若要从出发点横渡该河而到达正对岸的一点，那么应如何确定划行方向？到达正对岸需多少时间？(2)如果希望用最短的时间过河，应如何确定划行方向？船到达对岸的位置在什么地方？

1-19　一质点相对观察者O运动，在任意时刻t，其位置为$x=vt$，$y=gt^2/2$，质点运动的轨迹为抛物线。若另一观察者O'以速率v沿x轴正向相对O运动。试问：质点相对O'的轨迹和加速度如何？

1-20　甲乙两船同时航行，甲以$10\ \mathrm{km}\cdot\mathrm{h}^{-1}$的速率向东，乙以$5\ \mathrm{km}\cdot\mathrm{h}^{-1}$的速率向南。请问：从乙船看，甲的速率是多少？方向如何？反之，从甲船看，乙的速率又是多少？方向如何？

第 2 章　牛顿运动定律

本章要点

自然界中，物体都是在相互作用中运动的。物体的机械运动与物体之间的相互作用是什么关系？与物体本身性质有关吗？从本章开始，我们要研究这个问题。这就是动力学的内容。本章主要论述质点运动的基本定律，即牛顿运动三定律，它是动力学的核心内容；在此基础上，可推导出许多力学规律。能否学好力学，主要取决于对本章内容的掌握程度。因此，要求同学们在深刻领会、切实理解牛顿运动定律及其数学表达式的含义和有关概念的同时，学会运用牛顿运动三定律研究各种具体力学问题。

2.1　牛顿运动定律

科学家介绍：
伽利略

17 世纪，近代科学的先驱者伽利略首创用实验方法研究力学问题，由此推论出：若消除摩擦力的影响，物体将无须依赖外力的不断推动，而永远保持其运动状态不变。

后来，牛顿对机械运动的规律作了审慎而又深入的研究，根据伽利略的上述思想和当时对某些力学规律的认识，总结成第一定律和第二定律。在惠更斯研究物体弹性碰撞的基础上，牛顿又提出表述作用力与反作用力关系的第三定律。最后，牛顿在他的《自然哲学的数学原理》一书中发表了这三条定律。

2.1.1　牛顿第一定律

按照古希腊哲学家亚里士多德的说法，静止是物体的自然状态，要使物体以某一速度做匀速运动，必须有力对它作用才行。在亚里士多德看来，这确实是真理。人们的确看到，在水平面上运动的物体最后都要趋于静止，从地面上抛出的石子最终都要落回地面。在漫长岁月中，这个概念一直被许多哲学家和不少物理学家所接受。直到 17 世纪，伽利略指出，物体沿水平面滑动趋于静止的原因是有摩擦力作用在物体上。他从实验中总结出在略去摩擦力的情况下，如果没有外力作用，物体将以恒定的速度运动下去。力不是维持物体运动的原因，而是使物体运动状态改变的原因。牛顿继承和发展了伽利略的见解，并第一次用概括性的语言把它表达了出来。

牛顿第一定律表述为：任何物体都保持静止或匀速直线运动状态，直至其他物体所作用的力迫使它改变这种状态为止。

$$\boldsymbol{F}=0,\quad \boldsymbol{v}=\text{恒矢量} \tag{2-1}$$

牛顿第一定律阐明任何物体具有保持静止或匀速直线运动的性质，称为惯性。因此，牛顿第一定律也称为惯性定律。

牛顿第一定律还阐明力的作用是迫使物体运动状态改变，而物体的惯性企图保持物体的运动状态不变。力是物体之间的相互作用，是改变运动状态的原因。

在自然界中，完全不受其他物体作用的物体实际上是不存在的，物体总要受到接触力或场力的作用，因此，第一定律不能简单地直接用实验加以验证。

2.1.2 牛顿第二定律

科学家介绍：牛顿

1. 牛顿第二定律的内容

物体的加速度与物体所受的合外力成正比，与物体的质量成反比，加速度的方向与合外力的方向一致。

在国际单位制中

$$\boldsymbol{F}=m\boldsymbol{a} \tag{2-2}$$

这就是牛顿第二定律的数学表达式，它是矢量式。$\boldsymbol{F}$ 为合外力，合外力产生的加速度等于各分力产生的加速度的矢量和。$\boldsymbol{F}$ 与 $\boldsymbol{a}$ 的关系为瞬时关系。

牛顿第一定律阐明了受力物体相对于惯性系的运动状态将发生变化(产生加速度)，由此指出力的含义。

牛顿第二定律则进一步说明物体在外力作用下运动状态的变化情况，并给出力、质量(惯性的量度)和加速度三者之间的定量关系。

2. 牛顿第二定律的理解

对于牛顿第二定律应注意以下几点。

(1)力是产生加速度的原因，两者间存在因果关系。

(2)力的方向就是加速度的方向，两者间存在矢量对应关系。

(3)若力是变化的，则产生的加速度也是变化的，两者间存在瞬时对应关系。

(4)牛顿第二定律只适用于研究宏观物体、低速运动问题，同时所用参照系是惯性参照系，即只适用于对地面静止或做匀速直线运动的参照系，$\boldsymbol{a}$ 是相对地面的加速度。

(5)牛顿第二定律是动力学核心规律，是本章的重点和中心内容，在力学中占有很重要的地位。

3. 牛顿第二定律的验证

牛顿第二定律是实验定律，实验采用“控制变量法”来研究。

(1)保持物体的质量不变，改变物体所受的外力，测量物体在不同外力作用下的加速度，发现 $\boldsymbol{a}\propto\boldsymbol{F}$。

(2)保持物体所受外力不变，改变物体的质量，测量相同外力作用下不同质量物体的加速度，发现 $\boldsymbol{a}\propto\frac{1}{m}$，在此基础上，若 $\boldsymbol{F}$，m 都发生变化的情况下，则有 $\boldsymbol{a}\propto\frac{\boldsymbol{F}}{m}$，这就是牛顿第二定律。

“控制变量方法”是一种常用的科学研究方法，要求熟练掌握。

2.1.3 牛顿第三定律

力是物体对物体的作用，甲物对乙物施加力的作用的同时，也受到乙物对它施加方向相反的作用的力，因此，物体间的作用总是相互的，成对出现的。我们把两个物体间相互作用的这对相反的力称为作用力和反作用力。它们遵从的规律就是牛顿第三定律，又称为作用力和反作用力定律。

1. 定律的内容

两个物体之间的作用力和反作用力总是大小相等、方向相反、作用在一条直线上

的，即

$$\boldsymbol{F}_{12}=-\boldsymbol{F}_{21} \tag{2-3}$$

2. 应用说明

(1)牛顿第三定律的成立与物体的运动状态无关。

(2)作用力和反作用力具有如下性质。

①相对性：作用力和反作用力没有绝对意义，是相对而言的。我们可以把这一对力中任意一个称为作用力，另一个力称为反作用力。

②同时性：作用力和反作用力同时产生，同时消失，同时变化。

③同性性：作用力和反作用力是同一性质的力。

④等大、反向、共线性，这是牛顿第三定律所揭示的。还要注意的是：无论相互作用的两物体的质量是相等，还是相差十分悬殊，它们间的相互作用力总是等大、反向、共线的。

⑤不平衡性：作用力和反作用力虽然等大、反向、共线，但是因为不是作用在同一个物体上，不存在力的平衡问题，也就是它们不是一对平衡力。这里要注意的是：一对平衡力与一对作用力和反作用力，虽然具有等大，反向，共线性，但是平衡力是作用在同一物体上的，能平衡，且没有同时性和同性性。

(3)牛顿第三定律是用穷举法(或不完全归纳法)，通过大量的实验归纳和总结得出的一条实验定律。

有趣的牛顿三定律

物理成就：我国古代力学的成就

2.2　几种常见力

自然界的相互作用可归结为四种基本相互作用，如表 2-1 所示。

表 2-1　自然界的四种基本相互作用

类型	相互作用的物体	强度	作用距离	宏观表现
引力相互作用	一切微粒和物体	10^{-38}	长	有
弱相互作用	大多数微粒	10^{-13}	短($\sim10^{-18}$ m)	无
电磁相互作用	电荷微粒或物体	10^{-2}	长	有
强相互作用	核子、介子等	1	短($\sim10^{-15}$ m)	无

自然界只存在几种基本的力，其他的力都是这几种力的不同表现形式。

1. 万有引力

(1)万有引力定律。

任意两个质点间均存在相互吸引力，吸引力 $\boldsymbol{F}$ 沿两质点的连线作用，吸引力的大小与两质点的质量的乘积成正比，与它们之间的距离平方成反比，即

四种基本相互作用

$$\boldsymbol{F}=-G\frac{m_1m_2}{r^2}\boldsymbol{e}_{\mathrm{r}} \tag{2-4}$$

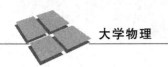

式中，m_1，m_2 表示两个质点的质量，r 是它们之间的距离，G 是比例常量，叫万有引力常量，$\boldsymbol{e}_{\mathrm{r}}$ 为两质点的连线方向的单位矢量。这个常量在 1771 年由卡文迪许用扭秤进行了首次测定。现代测定 G 的数值为

$$G=6.672\,0\times10^{-11}\ \mathrm{N\cdot m^2\cdot kg^{-2}}$$

万有引力定律原则上只适用于质点之间的相互作用。如果研究的对象不是质点，其大小、形状不能忽略，则需要把物体看成由许多小质元组成，应用微积分知识，求出两物体所有小质元之间万有引力的矢量和，即可得这两个物体之间的万有引力。若物体为球体，且密度均匀分布或按各球层均匀分布，积分结果表明，它们之间的引力仍然可以用式(2-4)计算。但其中 r 表示两球球心的距离，而引力则沿两球心的连线，如图 2-1(a)所示。例如，求地球和月球间的引力，就以地球中心和月球中心计算距离。计算地球对地面上任何物体的吸引力时，可把地球的质量集中在地球中心，对地面上的物体，其线度总比它到地球中心的距离小得多，所以不论物体是什么形状，都可看成质点，于是可直接应用式(2-4)计算物体受到的地球引力，r 是指物体到地球中心的距离，如图 2-1(b)所示。

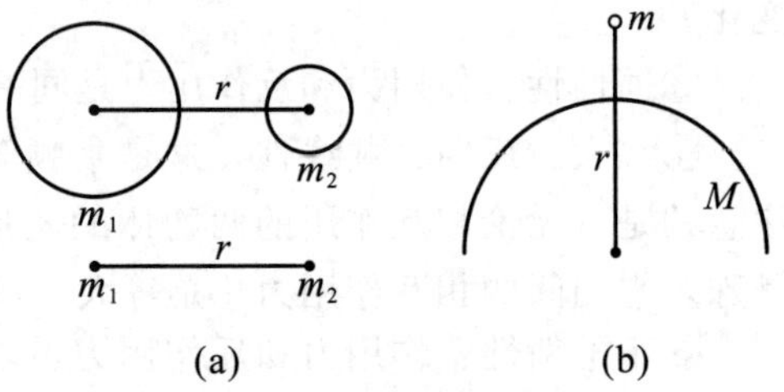

图 2-1　两球之间的万有引力

(2)重力。

地球对地球表面附近物体的引力称为重力，物体因受重力作用而具有的加速度是重力加速度 $\boldsymbol{g}$。根据牛顿第二定律，质量为 m 的物体所受重力的大小为

$$W=mg \tag{2-5}$$

既然物体所受重力是地球施予的万有引力，那么重力也可表示成

$$W=G\frac{M_{\mathrm{e}}m}{R_{\mathrm{e}}^2}$$

式中，M_{e} 表示地球质量，R_{e} 表示地球半径。比较上边两式，得重力加速度为

$$g=G\frac{M_{\mathrm{e}}}{R_{\mathrm{e}}^2} \tag{2-6}$$

g 的大小近似为 $9.8\ \mathrm{m\cdot s^{-2}}$。实际上，地球不是真正的球体，地球表面不同纬度处的重力加速度值略有差异。此外，由于地球各部分地质构造不同，使地球的质量分布也不完全是对称的。例如，地球内某处存在大型矿藏因而破坏了地球质量的对称分布时，该处的重力加速度值表现异常。因此，可以通过重力加速度来探矿，这种方法称为重力探矿法。

应该指出，严格说来物体所受重力无论是大小还是方向都不同于地球对物体的万有引力，两者间存在微小差别，这是由地球自转引起的，这个问题本课程不做深入的讨论。

另外，不能将重量和质量混为一谈。质量反映物体被当作质点时的惯性，是任何

物体本身所固有的属性；而重量是物体所受重力的大小，属于相互作用的范畴，这是质量和重量最本质的区别。物体总是具有质量的，但若物体失去重力作用，如当星际飞船远离地球和其他行星的时候，重量就没有意义了。

知识拓展：万有引力常数

例 2-1 在地球赤道上空距海平面高 h 处有一人造卫星，可近似看成绕地轴做匀速率圆周运动，其角速率与地球自转角速率相同，即人们看到它在天空不动，称为同步人造卫星。已知同步卫星周期 $T=24\ \mathrm{h}$，地球质量 $M_e=5.98\times10^{24}\ \mathrm{kg}$，地球平均半径 $R_e=6.37\times10^3\ \mathrm{km}$。求它距海平面的高度 h。

解 如图 2-2 所示，卫星的轨道半径为 R_e+h。因它做匀速率圆周运动，所以只有向心加速度，设卫星的速率为 v，则向心加速度为

$$a_n=\frac{v^2}{R_e+h}$$

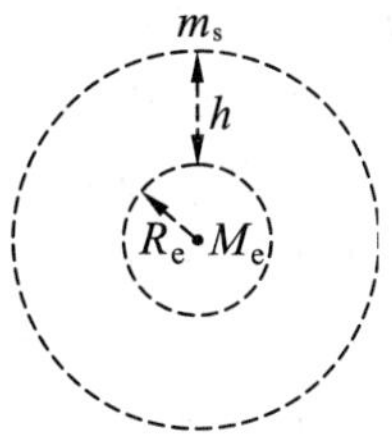

图 2-2 例 2-1 图

产生向心加速度的原因是它受到地球的吸引力。设卫星的质量为 m_s，根据万有引力定律与牛顿第二定律有

$$G\frac{M_e m_s}{(R_e+h)^2}=m_s\frac{v^2}{R_e+h}$$

因为卫星的轨道周长为 $2\pi(R_e+h)$，周期为 T，所以其速率为

$$v=2\pi(R_e+h)/T$$

代入上式可以解得

$$R_e+h=\sqrt[3]{\left(\frac{T}{2\pi}\right)^2 GM_e}$$

即同步卫星距海平面的高度为

$$\begin{aligned}h&=\sqrt[3]{\left(\frac{T}{2\pi}\right)^2 GM_e}-R_e\\&=\sqrt[3]{\left(\frac{24\times3600}{2\pi}\right)^2\times6.67\times10^{-11}\times5.98\times10^{24}}-6.37\times10^3\times10^3\\&\approx3.6\times10^4\,(\mathrm{km})\end{aligned}$$

例 2-2 已知地球平均半径 $R_e=6.37\times10^3\ \mathrm{km}$，试估算地球的质量及地球平均密度。

解 地球质量 M_e 可由式(2-6)确定，即

$$M_e=\frac{gR_e^2}{G}$$

地球表面的重力加速度 g 可由实验测出，取 $g=9.81\ \mathrm{m\cdot s^{-2}}$，代入上式求得

$$\begin{aligned}M_e&=\frac{9.81\times(6.37\times10^6)^2}{6.67\times10^{-11}}\\&\approx6.0\times10^{24}\,(\mathrm{kg})\end{aligned}$$

则地球平均密度为

$$\rho=\frac{M_e}{\frac{4}{3}\pi R_e^3}=\frac{6.0\times10^{24}}{\frac{4}{3}\pi\times(6.37\times10^6)^3}$$
$$\approx5.5\times10^3(\mathrm{kg\cdot m^{-3}})$$

2. 挤压弹性力

发生形变的物体，由于要恢复原状，会对与它接触的物体产生力的作用，这种力叫弹力。常见的弹力有三种。

(1)正压力(或支持力)。

如图 2-3 所示，在理想光滑的水平桌面上放置一物体，物体与桌面接触，双方均因挤压而变形，变形后的物体均因企图恢复原状而互相施挤压弹性力。物体受到桌子竖直向上的支持力 $\boldsymbol{N}$，物体对桌子有竖直向下的作用力 $\boldsymbol{N}'$，$\boldsymbol{N}$ 和 $\boldsymbol{N}'$ 是一对作用力和反作用力，都属于挤压弹性力，其方向总是和接触面垂直，称为法向力或正压力。如果两物体的接触面为粗糙面，上述的挤压弹性力仍垂直于接触面。

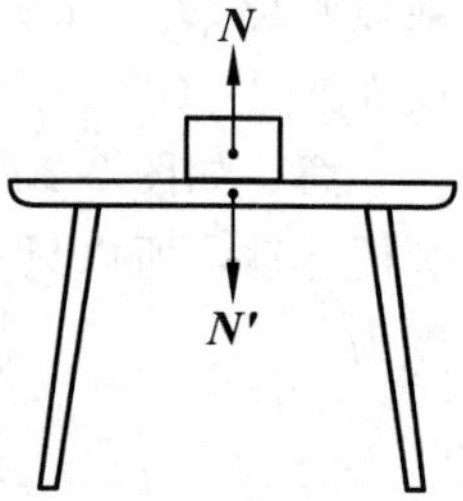

图 2-3　挤压弹性力

例 2-3　斜面质量为 m_1，物块质量为 m_2，斜面倾角为 α，m_1 与 m_2 之间和 m_1 与支承面间均无摩擦，问水平力 F 为多大时可使 m_1 和 m_2 相对静止但共同向前运动，并求出 m_2 对 m_1 的压力(见图 2-4)。

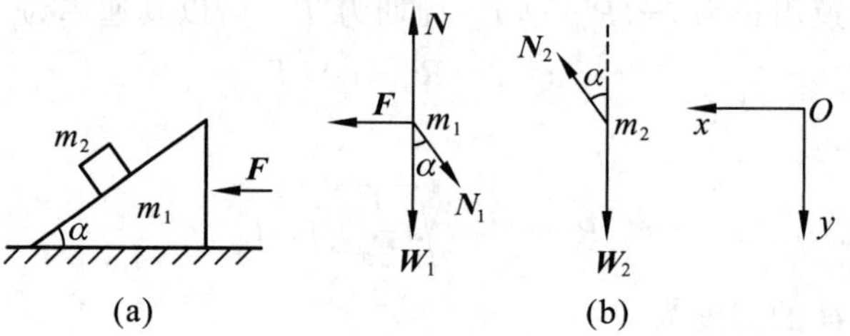

图 2-4　例 2-3 图

解　将斜面和物块视为质点并取作研究对象，受力如图 2-4 所示。m_1 受推力 $\boldsymbol{F}$，支承面支持力 $\boldsymbol{N}$，重力 $\boldsymbol{W}_1$ 和 m_2 的压力 $\boldsymbol{N}_1$；m_2 受重力 $\boldsymbol{W}_2$ 和斜面的支持力 $\boldsymbol{N}_2$。考虑到斜面和物块相对静止，具有共同的加速度，根据牛顿第二、第三定律，得

$$\begin{cases}\boldsymbol{F}+\boldsymbol{N}+\boldsymbol{W}_1+\boldsymbol{N}_1=m_1\boldsymbol{a}\\ \boldsymbol{W}_2+\boldsymbol{N}_2=m_2\boldsymbol{a}\\ \boldsymbol{N}_1=-\boldsymbol{N}_2\end{cases}$$

建立坐标轴沿水平和垂直方向的坐标系 Oxy，对于斜面有

$$F-N_1\sin\alpha=m_1a$$

对于物块有

$$\begin{cases}N_2\sin\alpha=m_2a\\ m_2g-N_2\cos\alpha=0\end{cases}$$

解此联立方程组得

$$F=(m_1+m_2)g\tan\alpha$$

$$N_2=\frac{m_2 g}{\cos\alpha}$$

即用水平力大小为 $F=(m_1+m_2)g\tan\alpha$ 可使物块和斜面共同运动，物块对斜面的压力大小等于$\frac{m_2 g}{\cos\alpha}$。

值得注意的是，质量为 m_2 的物体在静止斜面上下滑时对斜面的压力大小等于 $m_2 g\cos\alpha$，而例 2-3 中物块对斜面的压力大小却等于$\frac{m_2 g}{\cos\alpha}$。这种不同反映了物体之间的挤压弹性力并没有独立自主的大小，而是需要由其运动状态和所受到的其他力来决定。由此还可以进一步看到，“将斜面上物体所受重力分解为下滑力和正压力”的说法是不正确的。它不仅混淆了“重力沿与斜面垂直方向的分力”和“正压力”这两种不同性质的力，而且误将这两种力的大小看作相等。

说明：关于正压力有

- 两个物体通过一定面积相接触；
- 两个物体发生了形变(这种形变十分微小，以至于很难观察到)而产生了这种力；
- 该力的大小取决于相互压紧的程度，方向总是垂直于接触面而指向对方。

(2)绳子的张力。

当绳子受到拉伸如用绳子拉物体，绳子与物体之间有弹性力，绳子内部也有弹性力。设想通过某一横截面把绳子分成两部分，这两部分绳子之间都要互施拉力，这一对作用力和反作用力称为绳子的张力。如图 2-5 所示，$\boldsymbol{T}_B$ 和 $\boldsymbol{T}_B'$ 是绳的 B 截面处上下两部分绳之间的相互拉力，它们都称为截面 B 处的张力。计算绳的张力，以便根据绳的强度估计绳的承载能力是很有实际意义的。

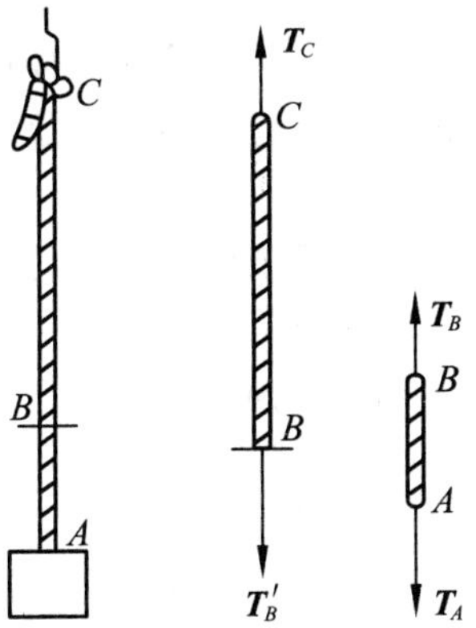

图 2-5　绳子的张力

张力是绳子因拉伸形变而产生的，可看作弹性力；但其拉伸形变与绳的原长相比很小，而且也难于确定，因此，在分析由绳子连接的物体运动时，可以不计绳子的形变。绳子的张力不是由绳子的形变规律确定，而必须根据各个物体的运动，利用牛顿定律来确定。

例 2-4　如图 2-6 所示，以 $F=150$ N 的力作用在绳的上端，使水桶和绳以 $a=0.2\ \mathrm{m\cdot s^{-2}}$ 的加速度竖直向上运动，已知绳长 $l=4$ m，质量 $m=2$ kg，求距绳子上端 1 m 处及绳子中部的张力。

解　在绳上 x 处设想一个截面，设该截面处张力为 $\boldsymbol{T}_x$，取自上端到该截面的一段绳 Ox，它受力如图 2-6 所示，对绳 Ox 应用牛顿第二定律。

令 m_{Ox} 和 P_{Ox} 分别表示绳 Ox 的质量和它所受重力，则有

$$F-T_x-P_{Ox}=m_{Ox}a$$

而
$$m_{Ox}=\frac{x}{l}m$$

故

$$T_x = F - P_{Ox} - m_{Ox}a$$
$$= F - m_{Ox}(g+a)$$
$$= F - \frac{x}{l}m(g+a)$$

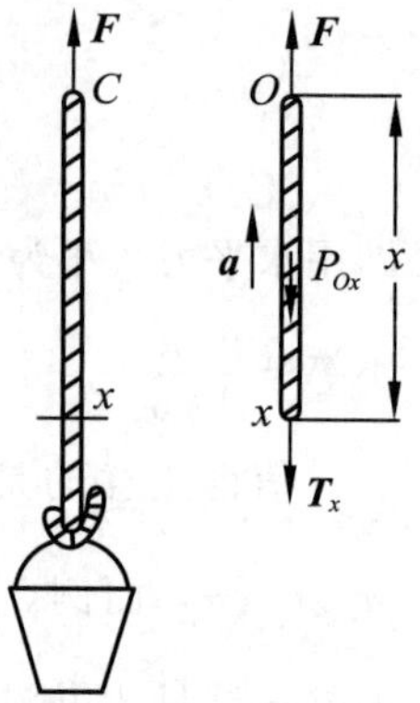

图 2-6　例 2-4 图

在与绳子顶端距离 $x=1$ m 的截面处，有

$$T_{x=1} = F - \frac{1}{4}m(g+a)$$
$$= \left[150 - \frac{1}{4}\times 2\times(9.8+0.2)\right]$$
$$= 145(\text{N})$$

在绳的中部截面处，$x=2$ m，有

$$T_{x=2} = F - \frac{1}{2}m(g+a)$$
$$= \left[150 - \frac{1}{2}\times 2\times(9.8+0.2)\right]$$
$$= 140(\text{N})$$

从以上的解可以看出，当绳子的质量不可忽略时，绳中不同截面处张力大小不等，自上而下张力值逐渐减少。如果绳子的质量可以忽略不计(简称为轻绳)，从本题的解可以看出，不论绳是静止的，还是做匀速或加速运动，绳中各处张力均相等且等于绳两端所受外界给予的拉力。

说明：

· 绳或线对物体的拉力是由于绳或线发生了形变(通常形变十分小)而产生的。

· 该力的大小取决于绳或线被拉紧的程度，方向总是沿着绳或线而指向绳或线要收缩的方向。

(3)弹簧的弹性力。

弹簧受力后有明显的、可以确定的形变，其弹性力的大小可以利用胡克定律由形变来确定。图 2-7 表示一弹簧振子，弹簧一端固定，另一端与一质点相连。弹簧既不伸长也不缩短的状态叫自由伸展状态。弹簧自由伸展时质点的位置称为平衡位置，以平衡位置为坐标原点，沿弹簧轴线建立坐标轴 Ox，x 表示质点坐标(即自原点开始的位移)，用 $\boldsymbol{f}$ 表示作用于质点的弹性力，实验证明，在 x 不太大的条件下，有

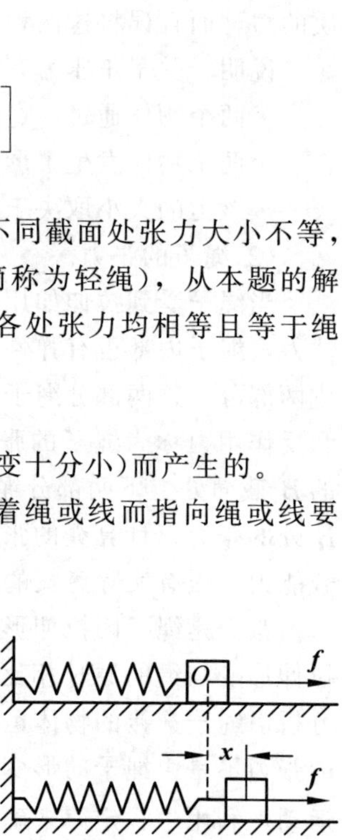

图 2-7　弹簧振子

$$f = -kx \tag{2-7}$$

这个关系式叫作胡克定律，即弹簧弹性力的大小与物体相对于坐标原点的位移成正比，方向指向平衡位置，比例系数 k 叫作弹簧的劲度系数，与弹簧的匝数、直径、线径和材料等因素有关。

式(2-7)中的负号表示力 $\boldsymbol{f}$ 总是与位移 $\boldsymbol{x}$ 反向，即促使质点返回平衡位置。例如，当 $x<0$ 时，弹簧受压缩，$f>0$，弹簧弹性力指向平衡位置；当 $x>0$ 时，弹簧受拉伸，$f<0$，弹簧弹性力还是指向平衡位置。我们把遵从胡克定律的力称为弹性恢复力，

它具备两个特征。

第一，力 $\boldsymbol{f}$ 的大小是质点位移 x 的一次函数，即 f 与 x 呈线性关系。

第二，力 $\boldsymbol{f}$ 总是与位移反向，即促使质点返回平衡位置。

说明：

· 弹簧的弹性力是指当弹簧被拉伸或压缩时对连接体的作用；

· 这种弹力总是使弹簧恢复原长；

· 遵守胡克定律，即 $f=-kx$。

例 2-5 试分析质点在弹簧弹性力作用下的运动情况。

解 质点所受的弹性力为 $f=-kx$

由于该物体被限制在水平上运动，所以其加速度为

$$a=\frac{\mathrm{d}^2x}{\mathrm{d}t^2}$$

根据牛顿第二定律有 $m\frac{\mathrm{d}^2x}{\mathrm{d}t^2}=-kx$

将此式两边除以 m 得

$$\frac{\mathrm{d}^2x}{\mathrm{d}t^2}=-\frac{k}{m}x$$

该物体的加速度与它相对于原点的位移成正比，且方向相反，可知该物体必做简谐振动，其坐标的函数式为

$$x=A\cos(\omega t+\varphi)$$

则

$$\omega=\sqrt{k/m}$$

式中，A 和 φ 为待定常数，它们可依据物体的初位移和初速度来确定。

3. 摩擦力

摩擦力也是一种接触力。固体间的摩擦叫作干摩擦，干摩擦力包括静摩擦力和滑动摩擦力。

(1)静摩擦力。

一物体放在粗糙的水平面上，以水平力 $\boldsymbol{F}$ 推物体，如图 2-8 所示。虽然物体有相对于地面滑动的趋势，但是，若 F 较小，则仍推不动。根据牛顿第三定律，可知这时地面对木箱也施和推力大小相等、方向相反的力，这就是地面对木箱的静摩擦力。

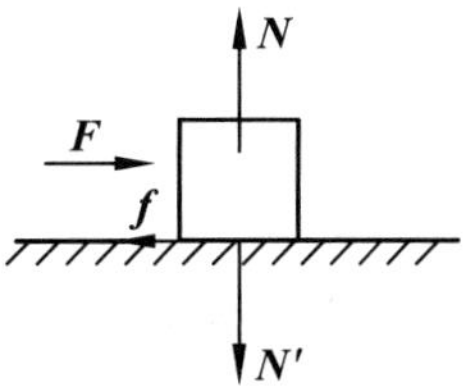

图 2-8 静摩擦力

在相互挤压的物体的接触面间有相对滑动趋势但还没有发生相对滑动的时候，接触面间便出现阻碍发生相对滑动的力，这个力就称为静摩擦力。

随着力 F 增大，静摩擦力 f 也随之增大，但静摩擦力并不能无限制增加。当物体处在从静到动的临界状态时，静摩擦力达到最大值，称为最大静摩擦力，用 $\boldsymbol{f}_{\max}$ 表示。实验表明，最大静摩擦力 $\boldsymbol{f}_{\max}$ 的大小与正压力 $\boldsymbol{N}$ 的大小成正比，即

$$f_{\max}=\mu_0 N \tag{2-8}$$

式中，μ_0 称为静摩擦系数，它由接触面的材料、表面光滑程度、干湿程度及表面温度决定，与接触面积的大小无关。

关于静摩擦力的理解，应注意两点：

第一，认为静摩擦力总等于 $\mu_0 N$ 是错误的。静摩擦力可以在零到最大静摩擦力范围内取值，即

$$0 \leqslant f \leqslant \mu_0 N$$

在具体问题中，静摩擦力的取值要根据物体受力和运动情况，应用牛顿定律来确定。

第二，物体所受的静摩擦力的方向是和它与相接触物体的相对运动趋势的方向相反，而不是和物体自己运动的方向相反。

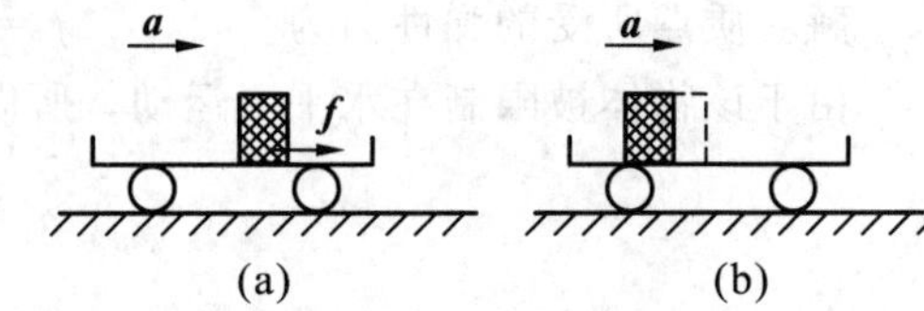

图 2-9　静摩擦力的方向

例如，一辆在水平路面上做加速运动的小车，车中有一重物随车一起运动，它们之间无相对滑动，如图 2-9(a)所示。对这个重物来说，虽然它自己的运动方向向前，但它相对于车的运动趋势是向后的。这可由不改变任何其他条件而设想接触面光滑，分析重物相对于车将如何运动而判定出来，如图 2-9(b)所示。由此可知，重物受到车给它的静摩擦力方向向前。静摩擦力的方向可以像上面所说由分析相对运动趋势判断，也可以由牛顿定律直接求出。如上述的重物，它只与车厢接触，水平方向只受车厢底板施予的静摩擦力，既然重物的加速度是向前的，根据牛顿第二定律来分析，静摩擦力的方向也应该是向前的，两种方法判断得出的力的方向是相同的。

例 2-6　如图 2-10(a)所示，在固定斜面上放小物体 A，物体与斜面间的静摩擦系数为 μ_0。求斜面倾角 α 的最大值 $\alpha_{\max}$，当 $\alpha \leqslant \alpha_{\max}$ 时，无论垂直压力 $\boldsymbol{Q}$ 多大，物体 A 也不会滑下。

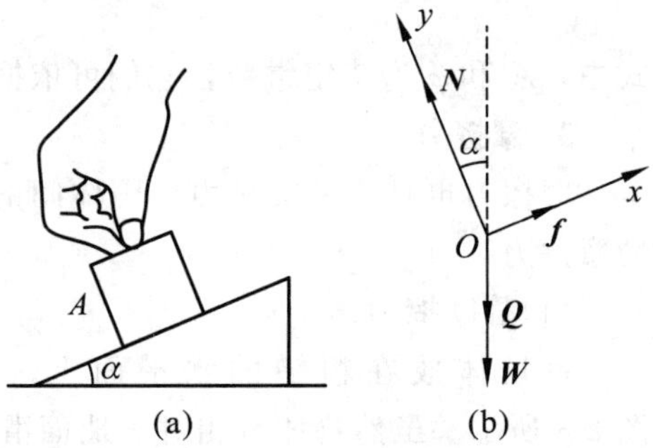

图 2-10　例 2-6 图

解　取物体 A 为研究对象，受力如图 2-10(b)所示。除垂直压力 $\boldsymbol{Q}$ 外，$\boldsymbol{W}$，$\boldsymbol{N}$ 和 $\boldsymbol{f}$ 分别表示重力、斜面支承力和静摩擦力。由于物体 A 保持静止，即处于平衡状态，根据牛顿第二定律，得

$$\boldsymbol{N}+\boldsymbol{W}+\boldsymbol{Q}+\boldsymbol{f}=0$$

建立如图 2-10(b)所示坐标系，将上式投影，得

$$f-(Q+W)\sin\alpha=0$$
$$N-(Q+W)\cos\alpha=0$$

又根据静摩擦力公式

$$f \leqslant f_{\max}=\mu_0 N$$

将以上 3 式联立求解，得

$$\tan\alpha \leqslant \mu_0$$

或

$$\tan\alpha_{\max}=\mu_0$$

这里，$\alpha_{\max}$ 仅与静摩擦系数有关，与力 $\boldsymbol{Q}$ 无关，故只要上面条件得到满足，物体 A 就不会滑下。工程上通常也把 $\alpha_{\max}=\arctan\mu_0$ 称为物体与斜面间的摩擦角。

有一种起重装置叫作“千斤顶”，如图 2-11(a)所示。转动手柄 G 就可以将重物顶起。将重物顶起后，松开手柄，螺杆并不会在重压下反向旋转而掉下来。利用螺旋举起重物，在外力撤销后还不滑下来的现象，叫作螺旋的自锁。把一张直角三角形的纸片卷起来，就成为螺旋，如图 2-11(b)所示，螺旋倾角就是三角形斜边的倾角。千斤顶的螺杆在支座的螺纹内螺旋上升，相当于一物体沿斜面向上滑动。与例 2-6 比较，螺杆相当于物体 A，支座相当于斜面，重物对千斤顶的压力相当于力 $\boldsymbol{Q}$，螺旋自锁相当于物体 A 在力 $\boldsymbol{Q}$ 作用下不下滑。由例 2-6 可知，螺旋自锁，则螺旋倾角应满足 $\tan\alpha\leqslant\mu_0$，即 α 应小于“摩擦角”，$\alpha_{\max}=\arctan\mu_0$，这叫作螺旋的自锁条件。

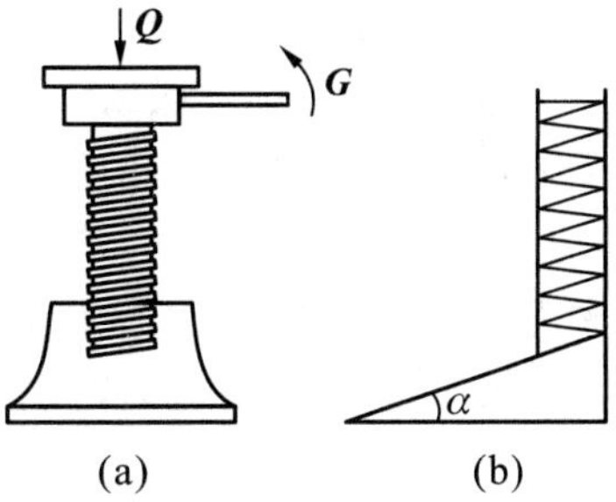

图 2-11　千斤顶示意图

(2)滑动摩擦力。

当外力超过最大静摩擦力时，物体之间出现相对滑动，这时的摩擦力称为滑动摩擦力。滑动摩擦力的方向总是和物体相对运动的方向相反。实验表明，滑动摩擦力 $\boldsymbol{f}_k$ 大小与正压力成正比。即

$$f_k=\mu N \tag{2-9}$$

式中，μ 称为动摩擦因数，μ 除了与摩擦材料、表面光滑程度、干湿程度、表面温度等因素有关外，也随相对速率的变化而改变。如图 2-12 所示，在通常的速率范围内，可以认为 μ 和速率无关。

以上的讨论只适用于两个固体接触表面之间产生的干摩擦。实验表明，固体与流体之间的摩擦力比固体与固体之间的摩擦力要小得多，因此，在两个固体表面之间涂以润滑油或高压气体，使两表面中间形成一薄薄的油层或气层，将大大减小两物体之间的滑动摩擦。

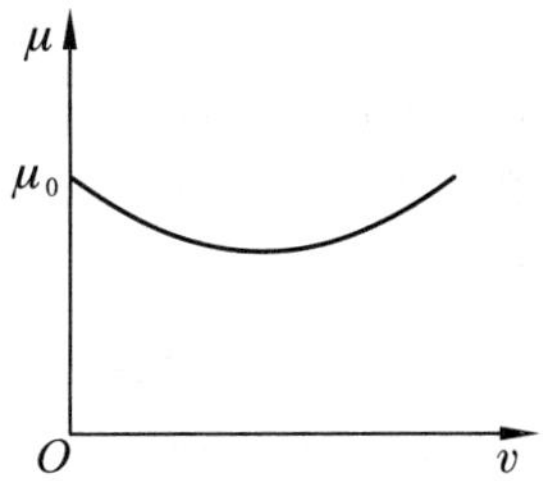

图 2-12　μ 与相对速率的关系

本节中分析了力学中的几种典型力。其中：重力等有其独立自主的方向和大小，不受质点运动状态和质点所受其他力的影响，从而处于“主动地位”，常称作主动力；摩擦力、绳内张力及物体间的挤压弹性力，则常常没有自己独立自主的方向和大小，要由受力质点的运动状态和所受到的其他力甚至其他条件来决定，从而处于“被动地位”，常称作被动力。在力学问题中，被动力常常作为未知力出现。另外，我们再一次强调，接触力是从宏观上研究物体间的相互作用力时提出的概念，在研究微观粒子的相互作用时，弹性力、摩擦力等接触力就失去了意义。

4. 电磁力

(1)静电力。

在真空中的两个静止的点电荷之间有静电力作用，电力服从库仑定律，其大小为

$$f=k\frac{q_1q_2}{r^2} \tag{2-7}$$

式中 q_1、q_2 是两个点电荷的电量，r 是点电荷之间的距离，k 是比例常量。若 q_1、q_2 同号，两点电荷间为斥力；若 q_1、q_2 异号，两点电荷间为引力。

(2)磁力。

运动着的电荷在磁场中会受到磁场的作用力，此力称为洛伦兹力。设运动电荷带电量为 q，运动速度为 $\boldsymbol{v}$，所处磁场的磁感应强度为 $\boldsymbol{B}$，则运动电荷所受的磁力为

$$\boldsymbol{f}_B=q\boldsymbol{v}\times\boldsymbol{B} \tag{2-8}$$

磁力 $\boldsymbol{f}_B$ 的方向垂直于 $\boldsymbol{v}$ 和 $\boldsymbol{B}$ 决定的平面。

关于电磁作用的具体规律，涉及电磁场的性质，这些将在本教材后续章节作详细介绍。

电磁力在分子和原子中起着决定性的作用，当分子互相靠近时，它们之间会显示出电荷之间相互作用的电磁力。两个物体相互接触时出现的弹性力和摩擦力本质上都是由原子或分子间的电磁力引起的，是通过电磁场进行的。在力学问题中，并不须仔细考察两物体的分子间的复杂的相互作用，而只考虑它们相互作用的总效果，因此弹性力和摩擦力都可以表观地看作“接触力”，从宏观上加以研究。

2.3 物理量的单位和量纲

1. 物理量的单位

测量一个物理量的大小，将它和某个选作标准的同种物理量相比较，看它是这个标准的多少倍，从而得出相应的数值。选作标准的这个物理量叫作这种物理量的单位。

单位的选择以准确、方便为原则，根据物理量之间的确定的物理规律确定各个物理量的单位。

2. 基本量和导出量、单位制

人们约定几个被认为是相互独立的物理量，规定它们的单位。而其他物理量及单位则由它们的定义或相应的规律从选定的几个物理量及其单位导出。选定的物理量叫作基本量，相应的单位叫作基本单位；其他物理量叫作导出量，相应的单位叫作导出单位。基本单位和由它们组成的导出单位构成一套单位制。

3. 国际单位制

国际单位制简称国际制，其国际代号是 SI。

基本量有长度、质量、时间、电流、热力学温度、物质的量、发光强度，单位依次是：米、千克、秒、安培、开尔文、摩尔、坎德拉。

长度单位：米。1983 年第 17 届国际计量大会确定：“米是光在真空中 1/299 792 458 s 的时间间隔内所经路程的长度”。

质量单位：千克。1889 年和 1901 年第一届和第三届国际计量大会确定：“1 千克等于国际千克原器的质量”，2018 年，第 26 届国际计量大会通过了决议，批准采用普朗克常数重新定义千克，千克被定义为：“对应普朗克常数为 $6.626\ 070\ 15\times10^{-34}$ J·s 时的质量单位”。在 2019 年 5 月 20 日，伴随着千克新定义的正式生效，人类完成了利

用物理常数来定义国际单位制中全部七个基本单位的任务。

时间单位：秒。1967 年第 13 届国际计量大会确定："秒是铯-133 原子基态的两个超精细能级之间跃迁所对应的辐射的 9 192 631 770 个周期的持续时间"。

4. 物理量的量纲

为了直观地、定性地表示某个导出物理量和基本物理量之间的关系，通常将这个导出量用若干个基本量的乘方之积表示出来，这样的表示式称为该物理量的量纲。如基本量长度、质量、时间的量纲用 L、M、T 表示，则导出量速度的量纲表示为 $[v]=LT^{-1}$。

由于只有量纲相同的物理量才能相加减和用等号连接，所以只要考察等式两端各项量纲是否相同，就可初步校验等式的正确性。因此，通过量纲可初步判断表达式是否正确，这就是量纲检查法。这种方法在问题求解和科学实验中经常用到，同学们应当学会在求证、解题过程中使用量纲来检查所得结果。

2.4 牛顿运动定律的应用举例

应用牛顿运动定律主要涉及两类问题：已知力求运动；已知运动求力。其解题思路可概括为：选对象、看运动、查受力、列方程、验结果。

在应用牛顿运动定律分析具体问题时，掌握必要的分析方法，不仅有助于加深我们对概念和规律的理解，而且也有助于培养我们的分析能力。下面在同学们已有了一定的解决力学问题经验的基础上，简述应用牛顿运动定律演算力学题目的大体步骤。

1. 应用牛顿运动定律解题的步骤

(1)选定研究对象，适当隔离物体。

牛顿运动定律是关于一个质点的运动定律，所以应用时必须首先明确我们是对哪个物体应用牛顿运动定律，这个物体能否看作质点。当我们所研究的问题涉及几个运动状态不同的物体时，可以把几个物体隔离开来，分别用牛顿第二定律建立动力学方程，再联立求解。有时，我们研究的是物体内部各部分之间的相互作用力，也需要把物体不同部分隔离开来。把物体隔离开来分别应用牛顿运动定律处理的方法(简称隔离体法)，是牛顿力学的重要组成部分。

(2)受力分析，画出隔离图。

第一，分析力要全面，不应有遗漏。可从两方面考虑：一方面考虑非接触力，如重力、电磁力等；另一方面考虑隔离体所处环境有哪些物体与它接触，由此找出摩擦力、弹性力等接触力。

第二，对选定的研究对象画出隔离图，在图中标出各个力的方向和质点的加速度方向。这样可以避免由疏漏而引起的错误，而且图形可以使我们对各物体之间的互相联系以及可能的运动一目了然。

(3)选定参考系和建立坐标系。

牛顿第二定律只适用惯性系，在选定的惯性参考系上还要建立相应的坐标系。如能知加速度方向，则令坐标轴与加速度平行或垂直，这样可给计算带来方便。

(4)建立运动方程并求解。

根据上述各项分析的结果，建立牛顿第二定律的矢量方程，并向选定的坐标系投影，表示成分量形式，以便于运算求解。最后是解方程，必要时再对结果加以讨论。

上面归纳的一些最基本的解题步骤，绝不意味着一套机械程式，而是着眼于如何正确应用概念和数学工具，为帮助同学们发展清晰的、严密的、富有创造性的思考创造条件。下面通过几个例题说明上述方法的应用。

2. 实例

例 2-7 图 2-13 表示阿特伍德机。重物质量为 m_1 和 m_2，假设滑轮为“理想滑轮”，即绳与滑轮的质量不计，轴承摩擦不计，绳不伸长。求重物释放后物体加速度及物体对绳的拉力。

解 选地面当作惯性参考系。将重物 1 和重物 2 视作两质点，并取作两隔离体。分别作出受力图，如图 2-14 所示。$\boldsymbol{W}_1$ 和 $\boldsymbol{W}_2$ 为重力，$\boldsymbol{T}_1$ 和 $\boldsymbol{T}_2$ 表示绳对质点的拉力，用 $\boldsymbol{a}_1$ 和 $\boldsymbol{a}_2$ 表示两质点的加速度。

根据牛顿第二定律，有

$$\boldsymbol{W}_1+\boldsymbol{T}_1=m_1\boldsymbol{a}_1$$
$$\boldsymbol{W}_2+\boldsymbol{T}_2=m_2\boldsymbol{a}_2$$

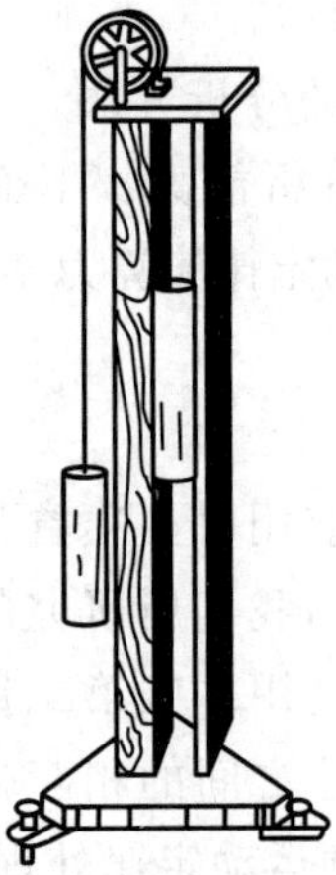

图 2-13 阿特伍德机

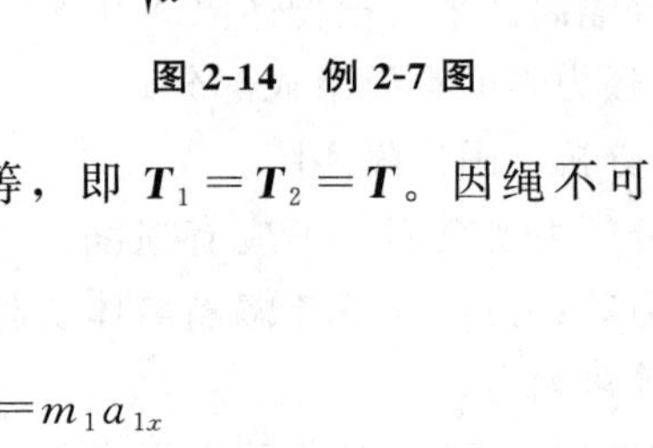

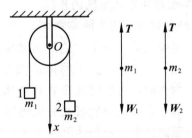

图 2-14 例 2-7 图

因是理想滑轮，所以滑轮两侧张力相等，即 $\boldsymbol{T}_1=\boldsymbol{T}_2=\boldsymbol{T}$。因绳不可伸长，应有 $\boldsymbol{a}_1=-\boldsymbol{a}_2$。

建立坐标轴 Ox，可写出投影式

$$m_1g-T=m_1a_{1x}$$
$$m_2g-T=m_2a_{2x}=-m_2a_{1x}$$

求解，得

$$a_{1x}=-a_{2x}=\frac{(m_1-m_2)g}{m_1+m_2}$$

$$T=\frac{2m_1m_2}{m_1+m_2}g$$

若 $m_1>m_2$，a_{1x} 为正，a_{2x} 为负，表明 m_1 的加速度 a_1 与 x 轴正向相同；若 $m_1<m_2$，则 a_{1x} 为负，表明 m_1 的加速度与 x 轴正向相反；若 $m_1=m_2$，加速度为零。可见加速度的方向和大小均取决于 m_1 和 m_2 的大小。

在上述实验中，可事先测定质量 m_1 和 m_2，又可通过实验测出物体下降或上升的距离以及通过这一距离所用的时间，从而求出加速度。若计算结果与实验结果一致，则牛顿第二定律得到验证。历史上，英国剑桥大学的教师阿特伍德于 1784 年发表了这个实验设计，他成功地用演示实验验证了牛顿第二定律。

例 2-8 如图 2-15 所示，质量为 m 的人乘电梯上升，若电梯以数值为 a 的加速度启动，求人对电梯的压力。

解 选地面为惯性参考系，取人作为研究对象。$\boldsymbol{N}$ 表示电梯对人的支持力，$m\boldsymbol{g}$ 表示人所受的重力。

建立坐标轴 Oy，写出牛顿第二定律的投影式

$$N-mg=ma$$

解得

$$N=m(g+a)$$

根据牛顿第三定律，人对电梯的压力

$$N'=-N=-m(g+a)$$

方向竖直向下。

此例中，若令电梯的加速度向下，则加速度在 y 轴上的投影为 $-a$，由此解出人对电梯的压力

$$N'=-N=-m(g-a)$$

图 2-15　例 2-8 图

这就表明人与电梯间的挤压弹性力的大小与加速度的大小、方向有关，需要根据物体受力和物体运动的加速度，由牛顿第二定律求出。

如果在例 2-8 中，电梯中放一个弹簧磅秤，人站在秤上称体重，测得重量称为“视重”。电梯未启动时，人和磅秤相对于地面静止，人所受重力的方向铅直向下，其大小在数值上等于人对磅秤的压力。实际上，在此情形中，人的加速度为零，处于平衡状态，重力是磅秤对人的支持力的平衡力。当人随电梯加速上升时，磅秤读数即视重大于电梯静止时的读数；人随电梯加速下降时磅秤读数则较小，通常把这两种情形分别称为人处于“超重”和“失重”状态。实际上，这种用语中的“重”字是指物体对支持物的压力而言的。因为不论物体的质量还是物体所受的重力，在上述各种情形中都是一样的。

牛顿运动定律应用

例 2-9 一个竖立的圆筒形转笼，半径 $R=0.5\ \mathrm{m}$。一物体与转笼内壁的静摩擦系数 $\mu_0=0.3$。若物体能附在内壁上随同转笼一起匀速率转动，求转笼的最小角速度。

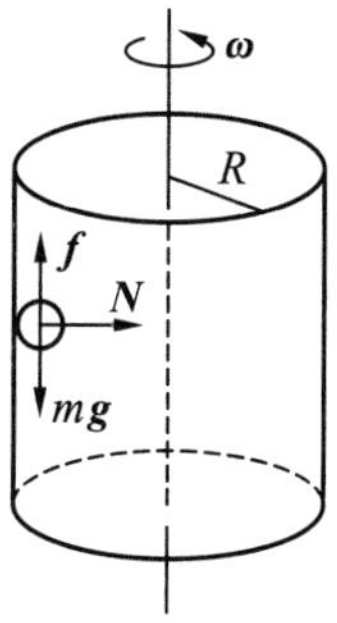

图 2-16　例 2-9 图

解 如图 2-16 所示，以地面为参考系，选附在内壁转动的物体为研究对象，并设其质量为 m。物体能随转笼一起匀速率转动必然受到笼壁的法向力 $\boldsymbol{N}$，在竖直方向，物体除受重力外，还因为相对转笼有下落趋

势，故受静摩擦力 $\boldsymbol{f}$ 作用，其方向垂直向上。

对物体列出法向和垂直方向的牛顿第二定律投影式

$$\begin{cases} N=mR\omega^2 \\ f-mg=0 \end{cases}$$

静摩擦力满足的关系为

$$f\leqslant f_{\max}=\mu_0 N$$

上述方程联立求解，可得

$$\omega\geqslant\sqrt{\frac{g}{\mu_0 R}}$$

$\boldsymbol{\omega}$ 的最小值为

$$\omega_{\min}=\sqrt{\frac{g}{\mu_0 R}}=\sqrt{\frac{9.8}{0.3\times 0.5}}=8.1(\mathrm{rad\cdot s^{-1}})$$

例 2-10 圆锥摆如图 2-17(a)所示，长为 l 的细绳一端固定在天花板上，另一端悬挂质量为 m 的小球，小球经推动后，在水平面内绕通过圆心 O 的垂直轴做角速率为 ω 的匀速率圆周运动。问绳和垂直方向所成的角度 θ 为多少？空气阻力不计。

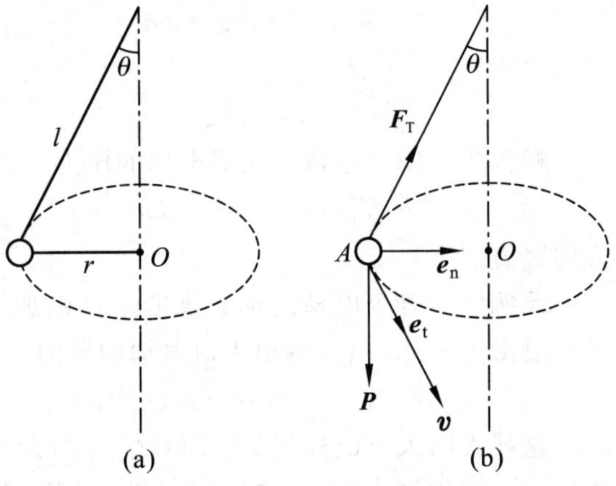

图 2-17　例 2-10 图

解　小球受重力 $\boldsymbol{P}$ 和绳的拉力 $\boldsymbol{F}_{\mathrm{T}}$ 作用，其运动方程为

$$\boldsymbol{F}_{\mathrm{T}}+\boldsymbol{P}=m\boldsymbol{a} \quad (1)$$

式中，$\boldsymbol{a}$ 为小球的加速度。

由于小球在水平面内做线速率为 $v=r\omega$ 的匀速圆周运动，过圆周上任意点 A 取自然坐标系，其轴线方向的单位矢量分别为 $\boldsymbol{e}_{\mathrm{n}}$ 和 $\boldsymbol{e}_{\mathrm{t}}$，小球的法向加速度大小为 $a_{\mathrm{n}}=v^2/r$，而切向加速度大小 $a_{\mathrm{t}}=0$，且小球在任意位置的速度 $\boldsymbol{v}$ 的方向均与 $\boldsymbol{P}$ 和 $\boldsymbol{F}_{\mathrm{T}}$ 所成的平面垂直。因此，按图 2-17(b)所选的坐标，式(1)的分量式为

$$F_{\mathrm{T}}\sin\theta=ma_{\mathrm{n}}=m\frac{v^2}{r}=mr\omega^2$$

和

$$F_{\mathrm{T}}\cos\theta-P=0$$

由图知 $r=l\sin\theta$，故由上两式，得

$$F_{\mathrm{T}}=m\omega^2 l$$

及

$$\cos\theta=\frac{mg}{m\omega^2 l}=\frac{g}{\omega^2 l}$$

得

$$\theta=\arccos\frac{g}{\omega^2 l}$$

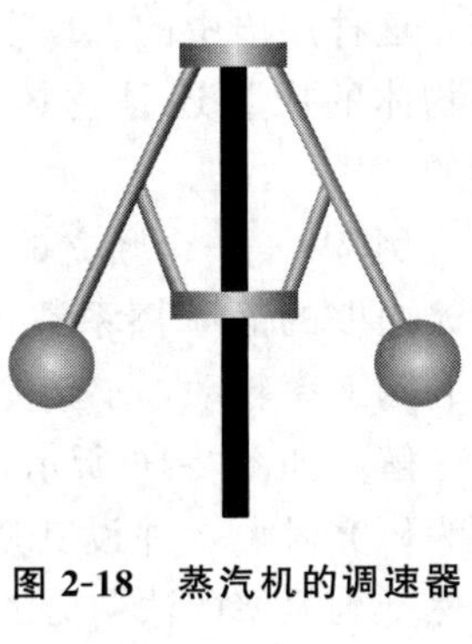

图 2-18　蒸汽机的调速器

可见，当 ω 越大时，绳与垂直方向所成的夹角 θ 也越大。

据此道理制作蒸汽机的调速器，如图 2-18 所示。

例 2-11 在光滑水平面上，放一质量为 m' 的三棱柱 A，它的倾角为 α。现把一质量为 m 的滑块 B 放在三棱柱的光滑斜面上。试求：(1)三棱柱相对于地面的加速度；(2)滑块相对地面的加速度；(3)滑块与三棱柱之间的正压力。

解 取地面为参考系，以滑块 B 和三棱柱 A 为研究对象，分别画出受力图，如图 2-19 所示。B 的受重力为 $\boldsymbol{P}_1$、A 的支持力为 $\boldsymbol{F}_{N1}$；A 的受重力为 $\boldsymbol{P}_2$、B 的压力为 $\boldsymbol{F}'_{N1}$、地面支持力为 $\boldsymbol{F}_{N2}$。A 的运动方向为 Ox 轴的正向，Oy 轴的正向垂直地面向上。设 $\boldsymbol{a}_A$ 为 A 对地的加速度，$\boldsymbol{a}_B$ 为 B 对地的加速度。由牛顿定律得

$$\begin{cases} \boldsymbol{F}'_{N1}\sin\alpha = m' a_A \\ -\boldsymbol{F}_{N1}\sin\alpha = m a_{Bx} \\ \boldsymbol{F}_{N1}\cos\alpha - mg = m a_{By} \\ \boldsymbol{F}_{N1} = F'_{N1} \end{cases}$$

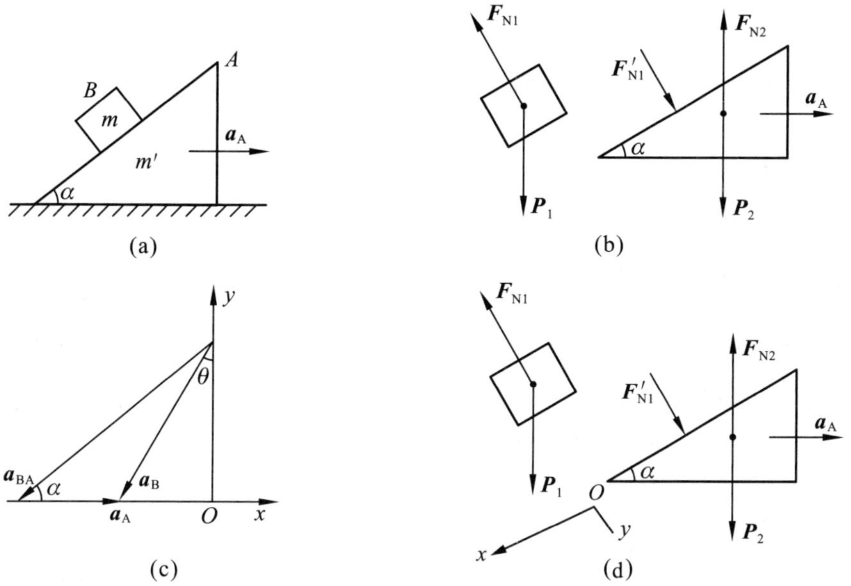

图 2-19 例 2-11 图

设 B 相对 A 的加速度为 $\boldsymbol{a}_{BA}$，则由题意 $\boldsymbol{a}_B$、$\boldsymbol{a}_{BA}$、$\boldsymbol{a}_A$ 三者的矢量关系(见图 2-19)可得

$$\begin{cases} a_{Bx} = a_A - a_{BA}\cos\alpha \\ a_{By} = -a_{BA}\sin\alpha \end{cases}$$

解上述方程组可得三棱柱对地面的加速度大小为

$$a_A = \frac{mg\sin\alpha\ \cos\alpha}{m' + m\sin^2\alpha}$$

滑块相对地面的加速度 $\boldsymbol{a}_B$ 在 x、y 轴上的分量大小分别为

$$a_{Bx} = -\frac{m' g\sin\alpha\ \cos\alpha}{m' + m\sin^2\alpha}$$

$$a_{\mathrm{By}}=-\frac{(m'+m)g\sin^2\alpha}{m'+m\sin^2\alpha}$$

则滑块相对地面的加速度 $\boldsymbol{a}_{\mathrm{B}}$ 的大小为

$$a_{\mathrm{B}}=\sqrt{a_{\mathrm{B}x}^2+a_{\mathrm{By}}^2}=g\sin\alpha\,\frac{\sqrt{m'^2+(2m'm+m^2)\sin^2\alpha}}{m'+m\sin^2\alpha}$$

其方向与 y 轴负向的夹角为

$$\theta=\arctan\frac{a_{\mathrm{B}x}}{a_{\mathrm{By}}}=\arctan\frac{m'\cot\alpha}{m'+m}$$

A 与 B 之间的正压力大小为

$$F_{\mathrm{N1}}=\frac{m'mg\cos\alpha}{m'+m\sin^2\alpha}$$

2.5　力学相对性原理

牛顿定律适用于惯性系，从一惯性系变换为另一惯性系时，牛顿第二定律形式将不变，即

O 系：$\sum\limits_i \boldsymbol{F}_i = m\boldsymbol{a}$，

O' 系：$m'=m$，$\boldsymbol{a}'=\boldsymbol{a}$。

从而可得 $\sum\limits_i \boldsymbol{F}'_i= \sum\limits_i \boldsymbol{F}_i = m\boldsymbol{a} = m'\boldsymbol{a}'$，

所以 $\sum\limits_i \boldsymbol{F}'_i = m'\boldsymbol{a}'$。

因此，对于任何惯性参考系牛顿第二定律都成立。

即任何惯性参考系在牛顿力学规律面前都是平等的或平权的。

举例说明：船匀速直线运动，船上的人让小球自由下落。船上的人观察：小球匀加速自由下落。地面上的人观察：小球做斜下抛运动。所以，船上的人无法判断船的运动状态。

伽利略的相对性原理：对于描述力学规律来说，一切惯性系都是等价的，也称力学的相对性原理。或者表述为：不可能借助在惯性参考系中所做的力学实验来确定该参考系做匀速直线运动的速度。

惯性系与非惯性系

本章小结

习　题

2-1　质量为 m 的质点，在变力大小为 $F=F_0(1-kt)$（F_0 和 k 均为常量）作用下沿 Ox 轴做直线运动。若已知 $t=0$ 时，质点处于坐标原点，速度大小为 v_0。求质点运动的微分方程、质点速度随时间变化规律、质点运动学方程。

2-2　摩托快艇以速率 v_0 行驶，它受到的摩擦阻力与速率平方成正比，可表示为 $F=-kv^2$（k 为正常数）。设摩托快艇的质量为 m，当摩托快艇发动机关闭后：

(1)求速率 v 随时间 t 的变化规律；

(2)求路程 x 随时间 t 的变化规律；

(3)证明速率 v 与路程 x 之间的关系为 $v=v_0 e^{-k'x}$，其中 $k'=\frac{k}{m}$。

2-3　质量为 m 的动力机，在恒定的牵引力 $\boldsymbol{F}$ 作用下工作，它所受的阻力与其速率的平方成正比，所能达到的最大速率为 v_L。试求从静止加速到 $\frac{v_L}{2}$ 所需的时间和所走过的路程。

2-4　质量为 10 kg 的质点在 xOy 平面内运动，其运动规律为：$x=(5\cos 4t+3)$ m，$y=(5\sin 4t-5)$ m。求 t 时刻质点所受的力的大小。

2-5　一木块能在与水平面成 α 角的斜面上以匀速下滑。若使它以速率 v_0 沿此斜面向上滑动，如图 2-20 所示，试证明它能沿该斜面向上滑动的距离为 $\frac{v_0^2}{4g\sin\alpha}$。

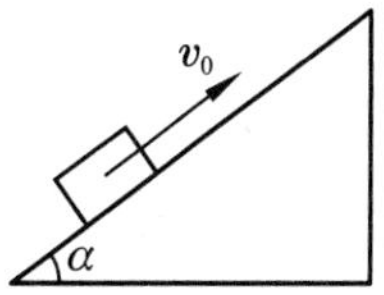

图 2-20　习题 2-5 图

2-6　图 2-21 中 A 为定滑轮，B 为动滑轮，3 个物体 $m_1=200$ g，$m_2=100$ g，$m_3=50$ g，滑轮及绳的质量以及摩擦均忽略不计。求：

(1)每个物体的加速度；

(2)两根绳子的张力 $\boldsymbol{T}_1$ 与 $\boldsymbol{T}_2$ 的大小。

2-7　如图 2-22 所示，已知两物体 A，B 的质量均为 $m=3.0$ kg，物体 A 以大小为 $a=1.0\ \mathrm{m\cdot s^{-2}}$ 的加速度运动，求物体 B 与桌面间的摩擦力(滑轮与连接绳的质量不计)。

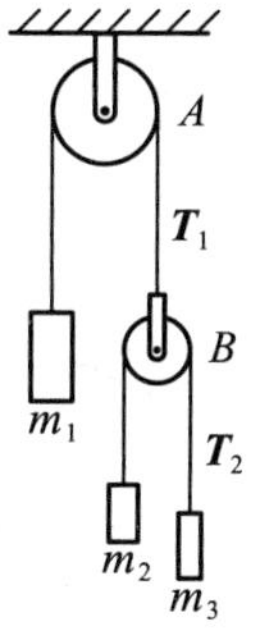

图 2-21　习题 2-6 图

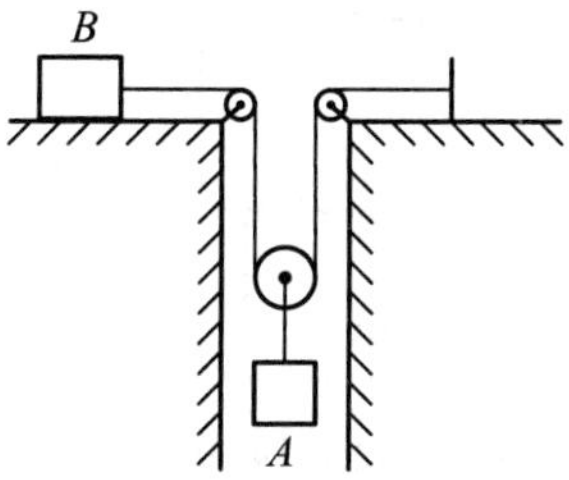

图 2-22　习题 2-7 图

2-8　质量为 m 的质点最初静止在 x_0 处，在力 $F=-k/x^2$ N(k 是常量)的作用下沿 x 轴运动，求质点在 x 处的速度。

2-9　工地上有一吊车，将甲、乙两块混凝土预制板吊起送至高空。甲块质量为 $m_1=2.00\times10^2$ kg，乙块质量为 $m_2=1.00\times10^2$ kg。设吊车、框架和钢丝绳的质量不计。试求下述两种情况下，钢丝绳所受的张力及乙块对甲块的作用力：(1)两物块以 $10.0\ \mathrm{m\cdot s^{-2}}$ 大小的加速度上升；(2)两物块以 $1.0\ \mathrm{m\cdot s^{-2}}$ 的加速度上升。从本题结果，你能体会到起吊重物时必须缓慢加速的道理吗？

2-10　在一只半径为 R 的光滑半球形碗内，有一粒质量为 m 的小钢球。当钢球以角速度 $\boldsymbol{\omega}$ 在水平面内沿碗内壁做匀速圆周运动时，它距碗底有多高？

2-11　一质量为 m 的小球最初位于如图 2-23 所示的 A 点，然后沿半径为 r 的光滑圆轨道 $ADCB$ 下滑。试求小球到达 C 点时的角速度和对圆轨道的作用力。

2-12　质量为 m 的跳水运动员，从 10.0 m 高台上由静止跳下落入水中。高台距水

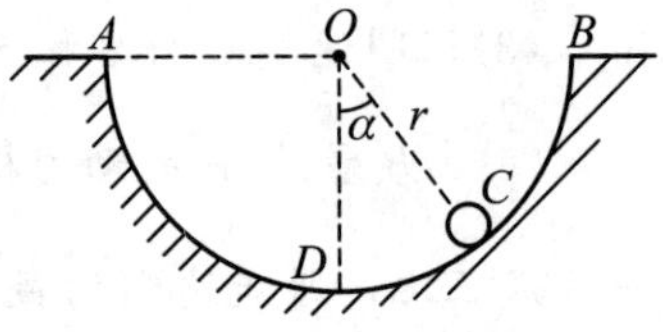

图 2-23　习题 2-11 图

面距离为 h。把跳水运动员视为质点，并略去空气阻力。运动员入水后垂直下沉，水对其阻力大小为 bv^2，其中 b 为一常量。若以水面上一点为坐标原点 O，竖直向下为 Oy 轴，求：(1) 运动员在水中的速率 v 与 y 的函数关系；(2) 如 $\frac{b}{m}=0.40\ \mathrm{m}^{-1}$，跳水运动员在水中下沉多少距离才能使其速率 v 减少到落水速率 v_0 的 $\frac{1}{10}$？(假定跳水运动员在水中的浮力与所受的重力大小恰好相等)

2-13　自地球表面垂直上抛一物体。要使它不返回地面，其初速度最小为多少？(略去空气阻力作用)

2-14　如图 2-24 所示，系统置于以 $\frac{\boldsymbol{g}}{2}$ 加速度上升的升降机内，A，B 两物块质量均为 m，A 所处桌面是水平的，绳子和定滑轮质量忽略不计。若忽略一切摩擦，求绳中的张力。

2-15　A、B 两个物体，质量分别为 $m_A=100$ kg，$m_B=60$ kg，装置如图 2-25 所示。两斜面的倾角分别为 $\alpha=30°$ 和 $\beta=60°$。如果物体与斜面间无摩擦，滑轮和绳的质量忽略不计，请问：(1)系统将向哪边运动？(2)系统的加速度是多大？(3)绳中的张力多大？

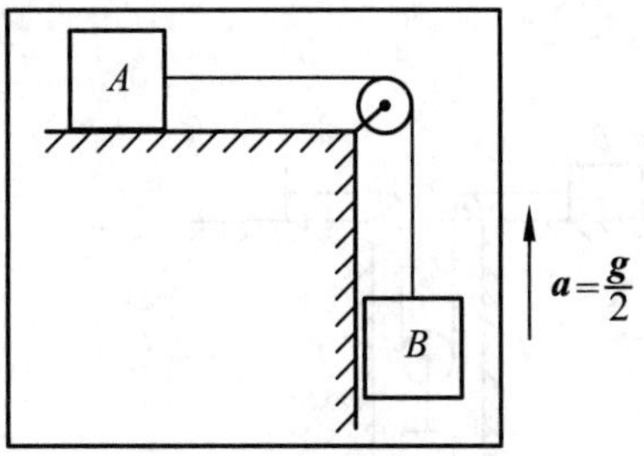

图 2-24　习题 2-14 图

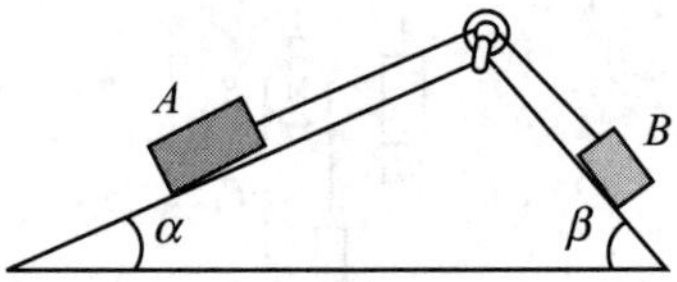

图 2-25　习题 2-15 图

2-16　一辆铁路平车装有货物，货物与车底板之间的静摩擦系数为 0.25，如果火车以大小为 30 km·h^{-1} 的速度行驶。请问：要使货物不发生滑动，火车从刹车到完全静止所经过的最短路程是多少？

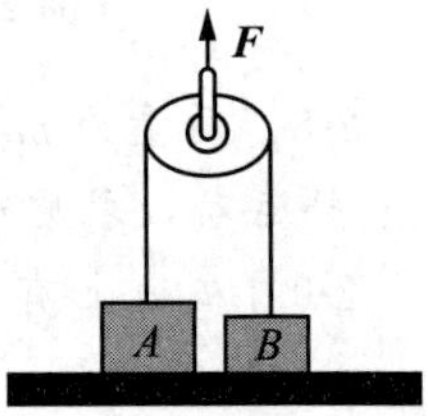

图 2-26　习题 2-17 图

2-17　一滑轮两边分别挂着 A 和 B 两物体，它们的质量分别为 $m_A=20$ kg，$m_B=10$ kg，今用力 $\boldsymbol{F}$ 将滑轮提起，如图 2-26 所示，当 $\boldsymbol{F}$ 的大小分别等于 (1) 98 N，(2) 196 N，(3) 392 N，(4) 784 N 时，求：物体 A 和 B 的加速度以及两边绳中的张力(滑轮的质量与摩擦不计)。

2-18　将质量为 10 kg 的小球挂在倾角 $\alpha=30°$ 的光滑斜面上，如图 2-27 所示。(1)当斜面以加速度 $\frac{\boldsymbol{g}}{3}$ 沿如图所示的方向运动时，求绳中的张力及小球对斜面的正压力大小。(2)当斜面的加速度至少为多大时，小球对斜面的正压力为零？

2-19　一根长为 L、质量均匀的软绳，挂在一半径很小的光滑木钉上，如图 2-28 所示。开始时 $BC=b$，试证：当 $BC=\frac{2L}{3}$ 时，绳的加速度为 $a=\frac{g}{3}$，速率为 $v=\sqrt{\frac{2g}{L}\left(-\frac{2}{9}L^2+bL-b^2\right)}$。

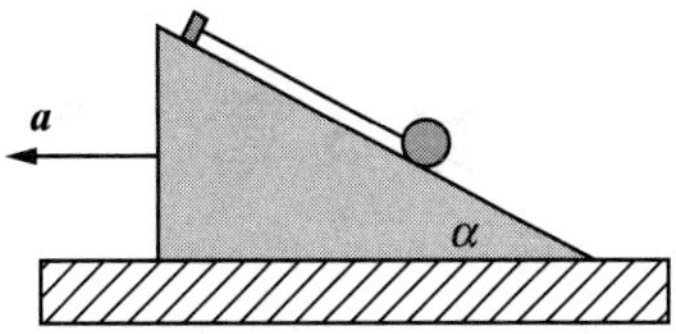

图 2-27　习题 2-18 图

2-20　如图 2-29 所示，一条长为 L 的柔软链条，开始静止地放在一光滑表面 AB 上，其一端 D 至 B 的距离为 $L-a$。试证：当 D 端滑到 B 点时，链条的速率为：$v=\sqrt{\frac{L}{g}(L^2-a^2)\sin\alpha}$。

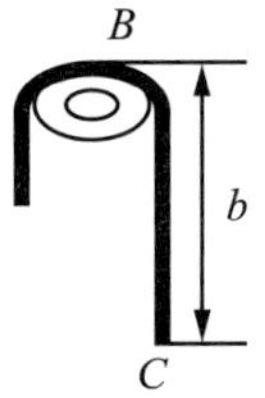

图 2-28　习题 2-19 图

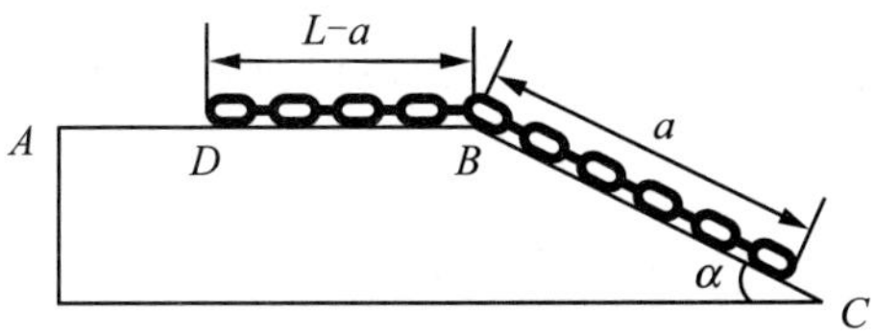

图 2-29　习题 2-20 图

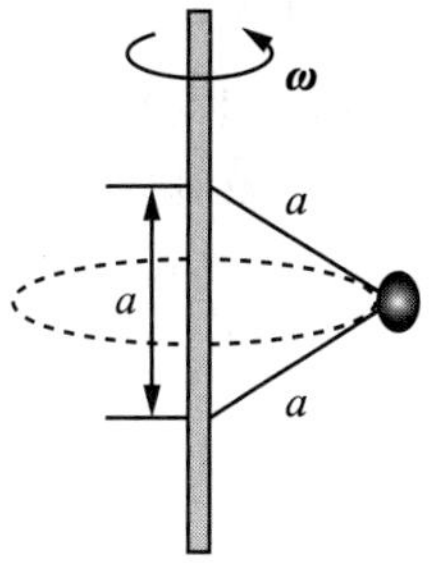

图 2-30　习题 2-21 图

2-21　用两根长为 a 的绳子连接一个质量为 m 的小球，两绳的另一端分别固定在相距为 a 的棒的两点上，如图 2-30 所示，今使小球在水平面内做匀速圆周运动。求：(1)当转速 $\boldsymbol{\omega}$ 为多大时，下面一根绳子刚刚伸直？(2)此时，上面一根绳子内的张力是多少？

2-22　在半径为 R 的光滑球面的顶点处，一质点开始滑落，取初速度接近于零。试问：质点滑到顶点以下多远的一点时，质点离开球面？

第3章 动量守恒定律和能量守恒定律

本章要点

牛顿第二定律指出，质点在外力的作用下，其运动状态会发生改变，具体表现为获得加速度。这里质点所受的外力和加速度之间是瞬时关系。但是，力作用在质点上往往会持续一段时间或一段距离，因此我们需要考虑力在时间和空间上的累积作用。力不仅作用于质点，更广泛地作用于质点系。力对质点或质点系的累积效果会使其发生动量、动能的变化以及能量的转化。在特定条件下，质点系内的动量和能量将守恒。动量、能量及其守恒不仅是力学也是物理学中各种运动所遵循的普遍规律，本章介绍动量、能量、质心等重要概念，以及相应的守恒定律及其应用。

3.1 质点和质点系的动量定理

3.1.1 冲量 质点的动量定理

1. 冲量

由牛顿第二定律 $\boldsymbol{F}=\dfrac{\mathrm{d}\boldsymbol{p}}{\mathrm{d}t}=\dfrac{\mathrm{d}(m\boldsymbol{v})}{\mathrm{d}t}$ 得

$$\boldsymbol{F}\mathrm{d}t=\mathrm{d}\boldsymbol{p}=\mathrm{d}(m\boldsymbol{v})$$

上式的积分为

$$\int_{t_1}^{t_2}\boldsymbol{F}(t)\mathrm{d}t=\boldsymbol{p}_2-\boldsymbol{p}_1=m\boldsymbol{v}_2-m\boldsymbol{v}_1 \tag{3-1}$$

式中，$\boldsymbol{v}_1$ 和 $\boldsymbol{p}_1$ 是质点在时刻 t_1 的速度和动量，$\boldsymbol{v}_2$ 和 $\boldsymbol{p}_2$ 是质点在时刻 t_2 的速度和动量；$\int_{t_1}^{t_2}\boldsymbol{F}(t)\mathrm{d}t$ 为力对时间的积分，称为力的冲量，用符号 $\boldsymbol{I}$ 表示。

2. 质点的动量定理

式(3-1)的物理意义是：在给定时间间隔内，外力作用在质点上的冲量，等于质点在此时间内动量的增量。这就是质点的动量定理。

式(3-1)是质点动量定理的矢量表达式，在直角坐标系中，其分量式为

$$\begin{cases} I_x=\int_{t_1}^{t_2}F_x\mathrm{d}t=mv_{2x}-mv_{1x} \\ I_y=\int_{t_1}^{t_2}F_y\mathrm{d}t=mv_{2y}-mv_{1y} \\ I_z=\int_{t_1}^{t_2}F_z\mathrm{d}t=mv_{2z}-mv_{1z} \end{cases} \tag{3-2}$$

显然，质点在某一轴线上的动量增量，仅与该质点在此轴线上的受的外力的冲量有关。动量 $\boldsymbol{p}$ 比速度 $\boldsymbol{v}$ 能更恰当地反映物体的运动状态。

3.1.2 质点系的动量定理

如图 3-1 所示，在系统 S 内有两个质点 1 和 2，它们的质量分别为 m_1 和 m_2。系统外的质点对它们作用的力叫作外力，系统内质点间的相互作用力则叫内力。设作用在质点上的外力分别是 $\boldsymbol{F}_1$ 和 $\boldsymbol{F}_2$，而两质点相互作用的内力分别为 $\boldsymbol{F}_{12}$ 和 $\boldsymbol{F}_{21}$。根据质点的动量定理，在 $\Delta t=t_2-t_1$ 时间内，两质点所受力的冲量和动量增量分别为

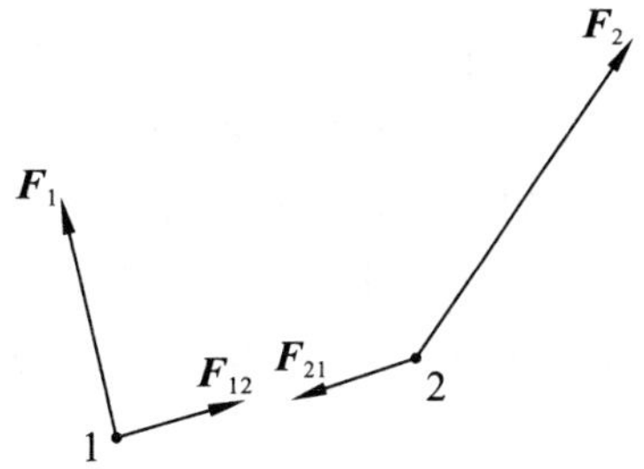

图 3-1 质点系的动量定理

$$\int_{t_1}^{t_2}(\boldsymbol{F}_1+\boldsymbol{F}_{12})\,\mathrm{d}t=m_1\boldsymbol{v}_1-m_1\boldsymbol{v}_{10}$$

和

$$\int_{t_1}^{t_2}(\boldsymbol{F}_2+\boldsymbol{F}_{21})\,\mathrm{d}t=m_2\boldsymbol{v}_2-m_2\boldsymbol{v}_{20}$$

将上两式相加，有

$$\int_{t_1}^{t_2}(\boldsymbol{F}_1+\boldsymbol{F}_2)\,\mathrm{d}t+\int_{t_1}^{t_2}(\boldsymbol{F}_{12}+\boldsymbol{F}_{21})\,\mathrm{d}t=(m_1\boldsymbol{v}_1+m_2\boldsymbol{v}_2)-(m_1\boldsymbol{v}_{10}+m_2\boldsymbol{v}_{20})$$

由牛顿第三定律知 $\boldsymbol{F}_{12}=-\boldsymbol{F}_{21}$，所以系统内两质点间的内力之和，$\boldsymbol{F}_{12}+\boldsymbol{F}_{21}=0$，

故上式为
$$\int_{t_1}^{t_2}(\boldsymbol{F}_1+\boldsymbol{F}_2)\,\mathrm{d}t=(m_1\boldsymbol{v}_1+m_2\boldsymbol{v}_2)-(m_1\boldsymbol{v}_{10}+m_2\boldsymbol{v}_{20}) \tag{3-3}$$

上式表明，作用于两质点组成系统的合外力的冲量等于系统内两质点动量之和的增量，即系统的动量增量。

上述结论容易推广到由 n 个质点所组成的系统。如果系统内含有 n 个质点，那么式(3-3)可改写成

$$\int_{t_1}^{t_2}\left(\sum_{i=1}^{n}\boldsymbol{F}_i^{\mathrm{ex}}\right)\mathrm{d}t+\int_{t_1}^{t_2}\left(\sum_{i=1}^{n}\boldsymbol{F}_i^{\mathrm{in}}\right)\mathrm{d}t=\sum_{i=1}^{n}m\boldsymbol{v}_i-\sum_{i=1}^{n}m\boldsymbol{v}_{i0}$$

考虑到内力总是成对出现，且大小相等、方向相反，故其矢量和必为零，即

$$\sum_{i=1}^{n}\boldsymbol{F}_i^{\mathrm{in}}=0$$

设作用于系统的合外力用 $\boldsymbol{F}_i^{\mathrm{ex}}$ 表示，且系统的初动量和末动量各为 $\boldsymbol{p}_0$ 和 $\boldsymbol{p}$，那么上式可改写为

$$\int_{t_1}^{t_2}\boldsymbol{F}_i^{\mathrm{ex}}\mathrm{d}t=\sum_{i=1}^{n}m_i\boldsymbol{v}_i-\sum_{i=1}^{n}m_i\boldsymbol{v}_{i0} \tag{3-4a}$$

或

$$\boldsymbol{I}=\boldsymbol{p}-\boldsymbol{p}_0 \tag{3-4b}$$

式(3-4a)与式(3-4b)表明，作用于系统的合外力的冲量等于系统动量的增量。这就是质点系的动量定理。

对于在无限小的时间间隔内，质点系的动量定理可写成

$$\boldsymbol{F}_i^{\mathrm{ex}}\mathrm{d}t=\mathrm{d}\boldsymbol{p}$$

或

$$\boldsymbol{F}_i^{ex}=\frac{\mathrm{d}\boldsymbol{p}}{\mathrm{d}t} \tag{3-4c}$$

上式表明，作用于质点系的合外力等于质点系的动量随时间的变化率。

例 3-1 质量为 m 的物体，由水平面上点 O 以初速度为 $\boldsymbol{v}_0$ 抛出，$\boldsymbol{v}_0$ 与水平面成仰角 α，如图 3-2 所示。若不计空气阻力，求：(1)物体从发射点 O 到最高点的过程中重力的冲量；(2)物体从发射点到落回至同一水平面的过程中，重力的冲量。

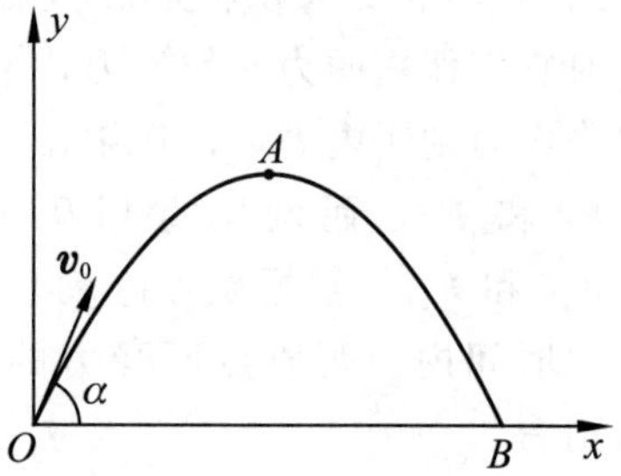

图 3-2 例 3-1 图

分析： 重力是恒力，因此，求其在一段时间内的冲量时，只需求出时间间隔即可。由抛体运动规律可知，物体到达最高点的时间 $\Delta t_1=\dfrac{v_0\sin\alpha}{g}$，物体从出发到落回至同一水平面所需的时间是到达最高点时间的两倍。这样，按冲量的定义即可求出结果。

另一种解的方法是根据过程的始末动量，由动量定理求出。

解 1 物体从出发到最高点所需的时间为

$$\Delta t_1=\frac{v_0\sin\alpha}{g}$$

则物体落回地面的时间为

$$\Delta t_2=2\Delta t_1=\frac{2v_0\sin\alpha}{g}$$

于是，在相应的过程中重力的冲量分别为

$$\boldsymbol{I}_1=\int_{\Delta t_1}\boldsymbol{F}\mathrm{d}t=-mg\Delta t_1\boldsymbol{j}=-mv_0\sin\alpha\,\boldsymbol{j}$$

$$\boldsymbol{I}_2=\int_{\Delta t_2}\boldsymbol{F}\mathrm{d}t=-mg\Delta t_2\boldsymbol{j}=-2mv_0\sin\alpha\,\boldsymbol{j}$$

解 2 根据动量定理，物体由发射点 O 运动到 A、B 点的过程中，重力的冲量分别为

$$\boldsymbol{I}_1=mv_{Ay}\boldsymbol{j}-mv_{Oy}\boldsymbol{j}=-mv_0\sin\alpha\,\boldsymbol{j}$$

$$\boldsymbol{I}_2=mv_{By}\boldsymbol{j}-mv_{Oy}\boldsymbol{j}=-2mv_0\sin\alpha\,\boldsymbol{j}$$

3.2 动量守恒定律

1. 什么是动量守恒定律

动量守恒定律，是最早发现的一条守恒定律，它起源于十六、十七世纪西欧的哲学思想。法国哲学家兼数学、物理学家笛卡儿，对这一定律的发现做出了重要贡献。

观察周围运动着的物体，我们看到它们中的大多数终归会停下来。整个宇宙是不是也像一架机器那样，总有一天会停下来呢？但是，通过千百年对天体运动的观测，并没有发现宇宙运动有减少的现象，十六、十七世纪的许多哲学家都认为，宇宙间运动的总量是不会减少的，只要我们能够找到一个合适的物理量来量度运动，就会看到

运动的总量是守恒的。那么，这个合适的物理量到底是什么呢？

法国的哲学家笛卡儿曾经提出，质量和速率的乘积是一个合适的物理量。但速率是个没有方向的标量。后来，牛顿把笛卡儿的定义略作修改，即不用质量和速率的乘积，而用质量和速度的乘积，这样就得到量度运动的一个合适的物理量，这个量牛顿叫作“运动量”，现在我们叫作动量。笛卡儿由于忽略了动量的矢量性而没有找到量度运动的合适的物理量，但他的工作给后来的人继续探索打下了很好的基础。

科学家介绍：笛卡尔

从式(3-4)可以看出，当系统所受合外力为零，即 $\boldsymbol{F}^{\mathrm{ex}}=0$ 时，系统的总动量的增量亦为零，即 $\boldsymbol{p}-\boldsymbol{p}_0=0$。这时系统的总动量保持不变，即

$$\boldsymbol{p}=\sum_{i=1}^{n} m_i \boldsymbol{v}_i=\text{恒矢量} \tag{3-5a}$$

这就是动量守恒定律，它的表述为：当系统所受合外力为零时，系统的总动量将保持不变，式(3-5a)是动量守恒定律的矢量式。在直角坐标系中，其分量式为

$$\begin{cases} p_x=\sum m_i v_{ix}=C_1 \quad (F_x^{\mathrm{ex}}=0) \\ p_y=\sum m_i v_{iy}=C_2 \quad (F_y^{\mathrm{ex}}=0) \\ p_z=\sum m_i v_{iz}=C_3 \quad (F_z^{\mathrm{ex}}=0) \end{cases} \tag{3-5b}$$

式中，C_1、C_2 和 C_3 均为恒量。

2. 几点说明

(1)动量是与惯性系选取有关的物理量，因此在计算系统动量时，各质点的动量必须取同一个惯性系。

(2)当系统所受合外力不为零时，虽然不满足动量守恒条件，但由于垂直合外力方向上系统受力为零，故系统动量在该方向的分量将保持不变。

(3)在某些碰撞问题中，由于外力远远小于内力，因而外力可以忽略不计，此时仍然可以应用动量守恒定律解决问题。

(4)动量守恒定律是物理学最普遍、最基本的定律之一。

动量守恒定律虽然是从表述宏观物体运动规律的牛顿运动定律导出的，但近代的科学实验和理论分析都表明：在自然界中，大到天体间的相互作用，小到质子、中子、电子等微观粒子间的相互作用都遵守动量守恒定律；而在原子、原子核等微观领域中，牛顿运动定律却是不适用的。因此，动量守恒定律比牛顿运动定律更具普遍意义，它与能量守恒定律一样，是自然界中最普遍、最基本的定律之一。

(5)动量定理和动量守恒定律只在惯性系中才成立。因此运用它们来求解问题时，要选定一惯性系作为参考系。

例 3-2 设有一静止的原子核，衰变辐射出一个电子和一个中微子后成为一个新的原子核。已知电子和中微子的运动方向相互垂直(见图 3-3)，且电子的动量的值为 $1.2\times10^{-22}\ \mathrm{kg\cdot m\cdot s^{-1}}$，中微子的动量的值为 $6.4\times10^{-23}\ \mathrm{kg\cdot m\cdot s^{-1}}$。问新的原子核的动量的值和方向如何？

探究碰撞中的
不变量实验

解 以 $\boldsymbol{p}_e$、$\boldsymbol{p}_v$ 和 $\boldsymbol{p}_N$ 分别代表电子、中微子和新原子核的动量，且 $\boldsymbol{p}_e$ 与 $\boldsymbol{p}_v$ 相互垂直(见图 3-3)。在原子核衰变的短暂时间内，粒子间的内力大于外界作用于该粒子系统上的外力，故粒子系统在衰变前后的动量是守恒的。考虑到原子核在衰变前是静止的，所以衰变后电子、中微子和新原子核的动量之和亦应为零，即 $\boldsymbol{p}_e+\boldsymbol{p}_v+\boldsymbol{p}_N=0$。

中微子

由于 $\boldsymbol{p}_e$ 与 $\boldsymbol{p}_v$ 垂直，有

$$p_N=(p_e^2+p_v^2)^{1/2}$$

代入已知数据，得

$$p_N=[(1.2\times10^{-22})^2+(6.4\times10^{-23})^2]^{1/2}\ \mathrm{kg\cdot m\cdot s^{-1}}=1.36\times10^{-22}\ \mathrm{kg\cdot m\cdot s^{-1}}$$

图 3-3 中的 α 角为

$$\alpha=\arctan\frac{p_e}{p_v}=\arctan\frac{1.2\times10^{-22}}{6.4\times10^{-23}}=61.9°$$

或者新原子核的动量 $\boldsymbol{p}_N$ 与中微子动量 $\boldsymbol{p}_v$ 之间的夹角为

$$\theta=180°-61.9°=118.1°$$

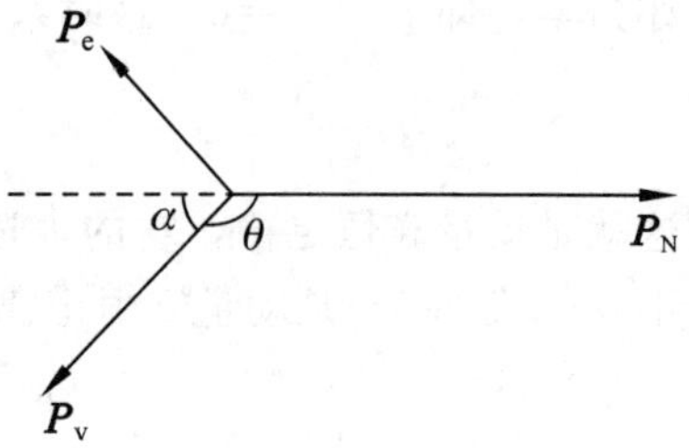

图 3-3 例 3-2 图

例 3-3 质量为 m' 的人手里拿着一个质量为 m 的物体，此人用与水平面成 α 角的速率 v_0 向前跳去。当他达到最高点时，他将物体以相对于人为 u 的水平速率向后抛出。请问：由于人抛出物体，他跳跃的距离增加了多少(假设人可视为质点)?

解 取如图 3-4 所示坐标。

把人与物体视为一系统，当人跳跃到最高点处，在向左抛物的过程中，满足动量守恒，故有

$$(m+m')v_0\cos\alpha=m'v+m(v-u)$$

式中，v 为人抛物后相对地面的水平速率，$v-u$ 为抛出物对地面的水平速率。得

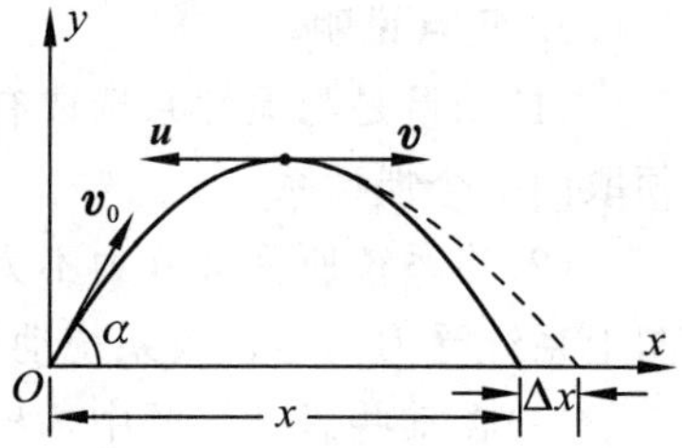

图 3-4 例 3-3 图

$$v=v_0\cos\alpha+\frac{m}{m'+m}u$$

人的水平速度的增量为

$$\Delta v=v-v_0\cos\alpha=\frac{m}{m'+m}u$$

而人从最高点到地面的运动时间为

$$t=\frac{v_0\sin\alpha}{g}$$

所以，人跳跃后增加的距离为

$$\Delta x=\Delta vt=\frac{mv_0\sin\alpha}{(m'+m)g}u$$

知识拓展：神秘的幽灵粒子——中微子

*3.3 火箭飞行原理

在火箭发射过程中，燃料不断燃烧变成热气体，并且热气体以高速从火箭尾部向

后喷出，因而推动火箭向前做加速运动。

设火箭在外层空间飞行，火箭在 t_0 时刻的速度为 $\boldsymbol{v}_0$，火箭(包括燃料)的总质量为 M_0，热气体相对火箭的喷射速度为 u。

随着燃料消耗，火箭质量不断减少，火箭速度不断加快，当燃料用尽后的火箭质量为 M，此时火箭所获得的速度 $\boldsymbol{v}$ 是多少呢？下面具体计算。

第一步：讨论在任意时刻火箭的飞行情况，选取某一时刻 t 和 $t+\Delta t$ 时刻的火箭原质量 m，喷出的质量 $\mathrm{d}m$ 和喷出气体后火箭质量 $(m-\mathrm{d}m)$ 为研究对象，分析此系统的运动情况。

设某一时刻 t，火箭质量为 m，相对地面速度为 $\boldsymbol{v}$；在 $t+\Delta t$ 时刻，火箭喷出的质量为 $\mathrm{d}m$($\mathrm{d}m$ 是质量 m 在 $\mathrm{d}t$ 时间内所喷出的质量)的气体。喷出的气体相对火箭的速度为 $\boldsymbol{u}$，方向与 $\boldsymbol{v}$ 相反；选择火箭和喷气所组成的部分为系统。

喷气前：总动量为 mv；

喷气后：火箭动量为 $(m-\mathrm{d}m)(v+\mathrm{d}v)$；

喷出的气体的动量为 $\mathrm{d}m(v+\mathrm{d}v-u)$；

忽略空气阻力和重力，系统动量守恒。

第二步：应用动量守恒列式。

$$mv=(m-\mathrm{d}m)(v+\mathrm{d}v)+\mathrm{d}m(v+\mathrm{d}v-u)$$

忽略高阶无穷小，并整理后得 $m\mathrm{d}v+u\mathrm{d}m=0$，即

$$\mathrm{d}v=-u\frac{\mathrm{d}m}{m}$$

对上式两边积分，$t_0\rightarrow t$ 时刻，其速度变化为 $\boldsymbol{v}_0\rightarrow\boldsymbol{v}$，其质量由 M_0 变化为 M，于是有 $\int_{v_0}^{v}\mathrm{d}v=\int_{M_0}^{M}-u\frac{\mathrm{d}m}{m}$，所以

$$v-v_0=-u\ln\frac{M}{M_0}=u\ln\frac{M_0}{M}$$

即
$$v=v_0+u\ln\frac{M_0}{M}$$

这就是当 $t_0\rightarrow t$ 时刻，火箭的质量从 $M_0\rightarrow M$ 时火箭的速度公式。

第三步：求火箭在全部燃料用完时的速度。

如果设火箭开始飞行时速度为零($\boldsymbol{v}_0=0$)，燃料用尽时质量为 M，那么根据上式解得火箭能够达到的速度为

$$v=u\ln\frac{M_0}{M}\tag{3-6}$$

式中，$\frac{M_0}{M}$称为火箭的质量比。

要把航天器发射上天，则火箭获得的速度至少要大于第一宇宙速度。若要使航天器离开地球到达其他行星或脱离太阳系到其他星系，则火箭获得的速度应分别大于第二宇宙速度和第三宇宙速度。由于此式导出时未计入地球引力和空气摩擦力产生的影响，加上各种技术的原因，单级火箭的末速度大小 v_f 将小于第一宇宙速度大小 $v_1=7.9\ \mathrm{km}\cdot\mathrm{s}^{-1}$。这就是说，单级火箭并不能把航天器送上天。运载火箭通常为多级火

箭，多级火箭是用多个单级火箭经串联、并联或串并联组合而成的一个飞行整体。图 3-5 所示为串联式三级火箭的示意图。图 3-6 所示为中国“长征”号运载火箭的部位安排。

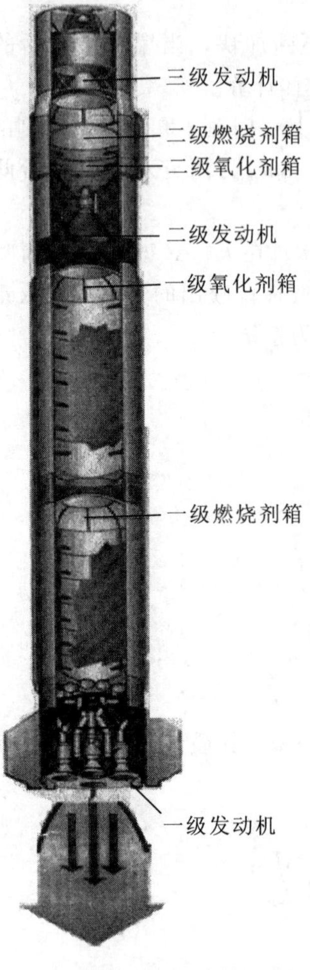

图 3-5　串联式三级火箭示意图

图 3-6　中国“长征”号运载火箭的部位安排

3.4　动能定理

3.4.1　功

1. 功

物理成就：长征系列运载火箭简介

长征系列运载火箭

在历史上，“功”的概念是在使用简单机械的生产经验基础上逐步发展为科学概念的。人们在从事推车、提水等劳动时，都用力操作，并完成一定的工作量。那时把“工作”认为“做功”，凡用力的操作都称为做功。尔后，又逐步认识到，在工作过程中，总有力在作用，而且物体通常发生一定的位移。作用力和位移越大，完成的工作量就越多。这些感性知识，通过总结反映到物理学中，从而形成了“功”的科学概念。

如有一质点在力 $\boldsymbol{F}$ 的作用下，沿如图 3-7 所示的路径 AB 运动。设在时刻 t，质点

位于点 A，经过极短时间间隔 $\mathrm{d}t$，质点的位移元为 $\mathrm{d}\boldsymbol{r}$。力 $\boldsymbol{F}$ 与质点位移之间的夹角为 θ。在物理学中，功的定义是：力对质点所做的功为力在质点位移方向的分矢量与位移大小的乘积。按此定义，该力所做的元功为

$$\mathrm{d}W = F\cos\theta\ \mathrm{d}r \tag{3-7a}$$

从上式可以看出，当 $90^\circ > \theta > 0^\circ$ 时，功为正值，即力对质点做正功；当 $90^\circ < \theta \leqslant 180^\circ$ 时，功为负值，即力对质点做负功。由于力 $\boldsymbol{F}$ 与位移 $\mathrm{d}\boldsymbol{r}$ 均为矢量，从矢量的标积定义知，上式等号右边为 $\boldsymbol{F}$ 与 $\mathrm{d}\boldsymbol{r}$ 标积，即

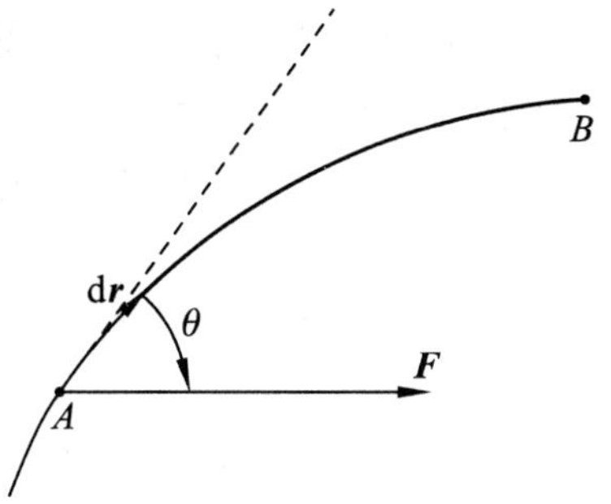

图 3-7　功的概念

$$\mathrm{d}W = \boldsymbol{F}\cdot\mathrm{d}\boldsymbol{r} \tag{3-7b}$$

质点由点 A 运动到点 B，在此过程中作用在质点上的力的大小和方向都可能在改变。为求得在此过程中变力所做的功，我们把路径分成很多段的多个位移元，使得在这些位移元内，力可近似地看成是不变的。于是，质点从点 A 移到点 B 时，变力所做的功应等于力在每段位移元上所做元功的代数和，即

$$W = \int \mathrm{d}W = \int_A^B \boldsymbol{F}\cdot\mathrm{d}\boldsymbol{r} = \int_A^B F\cos\theta\ \mathrm{d}r \tag{3-8}$$

上式是变力做功的表达式。

功常用图示法来计算。如图 3-8 所示，图中的曲线表示 $F\cos\theta$ 随路径变化的函数关系。曲线下面的面积等于变力做功的代数值。

在直角坐标系中，$\boldsymbol{F}$ 和 $\mathrm{d}\boldsymbol{r}$ 都是坐标 x，y，z 的函数，即

$$\boldsymbol{F} = F_x\boldsymbol{i} + F_y\boldsymbol{j} + F_z\boldsymbol{k}$$

和

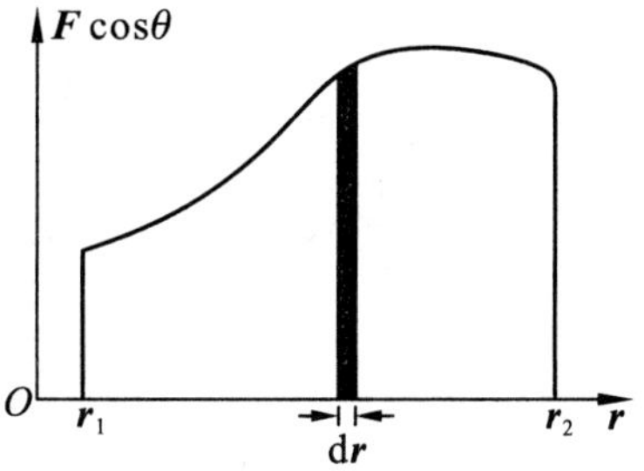

图 3-8　用图示法计算功

$$\mathrm{d}\boldsymbol{r} = \mathrm{d}x\boldsymbol{i} + \mathrm{d}y\boldsymbol{j} + \mathrm{d}z\boldsymbol{k}$$

因此式(3-8)亦可写成

$$W = \int_A^B \boldsymbol{F}\cdot\mathrm{d}\boldsymbol{r} = \int_A^B (F_x\mathrm{d}x + F_y\mathrm{d}y + F_z\mathrm{d}z) \tag{3-9}$$

在国际单位中，力的单位是 N，位移的单位是 m，所以功的单位是 N·m。这个单位被称作焦耳，简称焦，符号为“J”。

科学家介绍：焦耳

2. 功率

在生产实践中，重要的是要知道做功的快慢，即功对时间的变化率，所以引入功率。定义功随时间的变化率为功率，用 P 表示，则有 $P = \dfrac{\mathrm{d}W}{\mathrm{d}t}$。

利用功的定义，可得

$$P = \frac{\mathrm{d}W}{\mathrm{d}t} = \boldsymbol{F}\cdot\frac{\mathrm{d}\boldsymbol{r}}{\mathrm{d}t} = \boldsymbol{F}\cdot\boldsymbol{v} = Fv\cos\theta \tag{3-10}$$

在国际单位制中，功率的单位是瓦特，简称瓦，记为“W”。

3.4.2 质点的动能定理

1. 质点的动能定理

力对物体做功，则要使物体的运动状态发生变化。它们之间的关系如何呢？

如图 3-9 所示，一质量为 m 的质点在合外力 $\boldsymbol{F}$ 作用下，自点 A 沿曲线移动到点 B。它在点 A 和点 B 的速率分别为 v_1 和 v_2。

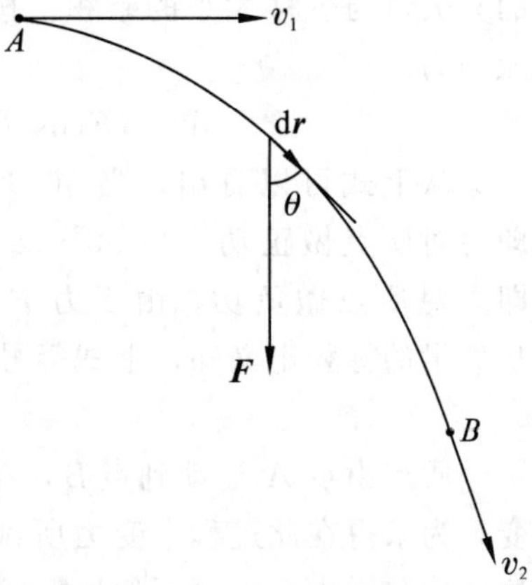

图 3-9　质点的动能定理

设作用在位移元 d$\boldsymbol{r}$ 上的合外力 $\boldsymbol{F}$ 与 d$\boldsymbol{r}$ 之间的夹角为 θ。由式(3-7)可得，合外力 $\boldsymbol{F}$ 对质点所做的元功为

$$dW=\boldsymbol{F}\cdot d\boldsymbol{r}=F\cos\theta dr \tag{3-11}$$

由牛顿第二定律及切向加速度的定义，有

$$F\cos\theta=ma_{t}=m\frac{dv}{dt}$$

故可得

$$dW=m\frac{dv}{dt}dr=mvdv$$

于是，质点自点 A 移动至点 B 这一过程中，合外力所做的总功为

$$W=\int_{v_1}^{v_2}mvdv=\frac{1}{2}mv_2^2-\frac{1}{2}mv_1^2 \tag{3-12a}$$

我们把 $\frac{1}{2}mv^2$ 叫作质点的动能，用 E_k 表示，即

$$E_k=\frac{1}{2}mv^2$$

这样，$E_{k1}=\frac{1}{2}mv_1^2$ 和 $E_{k2}=\frac{1}{2}mv_2^2$ 分别表示质点在起始和终止位置时的动能。式(3-12a)可写成

$$W=E_{k2}-E_{k1} \tag{3-12b}$$

上式表明，合外力对质点所做的功，等于质点动能的增量。这个结论就称为质点的动能定理。E_{k1} 称为初动能，而 E_{k2} 称为末动能。

2. 关于质点的动能定理几点说明

(1)功与动能之间的联系和区别。只有合外力对质点做功，才能使质点的动能发生变化。功是能量变化的量度，功是与在外力作用下质点的位置移动过程相联系的，故功是一个过程量。而质点的运动状态一旦确定，即 m、$\boldsymbol{v}$ 确定，则动能就唯一地确定。故动能是决定于质点的运动状态的，它是运动状态的函数。

(2)功和动能与参考系有关。与牛顿第二定律一样，动能定理也适用于惯性系。此外，在不同的惯性系中，质点的位移和速度是不同的，因此，功和动能依赖于惯性系的选择。

(3)功和动能是标量。

例 3-4　一物体在介质中按规律 $x=ct^3$ 做直线运动，c 为一常量。设介质对物体的阻力正比于速度的平方。试求物体由 $x_0=0$ 运动到 $x=l$ 时，阻力所做的功(已知阻力系数为 k)。

解 由运动学方程 $x=ct^3$，可得物体的速度大小为

$$v=\frac{\mathrm{d}x}{\mathrm{d}t}=3ct^2$$

按题意及上述关系，物体所受阻力的大小为

$$F=kv^2=9kc^2t^4=9kc^{\frac{2}{3}}x^{\frac{4}{3}}$$

则阻力的功为

$$W=\int_0^l \boldsymbol{F}\cdot\mathrm{d}\boldsymbol{x}=\int_0^l F\cos 180°\mathrm{d}x=-\int_0^l 9kc^{\frac{2}{3}}x^{\frac{4}{3}}\mathrm{d}x=-\frac{27}{7}kc^{\frac{2}{3}}l^{\frac{7}{3}}$$

例 3-5 一质量为 0.20 kg 的球，系在长为 2.00 m 的细绳上，细绳的另一端系在天花板上。把小球移至使细绳与竖直方向成 30°角的位置，然后由静止放开。

求：(1)在绳索从 30°角到 0°角的过程中，重力和张力所做的功；

(2)物体在最低位置时的动能和速率；

(3)在最低位置时的张力。

解 (1)如图 3-10 所示，重力对小球所做的功只与始末位置有关，即

$$W_P=P\Delta h=mgl(1-\cos\theta)=0.53\ \mathrm{J}$$

在小球摆动过程中，张力 $\boldsymbol{F}_T$ 的方向总是与运动方向垂直，所以张力做的功为

$$W_T=\int\boldsymbol{F}_T\cdot\mathrm{d}\boldsymbol{s}=0$$

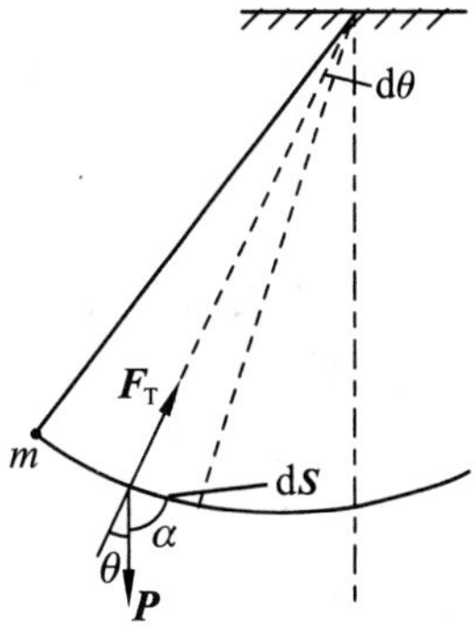

图 3-10 例 3-5 图

(2)根据动能定理，小球在摆动过程中，其动能的增量是重力对它做功的结果。初始时动能为零，因而，在最低位置时的动能为

$$E_k=W_P=0.53\ \mathrm{J}$$

小球在最低位置时的速率为

$$v=\sqrt{\frac{2E_k}{m}}=\sqrt{\frac{2W_P}{m}}\approx 2.30\ \mathrm{m\cdot s^{-1}}$$

(3)当小球在最低位置时，由牛顿定律可得

$$F_T-P=\frac{mv^2}{l}$$

则有

$$F_T=P+\frac{mv^2}{l}=2.489\ \mathrm{N}$$

3.5 保守力与非保守力 势能

1. 万有引力、重力、弹性力做功的特点

(1)万有引力做功。

如图 3-11 所示，有两个质量分别为 m 和 m' 的质点，其中质点 m' 固定不动。取 m'

的位置为坐标原点，A，B 两点对 m' 的距离分别为 r_A 和 r_B，m 经任一路径由点 A 运动到点 B，求万有引力做的功。

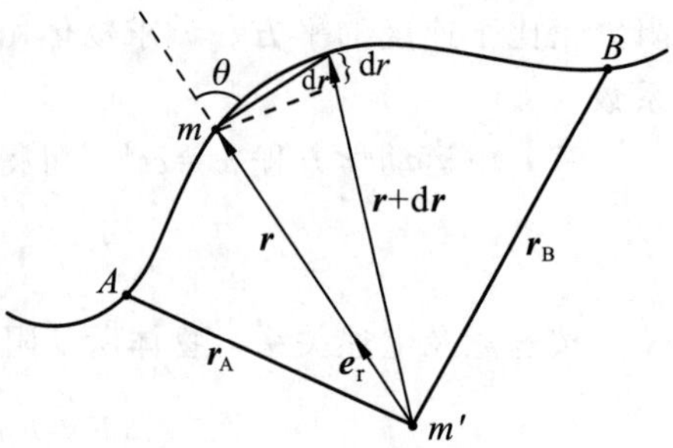

图 3-11　万有引力做功

设在某一时刻质点 m 距质点 m' 的距离为 r，其位矢为 $\boldsymbol{r}$，这时质点 m 受到质点 m' 的万有引力为

$$\boldsymbol{F}=-G\frac{m'm}{r^2}\boldsymbol{e}_r$$

$\boldsymbol{e}_r$ 为沿位矢 $\boldsymbol{r}$ 的单位矢量，当 m 沿路径移动位移元 $\mathrm{d}\boldsymbol{r}$ 时，万有引力做的功为

$$\mathrm{d}W=\boldsymbol{F}\cdot\mathrm{d}\boldsymbol{r}=-G\frac{m'm}{r^2}\boldsymbol{e}_r\cdot\mathrm{d}\boldsymbol{r}$$

从图可以看出

$$\boldsymbol{e}_r\cdot\mathrm{d}\boldsymbol{r}=|\boldsymbol{e}_r||\mathrm{d}\boldsymbol{r}|\cos\theta=|\mathrm{d}\boldsymbol{r}|\cos\theta=\mathrm{d}r$$

于是，上式为

$$\mathrm{d}W=-G\frac{m'm}{r^2}\mathrm{d}r$$

所以，质点 m 从点 A 沿任一路径到达点 B 的过程中，万有引力做的功为

$$W=\int_A^B\mathrm{d}W=-Gm'm\int_{r_A}^{r_B}\frac{1}{r^2}\mathrm{d}r=-Gm'm\left(\frac{1}{r_B}-\frac{1}{r_A}\right)\tag{3-13}$$

上式表明，当质点的质量 m 和 m' 均给定时，万有引力做的功只取决于质点 m 的起始和终止的位置，而与所经过的路径无关。这是万有引力做功的一个重要特点。

(2)重力做功。

如图 3-12 所示，一个质量为 m 的质点，在重力作用下从点 A 沿 ACB 路径至点 B，点 A 和点 B 距地面的高度分别为 y_1 和 y_2，因为质点运动的路径为一曲线，所以重力和质点运动方向之间的夹角是不断变化的。我们把路径 ACB 分成许多位移元，在位移元 $\mathrm{d}\boldsymbol{r}$ 中，重力 $\boldsymbol{P}$ 所做的功为 $\mathrm{d}W=\boldsymbol{P}\cdot\mathrm{d}\boldsymbol{r}$。

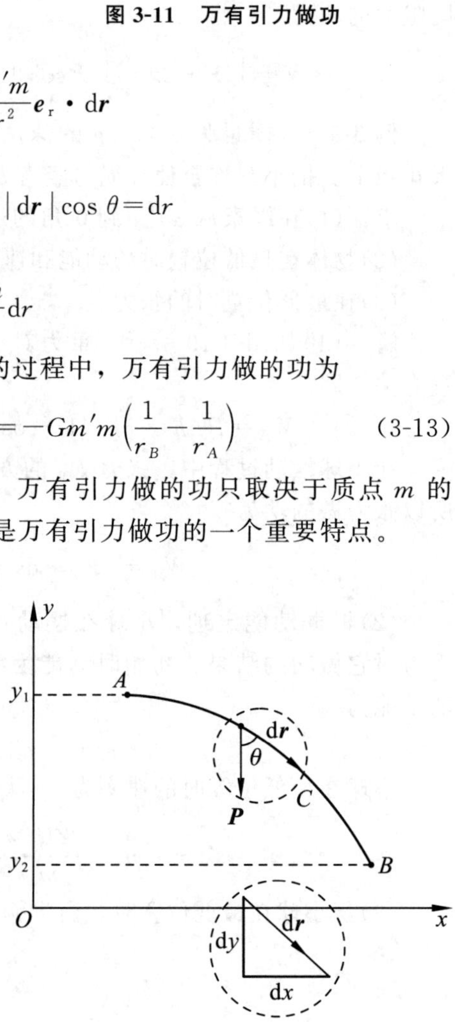

图 3-12　重力做功

若质点在平面内运动，按图 3-12 所选坐标，并取地面上某一点为坐标原点 O，有

$$\mathrm{d}\boldsymbol{r}=\mathrm{d}x\boldsymbol{i}+\mathrm{d}y\boldsymbol{j}$$

且　　$\boldsymbol{P}=-mg\boldsymbol{j}$。于是，前式为

$$\mathrm{d}W=-mg\boldsymbol{j}\cdot(\mathrm{d}x\boldsymbol{i}+\mathrm{d}y\boldsymbol{j})=-mg\,\mathrm{d}y$$

质点由点 A 移至点 B 的过程中，重力做的总功为

$$W=-mg\int_{y_1}^{y_2}\mathrm{d}y=-mg(y_2-y_1)$$

即

$$W=-(mgy_2-mgy_1)\tag{3-14}$$

上式表明，重力做功只与质点的起始和终止位置有关，而与所经过的路径无关，

这是重力做功的一个重要特点。

(3)弹性力做功。

如图 3-13 所示是一放置在光滑平面上的轻弹簧，弹簧的一端固定，另一端与一质量为 m 的物体相连接。当弹簧在水平方向不受外力作用时，它将不发生形变，此时物体位于点 O(即位于 $x=0$ 处)，这个位置称为平衡位置。现以平衡位置 O 为坐标原点，向右为 Ox 轴正向。弹簧伸长量由 x_1 变到 x_2 时，弹性力对物体做的功的计算过程如下。

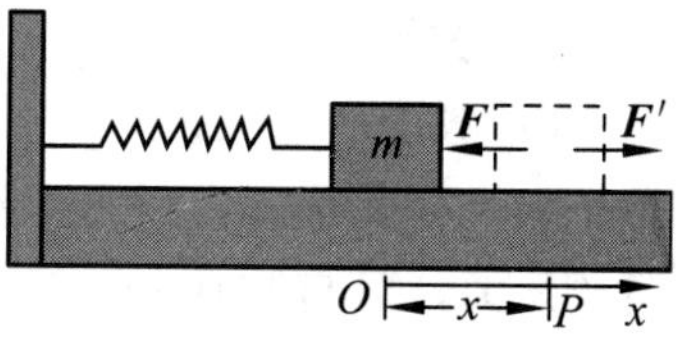

图 3-13　弹性力做功

若物体受到沿 Ox 轴正向的外力 $\boldsymbol{F}'$ 作用，弹簧将沿 Ox 轴正向被拉长，弹簧的伸长量即其位移为 x。根据胡克定律，在弹性限度内，弹簧的弹性力 $\boldsymbol{F}$ 与弹簧的伸长量 x 之间的关系为

$$\boldsymbol{F}=-kx\boldsymbol{i}$$

式中，k 称为弹簧的劲度系数。在弹簧被拉长的过程中，弹性力是变力。但弹簧位移元为 $\mathrm{d}\boldsymbol{x}$ 时的弹性力 $\boldsymbol{F}$ 可近似看成是不变的。于是，弹簧位移为 $\mathrm{d}\boldsymbol{x}$ 时，弹性力做的元功为

$$\mathrm{d}W=\boldsymbol{F}\cdot\mathrm{d}\boldsymbol{x}=-kx\boldsymbol{i}\cdot\mathrm{d}x\boldsymbol{i}=-kx\mathrm{d}x\boldsymbol{i}\cdot\boldsymbol{i}$$

有

$$\mathrm{d}W=-kx\,\mathrm{d}x$$

这样，弹簧的伸长量由 x_1 变到 x_2 时，弹性力所做的功就等于各个元功之和。由积分计算可得

$$W=\int\mathrm{d}W=-k\int_{x_1}^{x_2}x\,\mathrm{d}x=-\left(\frac{1}{2}kx_2^2-\frac{1}{2}kx_1^2\right)$$

计算弹性力对物体做的功为

$$W=-\left(\frac{1}{2}kx_2^2-\frac{1}{2}kx_1^2\right)\tag{3-15}$$

式中，k 为弹簧的劲度系数。

探究弹簧弹力和伸长量的关系实验

从式(3-15)可以看出，对在弹性限度内具有给定劲度系数的弹簧来说，弹性力做的功只由弹簧起始和终止的位置(x_1 和 x_2)决定，而与弹性形变的过程无关。

2. 保守力与非保守力

从上述对重力、万有引力和弹性力做功的讨论中可以看出，它们所做的功只与物体(或弹簧)的始末位置有关，而与路径无关。这是它们做功的一个共同特点。我们把具有这种特点的力称为保守力。除了上面所讲的重力、万有引力和弹性力是保守力外，电荷间相互作用的库仑力和原子间相互作用的分子力也是保守力。

保守力做功与路径无关的特性还可以用另一种方式来表示：在保守力作用下，物体沿任意闭合路径运动一周时，保守力对它做功为零，即

$$W=\oint\boldsymbol{F}\cdot\mathrm{d}\boldsymbol{r}=0\tag{3-16}$$

式(3-16)是反映保守力做功特点的数学表达式。

然而，物理学中并非所有的力都具有“做功与路径无关”这一特点，如常见的摩擦

力，它所做的功就与路径有关，路径越长，摩擦力做的功也越大。这种做功与路径有关的力称为非保守力。

3. 势能

(1)势能的定义。

从上面关于万有引力、重力和弹性力做功的讨论中，我们知道这些保守力做功与路径无关，只与物体的始末位置有关，因此，可以引入一物理量，它是位置的函数，并使这个函数在始末位置的增量恰好取决于保守力的功，这个位置函数就是我们要引入的势能。把与物体位置有关的能量称作物体的势能，用符号“E_p”表示。即

$$W=-(E_{p2}-E_{p1})=-\Delta E_p \tag{3-17}$$

即保守力对物体做的功等于物体势能增量的负值。

于是，三种势能分别为

重力势能 $$E_p=mgy$$

引力势能 $$E_p=-G\frac{m'm}{r} \tag{3-18}$$

弹性势能 $$E_p=\frac{1}{2}kx^2$$

(2)对势能概念的进一步讨论。

①势能是状态的函数。在保守力作用下，只要物体的起始和终止位置确定了，保守力所做的功也就确定了，而与所经过的路径是无关的。所以说，势能是坐标函数，亦是状态的函数，即 $E_p=E_p(x,\ y,\ z)$。前面还说过，动能亦是状态的函数，即 $E_k=E_k(v_x,\ v_y,\ v_z)$。

②势能的相对性。势能的值与势能零点的选取有关。一般选地面的重力势能为零，引力势能的零点取在无限远处，而水平放置的弹簧处于平衡位置时，其弹性势能为零。当然，势能零点也可以任意选取，选取不同的势能零点，物体的势能就将具有不同的值。势能可正可负，势能为负只不过表明其势能比选做零点的势能小。所以，通常说势能具有相对意义。但也应当注意，任意两点间的势能之差却是具有绝对性的。

③势能是属于系统的。势能是由于系统内各物体间具有保守力作用而产生的，因而它是属于系统的。单独谈单个物体的势能是没有意义的。例如，重力势能就是属于地球和物体所组成的系统的。如果没有地球对物体的作用，也就谈不上重力做功和重力势能问题，离开了地球作用范围的宇宙飞船，也就无所谓重力势能。同样，弹性势能和引力势能也是属于有弹性力和引力作用的系统的。应当注意，在平常叙述时，常将地球与物体系统的重力势能说成是物体的，这只是为了叙述上的简便，其实它是属于地球和物体系统的。至于物体的引力势能和弹性势能，也都是这样。

3.6 功能原理 机械能守恒定律

3.6.1 功能原理

1. 质点系的动能定理

设一系统内有 n 个质点，作用于各个质点的力所做的功分别为 W_1，W_2，W_3，……

使各质点由初动能 E_{k10}，E_{k20}，E_{k30}……改变为末动能 E_{k1}，E_{k2}，E_{k3}……由质点的动能定理式(3-11)，可得

$$W_1=E_{k1}-E_{k10}$$
$$W_2=E_{k2}-E_{k20}$$
$$W_3=E_{k3}-E_{k30}$$
$$\cdots\cdots$$

以上各式相加，有

$$\sum_{i=1}^{n}W_i=\sum_{i=1}^{n}E_{ki}-\sum_{i=1}^{n}E_{ki0} \tag{3-19}$$

式中，$\sum_{i=1}^{n}E_{ki0}$ 是系统内 n 个质点的初动能之和，$\sum_{i=1}^{n}E_{ki}$ 是这些质点的末动能之和，$\sum_{i=1}^{n}W_i$ 则是作用在 n 个质点上的力所做的功之和。因此，上式的物理意义是：作用于质点系的力所做的功，等于该质点系的动能增量。这也称为质点系的动能定理。

2. 外力做的功与内力做的功

正如前面所说，系统内的质点所受的力，既有来自系统外的力，也有来自系统内各质点间相互作用的内力，因此，作用于质点系的力所做的功 $\sum W_i$，应是一切外力对质点系所做的功 $\sum W_i^{ex}=W^{ex}$ 与质点系内一切内力所做的功 $\sum W_i^{in}=W^{in}$ 之和，即

$$\sum_{i=1}^{n}W_i=\sum_{i=1}^{n}W_i^{ex}+\sum_{i=1}^{n}W_i^{in}=W^{ex}+W^{in}$$

这样式(3-16)亦可写成

$$W^{ex}+W^{in}=\sum_{i=1}^{n}E_{ki}-\sum_{i=1}^{n}E_{ki0} \tag{3-20}$$

这是质点系动能定理的另一数学表达式，它表明质点系的动能的增量等于作用于质点系的一切外力做的功与一切内力做的功之和。

3. 质点系的功能原理

(1)质点系的功能原理。

前面已经指出，如果按力的特点来区分，作用于质点系的力，有保守力与非保守力之分。无论是外力还是内力都可以是保守力或非保守力。因此，如果以 W_c^{in} 表示质点系内各保守内力做功之和，W_{nc}^{in} 表示质点系内各非保守内力做功之和，那么，质点系内一切内力所做的功则应为

$$W^{in}=W_c^{in}+W_{nc}^{in}$$

此外，从式(3-17)知，系统内保守力做的功等于势能增量的负值，因此，质点系内各内力的保守力所做的功应为

$$W_c^{in}=-\left(\sum_{i=1}^{n}E_{pi}-\sum_{i=1}^{n}E_{pi0}\right)$$

考虑以上两点，式(3-20)可写为

$$W^{ex}+W_{nc}^{in}=\left(\sum_{i=1}^{n}E_{ki}+\sum_{i=1}^{n}E_{pi}\right)-\left(\sum_{i=1}^{n}E_{ki0}+\sum_{i=1}^{n}E_{pi0}\right) \tag{3-21}$$

在力学中，动能和势能统称为机械能。若以 E_0 和 E 分别代表质点系的初机械能和末机械能，即

$$E_0=\sum_{i=1}^{n}E_{ki0}+\sum_{i=1}^{n}E_{pi0},\quad E=\sum_{i=1}^{n}E_{ki}+\sum_{i=1}^{n}E_{pi}$$

那么，式(3-21)可写成

$$W^{ex}+W_{nc}^{in}=E-E_0 \tag{3-22}$$

上式表明，质点系的机械能的增量等于外力与非保守内力做功之和。这就是质点系的功能原理。

例 3-6 如图 3-14 所示，有一自动卸货矿车，满载时的质量为 m'，从与水平成倾角 $\alpha=30°$斜面上的点 A 由静止下滑。设斜面对车的阻力为车重的 0.25，矿车下滑距离为 l 时，矿车与缓冲弹簧一道沿斜面运动。当矿车使弹簧产生最大压缩形变时，矿车自动卸货，然后矿车借助弹簧的弹性力作用，使之返回原位置 A 再装货。试问：要完成这一过程，空载时与满载时车的质量之比应为多大？

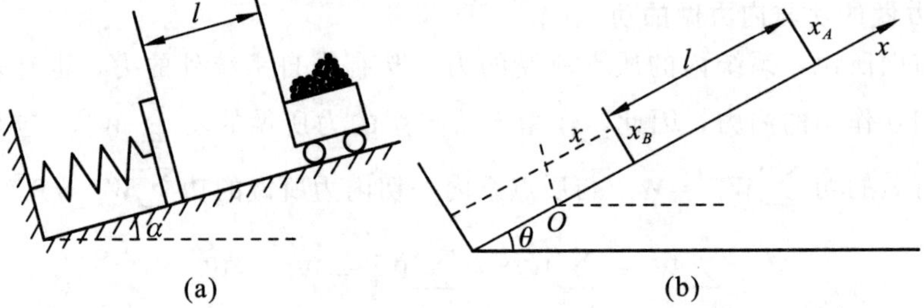

图 3-14　例 3-6 图

解 取沿斜面向上为 x 轴正方向。弹簧被压缩到最大形变时弹簧上端为坐标原点 O。矿车在下滑和上行的全过程中，按题意，摩擦力所做的功为

$$W_f=(0.25mg+0.25m'g)(l+x)$$

式中，m'和 m 分别为矿车满载和空载时的质量，x 为弹簧最大被压缩量。

根据功能原理，在矿车运动的全过程中，摩擦力所做的功应等于系统机械能增量的负值，故有

$$W_f=-\Delta E=-(\Delta E_p+\Delta E_k)$$

由于矿车返回原位置时速度为零，故 $\Delta E_k=0$。

而 $\Delta E_p=(m-m')g(l+x)\sin\alpha$，故有

$$W_f=-(m-m')g(l+x)\sin\alpha$$

由式 $W_f=(0.25mg+0.25m'g)(l+x)$及 $W_f=-(m-m')g(l+x)\sin\alpha$ 可解得

$$\frac{m}{m'}=\frac{1}{3}$$

(2)质点系的功能原理的讨论。

①功能原理与动能定理无本质区别。功能原理是从动能定理中推得的，无非是用势能代替内保守力的功，两者无本质区别。但这在对能量的认识上前进了一步，我们又引入了机械能——动能和势能之和，这是力学中所涉及的能量的一种形式，引入机械

能更能从“能”的角度来讨论问题。另外，用功能原理在计算上更为简单，因为势能比内保守力的功易于计算。但须注意，应用功能原理，右边为机械能的增量，左边是外力和非保守内力的功；而用动能定理，右边是动能的增量，左边则是外力、内保守力、非保守内力的功。不要在应用功能原理时，把势能增量和内保守力的功重复计算进去。

②功是能量变化的量度。功能原理指出，机械能的增量用外力和非保守内力的功来量度；动能定理指出动能的增量用外力和一切内力的功来量度；而势能的增量用内保守力的功来量度。其实质均是用功来量度能量的变化，这使我们更理解了“功”这个概念——功是能量变化的量度。

3.6.2 机械能守恒定律

1. 机械能守恒定律

从质点系的功能原理式(3-22)可以看出，

当 $W^{ex}+W_{nc}^{in}=0$ 时，有

$$E=E_0 \tag{3-23a}$$

即

$$\sum E_{ki}+\sum E_{pi}=\sum E_{ki0}+\sum E_{pi0} \tag{3-23b}$$

它的物理意义是：当作用于质点系的外力和非保守内力不做功时，质点系的总机械能是守恒的。这就是机械能守恒定律。

机械能守恒定律的数学表达式(3-23b)还可以写成

$$\sum E_{ki}-\sum E_{ki0}=-\left(\sum E_{pi}-\sum E_{pi0}\right)$$

即

$$\Delta E_k=-\Delta E_p \tag{3-24}$$

上式指出，在满足机械能守恒的条件($W^{ex}+W_{nc}^{in}=0$)下，质点系内的动能和势能都不是不变的，两者之间可以相互转换，但动能和势能之和却是不变的，所以说，在机械能守恒定律中，机械能是不变量或守恒量。而质点系内的动能和势能之间的转换则是通过质点系内的保守力做功(W_c^{in})来实现的。

例 3-7 如图 3-15(a)所示，A 和 B 两块板用一轻弹簧连接起来，它们的质量分别为 m_1 和 m_2。问在 A 板上需加多大的压力，方可在力停止作用后，恰能使 A 在跳起来时 B 刚被提起(设弹簧的劲度系数为 k)。

分析： 选取两块板、弹簧和地球为系统，该系统在外界所施压力撤除后(取为状态 1)，直到B板刚被提起(取为状态 2)，在这一过程中，系统不受外力作用，而内力中又只有保守力(重力和弹力)做功，支持力不做功，因此，满足机械能守恒的条件。只需取状态 1 和状态 2，运用机械能守恒定律列出方程，并结合这两状态下受力的平衡，便可将所需压力求出。

解 选取如图 3-15 所示坐标，取原点弹簧自然伸长端为 O，O 处为重力势能和弹性势能零点，作各状态下物体的受力图。对 A 板而言，当施以外力大小为 F 时，根据受力平衡有

$$F_1=P_1+F$$

当外力撤除后，按分析中所选的系统，由机械能守恒定律可得

$$\frac{1}{2}ky_1^2-mgy_1=\frac{1}{2}ky_2^2+mgy_2$$

式中，y_1、y_2 为 M、N 两点对原点 O 的位移。

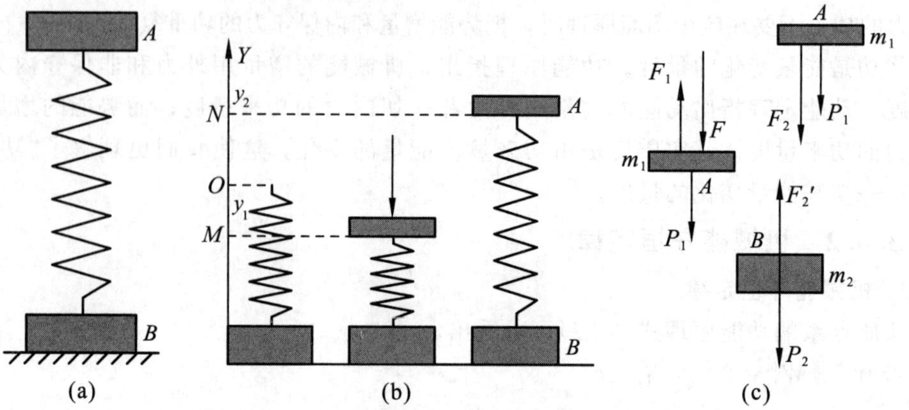

图 3-15　例 3-7 图

因为 $F_1=ky_1$，$F_2=ky_2$ 及 $P_1=m_1g$，上式可推出

$$F_1-F_2=2P_1$$

由式 $F_1=P_1+F$ 和 $F_1-F_2=2P_1$ 可得

$$F=P_1+F_2$$

当 A 板跳到 N 点时，B 板刚被提起，此时弹性力 $F_2'=P_2$，且 $F_2=F_2'$。由式 $F=P_1+F_2$ 可得

$$F=P_1+P_2=(m_1+m_2)g$$

应注意势能的零点位置是可以任意选取的。为计算方便，通常取弹簧原长时的弹性势能为零点，也同时为重力势能的零点。

2. 能量守恒定律

在长期的生产实践和科学实验中，人们总结出一条重要的结论：对于一个与自然界无任何联系的系统来说，系统内各种形式的能量是可以相互转换的，但是不论如何转换，能量既不能产生，也不能消灭。这一结论称为能量守恒定律，它是自然界的基本定律之一。

在能量守恒定律中，系统的能量是不变的，能量是这一守恒定律的不变量或守恒量，但能量的各种形式之间却可以相互转化。例如，机械能、电能、热能、光能以及分子、原子能等能量之间都可以相互转换。应当指出，在能量转换的过程中，能量的变化常用功来量度。在机械运动范围内，功是机械能变化的唯一量度标准。但是，不能把功与能量等同起来，功是和能量变换过程联系在一起的，而能量则只和系统的状态有关，是系统状态的函数。

3.7　碰撞问题

1. 碰撞分类

所谓碰撞是指两个或者两个以上的物体，在相遇过程中，物体之间的相互作用仅持续一个极为短暂的时间。例如，两个钢球的碰撞，持续时间仅 10^{-4} s。

一般地，碰撞所指的现象比较广泛，除了球的撞击、打击、锻压，以及分子、原子或原子核等微观粒子之间的相互作用过程外，像人从车上跳下、子弹打入墙壁等现象，也可以作为碰撞处理。

两个球形物体的碰撞是一个典型示例。通常，我们将两个球体碰撞前后的速度均在球心连线上的一类碰撞，称为对心碰撞(或正碰撞)。下面我们分析两个球体的对心碰撞过程。

设两个质量分别为 m_1 和 m_2 的球体，碰撞前的速度分别为 $\boldsymbol{v}_{10}$ 和 $\boldsymbol{v}_{20}$，且 $\boldsymbol{v}_{10}>\boldsymbol{v}_{20}$。当第一个球追上第二个球后，二者相互挤压，后球推动前球使其加速，前球阻挡后球使其减速，直到两球速度相等，形变达到最大，这是碰撞过程的压缩阶段；此后开始恢复阶段，后球以弹性力作用于前球使其进一步加速，前球以弹性力作用于后球使其进一步减速，直到分开，如图 3-16 所示。

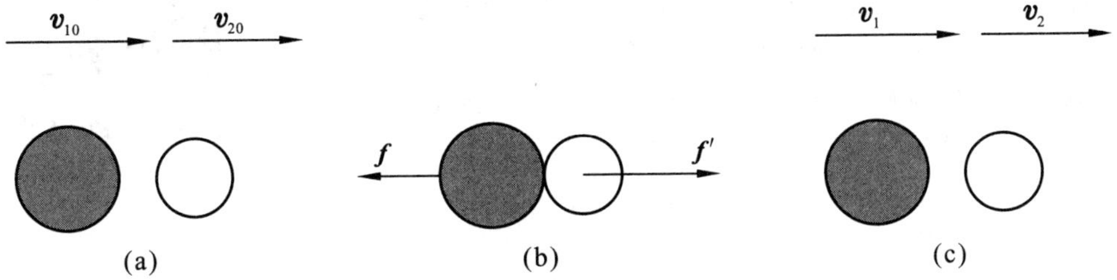

图 3-16　两球体的对心碰撞过程

(1)完全弹性碰撞。

如果碰撞后两个球体能够完全恢复原状态，即在恢复阶段，系统按相反的次序经历了压缩阶段的所有状态，这一类碰撞称为完全弹性碰撞。

(2)非弹性碰撞。

如果碰撞后两个球体并不能完全恢复原状态，即在恢复阶段，系统不能按照相反次序经历压缩阶段的所有状态，这一类碰撞称为非弹性碰撞。一般的碰撞均属于这一类。

(3)完全非弹性碰撞。

在碰撞过程中，如果只有压缩阶段而不存在恢复阶段，即碰撞后两球连为一体，这一类碰撞称为完全非弹性碰撞。

2. 恢复系数

关于对心碰撞，碰撞后两球的分离速度大小 v_2-v_1 与碰撞前两球的接近速度大小 $v_{10}-v_{20}$ 的比值由两球的材质决定。其数学表达式为

$$e=\frac{v_2-v_1}{v_{10}-v_{20}} \tag{3-25}$$

式中，e 称为恢复系数，它满足 $0\leqslant e\leqslant 1$。显然，当 $e=1$ 时，碰撞后两球的分离速度等于碰撞前两球的接近速度，两球做完全弹性碰撞；当 $e=0$ 时，碰撞后两球以相同速度运动，并不分开，两球做完全非弹性碰撞。一般情况下，$0\leqslant e\leqslant 1$，两球做非弹性碰撞。

如在完全弹性碰撞过程中，$v_2-v_1=v_{10}-v_{20}$，可得碰撞后两球的速度大小为

$$v_1=\frac{(m_1-m_2)v_{10}+2m_2v_{20}}{m_1+m_2}$$

$$v_2=\frac{(m_2-m_1)v_{20}+2m_1v_{10}}{m_1+m_2}$$

碰撞前后系统动能的增量为

$$\Delta E_k=\left(\frac{1}{2}m_1v_1^2+\frac{1}{2}m_2v_2^2\right)-\left(\frac{1}{2}m_1v_{10}^2+\frac{1}{2}m_2v_{20}^2\right)=0$$

此式说明，在完全弹性碰撞前后，系统的动能守恒。事实上，完全弹性碰撞过程符合机械能守恒定律：在压缩阶段，物体相互做功，使其动能的一部分转换为势能；在恢复阶段，势能再转换成动能。

例 3-8 如图 3-17 所示，质量为 m、速度为 $\boldsymbol{v}$ 的钢球，射向质量为 m'的靶，靶中心有一小孔，内有劲度系数为 k 的轻弹簧，此靶最初处于静止状态，但可在水平面上无摩擦滑动，求子弹射入靶内弹簧后，弹簧的最大压缩距离。

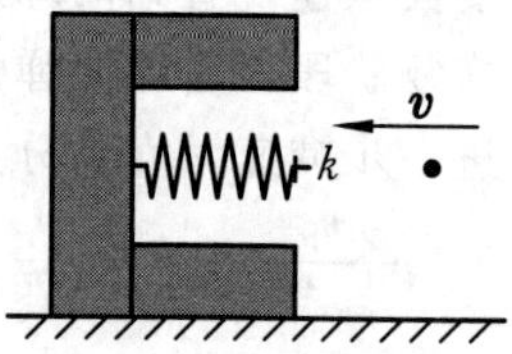

图 3-17 例 3-8 图

解 以小球与靶组成系统，设弹簧的最大压缩量为 x_0，小球与靶共同运动的速率为 v_1。由动量守恒定律，有

$$mv=(m+m')v_1$$

又由机械能守恒定律，有

$$\frac{1}{2}mv^2=\frac{1}{2}(m'+m)v_1^2+\frac{1}{2}kx_0^2$$

由上面两式可得

$$x_0=\sqrt{\frac{mm'}{k(m+m')}}v$$

例 3-9 以质量为 m 的弹丸，穿过如图 3-18 所示的摆锤后，速率由 v 减少到 $v/2$。已知摆锤的质量为 m'，摆线长度为 l，如果摆锤能在垂直平面内完成一个完全的圆周运动，弹丸的速度的最小值应为多少？

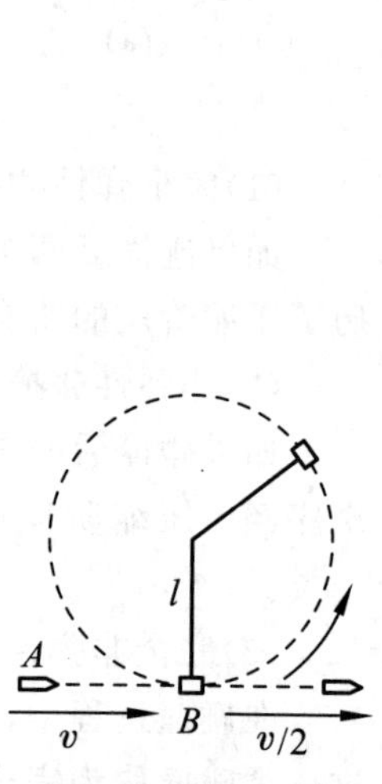

图 3-18 例 3-9 图

解 取弹丸与摆锤所成系统。由水平方向的动量守恒定律，有

$$mv=m\frac{v}{2}+m'v'$$

为使摆锤恰好能在垂直平面内做圆周运动，在最高点时，摆线中的张力 $F_T=0$，则

$$m'g=\frac{m'v_h'^2}{l}$$

式中，v_h'为摆锤在圆周最高点的运动速率。

又摆锤在垂直平面内做圆周运动的过程中，满足机械能守恒定律，故有

$$\frac{1}{2}m'v'^2=2m'gl+\frac{1}{2}m'v_h'^2$$

解上述三个方程，可得弹丸所需速率的最小值为

$$v=\frac{2m'}{m}\sqrt{5gl}$$

例 3-10 一个电子和一个原来静止的氢原子发生对心弹性碰撞。试问电子的动能中传递给氢原子的能量的百分数(已知氢原子质量约为电子质量的 1 840 倍)。

解 以 E_H 表示氢原子被碰撞后的动能，E_e 表示电子的初动能，则

$$\frac{E_H}{E_e}=\frac{\frac{1}{2}m'v_H^2}{\frac{1}{2}mv_e^2}=\frac{m'}{m}\left(\frac{v_H}{v_e}\right)^2$$

由于粒子做对心弹性碰撞，在碰撞过程中，系统同时满足动量守恒和机械能守恒定律，故有

$$mv_e=m'v_H+mv_e'$$

$$\frac{1}{2}mv_e^2=\frac{1}{2}m'v_H^2+\frac{1}{2}mv_e'^2$$

由题意知$\frac{m'}{m}=1\ 840$，解上述 3 式可得

$$\frac{E_H}{E_e}=\frac{m'}{m}\left(\frac{v_H}{v_e}\right)^2=1\ 840\times\left(\frac{2m}{m'+m}\right)^2\approx 2.2\times 10^{-3}$$

例 3-11 劲度系数为 k 的轻弹簧竖直固定在地面上，在弹簧上放一质量为 m 的平板，处于静平衡状态。如图 3-19 所示，有一质量也为 m 的油泥从平板上高 h 处自由下落，与平板做完全非弹性碰撞，求：碰撞后弹簧又被压缩的最大距离为多少?

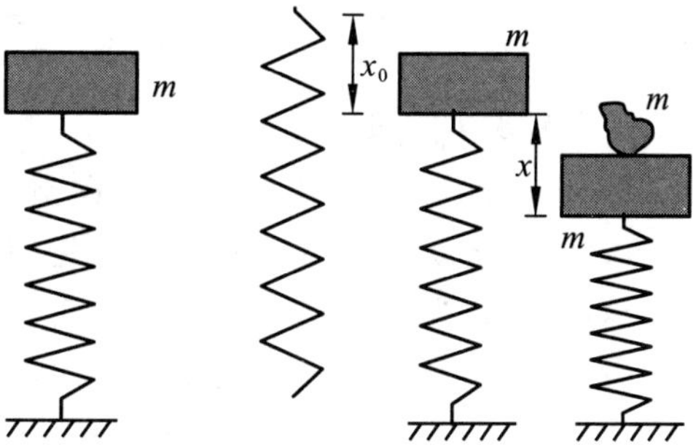

图 3-19 例 3-11 图

解 现将这整个过程分为：油泥自由下落、油泥与平板碰撞和油泥平板压缩弹簧三个过程进行讨论，并且对每一过程划分合适的系统，审定有关条件，运用相应的规律逐一求解。

油泥自由下落过程：

油泥和地球组成的系统，只有保守内力做功，系统机械能守恒，则下落到平板时油泥速率为 v_0，有

$$\frac{1}{2}mv_0^2=mgh$$

$$v_0=\sqrt{2gh}$$

油泥与平板相碰撞过程：油泥和平板组成的系统动量守恒，则有

$$(m+m)v=mv_0$$

所以，油泥和平板相碰后共同具有速率

$$v=\frac{m}{m+m}v_0=\sqrt{\frac{gh}{2}} \tag{3-26}$$

油泥和平板压缩弹簧过程：在这个过程中，油泥、平板、弹簧和地球组成的系统，

只有保守内力做功，系统的机械能守恒，将油泥与平板碰撞后系统的机械能记为 E_1，油泥和平板压缩弹簧至最大距离处系统的机械能为 E_2，即

$$E_1=E_2$$

若以弹簧自然长度处为弹性势能零点，以平板与弹簧处于静平衡位置为重力势能零点，平板最初压缩弹簧长度记为 x_0，则有

$$E_1=\frac{1}{2}kx_0^2+\frac{1}{2}(m+m)v^2$$

$$E_2=\frac{1}{2}k(x_0+x)^2-(m+m)gx$$

所以

$$\frac{1}{2}kx_0^2+\frac{1}{2}(m+m)v^2=\frac{1}{2}k(x_0+x)^2-(m+m)gx \tag{3-27}$$

式中，x 为弹簧再次压缩的最大距离，$x_0=\frac{mg}{k}$，将 x_0 值、式(3-26)代入式(3-27)解得

$$x=\frac{mg}{k}+\sqrt{\left(\frac{mg}{k}\right)^2+\left(\frac{mg}{k}\right)h}$$

物理成就：探月工程　　中国探月工程

*3.8　质心　质心运动定律

*3.8.1　质心

如图 3-20 所示，跳水运动员在空中运动时，其上总有一点，它的运动轨迹与一质点被斜抛时的抛物线轨迹一样，这个特殊点称为运动员的质心。

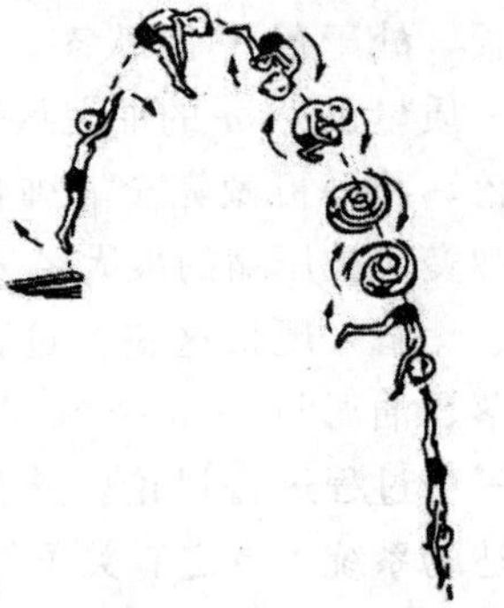

图 3-20　跳水运动员在空中运动时质心的轨迹

在如图 3-21 所示的直角坐标系中，考虑 n 个质点组成的质点系，m_1，m_2，…，m_n；$\boldsymbol{r}_1$，$\boldsymbol{r}_2$，…，$\boldsymbol{r}_n$ 是诸质点的质量和相对坐标原点的位矢，其质心位矢定义为

$$\boldsymbol{r}_c=\frac{\sum_{i=1}^{n}m_i\boldsymbol{r}_i}{\sum_{i=1}^{n}m_i}=\frac{m_1\boldsymbol{r}_1+m_2\boldsymbol{r}_2+\cdots+m_n\boldsymbol{r}_n}{m}$$

质心在直角坐标系中的坐标分别为

$$x_c=\frac{\sum_{i=1}^{n}m_ix_i}{m},\quad y_c=\frac{\sum_{i=1}^{n}m_iy_i}{m},\quad z_c=\frac{\sum_{i=1}^{n}m_iz_i}{m}$$

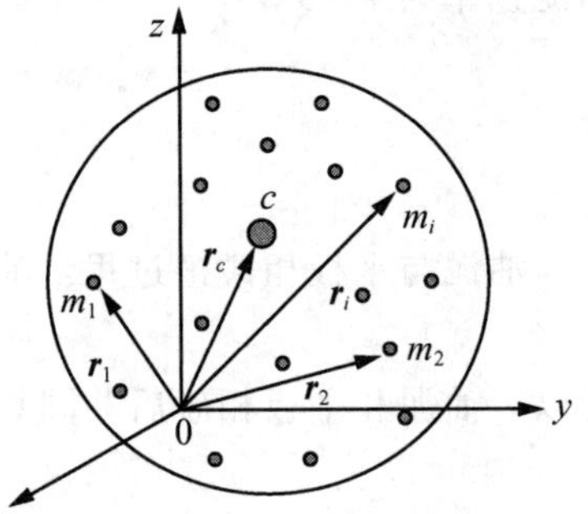

图 3-21　质心位置的确定

例 3-12　如图 3-22 所示，两个质点的质量分别为 m_1，m_2，相对坐标原点的位矢为 $\boldsymbol{r}_1$，$\boldsymbol{r}_2$，求它们的质心位置。

解　根据质心定义 $\boldsymbol{r}_c=\frac{m_1\boldsymbol{r}_1+m_2\boldsymbol{r}_2}{m_1+m_2}$，则

$$(m_1+m_2)\boldsymbol{r}_c=m_1\boldsymbol{r}_1+m_2\boldsymbol{r}_2$$

$$m_1(\boldsymbol{r}_c-\boldsymbol{r}_1)=m_2(\boldsymbol{r}_2-\boldsymbol{r}_c)$$

设 m_1，m_2 到质心的距离分别为 l_1，l_2，则 $|\boldsymbol{r}_c-\boldsymbol{r}_1|=l_1$，$|\boldsymbol{r}_2-\boldsymbol{r}_c|=l_2$。

代入上式得 $m_1l_1=m_2l_2$，这符合杠杆法则。

由此可见，质心位置与坐标系的选择无关，质心相对质点系是一个特定的位置。

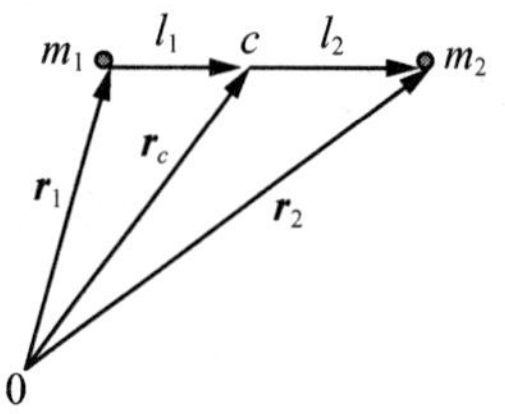

图 3-22　例 3-12 图

对质量连续分布物体，可以看作由无数个连续分布的质元所组成，如图 3-23 所示。设任一质元的质量为 dm，位矢为 $\boldsymbol{r}$，则物体质心的位矢为

$$\boldsymbol{r}_c=\frac{\int \boldsymbol{r}\,\mathrm{d}m}{\int \mathrm{d}m}=\frac{\int \boldsymbol{r}\,\mathrm{d}m}{m}$$

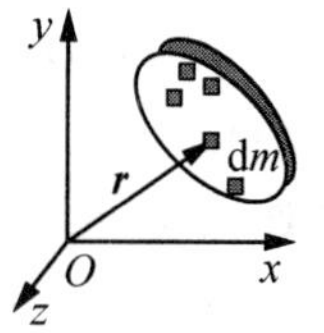

图 3-23　质量连续分布物体的质心位置确定

三个直角坐标分量式为

$$x_c=\frac{\int x\,\mathrm{d}m}{m},\quad y_c=\frac{\int y\,\mathrm{d}m}{m},\quad z_c=\frac{\int z\,\mathrm{d}m}{m}$$

具有几何对称中心的匀质物体，其质心一般在几何对称中心处，如圆环的质心在圆环中心、球的质心在球心等。

例 3-13　一均匀直杆，质量为 M，长为 L，如图 3-24 所示，求其质量中心。

解　以杆的一端为原点，沿杆建立坐标系 Ox。

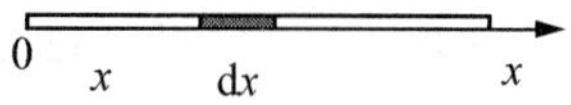

图 3-24　例 3-13 图

取微元 dx，坐标为 x，则 d$m=\lambda$dx。

式中，λ 为线密度，$\lambda=\dfrac{M}{L}$。

按质心坐标定义得 $x_c=\dfrac{\int x\,\mathrm{d}m}{M}=\dfrac{\int_0^L x\lambda\,\mathrm{d}x}{M}=\dfrac{\lambda}{M}\cdot\dfrac{1}{2}L^2=\dfrac{1}{2}L$。

可见，具有几何对称中心的匀质物体，其质心一般在几何对称中心。

*3.8.2　质心运动定律

在如图 3-21 所示的质点系中，质心的位矢为

$$\boldsymbol{r}_c=\frac{\sum_{i=1}^{n}m_i\boldsymbol{r}_i}{\sum_{i=1}^{n}m_i}=\frac{\sum_{i=1}^{n}m_i\boldsymbol{r}_i}{m}$$

则 $m\boldsymbol{r}_c=\sum_{i=1}^{n}m_i\boldsymbol{r}_i$。

上式对时间的一阶导数为 $m\dfrac{\mathrm{d}\boldsymbol{r}_c}{\mathrm{d}t}=\sum_{i=1}^{n}m_i\dfrac{\mathrm{d}\boldsymbol{r}_i}{\mathrm{d}t}$，式中，$\dfrac{\mathrm{d}\boldsymbol{r}_c}{\mathrm{d}t}$是质心的速度，用 $\boldsymbol{v}_c$ 表示，$\dfrac{\mathrm{d}\boldsymbol{r}_i}{\mathrm{d}t}$是第 i 个质点的速度，用 $\boldsymbol{v}_i$ 表示，上式可写为

$$m\boldsymbol{v}_c=\sum_{i=1}^{n}m_i\boldsymbol{v}_i=\sum_{i=1}^{n}\boldsymbol{p}_i=\boldsymbol{p}$$

此式表明，质点系的动量(即系统内各质点的动量的矢量和)等于系统质心的速度乘以系统的质量。

按质点系的动量定理，$\boldsymbol{F}_i^{ex}=\frac{\mathrm{d}\boldsymbol{p}}{\mathrm{d}t}$，$\boldsymbol{F}_i^{ex}$ 为作用于质点系的合外力，则

$$\boldsymbol{F}_i^{ex}=\frac{\mathrm{d}\boldsymbol{p}}{\mathrm{d}t}=m\frac{\mathrm{d}\boldsymbol{v}_c}{\mathrm{d}t}=m\boldsymbol{a}_c$$

即

$$\boldsymbol{F}_i^{ex}=m\boldsymbol{a}_c \tag{3-28}$$

此式表明，作用在系统上的合外力等于系统的总质量乘系统质心的加速度。我们把此式称为质心运动定律。

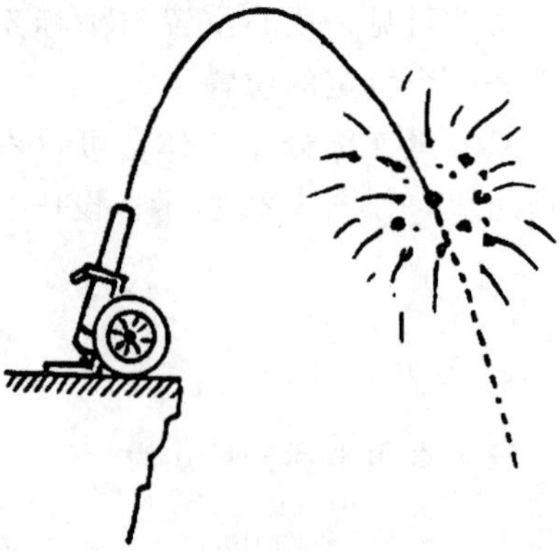

图 3-25　炮弹爆炸

说明：(1)质心运动定律与牛顿第二定律在形式上完全相同，只是系统的质量集中于质心，质心以加速度 $\boldsymbol{a}_c$ 运动。

(2)质心的运动只与系统所受的合外力相关，内力不改变质心的运动状态，但可以改变各质点的运动状态。如图 3-25 所示，炮弹爆炸时，质心轨迹为抛物线，各碎片向各个方向运动。

(3)若质点系所受合外力为零，则动量守恒，此时质心的速度不变。

例 3-14　一质量为 m_1 的小车从船头开到船尾，如图 3-26 所示。设船原来静止，质量为 m_2，不计水的阻力，则船后退多少？

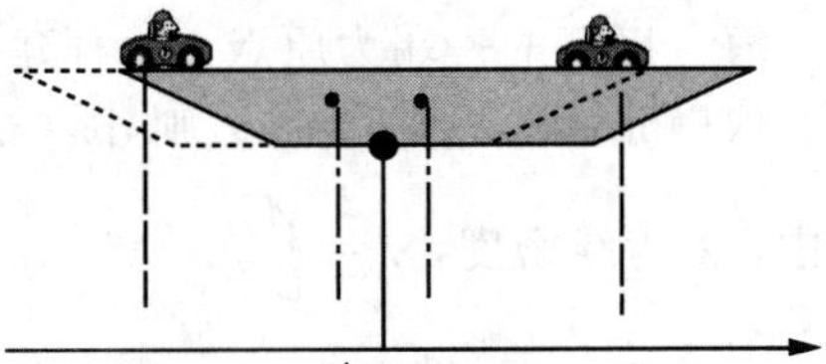

图 3-26　例 3-14 图

解　因车和船组成的系统在水平方向不受外力，所以质心加速度为 0，即 $\boldsymbol{a}_c=0$，

根据质心运动定理得 $\frac{\mathrm{d}\boldsymbol{v}_c}{\mathrm{d}t}=0$，

系统开始时静止，则质心不动，$\boldsymbol{v}_c=0$。

设车在船头位置时，质心坐标为 x_c，在船尾位置时，质心坐标为 x_c'，则 $x_c=x_c'$。

按质心定义，$x_c=\frac{m_1x_1+m_2x_2}{m_1+m_2}$，$x_c'=\frac{m_1x_1'+m_2x_2'}{m_1+m_2}$，

$m_1x_1+m_2x_2=m_1x_1'+m_2x_2'$，$m_2(x_2-x_2')=m_1(x_1'-x_1)$，

$x_2-x_2'=-\Delta x_2$，$x_1'-x_1=\Delta x_1=L+\Delta x_2$，

推得 $\Delta x_2=-\frac{m_1}{m_1+m_2}L$。

课外阅读：对称性与守恒律　　　　本章小结

习 题

3-1 如图 3-27 所示，质量 $m=2.0$ kg 的质点，受合力 $\boldsymbol{F}=12t\boldsymbol{i}$ 的作用，沿 Ox 轴做直线运动。已知 $t=0$ 时 $x_0=0$，$v_0=0$，求从 $t=0$ 到 $t=3$ s 这段时间内，合力 $\boldsymbol{F}$ 的冲量 $\boldsymbol{I}$、质点的末速度的大小。

3-2 一小球在轻弹簧的作用下振动如图 3-28 所示，弹力 $\boldsymbol{F}=-k\boldsymbol{x}$，而位移大小 $x=A\cos\omega t$，其中 k，A，ω 都是常量。求在 $t=0$ 到 $t=\frac{\pi}{2\omega}$ 的时间间隔内弹力施于小球的冲量大小。

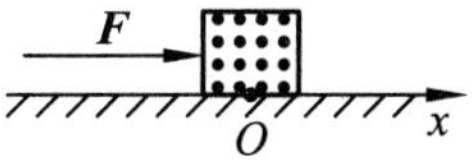

图 3-27 习题 3-1 图

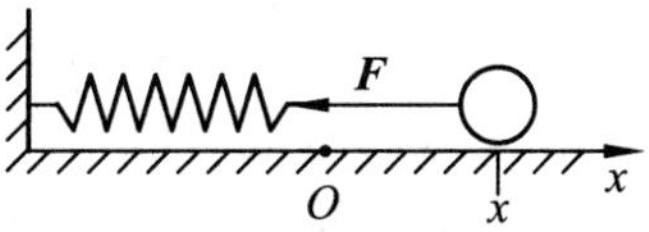

图 3-28 习题 3-2 图

3-3 一圆锥摆的摆球在水平面上做匀速圆周运动。如图 3-29 所示，已知摆球质量为 m，圆半径为 R，摆球速率为 v，当摆球在轨道上运动一周时，求作用在摆球上重力冲量的大小。

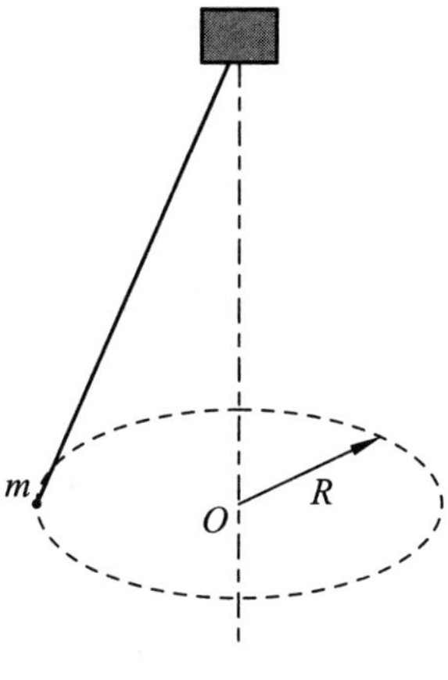

图 3-29 习题 3-3 图

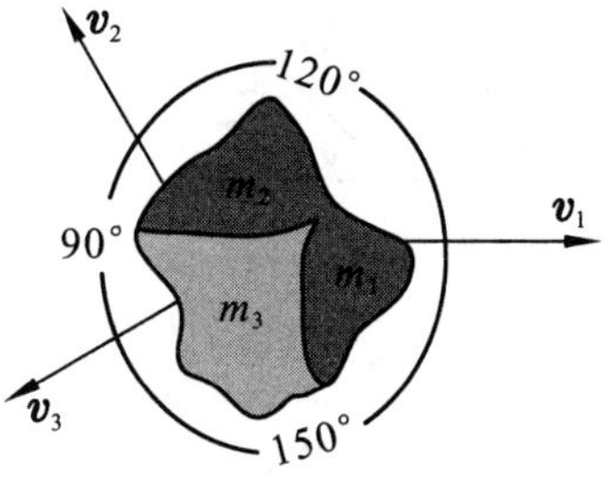

图 3-30 习题 3-4 图

3-4 一个原来静止在光滑水平面上的物体，突然分裂为 m_1、m_2 和 m_3 3 块，且以相同的速率沿 3 个方向在水平面上运动。各运动方向之间的夹角如图 3-30 所示，则 3 块物体的质量之比 $m_1:m_2:m_3$ 为多少？

3-5 一炮弹，竖直向上发射，初速度为 $\boldsymbol{v}_0$，在发射后经 t 秒在空中自动爆炸，假定分成质量相同的 A，B，C 三块碎片如图 3-31 所示。其中 A 块的速度为零；B，C 两块的速度大小相同，且 B 块速度方向与水平成 α 角，求 B，C 两碎块的速度(大小和方向)。

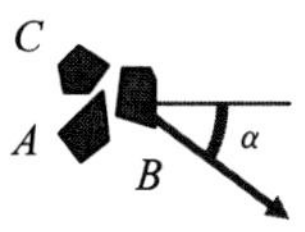

图 3-31 习题 3-5 图

3-6 A，B 两船在平静的湖面上平行逆向航行，当两船擦肩相遇时，两船各自向对方平稳地传递 50 kg 的重物，结果是 A 船停了下来，而 B 船以大小为 3.4 $\mathrm{m\cdot s^{-1}}$ 的速度继续向前驶去。A、B 两船原有质量分别为 0.5×10^3 kg 和 1.0×10^3 kg，求在传递重物前两船的速度大小(忽略水对船的阻力)。

3-7　质点在力 $\boldsymbol{F}=2y^2\boldsymbol{i}+3x\boldsymbol{j}$ (SI 制) 作用下沿如图 3-32 所示路径运动。则力 $\boldsymbol{F}$ 在路径 Oa、ab、Ob、$OcbO$ 上的功分别是多少?

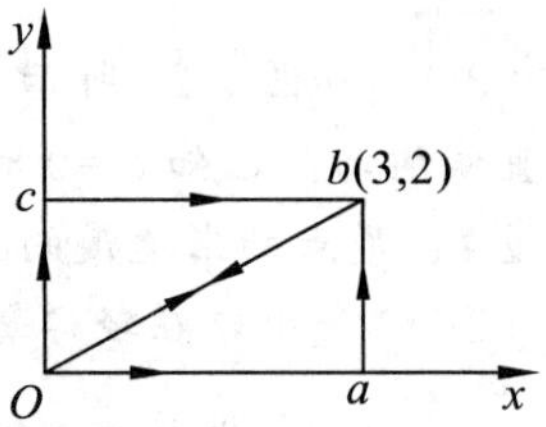

图 3-32　习题 3-7 图

3-8　一根特殊弹簧，在伸长 x 米时，其弹力为 $(4x+6x^2)$N。

(1)试求把弹簧从 $x=0.50$ m 拉长到 $x=1.00$ m 时，外力克服弹簧力所做的总功。

(2)将弹簧的一端固定，在其另一端拴一质量为 2 kg 的静止物体，试求弹簧从 $x=1.00$ m 回到 $x=0.50$ m 时物体的速率(不计重力)。

3-9　一个人从 10 m 深的井中，把 10 kg 的水匀速地提上来。由于桶漏水，桶每升高 1 m 漏 0.2 kg 的水，求把水从井中提到井口人所做的功。

3-10　一轻弹簧，劲度系数为 k，一端固定在 A 点，另一端连一质量为 m 的物体，靠在光滑的半径为 a 的圆柱体表面上，弹簧原长为 AB，如图 3-33 所示。在变力 $\boldsymbol{F}$ 作用下，物体极缓慢地沿表面从位置 B 移到 C，求力 $\boldsymbol{F}$ 所做的功。

3-11　质量 $m=6\times10^{-3}$ kg 的小球，系于绳的一端，绳的另一端固结在 O 点，绳长为 l，如图 3-34 所示。今将小球拉升到水平位置 A，然后放手。求当小球经过圆弧上 B，C，D 点时的(1)速度；(2)加速度；(3)绳中的张力，假定空气阻力不计，$\theta=30°$。

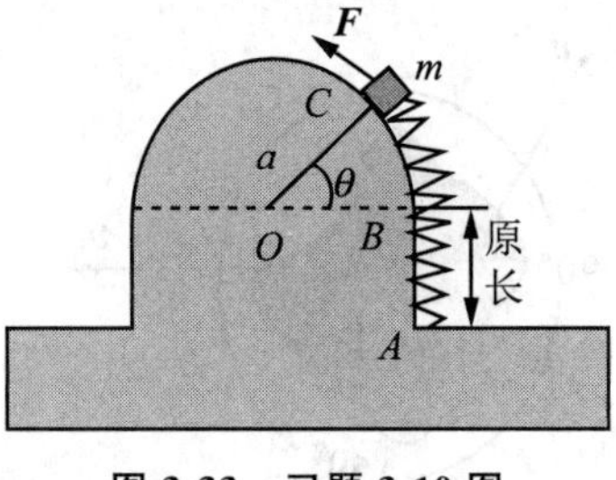

图 3-33　习题 3-10 图

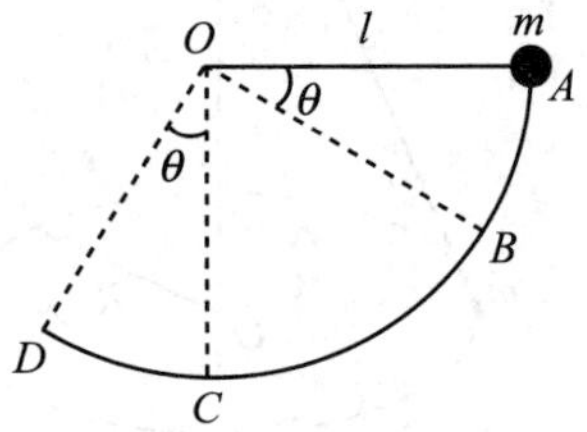

图 3-34　习题 3-11 图

3-12　质量为 m 的子弹，以水平速度 $\boldsymbol{v}_0$ 射入置于光滑水平面上的质量为 M 的静止砂箱，子弹在砂箱中前进距离 l 后停在砂箱中，同时砂箱向前运动的距离为 s，此后子弹与砂箱一起以共同速度匀速运动，求子弹受到的平均阻力、砂箱与子弹系统损失的机械能。

3-13　小船质量为 100 kg，船头到船尾共长 3.6 m。请问：一质量为 50 kg 的人从船头走到船尾时，船将移动多少距离?(假定水的阻力不计)

3-14　质量为 m_1 的物体，放在质量为 m_2、倾角为 θ 的三角形木块顶端，任其自由下滑，如图 3-35 所示。已知三角形顶端离地面高 h，若不计一切摩擦，求 m_1 由静止下滑到底端时木块的

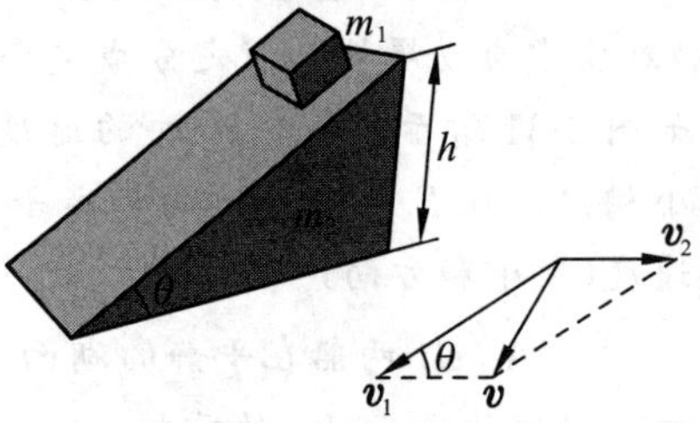

图 3-35　习题 3-14 图

速度大小。

3-15　图 3-36 所示，一长为 l 的匀质链条放在固定在桌面光滑的水平细管中，使其一端悬下长度为 $l/2$，然后由静止释放，任其自由下滑，求当链条另一端滑离细管时链条的速度。

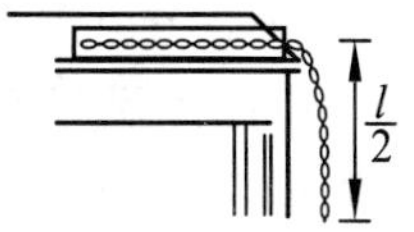

图 3-36　习题 3-15 图

3-16　以铁锤将一铁钉击入木板，设木板对铁钉的阻力与铁钉进入木板内的深度成正比。在铁锤击第一次时，能将小钉击入木板内 1 cm，问击第二次时能击入多深。（假定铁锤两次打击铁钉时的速度相同）

3-17　一质量为 m 的质点，系在细绳的一端，绳的另一端固定在平面上。此质点在粗糙水平面上做半径为 r 的圆周运动。设质点的最初速率是 v_0。当它运动一周时，其速率为$\frac{v_0}{2}$。求：(1)摩擦力做的功；(2)滑动摩擦因数；(3)在静止以前质点运动了多少圈？

3-18　设两个粒子之间的相互作用力是排斥力，并随它们之间的距离 r 按 $F=k/r^3$ 的规律而变化，其中 k 为常量，试求两粒子相距 r 时的势能。（设力为零的地方势能为零）

3-19　有一保守力 $\boldsymbol{F}=(-Ax+Bx^2)\boldsymbol{i}$，沿 Ox 轴作用于质点上，式中 A、B 为常量，x 以m 计，F 以 N 计。(1)取 $x=0$ 处 $E_p=0$，试计算与此力相应的势能；(2)求质点从 $x=2$ m 运动到 $x=3$ m 时势能的变化。

3-20　一根原长为 l_0 的轻弹簧，当下端悬挂质量为 m 的重物时，弹簧长 $l=2l_0$。现将弹簧一端悬挂在竖直放置的圆环上端 A 点。设环的半径 $R=l_0$，把弹簧另一端所挂重物放在光滑圆环的 B 点，如图 3-37 所示，已知 AB 长 $1.6R$。当重物在 B 无初速度沿圆环滑动时，试求：重物滑到最低点 C 时的加速度和对圆环的正压力的大小。

3-21　如图 3-38 所示是一种测定子弹速度的方法。子弹水平地射入一端固定在轻弹簧上的木块内，由弹簧压缩的距离求出子弹的速度。已知子弹质量是 0.02 kg，木块质量是 8.98 kg。弹簧的劲度系数是 100 N/m，子弹射入木块后，弹簧被压缩 10 cm。设木块与平面间的动摩擦系数为 0.2，求子弹的速度大小。

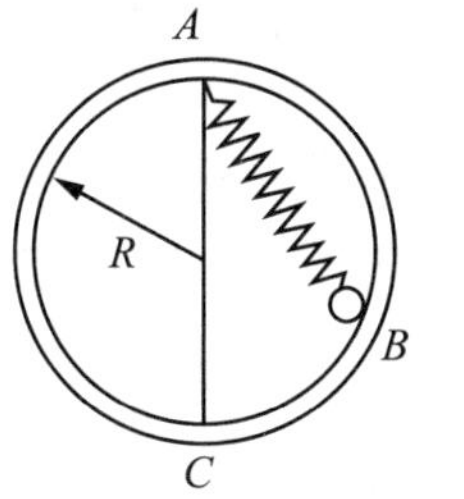

图 3-37　习题 3-20 图

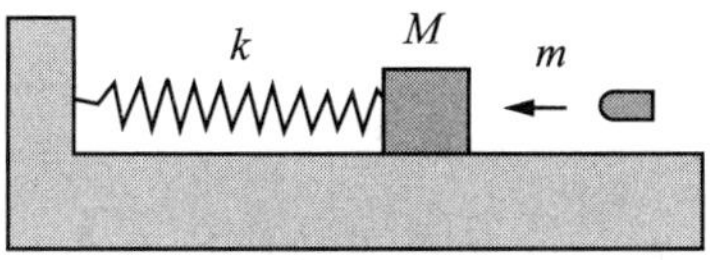

图 3-38　习题 3-21 图

3-22　一质量为 m 的球，从质量为 M 的圆弧形槽中自静止滑下，设圆弧形槽的半径为 R，如图 3-39 所示。若所有摩擦都可忽略，求小球刚离开圆弧形槽时，小球和木块的速度大小。

3-23　质量分别为 m_1 和 m_2 的物体 1 和物体 2 可沿光滑表面 PQR 滑动，如图 3-40 所示。开始，将物体 1 压紧弹簧(它与弹簧未连接)，然后放手，让物体 1 与静止放在 Q 处的物体 2 做弹性碰撞，假定弹簧的劲度系数为 k，开始压缩的距离为 x_0，请问：(1)如 $m_1<m_2$，碰撞后物体 1 能再将弹簧压缩多大距离？(2)如 $m_1=m_2$，x 又为多少？(3)如 $m_1<m_2$，而物体 2 到达 R 时恰好停止，原来压缩弹簧的距离 x_0 为多少？

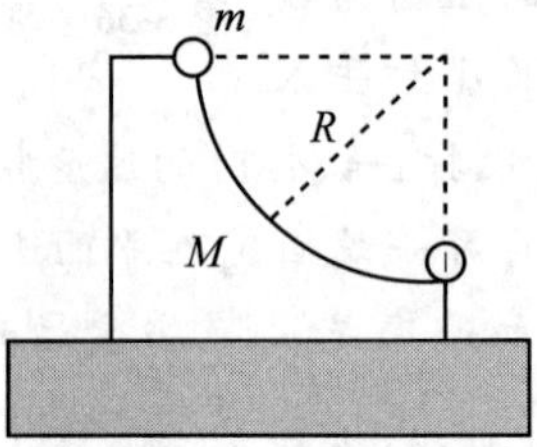

图 3-39　习题 3-22 图

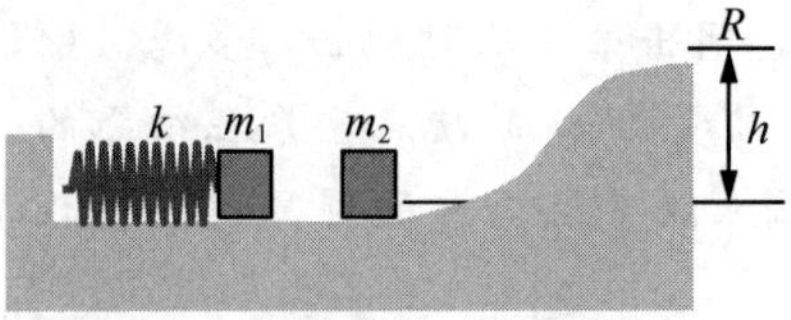

图 3-40　习题 3-23 图

3-24　有两个带电粒子，它们的质量均为 m，电荷均为 q。其中一个处于静止，另一个以初速率 v_0 由无限远处向其运动。请问：这两个粒子最接近的距离是多少？在这瞬时，每个粒子的速率是多少？你能知道这两个粒子的速率将如何变化吗？(已知库仑定律为 $F=k\dfrac{q_1q_2}{r^2}$)

3-25　一个球从 h 高处自由落下，掉在地板上。设球与地板碰撞的恢复系数为 e。试证：

(1)该球停止回跳需经过的时间为：$t=\dfrac{1+e}{1-e}\sqrt{\dfrac{2h}{g}}$；

(2)在上述时间内，球经过的路程是：$s=\dfrac{1+e^2}{1-e^2}h$。

3-26　一电梯以 1.5 m/s 的速率匀速上升，一静止于地上的观察者自某点将球自由释放。释放处比电梯的底板高 6.4m。球和底板间的恢复系数为 0.5。请问：球第一次回跳的最高点离释放处有多少距离？

3-27　质量为 7.2×10^{-23} kg，速率为 $6.0\times10^{7}\ \mathrm{m\cdot s^{-1}}$ 的粒子 A，与另一个质量为其一半而静止的粒子 B 发生二维完全弹性碰撞，碰撞后粒子 A 的速率为 $5\times10^{7}\ \mathrm{m\cdot s^{-1}}$，求：(1)粒子 B 的速率及相对粒子 A 原来速度方向的偏角；(2)粒子 A 的偏转角。

3-28　地面上竖直安放着一个劲度系数为 k 的弹簧，其顶端连接一静止的质量为 m' 的物体。一个质量为 m 的物体，从距离顶端 h 处自由落下，与 m' 发生完全非弹性碰撞。求证弹簧对地面的最大压力大小为 $F_{\max}=(m'+m)g+mg\sqrt{1+\dfrac{2kh}{(m'+m)g}}$。

3-29　一质量为 m 的陨石从距地面高 h 处，由静止开始落向地面，设地球半径为 R，引力常量为 G，地球质量为 m'，忽略空气阻力。求：(1)陨石下落过程中，万有引力做的功是多少？(2)陨石落地的速度大小。

3-30　一质点沿 Ox 轴运动，势能为 $E_p(x)$，总能量 E 恒定不变，开始时位于原点，请证明当质点到达坐标 x 处所经历的时间为 $t=\displaystyle\int_0^x\frac{\mathrm{d}x}{\sqrt{\dfrac{2}{m}(E-E_p(x))}}$。

第 4 章　刚体转动

本章要点

在前几章，我们研究了质点这个理想模型的运动规律。当物体的大小和形状可以忽略时，可把它看作只有质量而不计大小和形状的点。一般来说，物体在运动过程中，在外力作用下，其大小和形状是要发生变化的，此时，不能把物体当作质点来处理。

现考虑一种特殊情形，如果在外力作用下，物体的大小和形状不发生变化，即组成物体的任意两质点间的距离始终保持不变，我们把这种物体称为刚体。

显然，刚体是一特殊的质点系，其形状和体积不变化，是质点之外的又一个理想化的模型。在研究刚体时，我们可以运用质点的研究规律，从而使牛顿力学的研究范围从质点拓展到刚体。

4.1　刚体的定轴转动

4.1.1　刚体的平动与转动

刚体的运动可分为平动和转动两种，而转动又可分为定轴转动和非定轴转动。若刚体中所有点的运动轨迹都保持完全相同，或者说刚体内任意两点间的连线总是平行于它们的初始位置间的连线，如图 4-1 所示，则刚体的这种运动叫作平动。因此，对刚体平动的研究，可归结为对质点的研究，通常都是用刚体质心的运动来代表平动刚体的运动。

当刚体中所有的点都绕同一直线做圆周运动时，这种运动叫转动，如图 4-2 所示，这条直线叫转轴。

如果转轴的位置或方向随时间改变的，这个转轴为瞬时转轴。如果转轴的位置或方向固定不动，这种转轴为固定转轴，此时刚体的运动叫作刚体的定轴转动。

一般刚体的运动可看成平动和转动的合成。

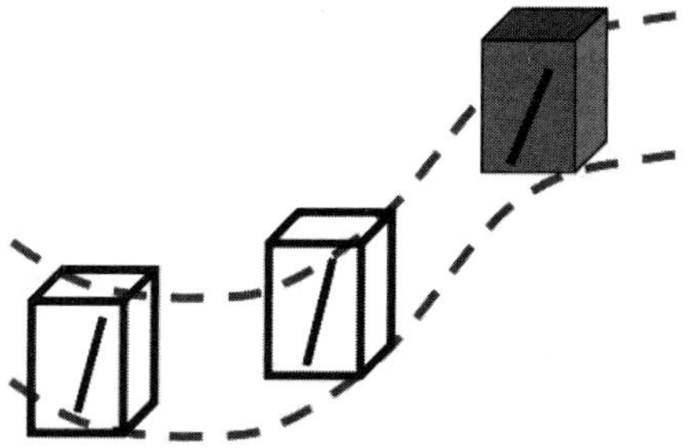

图 4-1　刚体的平动

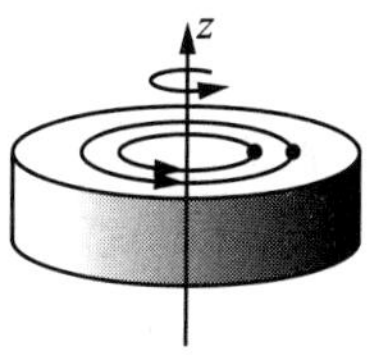

图 4-2　刚体的转动

4.1.2 刚体绕定轴转动的角速度和角加速度

1. 角速度

如图 4-3 所示，有一刚体绕固定轴 z 轴转动。刚体上各点都绕固定轴 z 轴做圆周运动。为描述刚体绕定轴的转动，我们在刚体内选取一个垂直于 Oz 轴的平面作为参考平面，并在此平面上取一参考线，且把这条参考线作为坐标轴 Ox，把转轴与平面的交点作为原点 O，如图 4-3 所示，这样，刚体的方位可由原点 O 到参考平面上的任一点 P 的矢径 $\boldsymbol{r}$ 与 Ox 轴的夹角 θ 确定，角 θ 也叫角坐标。当刚体绕固定轴 Oz 轴转动时，角坐标 θ 要随时间 t 改变。也就是说，角坐标 θ 是时间 t 的函数，即 $\theta=\theta(t)$。

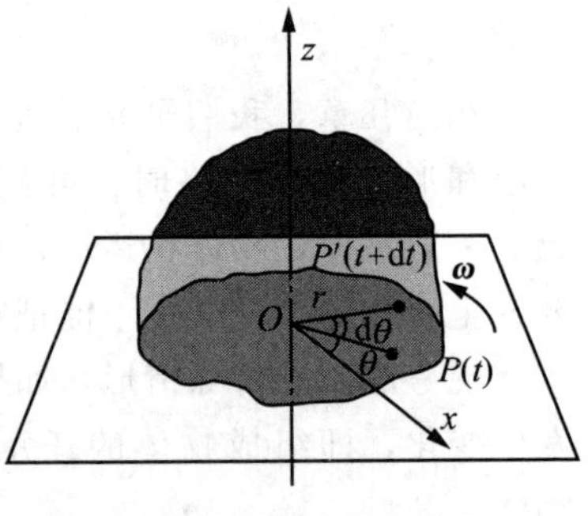

图 4-3 刚体转动的角速度

刚体绕固定轴 Oz 转动有两种情形，从上向下看，不是顺时针转动就是逆时针转动。因此，为区别这两种转动，我们规定：当矢径 $\boldsymbol{r}$ 从 Ox 轴开始沿逆时针方向转动时，角坐标 θ 为正；当矢径 $\boldsymbol{r}$ 从 Ox 轴开始沿顺时针方向转动时，角坐标 θ 为负。按照这个规定，转动正方向为逆时针转向。于是对于绕定轴转动的刚体，可由角坐标 θ 的正负来表示其方位。

假设经过极小时间间隔 $\mathrm{d}t$，刚体上点 P 的角坐标为 $\theta+\mathrm{d}\theta$。$\mathrm{d}\theta$ 为刚体在 $\mathrm{d}t$ 时间内的角位移，刚体对转轴的角速度为

$$\omega=\frac{\mathrm{d}\theta}{\mathrm{d}t} \tag{4-1}$$

按照上面关于角坐标 θ 正、负的规定，如果 $\mathrm{d}\theta>0$，$\omega>0$，这时刚体绕定轴逆时针转动，如果 $\mathrm{d}\theta<0$，$\omega<0$，这时刚体绕定轴顺时针转动。图 4-4 是两个绕定轴转动的相同的圆盘，它们的角速度 ω 大小相等，但转动方向相反，轮 A 逆时针转动，轮 B 顺时针转动。这表明，角速度是一个有方向的量，应当指出，只有刚体在绕定轴转动的情况下，其转动方向才可用角速度的正负来表示，在一般情况下，须用角速度矢量来表示。

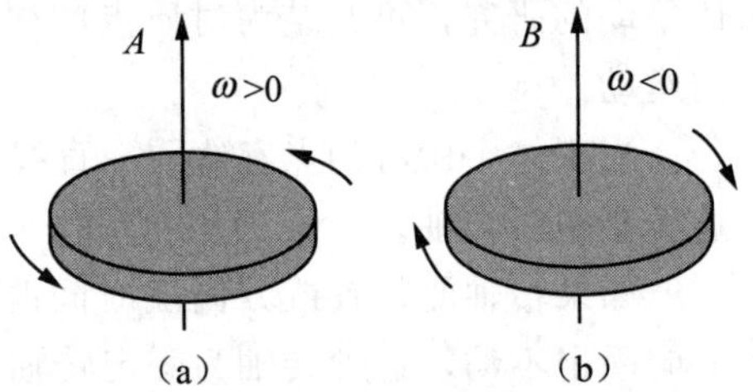

图 4-4 用 ω 的正负表示刚体转动方向

关于角速度 ω 的方向可由右手法则确定；如图 4-4(b)所示，把右手的拇指伸直，其余四指弯曲，使弯曲的方向与刚体转动方向一致，这时拇指所指的方向就是角速度矢量 $\boldsymbol{\omega}$ 的方向。角速度的单位为 $\mathrm{rad}\cdot\mathrm{s}^{-1}$。

2. 角加速度

刚体绕定轴转动时，如果其角速度发生了变化，刚体就具有了角加速度，设在时刻 t_1，角速度大小为 ω_1，在时刻 t_2，角速度大小为 ω_2，则在时间间隔 $\Delta t=t_2-t_1$ 内，此刚体角速度的增量为 $\Delta\omega=\omega_2-\omega_1$。当 Δt 趋近于零时，$\Delta\omega/\Delta t$ 趋近于某一极限值，它叫作瞬时角加速度，简称角加速度，即

$$\alpha=\lim_{\Delta t\to 0}\frac{\Delta\omega}{\Delta t}=\frac{d\omega}{dt} \tag{4-2}$$

对于绕定轴转动的刚体，角加速度 $\boldsymbol{\alpha}$ 的方向也可由其正负来表示。在如图 4-5(a)所示的情况下，角速度 $\boldsymbol{\omega}_2$ 的方向与 $\boldsymbol{\omega}_1$ 的方向相同，且 $\omega_2>\omega_1$，那么 $\Delta\omega>0$，α 为正值，刚体做加速转动；在如图 4-5(b)所示的情况下，ω_2 的方向虽与 ω_1 的方向相同，但 $\omega_2<\omega_1$，那么 $\Delta\omega<0$，α 为负值，刚体做减速转动。

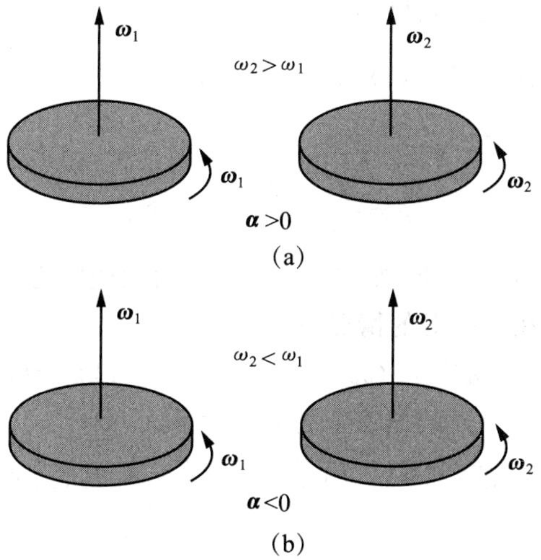

图 4-5　刚体定轴转动的角加速度

角加速度单位为 $rad\cdot s^{-2}$。

对角加速度为恒量的绕定轴转动的刚体，其运动学方程的形式与圆周运动是一样的，即

$$\begin{cases}\omega=\omega_0+\alpha t\\ \omega^2=\omega_0^2+2\alpha(\theta-\theta_0)\\ \theta=\theta_0+\omega_0 t+\dfrac{1}{2}\alpha t^2\end{cases} \tag{4-3}$$

刚体绕定轴转动时，刚体上任意点都绕定轴做圆周运动，故描述刚体运动状态的角量和线量之间的关系，都可用圆周运动的结论。如线速度大小与角速度大小的关系为

$$v=r\omega \tag{4-4}$$

切向加速度大小和法向加速度大小也分别为

$$a_\tau=r\alpha,\ a_n=r\omega^2 \tag{4-5}$$

例 4-1　一条缆索绕过一定滑轮拉动一物体，滑轮半径为 0.5 m，如果物体从静止开始以 $a=0.4\ m\cdot s^{-2}$ 匀加速上升，绳子与定滑轮不打滑。求：

(1)滑轮的角加速度；

(2)开始上升后，$t=5$ s 时滑轮的角速度；

(3)在这 5 s 内滑轮转过的圈数；

(4)开始上升后，$t=1$ s 时滑轮边缘上一点的加速度(不打滑)。

解 (1)滑轮边缘上一点的切向加速度与物体的加速度大小相等，即 $a_\tau = a_{物体}$，则

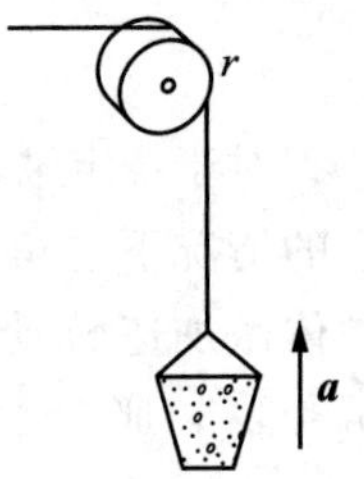

图 4-6 例 4-1 图

$$\alpha = \frac{a_\tau}{r} = \frac{a_{物体}}{r} = 0.8(\mathrm{rad \cdot s^{-2}})$$

(2)$t=5$ s 时滑轮的角速度大小为

$$\omega = \alpha t = 0.8 \times 5 = 4(\mathrm{rad \cdot s^{-1}})$$

(3)在这 5 s 内滑轮转过的角度为

$$\theta = \frac{1}{2}\alpha t^2 = \frac{1}{2} \times 0.8 \times 5^2 = 10(\mathrm{rad})$$

则转过的圈数为

$$n = \frac{\theta}{2\pi} = \frac{10}{2\pi} = 1.6(圈)$$

(4)开始上升后，设 $t=1$ s 时滑轮边缘上一点的加速度为 $\boldsymbol{a}'$，它可分解为切向加速度 $\boldsymbol{a}_\tau'$和法向加速度 $\boldsymbol{a}_n'$，在不打滑的情况下，

$$a_\tau' = a_{物体}，\ a_n' = r\omega'^2 = r(\alpha t')^2 = 0.5 \times (0.8 \times 1)^2 = 0.32(\mathrm{m \cdot s^{-2}})$$

则设 $t=1$ s 时滑轮边缘上一点的加速度的大小为

$$a' = \sqrt{a_\tau'^2 + a_n'^2} = \sqrt{0.32^2 + 0.4^2} \approx 0.51(\mathrm{m \cdot s^{-2}})$$

4.2 力矩　转动定律

在上一节，我们讨论了刚体绕定轴转动的运动学问题，这一节，将讨论刚体绕定轴转动的动力学问题，即研究刚体获得角加速度的原因以及刚体绕定轴转动时所遵守的定律。

4.2.1 力矩

1. 力矩

力矩又称为转矩，是描述作用力对物体所产生的转动效果的物理量，其定义式为

$$\boldsymbol{M} = \boldsymbol{r} \times \boldsymbol{F} \tag{4-6}$$

这里，$\boldsymbol{r}$ 是由转轴指向力作用点的位矢，θ 为 $\boldsymbol{r}$ 与力 $\boldsymbol{F}$ 之间的夹角，如图 4-7 所示。

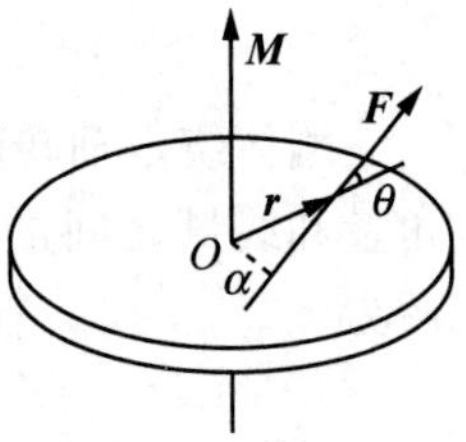

图 4-7 力矩

力矩 $\boldsymbol{M}$ 的大小为

$$M = Fr\sin\theta \tag{4-7}$$

$\boldsymbol{M}$ 的大小等于 $\boldsymbol{r}$ 与 $\boldsymbol{F}$ 为邻边的平行四边形的面积。

力矩是矢量，不仅有大小，而且有方向，力矩的方向由矢量的矢积定义来表示。即 $\boldsymbol{M}$ 的方向垂直于 $\boldsymbol{r}$ 与 $\boldsymbol{F}$ 所构成的平面，也可由如图 4-8 所示的右手法则确定：把右手拇指伸直，其余四指弯曲，弯曲的方向是由矢径 $\boldsymbol{r}$ 通过小于 180°的角 θ 转向力 $\boldsymbol{F}$ 的方向，这时拇指所指的方向就是力矩的方向。力矩 $\boldsymbol{M}$ 矢量的方向垂直于 $\boldsymbol{r}$ 和 $\boldsymbol{F}$ 矢量所组成的平面。

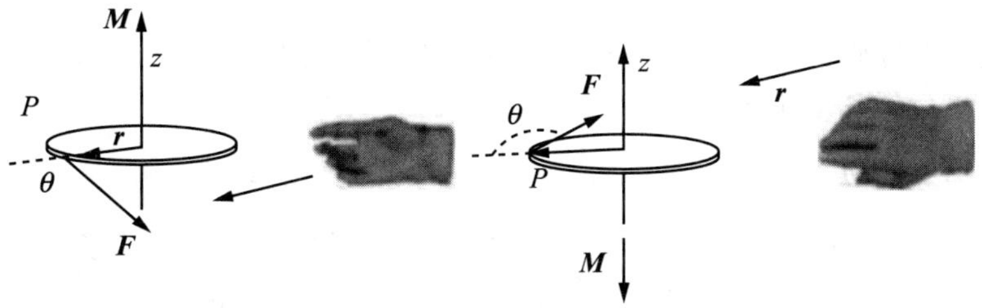

图 4-8　右手法则

2. 力对转轴的力矩

在定轴转动中，由于平行于转轴方向的外力对刚体转动不起作用，因此必须将作用在刚体上的外力分解：平行于转动平面的力 $\boldsymbol{F}_{平行}$ 和垂直于转动平面的力 $\boldsymbol{F}_{垂直}$。设转动平面内，作用力的分力与位矢的夹角为 θ，则该力对转轴的力矩的大小为

$$M=F_{垂直}r\sin\theta=F_{垂直}d \tag{4-8}$$

式中，$d=r\sin\theta$ 是力的作用点到转轴的垂直距离，称为力臂。由图 4-9 可知，在定轴转动中，刚体所受力矩的方向总是与转轴平行，因此有关力矩的计算可以按标量处理。

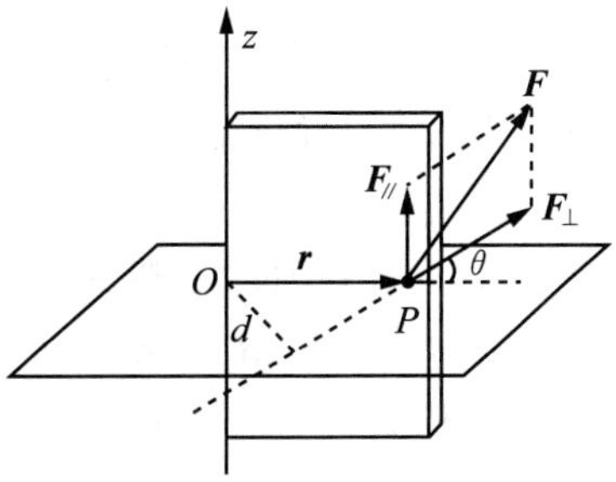

图 4-9　力对转轴的力矩

在国际单位制中，力矩的单位是 N · m。

3. 内力的力矩

需指出的是，以上我们讨论的是作用于刚体上的外力的力矩。实际上，刚体内各质点间还有内力的作用。在讨论刚体的定轴转动时，这些内力的力矩是多少？

由于刚体内质点间的作用力总是成对出现的，而刚体质点间的距离始终不变，可以证明：刚体内各质点间的作用力对转轴的合内力矩为零，即 $\boldsymbol{M}_{合内力矩}=\sum\boldsymbol{M}_i=0$。

所以，在讨论刚体的定轴转动时，这些内力的力矩无须计算。

力矩的平衡实验

4.2.2　转动定律

1. 转动定律

在外力矩作用下的绕定轴转动的刚体，其角速度会发生变化而具有角加速度。下面就来讨论外力矩和角加速度之间的关系。

如图 4-10 所示，一刚体绕 z 轴转动，此刚体可看作是由无限多个质量元 Δm 组成，且每一个质量元都绕 z 轴做圆周运动。

设作用在质量元 Δm_i 上的外力的切向分量为 $\boldsymbol{F}_{i\tau}$，其切向加速度为 $\boldsymbol{a}_\tau$，由牛顿定律有

$$\boldsymbol{F}_{i\tau}=\Delta m_i\boldsymbol{a}_\tau$$

力 $\boldsymbol{F}_{i\tau}$ 对 z 轴的力矩大小为

$$M_i=r_iF_{i\tau}=\Delta m_ia_\tau r_i$$

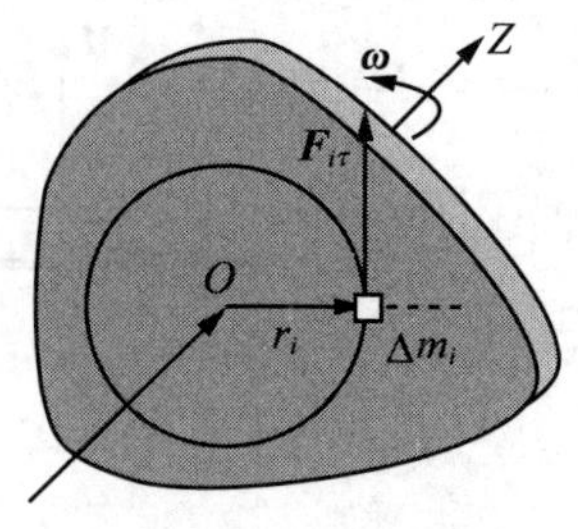

图 4-10　转动定律推导图

已知 $a_\tau = r\alpha$，上式可写成 $M_i = r_i^2(\Delta m_i)\alpha$。

又因刚体上各质量元的角加速度都相同，则刚体上各质量元对 z 轴所受的合外力矩大小为

$$M = \sum M_i = \sum r_i^2(\Delta m_i)\alpha = \alpha \sum r_i^2 \Delta m_i \tag{4-9}$$

式中，$\sum r_i^2 \Delta m_i$ 由刚体的质量及质量相对转轴的分布决定，也就是说，它只与绕定轴转动的刚体本身的性质和转轴的位置有关，我们把它称为转动惯量，用 J 表示，于是有

$$J = \sum r_i^2 \Delta m_i \tag{4-10}$$

若刚体上的质量元是连续分布的，转动惯量为

$$J = \int r^2 \mathrm{d}m \tag{4-11}$$

引入转动惯量后，式(4-9)为

$$M = J\alpha \tag{4-12}$$

(4-12)式表明：刚体绕定轴转动时，刚体的角加速度与它所受的合外力矩成正比，与刚体的转动惯量成反比，这个关系叫作刚体绕定轴转动时的转动定律。

2. 转动惯量

(1)转动惯量的物理意义。

把转动定律 $\boldsymbol{M} = J\boldsymbol{\alpha}$ 与牛顿第二定律 $\boldsymbol{F} = m\boldsymbol{a}$ 相比较可以看出，两者形式非常相似：合外力矩 $\boldsymbol{M}$ 与合外力 $\boldsymbol{F}$ 相对应，转动惯量 J 与质量 m 相对应，角加速度 $\boldsymbol{\alpha}$ 与加速度 $\boldsymbol{a}$ 相对应。因此，转动惯量的物理意义与质量的物理意义相类似。我们知道，质量是表征物体惯性大小的物理量，转动惯量的物理意义可以这样理解：当以相同的力矩分别作用在两个绕定轴转动的刚体时，转动惯量大的刚体所获得的角加速度小，即角速度改变得慢，也就是保持原有转动状态的惯性大；反之，转动惯量小的刚体所获得的角加速度大，即角速度改变得快，也就是保持原有转动状态的惯性小。可见，转动惯量是表征刚体在转动中的惯性大小的物理量。

转动惯量的单位是“千克·平方米”，符号为“$\mathrm{kg \cdot m^2}$”。

(2)转动惯量的计算。

转动惯量按其定义式 $J = \sum r_i^2 \Delta m_i$ 进行计算，对质量连续分布刚体，按式 $J = \int r^2 \mathrm{d}m$ 计算。须指出的是，只有几何形状简单、质量连续且均匀分布的刚体，才能用此式算出其转动惯量。下面举例求解几种几何形状简单、质量连续且均匀分布的刚体的转动惯量。

例 4-2　计算质量为 m、长为 l 的均匀细杆的转动惯量。

(1)假定转轴通过杆中心并与杆垂直；

(2)假定转轴通过杆的端点与杆垂直。

解　(1)假定转轴通过杆中心并与杆垂直，如图 4-11(a)所示。

在 x 处取质量元 $\mathrm{d}m$，则 $\mathrm{d}m = \dfrac{m}{l}\mathrm{d}x$，

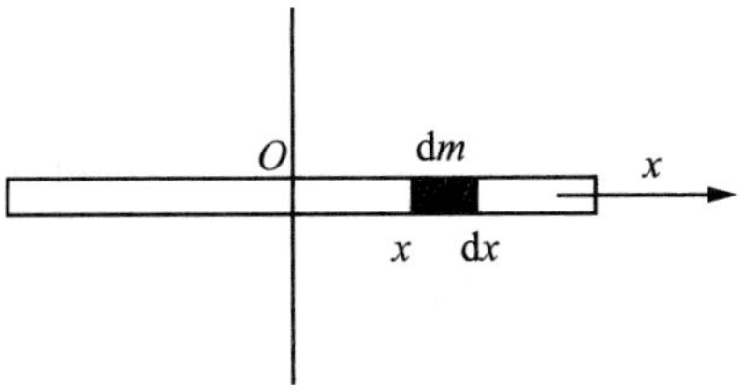

图 4-11(a)　例 4-2(1)图

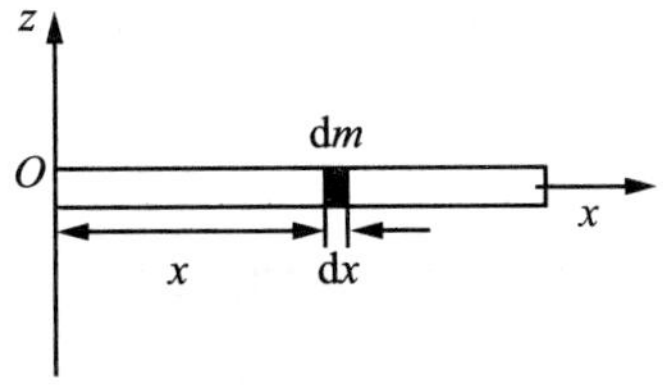

图 4-11(b)　例 4-2(2)图

按转动惯量的定义则有

$$J_1=\int_{-\frac{l}{2}}^{\frac{l}{2}}x^2\mathrm{d}m=\int_{-\frac{l}{2}}^{\frac{l}{2}}\frac{m}{l}x^2\mathrm{d}x=\frac{m}{l}\left(\frac{1}{3}x^3\right)\Big|_{-\frac{l}{2}}^{\frac{l}{2}}=\frac{1}{12}ml^2$$

(2)假定转轴通过杆的端点与杆垂直，如图 4-11(b)所示。

$$J_2=\int_0^l x^2\mathrm{d}m=\int_0^l\frac{m}{l}x^2\mathrm{d}x=\frac{m}{l}\left(\frac{1}{3}x^3\right)\Big|_0^l=\frac{1}{3}ml^2$$

由此例可知，转动惯量与转轴位置有关。

例 4-3　计算质量为 m、半径为 R 的均匀细圆环的转动惯量，轴与圆环平面垂直并通过圆心，如图 4-12 所示。

解　取质量元 $\mathrm{d}m$，各质量元到轴的垂直距离相等，均为圆环的半径 R，则

$$J=\int R^2\mathrm{d}m=mR^2$$

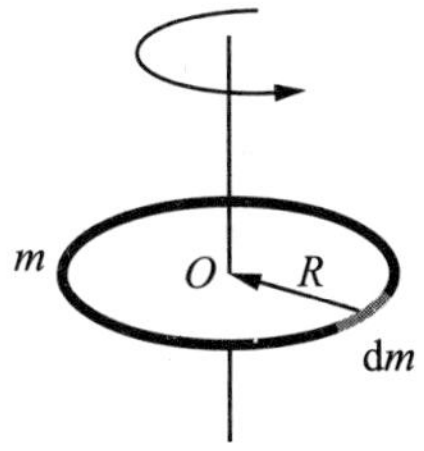

图 4-12　例 4-3 图

例 4-4　计算质量为 m、半径为 R 的均匀薄圆盘的转动惯量，轴与圆盘平面垂直并通过圆心，如图 4-13 所示。

解　取一距离轴为 r，宽度为 $\mathrm{d}r$ 的圆环为质量元，设均匀薄圆盘的面密度为 σ，$\sigma=\dfrac{m}{\pi R^2}$，则 $\mathrm{d}m=\sigma 2\pi r\mathrm{d}r$，那么

$$J=\int_0^R r^2\mathrm{d}m=\int_0^R r^2\sigma 2\pi r\mathrm{d}r=2\pi\sigma\int_0^R r^3\mathrm{d}r=\frac{1}{2}\pi\sigma R^4=\frac{1}{2}mR^2$$

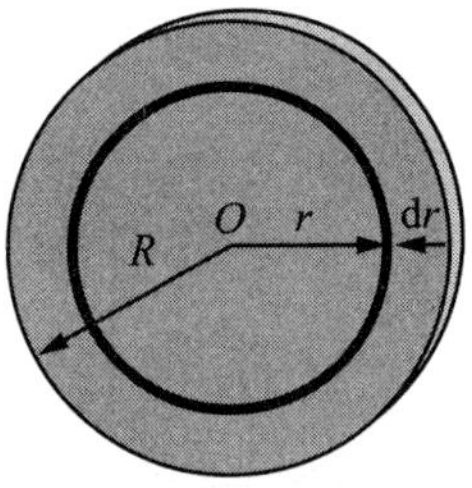

图 4-13　例 4-4 图

由于转动惯量与转轴的位置有关，对于有特殊关系的转轴，绕它们定轴转动的相应转动惯量也满足一些定理。下面，简单地介绍平行轴定理、垂直轴定理。

(3)平行轴定理、对薄平板刚体的垂直轴定理。

平行轴定理： 刚体对任一轴的转动惯量 J，等于对过质心的平行轴的转动惯量 J_C 与刚体质量和二轴间的垂直距离 d 的平方的乘积之和。即 $J=J_C+md^2$，如图 4-14 所示。

如例 4-2，均匀细杆绕通过杆中心并与杆垂直的转轴的转动惯量是 J_C，且 $J_C=\dfrac{1}{12}ml^2$；则绕通过杆的端点与杆垂直的转轴的转动惯量 J 也可由平行轴定理求出。

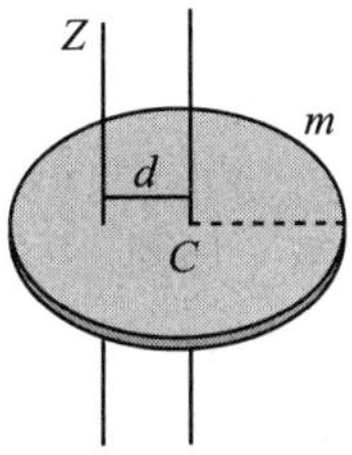

图 4-14　平行轴定理图

已知 $d=\dfrac{l}{2}$，按平行轴定理得

$$J=J_C+md^2=\frac{1}{12}ml^2+m\left(\frac{l}{2}\right)^2=\frac{1}{3}ml^2$$

对薄平板刚体的垂直轴定理：如图 4-15 所示，若转轴 z 与转轴 x 及 y 垂直，则薄平板刚体绕 z 轴的转动惯量 J_z 为刚体分别绕 x 轴与 y 轴的转动惯量 J_x，J_y 之和，即

$$J_z=J_x+J_y$$

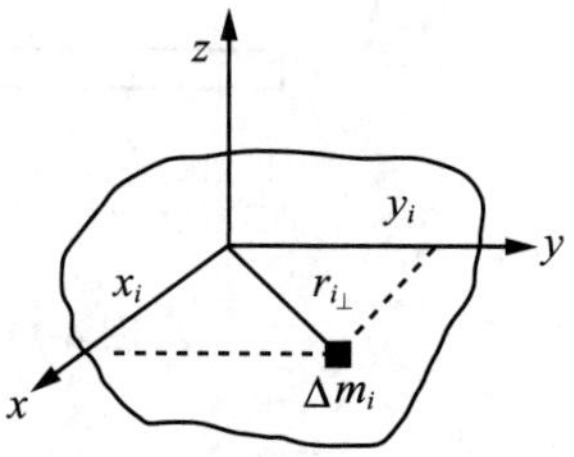

图 4-15　垂直轴定理图

以上求解了几种几何形状简单、质量连续且均匀分布的刚体的转动惯量，图 4-16 给出了几种刚体的转动惯量。

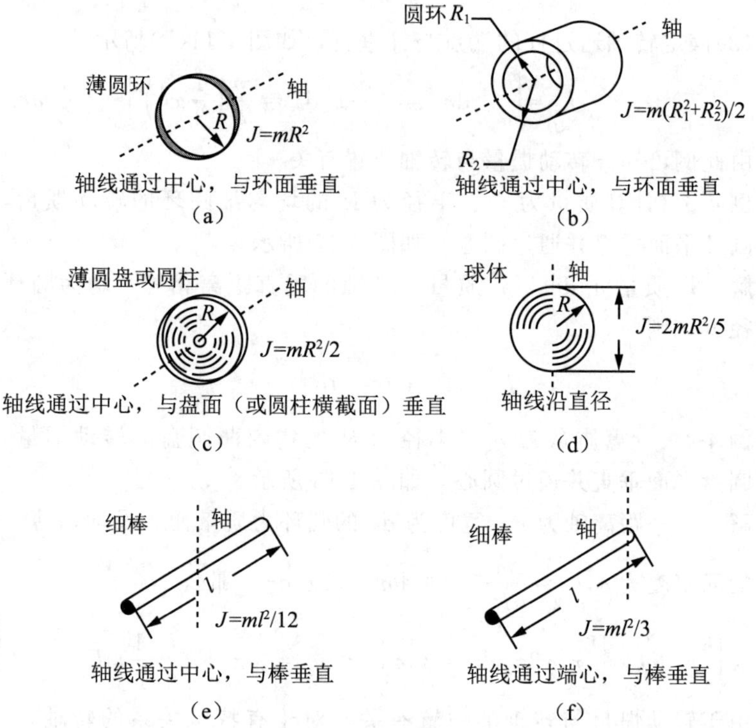

图 4-16　几种刚体的转动惯量

转动惯量小实验

例 4-5　如图 4-17 所示，有一半径为 R、质量为 m' 的均质圆盘，可绕通过盘心 O 垂直盘面的水平轴转动。圆盘上绕有轻而细的绳，绳的一端固定在圆盘上，另一端系质量为 m 的物体。所有摩擦不计，求物体下落时的加速度、绳中的张力及圆盘的角加速度。

解　如图 4-17 所示，设绳作用在物体和圆盘上的力分别是 $\boldsymbol{T}_1$，$\boldsymbol{T}_2$，因绳的质量可忽略，故其大小关系为 $T_1=T_2=T$。

物体受张力 $\boldsymbol{T}_1$、重力 $m\boldsymbol{g}$ 的作用，以加速度 $\boldsymbol{a}$ 向下运动，取竖直向下为坐标轴正向，根据牛顿定律，则

$$mg-T=ma \tag{4-13a}$$

作用在圆盘上的力矩大小为 $M=TR$，圆盘的转动惯量为 $J=\frac{1}{2}m'R^2$，由转动定律得

$$M=TR=J\alpha=\frac{1}{2}m'R^2\alpha \tag{4-13b}$$

而滑轮边缘上一点的切向加速度与物体的加速度大小相等，即

$$a=R\alpha \tag{4-13c}$$

由式(4-13a)、式(4-13b)、式(4-13c)联立求解，可得

$$a=\frac{2m}{2m+m'}g,\quad T=\frac{m'}{2m+m'}mg,\quad \alpha=\frac{2mg}{(2m+m')R}$$

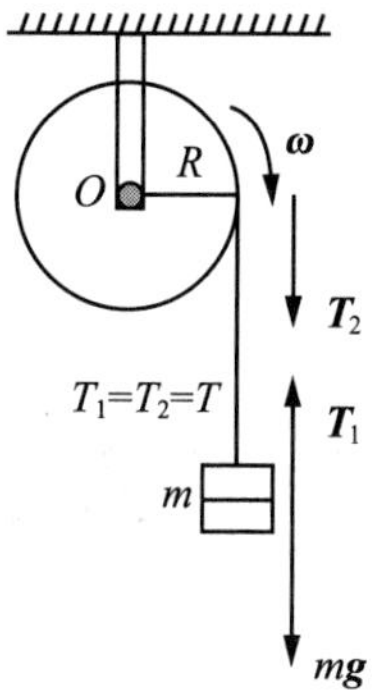

图 4-17　例 4-5 图

4.3　角动量　角动量守恒定律

4.3.1　质点的角动量　刚体定轴转动的角动量

我们已经知道，力能改变质点的运动状态。我们曾从力对时间的累积作用出发，导出动量定理，从而得到动量守恒定律。还从力对空间的累积作用出发，导出动能定理，从而得到机械能守恒定律和能量守恒定律。对于刚体，力矩对它的作用总是在一定的时间和空间里进行的，故类比于质点，讨论力矩对时间的累积作用，可得出角动量定理和角动量守恒定律；讨论力矩对空间的累积作用，可得出刚体的转动动能定理。本节，我们先讨论角动量定理和角动量守恒定律。

1. 质点的角动量

如图 4-18 所示，设有一个质量为 m 的质点位于直角坐标系中点 A，该点相对原点 O 的位矢为 $\boldsymbol{r}$，并具有速度 $\boldsymbol{v}$(即动量为 $\boldsymbol{p}=m\boldsymbol{v}$)。我们定义，质点 m 对原点 O 的角动量为

$$\boldsymbol{L}=\boldsymbol{r}\times\boldsymbol{p}=m\boldsymbol{r}\times\boldsymbol{v} \tag{4-13}$$

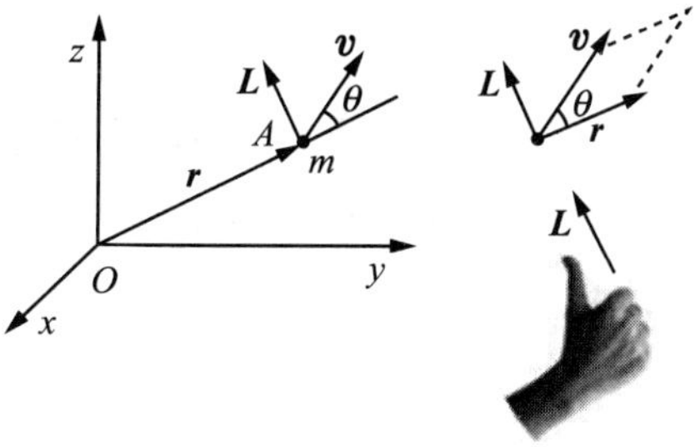

图 4-18　质点的角动量

质点的角动量 $\boldsymbol{L}$ 是一个矢量，它的方向垂直于 $\boldsymbol{r}$ 和 $\boldsymbol{v}$ 的平面，并遵守右手法则：右手拇指伸直，当四指由 $\boldsymbol{r}$ 经小于 180°的角 θ 转向 $\boldsymbol{v}$(或 $\boldsymbol{p}$)时，拇指的指向就是 $\boldsymbol{L}$ 的方向。至于质点角动量 $\boldsymbol{L}$ 的值，由矢量的矢积法则知

$$L=rmv\sin\theta$$

式中，θ 为 $\boldsymbol{r}$ 与 $\boldsymbol{v}$(或 $\boldsymbol{p}$)之间的夹角。

应当指出，质点的角动量与位矢 $\boldsymbol{r}$ 和动量 $\boldsymbol{p}$ 有关，也就是与参考点 O 的选择有关。因此在讲述质点的角动量时，必须指明是对哪一点的角动量。

若质点在半径为 r 的圆周上运动，在某一时刻，质点位于点 A，速度为 $\boldsymbol{v}$。如以圆心 O 为参考点(图 4-19)，那么 $\boldsymbol{r}$ 与 $\boldsymbol{v}$(或 $\boldsymbol{p}$)总是相互垂直的。于是质点对圆心 O 的角动量 $\boldsymbol{L}$ 的大小为

$$L=rmv \tag{4-14a}$$

角动量在生活中的应用

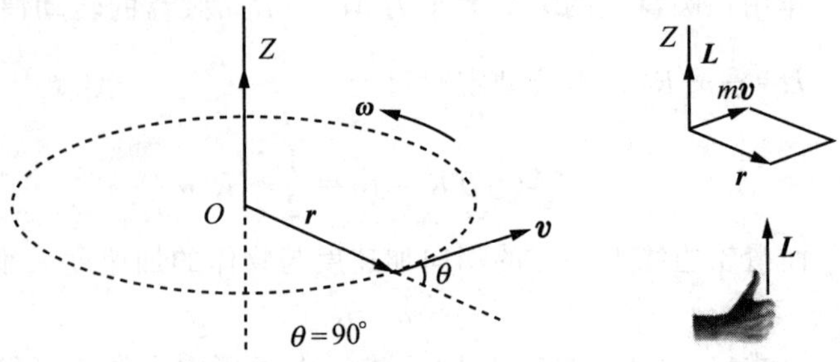

图 4-19　质点做圆周运动的角动量

因为 $v=r\omega$，上式亦可写成

$$L=mr^2\omega \tag{4-14b}$$

至于 $\boldsymbol{L}$ 的方向应平行于过圆心且垂直于运动平面的 z 轴，与 $\boldsymbol{\omega}$ 的方向相同。

2. 刚体定轴转动的角动量

如图 4-20 所示，有一刚体以角速度 $\boldsymbol{\omega}$ 绕定轴 Oz 转动。由于刚体绕定轴转动，刚体上每一个质点都以相同的角速度 $\boldsymbol{\omega}$ 绕轴 Oz 做圆周运动。其中质点 m_i 对轴 Oz 的角动量为 $m_iv_ir_i=m_ir_i^2\omega$，于是刚体上所有质点的角动量，即刚体对定轴 Oz 的角动量大小为

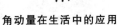

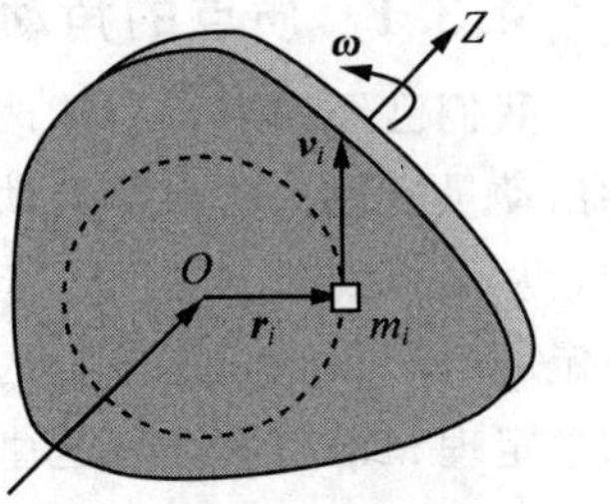

图 4-20　刚体定轴转动的角动量

$$L=\sum_i m_ir_i^2\omega=\left(\sum_i m_ir_i^2\right)\omega$$

式中，$\sum\limits_i m_ir_i^2$ 为刚体绕轴 Oz 的转动惯量 J。于是刚体对定轴 Oz 的角动量大小为

$$L=J\omega \tag{4-15}$$

4.3.2　质点的角动量定理及角动量守恒定律

1. 质点的角动量定理

设质量为 m 的质点，在合力 $\boldsymbol{F}$ 作用下，其运动方程为

$$\boldsymbol{F}=\frac{\mathrm{d}(m\boldsymbol{v})}{\mathrm{d}t}$$

由于质点对参考点 O 的位移矢量为 $\boldsymbol{r}$，故以 $\boldsymbol{r}$ 叉乘上式两边，有

$$\boldsymbol{r}\times\boldsymbol{F}=\boldsymbol{r}\times\frac{\mathrm{d}(m\boldsymbol{v})}{\mathrm{d}t} \tag{4-16}$$

考虑到

$$\frac{\mathrm{d}}{\mathrm{d}t}(\boldsymbol{r}\times m\boldsymbol{v})=\boldsymbol{r}\times\frac{\mathrm{d}}{\mathrm{d}t}(m\boldsymbol{v})+\frac{\mathrm{d}\boldsymbol{r}}{\mathrm{d}t}\times m\boldsymbol{v}$$

而且

$$\frac{\mathrm{d}\boldsymbol{r}}{\mathrm{d}t}\times\boldsymbol{v}=\boldsymbol{v}\times\boldsymbol{v}=0$$

故式(4-16)可写成

$$\boldsymbol{r}\times\boldsymbol{F}=\frac{\mathrm{d}}{\mathrm{d}t}(\boldsymbol{r}\times m\boldsymbol{v})$$

式中，$\boldsymbol{r}\times\boldsymbol{F}$ 称为合力 $\boldsymbol{F}$ 对参考点 O 的合力矩。于是上式为

$$\boldsymbol{M}=\frac{\mathrm{d}}{\mathrm{d}t}(\boldsymbol{r}\times m\boldsymbol{v})=\frac{\mathrm{d}\boldsymbol{L}}{\mathrm{d}t} \tag{4-17}$$

上式表明，作用于质点的合力对参考点 O 的力矩，等于质点对该点 O 的角动量随时间的变化率。这与牛顿第二定律 $\boldsymbol{F}=\frac{\mathrm{d}\boldsymbol{p}}{\mathrm{d}t}$ 形式上是相似的，只是用 $\boldsymbol{M}$ 代替了 $\boldsymbol{F}$，用 $\boldsymbol{L}$ 代替了 $\boldsymbol{p}$。

上式还可写成

$$\boldsymbol{M}\mathrm{d}t=\mathrm{d}\boldsymbol{L}$$

$\boldsymbol{M}\mathrm{d}t$ 为力矩 $\boldsymbol{M}$ 与作用时间 $\mathrm{d}t$ 的乘积，叫作冲量矩。上式取积分有

$$\int_{t_1}^{t_2}\boldsymbol{M}\mathrm{d}t=\boldsymbol{L}_2-\boldsymbol{L}_1 \tag{4-18}$$

式中，$\boldsymbol{L}_1$ 和 $\boldsymbol{L}_2$ 分别为质点在时刻 t_1 和 t_2 对参考点 O 的角动量，$\int_{t_1}^{t_2}\boldsymbol{M}\mathrm{d}t$ 为质点在时间间隔 t_2-t_1 内对参考点 O 所受的冲量矩。因此，上式的物理意义是：对同一参考点 O，质点所受的冲量矩等于质点角动量的增量。这就是质点的角动量定理。

2. 质点的角动量守恒定律

由式(4-17)可以看出，若质点所受合力矩为零，即 $\boldsymbol{M}=0$，则有

$$\boldsymbol{L}=\boldsymbol{r}\times m\boldsymbol{v}=\text{恒矢量} \tag{4-19}$$

上式表明，当质点所受对参考点 O 的合力矩为零时，质点对该参考点 O 的角动量为一恒矢量。这就是质点的角动量守恒定律。

应当注意，质点的角动量守恒的条件是合力矩 $\boldsymbol{M}=0$。这可能有两种情况：一种是合力 $\boldsymbol{F}=0$；另一种是合力 $\boldsymbol{F}$ 虽不为零，但合力 $\boldsymbol{F}$ 通过参考点 O，致使合力矩为零。质点做匀速率圆周运动就是这种例子。质点做匀速率圆周运动时，作用于质点的合力是指向圆心的所谓有心力，故其力矩为零，所以质点做匀速率圆周运动时，它对圆心的角动量是守恒的。不仅如此，只要作用于质点的力是有心力，有心力对力心的力矩总是零，所以，在有心力作用下质点对力心的角动量都是守恒的。太阳系中行星的轨道为椭圆，太阳位于两焦点之一，太阳作用于行星的引力是指向太阳的有心力，因此如以太阳为参考点 O，则行星的角动量是守恒的。在国际单位制中，角动量的单位为 $\mathrm{kg}\cdot\mathrm{m}^2\cdot\mathrm{s}^{-1}$。

4.3.3 刚体定轴转动的角动量定理及角动量守恒定律

1. 刚体定轴转动的角动量定理

从式(4-17)可以知道，作用在质点 m_i 上的合力矩 $\boldsymbol{M}_i$ 应等于质点的角动量随时间的变化率，其大小即为

$$M_i=\frac{\mathrm{d}L_i}{\mathrm{d}t}=\frac{\mathrm{d}}{\mathrm{d}t}(m_i r_i^2\omega)$$

而合力矩 $\boldsymbol{M}_i$ 含有外力作用在质点 m_i 的力矩，即外力矩 $\boldsymbol{M}_i^{\mathrm{ex}}$，以及刚体内质点间作用力的力矩，即内力矩 $\boldsymbol{M}_i^{\mathrm{in}}$。

对绕定轴 Oz 转动的刚体来说，刚体内各质点的内力矩之和应为零，即 $\sum M_i^{\mathrm{in}}=0$。

故由上式，可得作用于绕定轴 Oz 转动刚体的合外力矩 $\boldsymbol{M}$ 大小为

$$M=\sum_{i}M_{i}^{\mathrm{ex}}=\frac{\mathrm{d}}{\mathrm{d}t}\left(\sum L_{i}\right)=\frac{\mathrm{d}}{\mathrm{d}t}\left(\sum m_{i}r_{i}^{2}\omega\right)$$

亦可写成

$$M=\frac{\mathrm{d}}{\mathrm{d}t}(J\omega)=\frac{\mathrm{d}L}{\mathrm{d}t} \tag{4-20}$$

式(4-20)表明，刚体绕某定轴转动时，作用于刚体的合外力矩等于绕此定轴的角动量随时间的变化率。

当 J 等于常数时，$M=J\dfrac{\mathrm{d}\omega}{\mathrm{d}t}=J\alpha$；对照此式可见，式(4-20)是转动定律的另一表达方式，但其意义更加普遍。即使在绕定轴转动物体的转动惯量 J 因内力作用而发生变化时，式(4-20)仍然成立。这与质点动力学中，牛顿第二定律的表达式 $\boldsymbol{F}=\dfrac{\mathrm{d}\boldsymbol{p}}{\mathrm{d}t}$ 较之 $\boldsymbol{F}=m\boldsymbol{a}$ 更普遍是一样的。

设有绕某一定轴转动其惯量为 J 的刚体，在合外力矩 $\boldsymbol{M}$ 的作用下，在时间 $\Delta t=t_2-t_1$ 内，其角速度大小由 ω_1 变为 ω_2，由式(4-20)积分得

$$\int_{t_1}^{t_2}M\mathrm{d}t=\int_{t_1}^{t_2}\mathrm{d}L=L_2-L_1=J\omega_2-J\omega_1 \tag{4-21a}$$

式中，$\int_{t_1}^{t_2}M\mathrm{d}t$ 是外力矩与作用时间的乘积，叫作力矩对定轴的冲量矩，又叫角冲量。

如果物体在转动过程中，其内部各质点相对于转轴的位置发生变化，那么物体的转动惯量 J 也必然随时间变化，若在 Δt 时间内，转动惯量由 J_1 变为 J_2，则式(4-21a)中的 $J\omega_1$ 应改为 $J_1\omega_1$，$J\omega_2$ 应改为 $J_2\omega_2$。于是下面的关系式是成立的，即

$$\int_{t_1}^{t_2}M\mathrm{d}t=J_2\omega_2-J_1\omega_1 \tag{4-21b}$$

式(4-21b)表明，当转轴给定时，作用在物体上的冲量矩等于角动量的增量，这一结论叫作角动量定理。它与质点的角动量定理在形式上很相似。

2. 刚体定轴转动的角动量守恒定律

当作用在绕定轴转动的刚体上的合外力矩等于零时，由角动量定理也可导出角动量守恒定律。

由式(4-20)可以看出，当合外力矩为零时，可得

$$J\omega=\text{恒量} \tag{4-22}$$

这就是说，如果物体所受的合外力矩等于零，或者不受外力矩的作用，物体的角动量保持不变。这个结论叫作角动量守恒定律。

必须指出，上面在得出角动量守恒定律的过程中受到刚体、定轴等条件的限制，但它的适用范围却远超出这些限制。

有许多现象都可以用角动量守恒来说明。

如图 4-21 所示，有一人站在能绕竖直轴转动的凳子上(摩擦忽略不计)。开始时人平举两臂，两手各握一哑铃，并使人与凳一道以一定的角速度旋转。由于在水平面内没有外力矩作用，人与凳的角动量之和应当保持不变，因此，当人放下两臂，使转动

惯量变小时，人与凳的转动角速度就要加快。

又如冰上芭蕾演员表演时(见图 4-22)，先把两臂张开，并绕通过足尖的垂直转轴以角速度 $\boldsymbol{\omega}_0$ 旋转，然后迅速把两臂和腿朝身边靠拢，这时由于转动惯量变小，根据角动量守恒定律，角速度必增大，因而旋转更快。跳水运动员常在空中先把手臂和腿蜷缩起来，以减小转动惯量而增大转动角速度，在快到水面时，则又把手、腿伸直，以增大转动惯量而减小转动角速度，并以一定的方向落入水中。

图 4-21　角动量守恒定律的演示

图 4-22　冰上芭蕾体现的角动量守恒

最后还应再次指出，前面提到的角动量守恒定律、动量守恒定律和能量守恒定律，都是在不同的理想化条件(如质点、刚体……)下，用经典的牛顿力学原理“推证”出来的。但它们的使用范围，却远远超出原有条件的限制。它们不仅适用于牛顿力学所研究的宏观、低速(远小于光速)领域，而且通过相应的扩展和修正后也适用于牛顿力学失效的微观、高速(接近光速)的领域，即量子力学和相对论之中。这就充分说明，上述三条守恒定律不但比牛顿力学理论更基本、更普遍，而且也是近代物理理论的基础，是更为普适的物理定律。

跳水

例 4-6　为使运行中的飞船停止绕其中心轴转动，可在飞船的侧面对称地安装两个切向控制喷管，利用喷管高速喷射气体来制止旋转。若飞船绕其中心轴的转动惯量 $J_0=2.0\times10^3\ \mathrm{kg\cdot m^2}$，旋转的角速度大小 $\omega=0.2\ \mathrm{rad\cdot s^{-1}}$，喷口与轴线之间的距离 $r=1.5\ \mathrm{m}$；喷气以恒定的流量 $Q=1.0\ \mathrm{kg\cdot s^{-1}}$ 和速率 $u=50\ \mathrm{m\cdot s^{-1}}$ 从喷口喷出，请问：为使该飞船停止旋转，喷气应喷射多长时间？(见图 4-23)

分析　将飞船与喷出的气体作为研究系统，在喷气过程中，系统不受外力矩作用，其角动量守恒。在列出方程时应注意：(1)由于喷气质量远小于飞船质量，喷气前后系统的角动量近似为飞船的角动量大小 L；(2)喷气过程中气流速率 u 远大于飞船侧面的线速度，因此，整个喷气过程中，气流相对于空间的

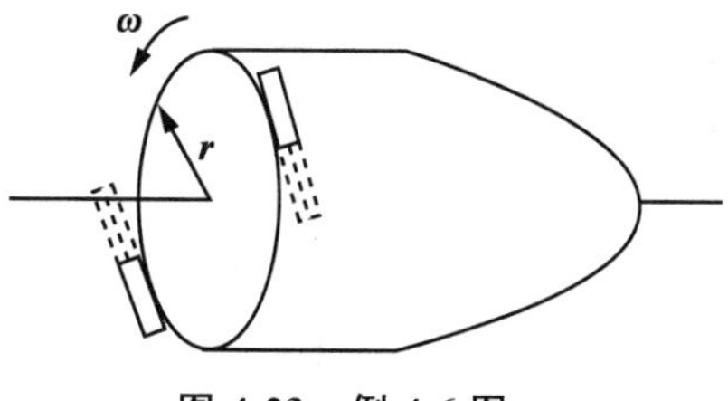

图 4-23　例 4-6 图

速率仍可近似看作是 u，这样，排出气体的总角动量大小 $L=\int_n (u+\omega r)\mathrm{d}m \approx mur$。经上述处理后，可使问题大大简化。

解 取飞船和喷出的气体为系统，根据角动量守恒定律，有

$$J\omega - mur = 0$$

因喷气的流量恒定，故有

$$m = 2Qt$$

由上两式可得喷气的喷射时间为

$$t = \frac{J\omega}{2Qur} = 2.67\ \mathrm{s}$$

例 4-7 一质量为 20.0 kg 的小孩，站在一半径为 3.00 m、转动惯量为 450 $\mathrm{kg\cdot m^2}$ 的静止水平转台的边缘上，此转台可绕通过转台中心的竖直轴转动，转台与轴间的摩擦不计。如果此小孩相对转台以 1.00 $\mathrm{m\cdot s^{-1}}$ 的速率沿转台边缘行走，请问：转台的角速率有多大?

解 设转台相对地的角速度大小为 ω_0，人相对转台的角速度大小为 ω_1。由相对角速度的关系，人相对地面的角速度大小为

$$\omega = \omega_0 + \omega_1 = \omega_0 + \frac{v}{R}$$

由于系统初始是静止的，根据系统的角动量守恒定律，有

$$J_0\omega_0 + J_1(\omega_0 + \omega_1) = 0$$

式中，J_0，$J_1 = mR^2$ 分别为转台、人对转台中心轴的转动惯量。由上两式可得转台的角速度大小为

$$\omega_0 = -\frac{mR^2}{J_0 + mR^2}\frac{v}{R} = -9.52\times 10^{-2}\,(\mathrm{rad\cdot s^{-1}})$$

式中，负号表示转台转动方向与人对地面的转动方向相反。

4.4 力矩做功 刚体绕定轴转动的动能定理

质点在外力的作用下发生了位移，力对质点做了功。当刚体在外力矩作用下绕定轴转动而发生了角位移，力矩对刚体做了功。这就是力矩的空间累积作用。

4.4.1 力矩做功

1. 力矩做功

如图 4-24 所示，设刚体在切向力 $\boldsymbol{F}_\tau$ 的作用下，绕转轴 Oz 从 P_0 点运动到 P 点，转过的角位移为 $\mathrm{d}\theta$，力 $\boldsymbol{F}_\tau$ 的作用点的位移大小为 $\mathrm{d}s$，显然，$\mathrm{d}s = r\mathrm{d}\theta$。则力 $\boldsymbol{F}_\tau$ 在这段位移内所做的功大小为

$$\mathrm{d}W = F_\tau \mathrm{d}s = F_\tau r \mathrm{d}\theta$$

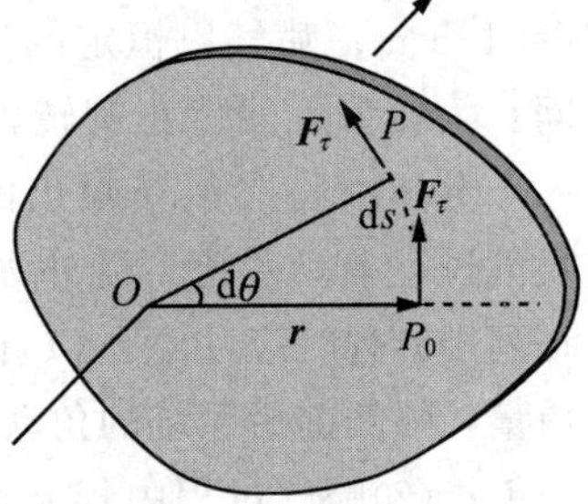

图 4-24 力矩做功

又因力 $\boldsymbol{F}_\tau$ 对转轴的力矩大小为 $M = F_\tau r$，所以 $\mathrm{d}W = M\mathrm{d}\theta$。此式表明，力矩所做的元功大小 $\mathrm{d}W$ 等于力矩 M 与角位移

$d\theta$ 的乘积。

若力矩为恒矢量，则当刚体在此力矩作用下转过角 θ 时，力矩所做的功为

$$W=\int_0^\theta dW=M\int_0^\theta d\theta=M\theta \tag{4-23}$$

即恒力矩对绕定轴转动的刚体所做的功，等于力矩的大小 M 与转过的角位移 θ 的乘积。

若力矩是变化的，则变力矩所做的功为

$$W=\int M d\theta \tag{4-24}$$

2. 力矩的功率

我们知道，力做功的快慢可用功率来表示。同样，我们用单位时间内力矩对刚体所做的功来表示力矩做功的快慢，并把它叫作力矩的功率，用 P 表示。

设刚体在恒力矩作用下绕定轴转动时，在时间 dt 内转过 $d\theta$ 角，则力矩的功率为

$$P=\frac{dW}{dt}=M\frac{d\theta}{dt}=M\omega \tag{4-25}$$

从图 4-25 可知，力矩的功率等于力矩与角速度的乘积。功率一定时，转速越低，力矩越大；反之，转速越高，力矩越小。

4.4.2 转动动能 刚体绕定轴转动的动能定理

1. 转动动能

刚体可看成由若干个不连续或无数个连续分布的质点组成，刚体的转动动能等于各质点动能的总和。如图 4-25 所示，设刚体上第 i 个质点的质量为 m_i、线速度为 v_i，到转轴的垂直距离为 r_i。当刚体以角速率 ω 绕定轴转动时，第 i 个质点的动能为

$$\frac{1}{2}m_iv_i^2=\frac{1}{2}m_ir_i^2\omega^2$$

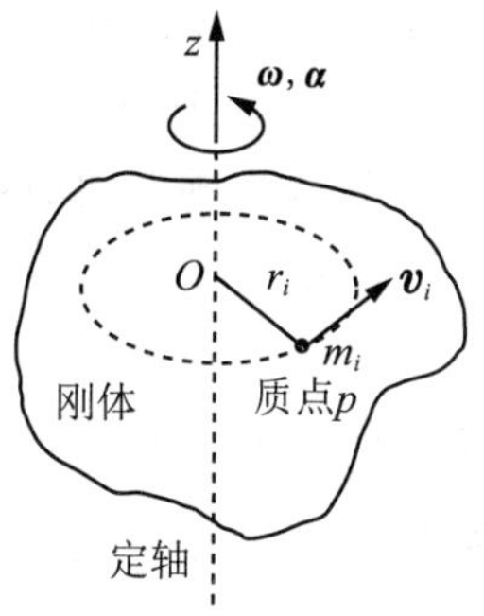

图 4-25 刚体的转动动能

整个刚体的动能为

$$E_k=\sum_i\frac{1}{2}m_ir_i^2\omega^2=\frac{1}{2}\left(\sum_i m_ir_i^2\right)\omega^2=\frac{1}{2}J\omega^2$$

$$E_k=\frac{1}{2}J\omega^2 \tag{4-26}$$

即刚体绕定轴转动的转动动能等于刚体对该定轴的转动惯量与角速度二次方的乘积的一半。这与质点的动能 $E_k=\frac{1}{2}mv^2$，在形式上是完全相似的。

2. 刚体绕定轴转动的动能定理

设刚体在合外力矩 $\boldsymbol{M}$ 的作用下，绕转轴转过的角位移为 $d\theta$，合外力矩所做的元功大小为

$$dW=Md\theta$$

由转动定律 $M=J\alpha=J\frac{d\omega}{dt}$，得

$$dW=J\frac{d\omega}{dt}d\theta=J\frac{d\theta}{dt}d\omega=J\omega d\omega$$

则在 Δt 时间内，因合外力矩做功，使刚体的角速率从 ω_1 变到 ω_2，合外力矩对刚体所做的功为

$$W=\int dW=J\int_{\omega_1}^{\omega_2}\omega d\omega$$

即

$$W=\frac{1}{2}J\omega_2^2-\frac{1}{2}J\omega_1^2 \tag{4-27}$$

式(4-27)表明，合外力矩对绕定轴转动的刚体所做的功等于刚体转动动能的增量。这就是刚体绕定轴转动的动能定理。

4.4.3 定轴转动的功能原理

1. 刚体的重力势能

如图 4-26 所示，刚体可看成由若干个质点元 Δm_i 组成，刚体的重力势能等于各质点重力势能的总和。

$$E_p=\sum\Delta m_i g h_i=mg\frac{\sum\Delta m_i h_i}{m}=mgh_C$$

式中，h_C 为质心所在位置的高度。即

$$E_p=mgh_C \tag{4-28}$$

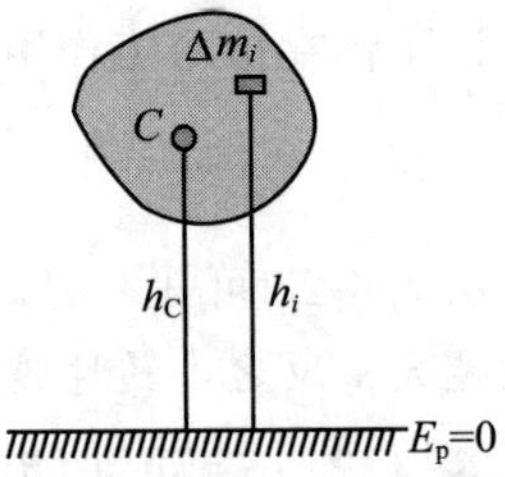

图 4-26　刚体的重力势能

即刚体的重力势能等于刚体的质量与重力加速度及刚体质心高度的乘积。

2. 刚体定轴转动的功能原理

刚体是一质点系，故质点系功能原理对刚体仍成立，即

$$W_{外}+W_{非内}=(E_{k2}+E_{p2})-(E_{k1}+E_{p1})$$

式中，$W_{外}$ 为合外力矩的功，$W_{非内}$ 为非保守内力矩的功，E_k 为刚体绕定轴转动的转动动能$\left(E_k=\frac{1}{2}J\omega^2\right)$，$E_p$ 为刚体的重力势能($E_p=mgh_C$)。

当 $W_{外}=0$、$W_{非内}=0$ 时，刚体的机械能守恒，即 $E_k+E_p=$常量。

从这章对刚体的讨论中，我们看到，刚体绕定轴的转动与质点运动二者的规律形式和研究思路极为相似，下面把质点运动和刚体定轴转动作一比较，列于表 4-1 中。

表 4-1　质点运动和刚体定轴转动对照表

质点运动	刚体定轴转动
速度 $\boldsymbol{v}=\frac{d\boldsymbol{r}}{dt}$	角速度 $\boldsymbol{\omega}=\frac{d\boldsymbol{\theta}}{dt}$
加速度 $\boldsymbol{a}=\frac{d\boldsymbol{v}}{dt}$	角加速度 $\boldsymbol{\alpha}=\frac{d\boldsymbol{\omega}}{dt}$
力 $\boldsymbol{F}$	力矩 $\boldsymbol{M}$
质量 m	转动惯量 J
动量 $\boldsymbol{p}=m\boldsymbol{v}$	角动量 $\boldsymbol{L}=J\boldsymbol{\omega}$
动量定理 $\boldsymbol{F}=\frac{d\boldsymbol{p}}{dt}$	角动量定理 $\boldsymbol{M}=\frac{d\boldsymbol{L}}{dt}$

续表

质点运动	刚体定轴转动
牛顿定律 $\boldsymbol{F}=m\boldsymbol{a}$	转动定律 $\boldsymbol{M}=J\boldsymbol{\alpha}$
动能 $E_k=\frac{1}{2}mv^2$	转动动能 $E_k=\frac{1}{2}J\omega^2$
重力势能 $E_p=mgh$	重力势能 $E_p=mgh_C$
动能定理 $W_{外力}=\frac{1}{2}mv_2^2-\frac{1}{2}mv_1^2$	$W_{外力矩}=\frac{1}{2}J\omega_2^2-\frac{1}{2}J\omega_1^2$

例 4-8 如图 4-27 所示，一质量为 m、长为 l 的匀质细杆绕光滑水平轴在竖直面内转动，初始时在水平位置，静止释放，求：(1)摆至竖直位置重力所做的功；(2)下落 θ 角时的角速度。

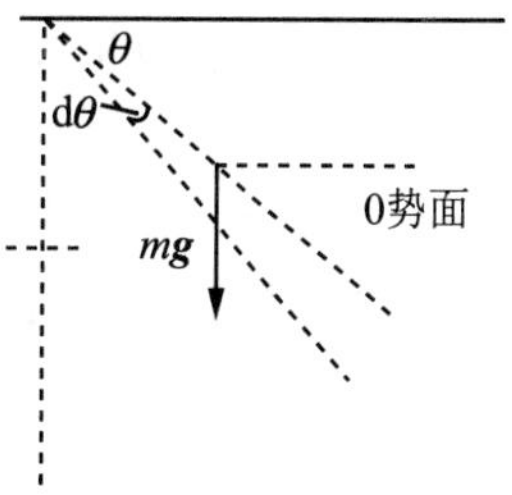

图 4-27　例 4-8 图

解 (1)重力对刚体所做的功等于刚体重力势能的增量的负值，即 $W=E_{p1}-E_{p2}$。

取细杆在竖直位置时质心所在处为 0 势能点，则

初始时在水平位置的势能 $E_{p1}=mgh_C=\frac{1}{2}mgl$，

摆至竖直位置的势能 $E_{p2}=0$，

所以在此过程中，重力对刚体所做的功为 $W=\frac{1}{2}mgl$。

(2)细杆从水平位置下落 θ 角，按以上做法，重力对刚体所做的功为 $W'=E'_{p1}-E'_{p2}$，

取细杆下落 θ 角时质心所在处为 0 势能点，则 $E'_{p1}=mgh'_C=\frac{1}{2}mgl\sin\theta$，则重力对刚体所做的功为 $W'=\frac{1}{2}mgl\sin\theta$。

设细杆下落 θ 角时的角速度为 ω'，由功能原理得 $W'=\frac{1}{2}J\omega'^2$，则

$\frac{1}{2}mgl\sin\theta=\frac{1}{2}J\omega'^2$，而 $J=\frac{1}{3}ml^2$，代入得

$$\omega'=\sqrt{\frac{3g\sin\theta}{l}}$$

*4.5　综合训练

例 4-9 一质量为 1.12 kg，长为 1.0 m 的均匀细棒，支点在棒的上端点，开始时棒自由悬挂。以 100 N 的力打击它的下端点，打击时间为 0.02 s。(1)若打击前棒是静止的，求打击时其角动量的变化；(2)棒的最大偏转角。

解 (1)在瞬间打击过程中，由刚体的角动量定理得

$$\Delta L=J\omega_0=\int M\mathrm{d}t=Fl\Delta t=2.0\ \mathrm{kg\cdot m^2\cdot s^{-1}} \tag{4-28a}$$

(2)在棒的转动过程中，取棒和地球为一系统，并选 O 处为重力势能零点。在转动过程中，系统的机械能守恒，即

$$\frac{1}{2}J\omega_0^2=\frac{1}{2}mgl(1-\cos\theta) \tag{4-28b}$$

由式(4-28a)、式(4-28b)可得棒的偏转角度为

$$\theta=\arccos\left(1-\frac{3F^2\Delta t^2}{m^2gl}\right)=88°38'$$

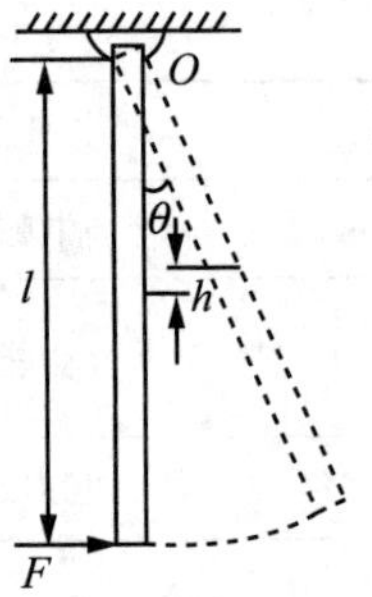

图 4-28　例 4-9 图

例 4-10　我国 1970 年 4 月 24 日发射第一颗人造卫星，其近地点为 4.39×10^5 m、远地点为 2.38×10^6 m。试计算卫星在近地点和远地点的速率。(设地球半径为 6.38×10^6 m)

解　由于卫星在近地点和远地点处的速度方向与椭圆径矢垂直，因此，由角动量守恒定律有

$$mv_1r_1=mv_2r_2 \tag{4-29a}$$

又因卫星与地球系统的机械能守恒，故有

$$\frac{1}{2}mv_1^2-\frac{Gmm_E}{r_1}=\frac{1}{2}mv_2^2-\frac{Gmm_E}{r_2} \tag{4-29b}$$

式中，G 为引力常量，m_E 和 m 分别为地球和卫星质量，r_1 和 r_2 是卫星在近地点和远地点时离地球中心的距离。由式(4-29a)、式(4-29b)可解得卫星在近地点和远地点的速率分别为

$$v_1=\sqrt{\frac{2Gm_Er_2}{r_1(r_1+r_2)}}=8.11\times10^3\ \text{m}\cdot\text{s}^{-1}$$

$$v_2=\frac{r_1}{r_2}v_1=6.31\times10^3\ \text{m}\cdot\text{s}^{-1}$$

物理成就：
东方红 1 号卫星

例 4-11　如图 4-29 所示为一质量为 m、长为 l 的均匀细棒，可以在光滑水平面内绕通过其中心的竖直轴 O 转动，开始时棒静止，现有一质量为 m' 的小球，以水平速率 u 与棒的一端垂直相碰，设碰撞是完全弹性碰撞。求碰撞后小球弹回的速率和棒的角速度。

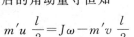

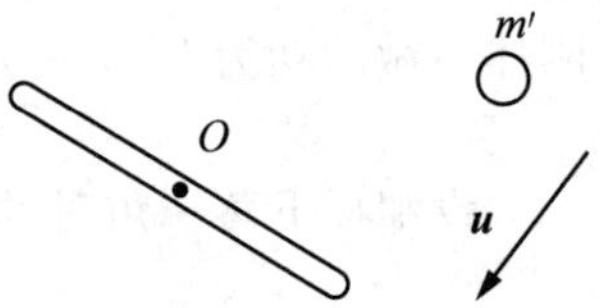

图 4-29　例 4-11 图

解　对由球和棒所组成的系统，在小球与棒碰撞的过程中，对轴 O 的角动量守恒。设碰撞后小球以速率 v 弹回，棒以角速率 ω 转动，由系统碰撞前后的角动量守恒知

$$m'u\ \frac{l}{2}=J\omega-m'v\ \frac{l}{2}$$

又因为系统发生完全弹性碰撞，机械能守恒，则

$$\frac{1}{2}m'u^2=\frac{1}{2}Jw^2+\frac{1}{2}m'v^2$$

因为
$$J=\frac{1}{12}ml^2$$

解得
$$\omega=\frac{12m'u}{(m+3m')l}$$

$$v=\frac{u(m-3m')}{m+3m'}$$

例 4-12 如图 4-30 所示，台球被球杆水平撞击中心后获得初速度 $\boldsymbol{v}_0$，已知该台球质量为 m、半径为 R，球与桌面的摩擦系数为 μ，试求：台球在桌面上停止滑动前所经历的时间。

解 台球在水平方向只受摩擦力 $\boldsymbol{f}$，取水平向右为坐标轴正向，其大小为 $f=-\mu mg$。

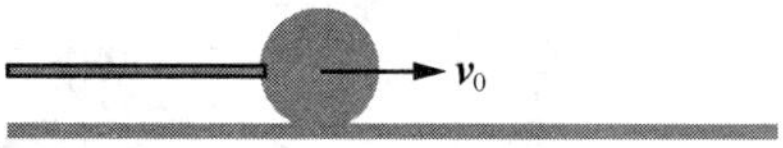

图 4-30 例 4-12 图

台球在桌面上的运动，可看成是两种运动构成的。一种是质心以加速度 $\boldsymbol{a}_c$ 的平动，另一种是台球绕通过质心的转轴所做的转动。

根据质心运动定律，有 $-\mu mg=ma_c$，即 $a_c=-\mu g$，按匀加速运动学方程得 $v=v_0-\mu gt$，台球在桌面上停止滑动前顺着 $\boldsymbol{v}$ 方向水平向右。

由转动定律得 $fR=J\alpha$，球的转动惯量 $J=\frac{2}{5}mR^2$，即

$$\mu mgR=\frac{2}{5}mR^2\alpha，\alpha=\frac{5}{2}\frac{\mu g}{R}$$

则台球绕通过质心的转轴的角速度大小为

$$\omega=\alpha t=\frac{5}{2}\frac{\mu g}{R}t$$

从而台球与桌面接触点的线速度为 $v'=R\omega$，且 $\boldsymbol{v}'$ 的方向向左，与 $\boldsymbol{v}$ 方向相反，故当 $\boldsymbol{v}'$ 与 $\boldsymbol{v}$ 的大小相等时，台球停止滑动，即 $\boldsymbol{v}+\boldsymbol{v}'=0$，也就是

$$R\omega=v_0-\mu gt$$

即

$$R\frac{5}{2}\frac{\mu g}{R}t=v_0-\mu gt$$

可得

$$t=\frac{2}{7}\frac{v_0}{\mu g}$$

陀螺仪介绍

小结：我们将上述的解题过程可归纳为："明过程，选系统，审条件，用规律"。

习 题

4-1 一飞轮直径为 0.30 m，质量为 5.00 kg，边缘绕有绳子，现用恒力拉绳子的一端，使其由静止均匀地加速，经 0.50 s 转速大小达 10 r/s。假定飞轮可看作实心圆柱体，求：(1)飞轮的角加速度大小及在这段时间内转过的转数；(2)拉力及拉力所做的功；(3)从拉动后经 $t=10$ s 时飞轮的角速度大小及轮边缘上一点的速度和加速度大小。

本章小结

4-2 飞轮的质量为 60 kg，直径为 0.5 m，转速大小为 1 000 $\mathrm{r\cdot min^{-1}}$，现要求在 5 s 内使其制动，求制动力 $\boldsymbol{F}$ 的大小，假定闸瓦与飞轮之间的摩擦系数 $\mu=0.4$，飞轮的质量全部分布在轮的外周上。尺寸如图 4-31 所示。

4-3 一根匀质细杆质量为 m、长度为 l，可绕过其端点的水平轴在竖直平面内转动。求它在水平位置时所受的重力矩；若将此杆截取 2/3，求剩下 1/3 在上述同样位置

时所受的重力矩。

4-4　如图 4-32 所示，物体 1 和物体 2 的质量分别为 m_1 与 m_2，定滑轮的转动惯量为 J，半径为 r。

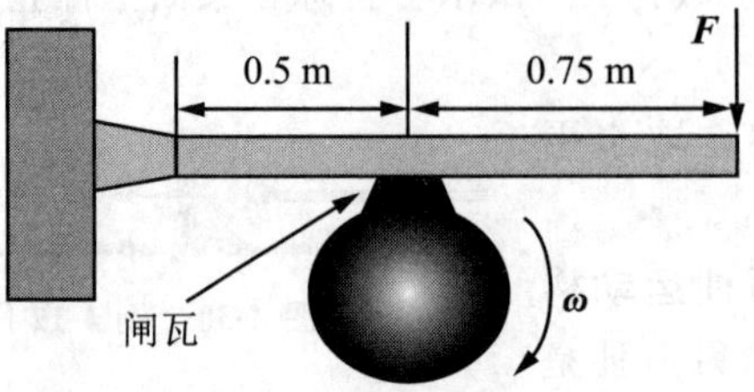

图 4-31　习题 4-2 图

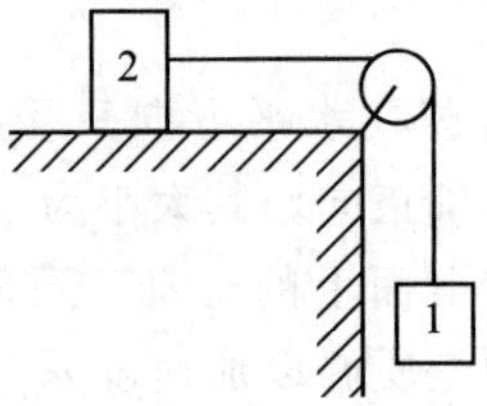

图 4-32　习题 4-4 图

(1)如物体 2 与桌面间的摩擦系数为 μ，求系统的加速度 $\boldsymbol{a}$ 的大小及绳中的张力 $\boldsymbol{T}_1$ 和 $\boldsymbol{T}_2$ 的大小(设绳子与滑轮间无相对滑动，滑轮与转轴无摩擦)；

(2)如物体 2 与桌面间为光滑接触，求系统的加速度 $\boldsymbol{a}$ 及绳中的张力 $\boldsymbol{T}_1$ 和 $\boldsymbol{T}_2$ 的大小。

4-5　质量分别为 m_1 和 m_2 的物体 A、物体 B 分别悬挂在如图 4-33 所示的组合轮两端。设两轮的半径分别为 r_1 和 r_2，两轮的转动惯量分别为 J_1 和 J_2，轮与轴承间的摩擦力略去不计，绳的质量也略去不计。试求两物体的加速度和绳的张力大小。

4-6　如图 4-34 所示，一圆柱体质量为 m，长为 l，半径为 R，用两根轻软的绳子对称地绕在圆柱两端，两绳的另一端分别系在天花板上，现将圆柱体从静止释放，试求：(1)它向下运动的角加速度大小；(2)向下加速运动时，两绳的张力大小。

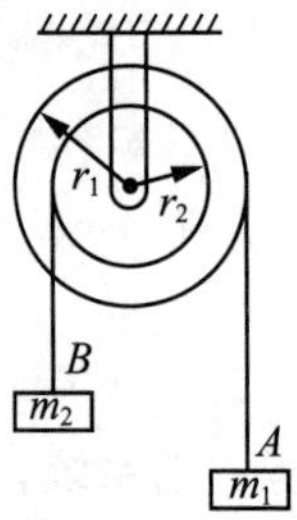

图 4-33　习题 4-5 图

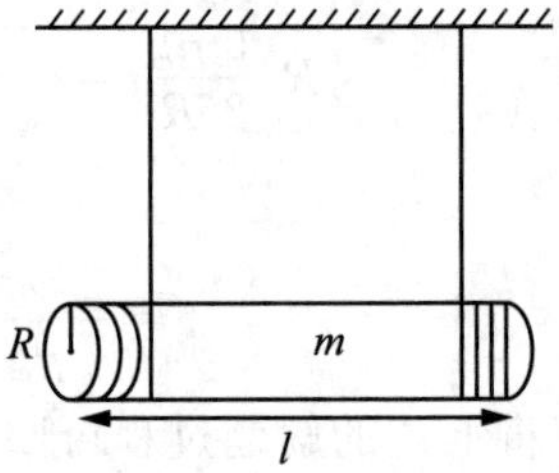

图 4-34　习题 4-6 图

4-7　某冲床上飞轮的转动惯量为 $4.00\times10^3\ \mathrm{kg\cdot m^2}$。当它的转速大小达到 30 r/min 时，它的转动动能是多少？每冲一次，其转速大小降为 $10\ \mathrm{r\cdot min^{-1}}$。求每冲一次飞轮对外所做的功。

4-8　一脉冲星质量为 1.5×10^{30} kg，半径为 20 km，自旋转速大小为 $2.1\ \mathrm{r\cdot s^{-1}}$，并且以 $1.0\times10^{-15}\ \mathrm{r\cdot s^{-2}}$ 的变化速率减慢，它的转动动能以多大的变化率减小？如果这一变化率保持不变，这个脉冲星经过多长时间就会停止自旋？(设脉冲星可看作匀质球体)

4-9　如图 4-35 所示，用三根长为 l 的细杆，(忽略杆的质量)将三个质量均为 m 的质点连接起来，并与转轴 O 相连接，若系统以角速度 $\boldsymbol{\omega}$ 绕垂直于杆的 O 轴转动，求中间一个质点的角动量、系统的总角动量大小。

4-10　如图 4-36 所示，滑轮的转动惯量 $J=0.5\ \mathrm{kg\cdot m^2}$，半径 $r=30$ cm，弹簧的

劲度系数 $k=2.0\ \mathrm{N\cdot m^{-1}}$，重物的质量 $m=2.0$ kg。当此滑轮——重物系统从静止开始启动，开始时弹簧没有伸长。滑轮与绳子间无相对滑动，其他部分摩擦忽略不计。请问：物体能沿斜面下滑多远？当物体沿斜面下滑 1.00 m 时，它的速率有多大？

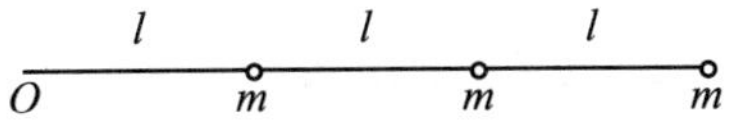

图 4-35 习题 4-9 图

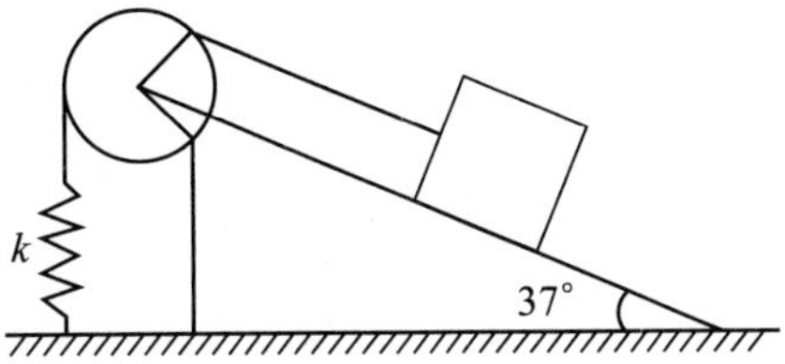

图 4-36 习题 4-10 图

4-11 如图 4-37 所示，一质量为 m 的球以速率 v 撞击质量为 m_0 的球拍后，以反方向的速率 v' 被弹回，设球拍转绕质心 C 的转动惯量为 J_C，试证受冲击后球拍围绕质心 C 的转动角速度大小为 $\omega=hm(v+v')/J_C$。

4-12 在自由旋转的水平圆盘边上，站一质量为 m 的人，圆盘的半径为 R，转动惯量为 J，如果这人由盘边走到盘心，求角速度大小的变化及此系统动能的变化。

4-13 如图 4-38 所示，转台绕中心竖直轴以 ω_0 做匀速转动，转台对该轴的转动惯量 $J=5\times10^{-5}\ \mathrm{kg\cdot m^2}$。现有沙粒以 $1\ \mathrm{g\cdot s^{-1}}$ 的流量落到转台，并粘在台面形成一半径 $r=0.1$ m 的圆。试求沙粒落到转台，使转台角速度为 $\frac{1}{2}\omega_0$ 所花的时间。

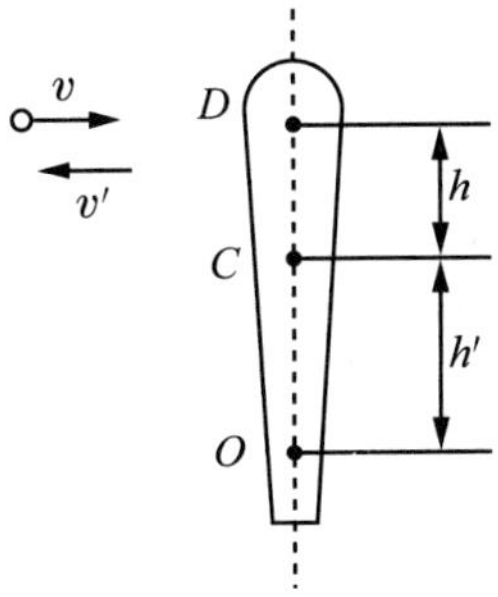

图 4-37 习题 4-11 图

图 4-38 习题 4-13 图

4-14 一个人站在一竹筏的一端用力垂直于筏身方向水平跳出去，筏由于受到反冲作用就要旋转起来。假定人的质量为 $m=60$ kg，筏的质量 $m'=500$ kg，人相对于岸的起跳速度大小为 $3\ \mathrm{m\cdot s^{-1}}$。求竹筏所获得的角速度大小。(假定竹筏的转动惯量近似地可以用细杆的公式来计算，水的摩擦可以忽略不计，筏长 10 m)

4-15 长 $l=0.40$ m、质量 $m=1.00$ kg 的匀质木棒，可绕 O 点在竖直平面内转动，如图 4-39 所示，开始时棒自然竖直悬垂，现有质量 $m=8$ g 的子弹以 $v=200\ \mathrm{m\cdot s^{-1}}$ 的速率从 A 点射入棒中，A 点与 O 点的距离为 $3/4\ l$。求：(1)棒开始运动时的角速度大小；(2)棒的最大偏转角。

4-16 半径 R 为 30 cm 的轮子，装在一根长为 $l=40$ cm 的轴的中部，并可绕其转动，轮和轴的质量共 5 kg，系统的回转半径为 25 cm，轴的一端用一根链条挂起，如果原来轴在水平位置，并使轮子以大小为 $\omega_{自}=12\ \mathrm{rad\cdot s^{-1}}$ 的角速度旋转，方向如图 4-40 所示，求：(1)该轮自转的角动量；(2)作用于轴上的外力矩。

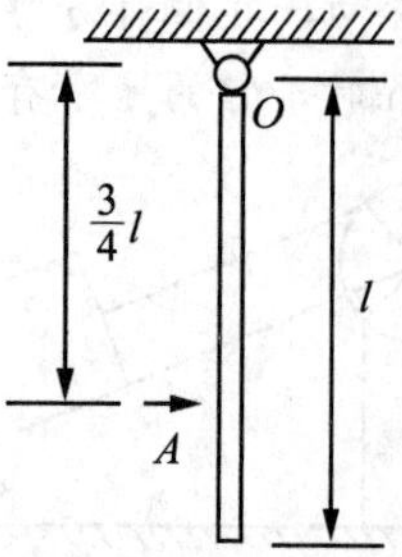

图 4-39　习题 4-15 图

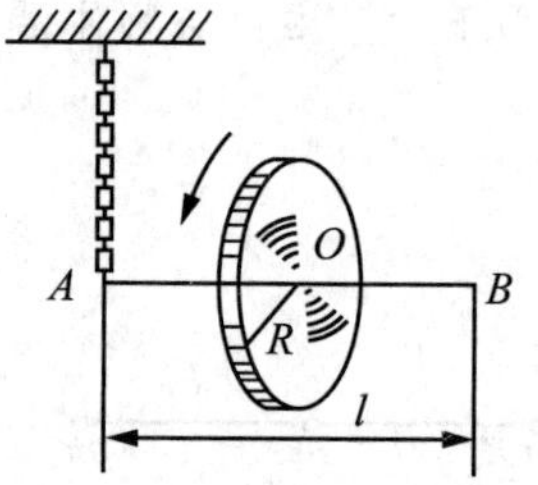

图 4-40　习题 4-16 图

4-17　一均质球绕通过其中心的轴以一定的角速度转动，如果该球的半径减至原半径的 $1/n$，那么该球的动能增加多少倍？

4-18　两滑冰运动员，质量分别为 $m_A=60\ \mathrm{kg}$、$m_B=70\ \mathrm{kg}$，速率分别为 $v_A=7\ \mathrm{m\cdot s^{-1}}$、$v_B=6\ \mathrm{m\cdot s^{-1}}$，在相距 1.5 m 的两平行线上相向而行，当两者最接近时，便拉起手来，开始绕质心做圆周运动并保持两者间的距离为 1.5 m。求该瞬时：(1)系统的总角动量大小；(2)系统的角速度大小；(3)两人拉手前后的总动能。这一过程中能量是否守恒，为什么？

第 5 章　机械振动与机械波

本章要点

振动与波动都是自然界中常见的运动形式。

从狭义上说，通常把具有时间周期性的运动称为振动，如钟摆的摆动、心脏的跳动，以及微风中树枝的摇曳等，这些都是振动。振动是一种普遍而又特殊的运动形式，它的特殊性表现在振动的物体总在某个位置附近，局限在一定的空间范围内往返运动，故这种振动又被称为机械振动。除机械振动外，自然界中还存在着其他各式各样的振动。从更广泛的意义上说，任何复杂的非周期性运动，也属于振动的研究范围，因为这种运动可以分解为频率连续分布的无限多个简谐振动的叠加。今日的物理学中，振动已不再局限于机械运动的范畴，如交流电中电流和电压的周期性变化，电磁波通过的空间内，任意点电场强度和磁场强度的周期性变化，无线电接收天线中，电流强度的受迫振荡等，都属于振动的范畴。另外，分子热运动、电磁运动、晶体中原子的运动等虽然属于不同形式运动的，各自遵循不同的运动规律，但是，就其中的振动过程来说，具有共同的物理特性。

凡描述物质运动状态的物理量，在某个数值附近做周期性变化，都叫振动。

振动的传播过程即为波动，如空气中的声波，水面的涟漪即水波等，这些是机械振动在介质中的传播，称为机械波。波动并不限于机械波，太阳的热辐射以及各种波段的无线电波、光波、X 射线、γ 射线等也是一种波动，这类波是周期性变化的电场和磁场在空间的传播，称为电磁波。各种各样信息的传播几乎都要借助于波。如果没有波，我们将处于寂静黑暗的世界。近代物理的理论揭示，微观粒子乃至任何物质都具有波动性，这种波称为物质波。尽管各类波有各自的特性，它们产生的机制、物理本质不尽相同，但是它们却有着共同的波动规律，如有一定的传播速度，且都伴随着能量的传播，都有反射、折射、干涉和衍射等波动特有的性质，并且都具有类似的波动方程。

本章首先研究机械振动，然后在此基础上讨论机械波的传播特性和基本规律。

5.1　简谐振动

5.1.1　简谐振动的定义

在振动中，最简单最基本的是简谐振动，一切复杂的振动都可以看作是由若干个简谐振动合成的结果。下面以弹簧振子为例，研究简谐振动的运动规律。

轻弹簧一端固定，另一端系一质量为 m 的物体(弹簧的质量相对于物体来说可以忽略不计)，这样的系统称为弹簧振子，如图 5-1 所示。现将弹簧振子水平放置，当弹簧为原长时，物体所受的合力为零，处于平衡状态，该处 O 就是其平衡位置。在弹簧的弹性限度内，如果把物体从平衡位置处向右拉开后释放，这时由于弹簧被拉长，产生了向左指向平衡位置的弹性力，于是物体便开始向左运动。当通过平衡位置时，物体所受到的弹性力虽减小到零，但由于物体所具有的惯性，它将继续向左运动，致使弹簧被压缩。弹簧因被压缩而在左侧产生了向右的指向平衡位置的弹性力，该弹性力将阻碍物体向左运动，使物体的运动速度减小，直到为零。之后物体就将在弹性力的作用下向右运动。同样，若首先把物体从平衡位置处向左压缩后释放，不难得出物体随后的运动情形，读者可自行分析。在忽略一切阻力的情况下，物体将以平衡位置 O 为中心，在与 O 点等距离的两边做往复运动。

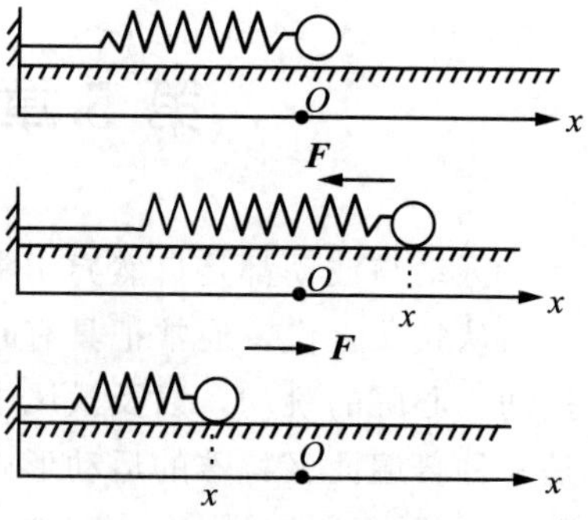

图 5-1　弹簧振子的振动

现取物体的平衡位置 O 为坐标原点，物体的运动轨迹为 x 轴，向右为坐标的正方向。由胡克定律，在弹簧的弹性限度内，物体所受的弹性力 $\boldsymbol{F}$ 与弹簧的伸长即物体相对坐标原点的位矢 x 的大小成正比而方向相反，即 $\boldsymbol{F}$ 的方向总是指向平衡位置。我们把这种总是指向平衡位置的力称为回复力。即

$$F=-kx$$

式中，k 是弹簧的劲度系数，它由弹簧本身的性质(材料、形状、大小等)所决定，负号表示力与位矢的方向相反。由于是一维运动，我们可以用正负号表示矢量的方向。

根据牛顿第二定律 $F=ma$ 和 $a=\frac{\mathrm{d}^2x}{\mathrm{d}t^2}$，物体的加速度为

$$a=\frac{F}{m}=-\frac{kx}{m}=\frac{\mathrm{d}^2x}{\mathrm{d}t^2}\quad 即\quad \frac{\mathrm{d}^2x}{\mathrm{d}t^2}+\frac{k}{m}x=0 \tag{5-1}$$

对于一个给定的弹簧振子，k 与 m 都是常量，而且都是正值，故我们可令

$$\frac{k}{m}=\omega^2 \tag{5-2}$$

代入上式得

$$\frac{\mathrm{d}^2x}{\mathrm{d}t^2}+\omega^2x=0 \tag{5-3}$$

这一微分方程的解是

$$x=A\cos(\omega t+\varphi) \tag{5-4a}$$

式中，A 和 φ 是积分常数，它们的物理意义将在后面讨论。

由上式可知，弹簧振子运动时，物体相对平衡位置的位移按余弦(或正弦)函数关系随时间变化，我们把具有这种特征的运动称为简谐振动。

根据速度和加速度的定义，将式(5-4a)分别对时间求一阶导和二阶导，可分别得到物体做简谐振动时的速度和加速度为

$$v=\frac{\mathrm{d}x}{\mathrm{d}t}=-\omega A\sin(\omega t+\varphi) \tag{5-4b}$$

$$a=\frac{\mathrm{d}^2x}{\mathrm{d}t^2}=-\omega^2A\cos(\omega t+\varphi) \tag{5-4c}$$

上述各式中，式(5-3)揭示了简谐振动中的受力特点，故称之为简谐振动的动力学

方程，这可以作为简谐振动的判据。而(5-4a)反映的是简谐振动的运动规律，故称为简谐振动的运动学方程，也可以作为简谐振动的判据。由式中可见，物体做简谐振动时，其位移、速度、加速度都以同样的角频率做简谐振动，相位依次超前$\frac{\pi}{2}$，如图 5-2 所示。简谐振动的位移、速度和加速度都是周期性变化的，运动的周期性是振动的基本性质。

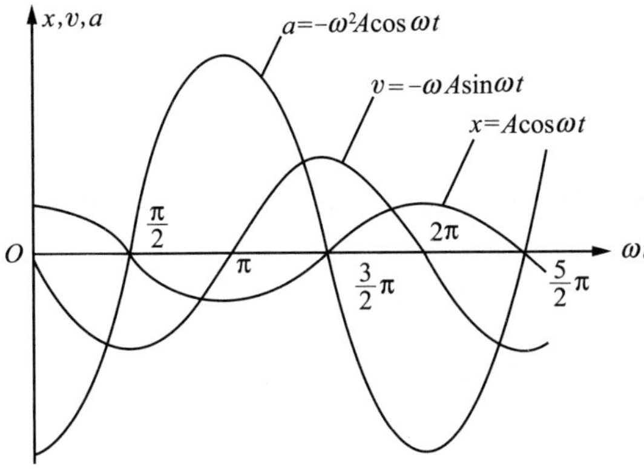

图 5-2　位移、速度、加速度的相位依次超前$\frac{\pi}{2}$

弹簧振子演示

图 5-2 中，简谐振动的位置 x 随时间 t 的变化关系曲线叫作振动曲线，又称“x-t 图”。由式(5-4a)可知，它是一条余弦(或正弦)曲线。“x-t 图”是描述简谐振动的一种几何工具，它形象而直观地反映出一个特定简谐振动的运动规律，还可方便地对几个简谐振动作出比较。

例 5-1　一远洋海轮，质量为 m，浮在水面时其水平截面积为 S。设在水面附近海轮的水平截面积近似相等，如图 5-3 所示。试证明此海轮在水中做幅度较小的竖直自由振动是简谐振动。

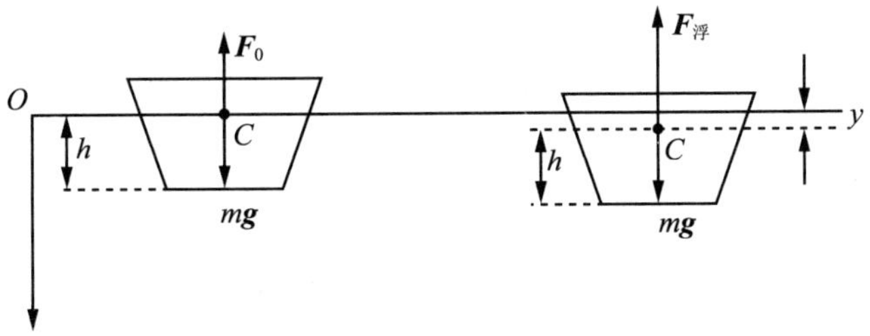

图 5-3　例 5-1 图

解　选择 C 点代表船体。当船处于静浮状态时，船所受浮力与重力相平衡，即

$$F_0=\rho g S h=mg$$

式中，ρ 是水的密度，h 是船体 C 以下的平均深度。

取竖直向下的坐标轴为 y 轴，坐标原点 O 与 C 点在水面处重合。设船上下振动的任一瞬时，船的位置即 C 点的坐标为 y(y 是船相对水面的位移，可正可负)，此时船所受浮力

$$F=\rho gS(h+y)>mg$$

则作用在船上的合力 $\sum F=mg-F=-\rho gSy$

由 $\sum F=m\dfrac{d^2y}{dt^2}$ 得

$$m\frac{d^2y}{dt^2}=-\rho gSy，即 m\frac{d^2y}{dt^2}=-\frac{\rho gS}{m}y$$

式中，m，S，ρ，g 皆为正，故可令 $\omega^2=\dfrac{\rho gS}{m}$，则

$$\frac{d^2y}{dt^2}+\omega^2y=0$$

可见，描写船位置的物理量 y 满足简谐振动的动力学方程，故船在水中所做的小幅度的竖直自由振动是简谐振动。

例 5-2 一个质量为 10 g 的物体，沿 x 轴做简谐振动，其振动表达式为 $x=2\times10^{-2}\cos 4\pi\left(t+\dfrac{1}{12}\right)$，式中，$x$ 以 m 为单位，t 以 s 为单位。试求：在 $t=1.0$ s 时，振动的速度、加速度及物体所受的合力大小。

解 简谐振动表达式的标准形式为 $x=A\cos(\omega t+\varphi)$，将题设的振动表达式仿照上面的标准形式改写为 $x=2\times10^{-2}\cos\left(4\pi t+\dfrac{\pi}{3}\right)$，对时间 t 二次求导，分别得振动速度和加速度的表达式为

$$v=\frac{dx}{dt}=-2\times10^{-2}\times4\pi\times\sin\left(4\pi t+\frac{\pi}{3}\right)$$

$$a=\frac{dv}{dt}=\frac{d^2x}{dt^2}=-2\times10^{-2}\times(4\pi)^2\times\cos\left(4\pi t+\frac{\pi}{3}\right)$$

由此可计算出 $t=1.0$ s 时物体的速度和加速度为

$$v\Big|_{t=1.0\text{ s}}=-8\pi\times10^{-2}\sin\left(4\pi\times1.0+\frac{\pi}{3}\right)\approx-0.22(\text{m}\cdot\text{s}^{-1})$$

$$a\Big|_{t=1.0\text{ s}}=-32\pi^2\times10^{-2}\cos\left(4\pi\times1.0+\frac{\pi}{3}\right)\approx-1.58(\text{m}\cdot\text{s}^{-2})$$

此时物体所受的合力为

$$F=ma=(10\times10^{-3}\text{kg})\times(-1.58\text{ m}\cdot\text{s}^{-2})=-1.58\times10^{-2}\text{ N}$$

做简谐振动的物体，通常称为谐振子。这个物体，连同对它施加回复力的物体一起组成的振动系统，通常称为谐振系统。

简谐振动是一种理想的运动过程。严格的简谐振动是不存在的，但对处于稳定平衡的系统，当它对平衡状态发生微小的偏离后所产生的振动，在阻力很小而可以忽略时，就可以近似地看作是简谐振动。因此，谐振子是一个重要的理想模型。

例如，由电容 C、电感 L 所组成的一个回路，如图 5-4 所示。若给电容器充上一定的电荷 Q，在忽略电阻的情况下，就能形成在电路内周期性往返流动的电流，并引起电容器内的电场和电感线圈中的磁场的周期性变化，导致无阻尼电磁振荡。进一步的定量研究表明，在无阻尼的电磁振荡过程中，电容器极板上的电荷 Q 和电路中

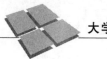

的电流强度 I 皆满足式(5-3)的微分方程。此 LC 电路系统遵循谐振动的规律，故亦可称为谐振子。

另外，对微观领域中的某些运动也可以利用谐振子的模型进行研究，像分子、原子、电子的振动等。

由此可见，谐振动的规律不仅出现于力学范畴，它还出现于电磁学、原子物理学、光学及其他领域。因此，一个物理系统，若描写其状态的物理量符合谐振动的定义式(5-3)，皆可广义地称为谐振子。

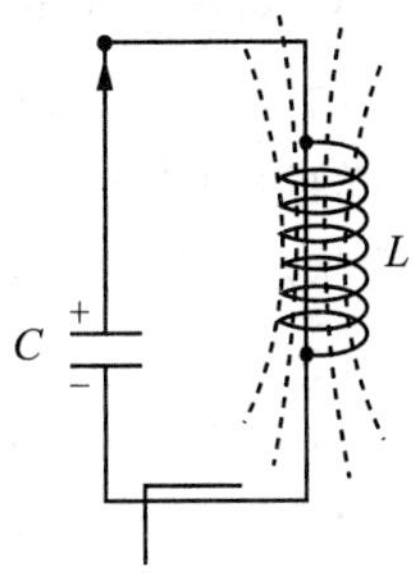

图 5-4 LC 电路

5.1.2 简谐振动的描述方法

简谐振动的运动学方程 $x=A\cos(\omega t+\varphi)$ 反映了简谐振动的运动规律。下面我们逐个分析方程中出现的量。

1. 振幅

在简谐振动(5-4a)的表式中，因余弦(或正弦)函数的绝对值不会大于1，所以物体的振动范围在 $+A$ 和 $-A$ 之间。我们把做简谐振动的物体离开平衡位置的最大位移的绝对值 A 叫作振幅。它描述了振动物体往返运动的范围和幅度。这是个反映振动强弱的物理量。

2. 周期和频率

振动的特征之一是运动具有周期性。我们把完成一次完整全振动所经历的时间称为周期，用 T 来表示，单位是 s。因此，每隔一个周期，振动状态就完全重复一次。

设某时刻 t 物体的位置为 x，在 $t+T$ 时刻物体到达位置 x'，则

$$x=A\cos(\omega t+\varphi)$$
$$x'=A\cos[\omega(t+T)+\varphi]$$

由周期性知，$x=x'$，即 $A\cos[\omega(t+T)+\varphi]=A\cos(\omega t+\varphi)$。

上式方程中 T 的最小值应满足：$\omega T=2\pi$，所以

$$T=\frac{2\pi}{\omega}\quad 或\quad \omega=\frac{2\pi}{T} \tag{5-5}$$

单位时间内物体完成全振动的次数称为频率，用 ν 或 f 表示。它的单位是赫兹，符号是 Hz。显然，频率与周期的关系为

$$\nu=\frac{1}{T}=\frac{\omega}{2\pi}\quad 或\quad \omega=2\pi\nu \tag{5-6}$$

可见振动方程中的 ω 是一个与振动的周期有关的物理量。表示物体在 2π s 的时间内所做的完全振动次数，称为振动的角频率，也称圆频率。它的单位是“$\mathrm{rad\cdot s^{-1}}$”。

对于弹簧振子，$\frac{k}{m}=\omega^2$，所以弹簧振子的周期和频率分别为

$$T=2\pi\sqrt{\frac{m}{k}},\quad v=\frac{1}{2\pi}\sqrt{\frac{k}{m}} \tag{5-7}$$

由于弹簧振子的质量 m 和劲度系数 k 是其本身固有的性质，周期和频率完全由振动系统本身的性质所决定，因此被称为固有周期和固有频率。

周期和频率都是反映振动快慢的物理量。

3. 相位和初相

由(5-4a)(5-4b)(5-4c)式可知，当角频率 ω 和振幅 A 已知时，振动物体在任一时刻 t 的运动状态(位置、速度、加速度等)都由($\omega t+\varphi$)决定。($\omega t+\varphi$)是决定简谐振动运动状态的物理量，称为振动的相位。显然 φ 是 $t=0$ 时的相位，称为初相位，简称初相。

后面我们将结合简谐振动的旋转矢量法再进一步理解相位这一重要的物理量。

4. 常数 A 和 φ 的确定

综上所述，谐振动方程 $x=A\cos(\omega t+\varphi)$中的角频率 ω 是由振动系统本身的性质所决定的。在角频率已经确定的条件下，如果知道在 $t=0$ 时的物体相对平衡位置的位移大小 x_0 和速度大小 v_0，就可以确定谐振动的振幅 A 和初相 φ。由式(5-4a)和式(5-4b)可得

$$x_0=A\cos\varphi$$
$$v_0=-\omega A\sin\varphi$$

由上两式可得 A、φ 的唯一解是

$$\begin{cases} A=\sqrt{x_0^2+\dfrac{v_0^2}{\omega^2}} \\ \varphi=\arctan\dfrac{-v_0}{\omega x_0} \end{cases} \tag{5-8}$$

其中，φ 所在象限可由 x_0 及 v_0 的正负号确定。

物体在 $t=0$ 时的位移 x_0 和速度 v_0 叫作初始条件。上述结果说明，对一定的弹簧振子(即 ω 为已知量)，它的振幅 A 和初相 φ 是由初始条件决定的。由于简谐振动的振幅不随时间而变化，故简谐振动是等幅振动。

例 5-3 如图 5-1 所示，轻弹簧的劲度系数 $k=0.72\ \text{N}\cdot\text{m}^{-1}$，物体的质量为 20 g。(1)把物体从平衡位置向右拉长到 $x_0=0.05$ m 处停下后再释放，求简谐振动方程；

(2)求物体从初位置运动到第一次经过$\dfrac{A}{2}$处时的速度大小；

(3)如果物体在 $x_0=0.05$ m 处开始运动时速度不等于零，而是具有向右的初速率 $v_0=0.30\ \text{m}\cdot\text{s}^{-1}$，求其运动方程。

解 (1)要确定物体的谐振动方程，需要确定角频率大小 ω、振幅 A 和初相 φ 三个物理量。

角频率 $$\omega=\sqrt{\frac{k}{m}}=\sqrt{\frac{0.72}{0.02}}=6.0(\text{rad}\cdot\text{s}^{-1})$$

振幅和初相由初始条件 x_0 及 v_0 决定，已知 $x_0=0.05$ m，$v_0=0$，由式(5-8)得

$$A=\sqrt{x_0^2+\frac{v_0^2}{\omega^2}}=x_0=0.05\text{m},\qquad \varphi=\arctan\frac{-v_0}{\omega x_0}=0\ 或\ \pi$$

据题意$\begin{cases} x_0=A \\ v<0 \end{cases}$，$\Rightarrow\sin\varphi>0$，故 $\varphi=0$。

将 A，ω，φ 代入谐振动方程 $x=A\cos(\omega t+\varphi)$中，可得

$$x=0.05\cos 6t\ \text{m}$$

(2)欲求 $x=\frac{A}{2}$ 处的速度大小，须先求出物体从初位置运动到第一次抵达 $\frac{A}{2}$ 处的相位。由 $x=A\cos(\omega t+\varphi)=0.05\cos 6t$ 得

$$\omega t=\arccos\frac{x}{A}=\arccos\frac{\frac{A}{2}}{A}=\arccos\frac{1}{2}=\frac{\pi}{3}\left(\text{或}\frac{5\pi}{3}\right)$$

按题意，物体由初位置 $x_0=0.05$ m 第一次运动到 $x=\frac{A}{2}$ 处的相位应为 $\omega t=\frac{\pi}{3}$，将 A，ω 和 ωt 的值代入速度公式，可得

$$v=-A\omega\sin(\omega t+\varphi)=-0.05\times 6\times\sin\frac{\pi}{3}\approx -0.26(\text{m}\cdot\text{s}^{-1})$$

负号表示速度的方向沿 x 轴负方向。

(3) $A'=\sqrt{x_0^2+\frac{v_0^2}{\omega^2}}\approx 0.07$ m，$\tan\varphi'=\frac{-v_0}{\omega x_0}=-1$，得 $\varphi'=-\frac{\pi}{4}$ 或 $\frac{3\pi}{4}$，因为 $v_0>0$，故 $\varphi'=-\frac{\pi}{4}$。

$$x\approx 0.07\cos\left(6.0t-\frac{\pi}{4}\right)\text{ m}$$

5. 简谐振动的旋转矢量表示法

为了直观地领会简谐振动中 $\boldsymbol{A}$，$\boldsymbol{\omega}$ 和 φ 三个物理量的意义，并为后面讨论简谐振动的叠加提供简捷的方法，下面介绍简谐振动的旋转矢量表示法。

如图5-5所示，一长度为 A 的矢量绕 O 点以恒角速度 $\boldsymbol{\omega}$ 沿逆时针方向转动，这个矢量称为振幅矢量，以 $\boldsymbol{A}$ 表示。在此矢量转动过程中，矢量的端点 M 在 Ox 轴上的投影点 p 便不断地以 O 为平衡位置往返振动。在任意时刻，投影点 p 在 x 轴上的位置由方程 $x=A\cos(\omega t+\varphi)$ 确定，这正是简谐振动的表达式。因而，做匀速转动的矢量 $\boldsymbol{A}$，其端点 M 在 x 轴上的投影点 p 的运动是简谐振动。在矢量 $\boldsymbol{A}$ 的转动过程中，M 点做匀速圆周运动，通常把这个圆称为参考圆。矢量 $\boldsymbol{A}$ 转一圈所需的时间就是简谐振动的周期。也就是说，一个简谐振动可以借助于一个旋转矢量来表示。它们之间的对应关系是：旋转矢量的长度 A 为投影点简谐振动的振幅；旋转矢量的转动角速度为简谐振动的角频率 ω；而旋转矢量在 t 时刻与 Ox 轴的夹角 $(\omega t+\varphi)$ 便是简谐振动运动方程中的相位；φ 角是起始时刻旋转矢量与 Ox 轴的夹角，就是初相位。

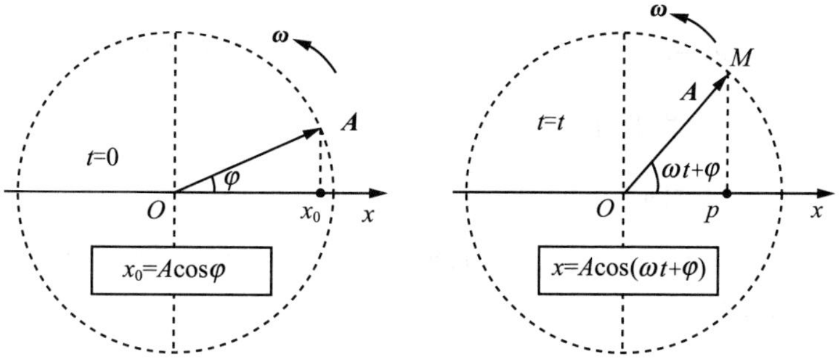

图5-5 简谐振动的旋转矢量图示法

由此可见，简谐振动的旋转矢量表示法把描写简谐振动的三个特征量非常直观地表示出来了。必须注意，旋转矢量本身并不做简谐振动，而是旋转矢量端点在 Ox 轴上的投影点在做简谐振动。

利用旋转矢量图，可以很容易地表示两个简谐振动的相位差。

在振动和波动的研究中，“相位”是一个十分重要的概念。物体的振动，在一个周期之内，每一时刻的运动状态都不相同，这相当于相位经历着从 0 到 2π 的变化。例如，图 5-1 所示的弹簧振子，我们用余弦函数表示的简谐振动，若某时刻 $\omega t+\varphi=0$，即相位为零，则可决定该时刻 $x=A$，$v=0$，表示物体在正位移最大处而速度为零；当相位 $\omega t+\varphi=\frac{\pi}{2}$时，$x=0$，$v=\omega A$，表示物体在平衡位置并以最大速率 ωA 向 x 轴负方向即向左运动；而当相位 $\omega t+\varphi=\frac{3\pi}{2}$时，$x=0$，$v=\omega A$，这时物体也在平衡位置，但以最大速率 ωA 向 x 轴正方向即向右运动。可见，不同的相位表示不同的运动状态。凡是位移和速度都相同的运动状态，它们所对应的相位相差 2π 或 2π 的整数倍。由此可见，相位是反映周期性特点，并用以描述运动状态的重要物理量。

在简谐振动过程中，相位 $\omega t+\varphi$ 随时间线性变化，变化速率为角频率 ω。即在 Δt 时间间隔内，相位变化为 $\Delta\varphi=\omega\Delta t$。把握这一点，配合旋转矢量图，就可以巧妙地解决一些似乎困难的问题：

(1)对同一简谐运动，相位差可以给出两运动状态间变化所需的时间。

图 5-6 中，我们很容易从旋转矢量图中确定 a，b 两点的相位差是 $\Delta\varphi=\frac{\pi}{3}$，因而由 $\Delta\varphi=\omega\Delta t$，得振动从 a 到 b 所需的时间 $\Delta t=\frac{\frac{\pi}{3}}{2\pi}T=\frac{1}{6}T$。

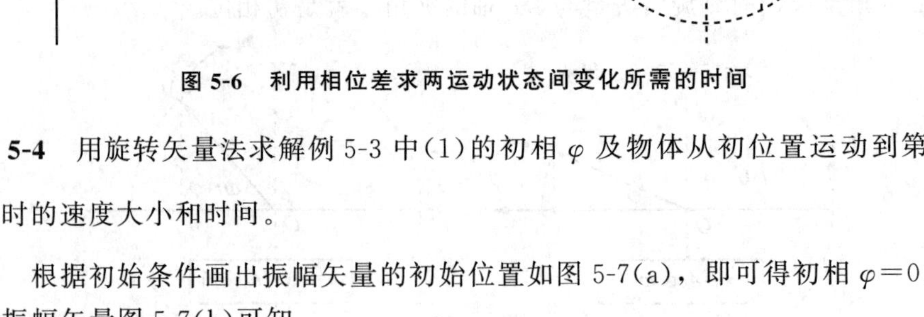

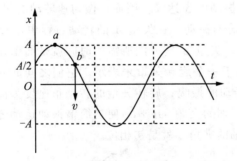

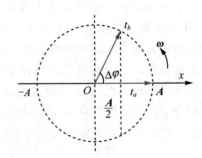

图 5-6　利用相位差求两运动状态间变化所需的时间

例 5-4　用旋转矢量法求解例 5-3 中(1)的初相 φ 及物体从初位置运动到第一次经过$\frac{A}{2}$处时的速度大小和时间。

解　根据初始条件画出振幅矢量的初始位置如图 5-7(a)，即可得初相 $\varphi=0$。

从振幅矢量图 5-7(b)可知：

从初位置 x_0 运动到第一次经过 $x=\frac{A}{2}$ 处时，旋转矢量转过的角度是 $\omega t=\arccos\left(\frac{\frac{A}{2}}{A}\right)=\frac{\pi}{3}$，这就是两者的相位差。

由例 5-3 已知解得 $\omega=6.0$ rad/s，因而，此时的速度大小为

$$v=-A\omega\sin(\omega t+\varphi)=-0.05\times6\times\sin\frac{\pi}{3}\approx-0.26(\mathrm{m\cdot s^{-1}})$$

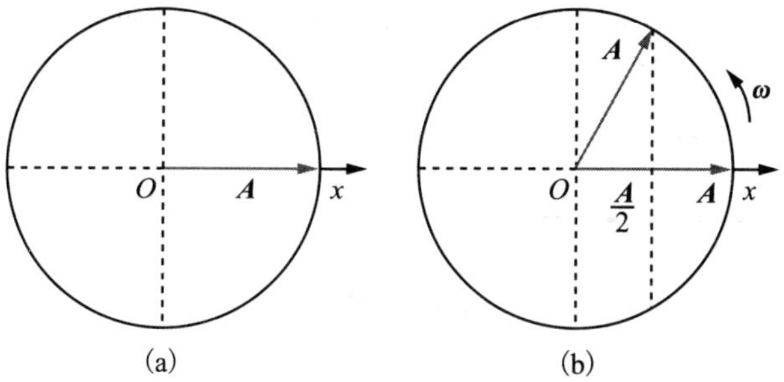

图 5-7　例 5-4 图

由于振幅矢量的角速度大小为 ω，所以可得到所需的时间

$$\Delta t=\frac{\Delta\varphi}{\omega}=\frac{\frac{\pi}{3}}{6}=\frac{\pi}{18}=0.174(\mathrm{s})$$

(2)对于两个同频率的简谐运动，相位差表示它们间“步调”上的差异。

相位概念的重要性还在于比较两个简谐振动之间在“步调”上的差异。设有两个质点 A 及 B，沿同一直线，以不同的振幅、频率和初相做简谐振动，表达式分别为

$$x_A=A_A\cos(\omega_A t+\varphi_A)$$
$$x_B=A_B\cos(\omega_B t+\varphi_B)$$

式中，A_A，A_B 分别为两个振动的振幅；ω_A，ω_B 和 φ_A，φ_B 分别为它们的角频率和初相。

两者相位差

$$\Delta\varphi=(\omega_A t+\varphi_A)-(\omega_B t+\varphi_B)=(\omega_A-\omega_B)t+(\varphi_A-\varphi_B)$$

显然相位差 $\Delta\varphi$ 是随时间 t 而变化的。

若是两个频率相同的简谐振动，相位差 $\Delta\varphi=(\varphi_A-\varphi_B)$是不随时间 t 变化的恒量。即在同频率的情况下，两个简谐振动的相位差就是它们的初相差。它们相位不同，是由于初始状态不同所造成的，因此它们振动的步调不一致。它们不能同时到达平衡位置，也不能同时到达某一端点，而总是一个比另一个落后(或超前)一些。这种现象称为异步，对于其差异，我们就可以用两个振动的相位差来描写。

图 5-8 表示两个同频率、同振幅的振子 P，Q 做简谐振动，它们的相位差 $\Delta\varphi$ 分别为 0 或 2π，$\frac{\pi}{2}$，π。当 $\Delta\varphi=0$ 或 2π 的整数倍时，称两个简谐振动为同相或同步，这表示它们同来同往，同时经过平衡位置，步调始终一致(左图)：同时到达各自同方向的

位移的最大值，同时通过平衡位置而且向同方向运动，它们的步调完全相同。当 $\Delta\varphi=\frac{\pi}{2}$时，则表示当振子 P 在平衡位置时，振子 Q 却在左端点；当振子 Q 到达平衡位置时，振子 P 到达右端点了，在曲线 x-t 上，振子 P 的峰值比振子 Q 提前$\frac{T}{4}$ 出现。也可以说，振子 Q 比振子 P 在相位上落后$\frac{\pi}{2}$，在 x-t 图上两条曲线错开$\frac{T}{4}$，Q 落后$\frac{T}{4}$时间(中图)。当 $\Delta\varphi=\pi$ 或 π 的奇数倍时，则一个物体到达正的最大位移时，另一个物体到达负的最大位移处，它们同时通过平衡位置但向相反方向运动，两个振动的位移、速度始终方向相反，振子 P 和振子 Q 相差半个周期，即两个振动的步调完全相反，我们称这两个简谐振动为反相(右图)。

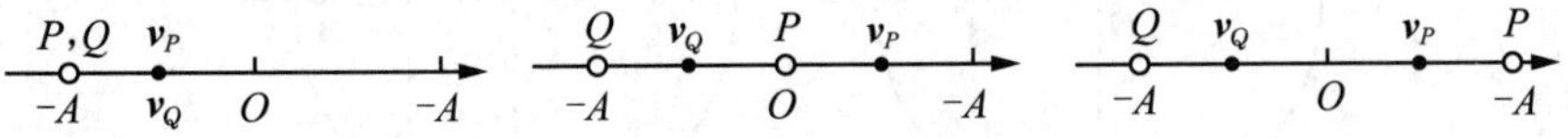

(a)两个谐振子的振动情况

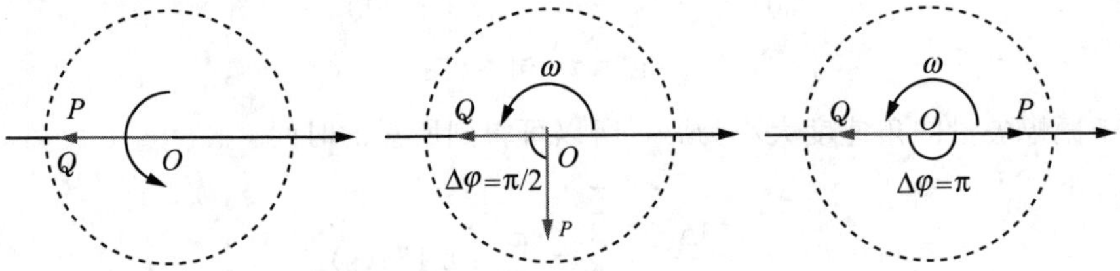

(b)两个谐振子的振动的旋转矢量图

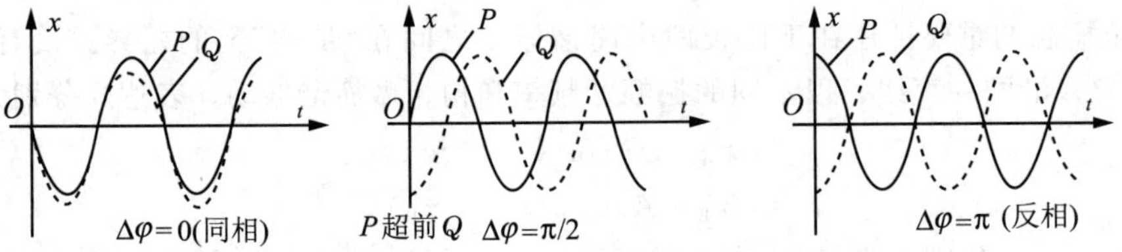

(c)x-t曲线

图 5-8 两个同频率、同振幅的简谐振动相位的比较

当 $\Delta\varphi$ 为其他值时，如果 $\Delta\varphi=\varphi_2-\varphi_1>0$，我们称第二个简谐振动超前于第一个简谐振动 $\Delta\varphi$，或者说第一个简谐振动落后于第二个简谐振动 $\Delta\varphi$，以此来表达它们振动步调上的差别。

引入相位差的概念，不仅仅是为了描述两个同频率简谐振动之间的步调上的差异，后面将看到，当一个物体同时参与两个或两个以上同频率的简谐振动时，合振动的强弱将取决于这几个振动之间的相位差。在波动理论和波动光学中，“相位差”这一概念也将继续发挥重要的作用。

5.1.3 简谐振动实例

以上我们以弹簧振子为例研究了简谐振动，下面我们再介绍两个典型的简谐振动实例。

1. 单摆

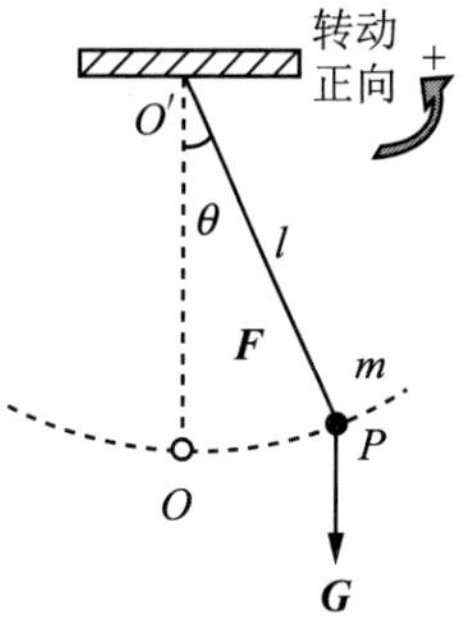

图 5-9　单摆

如图 5-9 所示，设在某时刻单摆的摆线与竖直方向的夹角为 θ，现规定悬线绕 O'点逆时针的转向为正方向。忽略一切阻力时，重物受到重力 $\boldsymbol{G}$ 和线的拉力 $\boldsymbol{F}$ 作用，其合外力的切向分量为 $F_t=-mg\sin\theta$。

上式中，负号表示力 $\boldsymbol{F}_t$ 的方向与规定的正方向相反：$\theta>0$ 时，F_t 为负，指向平衡位置；$\theta<0$ 时，F_t 为正，仍指向平衡位置。因此，在重物摆动过程中始终受到使它趋向平衡位置 O 的回复力 $\boldsymbol{F}_t$ 的作用。重物运动到 P 点时，相对于平衡点 O 的路程为 $OP=s=l\theta$，其切向速率为

$$v=\frac{\mathrm{d}s}{\mathrm{d}t}=l\frac{\mathrm{d}\theta}{\mathrm{d}t}$$

切向加速度分量大小为

$$a_t=\frac{\mathrm{d}v}{\mathrm{d}t}=l\frac{\mathrm{d}^2\theta}{\mathrm{d}t^2}$$

按牛顿第二定律的切向分量式 $F_t=ma_t$，有

$$-mg\sin\theta=ml\frac{\mathrm{d}^2\theta}{\mathrm{d}t^2}$$

或

$$\frac{\mathrm{d}^2\theta}{\mathrm{d}t^2}+\frac{g}{l}\sin\theta=0$$

当 θ 较小($<5°$)时，$\sin\theta\approx\theta$，有

$$\frac{\mathrm{d}^2\theta}{\mathrm{d}t^2}+\frac{g}{l}\theta=0$$

式中，令 $\omega^2=\frac{g}{l}$。与式(5-3)相比较可见，上式是满足简谐振动微分方程的。所以，单摆在摆角很小时的振动是简谐振动。

由式(5-5)和式(5-6)可得到单摆的周期和频率分别为

$$T=2\pi\sqrt{\frac{l}{g}},\qquad \nu=\frac{1}{2\pi}\sqrt{\frac{g}{l}}$$

单摆的振动周期和频率也完全取决于振动系统本身的性质，即取决于当地的重力加速度大小 g 和摆长 l，因此也是固有周期和固有频率，并且周期和频率还与摆球的质量无关。在小摆角的情况下，单摆的周期又与振幅无关，所以单摆可用作计时。

单摆为测量重力加速度大小 g 提供了一种简便方法。

2. 复摆

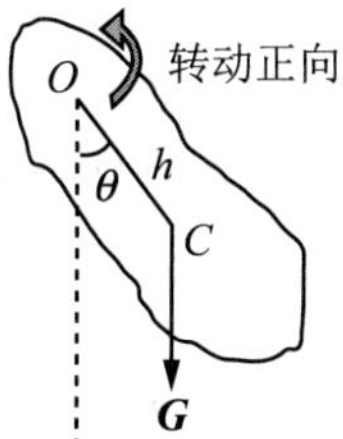

图 5-10　复摆

一个可绕固定轴 O 转动的刚体称为复摆，如图 5-10 所示。

平衡时，摆的重心 C 在轴的正下方，摆动到任意时刻，重心与轴的连线 OC 偏离竖直位置一个微小角度 θ，我们规定偏离平衡位置沿逆时针方向转过的角位移为正。设复摆对轴 O 的转动惯量为 J，复摆的质心 C 到 O 的距离 $OC=h$。

复摆在角度 θ 处受到的重力矩为 $M=-mgh\sin\theta$，当摆角很小($\theta<5°$)时，$\sin\theta\approx\theta$，所以 $M=-mg\theta h$，由转动定律得

$$-mgh\theta=J\frac{d^2\theta}{dt^2}$$

即

$$\frac{d^2\theta}{dt^2}+\frac{mgh}{J}\theta=0$$

式中，令 $\omega^2=\frac{mgh}{J}$，与式(5-3)相比较可知，复摆在摆角很小时的振动是简谐振动。

由式(5-5)和式(5-6)可得到复摆的周期和频率分别为

$$T=2\pi\sqrt{\frac{J}{mgh}}$$

$$\nu=\frac{1}{2\pi}\sqrt{\frac{mgh}{J}}$$

上式表明，复摆的振动周期和频率同样完全由振动系统本身的性质所决定，因此也是固有周期和固有频率。由复摆的周期公式可知，如果测出摆的质量 m，重心到转轴的距离 h，以及摆的周期 T，就可以求得此物体绕该轴的转动惯量 J。有些形状复杂物体的转动惯量，用数学方法进行计算比较困难，有时甚至是不可能的，但用以上振动方法可以测定。

对于长为 l、可绕过其一端的轴转动的细杆，$J=\frac{1}{3}ml^2$，所以绕杆端轴线摆动的周期和频率分别为

$$T=2\pi\sqrt{\frac{2l}{3g}}$$

$$\nu=\frac{1}{2\pi}\sqrt{\frac{3g}{2l}}$$

5.1.4 简谐振动的能量

现在我们以图 5-11 的水平弹簧振子为例来说明振动系统的能量。

设在某一时刻，物体的位置是 x，速度大小为 v，由式(5-4a)及式(5-4b)，我们知道振子的位置 x 及速度大小 v 分别为

$$x=A\cos(\omega t+\varphi)$$

$$v=-\omega A\sin(\omega t+\varphi)$$

此时系统除了具有动能以外，还具有势能。

振动物体的动能为

$$E_k=\frac{1}{2}mv^2=\frac{1}{2}m\omega^2A^2\sin^2(\omega t+\varphi) \tag{5-9a}$$

如果取物体在平衡位置的势能为零，则弹性势能为

$$E_p=\frac{1}{2}kx^2=\frac{1}{2}kA^2\cos^2(\omega t+\varphi) \tag{5-9b}$$

式(5-9a)和式(5-9b)说明物体做简谐振动时，其动能和势能都是随时间 t 做周期性

变化。位移最大时，势能达最大，动能为零；物体通过平衡位置时，势能为零，动能达到最大值。由于在运动过程中，弹簧振子不受外力和非保守内力的作用，其总的机械能守恒

$$E=E_k+E_p=\frac{1}{2}m\omega^2A^2\sin^2(\omega t+\varphi)+\frac{1}{2}kA^2\cos^2(\omega t+\varphi)$$

将式$\frac{k}{m}=\omega^2$代入，则上式简化为

$$E=\frac{1}{2}kA^2 \tag{5-10}$$

式(5-10)说明：谐振系统在振动过程中，系统的动能和势能也都分别随时间发生周期性变化，它们之间在不断地相互转换。但在任意时刻动能和势能的总和即总的机械能在振动过程中却始终保持为一个常量。即系统的总机械能是守恒的。

如图 5-11(a)所示，表示简谐振动能量 E 随时间 t 的变化曲线，图 5-11(b)表示简谐振动能量 E 随位移 x 的变化曲线。由式(5-9b)可知，势能曲线是通过坐标原点 O 且具有横向对称性的抛物线；而式(5-10)则表明，总能量曲线是一条平行于 x 轴的水平线，它与势能曲线分别交于坐标为 $x=+A$ 的点和 $x=-A$ 的点。由式(5-9a)和式(5-9b)可知，动能、势能随时间变化的周期都是振动周期的一半。由于简谐振动的机械能与振幅的平方成正比，所以对于确定的谐振子，振幅越大，振动越强烈，能量也就越大。振幅的平方可用来表征简谐振动的强度。这一结论对于其他形式的简谐振动系统同样适用。

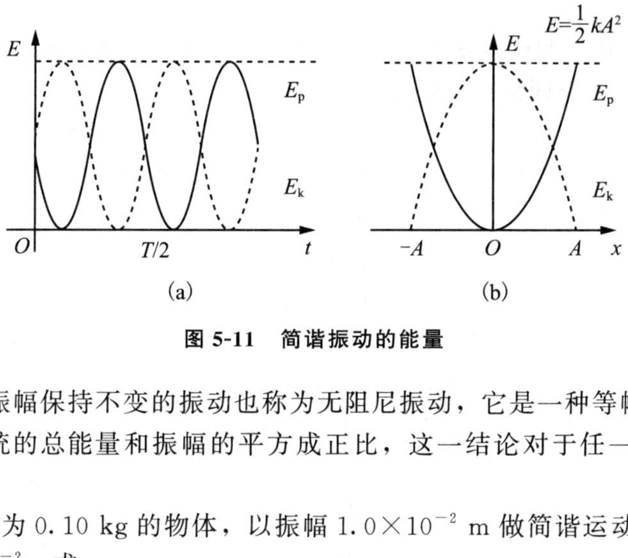

图 5-11　简谐振动的能量

这种能量和振幅保持不变的振动也称为无阻尼振动，它是一种等幅振动。

简谐振动系统的总能量和振幅的平方成正比，这一结论对于任一谐振系统都是正确的。

例 5-5　质量为 0.10 kg 的物体，以振幅 1.0×10^{-2} m 做简谐运动，其最大加速度大小为 4.0 $\mathrm{m\cdot s^{-2}}$，求：

(1)振动的周期；

(2)通过平衡位置的动能；

(3)总能量；

(4)物体在何处其动能和势能相等？

解　(1)由式(5-4c)$a=-\omega^2A\cos(\omega t+\varphi)$可知最大加速度 $a_{max}=A\omega^2$，则

$$\omega=\sqrt{\frac{a_{\max}}{A}}=20\ \mathrm{rad\cdot s^{-1}}$$

$$T=\frac{2\pi}{\omega}\approx 0.314\ \mathrm{s}$$

(2)通过平衡位置的动能为最大动能，即

$$E_{\mathrm{k,max}}=\frac{1}{2}mv_{\max}^2=\frac{1}{2}m\omega^2A^2=2.0\times10^{-3}\ \mathrm{J}$$

(3)$E=E_{\mathrm{k,max}}=2.0\times10^{-3}\ \mathrm{J}$

(4)$E_{\mathrm{k}}=E_{\mathrm{p}}$ 时，$E_{\mathrm{p}}=\frac{E}{2}=1.0\times10^{-3}\ \mathrm{J}$

由

$$E_{\mathrm{p}}=\frac{1}{2}kx^2=\frac{1}{2}m\omega^2x^2$$

得

$$x^2=\frac{2E_{\mathrm{p}}}{m\omega^2}=0.5\times10^{-4}\ \mathrm{m}^2$$

解得

$$x\approx\pm0.71\ \mathrm{cm}$$

5.1.5 简谐振动的合成

在实际问题中，常会遇到一个质点同时参与几个振动的情况。例如，当两列声波同时传播到空间某一处，则该处空气质点就同时参与这两个振动。根据运动叠加原理，这时质点所做的运动实际上就是这两个振动的合成。就是说，物体在任意时刻的位置矢量为物体单独参与每个分振动的位置矢量之和，即

$$\boldsymbol{r}=\boldsymbol{r}_1+\boldsymbol{r}_2+\boldsymbol{r}_3+\cdots$$

一般的振动合成问题比较复杂，下面我们只研究几种特殊情况的简谐振动合成。

1. 同一直线上两个同频率的简谐振动的合成

设一质点在一直线上同时参与两个独立的同频率的简谐振动。现在取这一直线为 x 轴，以质点的平衡位置为原点，由于它们的角频率 ω 相同，故在任一时刻 t，这两个振动的位移量大小分别为

$$x_1=A_1\cos(\omega t+\varphi_1)$$
$$x_2=A_2\cos(\omega t+\varphi_2)$$

式中，A_1，A_2 和 φ_1，φ_2 分别表示这两个振动的振幅和初相位。既然 $\boldsymbol{x}_1$ 和 $\boldsymbol{x}_2$ 都是表示在同一直线方向上、距同一平衡位置的位移，那么合位移 $\boldsymbol{x}$ 仍在同一直线上，而为上述两个位移量的代数和，即

$$x=x_1+x_2=A_1\cos(\omega t+\varphi_1)+A_2\cos(\omega t+\varphi_2)$$

利用旋转矢量图示法，我们很容易得到合振动的表达式。如图 5-12 所示，因为长度不变的振幅矢量 $\boldsymbol{A}_1$ 和 $\boldsymbol{A}_2$ 以同一匀角速度 $\boldsymbol{\omega}$ 绕 O 点旋转，所以它们之间的夹角即两个分振动的相位差 $\varphi_2-\varphi_1$ 保持不变，因而由 A_1 和 A_2 构成的平行四边形的形状始终保持不变，并以角速度 $\boldsymbol{\omega}$ 整体地逆时针旋转，因而

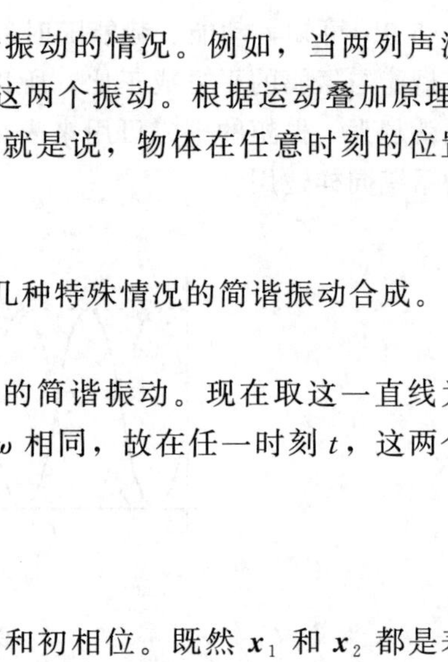

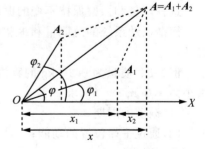

图 5-12 两个同方向同频率的简谐振动的合成

其合矢量 **A** 的长度不变，并且也做同样的旋转。所以合矢量 **A** 的端点在 x 轴上的投影所代表的运动也是简谐振动，而且其频率与原来两个振动的频率相同，也为 ω，即

$$x = A\cos(\omega t + \varphi)$$

（注：应用三角函数关系也可以得到上式，这里我们不做推导）

式中，A 和 φ 的值分别为

$$\begin{cases} A = \sqrt{A_1^2 + A_2^2 + 2A_1A_2\cos(\varphi_2 - \varphi_1)} \\ \varphi = \arctan\dfrac{A_1\sin\varphi_1 + A_2\sin\varphi_2}{A_1\cos\varphi_1 + A_2\cos\varphi_2} \end{cases} \tag{5-11}$$

这说明合振动仍是简谐振动，其振动方向和频率都与原来的两个振动相同。

现在来讨论振动合成的结果。从式(5-11)可以看出，合振动的振幅 A 除了与原来的两个分振动的振幅有关外，还取决于两个振动的初相位差 $\varphi_2 - \varphi_1$。

下面讨论两个特例，将来在研究声、光等波动过程的干涉和衍射现象时，这两个特例常用到。

(1)两振动同相，即初相位差 $\varphi_2 - \varphi_1 = 2k\pi$，$k = 0$，$\pm1$，$\pm2$，…

这时 $\cos(\varphi_2 - \varphi_1) = 1$。按式(5-11)得

$$A = \sqrt{A_1^2 + A_2^2 + 2A_1A_2} = A_1 + A_2 \tag{5-12}$$

即合振动的振幅等于原来两个振动的振幅之和，显然，这是合振动可能达到的最大值。如图 5-13(a)所示。

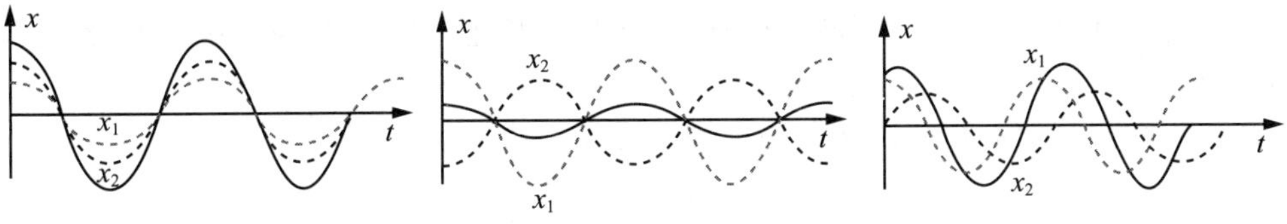

(a) $\varphi_2 - \varphi_1 = 2k\pi, A = A_1 + A_2$　(b) $\varphi_2 - \varphi_1 = (2k+1)\pi, A = A_1 - A_2$　(c)任意相位差

图 5-13　初相位差不同的两个简谐振动的合成

(2)两振动反相，即相位差 $\varphi_2 - \varphi_1 = (2k+1)\pi$，$k = 0$，$\pm1$，$\pm2$，…

这时 $\cos(\varphi_2 - \varphi_1) = -1$。按式(5-11)得

$$A = \sqrt{A_1^2 + A_2^2 - 2A_1A_2} = |A_1 - A_2| \tag{5-13}$$

即合振动的振幅等于原来两个振动的振幅之差的绝对值(振幅在性质上是正量，所以在上式中取绝对值)。显然，这是合振动可能达到的最小值，如图 5-13(b)所示。如果 $A_1 = A_2$，则 $A = 0$，就是说振动合成的结果使质点处于静止状态。

在一般情形下，相位差 $\varphi_2 - \varphi_1$ 是其他任意值时，合振动的振幅在 $|A_1 - A_2|$ 与 $(A_1 + A_2)$ 之间，如图 5-13(c)所示。

*** 2. 同一直线上两个不同频率的简谐振动的合成及拍**

当两个同方向简谐振动的频率不同时，在旋转矢量图示法中两个旋转矢量的转动角速度不相同，二者的相位差与时间有关，合矢量的长度和角速度都将随时间变化。

当两个简谐振动的频率 ω_1 和 ω_2 很接近，且 $\omega_2 > \omega_1$ 时，$x_1 = A_1\cos(\omega_1 t + \varphi_1)$ 与 $x_2 = A_2\cos(\omega_2 t + \varphi_2)$ 合成 $x = x_1 + x_2$ 得(推导略)：

$$x=2A\cos\left(\frac{\omega_2-\omega_1}{2}t\right)\cdot\cos\left(\frac{\omega_2+\omega_1}{2}t+\varphi\right)$$

因 $\omega_1\sim\omega_2$，$\omega_2-\omega_1\ll\omega_1$ 或 ω_2，有

$$\frac{\omega_2+\omega_1}{2}\approx\omega_1\approx\omega_2$$

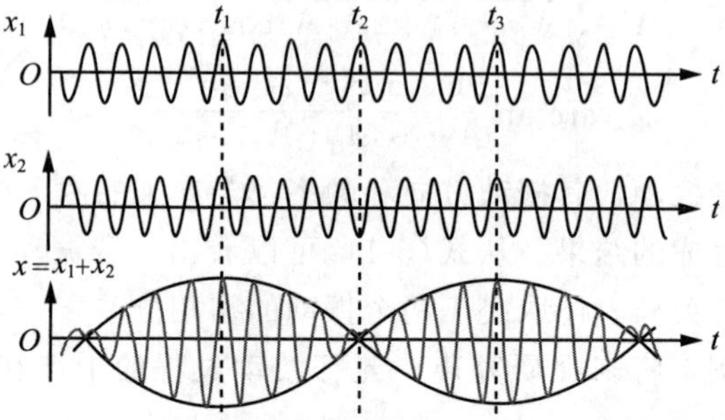

图 5-14　拍频的形成

在这两个同方向不同频率简谐振动的位移合成表达式中，第一项随时间缓慢变化 $2A\cos\left(\frac{\omega_2-\omega_1}{2}t\right)$，第二项是角频率近于 ω_1 或 ω_2 的简谐函数 $\cos\left(\frac{\omega_2+\omega_1}{2}t+\varphi\right)$。合振动可视为是角频率为 $(\omega_1+\omega_2)/2$、振幅为 $\left|2A\cos\left(\frac{\omega_2-\omega_1}{2}\right)t\right|$ 的简谐振动。

这种合振动的振幅随时间做缓慢的周期性的变化，振动出现时强时弱的现象称为拍。

单位时间内强弱变化的次数称为拍频，以 ν 表示为

$$\nu=\left|\frac{\omega_2-\omega_1}{2\pi}\right|=|\nu_2-\nu_1|$$

*5.2　阻尼振动

一个振动物体不受任何阻力的影响，只在回复力作用下所做的振动，称为无阻尼自由振动。关于前面我们所讨论的简谐振动，振动系统都是在没有阻力作用下振动的，系统的机械能守恒，振幅不随时间而变化，这是一种等幅振动。理论上说，这种振动一经发生，就能够永不停止地振动下去。显然，这是一种理想的情况。实际上，振动物体总是要受到阻力作用的。以弹簧振子为例，由于受到空气阻力等的作用，它围绕平衡位置振动的振幅将逐渐减小，最后，终于停止下来。如果把弹簧振子浸在液体里，它在振动时受到的阻力就更大，这时可以看到它的振幅急剧减小，振动几次以后，很快就会停止。当阻力足够大，振动物体甚至来不及完成一次振动就停止在平衡位置上了。在回复力和阻力作用下的振动称为阻尼振动。

在阻尼振动中，振动系统所具有的能量将在振动过程中逐渐减少。能量损失的原因通常有两种：一种是由于介质对振动物体的摩擦阻力使振动系统的能量逐渐转变为热运动的能量，这叫摩擦阻尼；另一种是由于振动物体引起邻近质点的振动，使系统

的能量逐渐向四周射出去，转变为波动的能量，这叫辐射阻尼。

图 5-15 是阻尼振动的位移时间曲线。从图中可以看出，阻尼振动的振幅是随时间 t 作指数衰减的($Ae^{-\beta t}$，β 为阻尼因子)，因此阻尼振动也叫减幅振动，不是谐振动。阻尼越大，振幅衰减得越快。但在阻尼不大时，可近似地看作一种振幅逐渐减小的振动，这种情况称为欠阻尼。并且，有阻尼时的自由振动周期 T 大于无阻尼时的自由振动周期 T_0($T_0=\dfrac{2\pi}{\omega_0}$，$\omega_0$ 为无阻尼振动系统的固有角频率)。就是说，由于阻尼，振动变慢了。若阻尼很大，即 $\beta>\omega_0$，此时物体以非周期运动的方式慢慢回到平衡位置，这种情况称为过阻尼；若阻尼满足 $\beta=\omega_0$，则振动物体将刚好能平滑地回到平衡位置，这种情况称为临界阻尼。在过阻尼状态和减幅振动状态，振动物体从运动到静止都需要较长的时间，而在临界阻尼状态，振动物体从静止开始运动回复到平衡位置需要的时间却是最短的。因此当物体偏离平衡位置时，如果让它不发生振动，最快地恢复到平衡位置，常用施加临界阻尼的方法。

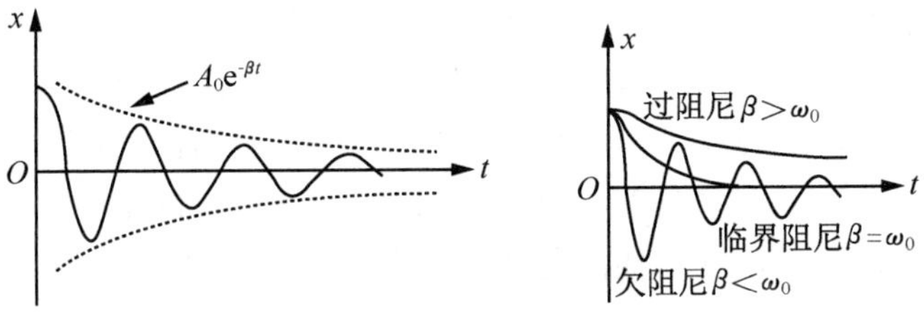

图 5-15　阻尼振动曲线

在生产实际中，可以根据不同的要求，用不同的方法改变阻尼的大小以控制系统的振动情况。如在灵敏电流计内，表头中的指针是和通电线圈相连的，当它在磁场中运动时，会受到电磁阻力的作用；若电磁阻力过大或过小，会使指针摆动不停或到达平衡点的时间过长，而不便于测量读数，所以必须调整电路电阻，使电表在 $\beta=\omega_0$ 的临界阻尼状态下工作。

*5.3　受迫振动　共振

在实际的振动系统中，阻尼总是客观存在的。所以实际的振动物体如果没有能量的不断补充，振动最后总会停止。要使振动持续不断地进行，须对系统施加周期性的外力。这种系统在周期性外力持续作用下所发生的振动，叫受迫振动，如声波引起耳膜的振动、马达转动导致基座的振动等。这种周期性的外力称为驱动力。当驱动力的角频率 ω 与振动系统的固有角频率 ω_0 相差较大时，受迫振动的振幅 A 比较小，而当 ω 与 ω_0 相接近时，振幅 A 逐渐增大，在 ω 为某一定值时，振幅 A 达到最大。我们把驱动力的角频率为某一定值时，受迫振动的振幅达到极大的现象

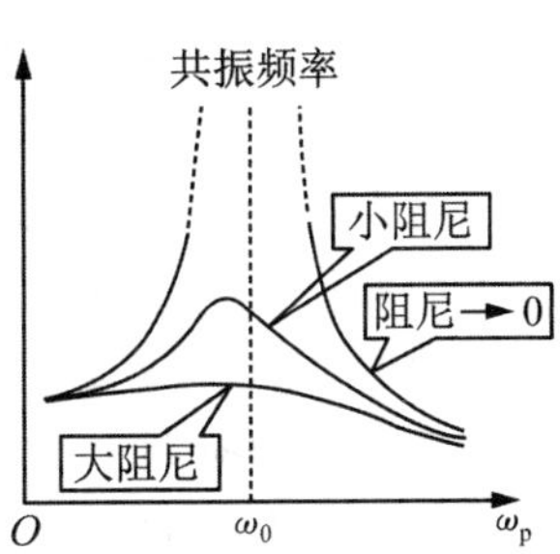

图 5-16　对应于不同 β 值的 A-ω_p 曲线

叫作共振。阻尼系数越小，共振时的共振角频率 ω_r 越接近系统的固有角频率 ω_0，同时共振的振幅 A_r 也越大。若阻尼系数趋于零，则 ω_r 趋近于 ω_0，振幅将趋于无穷大(见图 5-16)。

5.4 机械波的几个概念

机械振动系统(如音叉)在介质中振动时可以影响周围的介质，使它们也陆续地发生振动。这就是说，机械振动系统能够把振动向周围介质传播出去，形成机械波。例如，小石子落在静止的水面上时，引起石子击水处水的振动，这种振动就向周围水面传播出去，形成水面波。拉紧一根绳，同时使一端做垂直于绳子的振动，这个振动就沿着绳子向另一端传播，形成绳子上的波。

振动的传播过程称为波动。波动是一种常见的物质运动形式，如上面介绍的空气中的声波、水面的涟漪、绳子上的波等，这些是机械振动在介质中的传播，称为机械波。波动并不限于机械波，太阳的热辐射，各种波段的无线电波，光波、X 射线、γ 射线等也是一种波动，这类波是周期性变化的电场和磁场在空间的传播，称为电磁波。近代物理的理论揭示，微观粒子乃至任何物质都具有波动性，这种波称为物质波。以上种种波动过程产生的机制、物理本质不尽相同，但是它们却有着共同的波动规律，即都具有一定的传播速度，且都伴随着能量的传播产生反射、折射、干涉和衍射等现象，并且有着共同的数学表达式。

5.4.1 机械波的形成与传播

形成机械波必须有振源和传播振动的介质。引起波动的初始振动物称为振源。振动赖以传播的媒介物则称为介质。在弹性介质中，各质点间是以弹性力互相联系着的。整个介质在宏观上呈连续状态。

现在我们讨论机械波在连续弹性介质中传播的机制。一条绳子中的各质元彼此间以弹性联系，振动依靠绳中各质元间的弹性联系沿着绳子传播过去。在弹性介质中，各质点间是以弹性力互相联系着的。整个介质在宏观上呈连续状态。当某质元 A 受外界扰动而偏离原来的平衡位置，其周围的质元就将对它作用一个弹性力以对抗这一扰动，使该质元回复到原来的平衡位置，并在平衡位置附近作振动。弹性力与位移之间的关系满足胡克定律。与此同时，当 A 偏离其平衡位置时，A 点周围的质元也受到 A 所作用的弹性力，于是周围的质元也离开各自的平衡位置，并使周围质元对与其邻接的外围质元作用弹性力，从而由近及远地使周围质元、外围质元以及更外围质元，都在弹性力的作用下陆续振动起来。就是说，介质中一个质元的振动引起邻近质元的振动，邻近质元的振动又引起较远质元的振动，于是振动就以一定的速度由近及远地向外传播出去而形成波。

应当注意，波所传播的只是振动状态，而介质中的各质元仅在它们各自的平衡位置附近振动，并没有随波前进。例如，在漂浮着树叶的静水里，当投入石子而引起水波时，树叶只在原位置附近上下振动，并不移动到别处去。振动状态的传播速度称为波速。它与质元的振动速度是不同的，不要把二者混淆。

5.4.2 横波与纵波

波在传播时，质元的振动方向和波的传播方向不一定相同。如果质元的振动方向和波的传播方向相互垂直，这种波称为横波，如绳中传播的波。其外形特征是具有凸起的波峰和凹下的波谷。如果质元的振动方向和波的传播方向一致，这种波称为纵波，如空气中传播的声波。纵波的外形特征是具有“稀疏”和“稠密”的区域。横波和纵波是自然界中存在着的两种最简单的波，其他如水面波、地震波等，情况就比较复杂。尽管这两种波具有不同的特点，但其波动过程的本质却是一致的。故我们以横波为例，分析机械波的形成与传播。

如图 5-17 所示，绳的一端固定，另一端握在手中并不停地上下抖动，使手拉的一端做垂直于绳索的振动，我们可以看到一个接一个的波形沿着绳索向固定端传播形成绳索上的横波。

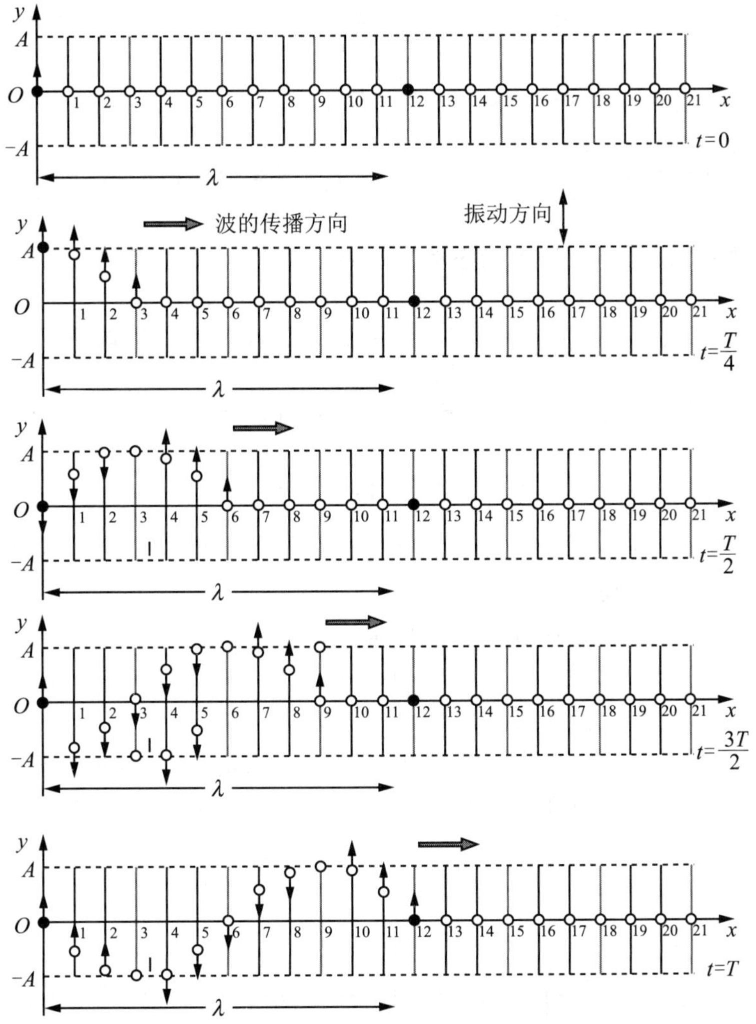

图 5-17　波动过程分析

现以 0，1，2，3，4…对质元进行编号。以质元 0 的平衡位置为坐标原点 O，向上为 y 轴的正向，质元依次排列的方向为 x 轴的正向。设在某一时刻 $t=0$，质元 0 受扰动得到一向上的速度大小为 v_m 而开始做振幅为 A 的简谐振动。由于质元间弹性力的作用，在 $t=0$ 以后相继的几个特定时刻，绳中各质元的位置将有如图 5-17 所示的排列。

$t_1=0$ 时刻，质元 0 的振动状态为：位置 $y_1=0$，速度大小 $v_1=v_m$，相应的相位为 $\omega t_1+\varphi=\frac{3}{2}\pi$。

$t_2=\frac{T}{4}$ 时刻，质元 0 的振动状态为：位置 $y_2=A$，速度大小 $v_2=0$，相应的相位为 $\omega\ t_2+\varphi=2\pi$。质元 0 在 $t_1=0$ 时刻的振动状态已传至质元 3，质元 3 的振动相位为 $\frac{3}{2}\pi$。

$t_3=\frac{T}{2}$ 时刻，质元 0 的振动状态为：$y_3=0$，$v_3=-v_m$，相应的相位为 $\omega t_3+\varphi=2\pi+\frac{\pi}{2}$。质元 0 在 $t_1=0$ 时刻的振动状态已传至质元 6，质元 6 的振动相位为 $\frac{3}{2}\pi$，质元 0 在 $t_2=\frac{T}{4}$ 时的振动状态已传至质元 3，质元 3 的振动相位为 2π。

$t_4=\frac{3T}{4}$ 时刻，质元 0 的振动状态为：$y_4=-A$，$v_4=0$，相应的相位为 $\omega t_4+\varphi=2\pi+\pi$。质元 0 在 $t_1=0$ 时刻的振动状态已传至质元 9，质元 9 的振动相位为 $\frac{3}{2}\pi$，质元 0 在 $t_2=\frac{T}{4}$ 时刻的振动状态已传至质元 6，质元 6 的振动相位为 2π，质元 0 在 $t_3=\frac{T}{2}$ 时刻的振动状态已传至质元 3，质元 3 的振动相位为 $2\pi+\frac{\pi}{2}$。

当 $t_5=T$ 时，质元 0 完成一次全振动回到起始的振动状态，而它所经历过的各个振动状态均传至相应的质元。

如果振源持续振动，振动过程便不断地在绳索上向前传播。这样，由于每个质元都在不断地振动，波峰和波谷的位置将随时间而转移过去，即整个波形在向前推移，这就是横波的传播过程。横波只能在固体中传播。

纵波是介质密集和稀疏相间的波(见图 5-18)。仿照上述横波的讨论可以类推，这种质元分布的疏密状态，将随时间而沿波的传播方向转移出去。纵波在固体、液体和气体中皆能够传播。

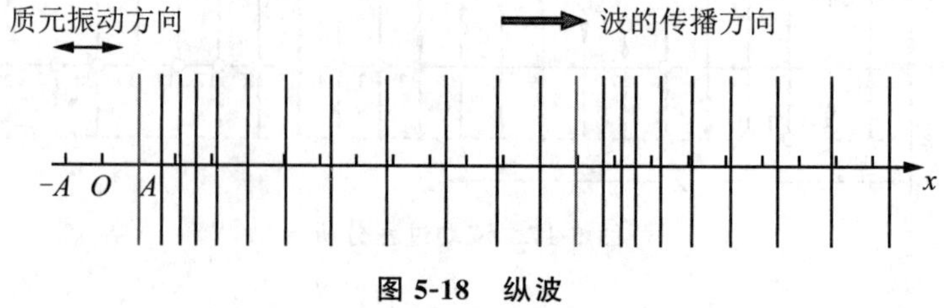

图 5-18　纵波

在纵波的传播过程中，各质元偏离各自平衡位置的位移都平行于传播方向。设想把介质中各质元的位移逆时针转过 90°，纵波就变得与横波波动图像一样了。这就是说，有关横波传播情况的讨论，对于纵波也是适用的。

横波与纵波的演示

从上述的讨论，可以看到波传播时的一些特征：各个质元仅在其平衡位置附近振动；沿波的传播方向上，介质中每一个质元都比后面的质元先开始振动，在振动步调上要超前一定的相位，即前后质元的振动存在着一个相位差。

5.4.3 波长 波的周期(或频率) 波速

波长、波的周期(或频率)和波速是描述波动的三个重要物理量。在同一波线上两个相邻的、相位差为 2π 的振动质元之间的距离(即一个“波”的长度)，叫作波长，用 λ 表示。显然，横波上相邻两个波峰之间的距离，或相邻两个波谷之间的距离，都是一个波长；纵波上相邻两个密部或相邻两个疏部对应点之间的距离，也是一个波长。

波的周期是波前进一个波长的距离所需要的时间，用 T 表示。周期的倒数叫作波的频率，用 ν 表示，即 $\nu=1/T$，频率等于单位时间内波动传播距离中完整波的数目。由于波源做一次完全振动，波就前进一个波长的距离，所以波的周期(或频率)等于波源的振动周期(或频率)。

在波动过程中，某一振动状态(即振动相位)在单位时间内所传播的距离叫作波速，用 u 表示，故波速也称为相速。波速的大小取决于介质的性质，在不同的介质中，波速是不同的。例如，在标准状态下，声波在空气中传播的速率为 331 $\mathrm{m\cdot s^{-1}}$，而在氢气中传播的速率是 1263 $\mathrm{m\cdot s^{-1}}$。

在一个周期内，波前进一个波长的距离，故有

$$u=\frac{\lambda}{T} \quad 或 \quad u=\lambda\nu \tag{5-14}$$

以上两式具有普遍的意义，对各类波都适用。必须指出，波速与介质有关，而波的频率是波源振动的频率，与介质无关。因此，由式(5-14)可知，同一频率的波，其波长将随介质的不同而不同。

例 5-6 在室温下，已知空气中的声速 u_1 大小为 340 $\mathrm{m\cdot s^{-1}}$，水中的声速 u_2 大小为 1450 $\mathrm{m\cdot s^{-1}}$，求频率为 200 Hz 和 2 000 Hz 的声波在空气中和在水中的波长各为多少?

解 由式(5-14)可得

$$\lambda=\frac{u}{\nu}$$

频率为 200 Hz 和 2 000 Hz 的声波在空气中的波长各为

$$\lambda_1=\frac{u_1}{\nu_1}=\frac{340}{200}=1.7(\mathrm{m})$$

$$\lambda_2=\frac{u_1}{\nu_2}=\frac{340}{2\,000}=0.17\ (\mathrm{m})$$

频率为 200 Hz 和 2 000 Hz 的声波在水中的波长各为

$$\lambda_1'=\frac{u_2}{\nu_1}=\frac{1450}{200}=7.25(\mathrm{m})$$

$$\lambda_2'=\frac{u_2}{\nu_1}=\frac{1450}{2\,000}=0.725(\mathrm{m})$$

可见，同一频率的声波，在水中的波长比在空气中的波长要长得多。

5.5 平面简谐波

知识拓展：地震波小知识

5.5.1 波动过程的几何描述

前面我们分析了沿直线传播的一维波。实际上，绝大多数波源四周为介质所包围，它的振动状态是通过介质向空间各个方向传递的。一般地说，介质中各个质元的振动情况是很复杂的，由此所产生的波动也很复杂，本节只讨论一种最简单最基本的波，即在均匀、无吸收的介质中，当波源做简谐振动时，波所经历的所有质元都按余弦(或正弦)规律振动，则在此介质中所形成的波，称为简谐波。可以证明，任何复杂的波都可以看成是由若干频率不同的简谐波叠加而成的。因此，讨论简谐波具有特别重要的意义。

下面先介绍描述波动传播时常用的几个概念。

1. 波面与波振面

我们把波在传播过程中，任一时刻所有相位相同的点连成的几何曲面称为波面，而把某一时刻，波动所到达的点连成的曲面，称作波阵面又称波前。它是波面中最前面的那个面。由于波阵面上各点的相位相同，所以波阵面是同相面。

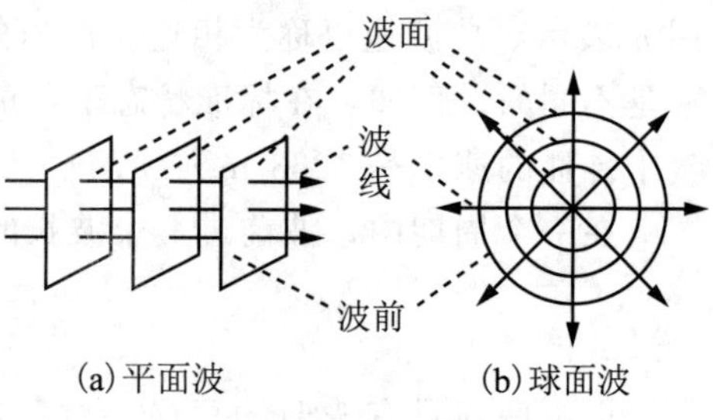

图 5-19 波阵面和波线

按波阵面的形状，对波可以进行如下分类：波阵面呈平面的波称为平面波，如图 5-19(a)所示，波阵面呈球面的波称为球面波，如图 5-19(b)所示。实际的波，其波阵面不会有这样严格、标准的几何形状，球面波和平面波都是对真实波动的理想近似。例如，空气中电铃发出的声波可以近似的看作球面波；用锤沿棒方向打击金属棒的一端，沿棒传播的声波可以近似的当作平面波。

2. 波射线

与波阵面垂直且表示波的传播方向的线称为波线或波射线。在各向同性的介质中，波线总是与波阵面垂直，平面波的波线是垂直于波阵面的平行直线，球面波的波线是以波源为中心从中心向外的径向直线。

注意：在波传播的空间，并不存在真正的“面”和“线”。引入波阵面和波线是为了借助于一些如图 5-19 所示的几何图形来描绘波动过程。

3. 惠更斯原理

我们知道，波在均匀各向同性介质中传播时，波面及波前的形状不变，波线也保持为直线，沿途不会改变波的传播方向。例如，波在水面上传播时，只要沿途不遇到什么障碍物，波前的形状总是相似的，圆圈形的波前始终是圆圈，直线形的波前始终保持直线。也就是说，波沿直线传播。

可是，当波在传播过程中遇到障碍物时，或当波从一种介质传播到另一种介质时，波面的形状和波的传播方向(即波线方向)将发生改变。例如，水波可以通过障碍物的小孔(小孔的孔径比波长 λ 小)，在小孔后面出现圆形的波，与原来波的形状无关，原来的波前、波面都将改变，就好像是以小孔为新的波源一样，这说明小孔可看作新波源[见图 5-20(a)]。它所发射出去的波叫子波。从这种观点出发，惠更斯得出一条原理，称为惠更斯原理，内容如下：介质中，波传到的各点不论在同一波前还是不同波前上，都可看作是发射子波的波源。在任一时刻这些子波的包迹就是该时刻的波前。

惠更斯原理对任何波动过程都是适用的，不论是机械波还是电磁波，只要知道某一时刻的波阵面，就可根据这一原理用几何方法来决定任一时刻的波阵面，从而确定波的传播方向，因而在很广泛的范围内解决了波的传播问题。例如，当波在均匀的各向同性介质中传播时，用上述作图法求出的波前的几何形状总是保持不变。图 5-20 中用惠更斯原理描绘出球面波和平面波的传播。设 S_1 为某一时刻 t 的波阵面，根据惠更斯原理，S_1 上的每一点发出的球面子波，经 Δt 时间后形成半径为 $u\Delta t$ 的球面，在波的前进方向上，这些子波的包迹 S_2 就成为 $t+\Delta t$ 时刻的新波阵面。

根据惠更斯原理，还可以简便地用作图的方法说明波在传播中发生的衍射、散射、反射和折射等现象。

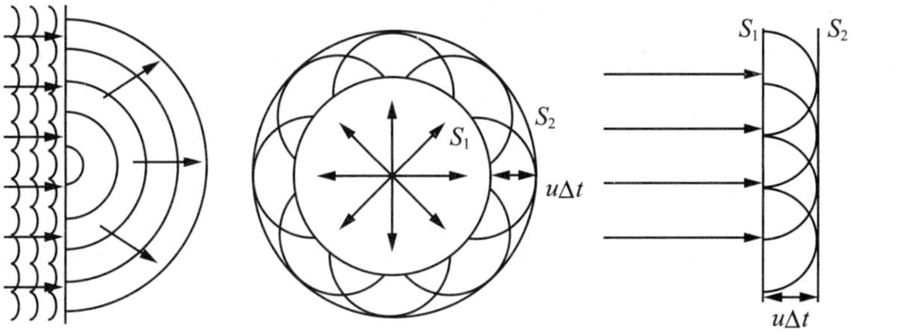

(a) 障碍物的小孔成为新的波源　(b) 用惠更斯原理求球面波的波前　(c) 用惠更斯原理求平面波的波前

图 5-20　用惠更斯原理求作新的波阵面

应该指出，惠更斯原理很好地解释了波的传播方向问题，但却没有给出子波强度的分布，后来菲涅耳对惠更斯原理做了重要补充，解决了波的强度分布问题，这就是在光学中有重要应用的惠更斯-菲涅耳原理。

科学家介绍：惠更斯

5.5.2　平面简谐波的表达式

1. 平面简谐波的表达式

现在我们来定量描述前进中的波动，即要用数学函数式描述介质中各质元的位移是怎样随着时间而变化的。这样的函数式称为波动方程。

对于平面波而言，在所有的波线上，振动传播的情况都是相同的，因此可将平面简谐波简化为一维简谐波来进行研究。

设有一平面简谐波沿某一方向向前传播，任取一条波线，在这条波线上，任取一质元的平衡位置作为坐标原点 O，波线的方向为 x 轴正方向，质元向上振动的方向为 y 轴的正方向，如图 5-21 所示。选择某一时刻作为起始时刻，O 点处(即 $x=0$ 处)质元的振动方程可表示为

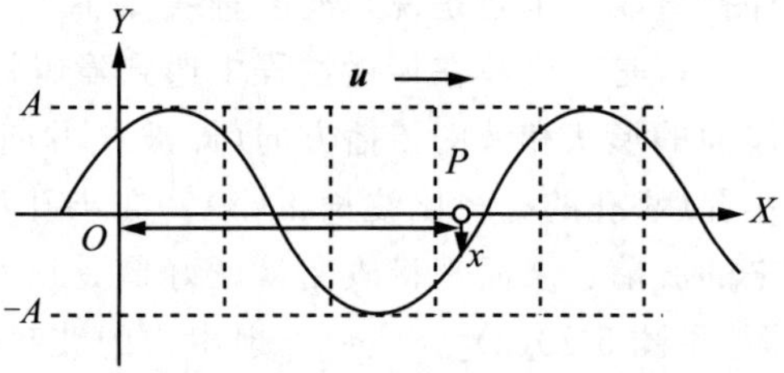

图 5-21　推导平面简谐波方程示意图

$$y_0=A\cos(\omega t+\varphi)$$

假定介质是均匀无限大、无吸收的，那么各点的振幅将保持不变。为了找出在 Ox 轴上任一质元在任一时刻的位移，我们在 Ox 轴正向上任取一平衡位置在 x 处的质元。显然，当振动从点 O 传至该处，该质元将以相同的振幅和频率重复点 O 的振动。因为振动从点 O 传播到该点的时间为 $t'=\dfrac{x}{u}$，这表明当点 O 振动了 t 时间，x 处的该点只振动了 $t-t'=t-\dfrac{x}{u}$ 的时间，即该点的相位落后 $\omega(t-x/u)$，于是 x 处的点在时刻 t 的位移为

$$y=A\cos\left[\omega\left(t-\frac{x}{u}\right)+\varphi\right] \tag{5-15a}$$

这就是沿 x 轴正方向传播的平面简谐波的波动方程。

若平面简谐波是沿 x 轴负向传播，与原点 O 处质元的振动方程 $y_0=A\cos(\omega t+\varphi)$ 相比，x 轴上任一点 x 处质元的振动方程为

$$y=A\cos\left[\omega\left(t+\frac{x}{u}\right)+\varphi\right] \tag{5-15a'}$$

利用关系式 $\omega=\dfrac{2\pi}{T}=2\pi\nu$ 和 $uT=\lambda$，可以将平面简谐波的波动方程改写成多种形式，即

$$y=A\cos\left[2\pi\left(\frac{t}{T}\mp\frac{x}{\lambda}\right)+\varphi\right] \tag{5-15b}$$

$$y=A\cos\left[2\pi\left(\nu t\mp\frac{x}{\lambda}\right)+\varphi\right] \tag{5-15c}$$

$$y=A\cos\left(\omega t\mp 2\pi\frac{x}{\lambda}+\varphi\right) \tag{5-15d}$$

如果改变计时起点，使原点 O 处质元振动的初相位为零($\varphi=0$)，则波沿 x 轴正方向传播时，x 轴上任一点 x 处的振动规律是

$$\begin{cases} y=A\cos\omega\left(t-\dfrac{x}{u}\right) \\ y=A\cos 2\pi\left(\dfrac{t}{T}-\dfrac{x}{\lambda}\right) \\ y=A\cos 2\pi\left(\nu t-\dfrac{x}{\lambda}\right) \\ y=A\cos\left(\omega t-2\pi\dfrac{x}{\lambda}\right) \end{cases} \tag{5-15e}$$

式(5-15e)为平面简谐波动方程的几种不同表示形式，都是标准式。纵波的平面简谐波动方程具有同样的形式。这时质元的振动方向和波动的传播方向一致。应注意的是，y 仍然表示质元的位移，x 依旧表示波动传播方向上某质元在平衡位置时的坐标。

例 5-7 已知波动方程 $y=5\cos\pi(2.50t-0.01x)\text{cm}$，求波长、周期和波速。

解 **方法一**(比较系数法)

波动方程 $y=5\cos\pi(2.50t-0.01x)$ 可写成

$$y=5\cos 2\pi\left(\frac{2.50}{2}t-\frac{0.01}{2}x\right)$$

与标准波动方程 $y=A\cos 2\pi\left(\frac{t}{T}-\frac{x}{\lambda}\right)$ 相比较，有

$$T=\frac{2}{2.5}=0.8\ \text{s},\ \lambda=\frac{2}{0.01}=200\ \text{cm},\ u=\frac{\lambda}{T}=250\ \text{cm}\cdot\text{s}^{-1}$$

方法二(由各物理量的定义解)

(1)波长是指同一时刻 t，波线上相位差为 2π 的两点间的距离，即

$$\pi(2.50t-0.01x_1)-\pi(2.50t-0.01x_2)=2\pi$$

得

$$\lambda=x_2-x_1=200\ \text{cm}$$

(2)周期为相位传播一个波长所需的时间($T=t_2-t_1$)，即时刻 t_1 点 x_1 的相位在时刻 $t_2=t_1+T$ 传至点 x_2 处，则有

$$\pi(2.50t_1-0.01x_1)=\pi(2.50t_2-0.01x_2)$$

得

$$T=t_2-t_1=0.8\ \text{s}$$

(3)波速为振动状态(相位)传播的速度，即时刻 t_1 点 x_1 的相位在时刻 t_2 传至点 x_2 处，得

$$u=\frac{x_2-x_1}{t_2-t_1}=250\ \text{cm}\cdot\text{s}^{-1}$$

2. 波动表达式的物理意义

在波动表达式中含有 x 和 t 两个自变量，即各质元振动时的位移 y 是相应质元在介质中处于平衡位置时的坐标 x 和振动时间 t 的二元函数：$y=\Psi(x, t)$，它描述了 t 时刻经过 x 点处的波。在波传播时，$\Psi(x, t)$ 的变化由 x 和 t 决定。为了进一步了解上述波动表达式的意义，我们来分析 x 和 t 变化时的情形。

(1)$x=x_1$ 时，$y(x_1, t)=A\cos\omega\left[\left(t-\frac{x_1}{u}\right)+\varphi\right]$，表示位于 x_1 处质元的振动方程。

如果 $x=x_1$ 给定，即我们盯住空间一点 x_1 来看，则该处质元的位移 y 将只是 t 的函数，这时波动表达式就成为与原点相距 x_1 的给定点上质元的振动表达式，A 是它的振幅，$\omega\left(t-\frac{x_1}{u}\right)$ 是振动的相位，$-\frac{\omega x_1}{u}$ 可以看作是初相。如以 t 为横坐标，y 为纵坐标，就得到一条给定质元的位移 y 与时间 t 关系的余弦曲线[见图 5-22(a)中的实线]。该曲线表示给定点上的质元在做简谐振动时各不同时刻的位移。对坐标 x 不同处的质元，振动的其他特征(A，ω 等)都是一样的，只是初相 $-\frac{\omega x}{u}$ 不同而已，因此所作出的

y-t 曲线，只是最大值出现的时刻不同。坐标 x 较小处的质元，曲线的最大值(即位移的最大值)先出现，这表示离原点 O 较近的质元的振动超前于离原点 O 较远的质元[比较图 5-22(a)的实线和虚线]。

此波动过程中，$x=x_1$ 处质元的振动速度和加速度可由 y 对 t 依次求偏导得

$$\begin{cases} v=\dfrac{\partial y}{\partial t}=-A\omega\sin\omega\left(t-\dfrac{x}{u}\right) \\ a=\dfrac{\partial v}{\partial t}=-A\omega^2\cos\omega\left(t-\dfrac{x}{u}\right) \end{cases} \tag{5-16}$$

(2)$t=t_1$ 时，$y(x, t_1)=A\cos\left[\omega\left(t_1-\dfrac{x}{u}\right)+\varphi\right]$，表示 $t=t_1$ 时刻的波形。

如果 $t=t_1$ 给定，则质元振动的位移 y 将只是质元位置坐标 x 的函数，这时波动表达式表示在给定时刻波线上各不同振动质元的位移。如以 x 为横坐标、y 为纵坐标，也得到一条余弦曲线，如图 5-22(b)所示，这条余弦曲线就表示在给定时刻的简谐波的波形，它显示出波峰和波谷(或稠密和稀疏)的分布情况。正好像我们在给定时刻给波动所拍摄的一幅照片。

注意，这个波形是变化的。下一时刻，波形虽仍是余弦曲线，但向前移动了一段距离。设波速为 u，则在 Δt 时间内，振动状态将沿波线传播了 $u\Delta t$ 的距离。因此，一个质元在 t_1 时刻的位移，将等于与该质元相距为 $u\Delta t$ 的另一个质元在 $t_1+\Delta t$ 时刻的位移。在 Δt 时间内，时刻 t_1 的整个波形曲线将沿着波线平移过 $u\Delta t$ 的距离。由此可知，波形也以波速 u 在空间传播着，这种波称为行波。

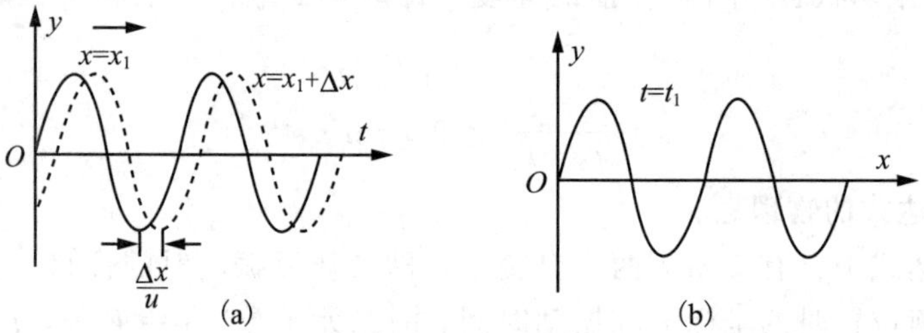

图 5-22　波动表达式的物理意义

上面讨论的波动表达式虽然是利用横波的图形导出的，但也适用于纵波。

(3)如果 t，x 都变化，波动表达式表示沿波的传播方向各质点在不同时刻的位移分布情况。

3. 沿 x 轴负方向传播的平面简谐波动方程表达式

在上面的讨论中，我们设波是沿着 x 轴正向传播的，这称为正行波。若波沿 x 轴负向传播(反行波)，则 x 轴上任一点 x 处质元的振动比 O 点早开始一段时间(见图 5-23)，即当 O 点振动了 t 时间，x 处的质元已振动了 $t+\dfrac{x}{u}$的时间，而 O 点的振动表达式仍设为 $y_0=A\cos(\omega t+\varphi)$，则 x 处质元的振动表达式为

$$y=A\cos\left[\omega\left(t+\frac{x}{u}\right)+\varphi\right]$$

这就是沿 X 轴负方向传播的平面简谐波的波动方程。

利用关系式 $\omega=\frac{2\pi}{T}=2\pi\nu$ 和 $uT=\lambda$，还可得沿 x 轴负方向传播的平面简谐波动方程的另几种形式

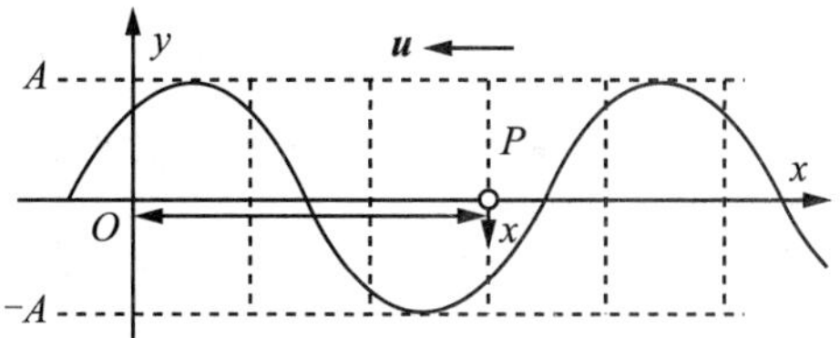

图 5-23　沿 x 轴负方向传播的平面简谐波

$$y=A\cos\left[2\pi\left(\frac{t}{T}+\frac{x}{\lambda}\right)+\varphi\right]$$

$$y=A\cos\left[2\pi\left(\nu t+\frac{x}{\lambda}\right)+\varphi\right]$$

$$y=A\cos\left(\omega t+2\pi\frac{x}{\lambda}+\varphi\right)$$

如果改变计时起点，使原点 O 处质元振动的初相位为零($\varphi=0$)，则沿 X 轴负方向传播的平面简谐波动方程为(即 x 处的振动规律)

$$\begin{cases} y=A\cos\omega\left(t+\dfrac{x}{u}\right) \\ y=A\cos 2\pi\left(\dfrac{t}{T}+\dfrac{x}{\lambda}\right) \\ y=A\cos 2\pi\left(\nu t+\dfrac{x}{\lambda}\right) \\ y=A\cos\left(\omega t+2\pi\dfrac{x}{\lambda}\right) \end{cases}$$

4. 波在传播过程中质元振动的相位差

我们再来讨论上述行波在传播过程中各点上质元振动的相位关系。

在同一时刻 t，与原点 O 分别相距 x_1 和 x_2 的两点上，质元振动的相位差由(5-15b)得

$$\Delta\varphi=\left[2\pi\left(\frac{t}{T}-\frac{x_1}{\lambda}\right)+\varphi\right]-\left[2\pi\left(\frac{t}{T}-\frac{x_2}{\lambda}\right)+\varphi\right]=\frac{2\pi}{\lambda}(x_2-x_1)$$

即

$$\Delta\varphi=\frac{2\pi}{\lambda}\cdot\Delta x$$

如果上述两点处质元振动的相位差等于 2π 或其整数倍，即

$$\Delta\varphi=2k\pi,\ k=0,\ \pm1,\ \pm2\cdots$$

则这时两质元振动的相位相同，它们在振动时，都具有相同的位移 y 和振动速度。相应地，根据上式可得到

$$\frac{2\pi}{\lambda}(x_2-x_1)=2k\pi$$

则

$$\Delta x=x_2-x_1=k\lambda,\quad k=0,\ \pm1,\ \pm2\cdots \tag{5-17a}$$

上式表明，两质元所在位置距原点 O 的距离之差为波长 λ 的整数倍时，在这两点上的质元振动时，具有相同的相位。

同理，如果

$$\Delta\varphi=(2k+1)\pi,\quad k=0,\ \pm1,\ \pm2\cdots$$

则 $$\Delta x=x_2-x_1=(2k+1)\frac{\lambda}{2},\quad k=0,\ \pm1,\ \pm2\cdots \tag{5-17b}$$

这时，两质元振动的相位差等于 π 的奇数倍，两者的相位相反，即它们在振动时的位移 y 和振动速度都具有相同的大小，但符号相反。这表明，两质元所在处距原点 O 的距离之差为半波长$\frac{\lambda}{2}$的奇数倍时，在这两点上的质元振动，具有相反的相位。

例 5-8 一横波沿绳子传播时的波动方程为 $y=0.05\cos(10\pi t-4\pi x)$，式中 x，y 以米计，t 以秒计。(1)求此波的振幅、波速、频率和波长；(2)求绳子上各质点振动时的最大速度和最大加速度；(3)求 $x_1=0.2$ m 处的质点，在 $t_1=1$ s 时的相位，这一相位所代表的运动状态如何？(4)此相位所代表的运动状态在 $t_2=1.5$ s 时刻到达哪一点？

解 (1)一般所用的方法是将给定的方程和标准的波动方程

$$y=A\cos\omega\left(t-\frac{x}{u}\right)=A\cos 2\pi\left(\nu t-\frac{x}{\lambda}\right)$$

相比较，从而求出各参量。现在

$$y=0.05\cos(10\pi t-4\pi x)=0.05\cos 10\pi\left(t-\frac{x}{2.5}\right)=0.05\cos 2\pi\left(5t-\frac{x}{0.5}\right)$$

所以，此波向 x 轴正方向传播，而

$$A=0.05\ \text{m},\ u=2.5\ \text{m}\cdot\text{s}^{-1},\ \nu=5\ \text{Hz},\ \lambda=0.5\ \text{m}$$

(2)平衡位置在 x 处的质元在任意时刻的速度和加速度分别为

$$v=\frac{\partial y}{\partial t}=-A\omega\sin\omega\left(t-\frac{x}{u}\right)$$

$$a=\frac{\partial v}{\partial t}=-A\omega^2\cos\omega\left(t-\frac{x}{u}\right)$$

由给定的方程和标准的波动方程相比较，并且 $\omega=10\pi\ \text{rad}\cdot\text{s}^{-1}$，故各质点振动时的最大速度和最大加速度分别为

$$v_{\text{m}}=A\omega=0.05\times10\pi\approx1.57(\text{m}\cdot\text{s}^{-1})$$

$$a_{\text{m}}=A\omega^2=0.05\times(10\pi)^2\approx49.3(\text{m}\cdot\text{s}^{-2})$$

(3)$x_1=0.2$ m，$t_1=1$ s 时的相位为

$$\varphi=10\pi t-4\pi x=9.2\pi$$

此相位所代表的运动状态为

位移 $$y=A\cos\varphi=0.05\cos9.2\pi\approx-0.04(\text{m})$$

振动速度 $$\nu=-A\omega\sin\varphi=-0.05\times10\pi\times\sin9.2\pi\approx9.23(\text{m}\cdot\text{s}^{-1})$$

说明此质点处在平衡位置下方 0.04 m 处，以 $9.23\ \text{m}\cdot\text{s}^{-1}$ 的速度向上运动。

(4)波速 u 也即相位传播速度，在 Δt 时间间隔内相位传播的距离为 Δx，即

$$\Delta x=u\Delta t=2.5\times(1.5-1)=1.25(\text{m})$$

$$x=x_1+\Delta x=1.45\ \text{m}$$

即 $t_2=1.5$ s 时刻，此相位所描述的运动状态传至离原点 1.45 m 处。

*5.5.3 波动微分方程

把式(5-15a)分别对 t 和 x 求二阶偏导数，得到

$$\frac{\partial^2 y}{\partial t^2}=-A\omega^2\cos\left[\omega\left(t-\frac{x}{u}\right)+\varphi\right]$$

$$\frac{\partial^2 y}{\partial x^2}=-A\frac{\omega^2}{u^2}\cos\left[\omega\left(t-\frac{x}{u}\right)+\varphi\right]$$

比较上列两式，即得

$$\frac{\partial^2 y}{\partial x^2}=\frac{1}{u^2}\frac{\partial^2 y}{\partial t^2} \tag{5-18}$$

从式(5-15e)出发，分别对 t 和 x 求二阶偏导数，所得的结果完全相同，仍是式(5-18)。

任一平面波，如果不是简谐波，也可以认为是许多不同频率的平面余弦波的合成，在对 t 和 x 偏微分两次后，所得的结果将仍是式(5-18)。所以式(5-18)反映一切平面波的共同特征，称为平面波的波动微分方程。

可以证明，在三维空间中传播的一切波动过程，只要介质是无吸收的各向同性均匀介质，都适合下式

$$\frac{\partial^2 \xi}{\partial x^2}+\frac{\partial^2 \xi}{\partial y^2}+\frac{\partial^2 \xi}{\partial z^2}=\frac{1}{u^2}\frac{\partial^2 \xi}{\partial t^2}$$

式中，为了避免混淆，改用 ξ 代表振动位移。任何物质运动，只要它的运动规律符合上式，就可肯定它是以 $\boldsymbol{u}$ 为传播速度的波动过程。

研究球面波时，可将上式化为球坐标的形式，并注意到各个径向方向上的波的传播完全相同，即可得到球面波的波动方程为

$$\frac{\partial^2 (r\xi)}{\partial r^2}=\frac{1}{u^2}\frac{\partial^2 (r\xi)}{\partial t^2}$$

式中，仍以 ξ 代表振动位移，而 r 代表沿一半径方向上离点波源的距离。与式(5-18)相比，即可得到与式(5-15a)相对应的球面余弦波波动表式

$$\xi=\frac{a}{r}\cos\left[\omega\left(t-\frac{r}{u}\right)+\varphi\right]$$

上式告诉我们，球面波的振幅与距离 r 成反比，随着 r 的增加，振幅逐渐减小。式中常量 a 的数值等于 r 为单位长度处的振幅，a 不代表振幅，$\frac{a}{r}$ 才代表振幅。

5.6 波的能量　声强级

5.6.1 波动能量的传播

在波动中，波源的振动通过弹性介质由近及远地一层接着一层地传播出去，使介质中各质元依次在各自的平衡位置附近振动，因而介质中质元具有动能，同时介质因发生形变而具有势能。所以，波动过程也是能量传播的过程。

假设平面简谐横波在密度为 ρ 的均匀介质中传播，其波动方程为

$$y=A\cos\omega\left(t-\frac{x}{u}\right)$$

由于振动，平衡位置在 x 处的质元在任意时刻的速度大小为

$$v=\frac{\mathrm{d}y}{\mathrm{d}t}=-A\omega\sin\omega\left(t-\frac{x}{u}\right)$$

设每个质元的体积为 $\mathrm{d}V$，则质量为 $\mathrm{d}m=\rho\mathrm{d}V$，显然，所有质元都在与传播方向垂直的方向上做持续的简谐振动，每个质元具有的动能和势能为

$$\begin{cases}\mathrm{d}W_{\mathrm{k}}=\dfrac{1}{2}\rho\mathrm{d}VA^{2}\omega^{2}\sin^{2}\omega\left(t-\dfrac{x}{u}\right)\\ \mathrm{d}W_{\mathrm{p}}=\dfrac{1}{2}\rho\mathrm{d}VA^{2}\omega^{2}\sin^{2}\omega\left(t-\dfrac{x}{u}\right)\end{cases}\tag{5-19}$$

（注：势能的推导比较复杂，这里只给结果，不作推导）

质元的总能量为它的动能和势能之和

$$\mathrm{d}W=\mathrm{d}W_{\mathrm{k}}+\mathrm{d}W_{\mathrm{p}}=\rho\mathrm{d}VA^{2}\omega^{2}\sin^{2}\omega\left(t-\frac{x}{u}\right)\tag{5-20}$$

由式(5-19)可知，一质元的动能和势能的时间关系式是相同的，两者不仅同相，而且大小总是相等。它们同时达到最大值，同时为零。因为在波动中与势能相关联的是质元间的相对位移(体积元的形变 $\Delta y/\Delta x$)。借助于波形图不难看出，在最大位移处的质元，速度为零，动能为零，同时 $\Delta y/\Delta x$ 也为零，所以弹性势能也为零。而在平衡位置处的质元，速度最大，动能最大，同时波形曲线较陡，$\Delta y/\Delta x$ 有最大值，所以弹性势能也最大。体积元的总机械能是随时间而变化的，它在零和最大值之间周期地变化着。这一点与单个谐振子的情形完全不同。后者，动能最大时势能为零，势能最大时动能为零。为什么会有这个不同呢？因为简谐振动的能量是指一个做谐振动的孤立系统的能量，在振动过程中，它的总能量是守恒的，即动能的增加必以势能的减少作为代价，反之亦然。而现在我们所研究的质元是处于介质的整体之中，每个质元与其他的质元以弹性力相联系，不是孤立的。在波动中，沿着波前进的方向，每个质元不断地从后面的质元中吸取能量而改变本身的运动状态，又不停地向前面的质元放出能量而迫使它们改变运动状态，这样，能量就伴随着振动状态从介质的一部分传至另一部分。

由式(5-20)可知，对于某一体积元来说，总能量随 t 做周期性变化。这说明任一体积元都在不断地接受和放出能量。总之，从能量的角度来看，波动和振动也是有区别的。波动任一体积元的总能量是时间的函数。这表明波动传播能量，振动系统并不传播能量。

介质中单位体积的波动能量，称为波的能量密度 w，即

$$w=\frac{\mathrm{d}W}{\mathrm{d}V}=\rho A^{2}\omega^{2}\sin^{2}\omega\left(t-\frac{x}{u}\right)\tag{5-21}$$

能量密度在一个周期内的平均值，称为平均能量密度，用 $\overline{w}$ 表示

$$\overline{w}=\frac{1}{T}\int_{0}^{T}\rho A^{2}\omega^{2}\sin^{2}\omega\left(t-\frac{x}{u}\right)\mathrm{d}t=\frac{1}{2}\rho A^{2}\omega^{2}\tag{5-22}$$

这一公式虽然是从平面简谐横波的特殊情况导出的，但是机械波的能量与振幅的平方、频率的平方都成正比的结论却是对于所有弹性波都是适用的。

以上对机械波动过程的定量讨论，基本上适用于电磁波，但电磁波是通过电场强

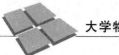

度 $\boldsymbol{E}$ 和磁场强度 $\boldsymbol{D}$ 的周期性的变化来描述的。因为电磁场具有能量，所以伴随着电磁波的传播，电磁场的能量也就随之向前传播。电磁波的能量密度为电场与磁场的能量密度之和，即

$$\bar{w}=\bar{w}_{\mathrm{e}}+\bar{w}_{\mathrm{m}}=\frac{1}{2}(\varepsilon E^2+\mu H^2)$$

*5.6.2 声强级 超声波和次声波

综上所述，波动过程伴随着能量的传播。波的能量来自波源，能量流动的方向就是波传播的方向。能量传播的速度就是波速 $\boldsymbol{u}$。

现取波面上一面元 $\mathrm{d}S$，如图 5-24 所示，则在一周期内体积为 $uT\mathrm{d}S$ 的柱体内的能量均得流过该面元，流过的能量为 $\bar{w}uT\mathrm{d}S$。

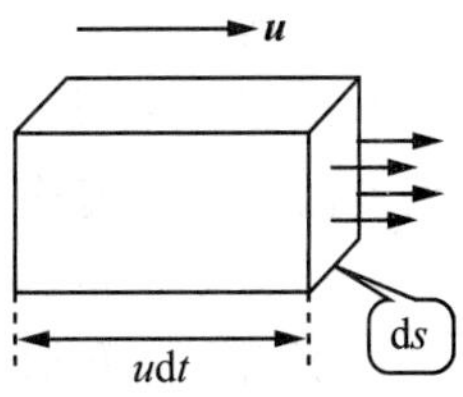

图 5-24 平均能流

定义平均能流密度：是一矢量(常称为坡印廷矢量)，大小等于单位时间内通过与波传播方向垂直的单位面积的能量，方向沿波传播方向，即为波速的方向，以符号 $\boldsymbol{I}$ 表示。

显然，

$$I=\bar{w}u=\frac{1}{2}\rho A^2\omega^2 u \tag{5-23}$$

即平均能流密度等于平均能量密度与波速 u 的乘积。式中，ρ 是介质的密度，u 是波速，A 是振幅，ω 是波的角频率。能流密度 I 的单位是 $\mathrm{W\cdot m^{-2}}$(瓦·米$^{-2}$)。

式(5-23)说明，在均匀介质(即 ρ，u 一定)中，从一给定波源(即 ω 确定)发出的波，其平均能流密度与振幅的平方成正比。

由于 $\boldsymbol{I}$ 的方向与 $\boldsymbol{u}$ 一致，故(5-23)式可写成如下的矢量形式

$$\boldsymbol{I}=\frac{1}{2}\rho A^2\omega^2\boldsymbol{u} \tag{5-24}$$

通常用来描述波动传播能量的物理量，就是能流密度，它是评价能源优劣的主要指标之一。平均能流密度越大，表示单位时间内通过垂直于波传播方向的单位面积的能量越多，波就越强，所以平均能流密度是波的强弱的一种量度，因而也称为波的强度。例如，声音的强弱取决于声波的能流密度(声强)的大小；光的强弱取决于光波的能流密度(称为光强度)的大小。

由式(5-23)可知，给定声源发出的声波在介质中传播，它的声强与振幅的平方成正比。因此声波的声强越大，声振幅也就越大，声音便越响。声强是描述声音强弱的一个物理量。声频率为 1000 Hz 时，声强约为 $10^{-16}\ \mathrm{W\cdot cm^{-2}}$ 的声音，才可听到。这是引起人耳听觉的声强的最低限度，叫作可闻阈，记作 I_0。由于声强的变化范围过大，直接用声强 I 表示反而不方便，所以是采用声强之比值来表示。又因人耳听觉对弱的声波较为灵敏，对强的声波则不甚灵敏，经验表明，人耳所感觉到的响度并非正比于声强，而大约正比于声强的对数。因此，对声强为 I 的声波，采用比值 I/I_0 的常用对数表征其强度，叫作声强级。为了选取合乎实际使用的单位，规定声强级(用 L 表示)为

$$L=10\lg\frac{I}{I_0}$$

这样定出的声强级的单位叫作分贝，以 dB 表示。

按上式，可以算出声强为 10^{-16} W·cm^{-2} 的最轻音的声强级就是 0 dB。对于震耳的炮声，其声强约为 10^{-3} W·cm^{-2}，其声强级为

$$L=10\lg\frac{10^{-3}}{10^{-16}}=10\times13=130(\text{dB})$$

正常的谈话声的声强级为 60～70 dB。当室内噪声在 80 dB 以上时，人们就会感到交谈困难，影响工作。如果长期在 90 dB 以上的高噪声环境下工作，会损坏听觉，尤其是高频噪声更令人厌烦。为了保护工作人员健康，提高工作效率，必须消除或削弱这种声污染。通常对一些强噪声源(例如：发电厂锅炉在排气时，往往发出高达 140～150 dB 的强烈噪声)，必须安装消声设备；对一些控制室的墙壁、门窗需做隔声处理，使室内工作环境达到良好状态。

解决交通和工业的噪声问题，已是当务之急，乃是环境保护工程的一项重要课题。

下面再来介绍一下声波中的超声波和次声波。

我们人类正常人耳能听到的声波频率范围为 20 Hz～20 000 Hz。当声波的振动频率小于 20 Hz 或大于 20 000 Hz 时，我们便听不见了。因此，我们把频率高于 20 000 Hz 的声波称为超声波，而把频率低于 20 Hz 的声波称为次声波。它们和可闻声本质上是一致的，共同点都是机械振动以纵波的方式在弹性介质内传播，是一种能量的传播形式。其不同点是超声波频率高，波长短，而次声波正好相反。

超声波在介质中的反射、折射、衍射、散射等传播规律，与可听声波的规律没有本质上的区别。但是超声波的波长很短，只有几厘米，甚至千分之几毫米。与可听声波比较，超声波具有许多奇异特性：①传播特性。超声波的波长很短，通常的障碍物的尺寸要比超声波的波长大好多倍，因此超声波的衍射本领很差，它在均匀介质中能够定向直线传播，超声波的波长越短，该特性就越显著。②功率特性。我们已经知道，在振幅相同的条件下，一个物体振动的能量与振动频率成正比。在相同强度下，声波的频率越高，它所具有的功率就越大。超声波在介质中传播时，介质质点振动的频率很高，因而能量很大。所以超声波与一般声波相比，它的功率非常大，因而穿透能力强，能穿透许多电磁波不能穿透的物质。③在介质中传播时能产生巨大的作用力，可以用来为硬质材料做切割、凿孔等，也可以用来清洗和消毒等。对于超声波的应用，我们比较熟悉的就是医院中的 B 超，它是把超声波射入人体，根据人体组织对超声波的传导和反射能力的变化来判断有无异常，再如对人体脏器做病变检查、结石检查等。它具有对人体无损伤、简便迅速的优点。通常用于医学诊断的超声波频率为 1 MHz～5 MHz。

研究超声波的产生、传播、接收，以及各种超声效应和应用的声学分支叫超声学。产生超声波的装置有机械型超声发生器(如气哨、汽笛和液哨等)、利用电磁感应和电磁作用原理制成的电动超声发生器以及利用压电晶体的电致伸缩效应和铁磁物质的磁致伸缩效应制成的电声换能器等。

频率低于 20 Hz 的次声又称亚声。在自然界，如太阳磁暴、海峡咆哮、雷鸣电闪、气压突变；在工厂，机械的撞击、摩擦；军事上的原子弹、氢弹爆炸试验等，都可以产生次声波。许多自然灾害如地震、火山爆发、龙卷风等在发生前也都会发出次声波。

次声波对人体能够造成危害，干扰人的神经系统的正常功能，一定强度的次声波能使人头晕、恶心、呕吐、丧失平衡感甚至精神沮丧。有人认为，晕车、晕船就是车、船在运行时伴生的次声波引起的。住在十几层高的楼房里的人，遇到大风天气，往往感到头晕、恶心，这也是因为大风使高楼摇晃产生次声波的缘故。更强的次声波还能使人耳聋、昏迷、精神失常甚至死亡。由于次声波频率很低，大气对其吸收甚小，当次声波传播几千千米时，其吸收还不到万分之几，所以它传播的距离较远，能传到几千米甚至十几万千米以外。1883 年 8 月，南苏门答腊岛和爪哇岛之间的克拉卡托火山爆发，产生的次声波绕地球三圈，全长十多万千米，历时 108 h。1961 年，苏联在北极圈内新地岛进行核试验激起的次声波绕地球转了 5 圈。次声波还具有很强的穿透能力，可以穿透建筑物、掩蔽所、坦克、船只等障碍物。7 000 Hz 的声波用一张纸即可阻挡，而 7 Hz 的次声波可以穿透十几米厚的钢筋混凝土。地震或核爆炸所产生的次声波可将岸上的房屋摧毁。次声波如果和周围物体发生共振，能放出相当大的能量，如 4 Hz～8 Hz 的次声波能在人的腹腔里产生共振，可使心脏出现强烈共振和肺壁受损。次声波能对人体造成危害是由于人体内脏的固有振动频率和次声波频率相近似(0.01～20 Hz)，所以外来的次声波极易引起人体内脏发生“共振”。当有次声波穿透人体时，易引起人体内脏的共振，轻能使人产生头晕、烦躁、耳鸣、恶心、心悸、视物模糊，吞咽困难、胃痛、肝功能失调、四肢麻木，若外来次声波频率与人的腹腔、胸腔等固有的振动频率一致，还可能破坏大脑神经系统，造成大脑组织的重大损伤，致使人体内脏受损而丧命。次声波对心脏影响最为严重，最终可导致死亡。

近年来，一些国家利用次声波能够“杀人”这一特性，致力次声武器——次声炸弹的研制。尽管眼下尚处于研制阶段，但科学家们预言，只要次声炸弹一次爆炸，瞬息之间，在方圆十几千米的地面上，所有的人都将被杀死，且无一能幸免。次声武器能够穿透 15 m 的混凝土和坦克钢板。人即使躲到防空洞或钻进坦克的“肚子”里，也还是一样地难逃残废的厄运。次声炸弹和中子弹一样，只杀伤生物而无损于建筑物。但两者相比，次声弹的杀伤力远比中子弹强得多。

超声波雷达

课外阅读：驻波　　声悬浮　　本章小结

习　题

5-1　如图 5-25 所示，在电场强度为 $\boldsymbol{E}$ 的匀强电场中，放置一电偶极矩 $\boldsymbol{p}=q\boldsymbol{l}$ 的电偶极子，$+q$、$-q$ 相距 l，且 l 不变。若一外界扰动使这对电荷偏过一微小角度，扰动消失后，这对电荷会以垂直于电场并通过 l 的中点 O 的直线为转轴来回摆

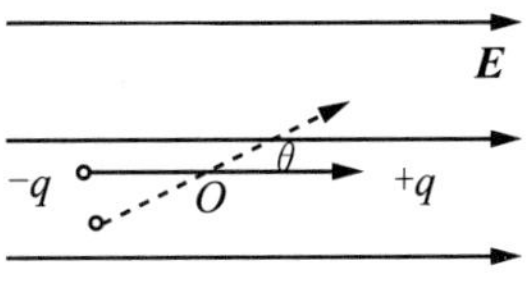

图 5-25　习题 5-1 图

动。试证明这种摆动是近似的简谐振动，并求其振动周期。设电荷的质量为 m，重力忽略不计。

5-2 设地球是一个半径为 R 的均匀球体，并沿直径凿通一条隧道。若有一质量为 m 的质点在此隧道内可做无摩擦运动。

(1)证明此质点的运动是谐振动；(2)计算其周期。(地球密度 ρ 取 $5.5\times10^3\ \text{kg}\cdot\text{m}^{-3}$)

5-3 一物体沿 x 轴做谐振动，振幅为 0.06 m，周期为 2 s，当 $t=0$ 时位移为 0.03 m，且向 x 轴正方向运动，求：

(1)初相位；(2)$t=0.5$ s 时，物体的位移、速度和加速度；(3)从 $x=-0.03$ m 且向 x 轴负方向运动这一状态回到平衡位置所需的时间。

5-4 一放置在水平桌面上的弹簧振子，振幅 $A=2.0\times10^{-2}$ m，周期 $T=0.50$ s。当 $t=0$ 时，求以下各种情况的振动方程：

(1)物体在正方向的端点；(2)物体在负方向的端点；(3)物体在平衡位置，向负方向运动；(4)物体在平衡位置，向正方向运动；(5)物体在 $x=1.0\times10^{-2}$ m 处，向负方向运动；(6)物体在 $x=-1.0\times10^{-2}$ m 处，向正方向运动。

5-5 原长为 0.50 m 的弹簧，上端固定，下端挂一质量为 0.10 kg 的砝码。当砝码静止时，弹簧的长度为 0.60 m。若将砝码向上推，使弹簧缩回到原长，然后放手，则砝码做上下振动。(1)证明砝码的上下振动是简谐振动；(2)求此谐振动的振幅、角频率和频率；(3)若从放手时开始计算时间，求此谐振动的运动方程(正向向下)。

5-6 质量 $m=0.01$ kg 的质点沿 x 轴作谐振动，振幅 $A=0.24$ m，周期 $T=4$ s，$t=0$ 时质点在 $x_0=0.12$ m 处，且向 x 负方向运动。求：

(1)$t=1.0$ s 时质点的位置和所受的合外力；(2)由 $t=0$ 运动到 $x=-0.12$ m 处所需的最短时间。

5-7 当重力加速度的大小 g 改变 $\mathrm{d}g$ 时，单摆的周期 T 的变化 $\mathrm{d}T$ 是多少？找出 $\dfrac{\mathrm{d}T}{T}$ 与 $\dfrac{\mathrm{d}g}{g}$ 之间的关系式。一只摆钟(单摆)，在 $g=9.80\ \text{m}\cdot\text{s}^{-2}$ 处走时准确，移到另一地点，每天快 10 s，问该地点的重力加速度为多少？

5-8 有一个弹簧振子，振幅 $A=2\times10^{-2}$ m，周期 $T=1$ s，初相 $\varphi=\dfrac{3\pi}{4}$。

(1)试写出它的振动方程；(2)利用旋转矢量图，作出 x-t 图、v-t 图和 a-t 图。

5-9 两质点沿同一直线做同振幅、同频率的谐振动。在振动过程中，每当它们经过振幅一半的地方时相遇，而运动方向相反。求它们的相位差，并作旋转矢量表示之。

5-10 质量为 0.1 kg 的物体悬于弹簧的下端。把物体从平衡位置向下拉 0.1 m 后释放，测得其周期为 2 s，试求：

(1)物体的振动方程；

(2)物体首次经过平衡位置时的速度；

(3)第二次经过平衡位置上方 0.05 m 处的加速度；

(4)物体从平衡位置下方 0.05 m 处向上运动到平衡位置上方 0.05 m 处所需的最短时间。

5-11 一个 0.1 kg 的质点做谐振动，其运动方程为 $x=6\times10^{-2}\sin\left(5t-\dfrac{\pi}{2}\right)$ m。求：

(1)振动的振幅和周期；(2)起始位移和起始位置时所受的力；(3)$t=\pi$ s 时刻质点的位移、速度和加速度；(4)动能的最大值。

5-12 一质点同时参与两同方向、同频率的谐振动，它们的振动方程分别为 $x_1=6\cos\left(2t+\frac{\pi}{6}\right)$ cm，$x_2=8\cos\left(2t-\frac{\pi}{3}\right)$ cm。试用旋转矢量法求出合振动方程。

5-13 有两个同方向、同频率的谐振动，其合振动的振幅为 0.2 m，合振动的相位与第一个振动的相位之差为$\frac{\pi}{6}$，若第一个振动的振幅为 0.173 m，求：

(1)第二个振动的振幅；(2)第一、第二两振动的相位差。

5-14 试用最简单的方法求出下列两组简谐振动合成后所得合振动的振幅。

第一组： $x_1=0.05\cos\left(3t+\frac{\pi}{8}\right)$ m　　$x_2=0.05\cos\left(3t+\frac{7\pi}{8}\right)$ m

第二组： $x_1=0.05\cos\left(3t+\frac{\pi}{3}\right)$ m　　$x_2=0.05\cos\left(3t+\frac{4\pi}{3}\right)$ m

5-15 示波管的电子束受到两个互相垂直的电场的作用。若电子在两个方向上的位移大小分别为 $x=A\cos\omega t$ 和 $y=A\cos(\omega t+\varphi)$，求分别在 $\varphi=0$，$\varphi=30°$，$\varphi=90°$的情况下，电子在荧光屏上的轨迹方程。

5-16 波动方程 $y=A\cos\left[\omega\left(t-\frac{x}{u}\right)+\varphi_0\right]$ 中的 $\frac{x}{u}$ 表示什么？如果改写为 $y=A\cos\left(\omega t-\frac{\omega x}{u}+\varphi_0\right)$，$\frac{\omega x}{u}$又是什么意思？如果 t 和 x 均增加，但相应的 $\left[\omega\left(t-\frac{x}{u}\right)+\varphi_0\right]$ 的值不变，由此可知波动方程说明什么？

5-17 (1)设在某一时刻，一个向右传播的平面余弦横波的波形曲线的一部分如图 5-26(a)中所示，试分别说明图中 A，B，C，D，E，F，G，H，I 各质点在该时刻的运动方向。在$\frac{1}{4}$周期前和$\frac{1}{4}$周期后，波的波形又是怎样的？

(2)设在某一时刻，一个向右传播的平面余弦纵波的 y-x 曲线的一部分如图 5-26(b)中所示，试画出图线上 A，B，C，…，M 各点所代表的媒质质点的实际位置和运动方向的图形；并将这图形和它们平衡位置的图形作比较，说明这纵波在该时刻的疏部和密部各在哪些部位。此外，再画出$\frac{1}{4}$周期前和$\frac{1}{4}$周期后，各质点的实际位置图形，说明疏部和密部的传播情况。

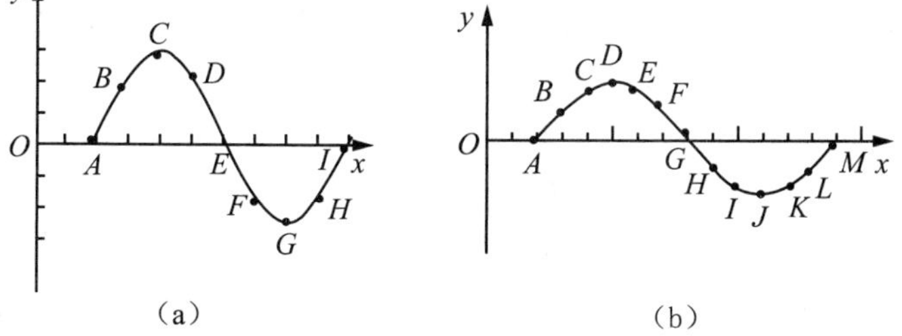

图 5-26　习题 5-17 图

5-18　波源做谐振动，其振动方程为 $y=4\times10^{-3}\cos 240\pi t$ m，它所形成的波以 30 m·s^{-1} 的速度沿一直线行进，(1)求波的周期及波长；(2)写出波动方程。

5-19　有一个一维简谐波的波源，其频率为 250 Hz，波长为 0.1 m，振幅为 0.02 m，求：

(1)传播方向上距波源 1.0 m 处一点的振动方程及振动速度；(2)$t=0.1$ s 时的波形方程，并作图；(3)波的传播速度。

5-20　波源的振动方程为 $y=6\times10^{-2}\cos\frac{\pi}{5}t$ m，它所形成的波以大小为 2.0 m·s^{-1} 的速度在一直线上传播，求：

(1)在传播直线上距波源 6.0 m 处一点的振动方程；(2)该点与波源的相位差；(3)该点的振幅和频率；(4)此波的波长。

5-21　一横波沿 x 轴正方向行进，波速大小为 100 m·s^{-1}，且沿 x 轴每 1 m 长度内含有 50 个波长，振幅为 3×10^{-2} m，设 $t=0$ 时，位于坐标原点的质点通过平衡位置向垂直 x 轴向上的方向运动，求波动方程。

5-22　已知波源在原点($x=0$)的平面简谐波的方程为 $y=A\cos(Bt-Cx)$，式中 A，B，C 为正值恒量。试求：

(1)波的振幅、波速、频率、周期及波长；(2)写出传播方向上距波源 l 处一点的振动方程；(3)任何时刻，在波传播方向上相距为 D 的两点的相位差。

5-23　一个平面简谐波的波动方程为 $y=0.08\cos(4\pi t-2\pi x)$，式中 x，y 以米计，t 以秒计。

(1)求 $x=0.2$ m 处的质点，在 $t=2.1$ s 时的相位，这一相位所描述的运动状态如何？(2)此相位值在哪一时刻传到 0.4 m 处？

5-24　一平面波在介质中以速度 $u=20$ m·s^{-1} 沿 x 轴负方向传播如图 5-27 所示，已知在传播路径上的某点 A 的振动方程为 $y=3\cos4\pi t$，

(1)如以点 A 为坐标原点，写出波动方程；(2)如以距 A 点 5 cm 处的 B 点为坐标原点，写出波动方程；(3)写出在传播方向上点 B、点 C 和点 D 的振动方程。

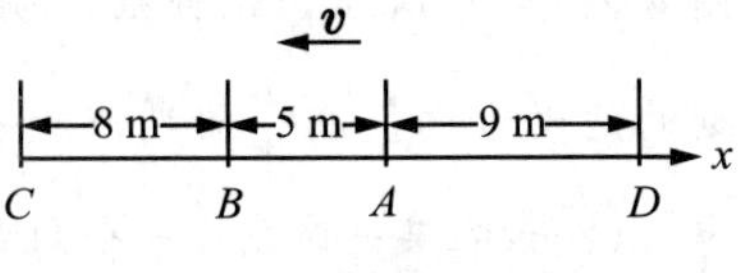

图 5-27　习题 5-24 图

5-25　平面简谐波的波动方程为 $y=8\cos2\pi(2t-x/100)$ cm，求：

(1)$t=2.1$ s 时波源及距波源 0.10 m 处的相位；(2)离波源 0.80 m 及 0.30 m 两处的相位差。

5-26　为了保持波源的振动不变，需要消耗 4 W 的功率。若波源发出的是球面波(设介质不吸收波的能量)，求距离 5 m 和 10 m 处的能流密度。

5-27　有一波在介质中传播，其波速大小为 $v=10^3$ m·s^{-1}，振幅为 $A=1.0\times10^{-4}$ m，频率为 $\upsilon=10^3$ Hz。若介质的密度为 800 kg·m^{-3}，求：

(1)该波的能流密度；(2)1 min 内垂直通过一面积 $S=4.0\times10^{-4}$ m^2 的总能量。

5-28　如图 5-28 所示，A 和 B 是两个同相位的波源，相距 $d=0.10$ m，同时以 30 Hz 的频率发出波动，波速是 0.50 m·s^{-1}，P 点位于$\angle PAB$ 为 30°角与 A 相距 4 m 处，求两波通过 P 点的相位差。

5-29　两相干波源分别位于 P，Q 两点处，它们相距 $\frac{3}{2}\lambda$。由 P，Q 发出频率为 υ、波长为 λ 的两列相干波，R 为 PQ 连线上的一点，求：

(1)自 P，Q 发出的两列波在 R 处的相位差；(2)两波在 R 处干涉时的合振幅。

5-30　波源位于同一介质中的 A，B 两点，如图 5-29 所示，其振幅相等，频率皆为 100 Hz，B 比 A 的相位超前 π。若 A，B 相距 30 m，波速大小为 $400\ \mathrm{m\cdot s^{-1}}$，试求 AB 连线上因干涉而静止的各点的位置。

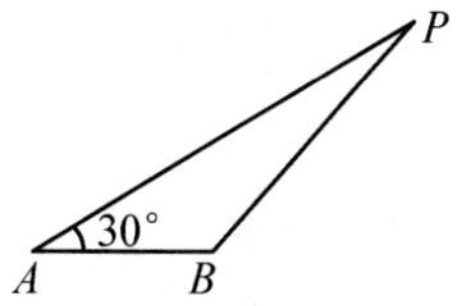

图 5-28　习题 5-28 图

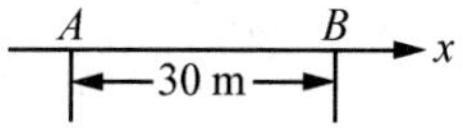

图 5-29　习题 5-30 图

温暖人类——热学篇

热学是研究物质热现象的有关性质和规律的物理学分支，它起源于人类对冷热现象的探索。人类生存在季节交替、气候变幻的自然界中，冷热现象是他们最早观察和认识的自然现象之一。对中国山西芮城西侯度旧石器时代遗址的考古研究说明，大约 180 万年前人类已开始使用火；约在公元前 2000 年中国已有气温反常的记载；在公元前，东西方都出现了热学领域的早期学说。古代中国的五行学说，把水、火、木、金、土称为五行，认为这是万事万物的根本。古希腊时期，赫拉克利特提出四元素说：万物是由土、水、火、气四种元素在数量上不同比例的配合组成的。

热现象与我们的生活和社会的发展息息相关。小到测量温度的温度计、路面的空隙，大到热机、火箭、神舟飞船等，热现象几乎无处不在。热学主要研究热现象及其规律，它有两种不同的描述方法——热力学和统计物理学。热力学是其宏观理论，是实验规律。统计物理学是其微观描述方法，它通过物理简化模型，运用统计方法找出微观量与宏观量之间的关系。本篇只介绍热力学，不涉及物质的微观结构，根据由观察和实验所总结出来的热力学定律，用严密的逻辑推理方法，研究宏观物体的热现象。

第 6 章　热力学基础

人类生存在季节交替、气候变幻的自然界中，冷热现象是他们最早观察和认识的自然现象之一。至今热在很多领域都有重要的作用，如软的钢件经过淬火，可提高硬度；硬的钢件经过退火，可以变软……这些与温度有关的物理性质的变化，统称为热现象。

本章要点

热力学和统计物理学的理论，都曾推动过产业革命，在实践中获得广泛的应用。热机、制冷机的发展，化学、化工、冶金工业、气象学的研究，以及原子核反应堆的设计等都与这些理论有着密切的关系。

在热力学的发展过程中，很多物理学家均做出了重要的贡献，如英国物理学家焦耳、开尔文和麦克斯韦，美国科学家吉布斯，德国科学家亥姆霍兹和克劳修斯，奥地利物理学家玻耳兹曼等。

在我国，对热现象的本质进行过许多探索，对热的本质认识留下了许多值得称颂的宝贵财富。人类在史前时期就使用火，中国北京周口店和山西芮城西侯度旧石器时代遗址中，先后发现约 50 万年和 180 万年以前的用火遗迹；公元前 7000—前 6000 年，中国仰韶文化时期就已有陶窑及手制、模制的陶器；上古时期的各种铜器、铁器都显示了古代人类不仅利用火取暖、加热食物，还能用以制造简单的工具。

6.1　温度　热力学第零定律

6.1.1　状态参量　平衡态

1. 状态参量

在热力学中，为了描述物体的状态，常采用一些表示物体有关特性的物理量作为描述状态的参数，称为状态参量。对于一定质量的气体，其状态一般可用三个量来表征：①气体所占的体积 V；②压强 p；③温度 T 或 t。值得正确理解的是，气体的体积是气体分子能到达的空间，与气体分子本身体积的总和是不同的。气体体积的国际单位是 m^3；气体的压强是气体作用在容器壁单位面积的正压力，是气体分子的宏观表现。压强的国际单位是帕斯卡(符号是 Pa)，即牛顿每平方米($\mathrm{N \cdot m^{-2}}$)。有时用标准大气压(符号 atm)、工程大气压(千克每平方厘米)表示。

$$1\ \mathrm{atm}=1.01325\times10^5\ \mathrm{Pa}$$

$$1\ \text{工程大气压}=9.80665\times10^4\ \mathrm{Pa}$$

气体的体积和压强是可以独立改变的。例如，贮存在注射器当中一定质量的气体，如果使气体的压强保持恒定，并对气体加热，则可发现气体的体积将膨胀，反之，体积不变再加热时，压强就会增大。可见，气体的体积和压强属于两种不同类型，是可以独立改变的。体积是几何参量，压强是力学参量。

除上述两种参量外，考虑到气体的多少及气体的化学成分的含量，可用气体的质量或物质的量来表示。这些表征系统的化学成分，是化学参量。当然，当有电磁现象出现时，还必须加上一些电磁参量来表征气体的系统。

总之，一般情况下，需用几何参量、力学参量、化学参量和电磁参量等四类参量来描述热力学系统。究竟用哪些参量能完全描述系统的状态，由系统本身的性质决定，应具体问题具体分析。

2. 平衡态

人们通常把确定为研究对象的物体或物体系统称为热力学系统(简称为系统)，这里所说的物体可以是气体、液体或固体这些宏观物体，在热力系统外部，与系统的状态变化直接有关的一切叫作系统的外界。热力学研究的客体是由大量分子、原子组成的物体或物体系。

若系统与外界没有能量和质量的交换，这样的系统称为孤立系统；与外界没有质量交换，但有能量交换的系统，称为封闭系统；既有质量又有能量交换的系统称为开放系统。

热力学和分子运动论研究的是由大量分子、原子组成的物体或物体系统的热运动的形式，而研究它们的宏观状态有一种较重要的特殊情形，即平衡态。

什么是平衡态呢？我们先来看两个例子。假设有一封闭容器，与外界没有任何作用，是一个独立的系统，用了隔板将该容器分成左和右两部分，左部分贮存某种气体，右部分是真空(图 6-1)。当隔板抽去之后，左部分的气体向右部分运动，在这个过程中，气体内各处是不均匀的，但随时间改变一直到最后各处气体会均匀一致，如果没外界影响，容器中的气体将始终保持这一状态，不再发生宏观变化。

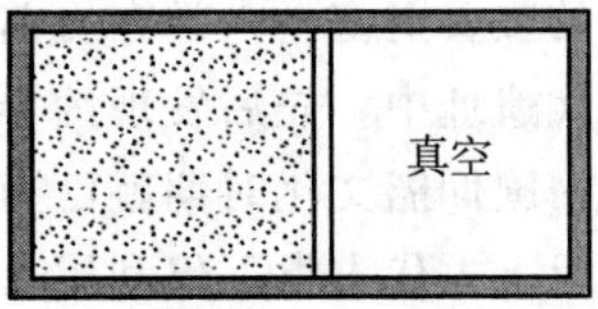

图 6-1　平衡态

又如，将一碗热水倒入一碗冷水当中，热水将变冷，冷水将变热，直到水的冷热程度均匀一致，这时，如果没有外界影响，则水将始终保持这一状态，不再发生宏观变化。而我们感觉到水还会变冷，是因为与外界有热的交换。

归纳这些现象，可以总结为在没有外界影响，经过一定的时间后，系统将达到一个确定的状态，并且宏观性质不再随时间而变化的状态就叫作平衡态。换句话说，气体处于平衡状态的标志就是表征这一气体的一组状态参量(p，V，T)各具有一定确定的值。其实，气体的平衡状态应该称之为热动平衡状态。因为气体分子的热运动是永不停息的，正是通过分子的热运动和相互碰撞，使原来处于非平衡状态的气体，最后达到在宏观上表现为气体各部分的密度均匀、温度均匀和压强均匀的热动平衡状态。

3. 理想气体物态方程

实验证明，当一定量的气体处于平衡态时，描述平衡状态的三个参量 p，V，T 之间存在一定的关系，当其中任意一个参量发生变化时，其他两个参量也将随之改变，即其中一个量是其他两个量的函数，即

$$T=T(p, V) \quad \text{或} \quad f(p, V, T)=0$$

上述方程就是一定量的气体处于平衡态时的物态方程。在中学物理中我们已经知道，一般气体，在密度不太高、压强不太大(与大气压强相比)和温度不太低(与室温比较)的实验范围内，遵守玻意耳定律、盖·吕萨克定律和查理定律，我们把任何情况下

都遵守上述三条实验定律和阿伏伽德罗定律的气体称为理想气体。一般气体在温度不太低、压强不太大时，都可以近似当作理想气体。描述理想气体状态的三个参量 p，V，T 之间的关系即为理想气体物态方程，可由三个实验定律和阿伏伽德罗定律导出。对一定质量的理想气体，物态方程的形式为

$$pV=\frac{m}{M}RT \quad \left(\text{物质的量}\ \mu=\frac{m}{M}\right) \tag{6-1}$$

式(6-1)叫作理想气体状态方程，式中：m 为气体质量；M 为 1 摩尔气体的质量，简称摩尔质量，如氧气的摩尔质量 $M=32\times10^{-3}\ \mathrm{kg\cdot mol^{-1}}$；$R$ 为一常数，称为摩尔气体常量，在国际单位制中 $R=8.31\ \mathrm{J\cdot mol^{-1}\cdot K^{-1}}$。

理想气体实际上是不存在的，它只是真实气体的初步近似，许多气体如氢、氧、氮、空气等，在一般温度和较低压强下，都可看作理想气体。

6.1.2 温度

温度是表示物体冷热程度的物理量，微观上来讲是物体分子热运动的剧烈程度。从分子运动论观点看，温度是物体分子平均平动动能的标志。温度是大量分子热运动的集体表现，含有统计意义。对于个别分子来说，温度是没有意义的。

上述提到的几种参量都不是热力学所特有的，只有温度才能直接表征系统的冷热程度，是热现象中共同具有的物理量。在生活中，我们很清楚地知道，热的物体温度高，冷的物体温度低，但要分析和解决实际中的各种热学问题，还必须建立严格的、科学的定义。

1. 热力学第零定律

绝对零度与开氏温标

两个各自处在一定平衡态的系统，若发生热接触，则相互之间可以进行热交换。一般地，两个系统的状态都将发生变化，但经过一段时间后，各自的宏观参量不再变化。这表明两个系统都达到了一个新的平衡态，由于这种新的平衡态是两个系统在发生传热的条件下达到的，所以把这种平衡称为热平衡。其重要标志是两系统之间的热交换停止。实验表明：如果两个热力学系统中的每一个都与第三个系统的某一平衡态处于热平衡，则这两个系统必定处于热平衡，这个结论称为热力学第零定律。

对于任意三个热力学系统 A，B，C，将 A 和 C 互相隔开，但使它们同时与 B 热接触，经过一段时间后，A 和 B 以及 B 和 C 都达到热平衡。这时，如果再使 A 和 C 热接触，则发现它们的状态都不发生变化，说明 A 与 C 也达到了热平衡。若用符号“⇨”连接互相为热平衡的系统，这个过程可以表示为

如果：A⇨B，又 B⇨C，则 A⇨C

热力学第零定律为建立温度概念提供了实验基础，这个定律反映出，处在同一热平衡状态的所有的热力学系统都具有一个共同的宏观性质。我们定义这个宏观性质为温度，也就是说，温度是决定一系统是否与其他系统处于热平衡的宏观性质，它的特征就在于一切互为热平衡的系统都具有相同的温度。值得强调的是，热接触只是为热平衡的建立创造了条件，每个系统在热平衡时的温度仅仅取决于系统内部热运动的状态，也就是说，温度反映了系统本身内部热运动状态的特征，其实就是反映了组成系统大量分子的无规则运动的剧烈程度。

2. 温度

(1)温度的等级。

科学界给地球上的气温划分了等级。

极寒≤－40 ℃

奇寒－39.9～－35 ℃

酷寒－34.9～－30 ℃

严寒－29.9～－20 ℃

深寒－15～－19.9 ℃

大寒－14.9～－10 ℃

小寒－9.9～－5 ℃

轻寒 0～－4.9 ℃

微寒 0～4.9 ℃

凉 5～9.9 ℃

温凉 10～11.9 ℃

微温凉 12～13.9 ℃

温和 14～15.9 ℃

微温和 16～17.9 ℃

温暖 18～19.9 ℃

暖 20～21.9 ℃

热 22～24.9 ℃

炎热 25～27.9 ℃

暑热 28～29.9 ℃

酷热 30～34.9 ℃

奇热 35～39 ℃

极热≥40 ℃

(2)温度计。

一切互为热平衡的物体都具有相同的温度，这是温度计测量温度的依据。我们可以选择热容量小的材料作温度计，测量时使温度计与待测系统接触，只要经过一段时间热平衡后，温度计的温度就等于待测系统的温度。而温度计的温度可以通过它的某一个状态参量标记出来。例如，水银(酒精)温度计由液体的体积来标记，并通过液面的位置显示出来。如图 6-2 和图 6-3 所示是两种温度计的实物图。

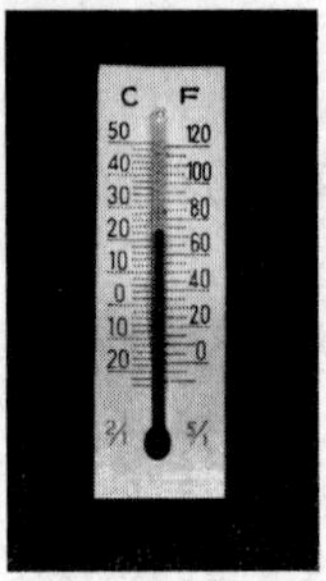

图 6-2　酒精温度计

图 6-3　模具表面温度计

除酒精温度计外，还可以利用其他的测温属性来制定温度计。几种常见的温度计如表6-1所示。

表6-1　几种常见的温度计

温度计名称	测温属性
定容气体温度计	压强
定压气体温度计	体积
铂电阻温度计	电阻
铂-铑热电偶温度计	热电动势
液体温度计	液柱长度

随着技术的进步和科学的发展，现在还有半导体温度计、光测温度计等，也有转动式温度计、船用温度计等专用温度计。下面简单介绍几种温度计的功能。

①液晶温度计。用不同配方制成的液晶，其相变温度不同，当其相变时，其光学性质也会改变，使液晶看起来变了色。如果将不同相变温度的液晶涂在一张纸上，则由液晶颜色的变化，便可知道温度是多少了。这种温度计的优点是读数容易，而缺点则是精确度不足，常用于观赏鱼缸中以指示水温。

②半导体温度计。半导体的电阻变化和金属不同，温度升高时，其电阻反而减小，并且变化幅度较大。因此少量的温度变化也可使电阻产生明显的变化，所制成的温度计有较高的精密度，常被称为感温器。

③热电偶温度计。热电偶温度计是由两条不同金属连接着一个灵敏的电压计所组成。金属接点在不同的温度下，会在金属的两端产生不同的电位差。电位差非常微小，故需灵敏的电压计才能测得。由电压计的读数，便可知道温度的多少。

④光测温度计。物体温度若高到会发出大量的可见光，可利用测量其热辐射来确定其温度，这种温度计即为光测温度计。此温度计主要是由装有红色滤光镜的望远镜及一组带有小灯泡、电流计与可变电阻的电路制成。使用前，先建立灯丝不同亮度所对应温度与电流计的读数关系。使用时，将望远镜对正待测物，调整电阻，使灯泡的亮度与待测物相同，这时电流计便可读出待测物的温度了。

(3)温标。

为了定量地描述温度，还必须用具体的数值来表示温度。温度的数值表示法叫温标。

例如，常用的酒精温度计是利用酒精的热胀冷缩性质来制成的，即用液体的体积来标记温度。这种温度计一般采用摄氏温标。历史上摄氏温标规定：冰点(指纯冰和纯水在一个标准大气压下达到平衡时的温度)为0 ℃，汽点(指纯水和水蒸气在蒸汽压为一个标准大气压下达到的温度)为100 ℃，中间划分为100等份，每等份为1 ℃。

在一些国家的商业和日常生活中还沿用另一种温标——华氏温标。华氏温标最早是由华伦海特(G. D. Fahrenheit)所制。华氏温度的单位叫作华氏度，写作℉。华氏温度 t_F 与摄氏温度 t 的换算关系为

$$t_F = 32 + \frac{9}{5}t \tag{6-2}$$

根据这个关系可以确定冰点为 32.0 ℉，汽点为 212.0 ℉，而 1 华氏度为 1 摄氏度的 5/9。

可以看出，建立温标需要：选择某种物质的某一种随温度的变化属性(测温属性)；选定固定点；对测温属性随温度的变化关系作出规定。温标包括三个要素：测温物质及其测温属性、定标点、分度法。

上述温度计都与物质的测温属性有关，是否可以建立一种温标，它完全不依赖于任何测温物质及其物理属性呢？回答是肯定的，开尔文在热力学第二定律基础上引用了一种热力学温标，它完全不依赖于测温物质和测温属性，这种温标叫热力学温标，也叫开尔文温标。它的规定如下：使用的单位叫开尔文，简称开，用 K 表示，且 1 K 等于水的三相点的热力学温度的 1/273.16。用热力学温标表示的温度叫作热力学温度，或叫绝对温度。

在 1960 年国际计量大会上，把摄氏温标和热力学温标进行了统一，规定摄氏温标由热力学温标导出，关系式为

$$t = T - 273.15 \tag{6-3}$$

根据定义，热力学温度 273.15 K 为摄氏温标的零点($t=0$)，摄氏温度的单位仍然叫摄氏度，符号为 ℃。

按国际规定，热力学温标是基本的温标，但是一种理想温标。一般在测量当中，将温度分成以下几个温度段。

1 K 以下	磁温度计
13.81 K 以下	半导体温度计
13.81～273.16 K	低温铂电阻温度计
273.16～903.89 K	铂电阻温度计
903.89～1337.58 K	铂-铑热电偶温度计
1337.59 K 以上	光测温度计

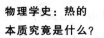

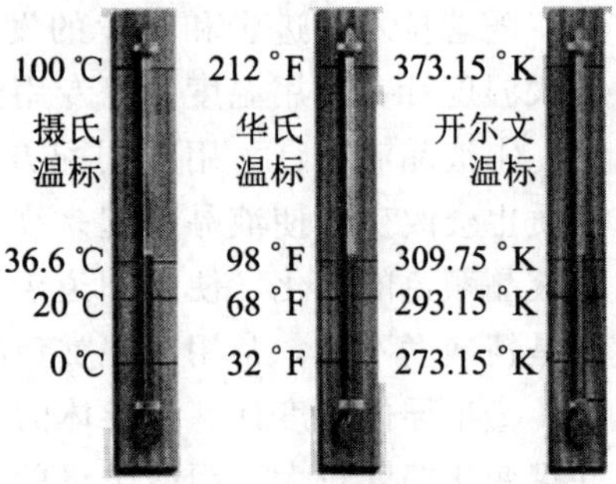

图 6-4　三种标

物理学史：热的本质究竟是什么？

科学家介绍：开尔文

6.2　热力学第一定律

6.2.1　准静态过程　功　热量

1. 准静态过程

热学研究的对象是大量微观粒子组成的宏观客体，一般把所研究的宏观物体(如气体、液体、固体、化学电池、电介质、磁介质等)称为热力学系统，简称系统，也称工作物质。系统之外，一切环境统称外界。本章将主要以理想气体作为热力学系统。根据系统与外界之间相互作用及能量、质量交换的情况，分别有：

弧立系统——与外界既无质量又无能量交换；

封闭系统——与外界无质量交换；

开放系统——与外界有质量交换；

绝热系统——与外界无热量交换。

当一热力学系统的状态随时间改变时，系统就经历了一个热力学过程，由于中间状态不同，热力学过程又分为非静态过程和准静态过程。

气体与外界交换能量时，它的状态就要发生变化。气体从一个状态不断变化到另一个状态，其间所经历的过渡方式称为状态变化的过程。假设一个系统开始就处于平衡态，经过一系列状态变化后达到另一个平衡态，如果过程所经历的所有中间状态都是缓慢的，都无限接近平衡状态，这个过程就称为准静态过程。实际的过程是在有限时间内进行，也不可能是无限缓慢的，但在很多情况下，可把实际过程当作准静态过程来处理。本章所研究的过程无特别说明都是指准静态过程。显然准静态过程是一个理想过程，但在热力学研究中具有重要意义。

例如，如图 6-5 所示，每次一个分子从 A 部分跑去 B 部分，可以认为一个分子跑去 B 部分后，这瞬间的过程，两部分都接近平衡状态，在分子不断从 A 部分一个一个地跑到 B 部分的过程中，每跑一个分子的中间状态，两部分都仍然是平衡态，最终 A 和 B 达到平衡态后，这个中间过程可以看作是准静态过程。

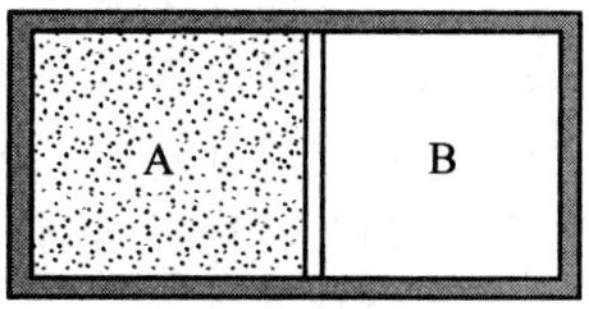

图 6-5　准静态过程

2. 功

在力学中，机械功是表示力对空间的累积，在做功的过程中，外界与物体之间有能量的交换，从而改变了系统的机械能。在一般情况下，由做功引起不只是系统机械运动状态的变化，还可以有热运动状态、电磁状态的变化等。

现在来讨论系统在准静态过程中，由于其体积变化所做的功。以体积、压强作为系统的状态参量，当系统被压缩或系统对外膨胀时，将会发生做功的过程。如图 6-6 所示，在一有活塞的汽缸盛有一定量的气体，气体的压强为 p，活塞的面积为 S，则作用在活塞上的力大小为 $F=pS$，当系统经历一微小的准静态过程使活塞移动一微小段距离 Δl 时，气体所做的功为：$\Delta A=F\Delta l=pS\Delta l=p\Delta V$，其中 ΔV 为气体体积的变化量。

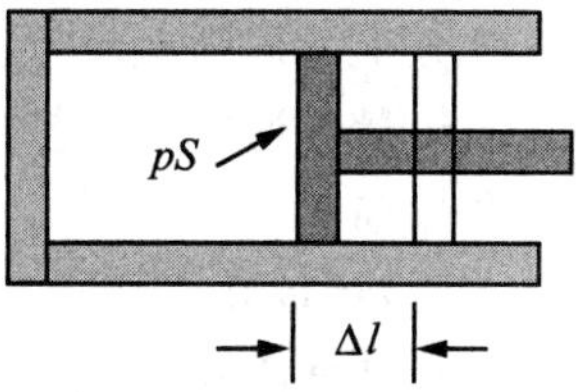

图 6-6　气体膨胀做功

这是表示一小段距离气体所做的功，如果活塞从 A 移动到 B，则在气体从 A 状态变到 B 状态的准静态过程中所做的总功

$$A=\sum\Delta A=\sum p\Delta V \tag{6-4a}$$

当气体的体积从 A 到 B 的变化过程中，有无限小变化 $\mathrm{d}V$ 时，气体所做的元功为 $\mathrm{d}W=p\mathrm{d}V$，则式(6-4a)表示的总功可写成

$$W=\int_{V_1}^{V_2}p\,\mathrm{d}V \tag{6-4b}$$

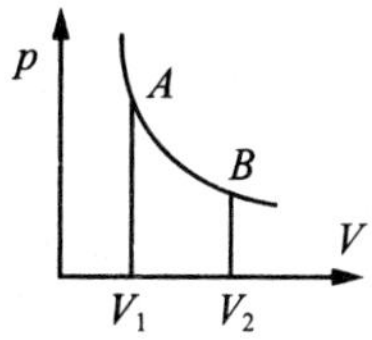

图 6-7　做功

这相当于在 p-V 图上 ABV_2V_1 所包围的面积，也就是过程曲线下面的面积，如图 6-7 所示。一般我们规定：气体膨胀时，气体对外界做正功；当气体被压缩时，它对外界做负功。状态变化过程不同，系统所做的功也就不同，但是系统所做的功不仅与系统始末状态有关，而且还与变化过程有关，所以说功不是状态函数，功是一个过程量。

3. 热量

做功是热力学系统相互作用的一种方式，外界对系统做功会使系统的状态发生变化。而热力学另一种相互作用的方式是热传递，向系统传递能量也可以改变系统的状态。这类例子很多，如温度不同的两个物体 A 和 B 互相接触后，热的物体变冷，冷的物体变热，最后达到热平衡，具有相同的温度 T。对于这种现象，引入了热量的概念来说明两系统的热运动状态都因为热传递过程而发生变化。我们把系统与外界之间由于存在温度差而传递的能量叫作热量，用符号“Q”表示。

在国际单位制中，热量与功的单位相同，都是“J”(焦耳)。

焦耳(James Prescott Joule，1818—1889)是英国杰出的物理学家。焦耳的主要贡献是他钻研并测定了热和机械功之间的当量关系。他用不同材料进行实验，并不断改进实验设计，结果发现尽管所用的方法、设备、材料各不相同，结果都相差不远；他精益求精，直到 1878 年还有测量结果的报告。他近 40 年的研究工作，为热运动与其他运动的相互转换、运动守恒等问题，提供了无可置疑的证据，焦耳因此成为能量守恒定律的发现者之一。

焦耳和迈耶(Mayer)自 1840 年起，历经 20 多年，用各种实验求证热和功的转换关系，得到的结果是一致的，即

$$1\ \mathrm{cal}=4.184\ 0\ \mathrm{J}$$

应当指出，做功和传递热量虽有其等效一面，但在本质上仍然存在着区别。做功是通过物体宏观位移来完成的，所起的作用是物体的有规则运动与系统内分子无规则运动之间的转换；而传递热量是通过分子之间的相互作用来完成的，所起的作用是系统外分子无规则运动与系统内分子无规则运动之间的转换。

热量传递的多少与其传递的方式有关，一般将热传递分为三种方式：热传导、对流和热辐射。

(1)热传导。

它具有依靠物体内部的温度差或两个不同物体直接接触，在不产生相对运动的情况下，仅靠物体内部微粒的热运动传递了热量；热传导是固体中热传递的主要方式。在气体或液体中，热传导过程往往和对流同时发生。各种物质都能够传导热，但是不同物质的传热本领不同。善于传热的物质叫作热的良导体，不善于传热的物质叫作热的不良导体。各种金属都是热的良导体，其中最善于传热的是银，其次是铜和铝。瓷、纸、木头、玻璃、皮革都是热的不良导体。最不善于传热的是羊毛、羽毛、毛皮、棉花、石棉、软木和其他松软的物质。液体中，除了水银以外，都不善于传热，气体比液体更不善于传热。

(2)对流。

对流是流体中温度不同的各部分之间发生相对位移时所引起的热量传递的过程。

①自对流：靠物体的密度差引起密度变化的最大因素是温度。

②受迫对流：(是靠人为做功)受到机械作用或压力差而引起的相对运动。

(3)热辐射。

物体通过电磁波传递能量的过程称为辐射，由于热的原因，物体的内能转化为电磁波的能量而进行的辐射过程。

任何物体只要在 0 K 以上，就能发生热辐射。热辐射在红外线探测领域运用得较广，在空气分离中运用得较少，板翅式换热器真空钎焊加热是依靠热辐射。用辐射方

式传递热，不需要任何介质，因此，辐射可以在真空中进行。地球上得到太阳的热，就是太阳通过辐射的方式传来的。

一般情况下，热传递的三种方式往往是同时进行的，如电脑中的 CPU 就同时应用三种散热方式，如图 6-8 所示。

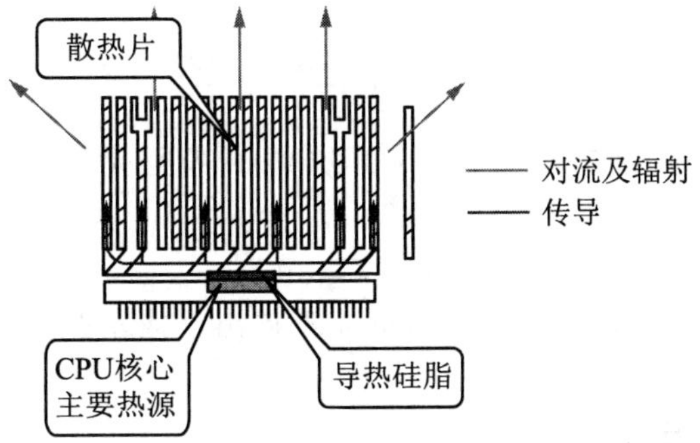

图 6-8　CPU 散热

6.2.2　热容量

我们知道，向一物体传递热量，热量 Q 的量值可用下式计算，即

$$Q=Mc(T_2-T_1)$$

式中，M 为物体的质量，c 为比热容，T_1 和 T_2 为传热前后物体的温度。Mc 叫作此物体的热容。如果取 1 mol 的物体，相应的热容就是摩尔热容量，简称摩尔热容，用 C_m 表示。由定义可知，摩尔热容就是对 1 mol 的物质当温度升高(或降低)1 K 时所吸取(或放出)的热量。

知识拓展：我国古代对热传导的研究

根据上述定义，物体的摩尔热容为

$$C_m=\lim_{\Delta T\to 0}\frac{\Delta Q}{\Delta T}=\frac{dQ}{dT} \tag{6-5}$$

同一种气体，在不同的过程中，有不同量值的热容。最常用的是摩尔定体热容和摩尔定压热容。对气体而言，两种热容相差较大，要加以区分，但对固体和液体而言，两种热容实际差值较小，一般不加以区别。

1. 摩尔定体热容

设有 1 mol 理想气体，在定体过程中所吸收的热量为 ΔQ，气体的温度由 T 升高到 $T+\Delta T$，则气体的摩尔定体热容为

$$C_{v,m}=\lim_{\Delta T\to 0}\frac{\Delta Q_v}{\Delta T}=\frac{dQ_v}{dT} \tag{6-6a}$$

摩尔定体热容的单位是焦耳/(摩尔·开尔文)，符号是 $J\cdot mol^{-1}\cdot K^{-1}$，上式也可写成

$$dQ=C_{v,m}dT \tag{6-6b}$$

由上式可以看出，对给摩尔定体热容 $C_{v,m}$ 的 1 mol 理想气体，其内能增量仅与温度的增量有关。因此，1 mol 给定的理想气体无论经历什么样的状态变化过程，只要温度的增量 ΔT 相同，其内能的增量 ΔU 就是一定的。这就是说，理想气体内能的改变只与起始和终了的温度的改变有关，与状态的过程无关。

摩尔定体热容 $C_{v,m}$ 可以由理论计算得出，也可以通过实验测出，表 6-2 给出了几种气体的 $C_{v,m}$ 值。

2. 摩尔定压热容

设有 1 mol 理想气体，在等压过程中所吸收的热量为 ΔQ，气体的温度由 T 升高到 $T+\Delta T$，则气体的摩尔等压热容为

$$C_{p,m}=\lim_{\Delta T\to 0}\frac{\Delta Q_p}{\Delta T}=\frac{dQ_p}{dT} \tag{6-7a}$$

摩尔定压热容的单位是焦耳/(摩尔·开尔文)，符号是 $J\cdot mol^{-1}\cdot K^{-1}$，上式也可写成

$$dQ=C_{p,m}dT \tag{6-7b}$$

摩尔定压热容 $C_{p,m}$ 也同样可以由理论计算得出，或实验测出，见表 6-2 给出的气体摩尔定压热容 $C_{p,m}$ 的数值。

3. $C_{v,m}$ 与 $C_{p,m}$ 的关系

对于 1 mol 理想气体，可以推导出等压热容与等体热容的关系公式为

$$C_{p,m}=C_{v,m}+R$$

或

$$C_{p,m}-C_{v,m}=R \tag{6-8}$$

上式称为迈耶公式。说明理想气体的摩尔定压热容较之定容热容大一恒量 R，$R\approx 8.31\ J\cdot mol^{-1}\cdot K^{-1}$。也就是说，在等压过程中，温度升高 1 K 时，1 mol 的理想气体要多吸收 8.31 J 的热量，用来转换为膨胀对外做的功。

而摩尔定压热容 $C_{p,m}$ 与摩尔定体热容 $C_{v,m}$ 的比值，常用 γ 来表示，称为比热容比，可以写作

$$\gamma=\frac{C_{p,m}}{C_{v,m}}$$

比热容比没有单位。对于理想气体可算出单原子气体的 $\gamma=5/3=1.67$，双原子气体的 $\gamma=1.40$。

表 6-2 列举了几种常见气体摩尔热容的实验数据。从表中可以看出：①对各种气体来说，两种摩尔热容之差($C_{p,m}-C_{v,m}$)都接近 R；②对单原子分子和双原子分子来说，$C_{p,m}$，$C_{v,m}$ 和 γ 的实验值与理论值相近，这说明经典的热容理论近似地反映客观事实。

表 6-2　几种常见的摩尔热容的实验数据

原子数	气体的种类	$C_{p,m}$ /$J\cdot mol^{-1}\cdot K^{-1}$	$C_{v,m}$ /$J\cdot mol^{-1}\cdot K^{-1}$	$C_{p,m}-C_{v,m}$ /$J\cdot mol^{-1}\cdot K^{-1}$	睡 $\gamma=\frac{C_{p,m}}{C_{v,m}}$
单原子	氦	20.95	12.61	8.34	1.66
	氩	20.90	12.53	8.37	1.67
双原子	氢	28.83	20.47	8.36	1.41
	氮	28.88	20.56	8.32	1.40
	氧	29.61	21.16	8.45	1.40
三原子及以上	水蒸气	36.2	27.8	8.4	1.31
	甲　烷	35.6	27.2	8.4	1.30
	乙　醇	87.5	79.1	8.4	1.11

6.2.3 热力学第一定律　内能

1. 热力学第一定律

热力学第一定律就是能量转化和守恒定律。19 世纪中叶，在长期生产实践和大量科学实验的基础上，它才以科学定律的形式被确立，直到今天，不但没有发现违反这一定律的事实，反而大量新实践不断证明这一定律的正确性，扩充着它的实践基础，丰富着它所依据的内容。

课外阅读：热力机械的发明

能量转化和守恒定律的表述为：自然界一切物质都具有能量，能量有各种不同的形式，能够从一种形式转化为另一种形式，从一个物体传递给另一个物体，在转化和传递中能量的总量保持不变。

能量守恒定律是自然界最普遍、最重要的基本定律之一。从物理、化学到地质、生物，大到宇宙天体，小到原子核内部，只要有能量转化，就一定服从能量守恒的规律。从日常生活到科学研究、工程技术，这一规律都发挥着重要的作用。人类对各种能量，如煤、石油等燃料以及水能、风能、核能等的利用，都是通过能量转化来实现的。能量守恒定律是人们认识自然和利用自然的有力武器。

热力学第一定律是在确定了热功当量以后才建立起来的。在这以前，有人企图设计一种永动机，使系统不断地经历状态变化而仍回到初始状态，同是在此过程中，无须外界任何能量的供给而能不断地对外做功。这种永动机称为第一类永动机。所有的设计和想法，最终都失败了。因为热力学第一定律指出，做功必须由能量转换而来，很显然，第一类永动机是不可能造成的。

2. 热力学第一定律的数学表达式

由前面的讨论已知，系统的状态，即能量发生改变可以由外界向系统传递热量 Q 来实现，也可以由外界对系统做功 A 来实现；当然，外界向系统传递热量的同时，又对系统做功，系统能量的改变就与这二者有关了。在热力学中，人们把系统处于某状态而具有的能量，称为系统的内能。设想系统在开始状态的内能为 U_1，当外界对它传递热量和对它做功后，系统达到末状态时的内能为 U_2，则由能量守恒定律，有

$$U_2-U_1=Q+A_{外} \tag{6-9a}$$

上式表明，系统内能的增量等于外界向系统传递的热量与外界对系统做功之和。如以 A 表示系统对外界做的功，有 $A_{外}=-A$，则上式可改写成

$$Q=A+\Delta U$$

上式的物理意义：系统从外界吸收的热量，一部分用于系统对外做功；另一部分用来增加系统的内能。这就是热力学第一定律。为了便于公式的运用，一般规定如下：$Q>0$，表示系统从外界吸收热量，$Q<0$，表示系统向外界放出热量；$A>0$ 系统对外界做正功，$A<0$，表示系统对外界做负功；$\Delta U>0$，表示系统内能增加，$\Delta U<0$ 表示系统内能减少。

对于系统状态微小变化过程，热力学第一定律的数学更普遍的表达式可写成

$$\mathrm{d}Q=\mathrm{d}A+\mathrm{d}U \tag{6-9b}$$

值得说明的是，热量 Q 和做功 A 都与系统变化的过程有关，是过程量，不是状态

量，而内能 ΔU 表示内能的增量，它只与系统的末始状态有关，与系统所经历的过程无关，是系统的单值函数，是状态量。

例 6-1 水在 1 个标准大气压下沸腾时，汽化热 $L=2263.8\ \mathrm{J/g}$，这时质量 $m=1\ \mathrm{g}$ 的水变为 $V_1=1043\ \mathrm{cm^3}$ 水蒸气，当体积变为 $V_2=1676\ \mathrm{cm^3}$，在该过程中吸收的热量是多少？水蒸气对外界做的功是多少？增加的内能是多少？

解 1 g 水汽化的过程中吸收的热量为

$$Q=mL=1\times2263.8\ \mathrm{J}=2263.8\ \mathrm{J}$$

水蒸气在 1 个标准大气压下膨胀，对外界所做的功为

$$W=p_0(V_2-V_1)=1.013\times10^5\times(1676-1043)\times10^{-6}\ \mathrm{J}\approx64.12\ \mathrm{J}$$

根据热力学第一定律，增加的内能为

$$\Delta U=Q-W=2263.8\ \mathrm{J}-64.12\ \mathrm{J}=2199.68\ \mathrm{J}$$

热力学第一定律

6.2.4 热力学第一定律对理想气体的应用

在对理想气体应用热力学第一定律之前，首先讨论理想气体及其内能，然后再讨论各种过程的状态变化。

1. 理想气体的内能和焦耳实验

1845 年焦耳更精确地做了盖·吕萨克的气体自由膨胀实验，并得出同样的结论：膨胀后气体的温度没有降低。焦耳实验原理如图 6-9 所示，高压气体的压强为标准大气压 22 倍，另一半是真空，两汽缸被活塞隔开，整个装置置于盛水的外有绝热包壳的容器中，将活塞打开后，气体将由高压处向真空处自由膨胀，这个过程叫自由膨胀过程。焦耳测量膨胀前后气体温度及水温，没有发生改变。

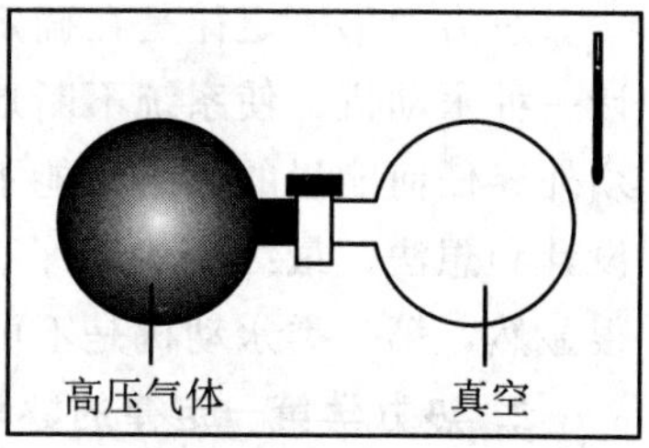

图 6-9 盖·吕萨克-焦耳实验

这一结果很明显，由于气体向真空膨胀，外界无阻力，于是 $A=0$，又因为过程是绝热的 $Q=0$，所以有 $U_2=U_1$ 或 $\Delta U=0$，即气体体积改变而内能不变。

此外，焦耳实验还表明，温度也不变，充分说明了气体的内能只与温度有关而与体积无关。严格遵从气体状态方程 $pV=\mu RT$ 及内能 $U=U(T)$ 只是温度的单值函数的气体，称为理想气体。其中 μ 为物质的量。

2. 等体过程

在等体过程(亦称等容过程)中，理想气体的体积保持不变，如图 6-10 所示，等体过程在 p-V 图上是一条平行于 p 轴的直线，即等体线。

过程方程：由 $pV=uRT$ 可得

$$\frac{p_1V_1}{T_1}=\frac{p_2V_2}{T_2}$$

所以

$$\frac{p_1}{T_1}=\frac{p_2}{T_2}$$

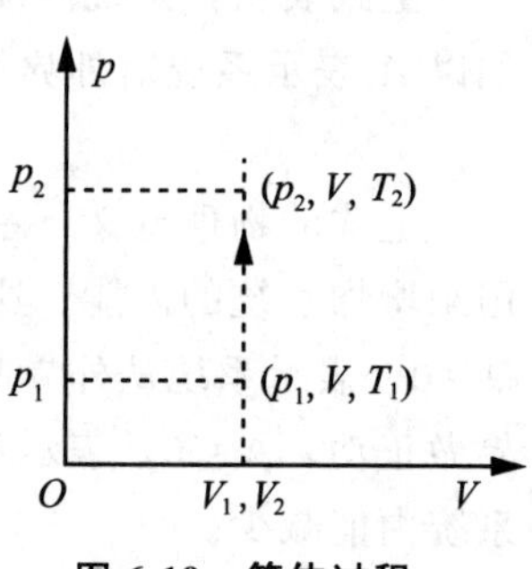

图 6-10 等体过程

在等体过程中，由于气体的体积是常量，气体不对外做功，即 $A=0$，由热力学第

一定律可知

$$Q=U_2-U_1$$

上式表明，气体吸收的热量全部用来增加气体的内能，而系统对外没有做功。

对于摩尔定体热容为 $C_{v,m}$ 而物质的量为 μ 的理想气体，在等压过程中，其温度由 T_1 变化为 T_2，所吸收的热量为

$$Q_v=\mu C_{v,m}(T_2-T_1) \tag{6-10}$$

又因为在等体过程中，$A=0$，$dQ=dU$，所以(6-10)式又可写成

$$dU=\mu C_{v,m}dT$$

3. 等压过程

等压过程的特征是系统的压强保持不变，即 p 为恒量，如图 6-11 所示，等压过程在 p-V 图上是一条平行于 V 轴的直线，即等压线。过程方程：$\frac{V_1}{T_1}=\frac{V_2}{T_2}$。

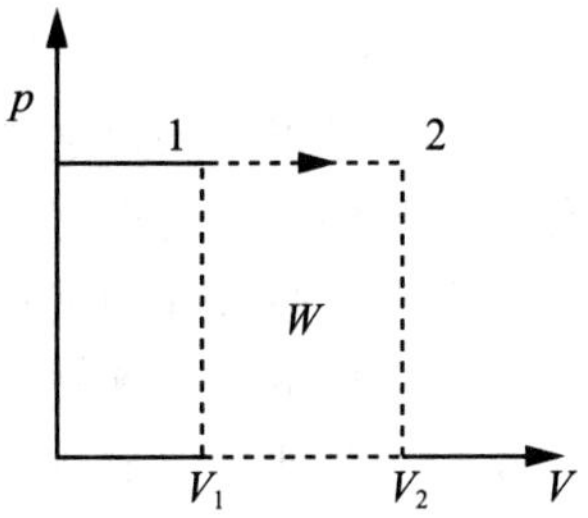

图 6-11　等压过程

在等压过程中，对有限过程来说，向气体传递的热量为 ΔQ，气体对外所做的功为 A，则有

$$dQ_p=dU+dA=dU+p\,dV$$

得

$$Q_p=U_2-U_1+p(V_2-V_1)$$

即气体在等压过程中所吸收的热量，一部分转换为内能的增量；一部分转换为对外做的功。并且在不同的等压过程中，气体所做的功以及气体吸收或放出的热量都因过程的不同而异。

对于摩尔定体热容 $C_{p,m}$ 而物质的量为 μ 的理想气体，在等体过程中，其温度由 T_1 变化为 T_2，所吸收的热量为

$$Q_p=\mu C_{p,m}(T_2-T_1) \tag{6-11}$$

摩尔定压热容的单位与摩尔定体热容的单位相同，它们之间的关系可推导如下，即

$$C_{p,m}=\frac{dQ}{\mu dT}=\frac{dU+p\,dV}{\mu dT}=\frac{dU}{\mu dT}+p\frac{dV}{\mu dT}$$

对于 1 mol 的理想气体，由于 $C_{v,m}=dU/dT$，根据物态方程 $p\,dV=R\,dT$ 在等压过程中 p 为常量，上式可为 $C_{p,m}=C_{v,m}+R$，于是得 $C_{p,m}-C_{v,m}=R$，此式即为迈耶公式。

4. 等温过程

等温过程的特征是系统的温度保持不变，即 T 为恒量，由于理想气体的内能只取决于温度，因此，在等温过程中，理想气体的内能也保持不变，即 $\Delta U=0$。过程方程：由物态方程可得：$p_1V_1=p_2V_2$，

由理想气体状态方程 $pV=\frac{m}{M}RT$，得 $p=\frac{m}{M}RT\frac{1}{V}$。

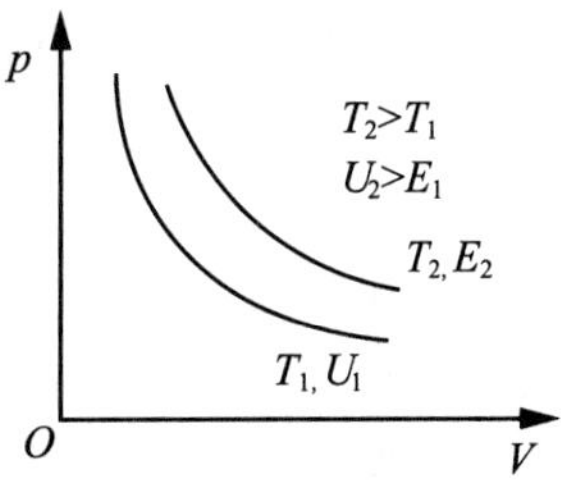

图 6-12　等温过程

则在等温过程中，系统对外界所做的功为

$$A_T=\int_{V_1}^{V_2} p\,dV=\frac{m}{M}RT\int_{V_1}^{V_2}\frac{dV}{V}=\frac{m}{M}RT\ln\frac{V_2}{V_1}$$

$A_T=\frac{m}{M}RT\ln\frac{V_2}{V_1}$——用体积表示。

由热力学第一定律得

$$Q_T=A_T=\frac{m}{M}RT\ln\frac{p_1}{p_2}=\frac{m}{M}RT\ln\frac{V_2}{V_1} \tag{6-12}$$

可见，在等温膨胀过程中，理想气体系统从外界吸收的热量，全部用来对外做功；在等温压缩过程中，外界对理想气体所做的功，全部转换为传给恒温热源的热量。

5. 绝热过程

绝热过程是热力学过程中一个十分重要的过程，在气体的状态发生变化的过程中，如果它与外界之间没有热交换，这种过程叫作绝热过程。实际上，没有绝对的绝热过程，但在有些过程的进行中，虽然系统与外界之间有热量传递，但所传递的热量很小，以致可忽略不计，这种过程就可近似看作是绝热过程。在工程上，蒸汽机汽缸中蒸汽的膨胀、柴油机中受热气体的膨胀、压缩机中的空气的压缩等，常可近似地看作是绝热过程。这些过程进行得迅速，在过程进行时只有很少的热量通过容器壁进入或离开系统。此外，声波在空气中传播时，空气的压缩和膨胀过程也可看作是绝热过程。

绝热过程的特征是系统与外界没有热量交换的过程，$Q=0$。所以在准静态绝热过程中，理想气体状态参量的变化关系对于一微小绝热过程来说，有

$$dU=-dA=-p\,dV=\mu C_v\,dT \tag{6-13}$$

另一方面，p，V，T 三个参量不是独立的，它们要同时满足理想气体的状态方程 $pV=\mu RT$，将状态方程式求微分，可得

$$p\,dV+V\,dp=\mu R\,dT \tag{6-14}$$

由式(6-13)和式(6-14)两式中消去 dT，得

$$(C_v+R)p\,dV=-C_vV\,dp$$

再由 $C_p=C_v+R$，和 $\gamma=C_p/C_v$，可将上式变为

$$\frac{dp}{p}+\gamma\frac{dV}{V}=0$$

求积分后，得

$$\gamma\ln V+\ln p=c\text{（常量）}$$

改写成

$$pV^{\gamma}=C \tag{6-15a}$$

将理想气体状态方程 $pV=\mu RT$ 代入上述绝热方程，分别消去 p 或 V，可得

$$V^{\gamma-1}T=C \tag{6-15b}$$

$$p^{\gamma-1}T^{-\gamma}=C \tag{6-15c}$$

上述三式是理想气体在准静态绝热过程压强、体积和温度变化的关系式，统称为绝热方程。

根据这些式子，在 p-V 图中可画出理想气体绝热过程所对应的曲线，叫绝热线。

如图 6-13 所示，在 p-V 图上，绝热线比等温线要陡，因为等温线的斜率是 $\frac{dp}{dV}=$

$-\dfrac{p}{V}$，而绝热热线的斜率为$\dfrac{\mathrm{d}p}{\mathrm{d}V}=-\gamma\dfrac{p}{V}$，绝热线的斜率比等温线的斜率绝对值要大，这表明同一气体从同一初状态发生同样的体积膨胀时，压强的降低在绝热过程中比等温过程中要多。

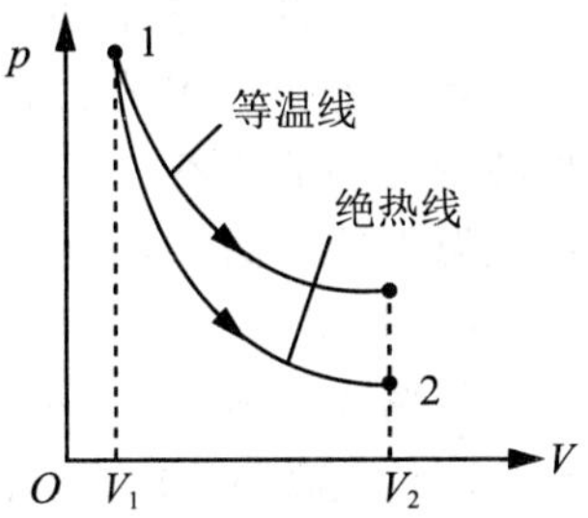

图 6-13　绝热过程

等温过程 $p\propto n$，压强的降低只是由体积的膨胀引起的；

绝热过程 $p\propto n$，T，压强的降低不仅由于体积的膨胀，还因为温度的降低因素；因而气体体积膨胀相同体积，绝热过程压强的降低要比等温过程的多。

理想气体绝热做功也可以用物态参量 p，V 来表示

$$A_{\mathrm{a}}=\frac{p_1V_1-p_2V_2}{\gamma-1} \tag{6-16}$$

例 6-2　1 g 氮气原来的温度和压强分别为 423 K 和 5 atm，经准静态绝热膨胀后，体积变为原来的两倍，求在此过程中气体对外所做的功。

解　由题意可知 $p_1=5\ \text{atm}=5.066\times10^5\ \text{Pa}$，$T_1=423\ \text{K}$，$m=10^{-3}\ \text{kg}$，且有 $\mu=\dfrac{m}{M}=\dfrac{0.001}{0.028}=\dfrac{1}{28}\ \text{mol}$，再由理想气体状态方程 $pV=\mu RT$ 可得

$$V_1=\frac{\mu RT}{p_1}\approx2.48\times10^{-4}\ \text{m}^3$$

又因为 $V_2=2V_1=4.96\times10^{-4}\ \text{m}^3$，根据绝热方程有

$$p_2=p_1\left(\frac{V_1}{V_2}\right)^{\gamma}=1.92\times10^5\ \text{Pa}$$

热力学第一定律的应用

代入式(6-16)，即得

$$A=\frac{p_1V_1-p_2V_2}{\gamma-1}=-76.1\ \text{J}$$

负号表示气体在绝热过程膨胀时对外做正功。

6.2.5　循环过程　卡诺循环

1. 循环过程

物质系统经历一系列的变化过程又回到初始状态，这样的周而复始的变化过程称为循环过程，简称循环。循环所包括的每个过程叫作分过程。物质系统叫作工作物质，简称工质。在图 6-14 的 p-V 图中，循环过程用一个闭合曲线来表示，从图中可以看出工作过程先从 A 由右箭头到 B，由下面曲线到 A，完成一个循环，回到初始状态。应当指出，在任何一个循环过程，系统做的净功都等于 p-V 图上所示循环所包围的面积。

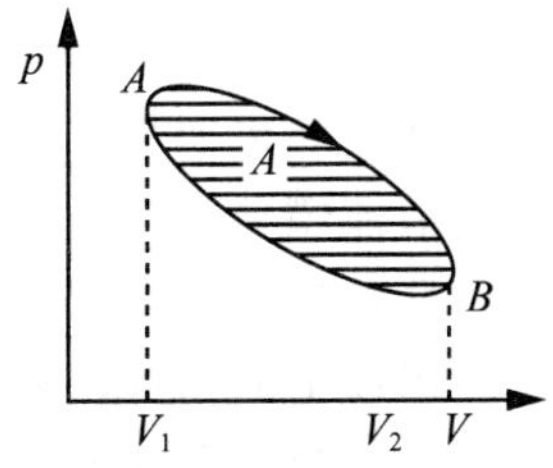

图 6-14　循环过程

由于工作物质的内能是状态的单值函数，所以经历一个循环，回到初始状态，内能没有改变。这是循环过程的重要特征。

2. 热机和制冷机

按过程进行的方向，可把循环过程分为两类。在 p-V 图

上按顺时针方向进行的循环过程叫正循环，在 p-V 图上按逆时针方向进行的循环叫作逆循环。工作物质做正循环的机器叫作热机(如蒸汽机、内燃机等)，它是把热量持续地转变为功的机器。工作物质做逆循环的机器叫作制冷机，它是利用外界做功使热量由低温处流入高温处，从而获得低温的机器。

(1)热机。

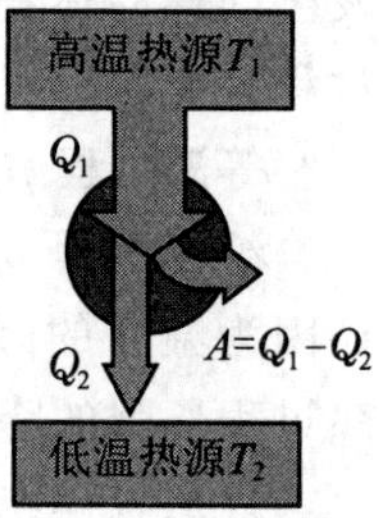

图 6-15　热机原理

如图 6-15 所示，一个热机经过一个正循环后，由于它的内能不变，因此，它从高温热源吸收的热量 Q_1，一部分用于对外做功 A，另一部分则向低温热源放热，Q_2 是向低温热源放出的热量的值。也就是说，在热机经历一个正循环后，吸收的热量 Q_1 不能全部转变为功，转变为功的只是 $Q_1-Q_2=A$，这样热机的效率 η 可以表示为

$$\eta=\frac{A}{Q_1}=\frac{Q_1-Q_2}{Q_1}=1-\frac{Q_2}{Q_1} \tag{6-17}$$

历史上，热力学理论最初是在研究热机工作过程的基础上发展起来的。1698 年萨维利和 1705 年纽可门先后发明了蒸汽机，当时蒸汽机的效率极低，1765 年瓦特进行了重大改进，大幅提高了效率。人们一直在为提高热机的效率而努力，从理论上研究热机效率问题，一方面指明了提高效率的方向；另一方面也推动了热力学理论的发展。

我们已经知道，发动机(见图 6-16)有汽油机和柴油机，都是将化学能转化为机械能的机器，它的转化过程实际上就是工作循环的过程，简单来说就是通过燃烧汽缸内的燃料，产生动能，驱动发动机汽缸内的活塞往复地运动，由此带动连在活塞上的连杆和与连杆相连的曲柄，围绕曲轴中心做往复的圆周运动，从而输出动力。以单缸四冲程汽油发动机为例，一个工作循环包括有四个活塞行程(所谓活塞行程就是指活塞由上止点到下止点之间的距离的过程)：进汽行程、压缩行程、膨胀行程(做功行程)和排气行程。发动机具体介绍可参阅其他资料。

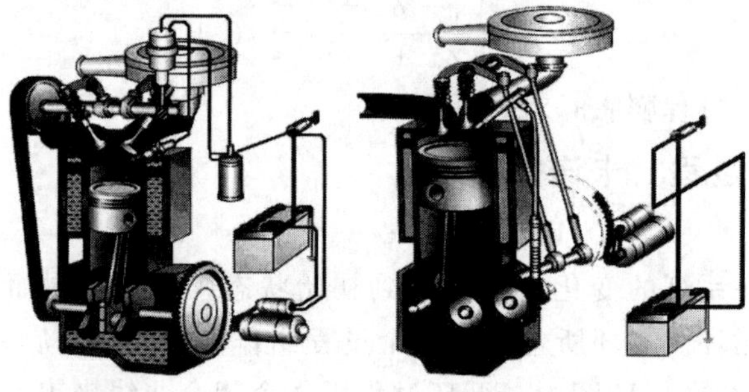

汽油机　　　　柴油机

图 6-16　发动机示意图

几种热机的热效率：

液体燃料火箭 $\eta=48\%$	汽油机 $\eta=25\%$
柴油机 $\eta=37\%$	蒸汽机 $\eta=8\%$

由以上数据可以看出，热机的效率还不是很高，特别是家用汽车的汽油机的效率较低，造成能源的浪费，所以如何提高发动机效率是值得我们去探索的。

（2）制冷机。

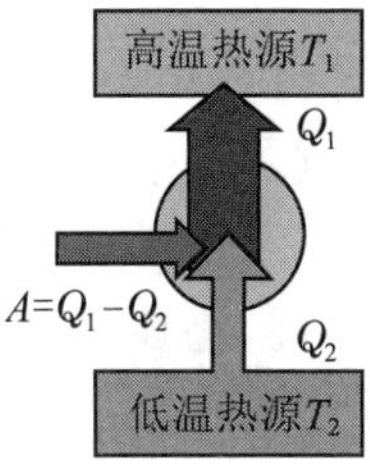

图 6-17　制冷机原理

图 6-17 是表示制冷机的原理示意图，它从低温热源吸取热量而膨胀，并在压缩过程中，把热量释放给高温热源。为实现这一点，外界必须对制冷机做功。当制冷机完成一个逆循环后有 $-A=Q_2-Q_1$，即 $A=Q_1-Q_2$。也就是说，制冷机经历一个逆循环后，由于外界对它做功，可把热量由低温热源传到高温热源，外界不断做功，就能不断地从低温热源吸收热量，传递到高温热源。这就是制冷原理。通常把

$$\varepsilon=\frac{Q_2}{A}=\frac{Q_2}{Q_1-Q_2} \tag{6-18}$$

叫作制冷机的制冷系数。

图 6-18 是冰箱制冷循环示意图。一般来说冰箱的蒸汽压缩式制冷系统由压缩机、冷凝器、毛细管、蒸发器组成，用管道将它们连接成一个密封系统。制冷剂液体在蒸发器内以低温与被冷却对象发生热交换，吸收被冷却对象的热量并汽化，产生的低压蒸汽被压缩机吸入，经压缩后以高压排出。压缩机排出的高压气态制冷剂进入冷凝器，被常温的冷却水或空气冷却，凝结成高压液体。高压液体流经膨胀阀时节流，变成低压低温的气液两相混合物，进入蒸发器，其中的液态制冷剂在蒸发器中蒸发制冷，产生的低压蒸汽再次被压缩机吸入，如此周而复始，不断循环。

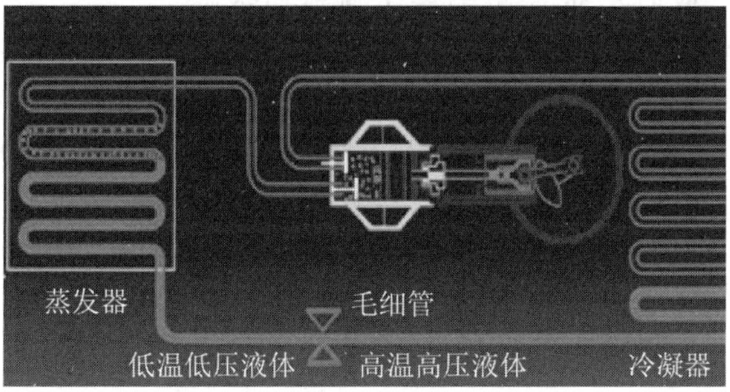

图 6-18　冰箱制冷循环示意图

冰箱的蒸发器安装在冷冻或冷藏室中，压缩机、冷凝器、毛细管安装在箱壳的外面。空调的蒸发器安装在室内机中，压缩机、冷凝器、毛细管安装在室外机中。

例 6-3　1 mol 氦气理想气体（$C_{v,m}=3R/2$）的循环过程 T-V 图如图 6-19 所示，其中 c 点的温度为 $T_c=600$ K，试求：

（1）ab，bc，ca 各个过程系统吸收的热量；

（2）经过一个循环系统所做的净功；

（3）循环的效率。

解　（1）由图 6-19 可知，ab 是等压过程，bc 是等体过程，ca 是等温过程，三个过程吸收的热量分别为

$$Q_{ab}=\mu C_{p,m}(T_b-T_a)=-6232.50\ \text{J}$$

$$Q_{bc}=\mu C_{v,m}(T_c-T_b)=3739.50\ \text{J}$$

$$Q_{ca}=\mu RT\ln\frac{V_a}{V_b}=3456.03\ \mathrm{J}$$

(2)经过一个循环过程所做的功为

$$A=Q_{ab}+Q_{bc}+Q_{ca}=963.03\ \mathrm{J}$$

(3)循环的效率为

$$\eta=\frac{A}{Q_1}=\frac{A}{Q_{bc}+Q_{ca}}=13.38\%$$

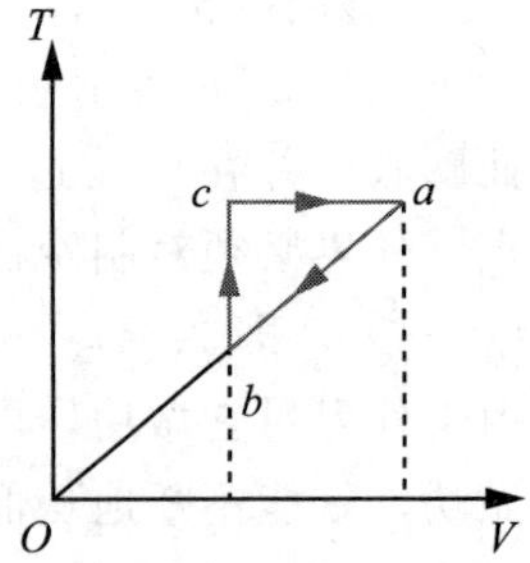

图 6-19 例 6-3 图

3. 卡诺循环

在 19 世纪上半叶，人们从理论上研究如何提高热机效率。1824 年，法国青年工程师卡诺提出了一种理想热机。这种热机的工质(可视为理想气体)只与两个恒温热源交换能量，并且不存在散热、漏气和摩擦等因素，称为卡诺热机，其循环称为卡诺循环。如图 6-20 所示，卡诺循环在理论上指出了提高热机效率的可靠途径，并由此奠定了热力学第二定律的基础。卡诺循环包括四个步骤：等温吸热，绝热膨胀，等温放热，绝热压缩。即理想气体从状态 1(V_1，p_1，T_1)等温膨胀到状态 2(V_2，p_2，T_1)，再从状态 2 绝热膨胀到状态 3(V_3，p_3，T_2)，此后，从状态 3 等温压缩到状态 4(V_4，p_4，T_2)，最后从状态 4 绝热压缩回到状态 1。可以看出，卡诺循环由两个等温过程和两个绝热过程所构成。

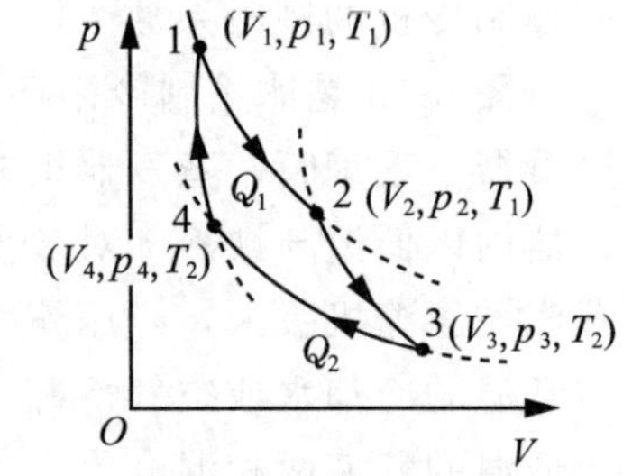

图 6-20 卡诺循环

为了求其效率，我们来研究一下各过程中能量转化的情况。

卡诺循环

(1)1→2 过程，是理想气体等温膨胀，从高温热源吸收热量 Q_1，体积从 V_1 膨胀到 V_2，并对外界做正功。气体吸收的热量为

$$Q_1=\mu RT_1\ln\frac{V_2}{V_1}$$

(2)2→3 过程，理想气体绝热膨胀，体积从 V_2 膨胀到 V_3，对外界做正功，温度从 T_1 降至 T_2，在这个过程中没有和外界交换热量，但对外界做了功。

$$T_1V_2^{\gamma-1}=T_2V_3^{\gamma-1} \tag{6-19a}$$

(3)3→4 过程，理想气体等温压缩，外界对气体做功，体积从 V_3 压缩到 V_4，气体向低温热源放出热量 Q_2，其值为

$$Q_2=\mu RT_2\ln\frac{V_3}{V_4}$$

(4)4→1 过程，理想气体绝热压缩，体积从 V_4 压缩到 V_1，外界对气体做功，温度从 T_2 回升到 T_1，满足下式，即

$$T_1V_2^{\gamma-1}=T_2V_4^{\gamma-1} \tag{6-19b}$$

由以上分析可知，在整个循环过程中，理想气体总的吸热为 Q_1，放热为 Q_2，内能不变，因此根据热力学第一定律，总的对外所做的功为

$$A=Q_1-Q_2=\mu RT_1\ln\frac{V_2}{V_1}-\mu RT_2\ln\frac{V_3}{V_4}$$

所以，卡诺循环的效率为

$$\eta=\frac{A}{Q_1}=\frac{T_1\ln\frac{V_1}{V_2}-T_2\ln\frac{V_3}{V_4}}{T_1\ln\frac{V_2}{V_1}} \tag{6-20}$$

由式(6-19a)和式(6-19b)两个绝热过程公式相除可得

$$\frac{V_2}{V_1}=\frac{V_3}{V_4}$$

将此式代入式(6-20)，即得

$$\eta=\frac{T_1-T_2}{T_1}=1-\frac{T_2}{T_1} \tag{6-21}$$

由此可见，理想气体准静态过程的卡诺循环的效率只由高温热源的温度 T_1 和低温热源的温度 T_2 决定。例如，蒸汽机锅炉的温度为 230 ℃，冷却器温度为 30 ℃，如果把它看作是理想气体准静态过程的卡诺循环，其效率为

$$\eta=\frac{T_1-T_2}{T_1}=\frac{(230+273)-(30+273)}{230+273}\times100\%=40\%$$

实际上，由于各种损耗，它的效率远比此值低，实际蒸汽机的效率只有 12%～15%。式(6-21)还说明，T_1 越大，T_2 越小，则效率就越高，这是除损耗外提高热机效率的方法之一。

如果将理想气体逆向卡诺循环，即为卡诺制冷机。如图 6-21 所示，循环过程仍然是由两个等温线和两个绝热线组成。工质从温度为 T_1 的 a 点绝热膨胀到 d 点，在此过程中，理想气体的温度逐渐降低，到 d 点时温度为 T_2，然后，气体等温膨胀到 c 点，从低温热源中吸收热量 Q_2，接着，气体被绝热压缩到点 b，由于外界对气体做功，使它的温度上升到 T_1，最后，气体被等温压缩到点 a，使气体回到起始状态，在此过程中把热量 Q_1 传递给了高温热源。

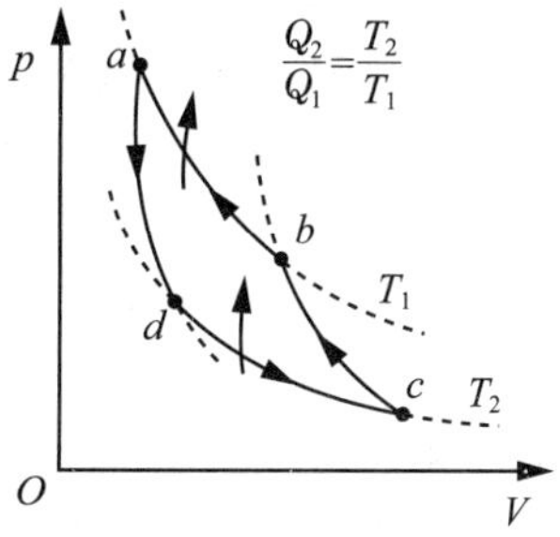

图 6-21　逆向卡诺循环

我们可作与上面正向循环的推导，不难得到理想气体逆向卡诺循环的制冷系数为

$$\varepsilon=\frac{Q_2}{A}=\frac{Q_2}{Q_1-Q_2}=\frac{T_2}{T_1-T_2} \tag{6-22}$$

从上式中可以看出，低温热源与高温热源的温度相差越大，或者环境温度一定时，低温温度越低，制冷系数越小，制冷效果越差。

例 6-4　一电冰箱放在室温为 20 ℃的房间里，冰箱储藏柜中的温度维持在 5 ℃。现每天有 2.0×10^7 J 的热量自房间传入冰箱内，若要维持冰箱内温度不变，外界每天需做多少功？其功率为多少？设在 5 ℃至 20 ℃之间运转的冰箱的制冷系数是卡诺制冷机制冷系数的 55%。

解　由题意可先求出冰箱的制冷系数

又因为热平衡时，房间传入冰箱的热量等于冰箱吸收的热量，即

$$Q_2 = Q' = 2.0 \times 10^7\ \text{J}$$

又

$$\varepsilon = \varepsilon_{卡} \times 55\% = \frac{T_2}{T_1 - T_2} \times \frac{55}{100} = 10.2$$

根据制冷系数变换公式有

$$\varepsilon = \frac{Q_2}{Q_1 - Q_2} \Rightarrow Q_1 = \frac{\varepsilon + 1}{\varepsilon} Q_2 = \frac{\varepsilon + 1}{\varepsilon} Q' = 2.2 \times 10^7\ \text{J}$$

则

$$A = Q_1 - Q_2 = 0.2 \times 10^7\ \text{J}$$

有

$$P = \frac{A}{t} = \frac{0.2 \times 10^7}{24 \times 3600} = 23.1(\text{W})$$

6.3 热力学第二定律

6.3.1 热力学第二定律的两种表述

19 世纪初期，热机的应用已很广泛，但是效率很低，因此如何增进热机的效率，就成为一个迫切的问题。通过关于热机效率的研究，得到热力学第二定律。

第一类永动机是不可能制成的，因它违反了能量守恒定律。那么，是否可以制成效率等于 100%的循环动作的热机呢？也就是能否制成一种循环动作的热机，从一个热源吸取热量，将热量全部转变为功，而不放出热量到冷源中去？实际尝试证明，我们无法制成只从一个热源吸热做功而不放热到冷源、效率 100%的循环动作的热机。

于是开尔文在 1851 年提出：不可能制成一种循环动作的热机，只从一个热源吸取热量，使之完全变为有用的功，而其他物体不发生任何变化。这就是热力学第二定律的一种表述。注意，热力学第二定律强调是“循环动作”。如果工作物质所进行的不是循环过程，那么使一个热源冷却做功而不放出热量是完全有可能的。例如，气体等温膨胀中，气体只从一个热源吸热，全部转变为功而不放出任何热量。但这样做功，工作物质不可能回到初始状态。

人们曾设想制造一种能从单一热源取热，使之完全变为有用功而不产生其他影响的机器，这种空想出来的热机叫第二类永动机。它并不违反热力学第一定律，但却违反热力学第二定律。有人曾计算过，地球表面有 10 亿立方千米的海水，以海水作单一热源，若把海水的温度哪怕只降低 0.25 ℃，放出热量，将能变成一千万亿千瓦·时的电能，足够全世界使用一千年。但只用海洋做单一热源的热机是违反热力学第二定律的，因此要想制造出热效率为 100%的热机是绝对不可能的。

克劳修斯在 1850 年通过对自然现象的观察发现，热量的传递也有一种特殊的规律，具有一定的方向性，这就是：不可能把热量从低温物体自动传到高温物体而不引起外界的变化。这是热力学第二定律的克劳修斯叙述。注意“自动”两字，它表明在自然界中，热量的传递和热功间的转变都是有方向性的。这个方向性就是：在一孤立系统中，热量只能自动地从高温物体传递给低温物体，而不能反方向进行。

热力学第二定律

热力学第二定律的开尔文说法和克劳修斯说法虽然不同，但它们是等效的，即一个说法是正确的，另一个说法也必然是正确的；如果一个说法不成立，另一个说法也不成立。热力学第二定律只能适用于由很大数目分子所构成的系统及有限范围内的宏观过程，而不适用于少量的微观体系，也不能把它推广到无限的宇宙。

6.3.2 可逆与不可逆过程

当系统经历了一个过程，如果过程的每一步都可沿相反的方向进行，同时不引起外界的任何变化，那么这个过程就称为可逆过程。显然，在可逆过程中，系统和外界都能恢复到原来状态。反之，如果对于某一过程，用任何方法都不能使系统和外界恢复到原来状态，该过程就是不可逆过程。

如图 6-22 所示，在同一恒温条件下，理想气体经无限多次膨胀体积由 V_1 变到 V_2 后，再经无限多次压缩体积又由 V_2 变回到 V_1 时，体系和环境都没有发生任何永久性变化(即体系和环境都没有功和热的得失或者说体系与环境没有功和热的交换)，体系和环境都完全恢复为原来的状态。像这种能够通过同一方法、手段令过程反方向进行而使体系和环境都完全恢复到原来状态的过程是可逆过程。

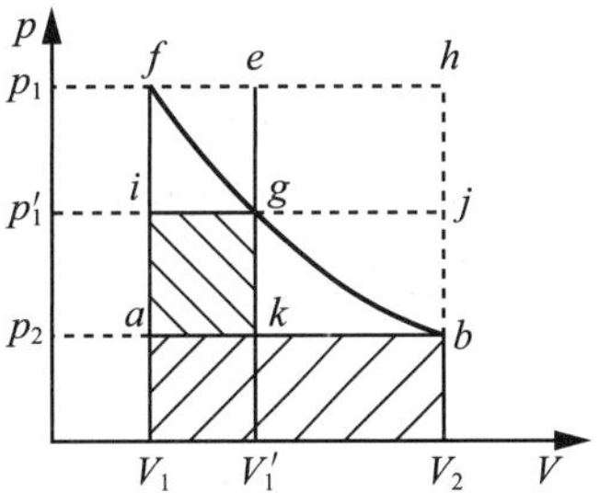

图 6-22 可逆过程

可逆过程有如下特征：①动力和阻力相差无限小量，如 dp，dV，dT。理想气体等温可逆膨胀时，体系对环境做最大功；等温可逆压缩时，环境消耗最小功。②在特定条件下，体系由始态可逆变化至终态，再由终态可逆恢复到始态时，体系和环境都完全恢复到各自的原来状态。③过程进行中的任意瞬间，体系内部无限接近平衡态，体系与环境之间也无限接近平衡。

可逆过程是一个理想过程，在自然界中并不存在，但热力学中的可逆过程具有很重要的理论和现实意义。在同一特定条件下，可逆过程的效率最高，因此可以将其作为改善、提高实际过程效率的目标；热力学中许多状态函数变化值的求取，只有通过设计可逆过程才能具体计算；某些实际过程可以近似为可逆过程，如在无限接近相平衡条件下进行的相变化，液体在其沸点下的蒸发、固体在其熔点下的熔化等均可近似视为可逆过程。无摩擦的准静态过程也是可逆过程。

不可逆过程是相对可逆过程而言的，指的是在时间反演变换下只能单向进行的热力学过程，这种热力学过程所具有的性质被称作不可逆性。热力学第二定律实质指出，一切与热现象有关的实际宏观过程都是不可逆的。宏观上不可逆性现象产生的原因在于，当一个热力学系统复杂到足够的程度，组成其系统的分子之间的相互作用使系统在不同的热力学态之间演化；而由于大量分子运动的高度随机性，分子和原子的组成结构和排列的变化方式是非常难以预测的。热力学状态的演化过程需要分子之间彼此做功，在做功的过程中也伴随能量转换以及由分子间摩擦和碰撞引起的一定能量的流失和耗散，这些能量损失是不可复原的。例如，理想气体的自由膨胀过程、摩擦生热等都是不可逆过程。

对各种不可逆过程，都包含以下基本特点：①没有达到力学平衡，如系统与外界之间存在着有限大小的压强差；②没有达到热平衡，即存在着有限温度差之间的热传导；③没有消除摩擦力或黏滞力以至电阻等产生耗散效应的因素。若一个过程是可逆过程，则该过程的每一步都是可逆的；若过程中的某一步不可逆，则该过程不可逆。

6.3.3 卡诺定理

卡诺于 1842 年提出“工作于两个固定温度热源间的任何热机，其热效率都不能超过在相同热源间工作的可逆热机”，这一结论称为卡诺定理。这一定理的两种表述如下。

①在相同的高温热源和相同的低温热源之间工作的一切可逆热机，其效率都相等，与工作物质无关，与可逆循环的种类也无关。

②在相同的高温热源和相同的低温热源之间工作的一切不可逆热机，其效率都小于可逆热机的效率。

如果在可逆热机中取一个理想气体为工作物质的卡诺机，那么卡诺定理的第一种表述的数学形式为

$$\eta=1-\frac{Q_2}{Q_1}=1-\frac{T_2}{T_1} \tag{6-23}$$

对于任一过程，如以 η' 代表不可逆热机或可逆热机的效率，则卡诺定理的第二种表述的数学形式为

$$\eta'\leqslant 1-\frac{T_2}{T_1} \tag{6-24}$$

式中，“$<$”号适用于不可逆机，而“$=$”号适用于可逆机。

卡诺提出这一定理的时间早于热力学第一定律和第二定律，虽然他用了错误的热质学说作为推导的基础，但其结论仍然是正确的。卡诺定理虽然讨论的是可逆热机与不可逆热机的效率问题，但它具有非常重大的意义。前面已述及所有的不可逆过程是互相关联的。由一个过程的不可逆性可以推断到另一个过程的不可逆性，因而对所有的不可逆过程就可以找到一个共同的判别准则。同时，卡诺定理在原则上也解决了热机效率的极限值问题。

*6.4 熵　熵增加原理

热力学第二定律指出，自然界实际进行的与热现象有关的过程都是不可逆的，都是有方向性的。例如，物体间存在温差时，在没有外界影响的条件下，能量总是从高温物体传向低温物体，直到两物体的温度相等为止。由于一切热力学变化(包括相变化和化学变化)的方向和限度都可归结为热和功之间的相互转化及其转化限度的问题，那么就一定能找到一个普遍的热力学函数来判别自发过程的方向和限度。为了更方便地判别孤立系统中过程进行的方向，可以设想，引入一种新的状态函数，又是一个判别性函数，它能定量说明自发过程的趋势大小，这种状态函数就是熵；并用熵的变化把系统中实际过程进行的方向表示出来，这就是熵的增加原理。

1. 熵

由卡诺定理可知，对于工作在两个给定温度之间的所有可逆机的效率都相等，如

果其中有一个可逆卡诺热机，有

$$\eta=1-\frac{Q_2}{Q_1}=1-\frac{T_2}{T_1}$$

得

$$\frac{Q_1}{T_1}=\frac{Q_2}{T_2}$$

式中 Q_1 和 Q_2 分别是系统吸收的热量和系统放出的热量，为了便于讨论，我们采用热力学第一定律中的符号规定，即系统从外界吸收热量为正值，系统放出热量为负值，则上式应改写成

$$\frac{Q_1}{T_1}=\frac{-Q_2}{T_2}$$

即

$$\frac{Q_1}{T_1}+\frac{Q_2}{T_2}=0$$

如果把任意的可逆循环分割成许多小的可逆卡诺循环，可得出

$$\sum\frac{Q_i}{T_i}=0 \tag{6-25a}$$

即任意的可逆循环过程的热温比之和为零。其中，Q_i 为任意无限小可逆循环中系统与环境的热交换量；T_i 为任意无限小可逆循环中系统的温度。

当小卡诺循环无限变小，上式也可写成

$$\oint\frac{\mathrm{d}Q}{T}=0 \tag{6-25b}$$

这个公式结果等于 0，表明可以找到一个状态函数。克劳修斯总结了这一规律，称这个状态函数为“熵”，用“S”来表示，即

$$\mathrm{d}S=\frac{\mathrm{d}Q}{T} \tag{6-26}$$

积分后可写成 $S_2-S_1=\int_{\mathrm{A}}^{\mathrm{B}}\frac{\mathrm{d}Q}{T}$。

熵的单位名称是焦耳每开尔文，符号是 $\mathrm{J\cdot K^{-1}}$。

2. 熵增加原理

对孤立系统进行不可逆过程，则可得

$$\mathrm{d}S>\frac{\mathrm{d}Q}{T}$$

或

$$\mathrm{d}S-\frac{\mathrm{d}Q}{T}>0$$

这就是克劳修斯不等式，表明一个隔离系统在经历了一个微小不可逆变化后，系统的熵变大于过程中的热温比。对于任一过程(包括可逆与不可逆过程)，则有

$$\mathrm{d}S-\frac{\mathrm{d}Q}{T}\geqslant 0 \tag{6-27}$$

式中，不等号适用于不可逆过程，等号适用于可逆过程。由于不可逆过程是所有自发过程之共同特征，而可逆过程的每一步微小变化，都无限接近于平衡状态，因此这一平衡状态正是不可逆过程所能达到的限度。因此，上式也可作为判断这一过程自发

与否的判据，称为“熵判据”。

对于绝热过程，$dQ=0$，代入上式，则

$$dS \geqslant 0 \tag{6-28}$$

由此可见，在绝热过程中，系统的熵值永不减少。其中，对于可逆的绝热过程，$dS=0$，即系统的熵值不变；对于不可逆的绝热过程，$dS>0$，即系统的熵值增加。在孤立系统中，一切不可逆过程必然朝着熵的不断增加的方向进行，这就是熵增加原理，是热力学第二定律的数学表述，即在隔离或绝热条件下，系统进行自发过程的方向总是熵值增大的方向，直到熵值达到最大值，此时系统达到平衡状态。

从热力学意义上讲，熵是能量的不可用程度。熵增加意味着系统的能量数量不变，但质量却越变越坏，转变成功的可能性越来越低，不可用程度越来越高。因此熵增加意味着能量在质方面的耗散。

从统计意义上讲，熵反映分子运动的混乱程度或微观状态数的多少。熵增加原理反映自发过程总是从热力学概率小的或微观状态数少的宏观状态向热力学概率大的或微观状态数多演变。系统的最终状态是对应于热力学概率最大、最混乱的那种状态，即平衡态。

课外阅读：物理应用——热工

本章小结

习 题

6-1　在什么温度下，下列一对温标给出相同的读数(如果有的话)：

(1)华氏温标和摄氏温标；(2)华氏温标和热力学温标；(3)摄氏温标和热力学温标。

6-2　在历史上，对摄氏温标是这样规定的：假设测温属性 X 随温度 t 做线性变化，即 $t=aX+b$，并规定冰点为 0 ℃，汽点为 100 ℃。设 X_i 和 X_s 分别表示在冰点和汽点时 X 的值，试求上式中的常数 a 和 b。

6-3　水银温度计浸在冰水中时，水银柱的长度为 4.0 cm；温度计浸在沸水中时，水银柱的长度为 24.0 cm。

(1)在室温 22.0 ℃时，水银柱的长度为多少？

(2)温度计浸在某种沸腾的化学溶液中时，水银柱的长度为 25.4 cm，试求溶液的温度。

6-4　在湖面下 50.0 m 深处(温度为 4.0 ℃)，有一个体积为 $1.0\times10^{-5}\ \mathrm{m}^3$ 的空气泡升到湖面上来，若湖面的温度为 17.0 ℃，求气泡到达湖面的体积。(大气压 $p_0=1.013\times10^5$ Pa)

6-5　一打气机，每打一次气可将压强 $p_0=1$ atm、温度 $t=-3$ ℃、体积 $V=4.0\times10^{-3}\ \mathrm{m}^3$ 的气体压至容器内，设容器容积 $V_0=1.5\ \mathrm{m}^3$。试问：需打气多少次，才能使容器内气体在温度升为 45 ℃时，压强可达到 2 atm。(设原来容器中气体的压强为 1 atm，温度为 -3 ℃)

6-6　1 mol 的空气由热源吸收热量 6.36×10^4 cal，内能增加 4.18×10^5 J，请问：是它对外做功，还是外界对它做功？做了多少功？

6-7　一定量的单原子分子理想气体，如图6-23所示，从初态A出发，沿图示直线过程变到另一状态B，又经过等容、等压两个过程回到状态A。

(1)求$A\to B$，$B\to C$，$C\to A$各过程中系统对外所做的功W，内能的增量ΔU以及所吸收的热量Q。(2)整个循环过程中系统对外所做的总功以及从外界吸收的总热量(过程吸热的代数和)。

6-8　如图6-24所示，一定质量的氧气经历以下两个过程：(1)Ⅰ→Ⅱ和(2)Ⅰ→m→Ⅱ，求两个过程中的A，ΔU，Q。

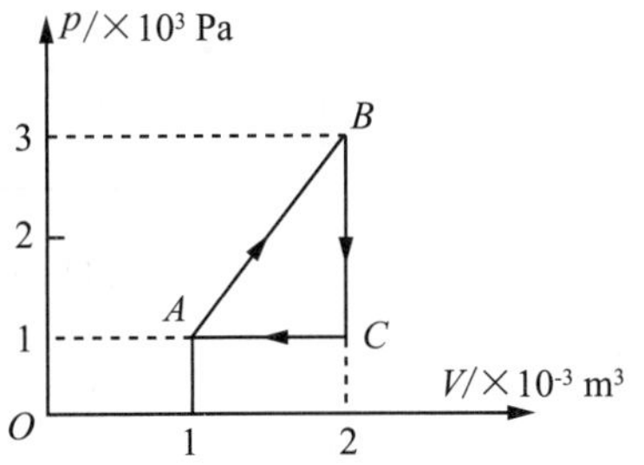

图6-23　习题6-7图

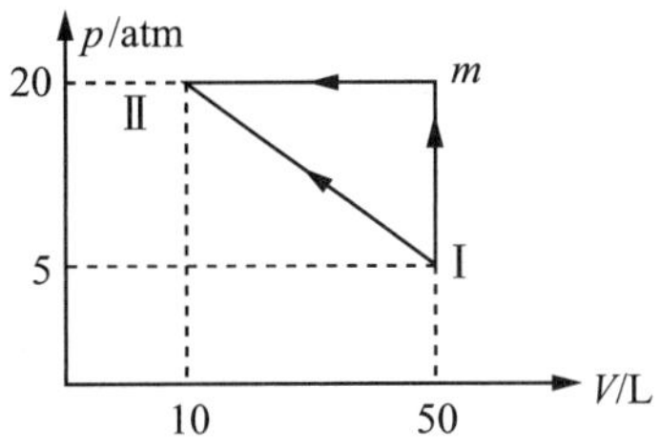

图6-24　习题6-8图

6-9　一定质量的双原子分子理想气体，其体积和压强按$pV^2=a$的规律变化，其中a为已知常数，当气体V_1膨胀到V_2时，试求：(1)在膨胀过程中气体所做的功是多少？(2)内能的变化是多少？(3)理想气体吸收的热量是多少？(摩尔热容为：$C_v=2.5R$)

6-10　一定量的氢气在保持压强为4.0×10^5 Pa不变的情况下，温度由0 ℃升高到50 ℃，这个过程吸收了6.0×10^4 J的热量，($C_{p,m}=3.5R$；$C_{v,m}=2.5R$)请问：(1)氢气的物质的量是多少？(2)氢气的内能是多少？(3)氢气对外做了多少功？(4)如果氢气的体积保持不变而温度发生同样的变化，则氢气吸收了多少热量？

6-11　理想气体做绝热膨胀，由初状态(p_0，V_0)至末状态(p，V)，试证明此过程中气体做的功为$W=\dfrac{p_0V_0-pV}{\gamma-1}$。

6-12　如图6-25所示，使1 mol的氧气(1)由a等温地变到b；(2)由a等体地变到c，再由c等压地变到b。试分别计算所做的功和吸收的热量。

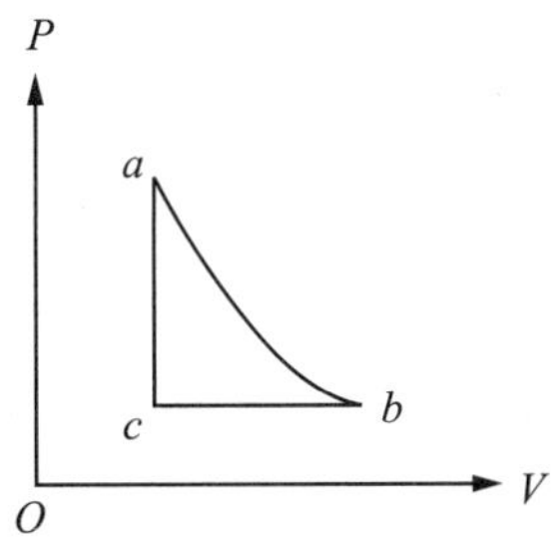

图6-25　习题6-12图

6-13　一卡诺热机(可逆的)，当高温热源温度为127 ℃、低温热源温度为27 ℃时，其每次循环对外做净功8 000 J。现维持低温热源温度不变，提高高温热源温度，使其每次循环对外做净功10 000 J。若两个卡诺循环都工作在相同的两条绝热线之间，试求：(1)第二个循环的热机效率；(2)第二个循环的高温热源温度。

6-14　理想卡诺热机在温度为27 ℃和127 ℃的两个热源之间工作，若在正循环中，该机从高温热源吸收1 200 J的热量，则将向低温热源放出多少热量？对外做了多少功？

6-15　汽缸内贮有 2 mol 的空气，压强为 1 atm，温度为 27.0 ℃，若维持压力不变，而使空气的体积膨胀到原来体积的 3 倍，求空气膨胀所做的功。

6-16　一台冰箱工作的时候，其冷冻室中的温度为 −10 ℃，室温为 15 ℃。若按照理想卡诺制冷循环理论，则此制冷机每消耗 10^3 J 的功，可以从冷冻室中吸收多少热量?

6-17　奥托(内燃机)循环是由两个等容过程和两个绝热过程组成的(如图 6-26 所示)，试求：此循环的热机效率是多少?

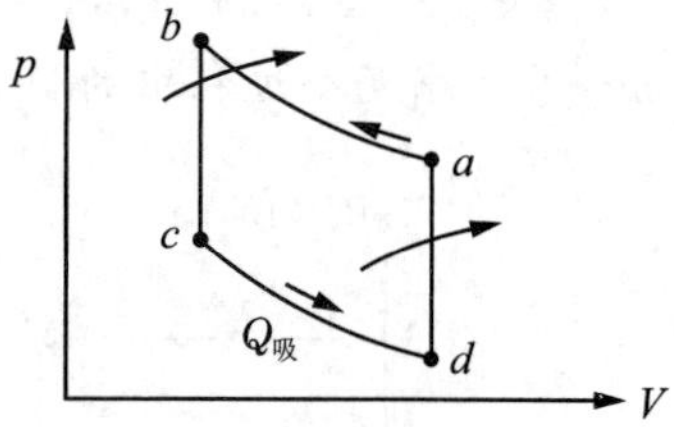

图 6-26　习题 6-17 图

6-18　如图 6-27 所示为理想的狄赛尔(Diesel)内燃机循环过程，它由两绝热线(ab，cd)，一等压线(bc)及一等容线(da)组成，试证明此热机的效率为

$$\eta=1-\frac{\left(\frac{V_3}{V_2}\right)^{\gamma}-1}{\gamma\left(\frac{V_1}{V_2}\right)^{\gamma-1}\left(\frac{V_3}{V_2}-1\right)}$$

6-19　图 6-28 所示为某理想气体循环过程的 V-T 图。已知该气体的摩尔定压热容 $C_{p,m}=2.5R$，摩尔定体热容 $C_{v,m}=1.5R$，且 $V_C=2V_A$。请问：(1)图中所示循环是代表制冷机还是热机? (2)如是正循环(热机循环)，求出循环效率。

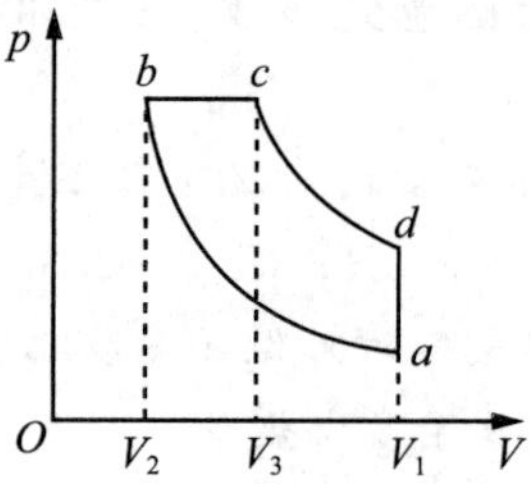

图 6-27　习题 6-18 图

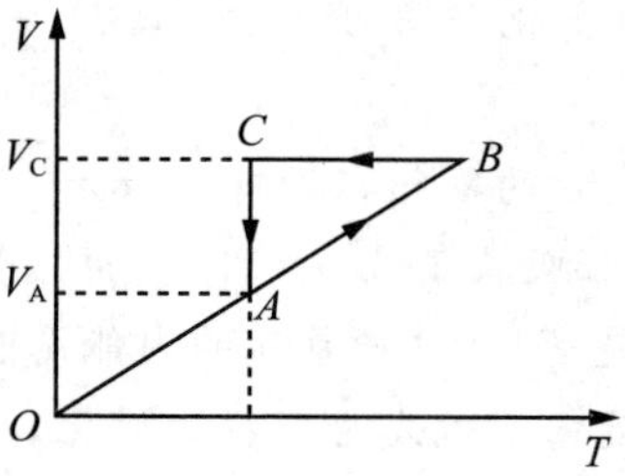

图 6-28　习题 6-19 图

6-20　有可能利用表层海水和深层海水的温差来制成热机。已知热带海水区域的标称水温是 25 ℃，300 m 深处水温约为 5 ℃。请问：在这两个温度之间工作的热机的最高效率是多少?

6-21　1 mol 理想气体从状态 $A(p_1, V_1)$变化至状态 $B(p_2, V_2)$，其变化的 p-V 图线，如图 6-29 所示。若已知摩尔定体热容为$\frac{5}{2}R$，求：(1)气体内能增量；(2)气体对外做功；(3)气体吸收的热量。

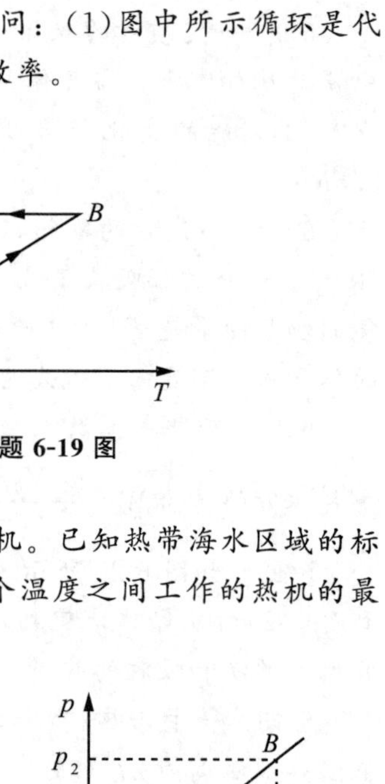

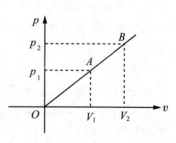

图 6-29　习题 6-21 图

6-22　一台冰箱，为了制冰从 260 K 的冷冻室取走热量 209 kJ，如果室温是 300 K，请问：电流做功至少应是多少(假定冰箱为理想卡诺循环制冷机)? 如果此冰箱能以 0.209 kJ/s 的速度吸收热量，试问所需电功率至少是多少?

6-23　一可逆卡诺热机的低温热源温度为 7 ℃，效率为 40%，若要将其效率提高到 50%，求高温热源温度提高多少℃。

6-24　热机工作于 50 ℃与 250 ℃之间，在一个循环中做功 1.05×10^5 J。试求热机在一个循环中吸收和放出的热量至少应是多少。

*6-25　一物体在等压下与一热源接触由初温 T_1 升高到 T_2，若忽略其体积变化，求终态与初态的熵差(物体摩尔定压热容量 $C_{v,m}$ 为常量)。

*6-26　两个体积相同的容器，分别装有 1 mol 某种理想气体，令其进行接触，设气体初温分别为 300 K 和 400 K，接触时保持各自的体积不变，摩尔热容为 R。(1)求最后温度 T；(2)求熵的变化；(3)证明此过程不可逆。

触动世界——电磁学篇

电磁学是研究电磁现象的产生、运动及其规律和应用的物理学分支学科，是经典物理的重要组成部分，包括静电场、稳恒磁场、电磁感应、麦克斯韦电磁场理论、电磁波等内容。

电磁学中最重要的概念是“场”。场与质点不同，是在空间具有连续分布的客体，对于它的规律要从总体上去把握。描述和处理“场”所需的概念和方法与力学、热学中所遇到的大不相同。在电磁学中，我们将以库仑、毕奥、萨伐尔、安培、法拉第、麦克斯韦等物理学家的工作为例，沿着他们提出问题、抓住要害、克服困难、寻找联系、揭示本质、做出发现的历史过程，来展现科学发展的生动过程及必由之路。

在日常生活、工农业生产以及医疗、军事等各个领域中，电磁学规律得到了广泛的应用。如今电磁无处不在：电脑、手机、照明、家电；工业电气化、自动化；乃至现代生活的信息化、智能化；这些都是与电和磁分不开的。从发现电和磁的现象到麦克斯韦统一电磁场理论，人类文明在探索中不断前进，让人类社会走进了“电气化时代”，而今，又迈进了信息化智能时代！

第 7 章　静电场

本章要点

自然界有一类现象，如雷雨时的闪电、美丽的极光，还有头发带静电时的“怒发冲冠”，这些都属于电磁现象(如图 7-1 所示)。

图 7-1　电磁现象

电磁学是研究电磁现象的产生、运动及其规律的学科，即研究电荷、电场与磁场的基本性质和基本规律及其相互联系的科学，它主要包括电现象和电荷相互作用规律的静电场、磁现象和运动电荷相互作用规律的稳恒磁场、变化电场与变化磁场间相互作用的电磁感应与电磁波三部分内容。

相对于观察者静止的电荷称为静电荷，由静电荷产生的场称为静电场，静止电荷之间的相互作用通过电场来传递。本章将介绍静止电荷间的相互作用和静电场的基本性质。

静电“怒发冲冠”

7.1　电荷的量子化　电荷守恒定律

7.1.1　电荷的量子化

大量实验指出：自然界中只存在两种性质不同的电荷。一种是负电荷，用“－”表示，如电子带的就是负电荷；另一种是正电荷，以“＋”表示，如质子带的就是正电荷。电荷之间存在相互作用力，同号电荷相互排斥，异号电荷相互吸引。

物体所带电荷的量值叫作电量，在国际单位制中，电量的单位是库仑(C)，如电子电量的绝对值的近似值为

$$e=1.602\times10^{-19}\ \mathrm{C}$$

到目前为止的所有实验表明，e 是最小的电荷单元，所有带电体或其他微观粒子的电量都是电子电量的整数倍。这个事实说明，物体所带的电荷是以一个个不连续的量值出现的，这称为电荷的量子化。

$$Q=ne$$

电荷的量子化是一个普遍的量子化规则，量子化是近代物理学中的一个基本概念，在微观很多物理量如能量、角动量都是量子化的。

1964 年，盖尔曼预言，更基本的粒子夸克具有分数电荷，为 $\pm\frac{1}{3}e$，$\pm\frac{2}{3}e$，但至今尚未观测到一个“自由”的夸克。对电荷的研究仍在继续，科学探究永无止境。

物理实验：油滴实验

7.1.2 电荷守恒定律

通常，物体是由分子和原子构成的。原子由带正电的原子核和带负电的电子组成，原子核含有质子和中子。质子带正电，其量值和电子的负电相等，中子不带电。在正常状态下，原子核外围的电子数目等于原子核内的质子数目，所以原子呈现中性，这样，整个宏观物体也呈电中性，即正负电荷电量的代数和为零。但若把一些电子从一个物体移到另一个物体上，则前者带正电，后者带负电，不过这两个物体的正负电荷的代数和仍为零。相反，如果让两个带有等量异号电荷的导体互相接触，则带负电的导体上的多余电子将转移到带正电的导体上去，从而使两个导体对外部不显电性。在这个过程中，正负电荷电量的代数和始终不变，即总是为零。大量实验表明：在孤立系统内，不论发生什么过程，该系统电量的代数和总保持不变。这就是电荷守恒定律。电荷守恒定律是物理学中基本定律之一，适用于宏观、微观。

实验还证明，系统所带电荷与参考系无关，具有相对论不变性。

7.2 库仑定律

库仑定律是点电荷之间相互作用的基本规律。所谓点电荷，是指这样的带电体：它本身的几何线度比起它到其他带电体的距离小得多，它是带电体的理想模型。点电荷是突出带电体的“电量”、忽略带电体的“大小和形状”的带电体。

1785 年法国科学家库仑利用扭秤对静止电荷的相互作用进行定量研究后，得出如下定律。

在真空中，两个静止点电荷之间的相互作用力与这两个点电荷电量的乘积成正比，而与这两个点电荷之间的距离 r 的平方成反比，力的方向沿两个点电荷的连线，同号电荷相斥，异号电荷相吸，这就是真空中的库仑定律，可用矢量式表示如下

$$\boldsymbol{F}_{21}=K\frac{q_1q_2}{r^2}\boldsymbol{e}_r \tag{7-1}$$

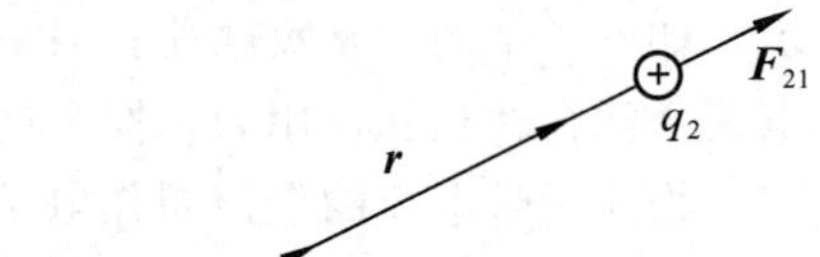

图 7-2 库仑定律

式中，$\boldsymbol{F}_{21}$ 为 q_1 对 q_2 的作用力；$\boldsymbol{e}_r$ 是从电荷 q_1 指向电荷 q_2 的单位矢量(见图 7-2)；K 是比例系数，称为静电引力常数，它的数值和单位取决于式中各量所采用的单位。在国际单位制中，电量的单位是库仑(C)，距离的单位是米(m)，力的单位为牛顿(N)，这时 K 的数值和单位为

$$K=8.98755\times10^9\ \mathrm{N\cdot m^2\cdot C^{-2}}\approx9\times10^9\ \mathrm{N\cdot m^2\cdot C^{-2}}$$

当 q_1 与 q_2 同号时，即 $q_1\cdot q_2>0$，表示 $\boldsymbol{F}_{21}$ 与 $\boldsymbol{e}_r$ 方向相同，也就是同号电荷相互排斥。当 q_1 与 q_2 异号时，即 $q_1\cdot q_2<0$，表示 $\boldsymbol{F}_{21}$ 与 $\boldsymbol{e}_r$ 方向相反，也就是异号电荷相吸。

令

$$K=\frac{1}{4\pi\varepsilon_0} \tag{7-2}$$

科学家介绍：库仑

式中，ε_0 叫作真空介电系数。

$$\varepsilon_0=\frac{1}{4\pi K}=8.854\ 2\times10^{-12}\ \mathrm{C^2\cdot N^{-1}\cdot m^{-2}}$$
$$\approx 8.85\times10^{-12}\ \mathrm{C^2\cdot N^{-1}\cdot m^{-2}}$$

把式(7-2)代入式(7-1)中，真空中库仑定律又可表示为

$$\boldsymbol{F}_{21}=\frac{1}{4\pi\varepsilon_0}\frac{q_1q_2}{r^2}\boldsymbol{e}_r \tag{7-3}$$

库仑定律中描述的电场力作为保守力之一，遵循平方反比定律，与万有引力定律存在相似与统一之处，但不同的物理定律的物理特性和意义显然是不同的，静电场和万有引力场分别代表电学和力学中两大保守场，存在区别和联系。由此可见，不同的自然现象之间存在千丝万缕的联系。

库仑扭秤实验

库仑定律只适用于两个点电荷的相互作用，但在许多情况下，常涉及两个以上点电荷的相互作用。实验指出，作用在其中某一点电荷上的静电力等于其他点电荷分别单独存在时，作用在该点电荷上的静电力的矢量和。这一结论说明静电力服从力的叠加原理。

例 7-1 在氢原子中电子与质子的距离约为 5.3×10^{-11} m，求它们之间的静电作用力和万有引力，并比较这两种力的大小。

解 静电力的大小为 $F_e=\frac{1}{4\pi\varepsilon_0}\frac{e^2}{r^2}=9\times10^9\times\left(\frac{1.6\times10^{-19}}{5.3\times10^{-11}}\right)^2\ \mathrm{N}=8.2\times10^{-8}\ \mathrm{N}$。

由于电子的质量 $m=9.11\times10^{-31}$ kg，质子的质量 $M=1.67\times10^{-27}$ kg，所以它们之间的万有引力的大小为

$$f_m=G\frac{mM}{r^2}=\frac{6.67\times10^{-11}\times9.11\times10^{-31}\times1.67\times10^{-27}}{(5.3\times10^{-11})^2}\ \mathrm{N}$$
$$=3.6\times10^{-47}\ \mathrm{N}$$

静电力和万有引力的比值为

$$\frac{F_e}{f_m}=\frac{8.2\times10^{-8}}{3.6\times10^{-47}}=2.3\times10^{39}$$

即静电力要比万有引力大得多，所以在原子中，作用在电子上的力主要是静电力，而万有引力完全可以忽略不计。

例 7-2 现有一个点电荷 q_1，一根长为 l、电量为 q_2 的均匀带电直线，q_1 距带电直线左端为 a，求它们之间的静电力。

解 如图 7-3 所示，取电荷元 $\mathrm{d}q$，以点电荷 q_1 为坐标原点，以 q_1，q_2 所在直线为 x 轴，则 $\mathrm{d}q=\frac{q_2}{l}\mathrm{d}x$。

q_1 与 $\mathrm{d}q$ 之间的库仑力为

$$\mathrm{d}F=\frac{1}{4\pi\varepsilon_0}\frac{q_1\cdot\frac{q_2}{l}\mathrm{d}x}{x^2}$$

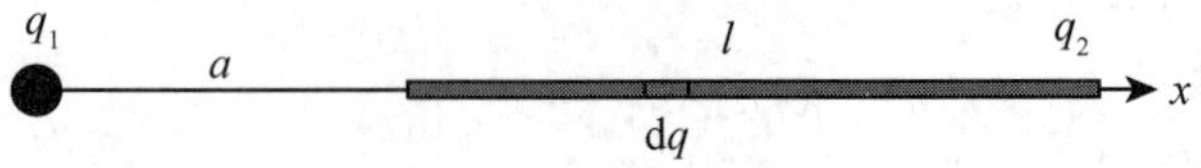

图 7-3　例 7-2 图

则 q_1 与 q_2 之间的库仑力为

$$F=\int\mathrm{d}F=\int_a^{a+l}\frac{1}{4\pi\varepsilon_0 l}\frac{q_1q_2}{x^2}\mathrm{d}x=\frac{1}{4\pi\varepsilon_0}\frac{q_1q_2}{a(a+l)}$$

7.3　电场强度

静电趣味实验

7.3.1　静电场

库仑定律说明了两个静止的点电荷相互作用力的大小和方向是怎样的，且指出为非接触力，那么两个点电荷间是怎样相互作用的？关于这一问题，历史上曾有两种不同的观点。

一种是超距作用的观点，认为一个电荷所受到的作用力是由另一个电荷直接作用的结果，这种作用既不需要中间物质，也不需要传递时间，而是从一个电荷即时地到达另一个电荷，这种作用方式可表示如下

电荷⇔电荷

另一种是法拉第的近距作用观点，他认为在带电体周围空间存在着电场，其他带电体所受到的电力(即电场力)是由电场给予的，这种作用方式可表示如下

电荷⇔电场⇔电荷

近代物理学证明后一种观点即“场”的观点是正确的。从这一历史事实我们可以看到：科学经历的是一条非常曲折、非常艰难的道路，科学发现具有一个共同点：善于继承、勇于创新。

理论和实验还证明，电磁场能够脱离电荷和电流而独立存在；和原子、分子组成的实物一样，电磁场也具有动量、能量和质量。这说明电磁场是客观存在的，具有物质性，场也是物质的一种形态。但场与具有集中性的其他实物不同，它是看不见、摸不着、弥漫在空间的，所以它是一种特殊形式的物质。

相对于观察者静止的带电体周围所存在的场，称为静电场，静电场的对外表现主要有：①引入电场中的任何带电体都将受到电场的作用力；②当带电体在电场中移动时，电场所作用的力将对带电体做功，这表示电场具有能量。

我们将从力和功这两个方面，分别引出描述电场性质的两个重要物理量——电场强度和电势。

静电跳球实验

7.3.2 电场强度

为了解电场的性质，可将正试验电荷 q_0 放入电场中，通过观察 q_0 在电场中各点的受力情况，即可了解电场的空间分布规律。为此，要求试验电荷所带的电量必须很小，以致它的引入对所研究的电场的影响可忽略不计；同时试验电荷的线度必须充分小，即可以把它看作是点电荷，这样才可以用来研究空间各点的电场性质。实验指出，把试验电荷 q_0 放在电场中不同点时，在一般情况下，q_0 所受力的大小和方向是不同的，但在电场中某给定点处改变试验电荷 q_0 的量值，发现 q_0 所受力的方向不变，而力的大小改变了。当 q_0 取各种不同量值时，所受力的大小与相应的 q_0 值之比 F/q_0 却具有确定的量值，由此可见，比值 F/q_0 只与试验电荷 q_0 所在点的电场性质有关，而与试验电荷 q_0 的量值无关，因此可以用比值 F/q_0 来描述电场。我们定义：试验电荷 q_0 在电场中某一点处所受电场力 $\boldsymbol{F}$ 与 q_0 的比值，为该点的电场强度，简称为场强。场强是矢量，用 $\boldsymbol{E}$ 表示，即

$$\boldsymbol{E}=\frac{\boldsymbol{F}}{q_0} \tag{7-4}$$

如果取上式 $q_0=1$，即得 $\boldsymbol{E}=\boldsymbol{F}$，即电场中某点的电场强度在量值上等于单位试验正电荷在该点所受到的电场力的大小，电场强度的方向就是正电荷在该点所受到的电场力的方向。

电场强度 $\boldsymbol{E}$ 的单位由 q_0 和 $\boldsymbol{F}$ 的单位而定，在国际单位制中，场强 $\boldsymbol{E}$ 的单位为牛顿/库仑($\mathrm{N\cdot C^{-1}}$)，也可写成伏特/米($\mathrm{V\cdot m^{-1}}$)。

根据式(7-4)，如果我们知道某点的场强，则放在该点处的点电荷 q 所受到的电场力应为

$$\boldsymbol{F}=q\boldsymbol{E} \tag{7-5}$$

从式(7-5)可看出，当 $q>0$ 时，$\boldsymbol{E}$ 和 $\boldsymbol{F}$ 同号，即电场力 $\boldsymbol{F}$ 与场强 $\boldsymbol{E}$ 方向相同；当 $q<0$ 时，$\boldsymbol{F}$ 和 $\boldsymbol{E}$ 异号，即电场力 $\boldsymbol{F}$ 与 $\boldsymbol{E}$ 方向相反。

7.3.3 电场强度的计算

如果已知场源电荷的分布，那么根据场强的定义式(7-4)及叠加原理，原则上就可算出电场中各点的场强。

1. 点电荷电场的场强

设在真空中有一个点电荷 q，在其周围的电场中，距离 q 为 r 的 P 点处，放一试验电荷 q_0，按库仑定律，q_0 所受的力为

$$\boldsymbol{F}=\frac{1}{4\pi\varepsilon_0}\cdot\frac{qq_0}{r^2}\boldsymbol{e}_r$$

式中，$\boldsymbol{e}_r$ 是从点电荷 q 指向 P 点的单位矢量，根据定义，P 点的场强是

$$\boldsymbol{E}=\frac{\boldsymbol{F}}{q_0}=\frac{1}{4\pi\varepsilon_0}\frac{q}{r^2}\boldsymbol{e}_r \tag{7-6}$$

上式表明在点电荷的电场中，任一点的场强 $\boldsymbol{E}$ 的大小与电荷 q 成正比，与点电荷到 P 点的距离平方成反比。如

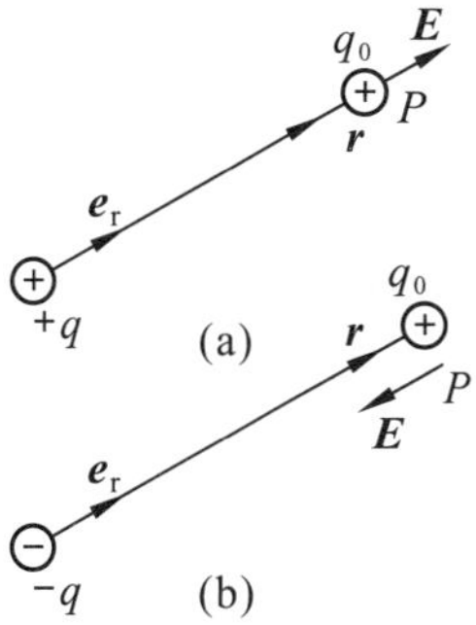

图 7-4 点电荷电场

果 q 为正电荷，场强 $\boldsymbol{E}$ 的方向与 $\boldsymbol{F}$ 的方向一致，即背离 q；如果 q 为负电荷，场强 $\boldsymbol{E}$ 的方向与 $\boldsymbol{F}$ 的方向相反，即指向 q，如图 7-4 所示。

2. 点电荷系电场的场强

设真空中的电场是由点电荷系 q_1，q_2，…，q_n 共同产生的。各点电荷到 P 点的矢径分别为 $\boldsymbol{r}_1$，$\boldsymbol{r}_2$，…，$\boldsymbol{r}_n$。在 P 点处放置一试验电荷 q_0，q_0 所受到的电场力 $\boldsymbol{F}$ 等于各个点电荷对 q_0 作用力 $\boldsymbol{F}_1$，$\boldsymbol{F}_2$，…，$\boldsymbol{F}_n$ 的矢量和，即

$$\boldsymbol{F}=\boldsymbol{F}_1+\boldsymbol{F}_2+\cdots+\boldsymbol{F}_n=\sum_{i=1}^{n}\boldsymbol{F}_i=\sum_{i=1}^{n}\frac{1}{4\pi\varepsilon_0}\frac{q_0q_i}{r_i^2}\boldsymbol{e}_i$$

式中，r_i 和 $\boldsymbol{e}_i$ 分别为点电荷 q_i 到 P 点的距离及其单位矢量，则 P 点的场强为

$$\boldsymbol{E}=\frac{\boldsymbol{F}}{q_0}=\sum_{i=1}^{n}\frac{1}{4\pi\varepsilon_0}\frac{q_i}{r_i^2}\boldsymbol{e}_i=\sum_{i=1}^{n}\boldsymbol{E}_i \tag{7-7}$$

即

$$\boldsymbol{E}=\boldsymbol{E}_1+\boldsymbol{E}_2+\cdots+\boldsymbol{E}_n=\sum_{i=1}^{n}\boldsymbol{E}_i \tag{7-8}$$

上式说明在点电荷系所形成的电场中，某点的场强等于各点电荷单独存在时在该点的场强的矢量和。这一结论称为场强叠加原理。

从场强叠加原理，我们可以感受到部分与总体的统一，所以中国梦的实现需要我们每个人的努力奋斗，只有团结一致，勠力同心，才能实现中华民族的伟大复兴！

3. 任意带电体电场的场强

在实际问题中所遇到的电场，常由电荷连续分布的带电体形成，要计算任意带电体附近所产生的场强，不能把带电体看作点电荷，用点电荷场强公式来计算。但任何带电体均可划分为无限多个电荷元 $\mathrm{d}q$，可以把 $\mathrm{d}q$ 看作是点电荷，整个带电体产生的场强，就可看作无限多个电荷元产生的场强的矢量和。因此计算带电体的场强时，首先，取电荷元 $\mathrm{d}q$；其次，求电荷元 $\mathrm{d}q$ 在电场中某给定点产生的场 $\mathrm{d}\boldsymbol{E}$，按点电荷的场强公式可写成

$$\mathrm{d}\boldsymbol{E}=\frac{1}{4\pi\varepsilon_0}\frac{\mathrm{d}q}{r^2}\boldsymbol{e}_r$$

式中，$\boldsymbol{e}_r$ 是从 $\mathrm{d}q$ 所在点指向给定点的单位矢量，r 是电荷元 $\mathrm{d}q$ 到给定点的距离，如图 7-5 所示。最后，求整个带电体在给定点产生的场强，利用场强叠加原理，得

$$\boldsymbol{E}=\int\mathrm{d}\boldsymbol{E}=\int\frac{1}{4\pi\varepsilon_0}\frac{\mathrm{d}q}{r^2}\boldsymbol{e}_r \tag{7-9}$$

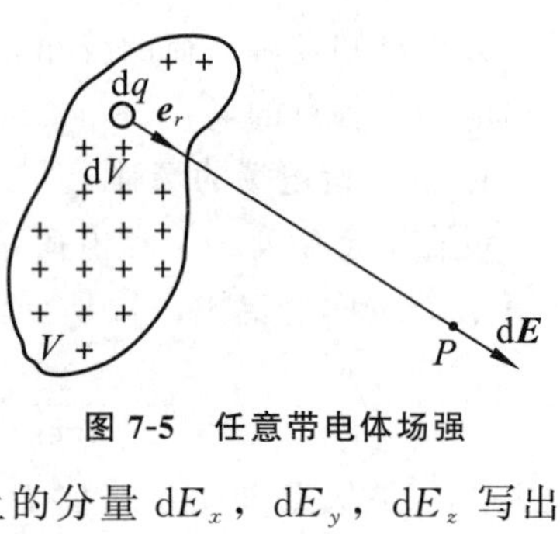

图 7-5　任意带电体场强

必须强调指出，式(7-9)是一个矢量积分，一般不能直接计算，可先将 $\mathrm{d}\boldsymbol{E}$ 在 x，y，z 三坐标轴方向上的分量 $\mathrm{d}E_x$，$\mathrm{d}E_y$，$\mathrm{d}E_z$ 写出，然后分别对它们进行积分，求得 $\boldsymbol{E}$ 的三个分量的大小，即

$$E_x=\int\mathrm{d}E_x$$

$$E_y=\int\mathrm{d}E_y$$

$$E_z = \int dE_z$$

最后，再由这三个分量确定场强 $\boldsymbol{E}$ 的大小和方向。

例 7-3 两个等量异号点电荷 $-q$ 和 $+q$ 相距 l，若两点电荷连线的中点 O 到观察点的距离 r 远大于 l 时，则这对电荷称为电偶极子。

从电偶极子的 $-q$ 到 $+q$ 的矢径为 $\boldsymbol{l}$，电量 q 与矢径 $\boldsymbol{l}$ 的乘积定义为电偶极子的电矩，用 $\boldsymbol{P}$ 表示，即

$$\boldsymbol{P} = q\boldsymbol{l} \tag{7-10}$$

试求电偶极子的中垂线上任一点的场强。

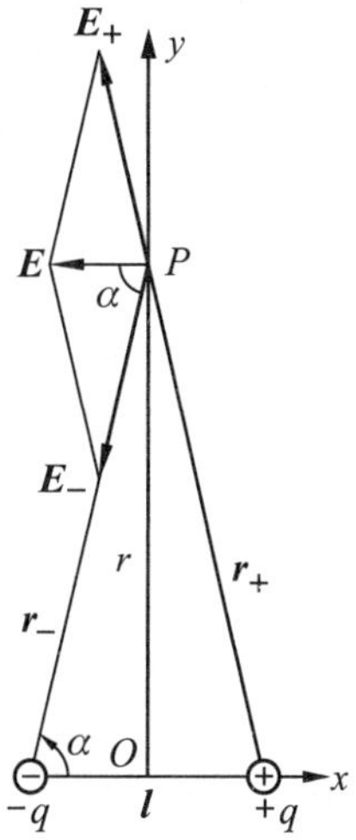

图 7-6 例 7-3 图

解 以 O 为原点，取坐标系如图 7-6 所示，设 P 点与 O 点的距离为 r，根据式(7-6)，$+q$ 和 $-q$ 在 P 点的场强 $\boldsymbol{E}_+$ 和 $\boldsymbol{E}_-$ 的大小分别为

$$E_+ = \frac{1}{4\pi\varepsilon_0}\frac{q}{r_+^2} = \frac{1}{4\pi\varepsilon_0}\cdot\frac{q}{r^2+\left(\frac{l}{2}\right)^2}$$

$$E_- = \frac{1}{4\pi\varepsilon_0}\frac{q}{r_-^2} = \frac{1}{4\pi\varepsilon_0}\cdot\frac{q}{r^2+\left(\frac{l}{2}\right)^2}$$

式中，$r_+ = r_- = \sqrt{r^2+\left(\frac{l}{2}\right)^2}$

$\boldsymbol{E}_+$，$\boldsymbol{E}_-$ 方向如图 7-6 所示。根据电场叠加原理得

$$E_x = E_+\cos\alpha + E_-\cos\alpha = \frac{1}{4\pi\varepsilon_0}\cdot\frac{q}{r^2+\left(\frac{l}{2}\right)^2}\cdot\frac{l}{\sqrt{r^2+\left(\frac{l}{2}\right)^2}}$$

$$E_y = (E_+)_y + (E_-)_y = 0$$

故 P 点场强大小为

$$E_{\mathrm{p}} = \frac{1}{4\pi\varepsilon_0}\cdot\frac{ql}{[r^2+(l/2)^2]^{3/2}}$$

方向沿 x 轴负向，由于 $r \gg l$，可取 $\left[r^2+\left(\frac{l}{2}\right)^2\right]^{\frac{3}{2}} \approx r^3$，代入上式，得

$$E_{\mathrm{p}} = \frac{1}{4\pi\varepsilon_0}\frac{ql}{r^3} = \frac{1}{4\pi\varepsilon_0}\frac{P}{r^3}$$

因为电矩 $\boldsymbol{P}$ 与 $\boldsymbol{l}$ 方向一致，而场强 $\boldsymbol{E}$ 与 $\boldsymbol{l}$ 方向相反，所以 $\boldsymbol{E}$ 和 $\boldsymbol{P}$ 方向相反，用矢量式表示，上式变成：$\boldsymbol{E}_{\mathrm{p}} = -\frac{1}{4\pi\varepsilon_0}\frac{\boldsymbol{P}}{r^3}$。

从以上计算结果可知，电偶极子产生场强 $\boldsymbol{E}$ 的大小与电矩 $\boldsymbol{P}$ 成正比，与电偶极子到观察点的距离的立方成反比。另外，电偶极子在外电场中，可证明它所受到的电场力、力矩都与电偶极子的电矩 $\boldsymbol{P}$ 成正比。因此，电矩矢量 $\boldsymbol{P}$ 是电偶极子的一个重要特征量。

例 7-4 真空中有一均匀带电直线，长为 l，总电量为 q，线外有一点 P 离开直线的垂直距离为 a，P 点和直线两端的连线与 x 轴之间的夹角分别为 θ_1 和 θ_2，如图 7-7 所示。求 P 点的场强。

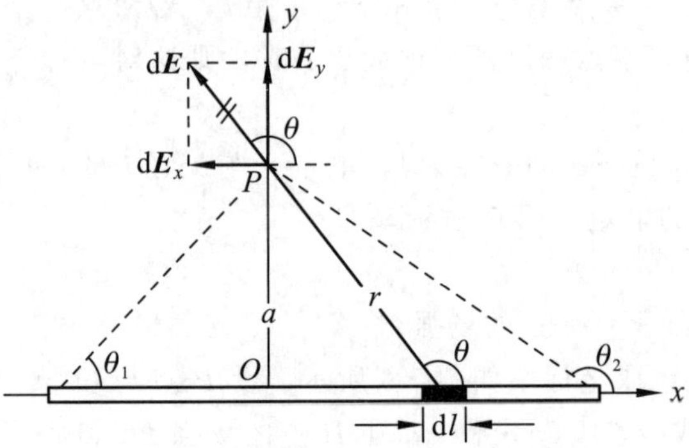

图 7-7 均匀带电直线外任一点的场强

解 这里，产生电场的电荷是连续分布的，求场强时，一般按下列步骤进行。

(1)取电荷元 dq。在带电直线上任取一线段元 dl，dl 上的电量为 dq，$dq=\frac{q}{l}dl=\lambda dl$，$\lambda=\frac{q}{l}$为直线上每单位长度所带的电量，称 λ 为电荷线密度。

(2)求电荷元 dq 在 P 点产生的场强 $d\boldsymbol{E}$。

$d\boldsymbol{E}$ 的大小为
$$dE=\frac{dq}{4\pi\varepsilon_0 r^2}=\frac{\lambda dl}{4\pi\varepsilon_0 r^2}$$

r 为电荷元 dq 到 P 点的距离，方向如图 7-7 所示，这里必须注意要选取方位适当的坐标系 Oxy，以便求出 $d\boldsymbol{E}$ 沿 x 轴和 y 轴的分量大小 $dE_x=dE\cos\theta$，$dE_y=dE\sin\theta$。

(3)求带电直线在 P 点的场强

$$E_x=\int dE_x=\int dE\cos\theta=\int\frac{\lambda\cos\theta}{4\pi\varepsilon_0 r^2}dl$$

$$E_y=\int dE_y=\int dE\sin\theta=\int\frac{\lambda\sin\theta}{4\pi\varepsilon_0 r^2}dl$$

式中，θ 为 $d\boldsymbol{E}$ 与 x 轴之间的夹角。对不同的 dq，r，θ，l 都是变量，积分时要统一变量，由图可知

$$l=a\tan\left(\theta-\frac{\pi}{2}\right)=-a\cot\theta$$

$$dl=a\csc^2\theta d\theta$$

$$r^2=a^2+l^2=a^2\csc^2\theta$$

代入上式得
$$E_x=\int_{\theta_1}^{\theta_2}\frac{\lambda}{4\pi\varepsilon_0}\frac{\cos\theta}{a^2\csc^2\theta}a\csc^2\theta d\theta=\frac{\lambda}{4\pi\varepsilon_0 a}(\sin\theta_2-\sin\theta_1)$$

$$E_y=\int_{\theta_1}^{\theta_2}\frac{\lambda}{4\pi\varepsilon_0}\frac{\sin\theta}{a^2\csc^2\theta}a\csc^2\theta d\theta=\frac{\lambda}{4\pi\varepsilon_0 a}(\cos\theta_1-\cos\theta_2)$$

可见 P 点处的场强 $\boldsymbol{E}$ 的大小与该点离带电直线的距离 a 成反比，$\boldsymbol{E}$ 的大小和方向由下式确定

$$E=\sqrt{E_x^2+E_y^2}$$

$$\alpha=\arctan\frac{E_y}{E_x}$$

式中，α 是矢量 $\boldsymbol{E}$ 与 x 轴的夹角。

讨论： 如果电荷线密度保持不变，而均匀带电直线是无限长的，即 $\theta_1=0$，$\theta_2=\pi$，则

$$E_x=0,\quad E=E_y=\frac{\lambda}{2\pi\varepsilon_0 a}$$

例 7-5　如图 7-8 所示，半径为 R 的均匀带电圆环的电量为 q，试求通过环心且垂直于环面的轴线上任一点 P 处的场强，设 P 点到环心的距离为 x。

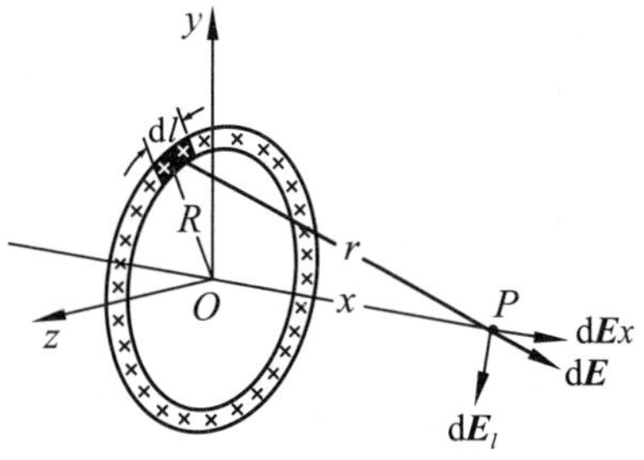

图 7-8　均匀带电圆环轴线上的电场

解　(1) 取电荷元 $\mathrm{d}q$，在圆环上取线段元 $\mathrm{d}l$，它带的电荷为

$$\mathrm{d}q=\frac{q}{2\pi R}\mathrm{d}l=\lambda\,\mathrm{d}l$$

(2) 求电荷元 $\mathrm{d}q$ 在 P 点的场强 $\mathrm{d}\boldsymbol{E}$ 的大小

$$\mathrm{d}E=\frac{\mathrm{d}q}{4\pi\varepsilon_0 r^2}=\frac{\lambda\,\mathrm{d}l}{4\pi\varepsilon_0 r^2}$$

方向如图 7-8 所示。由于电荷分布的对称性，各电荷元在 P 点激起的电场强度的分布也具有对称性，且它们在垂直于 x 轴的方向上的分量互相抵消，而沿 x 轴的分量相互增强，可见，P 点的场强 $\boldsymbol{E}$ 沿 x 方向，由图可见，$\mathrm{d}\boldsymbol{E}$ 沿 x 轴的分量大小为

$$\mathrm{d}E_x=\mathrm{d}E\cos\theta$$

(3) 求带电圆环在 P 点的场强

$$E=E_x=\int\mathrm{d}E_x=\int\mathrm{d}E\cos\theta=\int\frac{\lambda\,\mathrm{d}l}{4\pi\varepsilon_0 r^2}\,\frac{x}{r}=\int\frac{\lambda x}{4\pi\varepsilon_0(R^2+x^2)^{3/2}}\mathrm{d}l$$

考虑到对于圆环上的不同线段元，R，x 不变，所以积分结果为

$$E=\frac{\lambda x}{4\pi\varepsilon_0(R^2+x^2)^{3/2}}\int_0^{2\pi R}\mathrm{d}l=\frac{qx}{4\pi\varepsilon_0(R^2+x^2)^{3/2}}$$

讨论： 当 $x\gg R$ 时，$(R^2+x^2)^{3/2}\approx x^3$，这时有 $E\approx\dfrac{q}{4\pi\varepsilon_0 x^2}$。

这说明当圆环的线度远小于它中心到场点的距离时，可以把带电圆环作为电荷 q 集中在环心的点电荷来处理。

7.4　电通量　高斯定理

7.4.1　电场线　电通量

1. 电场线

为形象地反映电场中场强的分布情况，常采用图示法，即在电场中画出一系列有

指向的曲线，使曲线上每点的切线方向与该点场强方向一致，这些曲线就叫电场线或 **E** 线。

为了使电场线不仅表示电场中场强的方向且能表示场强的大小，对电场线的疏密程度做如下规定：在电场中某点，想象地取一个与场强 **E** 垂直的面积元 $\mathrm{d}S_{\perp}$，使通过它的电场线条数 $\mathrm{d}\Phi_{\mathrm{e}}$ 满足

$$E=\frac{\mathrm{d}\Phi_{\mathrm{e}}}{\mathrm{d}S_{\perp}} \tag{7-11}$$

即规定：在电场中任一点，通过垂直于场强 **E** 的单位面积的电场线数等于该点场强的量值 E。这样，场强大的地方，电场线就密；场强小的地方，电场线就疏。

不同的带电体，周围的电场不一样，因而电场线的分布也不相同。图 7-9 给出几种典型电场的电场线分布图形。

由图 7-9 可以看出，带等值异号电荷的两平行板中间部分的电场线是一些疏密均匀并与板面垂直的平行直线，这表明这个区域中的场强 **E** 处处相等，这种电场叫匀强电场。在板的边缘处，电场线的分布较复杂，所以在板边缘附近的电场不是匀强电场。

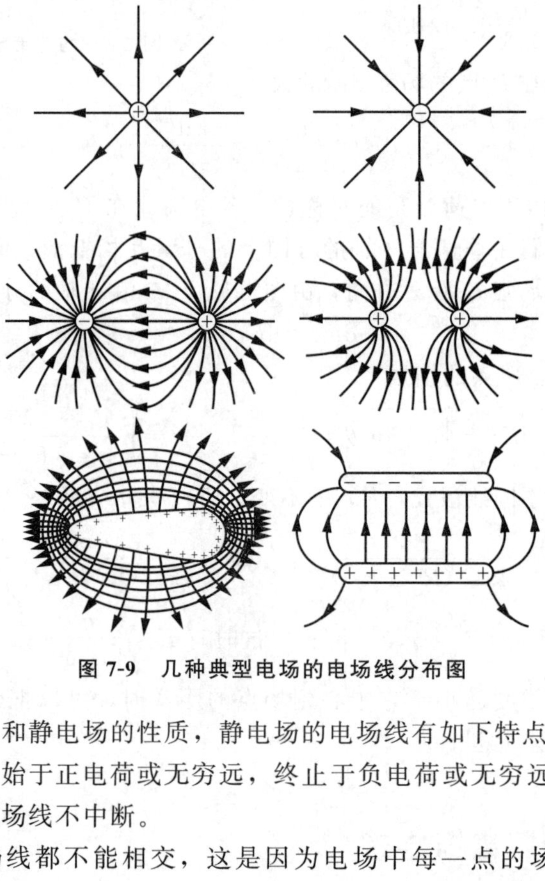

图 7-9　几种典型电场的电场线分布图

按电场线的定义和静电场的性质，静电场的电场线有如下特点。

①电场线总是起始于正电荷或无穷远，终止于负电荷或无穷远，不形成闭合曲线，在没有电荷的地方电场线不中断。

②任何两条电场线都不能相交，这是因为电场中每一点的场强只有一个确定的方向。

必须指出，电场线仅是为描述电场分布人为引入的，而不是静电场中真有这样的场线存在。另外，电场线一般也不是在电场中的点电荷的运动轨迹。

2. 电通量

通过电场中某一个面的电场线数称为通过这个面的电通量，用 Φ_e 表示。下面分几种情况来说明计算电通量的方法。

(1)均匀电场中，平面与场强 $\boldsymbol{E}$ 垂直。

在场强为 $\boldsymbol{E}$ 的匀强电场中，与场强 $\boldsymbol{E}$ 垂直的平面面积为 $S_\perp$，如图 7-10(a)所示，根据电场线与场强的相关规定，通过与场强垂直的单位面积上的电力线数等于场强的大小，这样，通过 $S_\perp$ 面的电通量大小为

$$\Phi_e = ES_\perp \tag{7-12}$$

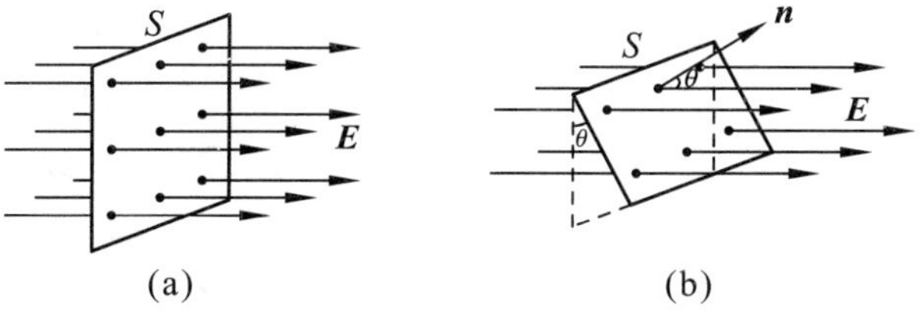

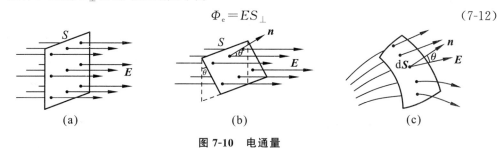

图 7-10　电通量

(2)均匀电场中，平面法线与场强夹角为 θ。

由图 7-10(b)可见，通过平面 S 的电通量等于通过它在垂直于 $\boldsymbol{E}$ 的平面上的投影 $S_\perp$ 面的电通量，所以通过平面 S 的电通量大小为

$$\Phi_e = ES_\perp = ES\cos\theta \tag{7-13}$$

(3)非均匀电场中的任意曲面。

先把曲面 S 划分成无限多个面积元 $\mathrm{d}\boldsymbol{S}$，如图 7-10(c)所示，每个面积元都可看成无限小平面，它上面的场强可当作均匀的。设面积元 $\mathrm{d}\boldsymbol{S}$ 的法线 $\boldsymbol{n}$ 与该处场强 $\boldsymbol{E}$ 成 θ 角，则通过面积元 $\mathrm{d}\boldsymbol{S}$ 的电通量大小为

$$\mathrm{d}\Phi_e = E\cos\theta\mathrm{d}S$$

通过曲面 S 的电通量 Φ_e 应等于曲面上所有面积元的电通量 $\mathrm{d}\Phi_e$ 的代数和，即

$$\Phi_e = \int_S \mathrm{d}\Phi_e = \int_S E\cos\theta\mathrm{d}S \tag{7-14}$$

式中，"$\int_S$"表示对整个曲面 S 进行积分。

(4)非均匀电场中的闭合曲面。

通过闭合曲面的电通量大小为

$$\Phi_e = \oint_S E\cos\theta\mathrm{d}S \tag{7-15}$$

式中，"$\oint_S$"表示对整个闭合曲面进行积分，通常规定面积元 $\mathrm{d}\boldsymbol{S}$ 的法线方向指向曲面外侧为正方向，这时通过闭合曲面上各面积元的电通量可正可负，如图 7-11 所示。在面积元 $\mathrm{d}\boldsymbol{S}_2$ 处，电力线从曲面外穿进曲面内，由于 $\theta_2 > 90°$，所以电通量 $\mathrm{d}\Phi_e$ 为负；在面积元 $\mathrm{d}\boldsymbol{S}_1$ 处电场线从曲面内穿出到曲面外，由于 $\theta_1 < 90°$，所以电通量 $\mathrm{d}\Phi_e$ 为正。

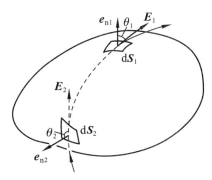

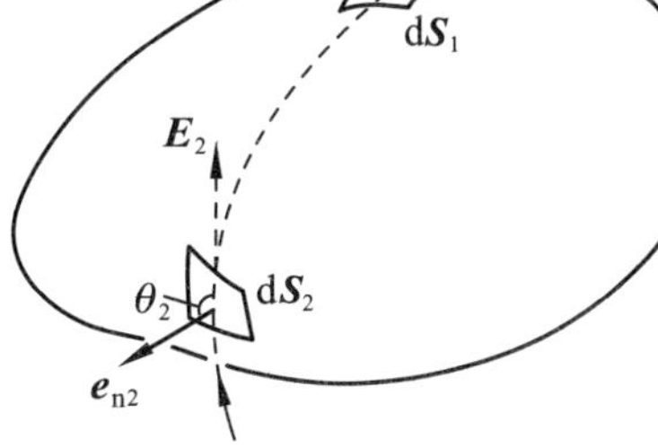

图 7-11　通过闭合曲面的电通量

若引入面积元矢量 d$\boldsymbol{S}$(大小等于 dS 而方向是 dS 的正法线方向)，由矢量的标积定义可知 $E\cos\theta \mathrm{d}S$ 为矢量 $\boldsymbol{E}$ 和 d$\boldsymbol{S}$ 的标积，即 $E\cos\theta\mathrm{d}S=\boldsymbol{E}\cdot\mathrm{d}\boldsymbol{S}$，那么上面两积分式可改写成

$$\Phi_{\mathrm{e}}=\int_S E\cos\theta\,\mathrm{d}S=\int_S \boldsymbol{E}\cdot\mathrm{d}\boldsymbol{S}$$

$$\Phi_{\mathrm{e}}=\oint_S E\cos\theta\,\mathrm{d}S=\oint_S \boldsymbol{E}\cdot\mathrm{d}\boldsymbol{S} \tag{7-16}$$

例 7-6 三棱柱体放置在如图 7-12 所示的匀强电场中，求通过此三棱柱体的电场强度通量。

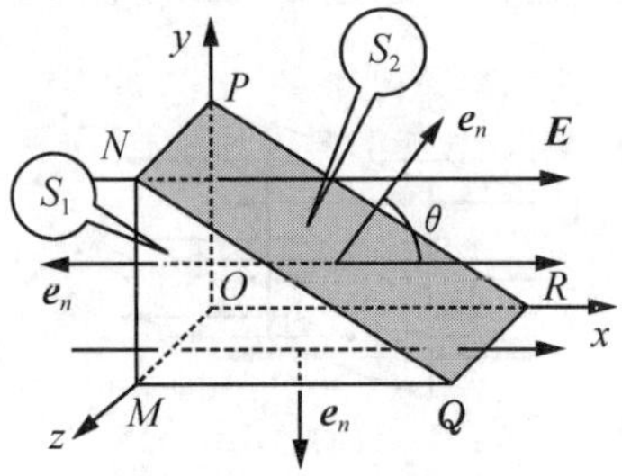

图 7-12 例 7-6 图

解

$$\Phi_{\mathrm{e}}=\sum_{i=1}^{5}\Phi_{\mathrm{e}i}=\Phi_{\mathrm{e1}}+\Phi_{\mathrm{e2}}$$

$$\Phi_{\mathrm{e1}}=\int_{S_1}\boldsymbol{E}\cdot\mathrm{d}\boldsymbol{S}=ES_1\cos\pi=-ES_1$$

$$\Phi_{\mathrm{e2}}=\int_{S_2}\boldsymbol{E}\cdot\mathrm{d}\boldsymbol{S}=ES_2\cos\theta=ES_1$$

$$\Phi_{\mathrm{e}}=\sum_{i=1}^{5}\Phi_{\mathrm{e}i}=0$$

对于复杂的闭合曲面，要计算电通量是很困难的，下节将看到通过任意闭合曲面的电通量与场源电荷间存在着一个颇为简单而普遍的规律——高斯定理。

7.4.2 高斯定理

科学家介绍：高斯

高斯定理是静电学中一个重要定理，下面我们分几步导出高斯定理。

1. 通过以点电荷 q 为球心的球面的电通量

以点电荷 q 为球心，以任意半径 r 作一球面，计算通过该球面的电通量。

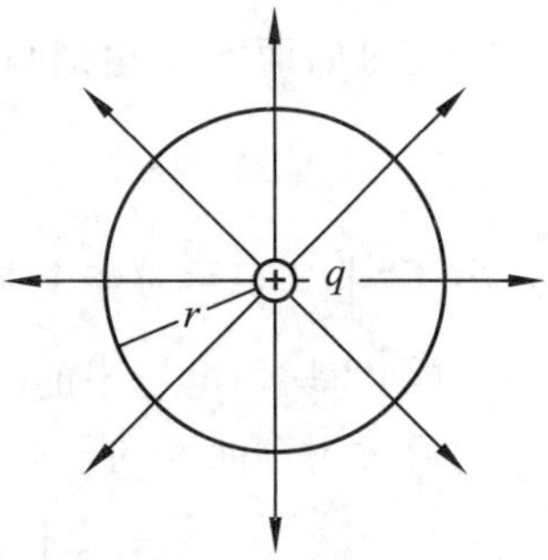

图 7-13 点电荷电场

由于点电荷 q 的电场具有球对称性，球面上任一点场强 $\boldsymbol{E}$ 的量值都是 $E=\dfrac{q}{4\pi\varepsilon_0 r^2}$，场强的方向都沿矢径方向，且处处与球面正交，如图 7-13 所示。根据式(7-16)可求得通过球面的电通量为

$$\begin{aligned}\Phi_{\mathrm{e}}&=\oint_S\boldsymbol{E}\cdot\mathrm{d}\boldsymbol{S}=\oint_S E\cos\theta\,\mathrm{d}S\\&=\oint_S\frac{q}{4\pi\varepsilon_0 r^2}\mathrm{d}S=\frac{q}{4\pi\varepsilon_0 r^2}\oint\mathrm{d}S\\&=\frac{q}{4\pi\varepsilon_0 r^2}\cdot 4\pi r^2=\frac{q}{\varepsilon_0}\end{aligned}$$

上式指出：点电荷 q 在球心时，通过任意球面的电通量大小都等于 q/ε_0，而与球面半径 r 的大小无关。

2. 通过包围点电荷 q 的任意闭合曲面的电通量

如图 7-14(a)所示，任意作闭合曲面 S'，S'与球面 S 包围同一电荷 q，根据电场线在没有电荷的地方不能中断的性质，容易看出，通过球面 S 和 S'的电通量相等，都是 q/ε_0，由此证明了通过包围点电荷 q 的任意闭合曲面的电通量都等于 q/ε_0，即

$$\Phi_e = \oint_S \boldsymbol{E} \cdot \mathrm{d}\boldsymbol{S} = \frac{q}{\varepsilon_0}$$

3. 闭合曲面外的点电荷通过闭合曲面的电通量

如图 7-14(b)所示，点电荷 q 在闭合曲面外，在 S'面内没有其他电荷。由于电场线的连续性，有几条电场线穿入闭合曲面，必有几条电场线从闭合曲面内穿出，所以当点电荷 q 在闭合曲面外时，它通过该闭合面的电通量的代数和为零。

应当指出，当点电荷位于闭合曲面外时，穿过闭合曲面的电通量虽然为零，但闭合曲面上各点处的场强 $\boldsymbol{E}$ 并不为零。

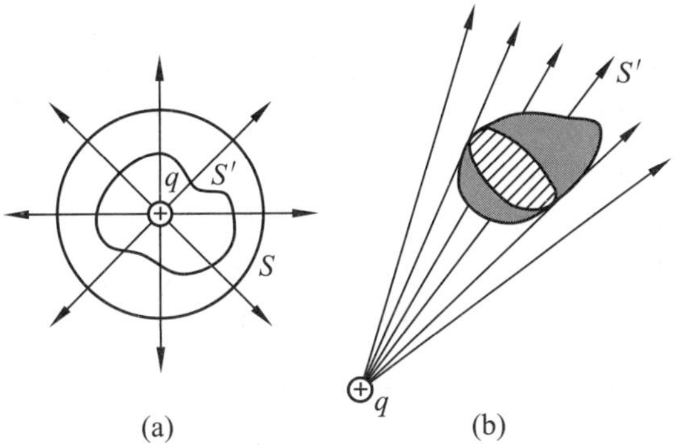

图 7-14 证明高斯定理

4. 点电荷系通过闭合曲面的电通量

若闭合曲面 S 内有点电荷 q_1，q_2，…，q_n，闭合曲面 S 外有点电荷 q_{n+1}，q_{n+2}，…，q_m。在 S 内的点电荷通过该闭合曲面的电通量分别为 $\Phi_1 = \frac{q_1}{\varepsilon_0}$，$\Phi_2 = \frac{q_2}{\varepsilon_0}$，…，$\Phi_n = \frac{q_n}{\varepsilon_0}$，而在 S 外的电荷通过该闭合曲面的电通量为零。通过 S 的总电通量等于各个电荷单独存在时电通量的代数和，即

$$\Phi_e = \oint_S \boldsymbol{E} \cdot \mathrm{d}\boldsymbol{S} = \frac{q_1}{\varepsilon_0} + \frac{q_2}{\varepsilon_0} + \cdots + \frac{q_n}{\varepsilon_0} = \frac{1}{\varepsilon_0}\sum_{i=1}^{n} q_i \tag{7-17}$$

综上所述，在真空中，通过任一闭合曲面的电通量，等于该面所包围的所有电荷的代数和除以 ε_0。这就是真空中的高斯定理，所选取的闭合曲面称为高斯面。式(7-17)是高斯定理的数学表达式。

为了正确理解高斯定理，有必要指出如下。

(1) 式(7-17)表明，通过闭合曲面的电通量，仅是它所包围的电荷的贡献，与闭曲合面外的电荷无关。然而，闭合曲面上各点的场强 $\boldsymbol{E}$ 是闭合曲面内外所有电荷产生的总场强。

(2) 式(7-17)指出，当 $\sum q_i > 0$ 时，$\Phi_e > 0$，表示有电场线从闭曲合面内穿出，故

称正电荷为静电场的源头；当$\sum q_i < 0$时，$\Phi_e < 0$，表示有电场线穿入闭合曲面内终止，故称负电荷为静电场尾间。因此，高斯定理表明了电场线起始于正电荷，终止于负电荷，即静电场是有源场。

高斯定理不仅反映了静电场的性质，对于具有对称性的电场，用高斯定理计算电场强度，可以避免复杂的积分运算。由此可见，自然界的规律需要不断总结和归纳，遵循客观规律，从客观存在的事物出发，找出事物本身所具有的规律性，是物理学的根本方法。

7.4.3 高斯定理的应用

下面介绍应用高斯定理计算几种简单而又具有对称性的电场强度的方法。

1. 均匀带电球面的电场

设有一均匀带电球面，半径为R，总带电量为q，如图 7-15 所示，现在计算带电球面内外任一点的场强。

由于电荷均匀分布在球面上，这个带电体系具有球对称性，因而电场分布也应具有球对称性。也就是说，在任何与带电球面同心的球面上，各点场强的大小均相等，场强的方向为径向。

为确定均匀带电球面外任一点P的场强，根据电场的特点，过P点作一个同心球面S为高斯面，球面半径为r，此球面上场强的大小处处都和P点的场强E相同，而$\cos\theta$处处等于 1，通过高斯面S的电通量为

$$\Phi_e = \oint_S \boldsymbol{E}\cdot \mathrm{d}\boldsymbol{S} = \oint_S E\cos\theta \mathrm{d}S = E\oint_S \mathrm{d}S = 4\pi r^2 E$$

高斯面S所包围的电荷为$\sum q_i = q$。

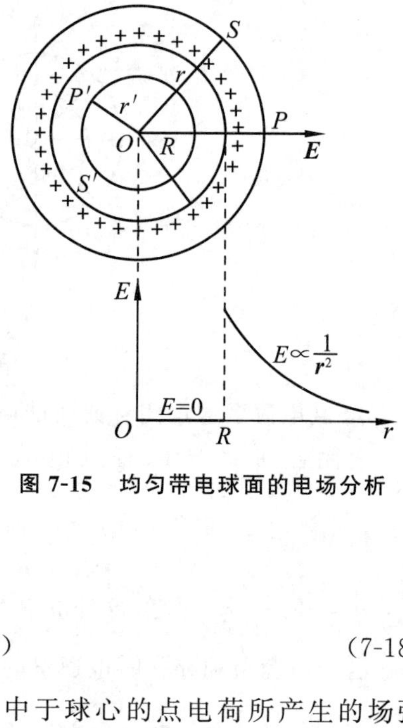

图 7-15 均匀带电球面的电场分析

按高斯定理，有$4\pi r^2 E = \dfrac{q}{\varepsilon_0}$，所以

$$E = \frac{q}{4\pi\varepsilon_0 r^2} \quad (r>R) \tag{7-18}$$

由此可见，均匀带电球面外的场强与将电荷全部集中于球心的点电荷所产生的场强一样。

为确定均匀带电球面内任一点P'的场强$\boldsymbol{E}$，过P'点作一个同心球面S'，半径为r'，与上同理由于对称性，高斯面S'上各点场强$\boldsymbol{E}$的值处处相等，且$\cos\theta$处处等于 1，通过高斯面S'的电通量为

$$\Phi_e = \oint_{S'} \boldsymbol{E}\cdot \mathrm{d}\boldsymbol{S} = \oint_{S'} E\cos\theta \mathrm{d}S = E\oint_{S'} \mathrm{d}S = 4\pi r'^2 E$$

而高斯面S'所包围的电荷$\sum q_i = 0$，按高斯定理，有$4\pi r'^2 E = 0$，故

$$E = 0 \quad (r'<R)$$

这表明，均匀带电球面内的场强处处为零。

根据上述结果，可画出场强随距离的变化曲线——E-r 曲线(如图 7-15 所示)。从 E-r 曲线中可以看出场强值在球面处(电荷所在处)是不连续的。

2. 无限长均匀带电圆柱面的电场

设有无限长均匀带电圆柱面，半径为 R，电荷面密度为 σ(设 σ 为正)。由于电荷分布的轴对称性，可以确定，在靠近圆柱面中部，带电圆柱面产生的电场也具有轴对称性，即距圆柱面轴线等距离的各点的场强大小相等，方向都垂直于圆柱面向外，如图 7-16 所示。

为了确定无限长圆柱面外任一点 P 处的场强，过 P 点作一封闭圆柱面作为高斯面，柱面高为 l，底面半径为 r，轴线与无限长圆柱面的轴线重合。由于封闭圆柱面的侧面上各点场强 $\boldsymbol{E}$ 的大小相等，方向处处与侧面正交，所以通过侧面的电通量是 $2\pi rlE$；通过两底面的电通量为零。通过整个高斯面的电通量为

$$\Phi_e = \oint_S \boldsymbol{E} \cdot d\boldsymbol{S} = 2\pi rlE$$

而高斯面所包围的电荷为 $\sigma \cdot 2\pi Rl$，按高斯定理有

$$2\pi rlE = \frac{\sigma 2\pi Rl}{\varepsilon_0}$$

由此得出
$$E = \frac{R\sigma}{\varepsilon_0 r}$$

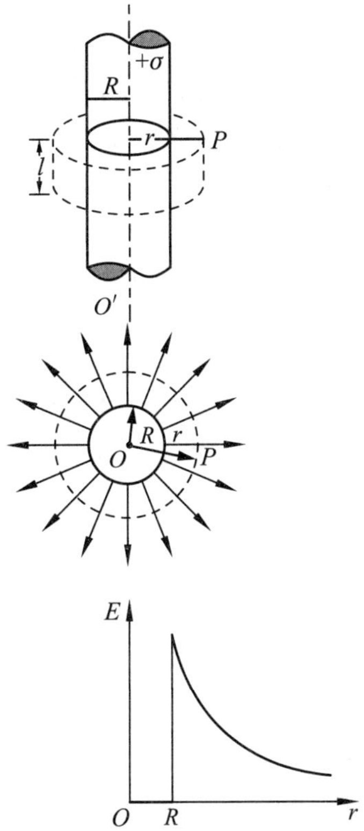

图 7-16　无限长均匀带电圆柱面的电场

如果令 $\lambda = 2\pi R\sigma$ 为圆柱面每单位长度的电量，则上式可化为

$$E = \frac{\lambda}{2\pi\varepsilon_0 r} \tag{7-19}$$

由此可见，无限长均匀带电圆柱面外的场强，与将所带电荷全部集中在轴上的均匀带电直线所产生的场强一样。

不难证明，带电圆柱面内部的场强等于零，圆柱面外各点的场强 $\boldsymbol{E}$ 随距带电圆柱面轴线的距离 r 的变化关系如图 7-16 所示。

3. 无限大均匀带电平面的电场

设有无限大均匀带电平面，电荷面密度为 σ，求场强分布。

由对称性分析可知，电场是均匀的，场强的方向垂直于平面，如图 7-17 所示。根据电场分布的特点，应取一个柱体的表面作为高斯面，其轴线与带电平面垂直，两底与带电面平行，底面面积都等于 ΔS，并相对带电平面对称。显然，由于场强和侧面的法线垂直，所以通过侧面的电通量为零。由图 7-17 可见，场强与两个底面的法线平行，所以通过两个底面的电通量均为 $E\Delta S$，通过整个高斯面的电通量为

$$\Phi_e = \oint_S \boldsymbol{E} \cdot d\boldsymbol{S} = 2E\Delta S$$

高斯面所包围的电荷为 $\sigma\Delta S$，按高斯定理，有

$$2E\Delta S=\frac{\sigma\Delta S}{\varepsilon_0}$$

所以

$$E=\frac{\sigma}{2\varepsilon_0} \tag{7-20}$$

可见，在无限大均匀带电平面的电场中，各点的场强与离开平面的距离无关。

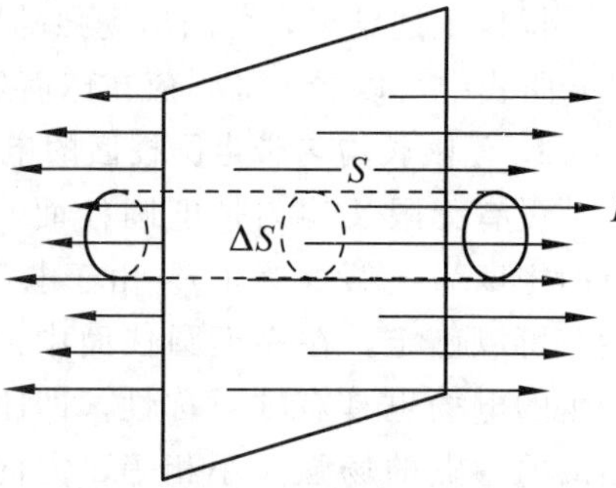

图 7-17 无限大均匀带电平面的电场

由以上几个例子可以看出，应用高斯定理求场强时，应注意以下两点。

① 必须分析电场的分布特点，看是否具有对称性。

② 根据电场的对称性，选取合适的闭合曲面(即高斯面)。如使场强都垂直于这个闭合曲面的全部或一部分，而且大小处处相等；或者使场强与该面的一部分平行，因而通过这部分面积的电通量为零。这样才能使 $\oint_S \boldsymbol{E}\cdot \mathrm{d}\boldsymbol{S}$ 中的 E 是常量，可以从积分号中提出来，便可求出场强。

物理方法：类比法

7.5 静电场的环路定理

我们曾经从电荷在电场中受到电场力这一事实出发，研究了静电场的性质。现在再通过电荷在电场中移动时电场力所做的功来研究静电场的性质。

7.5.1 静电场力所做的功

在点电荷 q 所产生的电场中，试验电荷 q_0 从 a 点经任一路径 acb 到达 b 点，如图 7-18 所示，计算电场力所做的功。

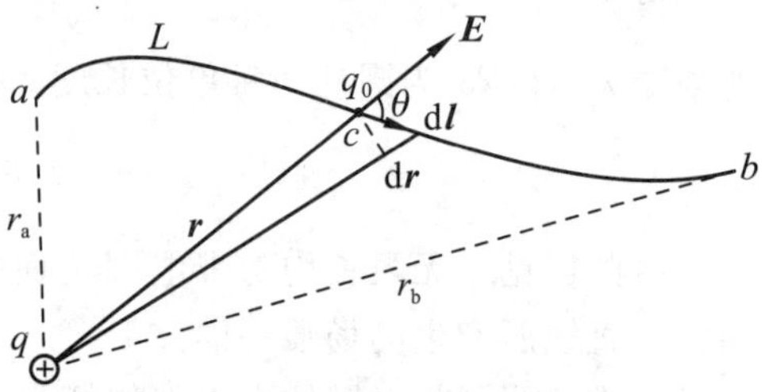

图 7-18 电场力做功的计算

在路径中任一点 c 处，试验电荷 q_0 受电场力

$$\boldsymbol{F}=q_0\boldsymbol{E}$$

若电荷 q_0 发生位移 $\mathrm{d}\boldsymbol{l}$，则电场力所做的元功为

$$\mathrm{d}A=\boldsymbol{F}\cdot\mathrm{d}\boldsymbol{l}=q_0\boldsymbol{E}\cdot\mathrm{d}\boldsymbol{l}$$

当试验电荷从 a 点沿任一路径到达 b 点时，电场力做的功为

$$A_{ab}=\int_a^b \mathrm{d}A=q_0\int_a^b \boldsymbol{E}\cdot\mathrm{d}\boldsymbol{l}=q_0\int_a^b E\cos\theta\,\mathrm{d}l \tag{7-21}$$

式中，θ 是场强 $\boldsymbol{E}$ 和 $\mathrm{d}\boldsymbol{l}$ 的夹角，由图可知 $\cos\theta\,\mathrm{d}l=\mathrm{d}r$，且 $E=\dfrac{q}{4\pi\varepsilon_0 r^2}$，代入上式得

$$A_{ab}=\int_{r_a}^{r_b}\frac{qq_0}{4\pi\varepsilon_0}\frac{\mathrm{d}r}{r^2}=\frac{qq_0}{4\pi\varepsilon_0}\left(\frac{1}{r_a}-\frac{1}{r_b}\right) \tag{7-22}$$

式中，r_a 和 r_b 分别表示从点电荷 q 到路径的起点和终点的距离。由此可见，在点电荷

的电场中，试验电荷 q_0 沿任意路径移动时，电场力做的功只与试验电荷的起点和终点位置以及它的电量 q_0 有关，而与路径无关。

上述结论对任何静电场都适用，因为任何静电场都可看作点电荷系中各点电荷电场的叠加，试验电荷在电场中移动时，电场力对 q_0 所做的功就等于各个点电荷的电场力所做功的代数和。由于每个点电荷的电场力所做的功都与路径无关，所以相应的代数和也与路径无关。

对比学过的重力、弹性力做功特点，电场力做功有相同的特点，即只与起点和终点的位置有关而与路径无关，所以电场力和重力、弹性力一样，也是保守力。由此可见，事物之间是普遍联系的。

7.5.2 静电场的环路定理

在静电场中将试验电荷 q_0 从 a 点绕任一闭合回路再回到 a 点，由式(7-22)可知，电场力做的功为零，即

$$\oint q_0 \boldsymbol{E} \cdot \mathrm{d}\boldsymbol{l} = 0 \tag{7-23}$$

因为 q_0 不等于零，所以

$$\oint \boldsymbol{E} \cdot \mathrm{d}\boldsymbol{l} = 0 \tag{7-24}$$

这是静电场力做功与路径无关的必然结果。$\oint \boldsymbol{E} \cdot \mathrm{d}\boldsymbol{l}$ 是静电场强 $\boldsymbol{E}$ 沿闭合路径的线积分，称为场强 $\boldsymbol{E}$ 的环流。式(7-24)指出：静电场中场强 $\boldsymbol{E}$ 的环流恒等于零。这称为静电场的环路定理，它反映了静电场的一个重要性质，这一性质表明静电场力和重力相似，也是保守力，所以静电场是保守场。由于有这种特性，我们才能引入电势能的概念。

7.5.3 电势能

我们仿照重力势能，认为电荷在电场中任一位置具有电势能，电场力所做的功就是电势能改变的量度，设分别以 W_a 和 W_b 表示试验电荷 q_0 在起点 a 和终点 b 处的电势能，则

$$W_a - W_b = A_{ab} = q_0 \int_a^b \boldsymbol{E} \cdot \mathrm{d}\boldsymbol{l} \tag{7-25}$$

上式只说明了 a，b 两点的电势能的变化量，而不能确定 q_0 在电场中某点的电势能，因为电势能和重力势能一样，是一个相对量，只有选定了零势能点(参考点)的位置，才能确定 q_0 在电场中某一点的电势能。电势能零点的选择是任意的。当电荷分布在有限空间时，通常选择 q_0 在无限远处的电势能为零，即令式(7-25)中的 $b \to \infty$，$W_\infty = 0$，则

$$W_a = W_a - W_\infty = A_{a\infty} = q_0 \int_a^\infty \boldsymbol{E} \cdot \mathrm{d}\boldsymbol{l} \tag{7-26}$$

上式表明当选定无限远处的电势能为零时，电荷 q_0 在电场中某点 a 处的电势能 W_a 在量值上等于 q_0 从 a 点移到无限远处电场力所做的功 $A_{a\infty}$。电场力所做的功有正有负，所以电势能也有正有负。与重力势能相似，电势能也是属于一定系统的。式(7-26)表示的电势能是试验电荷 q_0 与电场之间的相互作用能量，电势能是属于试验电荷 q_0 和电场这个系统的。

7.6 电势

7.6.1 电势 电势差

由式(7-26)可知，电荷 q_0 在电场中某点 a 的电势能与 q_0 的大小成正比。而比值 $\frac{W_a}{q_0}$ 却与 q_0 无关，它只取决电场的性质及电场中给定点 a 的位置，所以可以用它来描述电场。

我们定义：电荷 q_0 在电场中某点 a 的电势能 W_a 跟它的电量的比值称为该点的电势(电位)，用 V_a 表示，即

$$V_a=\frac{W_a}{q_0} \tag{7-27}$$

当 $q_0=+1$ 时，$V_a=W_a$，即电场中某点的电势在量值上等于单位正电荷放在该点时的电势能。与电势能一样，电势也是相对量，它与零电势位置的选择有关，若电荷分布在有限空间内，通常选取无限远处作为电势的零点，即 $V_\infty=0$。由式(7-26)、式(7-27)可得

$$V_a=\int_a^\infty \boldsymbol{E}\cdot \mathrm{d}\boldsymbol{l} \tag{7-28}$$

当选定无限远处的电势为零时，电场中某点的电势在量值上等于单位正电荷从该点经过任意路径移到无限远处时电场力做的功。电势是标量，其值可正可负。在国际单位制中，电势的单位是伏特(V)。

在静电场中，任意两点 a 和 b 的电势之差称为电势差，也叫电压，用公式表示为

$$V_a-V_b=\int_a^\infty \boldsymbol{E}\cdot \mathrm{d}\boldsymbol{l}-\int_b^\infty \boldsymbol{E}\cdot \mathrm{d}\boldsymbol{l}=\int_a^b \boldsymbol{E}\cdot \mathrm{d}\boldsymbol{l} \tag{7-29}$$

在电场中 a，b 两点的电势差，在量值上等于单位正电荷从 a 点经过任意路径到达 b 点时电场力所做的功。如果已知 a，b 两点间的电势差，可以很容易确定电荷 q_0 从 a 点移到 b 点时静电场力所做的功。根据式(7-27)有

$$A_{ab}=W_a-W_b=q_0(V_a-V_b) \tag{7-30}$$

在实际应用中，需要用到的是两点间的电势差，而不是某一点的电势，所以常取地球的电势为量度电势的起点，即取地球的电势为零。

7.6.2 电势的计算

1. 由电场分布求电势

式(7-28)表示电势和场强的积分关系，如果已知场强 $\boldsymbol{E}$ 随位置变化的具体函数，根据式(7-28)可求得电势分布，或由式(7-29)求得电场中某两点的电势差。

例 7-7 求点电荷电场的电势分布。

解 由式(7-28)及点电荷场强公式得

$$V=\int_r^\infty \boldsymbol{E}\cdot \mathrm{d}\boldsymbol{l}=\frac{q}{4\pi\varepsilon_0}\int_r^\infty \frac{1}{r^2}\mathrm{d}r=\frac{q}{4\pi\varepsilon_0 r} \tag{7-31}$$

由此可见，如果点电荷 q 为正，场中各点的电势为正，离电荷 q 越远，电势越小，

到无限远处电势为零，这是电势的最小值。若点电荷 q 为负，场中各点的电势为负，离电荷 q 越远，电势越高，到无限远处电势为零，这是电势的最大值。

例 7-8 有一半径为 R 的均匀带电球面，带电量为 q，求球面内外的电势分布。

解 设 P 点至球心 O 的距离为 r，均匀带电球面的场强为

$$E=\begin{cases}0 & (r<R)\\ \dfrac{q}{4\pi\varepsilon_0 r^2} & (r>R)\end{cases}$$

由式(7-28)，得 P 点电势为

$$V_P=\int_P^{\infty}\boldsymbol{E}\cdot\mathrm{d}\boldsymbol{l}$$

若 P 点在球面外，这时 $r>R$，由于 P 点场强方向为矢径 $\boldsymbol{r}$ 的方向，又由于电场力做功与路径无关，因此可选择积分路径沿 $\boldsymbol{r}$ 的方向。

$$\begin{aligned}V_P&=\int_P^{\infty}\boldsymbol{E}\cdot\mathrm{d}\boldsymbol{l}\\&=\int_r^{\infty}E\,\mathrm{d}r=\int_r^{\infty}\frac{q}{4\pi\varepsilon_0}\cdot\frac{\mathrm{d}r}{r^2}\\&=\frac{q}{4\pi\varepsilon_0 r}\qquad(r>R)\end{aligned}\tag{7-32}$$

当 P 点在球面上，则有 $U_P=\dfrac{q}{4\pi\varepsilon_0 R}$。

当 P 点在球面内时，$r<R$ 由于球面内的场强为零，所以积分分两段进行，即

$$\begin{aligned}V_P&=\int_P^{\infty}\boldsymbol{E}\cdot\mathrm{d}\boldsymbol{l}=\int_r^{R}\boldsymbol{E}\cdot\mathrm{d}\boldsymbol{l}+\int_R^{\infty}\boldsymbol{E}\cdot\mathrm{d}\boldsymbol{l}\\&=\int_r^{R}0\cdot\mathrm{d}r+\int_R^{\infty}\frac{q}{4\pi\varepsilon_0}\frac{\mathrm{d}r}{r^2}\\&=\frac{q}{4\pi\varepsilon_0 R}\qquad(r<R)\end{aligned}\tag{7-33}$$

由此可见，均匀带电球面外任一点的电势等于球面上的电荷集中于球心的点电荷在该点的电势，而球面内任一点的电势等于球面上的电势。(见图 7-19)。

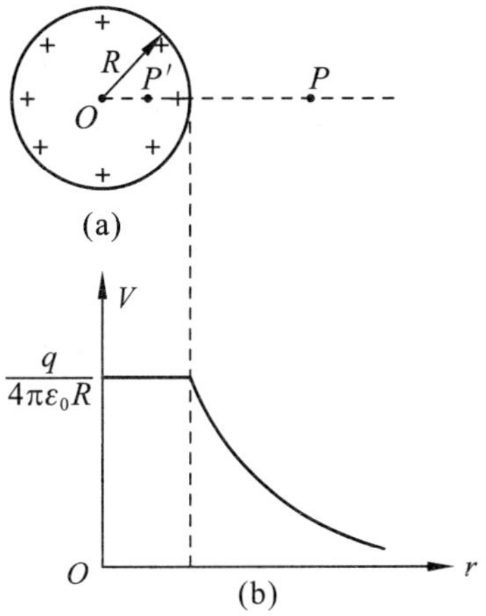

图 7-19 均匀带电球面的电势

2. 由电荷分布求电势

(1)点电荷系的电场中的电势。

在点电荷系 q_1，q_2，…，q_n 的电场中，由场强叠加原理及电势的定义式(7-28)，可得到电场中任一点的电势为

$$\begin{aligned}V_P&=\int_P^{\infty}\boldsymbol{E}\cdot\mathrm{d}\boldsymbol{l}=\int_P^{\infty}(\boldsymbol{E}_1+\boldsymbol{E}_2+\cdots+\boldsymbol{E}_n)\cdot\mathrm{d}\boldsymbol{l}\\&=\int_P^{\infty}\boldsymbol{E}_1\cdot\mathrm{d}\boldsymbol{l}+\int_P^{\infty}\boldsymbol{E}_2\cdot\mathrm{d}\boldsymbol{l}+\cdots+\int_P^{\infty}\boldsymbol{E}_n\cdot\mathrm{d}\boldsymbol{l}\\&=\frac{q_1}{4\pi\varepsilon_0 r_1}+\frac{q_2}{4\pi\varepsilon_0 r_2}+\cdots+\frac{q_n}{4\pi\varepsilon_0 r_n}=\frac{1}{4\pi\varepsilon_0}\sum_{i=1}^{n}\frac{q_i}{r_i}\end{aligned}\tag{7-34}$$

式中，r_i 为点电荷 q_i 到 P 点的距离。由此可见，在点电荷系的电场中，某点的电势等于每一个点电荷单独在该点产生的电势的代数和。这就是静电场的电势叠加原理。

(2)任意带电体电场中的电势。

如果带电体上的电荷是连续分布的，可把带电体分成无限多个电荷元 $\mathrm{d}q$，每个点电荷 $\mathrm{d}q$ 在电场中给定点产生的电势为

$$\mathrm{d}V=\frac{1}{4\pi\varepsilon_0}\frac{\mathrm{d}q}{r}$$

式中，r 为电荷元 $\mathrm{d}q$ 到给定点的距离，整个带电体在给定点产生的电势为

$$V=\int \mathrm{d}V=\int \frac{1}{4\pi\varepsilon_0}\frac{\mathrm{d}q}{r} \tag{7-35}$$

由于电势是标量，所以这里的积分是标量积分，它比计算场强的矢量积分要简单得多。

例 7-9 求均匀带电圆环轴线上一点的电势。圆环半径为 R，带电量为 q，如图 7-20 所示。

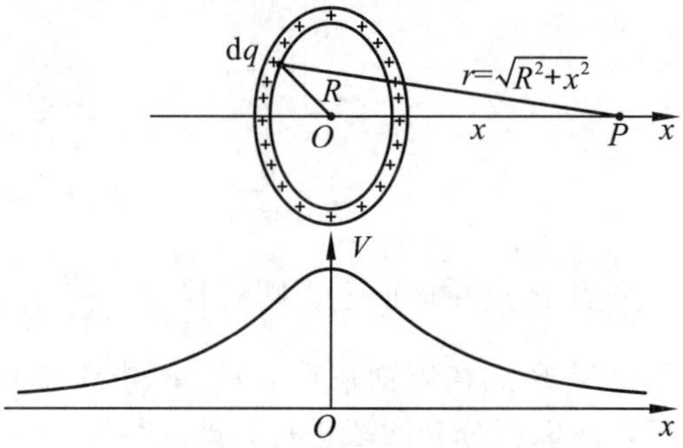

图 7-20 均匀带电圆环电势

解 设 P 点至圆环中心 O 的距离为 x，这里电荷是连续分布的。须用式(7-35)计算电势。一般按下列步骤进行。

(1)取电荷元 $\mathrm{d}q$：在圆环上取一长度为 $\mathrm{d}l$ 的线元，它所带的电量为

$$\mathrm{d}q=\lambda\,\mathrm{d}l=\frac{q}{2\pi R}\mathrm{d}l$$

式中，λ 为电荷线密度。

(2)求电荷元 $\mathrm{d}q$ 在 P 点产生的电势

$$\mathrm{d}V=\frac{\mathrm{d}q}{4\pi\varepsilon_0 r}$$

式中，r 为线元 $\mathrm{d}l$ 至 P 点的距离 $r=\sqrt{x^2+R^2}$。

(3)计算整个带电圆环在 P 点的电势

$$V=\int_0^V \mathrm{d}V=\int_0^q \frac{\mathrm{d}q}{4\pi\varepsilon_0 r}$$

对不同的电荷元 r 保持不变，积分结果为

$$V=\frac{1}{4\pi\varepsilon_0 r}\int_0^q \mathrm{d}q=\frac{q}{4\pi\varepsilon_0 r}=\frac{q}{4\pi\varepsilon_0\sqrt{R^2+x^2}} \tag{7-36}$$

讨论：

①若 P 点在圆环中心处，即 $x=0$ 时，则 $V=\dfrac{q}{4\pi\varepsilon_0 R}$；

②若 P 点位于轴线上离圆环中心相当远处，即 $x\gg R$ 时，则 $V=\dfrac{q}{4\pi\varepsilon_0 x}$。

可见，圆环轴线上足够远处某点的电势，与把电量 q 看作集中在环心的一个点电荷在该点产生的电势相同。

7.7 电场强度与电势梯度

7.7.1 等势面

前面曾用电力线描绘了电场中各点场强的分布情况，从而使大家对电场有比较形象、直观的认识。同样，也可以用绘图的方法来描绘电场中电势的分布情况。

一般来说，静电场中的电势是逐点变化的，但场中有许多电势值相同的点，在静电场中把这些电势相同的点连起来形成的曲面(或平面)叫作等势面。下面我们从最简单的点电荷电场来研究等势面的性质。

在点电荷 q 所产生的电场中，与电荷 q 相距为 r 的各点的电势为 $V=\frac{q}{4\pi\varepsilon_0 r}$。

由此可见，点电荷电场中的等势面是以点电荷为中心的一系列同心球面。由于点电荷电场中的电场线是由正电荷发出或汇聚于负电荷的径向直线，显然，这些电场线与其等势面是正交的。在任何静电场中，有下面的结论。

①在静电场中，沿着等势面移动电荷时，电场力不做功。

②在静电场中，电力线总是和等势面相垂直，并指向电势减小的方向。

为了使等势面能够反映电场的强弱，对等势面的画法作如下规定：任何两相邻等势面的电势差都相等。

图 7-21 表示几种常见电场的等势面和电场线。图中可以看出，场强越大的区域等势面越密，场强越小的区域等势面越疏，可见等势面的分布反映了电场的强弱。

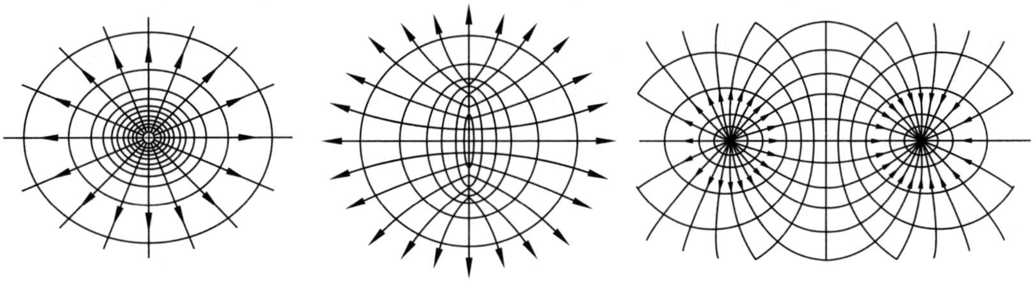

(a) 正点电荷　(b) 均匀带电圆盘　(c) 等量异号电荷

图 7-21　几种电荷分布的电场线与等势面

等势面是研究电场的一种极为有用的方法，许多实际的电场(如示波管内的加速和聚焦电场)的电势分布往往不能表述成函数的形式，但可用实验的方法测出电场内等势面的分布，并根据等势面画出电场线，从而了解各处电场的强弱和方向。

电势作为标量，电势大小相等的各点构成了等势面，层层堆列，犹如梯田，气势恢宏。在静电场的学习中，同学们要善于通过电场线、等势面，用形象思维理解抽象物理概念。

*7.7.2 电场强度与电势梯度

电场强度和电势都是描述电场的物理量，它们是同一事物的两个不同的侧面，它们之间存在着一定的关系。上节中的式(7-28)就是电势与电场强度的积分关系式，本节说明电场强度与电势的微分关系。

将试验电荷 q_0 在静电场中移动元位移 $\mathrm{d}\boldsymbol{l}$，因静电场力是保守力，它对 q_0 所做的元功等于电势能的减小量，即 $q_0\boldsymbol{E}\cdot\mathrm{d}\boldsymbol{l}=-q_0\mathrm{d}V$，于是得到电势 V 与电场强度 $\boldsymbol{E}$ 的一个重要关系

$$\mathrm{d}V=-\boldsymbol{E}\cdot\mathrm{d}\boldsymbol{l}=-E\mathrm{d}l\cos\theta=-E_l\mathrm{d}l \tag{7-37}$$

即

$$E_l=-\frac{\mathrm{d}V}{\mathrm{d}l} \tag{7-38}$$

$\frac{\mathrm{d}V}{\mathrm{d}l}$为沿 l 方向的方向导数。

上式表明，电场中某点的电场强度在任一方向上的投影等于电势沿该方向的方向导数的负值。据此，在直角坐标系中 $\boldsymbol{E}$ 的三个分量应为

$$E_x=-\frac{\partial V}{\partial x},E_y=-\frac{\partial V}{\partial y},E_z=-\frac{\partial V}{\partial z} \tag{7-39}$$

电场强度矢量可表示为

$$\boldsymbol{E}=-\left(\boldsymbol{i}\frac{\partial V}{\partial x}+\boldsymbol{j}\frac{\partial V}{\partial y}+\boldsymbol{k}\frac{\partial V}{\partial z}\right)=-\boldsymbol{\Delta}V=-\mathbf{grad}V \tag{7-40}$$

$\mathbf{grad}V$ 称为电势 V 的梯度，它在直角坐标系中为

$$\mathbf{grad}V=\boldsymbol{i}\frac{\partial V}{\partial x}+\boldsymbol{j}\frac{\partial V}{\partial y}+\boldsymbol{k}\frac{\partial V}{\partial z}$$

而 $\boldsymbol{\Delta}=\boldsymbol{i}\frac{\partial}{\partial x}+\boldsymbol{j}\frac{\partial}{\partial y}+\boldsymbol{k}\frac{\partial}{\partial z}$代表一种运算，称为微分算符，它具有矢量微分双重性。式(7-40)表明，电场中某点的电场强度等于该点电势梯度的负值。进一步说明，电势梯度的大小等于电势沿等势面法线方向的方向导数，其方向是沿着等势面的法线并使电势增大的方向。

式(7-38)、式(7-39)、式(7-40)是电场强度与电势的微分关系的等价形式，它们在实际中有着重要的应用。这是因为求电势是标量运算，当电荷分布给定时，便可通过上述关系求出电场强度，这一方法比直接利用矢量运算求电场强度要简便得多。

例 7-10 求均匀带电圆环轴线上的场强分布。

解 由例 7-9 已得均匀带电圆环轴线上的电势分布为

$$V=\frac{q}{4\pi\varepsilon_0\sqrt{R^2+x^2}}$$

利用电场强度与电势的微分关系便得轴线上的场强分布为

$$E_x=-\frac{\partial V}{\partial x}=\frac{qx}{4\pi\varepsilon_0(x^2+R^2)^{3/2}}=\frac{\lambda Rx}{2\varepsilon_0(x^2+R^2)^{3/2}}$$

由对称性知

$$E_y=0,\ E_z=0$$

即轴线上任一点的场强为 $E=E_x$，方向沿着轴线。

本章小结

习 题

7-1 已知两个带电量分别为 $Q_1=2.0\times10^{-6}$ C 和 $Q_2=-6.0\times10^{-6}$ C 的电荷，它们之间的距离为 30 cm，求它们之间的库仑作用力的大小。

7-2 电荷为 $+q$ 和 $-2q$ 的两个点电荷分别置于 $x=1$ m 和 $x=-1$ m 处，请问：一试验正电荷置于 x 轴上何处，它受到的合力等于零？

7-3 卢瑟福实验证明：两个原子核之间的距离小到 10^{-15} m 时，它们之间的斥力仍遵守库仑定律。已知金原子核中有 79 个质子，α 粒子中有 2 个质子，每个质子的带电量为 1.6×10^{-19} C，α 粒子的质量为 6.68×10^{-27} kg。当 α 粒子与金原子核相距 6.9×10^{-12} m 时，试求：(1)α 粒子所受的力；(2)α 粒子的加速度。

7-4 设已知氢原子核外电子的轨道半径为 r，电子质量为 m，电量为 e，求电子绕氢原子核运动的周期。

7-5 1964 年，盖尔曼等人提出基本粒子是由更基本的夸克构成，中子就是由一个带 $\frac{2}{3}e$ 的上夸克和两个带 $-\frac{1}{3}e$ 的下夸克构成。若将夸克作为经典粒子处理(夸克线度约为 10^{-20} m)，中子内的两个下夸克之间相距 2.60×10^{-15} m，求它们之间的相互作用力。

7-6 在氯化铯晶体中，一价氯离子 Cl^- 与其最邻近的八个一价铯离子 Cs^+ 构成如图 7-22 所示的立方晶格结构。(1)求氯离子所受的库仑力；(2)假设图中箭头所指处缺少一个铯离子(称作晶格缺陷)，求此时氯离子所受的库仑力。

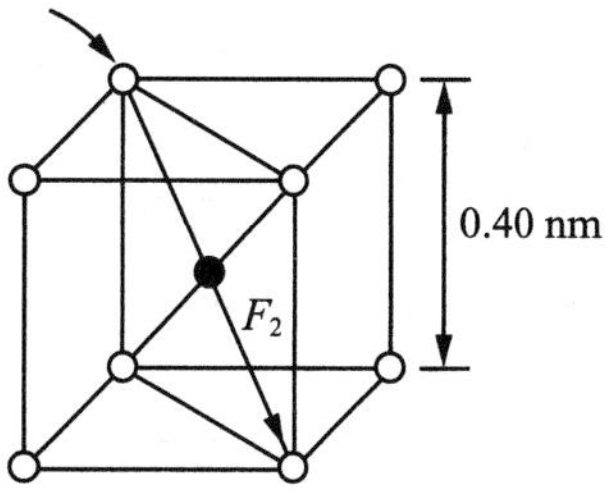

图 7-22　习题 7-6 图

7-7 电荷为 $q_1=8.0\times10^{-6}$ C 和 $q_2=-16.0\times10^{-6}$ C 的两个点电荷相距 20 cm，求离它们都是 20 cm 处的电场强度。(真空介电常量 $\varepsilon_0=8.85\times10^{-12}\ C^2\cdot N^{-1}\cdot m^{-2}$)

7-8 水分子 H_2O 中氧原子和氢原子的等效电荷中心如图 7-23 所示，假设氧原子和氢原子的等效电荷中心间距为 r_0。试计算在分子的对称轴线上，距分子较远处的电场强度。

7-9 在真空中一长为 $l=10$ cm 的细杆上均匀分布着电荷，其电荷线密度 $\lambda=1.0\times10^{-5}\ C\cdot m^{-1}$。在杆的延长线上，距杆的一端距离 $d=10$ cm 的一点上，有一点电荷 $q_0=2.0\times10^{-5}$ C，如图 7-24 所示。试求该点电荷所受的电场力。(真空介电常量 $\varepsilon_0=8.85\times10^{-12}\ C^2\cdot N^{-1}\cdot m^{-2}$)

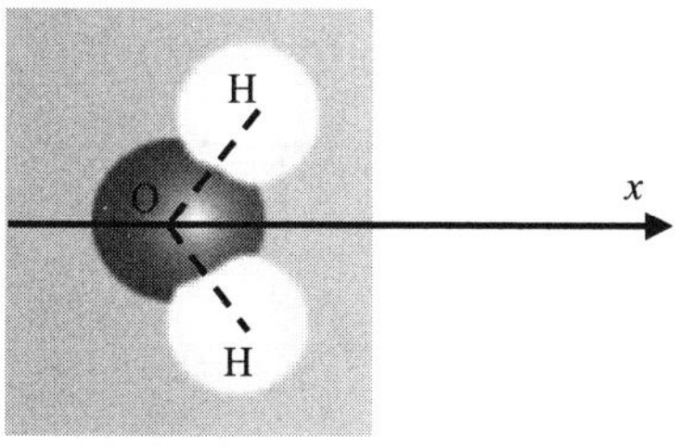

图 7-23　习题 7-8 图

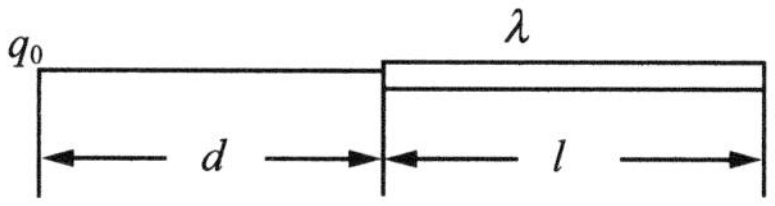

图 7-24　习题 7-9 图

7-10 均匀带电细棒，棒长 $a=20$ cm，电荷线密度为 $\lambda=3\times10^{-8}\ C\cdot m^{-1}$，求：
(1)棒的延长线上与棒的近端 $d_1=8$ cm 处的场强；
(2)棒的垂直平分线上与棒的中点相距 $d_2=8$ cm 处的场强。

7-11　如图 7-25 所示，在直角三角形 ABC 的 A 点处，有点电荷 $q_1=1.8\times10^{-9}$ C，B 点处有点电荷 $q_2=-4.8\times10^{-9}$ C，$AC=3$ cm，$BC=4$ cm，试求 C 点的场强。

7-12　一均匀带电无限长细棒被弯成如图 7-26 所示的对称形状，请问：θ 为何值时，圆心 O 点处的场强为零？

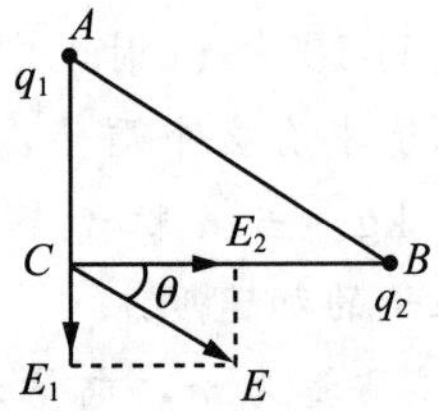

图 7-25　习题 7-11 图

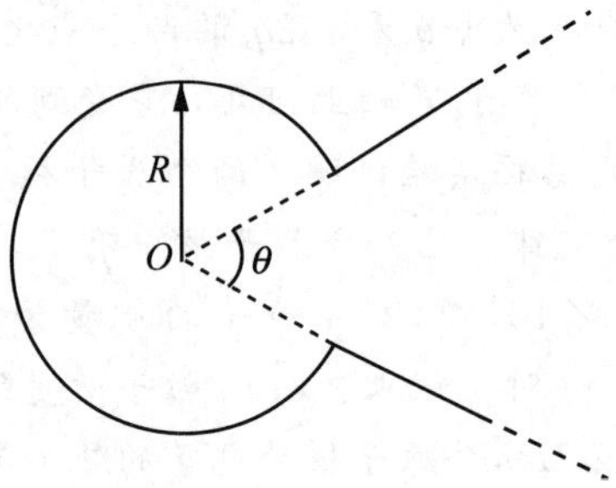

图 7-26　习题 7-12 图

7-13　电荷线密度为 λ 的“无限长”均匀带电细线，弯成如图 7-27 所示形状。若半圆弧 AB 的半径为 R，试求圆心 O 点的场强。

7-14　有一面电荷密度为 σ 的均匀无限大带电平板，以平板上的一点 O 为中心，R 为半径作一半球面，如图 7-28 所示。求通过此半球面的电通量。

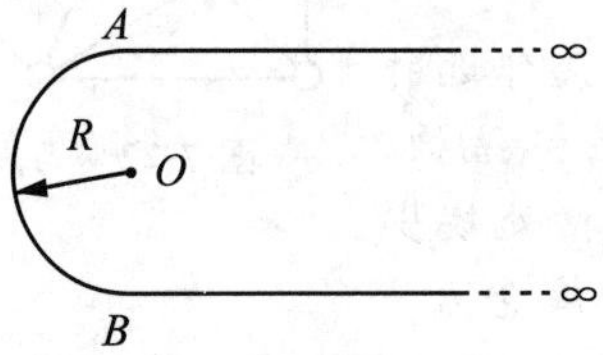

图 7-27　习题 7-13 图

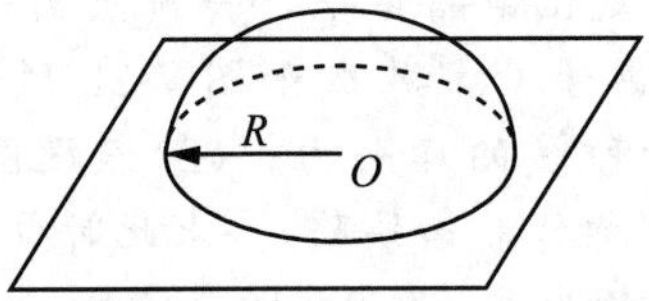

图 7-28　习题 7-14 图

7-15　如图 7-29 所示，A，B 为真空中两个平行的“无限大”均匀带电平面，A 面上电荷面密度 $\sigma_{\mathrm{A}}=-17.7\times10^{-8}\ \mathrm{C\cdot m^{-2}}$，$B$ 面上的电荷面密度 $\sigma_{\mathrm{B}}=35.4\times10^{-8}\ \mathrm{C\cdot m^{-2}}$，试计算两平面之间和两平面外的电场强度。(真空介电常量 $\varepsilon_0=8.85\times10^{-12}\ \mathrm{C^2\cdot N^{-1}\cdot m^{-2}}$)

7-16　两无限长同轴圆柱面，半径分别为 R_1 和 $R_2(R_1<R_2)$，带有等量异号电荷，单位长度的电量为 λ 和 $-\lambda$，如图 7-30 所示，求(1)$r<R_1$；(2)$R_1<r<R_2$；(3)$r>R_2$ 处各点的场强。

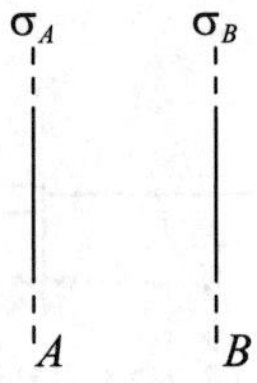

图 7-29　习题 7-15 图

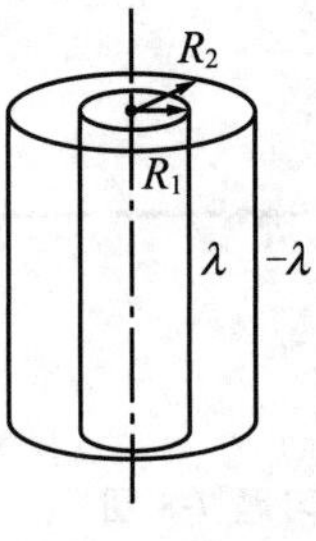

图 7-30　习题 7-16 图

7-17　一厚度为 d 的均匀带电无限大平板，电荷体密度为 ρ，求板内外各点的场强。

7-18　一半径为 R 的均匀带电球体内的电荷体密度为 ρ，若在球内挖去一块半径为

$R'<R$ 的小球体，如图7-31所示，试求两球心 O 与 O' 处的电场强度，并证明小球空腔内的电场为匀强电场。

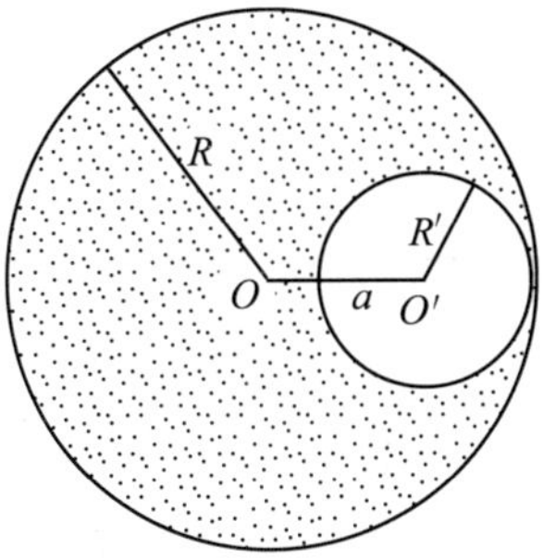

图 7-31　习题 7-18 图

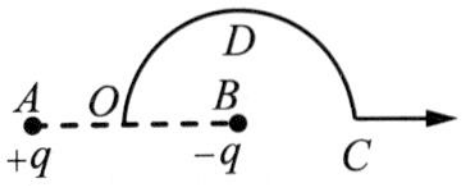

图 7-32　习题 7-19 图

7-19　如图7-32所示，在 A，B 两点处放有电量分别为 $+q$ 和 $-q$ 的点电荷，AB 间距离为 $2R$，现将另一正试验电荷 q_0 从 O 点经过半圆弧路径移到 C 点，求移动过程中电场力所做的功。

7-20　一均匀电场，场强大小为 $E=5\times10^4\ \mathrm{N\cdot C^{-1}}$，方向竖直向上，把一电荷为 $q=2.5\times10^{-8}\ \mathrm{C}$ 的点电荷置于此电场中的 a 点，如图7-33所示。求此点电荷在下列过程中电场力做的功。(1)沿半圆路径Ⅰ移到右方同高度的 b 点，$\overline{ab}=45\ \mathrm{cm}$；(2)沿直线路径Ⅱ竖直向下移到 c 点，$\overline{ac}=80\ \mathrm{cm}$；(3)沿曲线路径Ⅲ朝右斜上方向移到 d 点，$\overline{ad}=260\ \mathrm{cm}$(与水平方向成45°角)。

7-21　一带有电量 $q=3\times10^{-9}\ \mathrm{C}$ 的粒子，位于均匀电场中，电场方向如图7-34所示。当该粒子沿水平方向向右方运动5 cm时，外力做功 $6\times10^{-5}\ \mathrm{J}$，粒子动能的增量为 $4.5\times10^{-5}\ \mathrm{J}$。求：(1)粒子运动过程中电场力做功多少？(2)该电场的场强多大？

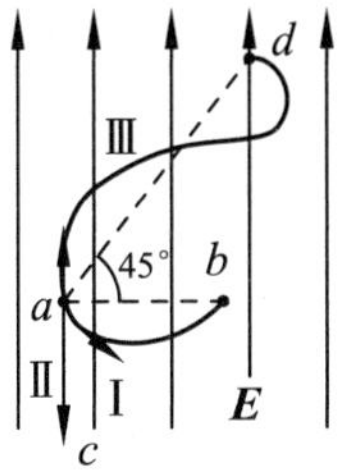

图 7-33　习题 7-20 图

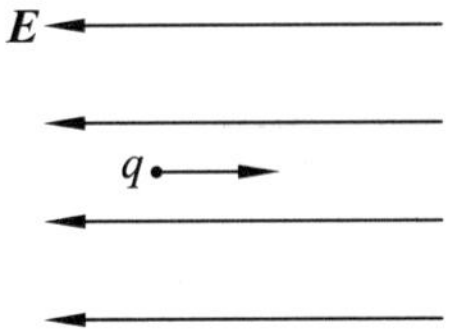

图 7-34　习题 7-21 图

7-22　如图7-35所示，电荷面密度分别为 $+\sigma$ 和 $-\sigma$ 的两块“无限大”均匀带电平行平面，分别与 x 轴垂直相交于 $x_1=a$，$x_2=-a$ 两点。设坐标原点 O 处电势为零，试求空间的电势分布表示式并画出其曲线。

7-23　如图7-36所示，两个点电荷 $+q$ 和 $-3q$，相距为 d。试求：

(1)在它们的连线上电场强度 $E=0$ 的点与电荷为 $+q$ 的点电荷相距多远？

(2)若选无穷远处电势为零，两点电荷之间电势 $V=0$ 的点与电荷为 $+q$ 的点电荷相距多远？

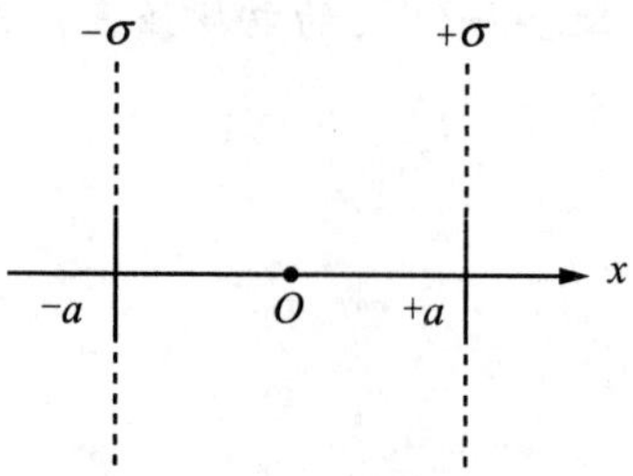

图 7-35　习题 7-22 图

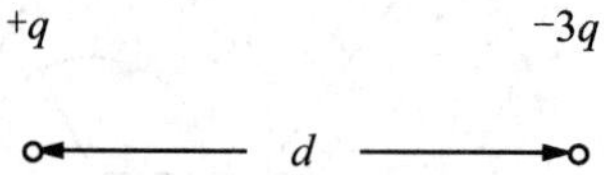

图 7-36　习题 7-23 图

7-24　电荷以相同的面密度 σ 分布在半径为 $r_1=10$ cm 和 $r_2=20$ cm 的两个同心球面上。设无限远处电势为零，球心处的电势为 $V_0=300$ V。(1)求电荷面密度 σ。(2)若要使球心处的电势也为零，外球面上应放掉多少电荷？($\varepsilon_0=8.85\times10^{-12}\ \mathrm{C^2\cdot N^{-1}\cdot m^{-2}}$)

7-25　图 7-37 为一沿 x 轴放置的长度为 l 的不均匀带电细棒，其电荷线密度为 $\lambda=\lambda_0(x-a)$，λ_0 为一常量。取无穷远处为电势零点，求坐标原点 O 处的电势。

7-26　如图 7-38 所示两个平行共轴放置的均匀带电圆环，它们的半径均为 R，电荷线密度分别是 $+\lambda$ 和 $-\lambda$，相距为 l。试求以两环的对称中心 O 为坐标原点垂直于环面的 x 轴上任一点的电势。(以无穷远处为电势零点)

7-27　真空中一“无限大”均匀带电平面，平面附近有一质量为 m、电量为 q 的粒子，在电场力作用下，由静止开始沿电场方向运动一段距离 l，获得速度 v，试求平面上的面电荷密度。(设重力可忽略不计)

7-28　一半径为 R 的均匀带电细圆环，其电荷线密度为 λ，水平放置。今有一质量为 m、电荷为 q 的粒子沿圆环轴线自上而下向圆环的中心运动(图 7-39)。已知该粒子在通过距环心高为 h 的一点时的速率为 v_1，试求该粒子到达环心时的速率。

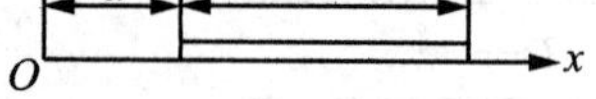

图 7-37　习题 7-25 图

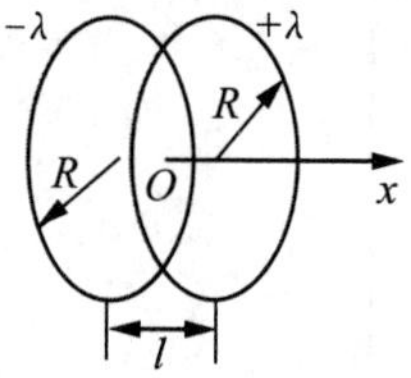

图 7-38　习题 7-26 图

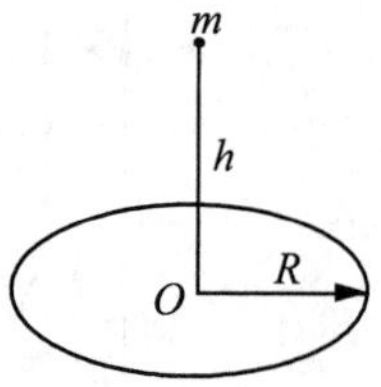

图 7-39　习题 7-28 图

7-29　在一次闪电中，两个放电点间的电势差约为 10^9 V，被迁移的电荷约为 30 C。(1)如果释放出来的能量都用来使 0 ℃的冰融化成 0 ℃的水，则可溶解多少冰？(冰的融化热 $L=3.34\times10^5\ \mathrm{J\cdot kg^{-1}}$)(2)假设每一个家庭一年消耗的电能为 3 000 kW·h，则可为多少个家庭提供一年的电能消耗？

7-30　静电场与万有引力场一样，都是保守场。请你类比描述静电场的物理量(电场强度、电势)以及研究方法(高斯定理、环路定理)，对万有引力场作一描述及研究，找出相应的物理量及定理。

第 8 章　静电场中的导体

在研究真空中的静电场的基础上，我们将进一步讨论静电场中的导体的性质，以及它们对电场的影响，主要内容有：处在静电平衡状态的导体的电学性质，导体和电容器的电容，电场的能量，以及静电的应用等。

本章要点

8.1　静电场中的导体

8.1.1　静电感应

1. 静电感应　静电平衡条件

在中学已经讲过，导体放在外电场中，会引起导体上的电荷重新分布。我们把外电场使导体上电荷重新分布的现象叫静电感应现象。因静电感应而出现的电荷叫感应电荷。当导体内部的电场强度处处为零、导体上的电势处处相等时，导体达到静电平衡状态。

在静电平衡时，导体表面也应没有电荷做定向运动，这就要求必须满足以下两个条件。

①导体内部任何一点的场强都等于零；

②导体外无限靠近表面处任何一点的场强都与该处的导体表面垂直。

导体的静电平衡条件，也可用电势来表述，在静电平衡状态时，导体内各点和表面上各点的电势都相等，即整个导体是个等势体，导体表面是等势面。

2. 静电平衡状态下导体上电荷的分布

导体处于静电平衡状态时，既然没有电荷做定向运动，那么导体上的电荷就有确定的宏观分布。具体的分布情况，可根据静电平衡条件说明如下：设想在导体的内部任取一闭合曲面(如图 8-1 所示)，由于导体内部的场强处处为零，通过该闭合曲面的电通量为零，由高斯定理可知，此闭合曲面内的净电荷也必为零。因为此闭合曲面是任意取的，所以得到如下结论：在静电平衡时，导体所带电荷只能分布在导体的外表面。

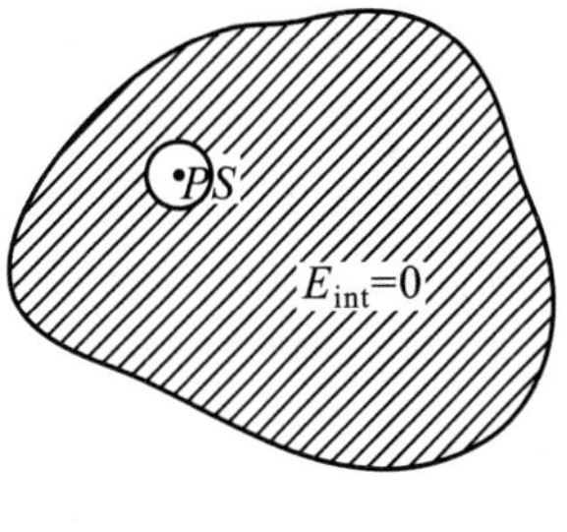

图 8-1　导体内无净电荷

如果带电导体内部有空腔存在，而在空腔内没有其他带电体，应用高斯定理，同样可以证明，静电平衡时，不仅导体内部没有净电荷，空腔的内表面也没有净电荷，电荷只能分布在导体外表面。

静电感应现象

对于形状不规则的带电导体，即使没有外电场影响，在导体外表面上的电荷分布还是不均匀的，实验指出：如果没有外电场的影响，导体表面上的电荷面密度与曲率半径有关，表面曲率半径越小处，电荷面密度越大。只有对于孤立球形导体，因各部分的曲率相同，球面上的电荷分布才是均匀的。

3. 导体表面的场强与电荷面密度的关系

在静电平衡时，导体表面附近(无限靠近表面处)的场强与该处导体表面垂直。那么场强的大小与什么有关呢？由电力线的性质，可定性知道导体表面电荷密度大的地方，电力线也越密，也就是场强越强。可以证明：导体表面附近的场强 E 和该处电荷面密度 σ 成正比，即

$$E=\frac{\sigma}{\varepsilon_0} \tag{8-1}$$

证明如下。

图 8-2 表示一个放大的导体表面，设在某一面积元 ΔS 上，导体的电荷面密度为 σ，今作一个包围 ΔS 的柱形闭合曲面，使柱的轴线与导体表面正交，而它的上下两个端面紧靠导体表面且与面积元 ΔS 平行。下端面处于导体内部，场强处处为零，所以通过它的电通量为零；在侧面上，场强不是为零就是与侧面平行，所以通过侧面的电通量也为零，上端面在导体表面之外，设该处场强为 $\boldsymbol{E}$，通过上端面的电通量为 $E\Delta S$。这样，通过这个柱形闭合曲面的总电通量就等于通过柱体上端面的电通量，而闭合曲面内所包围的电量为 $\sigma\Delta S$。根据高斯定理有

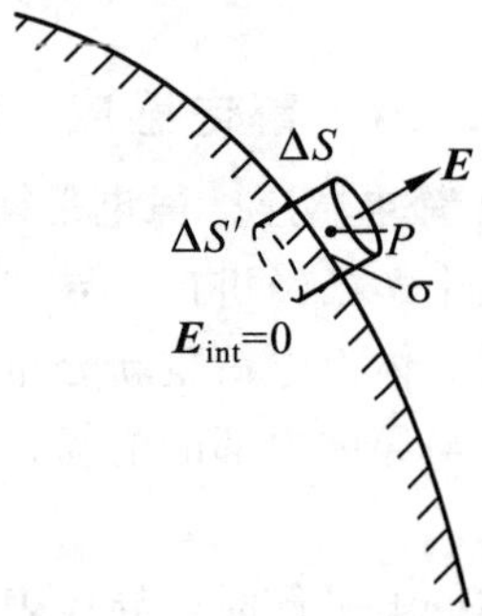

图 8-2　导体表面电荷与场强的关系

$$\oint \boldsymbol{E}\cdot \mathrm{d}\boldsymbol{S}=E\Delta S=\frac{\sigma\Delta S}{\varepsilon_0}$$

于是在导体外、靠近表面处的场强大小为 $E=\dfrac{\sigma}{\varepsilon_0}$。

这样在导体表面曲率半径越小的地方，电荷面密度越大，在导体外，靠近该处表面的场强也越强，因此在导体的尖端附近的场强特别强。对于带电较多的导体，在它的尖端附近，场强可以大到使周围的空气发生电离而引起放电的程度，这就是尖端放电现象。

尖端放电现象

避雷针就是应用尖端放电的原理，防止雷击对建筑物的破坏，避雷针尖的一端伸出在建筑物的上空，另一端通过较粗的导线接到埋在地下的金属板上。由于避雷针尖端处的场强特别大，因而容易产生尖端放电，在没有雷击之前，经过避雷针缓缓而持续地放电，及时地中和掉雷雨云中带来的大量电荷，从而防止了雷击对建筑物的破坏，从这个意义上说，避雷针实际上是一个放电针。要使避雷针起作用，必须保证避雷针有足够的高度和良好的接地通路，一个接地通路损坏的避雷针，将更易使建筑物遭受雷击的破坏。在高压电器设备中，为了防止因尖端放电而引起的危险和电能的消耗，应采用表面光滑的较粗的导线；高压设备中的电极也要做成光滑的球状曲面。

知识拓展：闪电

8.1.2 静电屏蔽

前面已指出，把导体放到电场中，将产生静电感应现象，在静电平衡时，感应电荷分布在导体的外表面，导体内部的场强处处为零，整个导体是等势体，但电势值与外电场的分布有关。如果将任意形状的空心导体置于静电场中，如图 8-3(a)所示，达到静电平衡时，由于导体内表面无净电荷，空腔空间电场为零，所以电力线将垂直地终止于导体的外表面，而不能穿过导体进入空腔，从而使放在导体空腔内的物体，将不受外电场的影响，这种作用称为静电屏蔽。

大气中的电现象

利用静电屏蔽，也可使空心导体内任何带电体的电场不对外界产生影响，参看图 8-3(b)，把带电体放在原来是电中性的金属壳内，由于静电感应，在金属壳的内表面将感应出等量异号电荷，而金属壳的外表面将感应出等量同号电荷。这时金属壳外表面的电荷的电场就会对外界产生影响。如果把金属壳接地，如图 8-3(c)所示，则外表面的感应电荷因接地被中和，相应的电场随之消失。这样，金属壳内带电体的电场对壳外不再产生任何影响了。

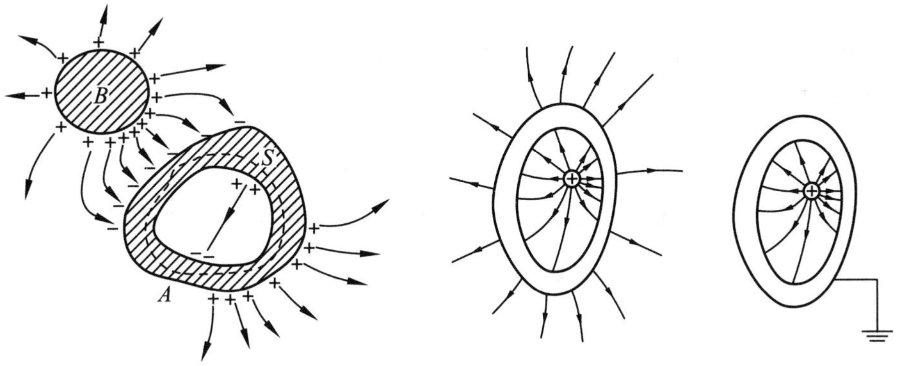

(a)　　(b)　　(c)

图 8-3　空心导体的静电屏蔽作用

总之，一个接地的空腔导体可以隔离空腔导体内外静电场的相互影响，这就是静电屏蔽的原理。在实际应用中，常用编织紧密的金属网来代替金属壳体。静电屏蔽原理应用很广泛，如高压电气设备周围的金属栅网、电子仪器上的屏蔽罩等。

从上可知，静电屏蔽可以有效隔断内外电场间的影响，这类比于用隔离方法控制新冠肺炎病毒的传播。面对突如其来的新冠肺炎疫情，我国政府举全国之力，全力诊断和治疗感染者。在没有疫苗之前，隔离是唯一有效方法，但这个方法在国外很难实施。这场抗疫阻击战，体现了中国政府的科学治理能力，体现了中国社会主义制度的优势，体现了中国人民团结奉献的精神！

例 8-1　一半径为 R_1 的导体小球，放在内外半径分别为 R_2 与 R_3 的导体球壳内。球壳与小球同心，设小球与球壳分别带电荷 q 与 Q，试求：

(1)小球的电势 V_1，球壳内表面及外表面的电势 V_2 与 V_3；

静电屏蔽

(2)小球与球壳的电势差；

(3)若球壳接地，再求电势差。

解 (1)当小球表面有电荷 q 均匀分布时，该电荷 q 将在球壳内表面感应出 $-q$ 的电量，在外表面感应出 $+q$ 的电量，又根据导体电荷分布的性质，球壳所带电量只能分布于球壳的外表面，所以球壳内表面均匀分布的电量为 $-q$，外表面均匀分布的电量为 $q+Q$，如图 8-4 所示。

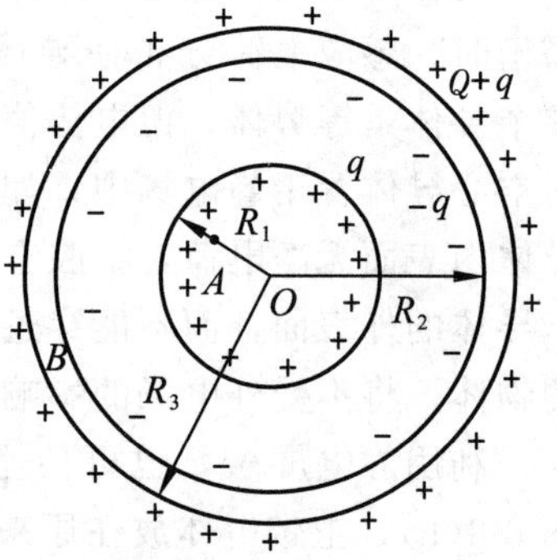

图 8-4 例 8-1 图

解法一 由电荷分布求电势

小球电势 $V_1=\frac{1}{4\pi\varepsilon_0}\cdot\left(\frac{q}{R_1}-\frac{q}{R_2}+\frac{q+Q}{R_3}\right)$

球壳电势

内表面 $V_2=\frac{1}{4\pi\varepsilon_0}\cdot\left(\frac{q}{R_2}-\frac{q}{R_2}+\frac{q+Q}{R_3}\right)=\frac{1}{4\pi\varepsilon_0}\cdot\frac{q+Q}{R_3}$

外表面 $V_3=\frac{1}{4\pi\varepsilon_0}\cdot\left(\frac{q}{R_3}-\frac{q}{R_3}+\frac{q+Q}{R_3}\right)=\frac{1}{4\pi\varepsilon_0}\cdot\frac{q+Q}{R_3}$

从这个结果可以看出，球壳内外表面电势是相等的。

(2)两球电势差为

$$V_1-V_2=\frac{1}{4\pi\varepsilon_0}\left(\frac{q}{R_1}-\frac{q}{R_2}\right)$$

(3)若外球接地，则球壳外表面上的电荷消失，两球的电势分别为

$$V_1=\frac{1}{4\pi\varepsilon_0}\left(\frac{q}{R_1}-\frac{q}{R_2}\right)$$

$$V_2=V_3=0$$

两球电势差为：$V_1-V_2=\frac{1}{4\pi\varepsilon_0}\left(\frac{q}{R_1}-\frac{q}{R_2}\right)$。

由上面的结果可以看出，不论外球壳接地与否，两球体的电势差都保持不变。

解法二： 由电场的分布求电势，必须先计算出各点的场强，由于所讨论的问题是具有球对称的电场，因此可用高斯定理分别求出各区域的场强表示式，结果如下。

$$E=\begin{cases}E_1=0 & (r<R_1)\\ E_2=\frac{1}{4\pi\varepsilon_0}\frac{q}{r^2} & (R_1<r<R_2)\\ E_3=0 & (R_2<r<R_3)\\ E_4=\frac{Q+q}{4\pi\varepsilon_0 r^2} & (r>R_3)\end{cases}$$

如以无限远处的电势为零，则各区域的电势分别为

$$V_3=\int_{R_3}^{\infty}\boldsymbol{E}\cdot\mathrm{d}\boldsymbol{l}=\int_{R_3}^{\infty}\frac{Q+q}{4\pi\varepsilon_0 r^2}\mathrm{d}r=\frac{Q+q}{4\pi\varepsilon_0 R_3}$$

$$V_2=\int_{R_2}^{\infty}\boldsymbol{E}\cdot\mathrm{d}\boldsymbol{l}=\int_{R_2}^{R_3}\boldsymbol{E}_3\cdot\mathrm{d}\boldsymbol{l}+\int_{R_3}^{\infty}\boldsymbol{E}_4\cdot\mathrm{d}\boldsymbol{l}=\int_{R_3}^{\infty}\frac{Q+q}{4\pi\varepsilon_0 r^2}\mathrm{d}r=\frac{Q+q}{4\pi\varepsilon_0 R_3}$$

$$V_1=\int_{R_1}^{\infty}\boldsymbol{E}\cdot\mathrm{d}\boldsymbol{l}=\int_{R_1}^{R_2}\boldsymbol{E}_2\cdot\mathrm{d}\boldsymbol{l}+\int_{R_2}^{R_3}\boldsymbol{E}_3\cdot\mathrm{d}\boldsymbol{l}+\int_{R_3}^{\infty}\boldsymbol{E}_4\cdot\mathrm{d}\boldsymbol{l}$$
$$=\int_{R_1}^{R_2}\frac{q}{4\pi\varepsilon_0 r^2}\mathrm{d}r+\int_{R_3}^{\infty}\frac{Q+q}{4\pi\varepsilon_0 r^2}\mathrm{d}r=\frac{q}{4\pi\varepsilon_0}\left(\frac{1}{R_1}-\frac{1}{R_2}\right)+\frac{Q+q}{4\pi\varepsilon_0 R_3}$$

若外壳接地，两球的电势差为

$$V_1-V_2=\int_{R_1}^{R_2}\boldsymbol{E}\cdot\mathrm{d}\boldsymbol{l}=\int_{R_1}^{R_2}\frac{q}{4\pi\varepsilon_0 r^2}\mathrm{d}r=\frac{q}{4\pi\varepsilon_0}\left(\frac{1}{R_1}-\frac{1}{R_2}\right)$$

以上两种解法结果完全一致。

8.2 电容 电容器

8.2.1 孤立导体的电容

所谓孤立导体，就是在此导体附近没有其他导体和带电体。

带电量为 q 的孤立导体，在静电平衡时是一个等势体，并有确定的电势 V，电荷 q 在导体表面各处的分布将是唯一的。如果导体所带电量从 q 增为 kq，导体表面各处的电荷面密度也分别增为原来的 k 倍，由电势叠加原理，可断定在静电平衡时导体的电势必增至 kV。由此可见，导体所带电量 q 与相应的电势 V 的比值，是一个与导体所带电量无关的物理量，我们就用这个比值定义孤立导体的电容，用 C 表示，即

$$C=\frac{q}{V} \tag{8-2}$$

孤立导体的电容是一恒量，它与该导体的尺寸和形状有关，而与该导体的材料性质无关。孤立导体的电容在量值上等于该导体具有单位电势时所带电量。

对于孤立球形导体，它的电容为

$$C=\frac{q}{V}=\frac{q}{\dfrac{q}{4\pi\varepsilon_0 R}}=4\pi\varepsilon_0 R$$

上式表明球形导体的电容与半径 R 成正比。

在国际单位制中，电容的单位为法拉(F)，有

$$1\ \mathrm{F}=\frac{1\ \mathrm{C}}{1\ \mathrm{V}}$$

在实际应用中，法拉这个单位太大，常用微法(μF)、皮法(pF)等较小的单位。

8.2.2 电容器及其电容

1. 电容器和电容的概念

当导体的周围有其他导体存在时，此导体的电势 U 不仅与它自己所带的电量 q 有关，还取决于其他导体的位置和形状。这是由于电荷 q 使邻近导体的表面产生感应电荷，它们将影响空间的电势分布和每个导体的电势，在这种情况下，我们不可能再用一个恒量 $C=\frac{q}{V}$ 来反映 V 和 q 之间的依赖关系了。要想消除其他导体的影响，可采用静电屏蔽原理，设计一种导体组合，电容器就是这样的导体组合。通常所用的电容器

由两块金属板和夹于中间的电介质所构成，电容器带电时，常使两极板带上等量异号电荷。

电容器的电容定义为：电容器是一个极板所带电量 q(指绝对值)和两极板的电势差 V_A-V_B 之比，即

$$C=\frac{q}{V_A-V_B} \tag{8-3}$$

上式表明电容器的电容在量值上等于两极板具有单位电势差时极板的带电量。

孤立导体实际上仍可认为是电容器，但另一导体在无限远处，且电势为零。这样式(8-3)就简化为式(8-2)。

物理应用：
超级电容器

2. 电容器电容的计算

下面根据电容器电容的定义式(8-3)计算常见的电容器的电容。计算方法：先假设极板带电量为 q，再求两极板的电势差 V_A-V_B，然后按 $C=\frac{q}{V_A-V_B}$ 算出电容。

(1)平行板电容器。

平行板电容器由大小相同的两平行导体板组成，每板面积为 S，两板内表面之间的距离为 d，并设板面的线度远大于两板内表面之间的距离，如图 8-5 所示。

设 A 板带 $+q$，B 板带 $-q$，每板电荷面密度的绝对值为 $\sigma=\frac{q}{S}$。

由于板面线度远大于两板之间的距离，所以除边缘部分外，两板间的电场可认为是均匀的，场强为

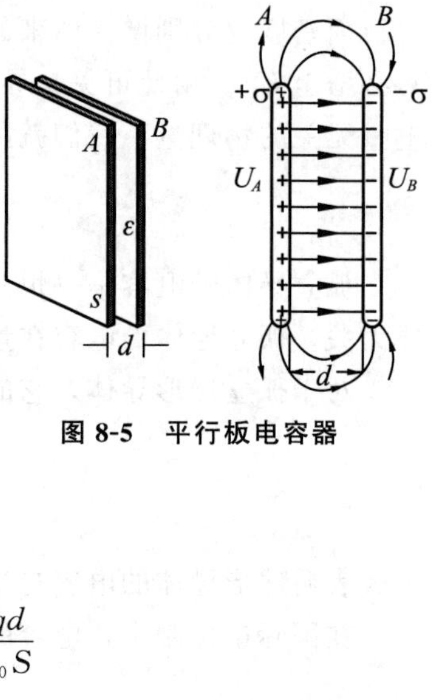

图 8-5　平行板电容器

$$E=\frac{\sigma}{\varepsilon_0}=\frac{q}{\varepsilon_0 S}$$

两板之间的电势差为

$$V_A-V_B=\int_A^B \boldsymbol{E}\cdot \mathrm{d}\boldsymbol{l}=E\cdot d=\frac{qd}{\varepsilon_0 S}$$

由电容的定义，得平行板电容器的电容为

$$C=\frac{q}{V_A-V_B}=\frac{\varepsilon_0 S}{d} \tag{8-4}$$

(2)圆柱形电容器。

圆柱形电容器是由两个半径分别为 R_A 和 R_B 的同轴圆柱面导体组成，圆柱面的长度为 l，且 $l\gg R_B$，如图 8-6 所示，因为 $l\gg R_B$，所以可把两圆柱面间的电场看成无限长圆柱面的电场。设内、外极板分别带有电量 $+q$，$-q$，则单位长度上的电量，即电荷线密度

$$\lambda=\frac{q}{l}$$

两圆柱面间的场强大小为

$$E=\frac{\lambda}{2\pi\varepsilon_0 r}=\frac{q}{2\pi\varepsilon_0 l}\frac{1}{r}$$

场强方向垂直于圆柱轴线。

两圆柱面的电势差为

$$V_A-V_B=\int_A^B \boldsymbol{E}\cdot d\boldsymbol{l}=\int_{R_A}^{R_B}\frac{q}{2\pi\varepsilon_0 l}\frac{dr}{r}$$

根据式(8-3)，圆柱形电容器的电容为

$$C=\frac{q}{V_A-V_B}=\frac{2\pi\varepsilon_0 l}{\ln\frac{R_B}{R_A}} \tag{8-5}$$

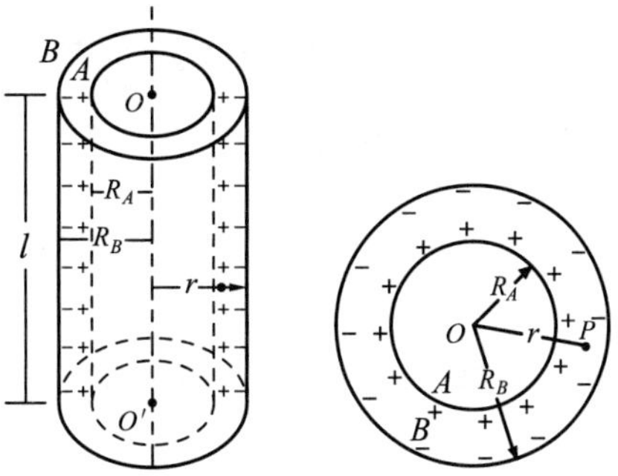

图 8-6　圆柱形电容器

从上面的讨论再一次看到，电容器的电容是一个只与电容器结构形状有关的常量，与电容器是否带电无关。

由式(8-4)可知，只要使两极板之间的距离足够小，并加大两极板的面积，就可获得较大的电容，但是缩小电容器两极板的距离毕竟有一定限度，而加大两极板的面积，又势必增大电容器的体积。因此，为了制成电容量大、体积小的电容器，通常是在两极板间夹一层电介质。实验指出，不论什么形状的电容器，如果两极板间是真空时的电容为 C_0，则两极板间充满某种电介质后的电容 C 就增为 C_0 的 ε_r 倍，即 $C=C_0\varepsilon_r$，式中 ε_r 为该电介质的相对介电常数，于是充满电介质的平行板电容器的电容为

$$C=\frac{\varepsilon_r\varepsilon_0 S}{d}\text{ 或 }C=\frac{\varepsilon S}{d}$$

式中，$\varepsilon=\varepsilon_r\varepsilon_0$ 又叫电介质的介电常数，是相对介电常数 ε_r 与真空介电常数 ε_0 的乘积，在实际中可以通过实验的方法测量，是表征电介质或绝缘材料电性能的重要数据。

因此，充满电介质的圆柱形电容器的电容也可以写成为

$$C=\frac{2\pi\varepsilon_r\varepsilon_0 l}{\ln\frac{R_B}{R_A}}=\frac{2\pi\varepsilon l}{\ln\frac{R_B}{R_A}}$$

(3)球形电容器

球形电容器是由两个同心球壳组成的，设球壳的半径分别为 R_A 和 R_B，两球壳之间充满介电系数为 ε 的电介质(见图 8-7)。

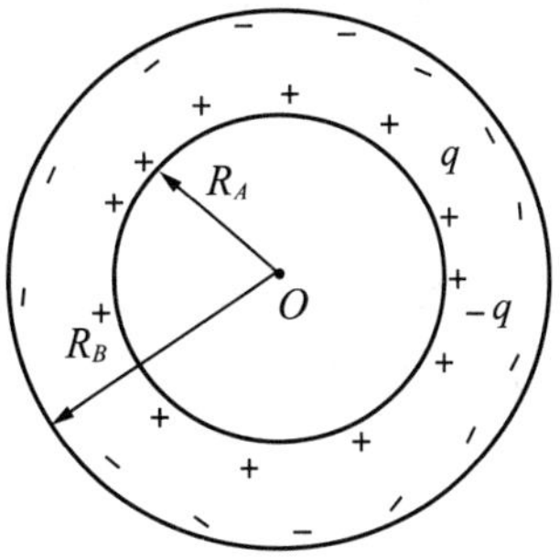

图 8-7　球形电容器

设内球带电荷$+q$ 均匀地分布在内球壳的表面上，同时在外球壳的内表面上的电荷$-q$ 也是均匀分布的，至于外球壳外表面是否带电以及外球壳外是否有其他带电体是无关紧要的，因为这不影响球壳间的电场分布。两球壳之间的电场具有球对称性。由于电介质充满整个电场时的场强正是真空中在同一点场强 E_0 的$\frac{1}{\varepsilon_r}$，所以

$$E=\frac{q}{4\pi\varepsilon_0\varepsilon_r r^2}=\frac{q}{4\pi\varepsilon r^2}$$

两球壳间的电势差为

$$V_A - V_B = \int_A^B \boldsymbol{E} \cdot \mathrm{d}\boldsymbol{l} = \int_{R_A}^{R_B} \frac{q}{4\pi\varepsilon r^2}\mathrm{d}r = \frac{q}{4\pi\varepsilon}\left(\frac{1}{R_A} - \frac{1}{R_B}\right)$$

球形电容器的电容为

$$C = \frac{q}{V_A - V_B} = \frac{q}{\frac{q}{4\pi\varepsilon}\left(\frac{1}{R_A} - \frac{1}{R_B}\right)} = \frac{4\pi\varepsilon R_A R_B}{R_B - R_A} \tag{8-6}$$

如果 $R_B \gg R_A$，这时式(8-6)的分母中可略去 R_A 得

$$C = \frac{4\pi\varepsilon R_A R_B}{R_B} = 4\pi\varepsilon R_A$$

即半径为 R_A 的孤立导体球在电介质中的电容。

电容器的种类繁多，外形也各不相同，但它们的基本结构是一致的，电容器是存储电荷和电能的容器，是电路中广泛应用的基本元件。

8.2.3 电容器的连接

电容器的性能规格中有两个主要指示，一是它的电容量，二是它的耐压能力。使用电容器时，两极板所加的电压不能超过所规定的耐压值，否则电容器就有被击穿的危险。在实际工作中，当遇到一个单独电容器不能满足要求时，可以把几个电容器并联或串联起来使用。

1. 电容器的并联

电容器并联的接法是将每个电容器的一端连接在一起，另一端也连接在一起，如图 8-8 所示，接上电源后，每个电容器两极板的电势差都相等，而每个电容器带的电量却不同，它们分别为

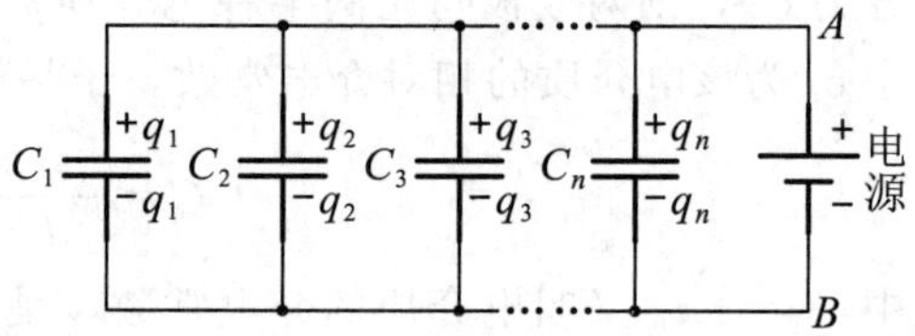

图 8-8 电容器的并联

$$q_1 = C_1 V,\ q_2 = C_2 V,\ \cdots,\ q_n = C_n V$$

n 个电容器上的总电量为

$$q = q_1 + q_2 + \cdots + q_n = (C_1 + C_2 + \cdots + C_n)V$$

若用一个电容器来等效地代替这 n 个电容器，使它的电势差为 U 时，所带电量也为 q，那么这个电容器的电容 C 为

$$C = \frac{q}{V} = C_1 + C_2 + \cdots + C_n \tag{8-7}$$

这说明电容器并联时，总电容等于各电容器电容之和。并联后总电容增加了。

2. 电容器的串联

n 个电容器的极板首尾相接连成一串，如图 8-9 所示，这种连接叫作串联。设加在串联电容器组上的电势差为 U，两端的极板分别带有 $+q$ 和 $-q$ 的电荷，由于静电感应，使每个电容器的两极板上均带有等量异号的电荷。每个电容器的电势差为

$$V_1 = \frac{q}{C_1},\ V_2 = \frac{q}{C_2},\ \cdots,\ V_n = \frac{q}{C_n}$$

整个串联电容器组两端的电势差为

$$V = V_1 + V_2 + \cdots + V_n = q\left(\frac{1}{C_1} + \frac{1}{C_2} + \cdots + \frac{1}{C_n}\right)$$

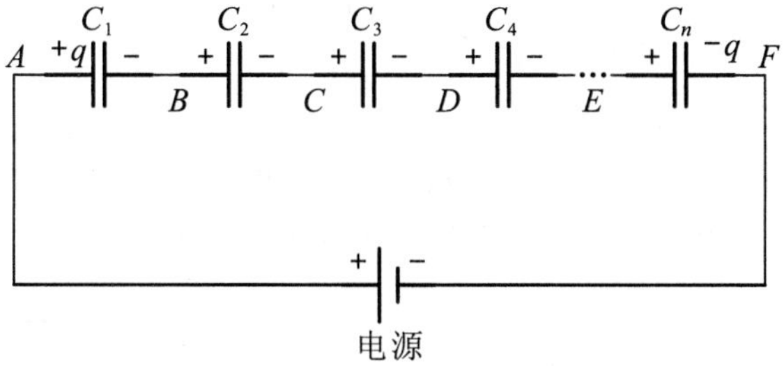

图 8-9　电容器的串联

如果用一个电容为 C 的电容器来等效地代替串联电容器组，使它两端的电势差为 V 时，它所带的电量也为 q，那么，这个电容器的电容 C 为

$$C=\frac{q}{V}=\frac{q}{q\left(\frac{1}{C_1}+\frac{1}{C_2}+\cdots+\frac{1}{C_n}\right)}$$

由此得出

$$\frac{1}{C}=\left(\frac{1}{C_1}+\frac{1}{C_2}+\cdots+\frac{1}{C_n}\right) \tag{8-8}$$

这说明电容器串联时，总电容的倒数等于各电容器电容的倒数之和。

如果 n 个电容器的电容都相等，即 $C_1=C_2=\cdots=C_n$，串联后的总电容为 $C=\frac{C_1}{n}$，总电容变小了，但每个电容器两极板间的电势差为单独时的 $\frac{1}{n}$，大幅减轻被击穿的危险。

以上是电容器的两种基本连接方法，在实际上，还有混合连接法，即并联和串联一起应用。

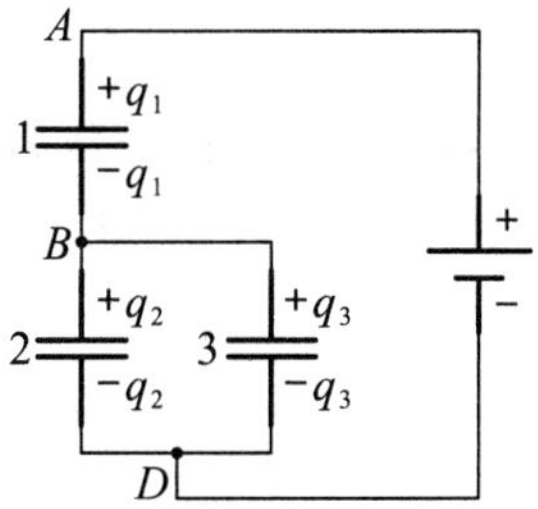

图 8-10　例 8-2 图

例 8-2　有三个相同的电容器，电容均为 $C_1=3\ \mu\text{F}$，相互连接如图 8-10 所示，今在两端加上电压 $V_A-V_D=450$ V，求：(1)电容器 1 上的电量；(2)电容器 3 两端的电势差。

解　(1)设 C 为这一组合的总电容，q_1 为电容器 1 上的电量，也就是这一组合所储蓄的电量，则

$$q_1=C(V_A-V_D)$$

$$C=\frac{C_1\times 2C_1}{C_1+2C_1}=\frac{2}{3}C_1$$

所以
$$q_1=\frac{2}{3}C_1(V_A-V_D)=\frac{2}{3}\times 3\times 10^{-6}\times 450\ \text{C}=9\times 10^{-4}\ \text{C}$$

(2)设 q_2 和 q_3 分别为电容器 2 和电容器 3 上所带电量，则

$$V_B-V_D=\frac{q_2}{C_1}=\frac{q_3}{C_1}$$

因为 $q_1=q_2+q_3$，而由上式又有 $q_2=q_3=\frac{q_1}{2}$，于是得

$$V_B - V_D = \frac{1}{2}\frac{q_1}{C_1} = \frac{1}{2} \times \frac{9\times10^{-4}}{3\times10^{-6}}\ \text{V} = 150\ \text{V}$$

例 8-3 一平行板电容器，极板面积为 S，两极板之间距离为 d，现将一厚度为 $t(t<d)$、相对介电常数为 ε_r 的介质放入此电容器中，如图 8-11 所示。试求其电容。

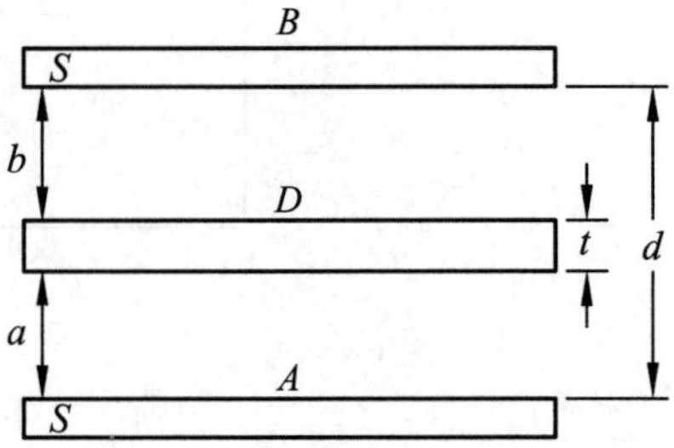

图 8-11 例 8-3 图

解 **解法一**：按电容的定义求。

(1)设极板电量为 q；

(2)求两极板的电势差 $V_A - V_B$；

没有介质的那部分空间的场强为 E_0，即

$$E_0 = \frac{q}{\varepsilon_0 S}$$

介质中的场强为 E，$E = \frac{E_0}{\varepsilon_r} = \frac{q}{\varepsilon_0 \varepsilon_r S}$。

$$V_A - V_B = E_0(d-t) + Et = E_0\left[(d-t) + \frac{t}{\varepsilon_r}\right] = \frac{q}{\varepsilon_0 S}\left[(d-t) + \frac{t}{\varepsilon_r}\right]$$

(3)电容器的电容为

$$C = \frac{q}{V_A - V_B} = \frac{\varepsilon_0 S}{(d-t) + \frac{t}{\varepsilon_r}}$$

解法二：可以看成 3 个平行板电容器的串联。

设介质的两个界面离 A，B 两极板的距离分别为 a 和 b，设三个电容器的电容分别为 C_1，C_2，C_3，则

$$C_1 = \frac{\varepsilon_0 S}{a};\ C_2 = \frac{\varepsilon_0 \varepsilon_r S}{t};\ C_3 = \frac{\varepsilon_0 S}{b}$$

串联后总电容的倒数为

$$\frac{1}{C} = \frac{1}{C_1} + \frac{1}{C_2} + \frac{1}{C_3} = \frac{a}{\varepsilon_0 S} + \frac{t}{\varepsilon_0 \varepsilon_r S} + \frac{b}{\varepsilon_0 S} = \frac{d-t}{\varepsilon_0 S} + \frac{t}{\varepsilon_0 \varepsilon_r S}$$
$$= \frac{1}{\varepsilon_0 S}\left[(d-t) + \frac{t}{\varepsilon_r}\right]$$

总电容为

$$C = \frac{\varepsilon_0 S}{(d-t) + \frac{t}{\varepsilon_r}}$$

两种计算方法得出的结果是一致的。

8.3 电场的能量

任何带电过程都是正、负电荷的分离过程，在这个过程中，外力必须克服电荷之间相互作用的静电力而做功。然而外力做功是要消耗能量的，由能量转换和守恒定律可知，所消耗的能量必定转化为其他形式的能量。在这里，具体说来就是转换为带电

体所具有的电势能，这个能量分布在电场的空间内。下面以电容器充电为例进行讨论。

8.3.1 电容器的储能

设电容器原来不带电，两极板的电势差为零，克服静电力不断地将正电荷 $\mathrm{d}q$ 从 B 板移到 A 板。某一时刻 A，B 板的带电量分别为 $+q$，$-q$，两极板相应的电势差为

$$U=\frac{q}{C}$$

式中，C 为电容器的电容。从 B 板移动正电荷 $\mathrm{d}q$ 到 A 板，外力克服静电力所做的元功为

$$\mathrm{d}A=U\mathrm{d}q=\frac{q}{C}\mathrm{d}q$$

从两板不带电，到最终两板分别带 $+Q$ 和 $-Q$，在这个过程中外力克服静电力所做的总功为

$$A=\int\mathrm{d}A=\int_0^Q\frac{q}{C}\mathrm{d}q=\frac{1}{2}\frac{Q^2}{C}$$

因为外力所做的功全转化为带电系统所具有的电势能 W，即

$$W=\frac{Q^2}{2C} \tag{8-9}$$

利用 $Q=CU_{AB}$ 可改写为

$$W=\frac{1}{2}QU_{AB}=\frac{1}{2}CU_{AB}^2 \tag{8-10}$$

式中，Q 和 U_{AB} 分别为电容器充电完毕时极板上所带的电量和两极板间的电势差。由上式可以看出，当电势差一定时，电容器的电容 C 越大，电容器存储的电能就越多。从这个意义上讲，电容 C 是电容器储能本领大小的标志。

8.3.2 电场的能量 能量密度

电容器不带电时，极板间没有静电场；电容器带电后，极板间就建立了静电场；这表明，一带电体或一带电系统的带电过程，实际上也是带电体或带电系统的电场的建立过程。我们从电场的观点来看，带电体或带电系统的能量也就是电场的能量。既然如此，电场的能量必然与描述电场的物理量有一定的关系。下面以平行板电容器为例找出这个关系。平行板电容器的电容为

$$C=\frac{\varepsilon S}{d}$$

两极板间的电势差 $$U_{AB}=Ed$$

把这两个关系式代入式(8-10)中，得

$$W=\frac{1}{2}\frac{\varepsilon S}{d}(E\cdot d)^2=\frac{1}{2}\varepsilon E^2(S\cdot d)$$

式中，$S\cdot d$ 是两极板间的体积，用 V 表示，所以

$$W=\frac{1}{2}\varepsilon E^2V$$

如果忽略边缘效应，则平行板电容器中的电场是匀强电场，即 E 为常量，这说明

电场能量是均匀分布在两极板之间电场存在的空间里，把电场在单位体积内所具有的电场能量称为电场能量密度，并用符号 w 表示，则电场能量密度为

$$w=\frac{W}{V}=\frac{1}{2}\varepsilon E^2 \tag{8-11}$$

上面的结果虽然是从匀强电场导出，但可证明它是一个普遍适用的公式。也就是说，在非匀强电场中，只要已知电场中各点的介电常数及场强的大小，就可根据上式算出各点的电场能量密度，至于电场的总能量，则可由下面的积分式算出，即

$$W=\int_V w\,\mathrm{d}V \tag{8-12}$$

式中，积分区间 V 要遍及电场分布的所有空间。

从式(8-9)看，电势能似乎是集中在两极板的电荷上，但是在交变电磁场的实验中，已经证明了能量能够以电磁波形式和有限的速度在空间传播，这在事实上证实了能量存储在场中的观点，能量是物质固有属性之一，电场能量正是电场物质性的一个表现。

例 8-4 把半径为 R、总电量为 Q 的原子核看成电荷密度均匀分布的带电球体，试求它的静电能。

解 原子核可看成处在真空中，利用高斯定理可得原子核内外的场强分布为

$$E=\begin{cases}\dfrac{Q}{4\pi\varepsilon_0 r^2} & (r>R)\\[2ex] \dfrac{Qr}{4\pi\varepsilon_0 R^3} & (r<R)\end{cases}$$

利用式(8-12)得原子核的静电能为

$$\begin{aligned}W&=\int\frac{1}{2}\varepsilon_0 E^2\mathrm{d}V\\&=\int_0^R\frac{1}{2}\varepsilon_0\left(\frac{Qr}{4\pi\varepsilon_0 R^3}\right)^2 4\pi r^2\mathrm{d}r+\int_R^\infty\frac{1}{2}\varepsilon_0\left(\frac{Q}{4\pi\varepsilon_0 r^2}\right)^2 4\pi r^2\mathrm{d}r=\frac{3Q^2}{20\pi\varepsilon_0 R}\end{aligned}$$

8.4 静电的应用

随着科学研究和生产实践的发展，静电技术得到广泛的应用。下面通过范德格拉夫起电机、静电除尘、静电分离、静电复印、高压带电作业等来介绍静电的应用。

1. 范德格拉夫起电机

利用导体的静电特性和尖端效应，可使物体连续不断地带有大量电荷，这样的装置称为静电起电机，范德格拉夫起电机是一种新型静电起电机，大型的范德格拉夫起电机能产生 10^7 V 以上的高电压，是研究核反应时用来加速带电基本粒子的重要设备之一。范德格拉夫起电机的构造和作用原理可用图 8-12 来说明。

图 8-12 中 A 是空心金属球壳，由绝缘空心柱 B 支撑。D 和 D′分别表示上、下两个滑轮，滑轮 D′用电动机 M 拖动，通过绝缘传送带 C 带动上面的滑轮。F 是高压直流电源(几万伏至十万伏)，正极接地，负极接放电针 E。E 由一排尖齿组成，正对着绝缘带 C，由于 E 的尖端放电，使绝缘带上带有负电荷，当负电荷随带向上移到刮电针 G 附近时(G 也由一排尖齿组成)，负电荷就通过 G 而传送到金属球壳 A 并分布在 A 的外表

面。随着传送带不停地运转，把大量负电荷送到 A 壳的外表面，就可使 A 达到很高的负电势。

金属球壳 A 内可装有抽成真空的加速管，管的上端装入产生电子束的电子枪，由于金属球壳相对于外界具有很高的电势差，因此当电子束进入加速管之后，将在强电场的作用下，自上而下地做加速运动，电子获得很大的动能，电子束轰击在加速管下端的不同材料制成的靶 J 上，可产生不同的射线。如 X 射线、γ 射线等，供不同的应用。

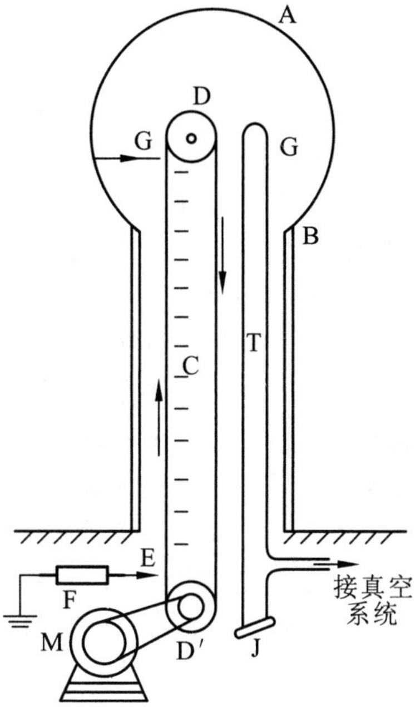

图 8-12　范德格拉夫起电机

2. 静电除尘

静电除尘是利用静电场使气体电离从而使尘粒带电吸附到电极上的收尘方法。在强电场中空气分子被电离为正离子和电子，电子奔向正极过程中遇到尘粒，使尘粒带负电吸附到正极被收集。如图 8-13 所示，含尘气体经过高压静电场时被电离，尘粒与负离子结合带上负电后，趋向阳极表面放电而沉积。在冶金、化学等工业中用以净化气体或回收有用尘粒。

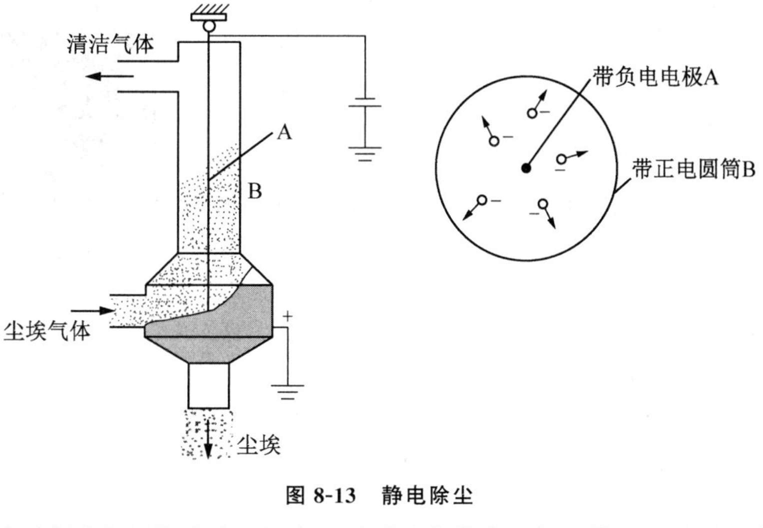

图 8-13　静电除尘

我国高度重视大气污染防治，提出一系列重大战略思想，做出一系列重大决策部署，先后颁布实施《大气污染防治行动计划》《打赢蓝天保卫战三年行动计划》，2020 年 1 月至 8 月，全国 337 个地级及以上城市平均优良天数比例为 86.7%，同比上升 5 个百分点；$PM_{2.5}$ 浓度为 31 $\mu g \cdot m^{-3}$，同比下降 11.4%，蓝天白云的好天气成为常态。

我国在大气污染治理方面做出的艰辛努力和取得的积极成效，得到国际社会的广泛赞誉。联合国环境规划署代理主任乔伊斯·姆苏亚说："中国在应对国内空气污染方面表现出了无与伦比的领导力，在推动自身空气质量持续改善的同时，也致力于帮助其他国家加强行动力度。中国领跑，激发全球行动来拯救数百万人的生命。"这充分彰显了中国力量、中国精神，彰显了中国共产党领导和中国特色社会主义制度的显著优势！

3. 静电分离

静电分离是根据作用于矿物上的静电力的差别而进行矿物分离的一种方法。石英和磷酸盐相互摩擦后分别带负电和正电，通过电场时，受到的电场力方向相反，致使它们彼此分隔开来，如图 8-14 所示。

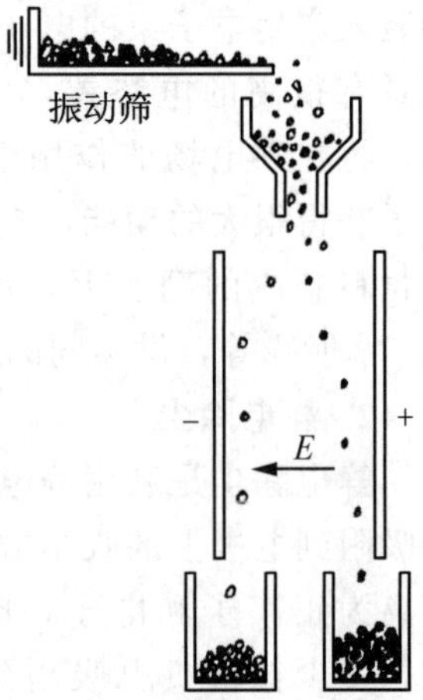

图 8-14 静电分离

4. 静电复印机

我们通常所说的复印机是指静电复印机，它是一种利用静电技术进行文书复制的设备，如图 8-15 所示。复印机是从书写、绘制或印刷的原稿得到等倍、放大或缩小的复印品的设备。基本原理是利用光电导敏感材料在曝光时按影像发生电荷转移而存留静电潜影，经一定的干法显影、影像转印和定影而得到复制件。静电复印有直接法和间接法两种。前者将原稿的图像直接复印在涂敷氧化锌的感光纸上，利用直接法打印的复印机又称涂层纸复印机；后者将原稿图像先变为感光体上的静电潜像，然后再转印到普通纸上，故利用间接法打印的复印机又称普通纸复印机。按显影剂形态是干粉还是液体打印机又可分为干式和湿式两类。目前世界各国生产的以干式间接法静电复印机为主。常用的复印材料有氧化锌、硒、硫化镉等无机光电导材料，以及聚乙烯咔唑(PVK)、三硝基芴酮(TNF)等有机光电导材料。静电复印过程为：首先使敏感层均匀充电，然后用原稿进行反射曝光，由于光照部位光电导层电荷密度的差异而形成静电潜像，经热塑性的调色剂做覆盖干法显影处理(显影)，将白纸覆在敏感层上再次充电使影像转移到纸上(转印)，经瞬时加热使调色剂固定在纸上(定影)而得到复印件。静电复印体系同过去的湿法显影复印技术相比有显著的优点：简便、迅速、清晰，对操作人员无污染。静电复印技术近年来得到了很大的发展，现代的静电复印机具有很高的复印速率，可扩印和缩印，也可复印彩色原件，它满足了现代社会对于信息记录和信息显示的需要。

图 8-15 复印机

5. 高压带电作业

人们利用静电平衡下导体表面等电势和静电屏蔽等规律，在高压输电线路和设备的维护和检修工作中，创造了高压带电自由作业的新技术，如图 8-16 所示，下面从原理上作简要分析。

高压输电线上的电压是很高的，但它与铁塔间是绝缘的，当检修人员登上铁塔和高压线接近时，由于人体与铁塔都和地相通，高压线与人体间有很高的电势差，其间存在很强的电场，这电场足以使周围的空气电离而放电，危及人体安全。

为解决这个问题，通常运用高绝缘性能的梯架，作为人从铁塔走向输电线的过道，这样，人在梯架上，就完全与地绝缘，当与高压线接触时，就会和高压线等电势，不

图 8-16　高压带电作业

会有电流通过人体流向大地。但是，由于输电线上有交流电，在电线周围有很强的交变电场，因此，只要人靠近电线，就会在人体中有较强的感应电流而危及生命。为解决这个问题，利用静电屏蔽原理，用细铜丝(或导电纤维)和纤维编织在一起制成导电性能良好的工作服，通常叫屏蔽服，它把手套、帽子、衣裤和袜子连成一体，构成一导体网壳。工作时穿上这种屏蔽服，就相当于把人体用导体网罩起来，这样，交变电场不会深入到人体内，感应电流也只在屏蔽服上流通，避免了感应电流对人体的危害。即使在手接触电线的瞬间，放电也只是在手套与电线之间产生，这时人体与电线仍有相等的电势，检修人员就可以在不停电的情况下，安全自由地在几十万伏的高压输电线上工作。

静电应用　　本章小结

从静电的应用方面我们可以看到科学理论研究应用于实际生活的重要性，要学以致用，科技创新，用知识改变社会。

习　题

8-1　一个不带电的空腔导体球壳，内半径为 R。在腔内离球心的距离为 a 处放一点电荷 $+q$，如图 8-17 所示。用导线把球壳接地后，再把地线撤去。选无穷远处为电势零点，则球心 O 处的电势为(　　)。

(A) $\dfrac{q}{2\pi\varepsilon_0 a}$　　(B) 0　　(C) $\dfrac{q}{4\pi\varepsilon_0}\left(\dfrac{1}{a}-\dfrac{1}{R}\right)$　　(D) $-\dfrac{q}{4\pi\varepsilon_0 R}$

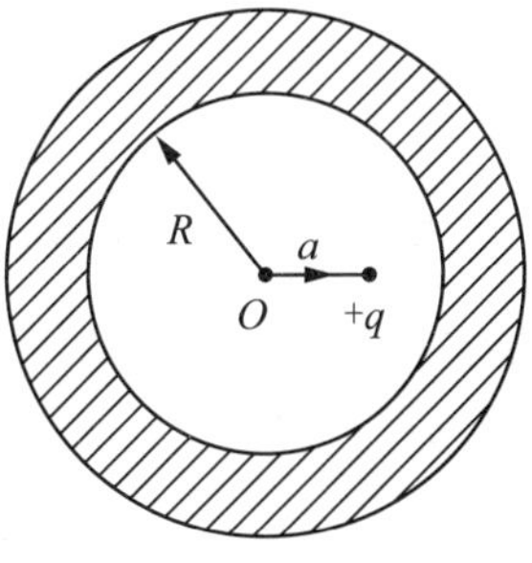

图 8-17　习题 8-1 图

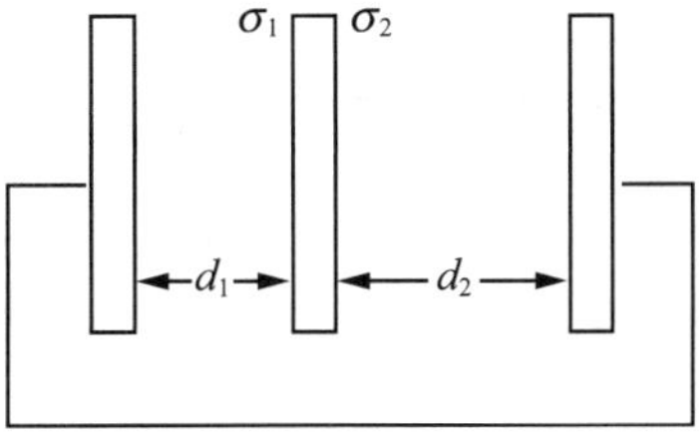

图 8-18　习题 8-2 图

8-2　三块互相平行的导体板之间的距离为 d_1 和 d_2，比板面线度小得多，如果 $d_2=2d_1$，外面两板用导线连接，中间板上带电。设左右两面上电荷面密度分别为

σ_1 和 σ_2，如图 8-18 所示，则 σ_1/σ_2 为(　　)。

(A)1　　(B)2　　(C)3　　(D)4

8-3　带电导体达到静电平衡时，其正确结论是(　　)。

(A)导体表面上曲率半径小处电荷密度较小

(B)表面曲率较小处电势较高

(C)导体内部任一点电势都为零

(D)导体内任一点与其表面上任一点的电势差等于零

8-4　两个同心薄金属球壳，半径分别为 R_1 和 $R_2(R_1<R_2)$，若内球壳带上电荷 Q，则两者的电势分别为 $V_1=\dfrac{Q}{4\pi\varepsilon_0 R_1}$ 和 $V_2=\dfrac{Q}{4\pi\varepsilon_0 R_2}$，(选无穷远处为电势零点)。现用导线将两球壳相连接，则它们的电势为(　　)。

(A)V_1　　(B)$\dfrac{1}{2}(V_1+V_2)$　　(C)V_1+V_2　　(D)V_2

8-5　一个平行板电容器充电后断开电源，使电容器两极板间距离变小，则两极板间的电势差 U_{12}，电场强度的大小 E，电场能量 W 将发生如下变化(　　)。

(A)U_{12} 减小，E 减小，W 减小　　(B)U_{12} 增大，E 增大，W 增大

(C)U_{12} 增大，E 不变，W 增大　　(D)U_{12} 减小，E 不变，W 减小

8-6　两空气电容器 C_1 和 C_2，串联起来接上电源充电。充满后将电源断开，再把一电介质板插入 C_1 中，如图 8-19 所示，则(　　)。

(A)C_1 极板上电荷增加，C_2 极板上电荷减少

(B)C_1 极板上电荷减少，C_2 极板上电荷增加

(C)C_1 极板上电荷增加，C_2 极板上电荷增加

(D)C_1 极板上电荷不变，C_2 极板上电荷不变

8-7　有两只电容器，$C_1=8\ \mu\text{F}$，$C_2=2\ \mu\text{F}$，分别把它们充电到 2 000 V，然后将它们反接(如图 8-20 所示)，此时 C_1 两极板间的电势差为(　　)。

(A)600 V　　(B)200 V　　(C)0 V　　(D)1 200 V

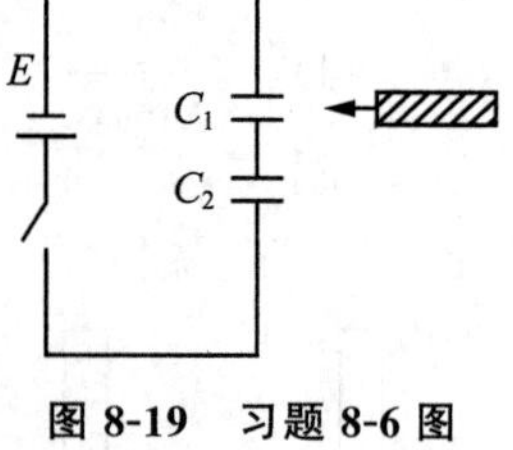

图 8-19　习题 8-6 图

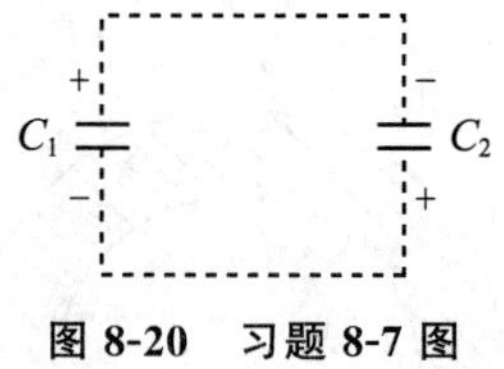

图 8-20　习题 8-7 图

8-8　如图 8-21 所示，一个均匀带电，内、外半径分别为 R_1 和 R_2 的均匀带电球壳，所带电荷体密度为 ρ，试计算：(1)A，B 两点的电势；(2)利用电势梯度求 A，B 两点的场强。

8-9　半径分别为 1.0 cm 与 2.0 cm 的两个球形导体，各带电荷 1.0×10^{-8} C，两球相距很远。若用细导线将两球相连接，求：(1)每个球所带电荷；(2)每个球的电势。

8-10　一空气平行板电容器，两极板面积均为 S，板间距离为 d(d 远小于极板线度)，在两极板间平行地插入一面积也是 S、厚度为 $t(<d)$的金属片，如图 8-22 所示。

试求：(1)电容 C 等于多少？(2)金属片放在两极板间的位置对电容值有无影响？

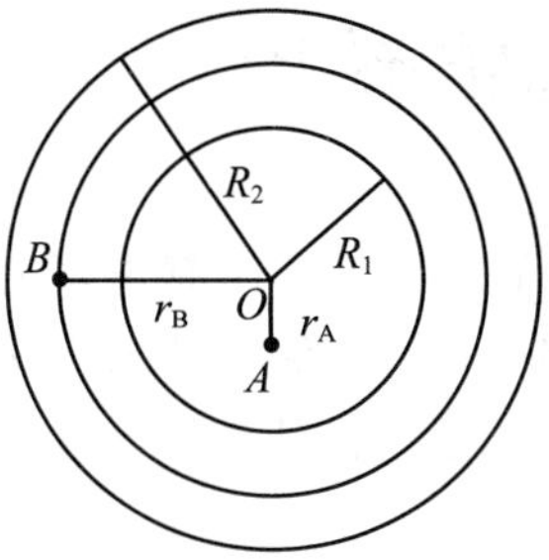

图 8-21　习题 8-8 图

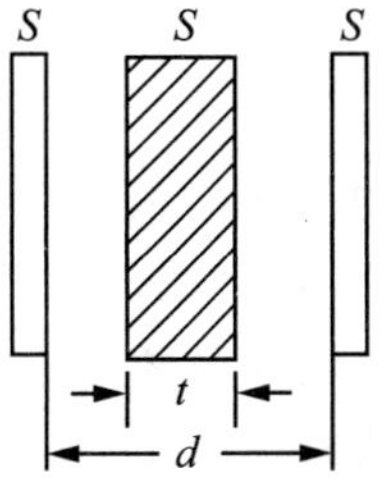

图 8-22　习题 8-10 图

8-11　一空气平行板电容器(介电常数为 ε)，极板面积为 S，两板距离为 $d(S\gg d^2)$。设两极板间电势差为 U_{12}，求：(1)电容器的电容；(2)电容器储存的能量。

8-12　有三个电容器如图 8-23 所示，其中 $C_1=10\times10^{-6}$ F，$C_2=5\times10^{-6}$ F，$C_3=4\times10^{-6}$ F，当 A，B 间电压 $U=100$ V 时，试求：

(1)A，B 之间的电容；(2)当 C_3 被击穿时，在电容 C_1 上的电荷和电压各变为多少？

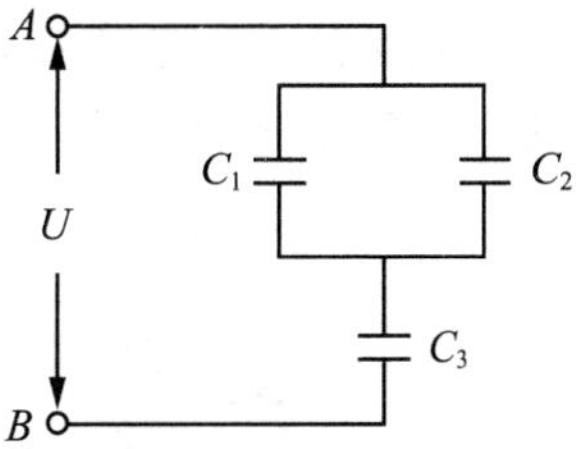

图 8-23　习题 8-12 图

8-13　一圆柱形电容器，外柱的直径为 4 cm，内柱的直径可以适当选择，若其间充满各向同性的均匀电介质，该介质的击穿电场强度的大小为 $E_0=200\ \text{kV}\cdot\text{cm}^{-1}$。试求该电容器可能承受的最高电压。(自然对数的底 e=2.7183)

8-14　(1)设地球表面附近的场强约为 $200\ \text{V}\cdot\text{m}^{-1}$，方向指向地球中心，试求地球所带有的总电量；(2)在离地面 1400 m 高处，场强降为 $20\ \text{V}\cdot\text{m}^{-1}$，方向仍指向地球中心，试计算在 1400 m 下大气层里的平均电荷密度。

8-15　如图 8-24 所示，有两块相距为 0.50 mm 的薄金属板 A，B 构成的空气平板电容器被屏蔽在一金属盒 K 内，金属盒上、下两壁与 A，B 分别相距 0.25 mm，金属板面积为 30 mm×40 mm。求：(1)被屏蔽后电容器的电容变为原来的几倍；(2)若电容器的一个引脚不慎与金属屏蔽盒相碰，问此时的电容又为原来的几倍？

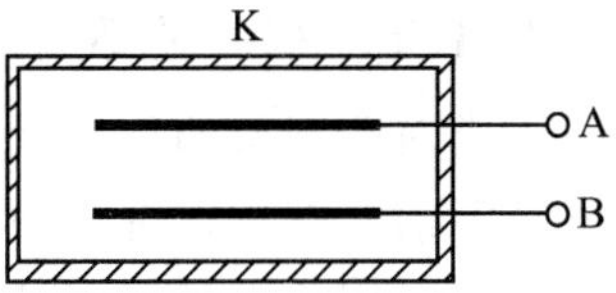

图 8-24　习题 8-15 图

8-16　在点 A 和点 B 之间有 5 个电容器，其连接如图 8-25 所示。(1)求 A，B 两点之间的等效电容；(2)若 A，B 之间的电势差为 12 V，求 U_{AC}，U_{CD} 和 U_{DB}。

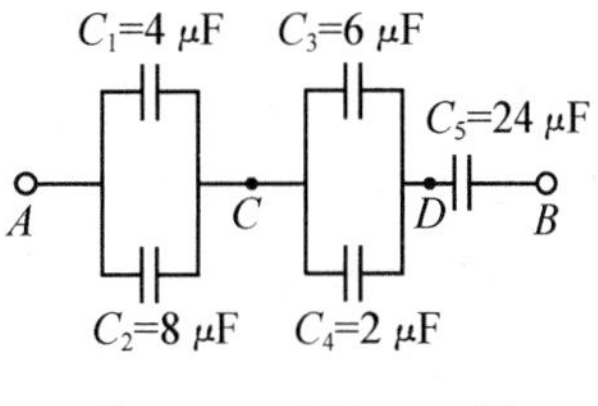

图 8-25　习题 8-16 图

8-17　半径为 0.10 cm 的长直导线，外面套有内半径为 1.0 cm 的共轴导体圆筒，导线与圆筒间为空气，略去边缘效应，求：(1)导线表面最大电荷面密度；(2)沿轴线单位长度的最大电场能量。(已知空气的击穿电场强度 $E_b=3.0\times10^6\ \text{V}\cdot\text{m}^{-1}$)

第 9 章　稳恒磁场

静止电荷的周围存在着静电场，运动电荷的周围不仅有电场存在，而且还有磁场存在。磁性是运动电荷的一种属性，起源于电流(运动电荷)。恒定磁场是指由恒定电流和永久磁铁在其周围产生的不随时间变化的磁场。

本章要点

本章主要研究真空中恒定磁场的规律和性质，以及恒定磁场对电流和运动电荷的作用。主要内容有：定义描述磁场的物理量——磁感应强度 $\boldsymbol{B}$；电流激发磁场的规律——毕奥-萨伐尔定律；反映磁场性质的基本定律——高斯定理和安培环路定理；磁场对运动电荷、载流导线及线圈的作用规律等；物质的磁性。

磁场的基本性质和它所遵循的规律不同于静电场，但恒定磁场和静电场在研究方法上有很多相似之处，在学习过程中注意恒定磁场与静电场的对比是十分有益的。

知识拓展：电流的磁效应　　知识拓展：磁单极　　科学家介绍：汉斯·奥斯特

9.1　磁场　磁感应强度

9.1.1　基本磁现象

人类对磁现象的认识始于天然磁石。我国是最早发现并应用磁现象的国家之一。早在公元前数百年，古籍中就有“磁石召铁，或引之也”“故先王立司南，以端朝夕”的文字记载。到北宋时期，已将指南针用于航海，并且还发现了地磁偏角。磁体具有吸引铁、钴、镍等物质的性质。遗憾的是，我国古代科学先辈虽观察敏锐细致、勇于实践创新，但过多关注应用而忽略其中的原理，缺乏对现象本质的深刻探究和理论说明。

磁铁两端磁性最强的区域称为磁极，磁极有自动指向南北方向的性质，其中指北的一极称为北极(N 极)，指南的称为南极(S 极)。磁极之间存在着相互作用力，称为磁力，同号磁极相互排斥，异号磁极相互吸引，且磁极不能单独存在。

磁现象和电现象虽然早已被发现，但在历史上很长一段时间里，它们各自独立发展着，被认为是两类截然不同的现象。直到 19 世纪，一系列重要发现才使人们开始认识到电与磁之间存在不可分割的联系。1820 年，丹麦物理学家奥斯特(H. C. Oersted)发现，放在载流导线附近的小磁针受到了作用力而发生偏转[如图 9-1(a)所示]。奥斯特通过电生磁的实验结果将看似毫不相关的两个自然现象联系在了一起。同年，法国物理学家安培(A. M. Ampere)受奥斯特实验的启发，进一步发现，放在磁铁附近的载流导线也会因受到作用力而发生运动[如图 9-1(b)所示]，载流导线之间也存在相互作用[如图 9-1(c)所示]，这些现象使人们认识到电现象与磁现象存在内在联系。

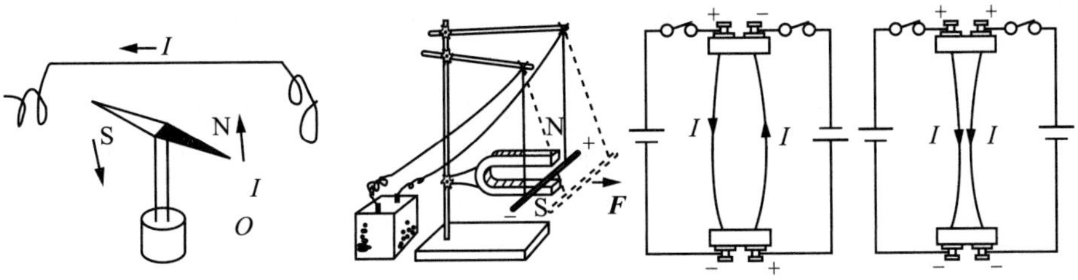

(a) 电流对磁铁的作用　(b) 磁铁对电流的作用　(c) 平行电流之间的相互作用

图 9-1　基本磁现象

上述实验现象启发人们去探索磁现象的物理本质。1822 年，安培提出了关于物质磁性的分子电流假说。他认为一切磁现象都源于电流，构成磁性物质的分子内部存在一种环形电流，称为分子电流。每个分子电流都相当于一个基元磁铁[如图 9-2(a)所示]。通常情况下磁体分子的分子电流取向是杂乱无章的，它们产生的磁场互相抵消，因而对外不显磁性[如图 9-2(b)所示]。但当分子电流在一定程度上规则排列时，物质在宏观上便显示出磁性[如图 9-2(c)所示]。在安培所处的时代，人们还不了解原子、分子的结构，因此还不能解释物质内部分子环流是如何形成的，现在我们知道，原子是由带正电的原子核与带负电的电子组成的，电子不仅绕核旋转，还会自旋，原子、分子内电子的这些运动便构成了等效的分子电流。可见，安培的分子电流假说与近代物质微观结构理论是相符的。现代科学理论和实验都证实，一切磁现象都起源于电荷的运动，而磁力则是运动电荷之间相互作用的结果。

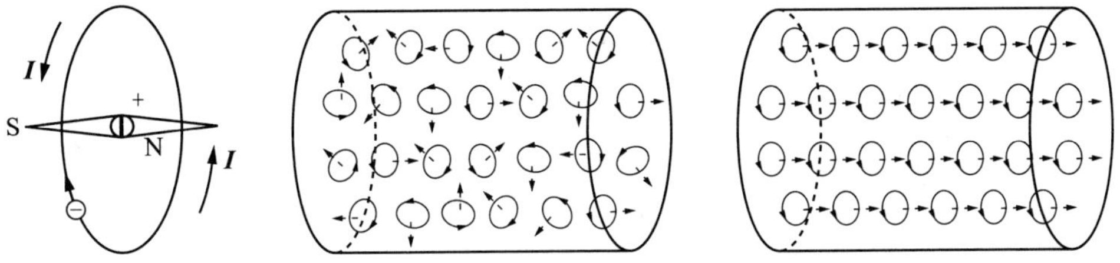

(a) 分子电流模型　(b) 无外场时分子电流取向杂乱无章　(c) 有外场时分子电流取向大致相同

图 9-2　分子电流

9.1.2　磁感应强度

我们知道静止电荷之间的相互作用是通过电场来传递的。运动电荷之间、磁铁或电流之间的相互作用也是通过场来传递的，这种场称为磁场。

磁场是存在于运动电荷(或电流)周围空间的一种特殊形态的物质。磁场对位于其中的运动电荷有力的作用，这种作用力称为磁场力。运动电荷与运动电荷之间、电流与电流之间、电流或运动电荷与磁铁之间的相互作用，都可看成是它们中任意一个所激发的磁场对另一个施加作用力的结果。

磁场不仅对运动电荷或载流导线有力的作用，它和电场一样，也具有能量。这正是磁场物质性的表现。

运动电荷与静止电荷的不同之处在于：静止电荷的周围空间只存在静电场，而任何运动电荷或电流的周围空间，除了和静止电荷一样存在电场之外，还存在磁场。电场对处于其中的任何电荷(不论运动与否)都有电场力作用；而磁场则只对运动电荷有磁场力作用。

在静电学中，为定量描述电场的分布，我们用电场对试验电荷的作用来定义电场强度。现在，我们采用与研究静电场类似的方法，从磁场对运动电荷的作用出发来定义磁感应强度。为此将一电量为 q、以速度 $\boldsymbol{v}$ 运动的试验电荷引入磁场，实验发现磁场对运动试验电荷的作用力具有如下规律。

①运动电荷所受磁场力 $\boldsymbol{F}$ 的方向总与该电荷的运动方向垂直，即 $\boldsymbol{F}\perp\boldsymbol{v}$。

②在磁场中存在一个特定的方向，当试验电荷 q 的运动方向与该方向相同或反向时，它所受到的磁场力为零。我们把磁场中各点运动电荷不受磁场力作用的运动方向定义为相应点的磁感应强度 $\boldsymbol{B}$ 的方向，其指向与该点处小磁针 N 极的指向相同[如图 9-3(a)所示]。

③当试验电荷 q 的运动方向与上述特定方向即 $\boldsymbol{B}$ 的方向垂直时，所受的磁场力最大，用 $\boldsymbol{F}_{\mathrm{m}}$ 表示[如图 9-3(b)所示]。实验表明，这个最大磁场力 $\boldsymbol{F}_{\mathrm{m}}$ 的大小正比于运动电荷的电量 q、正比于速率 v，但 F_{m} 与电量 q 和速率 v 的乘积的比值 $\dfrac{F_{\mathrm{m}}}{|q|\boldsymbol{v}}$ 却在该点具有确定的数值，与运动电荷的 q，$\boldsymbol{v}$ 无关。

可见，上述比值反映了该点磁场强弱的性质，是一个仅与场点位置有关的物理量，故定义它为该点磁感应强度的大小，即

$$B=\frac{F_{\mathrm{m}}}{|q|v} \tag{9-1}$$

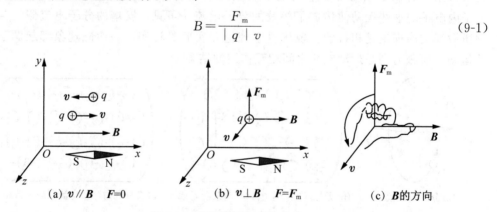

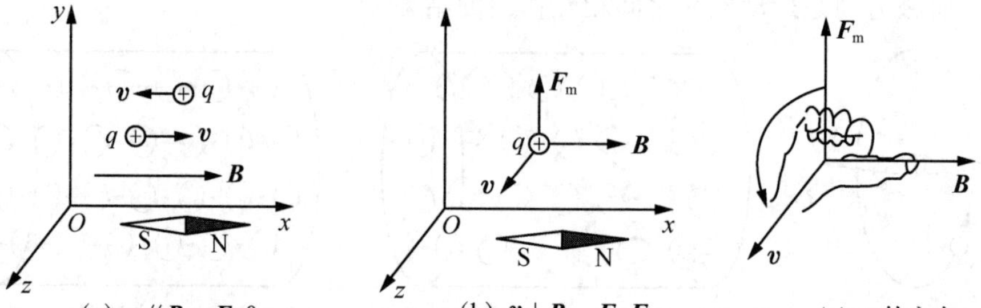

(a) $\boldsymbol{v}/\!/\boldsymbol{B}$ $F=0$　(b) $\boldsymbol{v}\perp\boldsymbol{B}$ $F=F_{\mathrm{m}}$　(c) $\boldsymbol{B}$的方向

图 9-3　磁感应强度 $\boldsymbol{B}$ 的定义

我们规定，对于正的试验电荷，磁感应强度 $\boldsymbol{B}$ 与 $\boldsymbol{v}$，$\boldsymbol{F}_{\mathrm{m}}$ 的方向满足右手螺旋关系，即当我们伸直右手大拇指并使其余的四个手指由 $\boldsymbol{F}_{\mathrm{m}}$ 的方向经过 $\boldsymbol{F}_{\mathrm{m}}$ 与 $\boldsymbol{v}$ 之间的小角转向 $\boldsymbol{v}$ 的方向时大拇指所指的方向为 $\boldsymbol{B}$ 的方向，如图 9-6(c)所示。

在国际单位制中，磁感应强度 $\boldsymbol{B}$ 的单位是特斯拉(T)，它是以美籍南斯拉夫发明家的名字特斯拉(Tesla)命名的，以纪念他在交流电系统方面所做的开创性工作。

$$1\mathrm{T}=1\mathrm{N}\cdot\mathrm{C}^{-1}\cdot\mathrm{m}^{-1}\cdot\mathrm{s}=1\mathrm{N}\cdot\mathrm{A}^{-1}\cdot\mathrm{m}^{-1}$$

地球表面的磁感应强度值为 0.3×10^{-4} T(赤道)～0.6×10^{-4} T(两极)，一般永磁铁的磁感应强度值约为 10^{-2} T，大型电磁铁能产生 2T 的磁场，用超导材料制成的磁体可产生 10^{2} T 的磁场。

9.1.3 磁场的高斯定理

1. 磁感应线

为形象地描述磁场分布情况，可以仿照电场中引入电场线的方法，引入磁感应线来描绘恒定磁场。所谓磁感应线就是按照一定的规定在磁场中画出的一系列曲线。曲线上每一点的切线方向都与该点的磁感应强度 $\boldsymbol{B}$ 的方向一致，曲线的疏密程度则反映了该点磁感应强度的大小，这样画出的曲线就是磁感应线，其分布能够形象地反映磁场的方向和强弱的特征。

知识拓展：极光为什么在两极出现而不在赤道出现？

如图 9-4 所示是三种典型电流磁场的磁感应线，这些磁感应线可借助于磁针或铁屑显现出来。

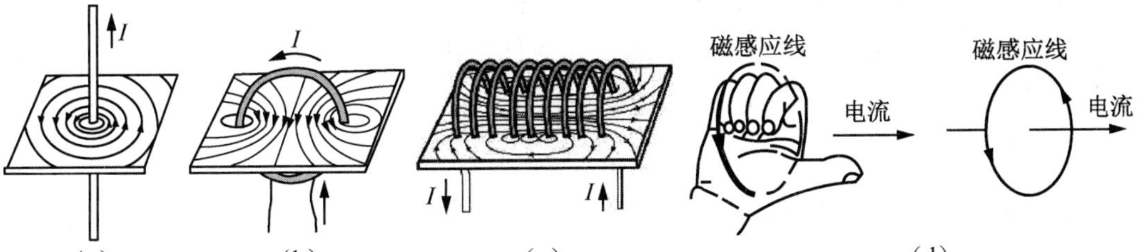

图 9-4　几种典型电流磁场的磁感应线

由以上几种典型的电流磁场的磁感应线的图形分布，可以看出磁感应线具有如下性质。

①磁感应线都是环绕电流的闭合曲线，无始无终。磁感应线的这一性质与静电场中的电场线不同，静电场的电场线起始于正电荷，终止于负电荷。

②磁场中磁感应线互不相交，因为磁场中任一点的磁场方向具有唯一确定性。

③磁感应线的回转方向与电流方向遵从右手螺旋定则[如图 9-4(d)所示]。

2. 磁通量

类似于静电场中的电通量，在讨论磁场时，引入磁通量的概念。通过磁场中某一曲面的磁感应线($\boldsymbol{B}$ 线)的条数称为通过该曲面的磁通量，用 Φ_{m} 表示。

如图 9-5(a)所示，在非均匀磁场中，为计算穿过任意曲面 S 的磁通量，在曲面 S 上任取一面元 $\mathrm{d}S$，其法线方向 $\boldsymbol{n}$ 与该处磁感应强度 $\boldsymbol{B}$ 方向间的夹角为 θ，根据磁通量定义，穿过面元 $\mathrm{d}S$ 的磁通量为

$$\mathrm{d}\Phi_{\mathrm{m}}=B\cos\theta\,\mathrm{d}S=\boldsymbol{B}\cdot\mathrm{d}\boldsymbol{S} \tag{9-2}$$

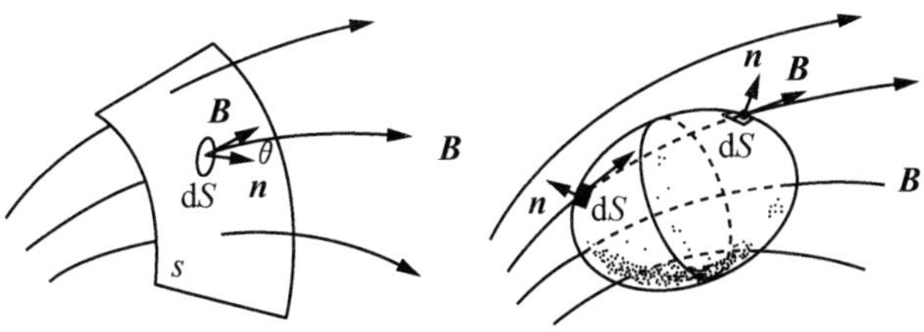

(a) 任意曲面的磁通量　　(b) 闭合曲面的磁通量

图 9-5　磁通量

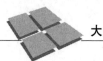

穿过整个曲面 S 的总磁通量等于通过此面积上所有面积元磁通量的代数和，即

$$\Phi_{\mathrm{m}}=\int_S \mathrm{d}\Phi_{\mathrm{m}}=\int_S B\cos\theta \mathrm{d}S=\int_S \boldsymbol{B}\cdot \mathrm{d}\boldsymbol{S} \tag{9-3}$$

在国际单位制中，磁通量的单位是韦伯(Wb)，$1\ \mathrm{Wb}=1\ \mathrm{T}\cdot\mathrm{m}^2$。

对于闭合曲面 S，我们仍规定由内向外为法线的正方向，这样，当磁感应线从曲面内穿出时，Φ_{m} 为正；而穿入曲面时，Φ_{m} 为负，如图 9-5(b)所示。因此闭合曲面的总磁通量为

$$\Phi_{\mathrm{m}}=\oint_S \boldsymbol{B}\cdot \mathrm{d}\boldsymbol{S}$$

它等于从闭合曲面 S 内穿出的磁感应线根数减去穿入 S 面内的磁感应线根数。

3. 磁场的高斯定理

由于磁感应线是无头无尾的闭合曲线，因此对任意一个闭合曲面 S 来说，有多少条磁感应线进入曲面，就一定有多少条磁感应线穿出曲面。所以通过磁场中任意闭合曲面的磁通量恒等于零，即

$$\oint_S \boldsymbol{B}\cdot \mathrm{d}\boldsymbol{S}=0 \tag{9-4}$$

这就是磁场的高斯定理，它是反映磁场性质的重要定理之一。它在形式上与静电场的高斯定理$\oint_S \boldsymbol{E}\cdot \mathrm{d}\boldsymbol{S}=\dfrac{\sum q_{\mathrm{i}}}{\varepsilon_0}$相应，但两者有着本质的区别。通过闭合曲面的电通量可以不为零，但通过任意闭合曲面的磁通量必为零。这说明静电场是有源场，其场源是自然界可单独存在的电荷；而磁场是无源场，至今为止还没有发现自然界有与电荷相对应的“磁荷”(单独存在的磁极或磁单极子)。虽然近代关于基本粒子的理论研究早已预言有磁单极子存在，但至今还没有得到实验证实。

例 9-1 一无限长载流直导线载有电流 I，其旁有一矩形回路与直导线共面，如图 9-6 所示，求通过该回路所围面积的磁通量。

解 如图 9-6 所示，长直导线周围的磁场为非均匀磁场，距导线 x 处的磁感应强度的大小为 $B=\dfrac{\mu_0 I}{2\pi x}$。磁感应强度的方向垂直纸面向里。

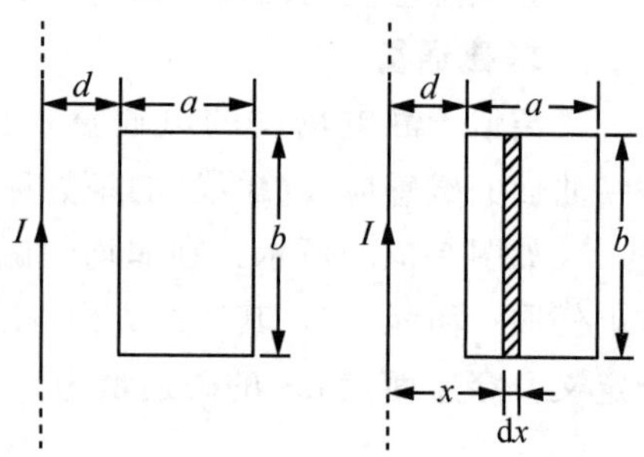

图 9-6 例 9-1 图

对于非均匀磁场来说，求磁通量需采用微元分割法。在矩形回路所围面积上取一长为 b、宽为 $\mathrm{d}x$ 的狭长条作为面元[如图 9-6(b)所示]，穿过此面元的磁通量为

$$\mathrm{d}\Phi_{\mathrm{m}}=\boldsymbol{B}\cdot \mathrm{d}\boldsymbol{S}=B\mathrm{d}S=\frac{\mu_0 I b}{2\pi x}\mathrm{d}x$$

故通过矩形回路所围面积的磁通量为

$$\Phi_{\mathrm{m}}=\int_d^{d+a}\frac{\mu_0 I b}{2\pi}\frac{\mathrm{d}x}{x}=\frac{\mu_0 I b}{2\pi}\ln\frac{d+a}{d}$$

9.2 毕奥-萨伐尔定律

磁性起源于电流，电流或运动电荷是磁场的源。本节我们介绍电流和运动电荷激发磁场的规律。

9.2.1 磁场叠加原理

与在静电场中用场强叠加原理计算带电体的电场时的方法相仿，这里我们介绍计算磁场的基本方法——磁场叠加原理。

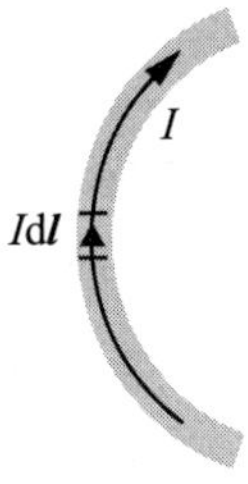

图 9-7 电流元

静电场中，在计算任意带电体在某点的电场强度时，曾采用微元分割法，把带电体分割成无限多个电荷元 $\mathrm{d}q$，知道每个电荷元 $\mathrm{d}q$ 在场点产生的电场强度为 $\mathrm{d}\boldsymbol{E}$ 后，再叠加求和就可以得到带电体在场点产生的电场强度 $\boldsymbol{E}$。对于载流导线来说，可以仿此思路，把载流导线分成许多长度为 $\mathrm{d}\boldsymbol{l}$ 的小段电流元，电流元为矢量，大小为 $I\mathrm{d}l$，方向沿导线上长度元 $\mathrm{d}\boldsymbol{l}$ 的方向，就是电流元处的电流方向，用矢量 $I\mathrm{d}\boldsymbol{l}$ 表示，如图 9-7 所示。电流元可作为计算电流磁场的基本单元。

实验证明，磁场也服从叠加原理。也就是说，整个载流导线回路在空间中某点所激发的磁感应强度 $\boldsymbol{B}$，就是这导线上所有电流元在该点激发的磁感应强度 $\mathrm{d}\boldsymbol{B}$ 的叠加(矢量和)，即

$$\boldsymbol{B}=\int_L \mathrm{d}\boldsymbol{B} \tag{9-5}$$

积分号下的 L 表示对整个导线中的电流求积分。

上式是一矢量积分，具体计算时要用它在选定的坐标系中的分量式。

这样，求出每个电流元 $I\mathrm{d}\boldsymbol{l}$ 在空间某点产生的磁感应强度 $\mathrm{d}\boldsymbol{B}$，再利用叠加原理，就可得到载流导线在该点产生的磁感应强度 $\boldsymbol{B}$。

那么，电流元 $I\mathrm{d}\boldsymbol{l}$ 的磁场与它所激发的磁感应强度 $\mathrm{d}\boldsymbol{B}$ 之间的关系如何呢?

9.2.2 毕奥-萨伐尔定律

1820 年 10 月，法国物理学家毕奥(J. B. Biot)和萨伐尔(F. Savart)对不同形状的载流导线所激发的磁场做了大量实验研究，根据实验结果分析得出了电流元产生磁场的规律。法国数学和物理学家拉普拉斯(P. S. Laplace)将毕奥和萨伐尔得出的结果归纳为数学公式，总结出电流元产生磁场的规律——毕奥-萨伐尔定律。其内容表述如下。

科学家介绍：
毕奥与萨伐尔

电流元在真空中某点 P 所激发的磁感应强度 $\mathrm{d}\boldsymbol{B}$ 的大小，与电流元的大小 $I\mathrm{d}l$ 成正比，与电流元 $I\mathrm{d}\boldsymbol{l}$ 和电流元到场点 P 的位矢 $\boldsymbol{r}$ 之间夹角 $\theta(\mathrm{d}\boldsymbol{l},\boldsymbol{r})$ 的正弦成正比，并与电流元到点 P 的距离 r 之平方成反比。数学表示式为

$$\mathrm{d}B=\frac{\mu_0}{4\pi}\frac{I\mathrm{d}l\sin(\mathrm{d}\boldsymbol{l},\boldsymbol{r})}{r^2}=\frac{\mu_0}{4\pi}\frac{I\mathrm{d}l\sin\theta}{r^2} \tag{9-6a}$$

其中，μ_0 称为真空磁导率，在国际单位制中，其值为 $\mu_0=4\pi\times10^{-7}\ \mathrm{N\cdot A^{-2}}$。

$\mathrm{d}\boldsymbol{B}$ 的方向垂直于 $I\mathrm{d}\boldsymbol{l}$ 与 $\boldsymbol{r}$ 组成的平面，并沿矢积的方向，其指向用右手螺旋定则

确定，如图 9-8 所示，右手四指由 $Id\boldsymbol{l}$ 的方向经过 $Id\boldsymbol{l}$ 与 $\boldsymbol{r}$ 之间的小角转向 $\boldsymbol{r}$ 时，大拇指的指向即为 $d\boldsymbol{B}$ 的方向。

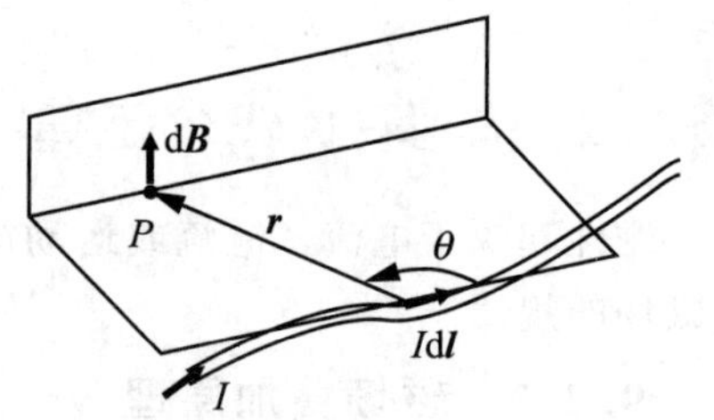

图 9-8 电流元 $Id\boldsymbol{l}$ 产生的磁感应强度

这样式(9-6a)就可写成矢量式，即

$$d\boldsymbol{B}=\frac{\mu_0}{4\pi}\frac{Id\boldsymbol{l}\times\boldsymbol{r}}{r^3} \text{或} d\boldsymbol{B}=\frac{\mu_0}{4\pi}\frac{Id\boldsymbol{l}\times\boldsymbol{e}_r}{r^2} \qquad (9\text{-}6b)$$

上式就是毕奥-萨伐尔定律，式中的 $\boldsymbol{e}_r$ 为 $\boldsymbol{r}$ 方向的单位矢量，这是计算电流磁场的基本公式。根据磁场的叠加原理，任意载流导线在 P 点产生的磁感应强度 $\boldsymbol{B}$ 为

$$\boldsymbol{B}=\int_L d\boldsymbol{B}=\frac{\mu_0}{4\pi}\int_L\frac{Id\boldsymbol{l}\times\boldsymbol{r}}{r^3} \quad \text{或} \quad \boldsymbol{B}=\int_L d\boldsymbol{B}=\frac{\mu_0}{4\pi}\int_L\frac{Id\boldsymbol{l}\times\boldsymbol{e}_r}{r^2} \qquad (9\text{-}7)$$

式中，积分是对整个载流导线进行积分。

式(9-7)为矢量式，应用时通常要化为标量式。需指出，毕奥-萨伐尔定律是根据大量实验事实分析得出的结果，无法用实验直接验证。然而由该定律出发得出的结果却与实验符合得很好，这间接地验证了该定律的正确性。

9.2.3 毕奥-萨伐尔定律的应用

下面应用毕奥-萨伐尔定律来讨论几种典型的载流导体所激发的磁场。

应用毕奥-萨伐尔定律计算磁场中各点磁感应强度的具体步骤如下。

①将载流导线微分为无数多个电流元，任选一电流元 $Id\boldsymbol{l}$，并标出 $Id\boldsymbol{l}$ 到场点 P 的位矢 $\boldsymbol{r}$，确定两者的夹角 $\theta(d\boldsymbol{l},\boldsymbol{r})$。

②根据毕奥-萨伐尔定律，求出电流元 $Id\boldsymbol{l}$ 在场点 P 所激发的磁感强度 $d\boldsymbol{B}$ 的大小，并由右手螺旋法则确定 $d\boldsymbol{B}$ 的方向。

③建立坐标系，将 $d\boldsymbol{B}$ 在坐标系中分解，并用磁场叠加原理做对称性分析，以简化计算步骤。

④就整个载流导线对 $d\boldsymbol{B}$ 的各个分量分别积分。

一般在直角坐标系中：$B_x=\int_L dB_x$，$B_y=\int_L dB_y$，$B_z=\int_L dB_z$。

⑤对积分结果进行矢量合成，求出磁感强度 $\boldsymbol{B}$。

在直角坐标系中：$\boldsymbol{B}=B_x\boldsymbol{i}+B_y\boldsymbol{j}+B_z\boldsymbol{k}$。

1. 载流直导线的磁场

设直导线长为 L，通电流 I，导线旁任意一点 P 与导线距离为 a，已知 P 点与直导线两端连线的夹角分别为 θ_1 和 θ_2，如图 9-9 所示。现计算 P 点的磁感应强度。

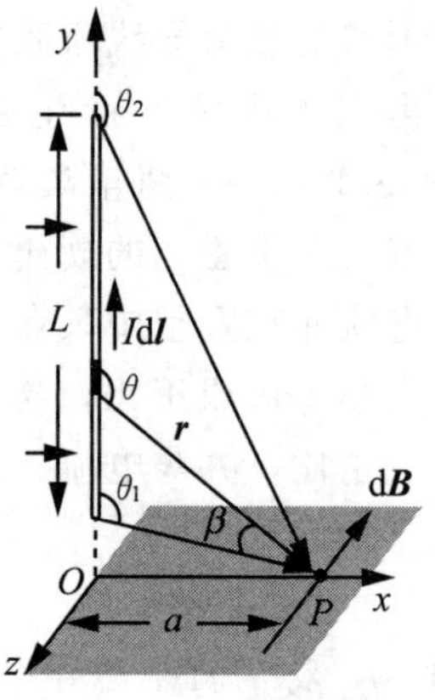

图 9-9 载流直导线的磁场

在如图 9-9 所示的直角坐标系中，以 P 点在导线上的垂足 O 点为原点，距离原点为 l 处取一电流元 $Id\boldsymbol{l}$，它到 P 的矢径为 $\boldsymbol{r}$。由毕奥-萨伐尔定律，电流元 $Id\boldsymbol{l}$ 在 P 点产生的磁场 $d\boldsymbol{B}$ 的大小为

$$dB=\frac{\mu_0}{4\pi}\frac{Idl\sin\theta}{r^2}$$

d$\boldsymbol{B}$ 的方向由 $I\mathrm{d}\boldsymbol{l}\times\boldsymbol{r}$ 决定，即垂直于平面 xOy，沿 z 轴负向(或垂直纸面向里)。

从图中可以看出，直导线上各个电流元在 P 点处的 d$\boldsymbol{B}$ 方向都相同(都垂直纸面向里)，所以总磁场方向也垂直纸面向里。因此在求总磁感应强度 $\boldsymbol{B}$ 的大小时，只需求 dB 的代数和，即求上式的标量积分 $B=\int_L \mathrm{d}B$。

总磁感应强度 $\boldsymbol{B}$ 的大小为

$$B=\int_L \mathrm{d}B=\frac{\mu_0}{4\pi}\int_L \frac{I\mathrm{d}l\sin\theta}{r^2}$$

式中，l，θ，r 并不是相互独立的变量，应把它们统一成一个变量才能积分。由图可知

$$r=\frac{a}{\sin\theta},\ l=-a\cot\theta,\ \mathrm{d}l=a\csc^2\theta\mathrm{d}\theta$$

积分变量换成 θ 后，将以上三式代入 B 的积分式中，并按图中所示，从直电流始端沿电流方向积分到末端，可得

$$B=\frac{\mu_0 I}{4\pi a}\int_{\theta_1}^{\theta_2}\sin\theta\mathrm{d}\theta=\frac{\mu_0 I}{4\pi a}(\cos\theta_1-\cos\theta_2) \tag{9-8}$$

式中，θ_1 和 θ_2 分别为直导线两端的电流元与它们到 P 点的矢径之间的夹角。P 点 $\boldsymbol{B}$ 的方向为垂直纸面向里。

若导线的长度远大于 P 点到直导线的距离 a，则导线可视为无限长，此时可近似取 $\theta_1=0$，$\theta_2=\pi$，则有

$$B=\frac{\mu_0 I}{2\pi a} \tag{9-9}$$

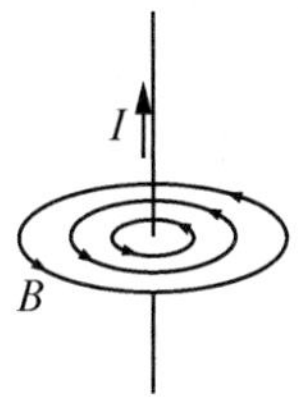

图 9-10　与 I 方向的关系

上述结果表明，无限长载流直导线周围的磁感应强度大小与场点到直线的垂直距离 a 成反比，与电流 I 成正比。在垂直于导线的平面内作以导线为圆心的同心圆，则磁感应强度 $\boldsymbol{B}$ 的方向沿圆的切线方向，其指向与电流方向呈右手螺旋关系，如图 9-10 所示。

2. 载流圆线圈轴线上的磁场

设真空中有一半径为 R 的圆线圈载有电流 I，常称之为圆电流，如图 9-11 所示，试计算轴线上一点 P 的磁感应强度。设 P 点与圆心相距为 x。

取圆线圈圆心为原点，轴线为 x 轴。在线圈上任取一电流元 $I\mathrm{d}\boldsymbol{l}$，该电流元到轴线上 P 点的矢径为 $\boldsymbol{r}$。由图可知 $\boldsymbol{r}\perp I\mathrm{d}\boldsymbol{l}$。根据毕奥-萨伐尔定律，该电流元在 P 点产生的磁感应强度 d$\boldsymbol{B}$ 的大小为

$$\mathrm{d}B=\frac{\mu_0}{4\pi}\frac{I\mathrm{d}lr\sin 90^\circ}{r^3}=\frac{\mu_0}{4\pi}\frac{I\mathrm{d}l}{r^2}$$

d$\boldsymbol{B}$ 的方向如图 9-12 所示，垂直于电流元 $I\mathrm{d}\boldsymbol{l}$ 和矢径 $\boldsymbol{r}$ 所组成的平面。

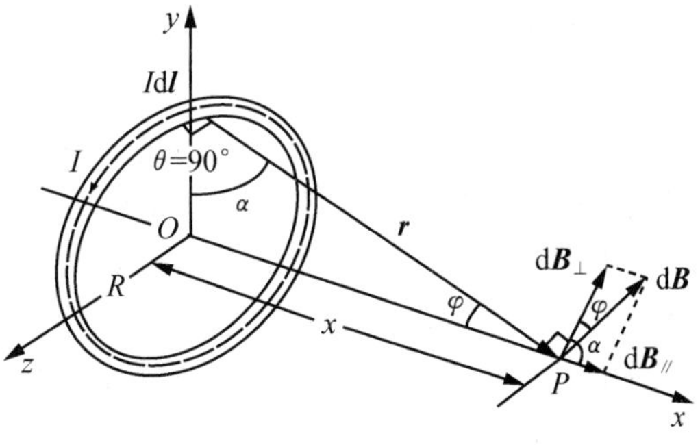

图 9-11　圆电流轴线上的磁场

圆线圈上不同电流元在 P 点产生的磁感应强度 d$\boldsymbol{B}$ 分布在以 P 为顶点、以 Ox 为

轴的圆锥面上。由于圆形电流分布的对称性，导线上各电流元在 P 点所产生的磁感应强度的方向虽不同，但同一直径两端的两电流元在 P 点产生的磁感应强度对 Ox 轴对称。即我们把 $d\boldsymbol{B}$ 分解成平行于 Ox 轴的分量 $d\boldsymbol{B}_{/\!/}$ 和与轴垂直方向上的分量 $d\boldsymbol{B}_{\perp}$，对于整个线圈来说，每条直径两端的电流元产生的磁场在垂直于 Ox 轴方向的分量 $d\boldsymbol{B}_{\perp}$ 都成对抵消，而沿 Ox 轴方向上的分量相互加强，所以总磁场方向沿 Ox 轴方向。

总磁感应强度的大小为

$$B=\int dB_{/\!/}=\int dB\cos\alpha$$

注意到 $\cos\alpha=\sin\varphi=\frac{R}{r}$，$r^2=R^2+x^2$，式中 φ 为 r 与轴线 x 的夹角。故

$$B=\frac{\mu_0}{4\pi}\int\frac{I\,dl}{r^2}\cos\alpha=\frac{\mu_0 I}{4\pi}\frac{R}{r^3}\oint dl$$

由于

$$\oint dl=2\pi R$$

得

$$B=\frac{\mu_0 IR^2}{2(R^2+x^2)^{3/2}} \tag{9-10a}$$

磁感应强度的方向沿轴线，与线圈中电流的方向成右手螺旋关系，即用右手四指表示电流的流向，大拇指所指的方向就是磁场的方向。

从式(9-10a)可得到两种特殊位置的磁感应强度。

(1)当 $x=0$ 时，在线圈中心处的 O 点，磁感应强度的大小是

$$B=\frac{\mu_0 I}{2R} \tag{9-10b}$$

(2)当 $x\gg R$ 时，轴线上远离圆心处的磁场 $B=\frac{\mu_0 IR^2}{2x^3}$。

圆形导线所包围的面积 $S=\pi R^2$，上式可写为

$$B=\frac{\mu_0 IS}{2\pi x^3} \tag{9-10c}$$

在静电场中，曾引入电偶极矩的概念来描述电偶极子的电场。在此，我们引入磁矩的概念来描述载流线圈产生的磁场。对于一个面积为 S、载有电流 I 的平面闭合线圈，定义其磁矩 $\boldsymbol{p}_m$ 为

$$\boldsymbol{p}_m=IS\boldsymbol{n} \tag{9-11}$$

$\boldsymbol{n}$ 是面积 S 的法向单位矢量。磁矩是矢量，磁矩的方向就是载流线圈平面法线 $\boldsymbol{n}$ 的正方向。$\boldsymbol{n}$ 的方向一般与电流方向成右手螺旋关系，即弯曲的四指代表电流的方向，拇指所指即为线圈平面的法线方向，如图 9-12 所示。如果载流圆线圈是由半径都为 R 的 N 匝线圈重叠而成，则其磁矩为 $\boldsymbol{p}_m=NIS\boldsymbol{n}$。

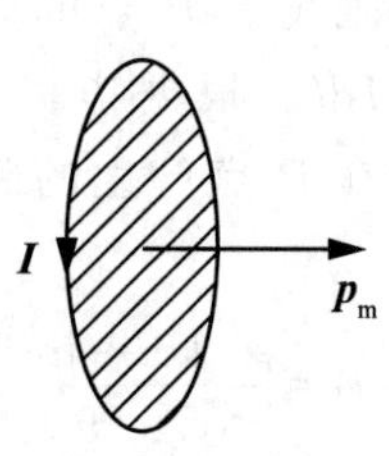

图 9-12 平面载流线圈的磁矩

由于 N，I 和 S 都是描述载流线圈本身特征的量，因此磁矩矢量完全反映了载流线圈本身的特征，磁矩的单位是 $A\cdot m^2$。式(9-11)可推广到一般平面载流线圈。

引入磁矩矢量 $\boldsymbol{p}_m$ 后，并考虑到磁矩 $\boldsymbol{p}_m$ 方向和 $\boldsymbol{B}$ 方向相同，轴线上远离圆心处的磁场式(9-10c)可改写成矢量式 $\boldsymbol{B}=\dfrac{\mu_0\boldsymbol{p}_m}{2\pi x^3}$。

上式与电偶极子沿轴线上的电场强度公式相似，只是把电场强度 $\boldsymbol{E}$ 换成磁感强度 $\boldsymbol{B}$，系数 $\dfrac{1}{2\pi\varepsilon_0}$ 换成 $\dfrac{\mu_0}{2\pi}$，而电矩 $\boldsymbol{p}_e$ 换成磁矩 $\boldsymbol{p}_m$。

磁矩 $\boldsymbol{p}_m$ 是一个非常重要的物理量，原子、分子、电子和质子等基本粒子都具有磁矩，它们的磁矩主要来自电子绕核运动(轨道运动)和它们本身的自旋运动所形成的等效圆电流。

3. 载流直螺线管轴线上的磁场

设螺线管长为 L，半径为 R，单位长度上绕有 n 匝线圈，通电流 I，如图 9-13 所示，现计算其轴线上的磁感应强度。

若线圈是密绕的，则可将螺线管近似看成是许多圆线圈并排起来组成的。轴线上任意一点 P 的磁场便是各匝载流圆线圈在该点产生的磁场的叠加。

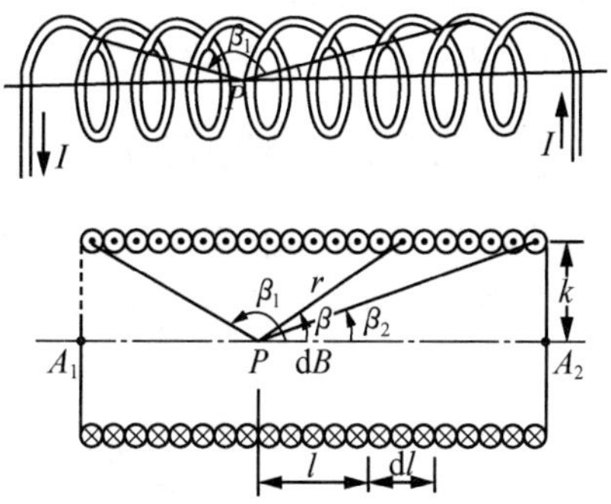

图 9-13　螺线管轴线上的磁场

在图 9-13 中的螺线管上距 P 点 l 处任取长为 $\mathrm{d}l$ 的一小段，将它视为一个载流圆线圈，其电流为 $\mathrm{d}I=nI\,\mathrm{d}l$，应用圆线圈磁场公式，可得这一小段螺线管在 P 点产生的磁感应强度 $\mathrm{d}\boldsymbol{B}$ 的大小为

$$\mathrm{d}B=\frac{\mu_0R^2\mathrm{d}I}{2(R^2+l^2)^{3/2}}=\frac{\mu_0R^2nI\,\mathrm{d}l}{2(R^2+l^2)^{3/2}}$$

$\mathrm{d}\boldsymbol{B}$ 的方向沿轴线向右，与电流的绕向成右手螺旋关系。

由于各小段螺线管在 P 点产生的磁场方向相同，所以 P 点的总磁场 $\boldsymbol{B}$ 的大小为

$$B=\int\mathrm{d}B=\int\frac{\mu_0R^2nI\,\mathrm{d}l}{2(R^2+l^2)^{3/2}}$$

为了便于积分，引入参变量 β 角，它的几何意义如图 9-14 所示。由图中可看出

$$l=R\cot\beta,\ \text{故}\ \mathrm{d}l=-R\csc^2\beta\mathrm{d}\beta\ \text{及}\ R^2+l^2=R^2\csc^2\beta$$

将这些关系式代入积分式得

$$B=-\frac{\mu_0nI}{2}\int_{\beta_1}^{\beta_2}\sin\beta\mathrm{d}\beta=\frac{\mu_0nI}{2}(\cos\beta_2-\cos\beta_1)\tag{9-12}$$

$\boldsymbol{B}$ 的方向沿电流的右手螺旋方向。

下面考虑两种特殊情形。

①对无限长螺线管，有 $\beta_1=0$，$\beta_2=\pi$，由式(9-12)可得 $B=\mu_0nI$。

上式说明，均匀密绕长直螺线管轴线上的磁场与场点的位置无关。这一结论不仅适用于轴线上，可以证明，在整个螺线管内部的空间磁场都是均匀的，其磁感应强度大小为 μ_0nI，方向与轴线平行。

②在半无限长螺线管的一端，$\beta_1=\dfrac{\pi}{2}$，$\beta_2=0$，或 $\beta_1=\pi$，$\beta_2=\dfrac{\pi}{2}$。由式(9-12)，无

论哪种情形都有 $B=\frac{1}{2}\mu_0 nI$。表明在半无限长螺线管端点轴线上磁感应强度是内部磁感应强度的一半。

9.3 安培环路定理

在静电场中，电场强度 E 沿任一闭合路径 L 的线积分恒等于零，即 $\oint_l \boldsymbol{E}\cdot \mathrm{d}\boldsymbol{l}=0$。这表明静电场是保守场，是无旋场，故可以引入一个标量函数——电势来描述它。那么在恒定磁场中，磁感应强度沿闭合路径的线积分 $\oint_l \boldsymbol{B}\cdot \mathrm{d}\boldsymbol{l}$ 即 $\boldsymbol{B}$ 的环流等于什么呢？下面我们就来研究这一问题。

9.3.1 安培环路定理

我们以长直载流导线的磁场为例，分析磁感应强度沿任意闭合环路的线积分，归纳得出安培环路定理。

前面我们已由毕奥-萨伐尔定律计算出无限长直电流周围的磁感应强度的大小为 $B=\frac{\mu_0 I}{2\pi r}$，长直载流导线周围的磁感应线是一系列在垂直于导线的平面内、以导线为圆心的同轴圆。现在垂直于电流的平面内围绕电流取一任意形状的闭合路径 L(称为安培环路)，如图 9-14(a)所示。考虑回路 L 上任一线元 $\mathrm{d}\boldsymbol{l}$，磁感应强度 $\boldsymbol{B}$ 与 $\mathrm{d}\boldsymbol{l}$ 的标积为

$$\boldsymbol{B}\cdot \mathrm{d}\boldsymbol{l}=B\mathrm{d}l\cos\theta=Br\mathrm{d}\varphi$$

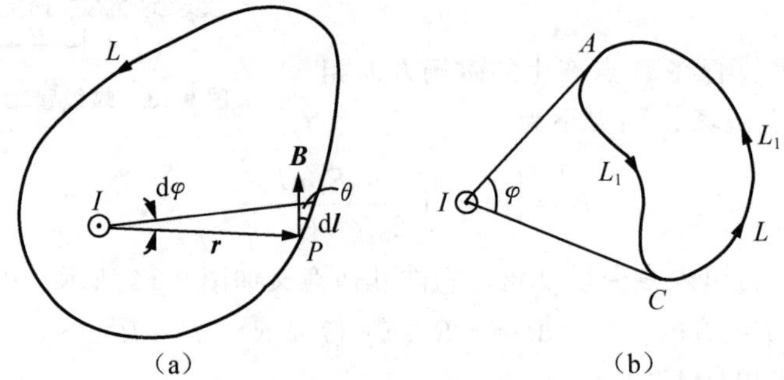

图 9-14 安培环路定理的说明

于是有

$$\oint_L \boldsymbol{B}\cdot \mathrm{d}\boldsymbol{l}=\int_L \frac{\mu_0 I}{2\pi r}r\mathrm{d}\varphi=\frac{\mu_0 I}{2\pi}\oint \mathrm{d}\varphi$$

由于 $\oint \mathrm{d}\varphi=2\pi$，所以有

$$\oint_L \boldsymbol{B}\cdot \mathrm{d}\boldsymbol{l}=\mu_0 I \tag{9-13a}$$

不难看出，若 I 的方向相反，则 $\boldsymbol{B}$ 的方向与图示方向相反，θ 为钝角，应有 $\mathrm{d}l\cos\theta=-r\mathrm{d}\varphi$，则

$$\oint_L \boldsymbol{B} \cdot \mathrm{d}\boldsymbol{l} = -\mu_0 I \tag{9-13b}$$

如果闭合路径 L 不包围电流，如图 9-14(b)所示，则从 L 上某点出发，绕行一周后，角 φ 的变化为零，即 $\oint \mathrm{d}\varphi = 0$，因而有

$$\oint_L \boldsymbol{B} \cdot \mathrm{d}\boldsymbol{l} = 0 \tag{9-13c}$$

如果有多根直载流导线穿过闭合路径 L，则根据磁场叠加原理仍然可得

$$\oint_L \boldsymbol{B} \cdot \mathrm{d}\boldsymbol{l} = \mu_0 \sum_i I_i \tag{9-13d}$$

式(9-13d)就是安培环路定理的数学表示式。可叙述为：在恒定磁场中，磁感应强度 $\boldsymbol{B}$ 沿任意闭合路径的线积分(或称 $\boldsymbol{B}$ 的环流)，等于 μ_0 乘以该闭合路径所包围的电流的代数和。式(9-13d)中右端的 $\sum_i I_i$ 是闭合环路包围的电流的代数和，而等式左端的磁感应强度 $\boldsymbol{B}$ 却是空间所有电流在积分路径上产生的磁场的矢量和，其中也包括那些不穿过 L 的电流产生的磁场，只不过后者的磁场对沿 L 的 $\boldsymbol{B}$ 的环流无贡献而已。

在矢量分析中，把矢量环流为零的场称为无旋场，反之称为有旋场。由于 $\boldsymbol{B}$ 矢量的环流不一定为零，所以磁场是有旋场，而电场是无旋场。另外，$\boldsymbol{B}$ 矢量的环流不一定为零也说明了磁场不是保守场，不能引入标量势来描述磁场。这些都说明了恒定磁场和静电场在本质上的不同。

9.3.2 安培环路定理的应用

在静电场中，当带电体具有一定对称性时，可以利用高斯定理很方便地计算其电场分布。在恒定磁场中，如果电流分布具有某种对称性，也可以利用安培环路定理来方便地计算电流磁场的分布。下面我们举例来说明安培环路定理的应用。

具体计算一般按以下步骤：①根据电流分布的对称性分析磁场分布的对称性；②选取合适的闭合的积分路径 L(称为安培环路)，注意闭合路径 L 的选择一定要便于使积分 $\oint_l \boldsymbol{B} \cdot \mathrm{d}\boldsymbol{l}$ 中的 $\boldsymbol{B}$ 以标量的形式从积分号中提出来；③应用安培环路定理求出 $\boldsymbol{B}$ 的数值并确定 $\boldsymbol{B}$ 的方向。

能够直接用安培环路定理计算磁场的电流分布有以下几种情形：①具有轴对称性的无限长电流，因而磁场的分布也是轴对称性；②具有平面对称性的无限大电流，因而 $\boldsymbol{B}$ 的大小也呈平面对称性，且 $\boldsymbol{B}$ 的方向平行对称面；③均匀密绕的长直螺线管及螺绕环电流。

下面举几个例子说明。

1. 无限长载流圆柱体内外的磁场

横截面半径为 R 的无限长圆柱导体，电流 I 沿轴线流动，且在横截面上均匀分布，现计算圆柱体内外的磁感应强度。

由于电流分布具有轴对称性，所以磁场以圆柱体轴线为对称轴，磁感应线是在垂直轴线平面内以轴线为中心的同心圆。即以轴线为圆心，r 为半径的圆周上各点磁感应强度大小相等，方向沿圆周的切线方向，可取此圆周为积分环路，如图 9-15(a)所示，

设顺时针方向为环路积分方向，则 $\oint_l \boldsymbol{B} \cdot d\boldsymbol{l} = B \cdot 2\pi r$。

应用安培环路定理

$$B \cdot 2\pi r = \mu_0 \sum_i I_i$$

若 $r>R$，即在柱体外部，$\sum_i I_i = I$，得

得
$$B = \frac{\mu_0 I}{2\pi r} \tag{9-14a}$$

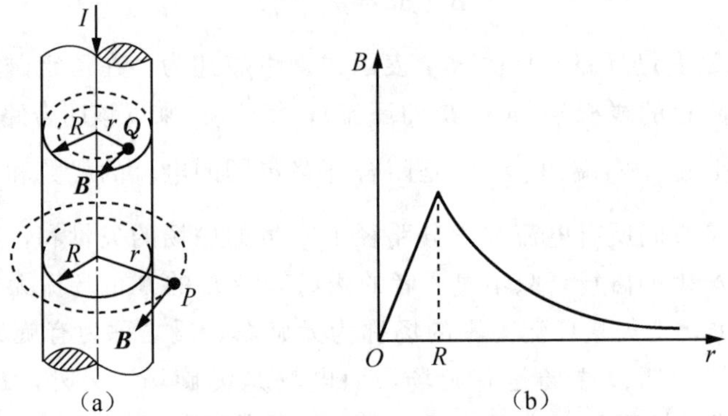

图 9-15　无限长载流圆柱体的磁场

即圆柱体外磁场中某点 $\boldsymbol{B}$ 的大小与该点到轴线的距离 r 成反比。可见，均匀载流无限长圆柱体外部，磁场分布与电流集中于圆柱轴线上的一根载流长直导线的磁场相同。

若 $r<R$，即在圆柱体内部，此时闭合积分路径包围的电流 I' 仅是总电流 I 的一部分。因电流是均匀分布的，故 $I' = \frac{I}{\pi R^2} \cdot \pi r^2 = I \frac{r^2}{R^2}$，则

$$B = \frac{\mu_0 I r}{2\pi R^2} \tag{9-14b}$$

上式表明，在柱体内部，$\boldsymbol{B}$ 的大小与该点到轴线的距离 r 成正比。B 随 r 的变化曲线如图 9-15(b)所示。

2. 载流长直密绕螺线管的磁场

一长直密绕螺线管，单位长度上有 n 匝线圈，线圈中的电流为 I，现计算管内的磁感应强度。

载流直螺线管的磁场分布情况与管上所绕线圈的疏密程度及管的尺寸有关。对于线圈较稀疏的载流螺线管，它的磁感应线分布如图 9-16(a)所示，有漏磁发生。而对于绕得非常密集的长直螺线管，螺线管内从管壁到轴线的区域里磁场与轴线平行，而管外靠近管壁的区域磁场很弱。当螺线管的长度远远大于管的直径时，可视为理想化的无限长螺线管，它的磁感应线分布如图 9-16(b)所示。

要计算管内任意一点 P 处的磁感应强度，由以上分析，可选取过 P 点的一矩形闭合回路 $abcda$ 为积分路径 L，如图 9-17(b)所示。则 $\boldsymbol{B}$ 沿回路 L 的积分为

$$\oint_l \boldsymbol{B} \cdot d\boldsymbol{l} = \int_a^b \boldsymbol{B} \cdot d\boldsymbol{l} + \int_b^c \boldsymbol{B} \cdot d\boldsymbol{l} + \int_c^d \boldsymbol{B} \cdot d\boldsymbol{l} + \int_d^a \boldsymbol{B} \cdot d\boldsymbol{l}$$

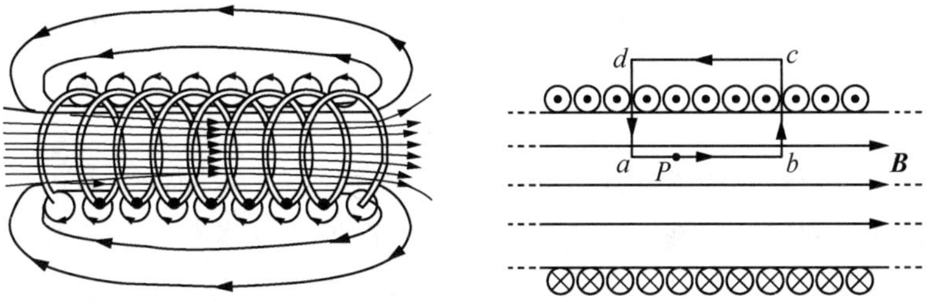

（a）有磁漏的螺线管　　（b）无磁漏的理想螺线管

图 9-16　载流直螺线管的磁场

在 bc 和 da 段的管外部分，$\boldsymbol{B}=0$，在 bc 和 da 段的管内部分，$\boldsymbol{B}$ 虽不等于 0，但方向与回路垂直，即 $\boldsymbol{B}\cdot \mathrm{d}\boldsymbol{l}=0$；$cd$ 段为管外部分，$\boldsymbol{B}=0$；ab 段上 $\boldsymbol{B}$ 的大小和方向均相同，且磁场与回路方向一致，即 $\boldsymbol{B}\cdot \mathrm{d}\boldsymbol{l}=B\cdot \mathrm{d}l$。这样，上式可写为

$$\oint_l \boldsymbol{B}\cdot \mathrm{d}\boldsymbol{l}=\int_a^b \boldsymbol{B}\cdot \mathrm{d}\boldsymbol{l}=B\int_a^b \mathrm{d}l=B\cdot\overline{ab}$$

由安培环路定理可得

$$\oint_l \boldsymbol{B}\cdot \mathrm{d}\boldsymbol{l}=B\cdot\overline{ab}=\mu_0\sum_i I=\mu_0 n\cdot\overline{ab}\cdot I$$

得

$$B=\mu_0 nI \tag{9-15}$$

由于 P 点是任取的，所以载流长直螺线管内为均匀磁场，且各点 $\boldsymbol{B}$ 的大小均为 $\mu_0 nI$，方向平行于轴线。在实验室中，常利用载流长直螺线管来获得均匀磁场。下面我们要讨论的载流密绕螺绕环，也是实验室常用于产生均匀磁场的设备。

3. 载流螺绕环的磁场

环形的螺线管称为螺绕环，如图 9-17(a)所示。设螺绕环上绕有 N 匝线圈，线圈中的电流为 I，现计算环内的磁感应强度。

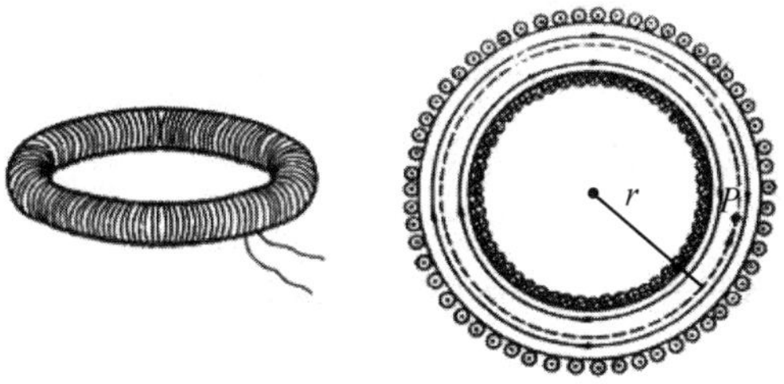

（a）　　（b）

图 9-17　载流螺绕环的磁场

当环上线圈绕得很密时，磁场几乎全部集中在螺绕环内。由于电流分布的对称性，环内的磁感线形成同心圆，且同一圆周上各点 $\boldsymbol{B}$ 的大小处处相等，方向沿圆周切线方向，如图 9-17(b)所示。

要计算环内任意一点 P 处的磁感应强度，可取过 P 点以环心 O 为圆心的同心圆环为积分路径 L，闭合路径绕行方向与回路所包围的电流方向成右手螺旋关系。设积分路径 L 的半径为 r，应用安培环路定理则有

$$\oint_l \boldsymbol{B} \cdot \mathrm{d}\boldsymbol{l} = B \cdot 2\pi r = \mu_0 NI$$

得
$$B=\frac{\mu_0 NI}{2\pi r} \tag{9-16}$$

从上式可知，螺绕环内横截面上各点的磁感应强度是不同的，大小随 r 的变化而变化。但是，如果螺绕环很细，螺绕环中心线的直径比管横截面的直径大得多，上式中的 r 可认为是环的平均半径，管内各点的磁感应强度 $\boldsymbol{B}$ 的大小可认为近似相等。这样，$n=\frac{N}{2\pi r}$ 为螺绕环上单位长度的线圈匝数，故环内任意点磁感应强度 $\boldsymbol{B}$ 的大小为

$$B=\mu_0 nI$$

$\boldsymbol{B}$ 的方向与电流流向呈右手螺旋关系。

上式表明，当环的横截面半径远小于环的平均半径时，环内的磁场大小 $B=\mu_0 nI$ 与无限长直载流螺线管的磁场相同。这是因为当环的半径趋于无限大时，螺绕环的一段就过渡为无限长的螺线管。

9.4 磁力

在本节中，我们将讨论磁场对运动电荷、对电流的作用——磁场力。磁场力是实现电磁能向机械能转换的基本动力。电动机就是根据载流导线在磁场中受力而运动的原理制成的，磁场力也是磁电式仪表工作的基本动力。

9.4.1 洛伦兹力

1. 磁场对运动电荷的作用

科学家介绍：洛伦兹

在定义磁感应强度 $\boldsymbol{B}$ 时，我们已经知道运动电荷在磁场中要受到磁场力 $\boldsymbol{F}$ 的作用，且当带电粒子沿磁场方向运动时，所受磁场力最小，为 0；当带电粒子做垂直磁场方向运动时，所受磁场力最大，大小为 $F_m=qvB$。实验证明，在一般情况下，带电粒子的运动方向和磁场方向成 θ 角时，所受磁场力 $\boldsymbol{F}$ 的大小为

$$F=qvB\sin\theta$$

其方向垂直于 $\boldsymbol{v}$ 和 $\boldsymbol{B}$ 组成的平面，指向由右手螺旋法则决定，如图 9-18 所示。

用矢量式表示为

$$\boldsymbol{F}=q\,\boldsymbol{v}\times\boldsymbol{B} \tag{9-17}$$

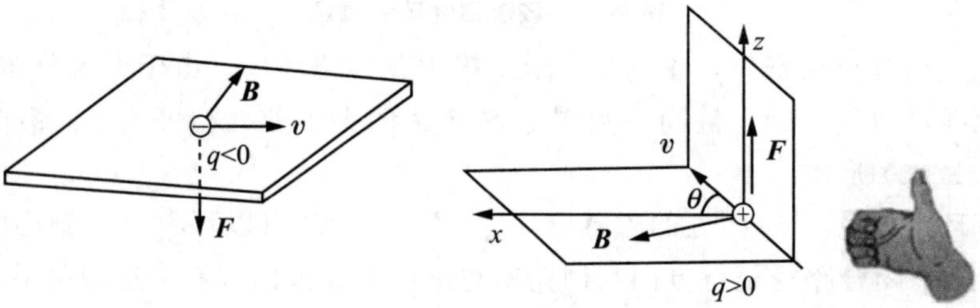

图 9-18　洛伦兹力的方向

运动电荷在磁场中受到的力称为洛伦兹力，式(9-17)是洛伦兹力的表示式，它是荷兰物理学家洛伦兹(H. A. Lorentz)于 1892 年首先提出的，当时他是通过理论推导而不是由实验得到的这个公式。显然，洛伦兹力与电荷的运动方向垂直，它不会改变运动电荷速度的大小，只会改变其速度方向，使运动路径发生弯曲。

注意，式中的 q 本身有正负之别，这由运动粒子所带电荷的电性决定。对于负的运动电荷，其在磁场中的受力方向与正电荷的相反。

洛伦兹力在理论上和现代科学技术实践中有重要意义，在下面的内容中将举例说明，这些例子也说明了电磁学在科学技术中有着广泛的应用。

物理应用：首台国产回旋加速器

2. 带电粒子在均匀磁场中的运动

设有一质量为 m、带电量为 q 的带电粒子以速度 $\boldsymbol{v}$ 进入磁感应强度为 $\boldsymbol{B}$ 的均匀磁场，其运动分下列三种情况。

(1) $\boldsymbol{v}$ 与 $\boldsymbol{B}$ 平行

由式(9-19)知此时洛伦兹力 $\boldsymbol{F}=0$，所以带电粒子仍以原来的速度做匀速直线运动。

(2) $\boldsymbol{v}$ 与 $\boldsymbol{B}$ 垂直

此时带电粒子受到的洛伦兹力大小为 $F_{\mathrm{m}}=qvB=$ 恒量，方向与运动方向垂直。粒子做匀速圆周运动，其向心力就是洛伦兹力，如图 9-19 所示。设圆周运动半径为 R，则

$$qvB=m\frac{v^2}{R}$$

得

$$R=\frac{mv}{qB}=\frac{v}{\left(\frac{q}{m}\right)B} \tag{9-18}$$

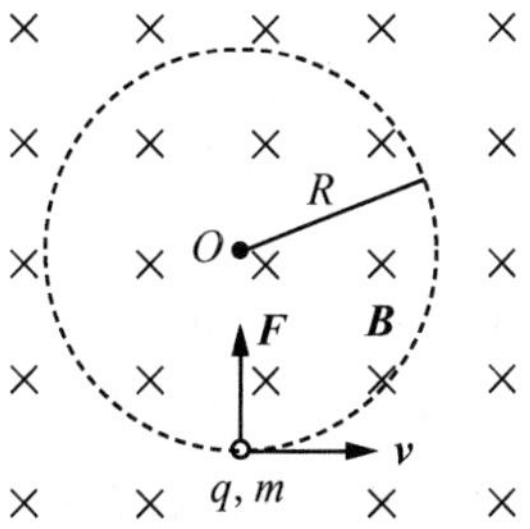

图 9-19　带电粒子在均匀磁场中的圆周运动

粒子做圆周运动的轨道半径 R 称为回旋半径。粒子绕圆形轨道运动一周所需的时间即运动周期为

$$T=\frac{2\pi R}{v}=\frac{2\pi}{\left(\frac{q}{m}\right)B} \tag{9-19}$$

螺旋运动

上述结果表明，带电粒子在均匀磁场中的回旋周期与粒子运动速率及回旋半径无关。

(3) $\boldsymbol{v}$ 与 $\boldsymbol{B}$ 成 θ 角

如图 9-20 所示，可将 $\boldsymbol{v}$ 分解成平行于 $\boldsymbol{B}$ 的分矢量 $\boldsymbol{v}_{/\!/}$ 和垂直于 $\boldsymbol{B}$ 的分矢量 $\boldsymbol{v}_{\perp}$。$\boldsymbol{v}_{\perp}$ 使粒子在垂直于磁场的平面内做匀速圆周运动，$\boldsymbol{v}_{/\!/}$ 使粒子沿磁场方向做匀速直线运动，粒子同时参与这两个运动，它的轨迹将是一条等距螺旋线。螺旋运动的半径由式(9-18)给出，即 $R=\frac{mv_{\perp}}{qB}=\frac{mv\sin\theta}{qB}$。

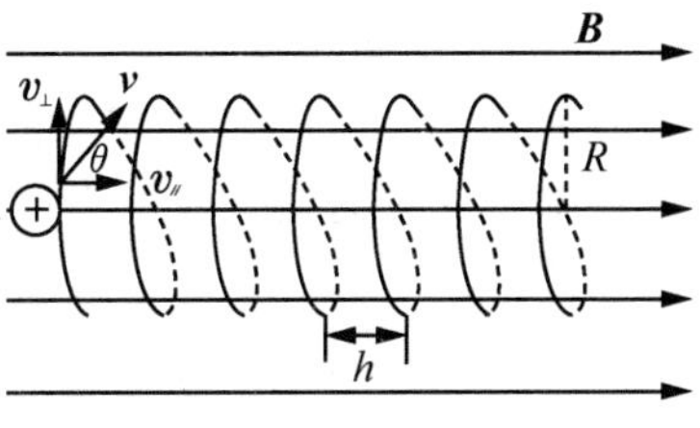

图 9-20　带电粒子在均匀磁场中的螺旋运动

螺旋运动的回旋周期由式(9-19)给出，即 $T=\dfrac{2\pi R}{v_{\perp}}=\dfrac{2\pi m}{qB}$。

螺旋线的螺距为 $h=v_{/\!/}T=\dfrac{2\pi mv\cos\theta}{qB}$。

利用上述结果可以实现磁聚焦。设想从磁场某点 P 发出一束很窄的带电粒子流，它们的速率 v 大致相同，且与 $\boldsymbol{B}$ 的夹角都很小，故在平行于 $\boldsymbol{B}$ 和垂直于 $\boldsymbol{B}$ 方向上的分量分别为

$$v_{/\!/}=v\cos\theta\approx v,\quad v_{\perp}=v\sin\theta\approx v\theta$$

物理应用：磁聚焦　　　**磁聚焦**　　　**物理应用：等离子体及其磁约束**

3. 霍尔效应

将一块厚度为 d、宽度为 b 的导电薄板放在磁感应强度为 $\boldsymbol{B}$ 的均匀磁场中，磁场方向垂直于板面，沿导电板的纵向通以电流 I，则板的上下两个表面间会出现一定的电势差 U_{H}，如图 9-21 所示。这一现象是美国物理学家霍尔(E. H. Hall)于 1879 年发现的，故称为霍尔效应，对应的电势差 U_{H} 称为霍尔电势差。

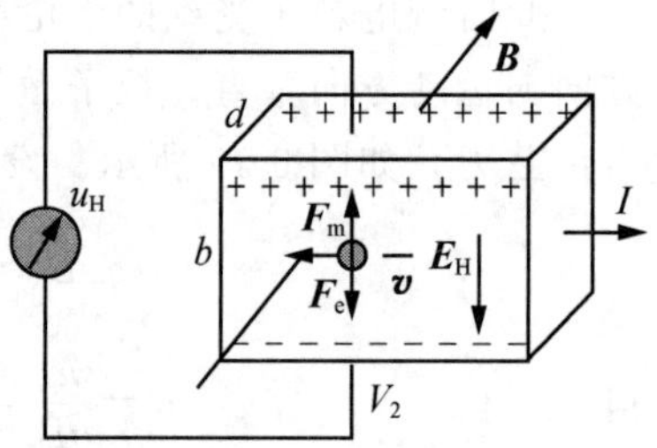

图 9-21　霍尔效应

实验测定，霍耳电势差的大小和电流 I 及磁感应强度 B 成正比，而与板的厚度 d 成反比。即

$$U_{\mathrm{H}}=R_{\mathrm{H}}\frac{IB}{d}\tag{9-20}$$

其中，R_{H} 是仅与导体材料有关的常数，称为霍尔系数。

霍尔效应可用运动电荷在磁场中受洛伦兹力的作用来解释。以金属导体为例，载流子(运动电荷)为自由电子，载流子数密度为 n，平均飘移速率为 $\boldsymbol{v}$，其运动方向与电流方向相反，将受到大小为 $F_{\mathrm{m}}=evB$ 的洛伦兹力作用而向导电板的下侧聚集，而上侧因缺少了负电荷而出现正电荷聚集，结果在薄板上下两面分别聚积了正电荷和负电荷，并产生由上至下的电场 $\boldsymbol{E}_{\mathrm{H}}$(又称霍尔电场)，电子就要受到一个与洛伦兹力方向相反的电场力 $\boldsymbol{F}_{\mathrm{e}}=e\boldsymbol{E}_{\mathrm{H}}$。随着正负电荷在薄板上下两面的积累，$\boldsymbol{E}_{\mathrm{H}}$ 不断增大，当 $F_{\mathrm{e}}=F_{\mathrm{m}}$ 时，载流子受力达到平衡，不再做侧向移动，此时，板的上下两面间形成一稳定的霍尔电势差 U_{H}。

由以上分析知，达到稳定状态时，$evB=eE_{\mathrm{H}}$，所以 $E_{\mathrm{H}}=vB$。

设薄板的宽度为 b，则上下两面间的电势差为 $U_{\mathrm{H}}=E_{\mathrm{H}}\cdot b=vbB$。由电流 I 的定义，$I=nevS=nevbd$，求出 $v=\dfrac{I}{nevbd}$代入上式得

$$U_{\mathrm{H}}=\frac{1}{ne}\frac{IB}{d}$$

与式(9-20)比较，可得金属导体的霍尔系数为 $R_{\mathrm{H}}=\frac{1}{ne}$。

考虑到电子电量为负值，金属导体的霍尔系数为负值；如果导电体中的载流子带正电，电量为 q，霍尔系数为 $R_{\mathrm{H}}=\frac{1}{nq}$，霍尔电势差的极性也相反。

霍尔效应

由以上结果可知，如果载流子带正电，霍尔系数为正值，载流子带负电，则霍尔系数为负值。半导体有电子型(N 型)和空穴型(P 型)两种，前者载流子为电子，带负电，后者的载流子为“空穴”，相当于带正电的粒子。据此，我们可以根据霍尔系数的正负判断半导体的类型。

在金属导体中，自由电子数密度 n 很大，故其霍尔系数很小，相应的霍尔电势差也很小。而半导体载流子密度 n 很小，因而霍尔系数比金属导体大得多，能够产生很强的霍尔效应。

霍耳系数与材料性质有关，如表 9-1 所示为几种材料的霍耳系数。

表 9-1　某些材料的霍耳系数

物质	化学名称	霍耳系数	物质	化学名称	霍耳系数
锂	Li	−1.7	铋	Be	2.44
钠	Na	−2.5	镁	Mg	−0.94
钾	K	−4.2	锌	Zn	0.33
铯	Cs	−7.8	铬	Cr	6.5
铜	Cu	−0.55	铝	Al	−0.30
银	Ag	−0.84	锡	Sn	−0.048
金	Au	−0.72	铊	Tl	0.12

霍尔效应在科学技术中有很普遍的应用，利用霍尔效应可制成多种半导体材料的霍尔元件，广泛应用于测量磁场、测量交直流电路中的电功率，以及转换和放大电信号等，在测量技术、自动控制技术、计算机技术等领域有广泛用途。

1980 年，德国物理学家克利青(K. von. Klitzing)发现，半导体霍尔器材在超低温和强磁场下，霍尔电势差与磁感应强度的关系不是式(9-20)所示的线性关系，而呈现出阶梯状关系曲线，这一现象称为量子霍尔效应。现行的标准电阻就是应用量子霍尔效应来标定的。随后美国物理学家崔琦等人又发现了分数量子霍尔效应。因此，他们分别获得了 1985 年和 1998 年的诺贝尔物理学奖。

9.4.2　安培力

1. 磁场对载流导线的作用

载流导线在磁场中会受到磁场力的作用，其作用规律是法国物理学家安培通过实验总结出来的，故称为安培力。产生安培力的微观机制，实际上是磁场对载流导线中的运动电荷发生作用。由于导线中的电流是由大量载流子定向移动形成的，在磁场中，这些运动的载流子

物理应用：
磁流体发电机

受到洛伦兹力的作用，宏观上就表现为载流导线受到了磁场力的作用。

为计算任意形状的载流导线在磁场中受到的安培力，首先应该找到电流元 $I\mathrm{d}\boldsymbol{l}$ 受安培力的规律。在载流导线上任取一电流元，其所在处磁感应强度为 $\boldsymbol{B}$，设导线的截面积为 S，单位体积内有 n 个载流子，每个载流子带电量均为 q，且都以同一速度 $\boldsymbol{v}$ 运动，如图 9-22(a)所示。由洛伦兹力公式知，每一个载流子所受洛伦兹力为 $\boldsymbol{f}=q\boldsymbol{v}\times\boldsymbol{B}$，而在该电流元中共有 $\mathrm{d}N=nS\mathrm{d}l$ 个载流子，它们的受力方向相同。所以这些载流子受到的洛伦兹力的总和为

$$\mathrm{d}\boldsymbol{F}=\mathrm{d}N\cdot\boldsymbol{f}=nS\mathrm{d}lq\boldsymbol{v}\times\boldsymbol{B}$$

式中，$nSqv=I$ 为电流，是单位时间内通过截面 S 的电量，载流子漂移方向即电流方向，所以上式可写为

$$\mathrm{d}\boldsymbol{F}=I\mathrm{d}\boldsymbol{l}\times\boldsymbol{B} \tag{9-21a}$$

式 9-21(a)即为电流元 $I\mathrm{d}\boldsymbol{l}$ 在磁场中所受安培力 $\mathrm{d}\boldsymbol{F}$ 的计算公式，由安培通过实验总结得出，称为安培定律。

磁场对电流元的作用力 $\mathrm{d}\boldsymbol{F}$ 的大小等于电流元大小 $I\mathrm{d}l$、电流元所在处磁感应强度的大小 B 以及电流元 $I\mathrm{d}\boldsymbol{l}$ 和 $\boldsymbol{B}$ 之间夹角 θ 的正弦的乘积，即

$$\mathrm{d}F=I\mathrm{d}lB\sin\theta$$

$\mathrm{d}\boldsymbol{F}$ 的方向为矢积 $\mathrm{d}\boldsymbol{l}\times\boldsymbol{B}$ 的方向，由右手螺旋法则判定，如图 9-22(b)(c)所示。中学时同学们常用左手定则判断安培力，分析可知，用两种方法得到的受力方向是完全相同的。

任意形状的载流导线在磁场中受到的安培力，应等于各电流元所受力的矢量和，即

$$F=\int_L \mathrm{d}\boldsymbol{F}=\int_L I\mathrm{d}\boldsymbol{l}\times\boldsymbol{B} \tag{9-21b}$$

式中，$\boldsymbol{B}$ 为各电流元所在处的磁感应强度。应注意，式(9-21b)为矢量积分，当载流导线各电流元所受安培力的大小和方向均不相同时，应把矢量积分化为标量积分，即先把 $\mathrm{d}\boldsymbol{F}$ 在各坐标轴上分解，再分别求出各方向上的分力，最后求出合力。

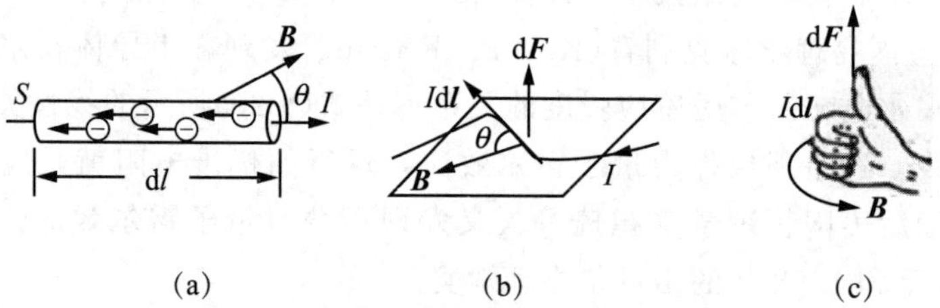

图 9-22 安培力

下面我们用安培定律讨论两无限长平行载流直导线间的相互作用力。

如图 9-23 所示，真空中两条平行载流直导线，通有同向电流 I_1 和 I_2，当它们之间的间距 a 远小于导线长度时，可将两导线视作无限长导线。现计算两导线单位长度上的相互作用力。

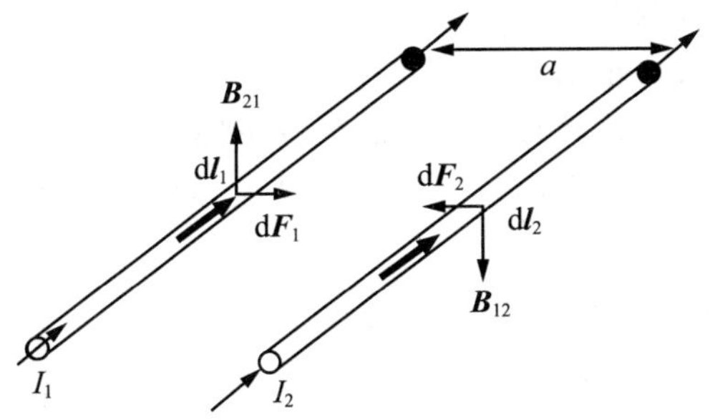

图 9-23 两无限长平行载流直导线间的相互用力

两载流导线间的相互作用力，实际上是一载流导线的磁场对另一载流导线的作用力。

应用右手螺旋法则和安培定律，可以判定：两条流向相同的平行载流直导线，通过彼此的磁场作用，表现为互相吸引；两条流向相反的平行载流直导线，通过彼此的磁场作用，表现为互相排斥。

电流 I_1 在电流 I_2 处产生的磁感应强度的大小为

$$B_{12}=\frac{\mu_0}{2\pi}\frac{I_1}{a}$$

$\boldsymbol{B}_{12}$ 的方向如图 9-23 所示。导线 2 上电流元 $I_2\mathrm{d}\boldsymbol{l}_2$ 受到的磁场力 $\mathrm{d}\boldsymbol{F}_2$ 的大小为

$$\mathrm{d}F_2=B_{12}I_2\mathrm{d}l_2=\frac{\mu_0 I_1 I_2}{2\pi a}\mathrm{d}l_2$$

$\mathrm{d}\boldsymbol{F}_2$ 的方向如图 9-23 所示，在两平行直电流所组成的平面内，指向导线 1。

导线 2 上单位长度所受的磁场力大小为

$$\frac{\mathrm{d}F_2}{\mathrm{d}l_2}=\frac{\mu_0}{4\pi}\frac{2I_1I_2}{a}$$

同理可求得导线 1 上电流元 $I_1\mathrm{d}\boldsymbol{l}_1$ 受到的磁场力 $\mathrm{d}\boldsymbol{F}_1$ 的方向指向导线 2，导线 1 上单位长度所受的磁场力大小为

$$\frac{\mathrm{d}F_1}{\mathrm{d}l_1}=\frac{\mu_0}{4\pi}\frac{2I_1I_2}{a}$$

科学家介绍：安培

由以上结果可知，两载流导线单位长度上受到的作用力大小相等，为

$$f=\frac{\mathrm{d}F_1}{\mathrm{d}l_1}=\frac{\mathrm{d}F_2}{\mathrm{d}l_2}=\frac{\mu_0 I_1 I_2}{2\pi a}$$

上述结果表明，两载有同向电流的平行长直导线，通过磁场的作用相互吸引。同理可证明，若电流流向相反，两导线相互排斥。

如果两载流导线中的电流相等，即 $I_1=I_2=I$，则有 $f=\frac{\mu_0 I^2}{2\pi a}$，$I^2=\frac{2\pi a f}{\mu_0}$。

若取 $a=1\ \mathrm{m}$，$f=2\times10^{-7}\ \mathrm{N\cdot m^{-1}}$，则 $I=1\ \mathrm{A}$。据此可对电流单位进行规定。国际计量委员会颁发的正式文件中，将电流强度的单位“安培(A)”定义为：真空中距离为 1 m 的两根平行长直导线，载有相同的恒定电流，当导线上每米长度受到的安培力恰好

为 2×10^{-7} N 时，定义导线中的电流强度为 1 A。

由上式及安培的定义可求出常数 μ_0 的值和单位：$\mu_0=4\pi\times10^{-7}$ N·A^{-2}。

例 9-2 如图 9-24 所示，通有电流 I 的半圆形闭合回路放在磁感应强度为 $\boldsymbol{B}$ 的均匀磁场中，回路由直导线 AB 和半径为 R 的半圆弧导线 BCA 组成，磁场方向与回路平面垂直，求磁场作用在载流回路上的力。

解 如图 9-24 所示取坐标系 Oxy。整个回路所受的力为导线 AB 和半圆环 BCA 所受力的矢量和。直导线 AB 的长度为 $2R$，由安培力公式知，其受力大小为

$$F_1=\int_0^{2R} IB\mathrm{d}l=2IBR$$

$\boldsymbol{F}_1$ 的方向沿 y 轴负向，即垂直向下。

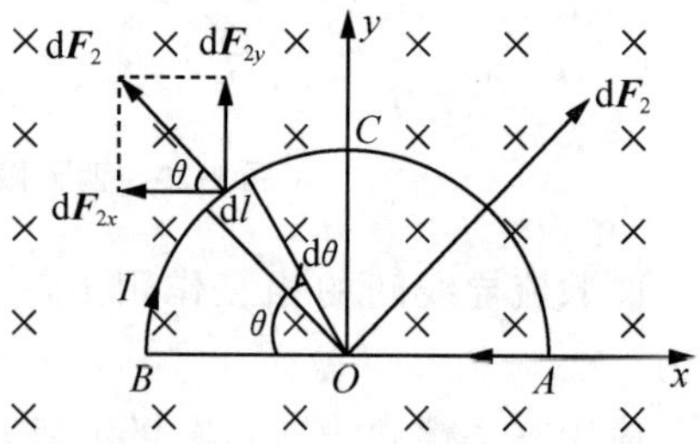

图 9-24 例 9-2 图

对于半圆弧 BCA，在其上任取电流元 $I\mathrm{d}\boldsymbol{l}$，受到的安培力大小为 $\mathrm{d}F_2=IB\mathrm{d}l$。

$\mathrm{d}\boldsymbol{F}_2$ 方向沿径向向外，如图 9-24 所示。显然 BCA 上各个电流元受到的力 $\mathrm{d}\boldsymbol{F}_2$ 方向各不相同，由于半圆弧对称于 y 轴，故各个电流元所受安培力 $\mathrm{d}\boldsymbol{F}_2$ 在 x 方向上的分量相互抵消，即 $F_{2x}=\int\mathrm{d}F_{2x}=0$，故

$$F_2=F_{2y}=\int\mathrm{d}F_{2y}=\int_0^{\pi}IB\sin\theta\,\mathrm{d}l=\int_0^{\pi}IB\sin\theta\cdot R\mathrm{d}\theta=2IBR$$

又
$$F_1=\int_0^{2R}IB\mathrm{d}l=2IBR$$

$\boldsymbol{F}_2$ 的方向沿 y 轴正向，即垂直向上。

因为 $\boldsymbol{F}_1$ 的方向沿 y 轴负向，即垂直向下，所以 $\boldsymbol{F}_1+\boldsymbol{F}_2=0$，所以整个闭合回路的合力为

$$\boldsymbol{F}=\boldsymbol{F}_1+\boldsymbol{F}_2=0$$

根据本例所得结果可以得出如下结论：在均匀磁场中，任意形状的闭合载流回路所受的磁场力为零，即

$$\boldsymbol{F}=\oint I\mathrm{d}\boldsymbol{l}\times\boldsymbol{B}=0$$

2. 磁场对载流线圈的作用

载流导线上各电流元受到的磁力对定轴或定点产生的力矩，叫作磁力矩。载流线圈在外磁场中要受到磁力矩的作用，在磁力矩作用下，线圈会发生偏转，这正是各种发电机、电动机和磁电式仪表都要涉及的问题，研究平面载流线圈在磁场中受力具有重要的实际意义。

下面我们以矩形平面载流线圈为例，利用安培定律，分析平面载流线圈在均匀磁场中的受力情况。

如图 9-25 所示，在磁感应强度为 $\boldsymbol{B}$ 的均匀磁场中，有一刚性的长方形载流线圈 $abcd$，边长分别为 $ab=l_1$ 和 $bc=l_2$，线圈中的电流为 I。设线圈平面与磁场方向成任意角 θ，即线圈平面的法线方向与磁场 $\boldsymbol{B}$ 的夹角 $\varphi=\dfrac{\pi}{2}-\theta$。

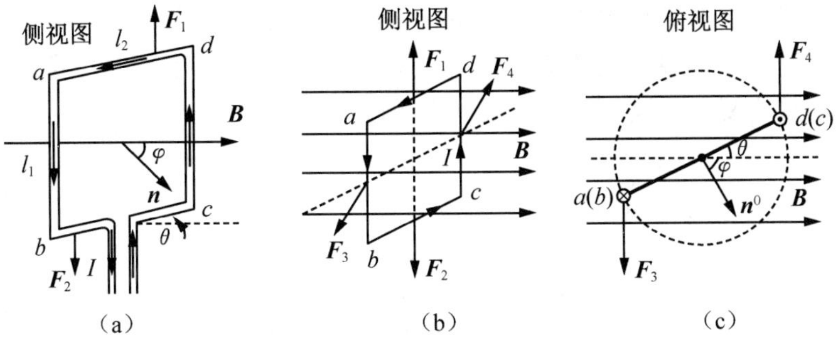

图 9-25　磁场对载流线圈的作用

由安培定律，矩形载流线圈四条边受到的磁场力分别如下所述。

导线 bc：$F_2=IBl_2\sin\theta$，方向向下。

导线 ad：$F_1=IBl_2\sin(\pi-\theta)=IBl_2\sin\theta$，方向向上。

由于 $\boldsymbol{F}_1$ 和 $\boldsymbol{F}_2$ 大小相等，方向相反，并且作用在同一条直线上，相互抵消，对线圈的运动无任何影响。

ab 边、cd 边都与 $\boldsymbol{B}$ 垂直，它们受到的磁力大小也相等，为 $F_3=F_4=IBl_1$。

$\boldsymbol{F}_3$ 和 $\boldsymbol{F}_4$ 的方向也相反，但 $\boldsymbol{F}_3$ 和 $\boldsymbol{F}_4$ 力的作用线不在同一条直线上，是平行力，如图 9-26(b)所示。二者形成一力偶，它们对线圈作用的力矩大小为

$$M=F_3\frac{l_1}{2}\cos\theta+F_4\frac{l_1}{2}\cos\theta=BIl_1l_2\cos\theta=BIS\sin\varphi$$

其中，$S=l_1l_2$ 为线圈的面积。

若线圈有 N 匝，则线圈所受力矩为 $M=NBIS\sin\varphi$。

根据载流线圈的磁矩定义：$\boldsymbol{p}_{\mathrm{m}}=NIS\boldsymbol{n}$，上式写成矢量式为

$$\boldsymbol{M}=\boldsymbol{p}_{\mathrm{m}}\times\boldsymbol{B} \tag{9-22}$$

由上式可知，均匀磁场对平面载流线圈的磁力矩不仅与线圈中的电流 I、线圈面积 S 以及磁感应强度 $\boldsymbol{B}$ 有关，还与线圈平面和磁感应强度的夹角有关。式(9-22)虽然是从矩形线圈导出的，但可以证明，对于均匀磁场中的任意形状的平面载流线圈均成立。

平面载流线圈在均匀磁场中所受的合力为零，仅受一磁力矩的作用，该力矩总是力图使线圈的磁矩 $\boldsymbol{p}_{\mathrm{m}}$ 方向转到和外磁场 $\boldsymbol{B}$ 一致的方向上来。

当 $\varphi=\dfrac{\pi}{2}$，即线圈平面与磁场 $\boldsymbol{B}$ 平行时，如图 9-26(a)所示，线圈所受的磁力矩最大，$M_{\max}=p_{\mathrm{m}}B=NISB$。

当 $\varphi=0$ 和 $\varphi=\pi$ 时，线圈平面与磁场 $\boldsymbol{B}$ 垂直，力矩最小，$M=0$。但当 $\varphi=0$ 时，线圈处于稳定平衡状态，如图 9-26(b)所示，此时如果给线圈一个微扰，线圈能够自动返回原来的平衡态。当 $\varphi=\pi$ 时，线圈处于非稳定平衡状态，如图 9-26(c)所示。

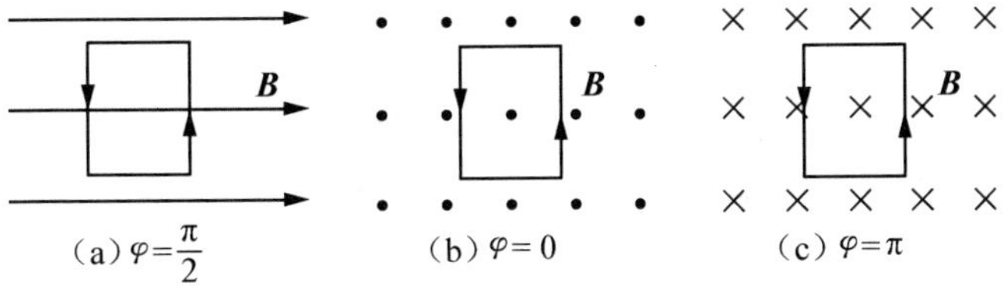

图 9-26　载流线圈受外磁场磁力矩作用

如果载流线圈处在不均匀磁场中，由于各电流元所在处的 $\boldsymbol{B}$ 不同，故各电流元所受到的力也不同。因此整个线圈所受的合力和合力矩一般不等于零，线圈既有平动又有转动，运动较为复杂，这里不再做进一步的讨论。

*9.5　磁介质

处于静电场中的电介质要被电场极化，极化的电介质会影响原电场的分布。与此相似，磁场中的物质在磁场作用下会发生磁化，而磁化后的物质反过来会对磁场产生影响。这种在磁场作用下发生磁化并反过来影响磁场分布的物质，称为磁介质。下面，我们简单介绍磁介质和磁介质对磁场的影响，以及磁介质中磁场所遵循的规律。

物理应用：磁介质车票

1. 磁介质

实验表明，不同的磁介质对磁场的影响不同。如果在真空中某点磁感应强度为 $\boldsymbol{B}_0$，放入磁介质后，因磁介质被磁化而在该点产生的附加磁感应强度为 $\boldsymbol{B}'$。那么该点的磁感应强度 $\boldsymbol{B}$ 应是这两个磁感应强度的矢量和，即

$$\boldsymbol{B}=\boldsymbol{B}_0+\boldsymbol{B}' \tag{9-23}$$

在磁介质内任一点，附加磁感应强度 $\boldsymbol{B}'$ 的方向随磁介质而异，如果 $\boldsymbol{B}'$ 的方向与 $\boldsymbol{B}_0$ 的方向相同，使得 $B'>B_0$，这种磁介质叫作顺磁质，如氧、铝、铬、锰、铂等。还有一些磁介质，在磁介质内部任一点，$\boldsymbol{B}'$ 的方向与 $\boldsymbol{B}_0$ 的方向相反，使得 $B<B_0$，这种磁介质叫作抗磁质，如金、银、铜、水银、锌、铅等。无论是顺磁质还是抗磁质，附加的磁感应强度 $\boldsymbol{B}'$ 的值都比 $\boldsymbol{B}_0$ 的值小得多(不大于十万分之几)，它对原来的磁场的影响都比较弱。所以，顺磁质和抗磁质统称为弱磁质。另一类磁介质，在磁介质内部任一点的附加磁感应强度 $\boldsymbol{B}'$ 的方向与顺磁质一样，也和 $\boldsymbol{B}_0$ 的方向相同，但 $\boldsymbol{B}'$ 的值却比 $\boldsymbol{B}_0$ 的值大得多，即 $B'\gg B_0$，从而使磁场显著增强，如铁、钴、镍等就属于这种情况，这类磁介质叫作铁磁质或强磁质。

2. 相对磁导率　磁导率

以载流长直螺线管为例来讨论磁介质对外磁场的影响。设螺线管中的电流为 I，单位长度的匝数为 n，则电流在螺线管内产生的磁感应强度 $\boldsymbol{B}_0$ 的大小为 $B_0=\mu_0 nI$。

如果在长直螺线管内充满某种均匀的各向同性磁介质，则由于磁介质的磁化，螺线管内的磁介质中的磁感应强度变为 $\boldsymbol{B}$。实验表明，$\boldsymbol{B}$ 和 $\boldsymbol{B}_0$ 大小的比 $\dfrac{B}{B_0}=\mu_r$ 是决定磁介质磁性的纯数，叫作该磁介质的相对磁导率，它的大小表征了磁介质对外磁场影响的程度。于是，有

$$B=\mu_r B_0=\mu_r\cdot\mu_0 nI=\mu nI$$

式中 $\mu=\mu_0\mu_r$，μ 叫作磁介质的磁导率。在国际单位制中，磁介质的磁导率 μ 的单位和真空磁导率的单位相同，即牛顿·安培$^{-2}$，或 $\mathrm{N}\cdot\mathrm{A}^{-2}$。

对于顺磁质，$\mu_r>1$，对于抗磁质，$\mu_r<1$。事实上，大多数顺磁质和一切抗磁质

的相对磁导率 μ_r 是与 1 相差极微的常数，说明这些物质对外磁场影响甚微，因而有时可忽略它们的影响。至于铁磁质，它们的相对磁导率 μ_r 远大于 1，并且随着外磁场的强弱而变化。

磁介质的磁化是物体的一个重要属性。它与物质微观结构分不开，下面介绍弱磁物质的磁化的微观机理。

3. 弱磁物质的磁化机理

从物质结构看，任何物质分子中的每个电子绕原子核的轨道运动及自旋运动都要产生磁场。如果把分子当作一个整体，每一个分子中各个运动电子所产生的磁场的总和，相当于一个等效圆形电流所产生的磁场。这一等效圆形电流即分子电流。每种分子的分子电流的磁即分子磁矩 $\boldsymbol{p}_{\mathrm{m}}$ 具有确定的量值。

在顺磁质中，每个分子的分子磁矩 $\boldsymbol{p}_{\mathrm{m}}$ 不为零，当没有外磁场时，由于分子的热运动，每个分子磁矩的取向是无序的。因此在一个宏观的体积元中，所有分子磁矩的矢量和 $\sum \boldsymbol{p}_{\mathrm{m}}$ 为零。换言之，当无外磁场时，磁介质不呈磁性。当有外磁场时，各分子磁矩都要受到磁力矩的作用。在磁力矩作用下，所有分子磁矩 $\boldsymbol{p}_{\mathrm{m}}$ 将力图转到外磁场方向，但由于分子热运动的影响，分子磁矩沿外磁场方向的排列只是略占优势。因此在宏观的体积元中，各分子磁矩的矢量和 $\sum \boldsymbol{p}_{\mathrm{m}}$ 不为零，合成一个沿外磁场方向的合磁矩。这样，在磁介质内，分子电流产生了一个沿外磁场方向的附加磁感应强度 $\boldsymbol{B}'$，于是，顺磁质内的磁感应强度 $\boldsymbol{B}$ 的大小增强，这就是顺磁质的磁化效应。

在抗磁质中，虽然组成分子的每个电子的磁矩不为零，但每个分子的所有分子磁矩正好相互抵消即抗磁质的分子磁矩为零，$\boldsymbol{p}_{\mathrm{m}}=0$。所以当无外磁场时，磁介质不呈现磁性。当抗磁质放入外磁场中时，由于外磁场穿过每个抗磁质分子的磁通量增加，无论分子中各电子原来的磁矩方向怎样，根据中学里已学过的电磁感应知识，分子中每个运动着的电子将感应出一个与外磁场方向相反的附加磁场，来反抗穿过该分子的磁通量的增加。这一附加磁场可看作是由分子的附加等效圆形电流所产生的，叫作分子的附加磁矩。由于原子、分子中电子运动的特点——电子不易与外界交换能量，磁场稳定后，已产生的附加等效圆形电流将继续下去，因而在外磁场中的抗磁质内，由所有分子的附加磁矩产生了一个与外磁场方向相反的附加磁感应强度 $\boldsymbol{B}'$。于是抗磁质内的磁感应强度的大小减弱，这就是抗磁质的磁化效应。

实际上，在外磁场中顺磁质分子也要产生一个与外磁场方向相反的附加磁矩，但在一个宏观的体积元中，顺磁质分子由于转向磁化而产生与外磁场方向相同的磁矩远大于分子附加磁矩的总和，因此顺磁质中的分子附加磁矩被分子转向磁化而产生的磁矩所掩盖。

4. 介质中的安培环路定理

在不考虑磁介质时，磁场的安培环路定理可写作

$$\oint_l \boldsymbol{B} \cdot \mathrm{d}\boldsymbol{l} = \mu_0 \sum_i I_i$$

在有磁介质的情况下，介质中各点的磁感应强度 $\boldsymbol{B}$ 等于传导电流 I 和磁化电流 I'

分别在该点激发的磁感应强度 $\boldsymbol{B}_0$ 和 $\boldsymbol{B}'$之矢量和，即 $\boldsymbol{B}=\boldsymbol{B}_0+\boldsymbol{B}'$。

因此，磁场的安培环路定理中，还须计入被闭合路径 L 所围绕的磁化电流 I'，即

$$\oint_l \boldsymbol{B} \cdot \mathrm{d}\boldsymbol{l}=\mu_0 \sum_i (I_i+I'_i)$$

但是，由于磁化电流 $\sum\limits_i I'_i$ 的分布难以测定，这就给应用安培环路定理来研究介质中的磁场造成了困难，为此，在磁场中引入一个辅助量——磁场强度 $\boldsymbol{H}$，简称 $\boldsymbol{H}$ 矢量，定义为

$$\boldsymbol{H}=\frac{\boldsymbol{B}}{\mu} \tag{9-24}$$

磁场强度的单位是“安培/米($\mathrm{A \cdot m^{-1}}$)”。

于是有

$$\oint_L \boldsymbol{H} \cdot \mathrm{d}\boldsymbol{l}=\sum_i I_i \tag{9-25}$$

这就是有磁介质时磁场的安培环路定理。定理表明，在任何磁场中，$\boldsymbol{H}$ 矢量沿任何闭合路径 L 的线积分(即$\oint_L \boldsymbol{H} \cdot \mathrm{d}\boldsymbol{l}$，叫 $\boldsymbol{H}$ 的环流)，等于此闭合路径 L 所围绕的传导电流 $\sum\limits_i I_i$ 之代数和。

5. 铁磁质

顺磁质和抗磁质的 μ_r 都接近 1，因此对磁场影响不大。而铁磁质则 μ_r 很大，因而铁磁质能产生非常大的附加磁场，铁磁质的磁导率是真空中的几百倍至几万倍。此外铁磁质还有如下一些特性，如图 9-27 所示。

①磁感应强度大小 B 和磁场强度大小 H 不是线性关系。铁磁质的磁感应强度大小 $B(=\mu H)$并不随着磁场强度大小 H 按比例地变化，即铁磁质的磁导率不是常量。当 H 从零逐渐增大(H 的值不是很大)时，B 也逐渐增加；之后，H 再增加时，B 急剧增加；但当 H 增大到一定程度，即使再增大 H，B 的增加也十分缓慢，以至于 B 不再随着 H 的增大而发生变化。这时对应的 B 值叫作饱和磁感应强度 B_m，这种现象叫作磁饱和现象。

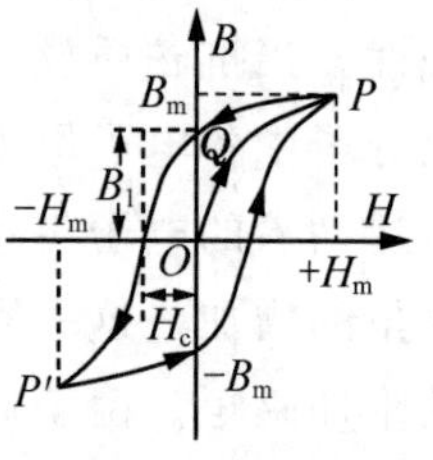

图 9-27　磁滞回线

磁滞回线

②铁磁质的磁化过程并不是可逆的。当 H 增大时，B 按一条磁化曲线 OP 增长，当铁磁质磁化到一定程度后，再逐渐使外磁场 H 由 $+H_m$ 减弱而使铁磁质退磁，磁感应强度 B 虽相应的减小，但并不沿起始曲线 OP 减小，而是沿另一条曲线 PQ 比较缓慢地减小(该曲线的位置比上一曲线高)，这种 B 的变化落后于 H 的变化的现象，叫作磁滞现象，简称磁滞。当 H 减小到零时，B 并不等于零，而仍有一定数值 B_r，B_r 叫作剩余磁感应强度，简称剩磁。这是铁磁质所特有的现象。如果一铁磁质有剩磁存在，就表明它已被磁化过。为了消除剩磁，必须加一反向磁场。随着反向磁场的增加，B 逐渐减小，当达到 $H=H_C$ 时，B 等于零。

通常把 H_C 叫作矫顽力。它表示铁磁质去磁的能力。当反向磁场继续不断增强到 $-H_C$ 时，材料的反向磁化同样能达到饱和。由于磁滞，B-H 曲线形成一个闭合曲

线，通常叫作磁滞回线。

③实验还发现，铁磁质的磁化和温度有关。随着温度的升高，它的磁化能力逐渐减小，当温度升高到某一温度 T_C 时，铁磁性就完全消失，转变为顺磁性。该临界温度称为居里温度或居里点。各种铁磁质各有其临界温度，从实验知道铁的居里温度是 770 ℃(1 043 K)。

④磁畴。铁磁质相邻原子的电子间存在很强的"交换作用"，使得在无外场情况下电子自旋磁矩能在微小区域内"自发"地整齐地排列，形成具有强磁矩的小区域，称为磁畴。

知识拓展：磁畴理论　　本章小结

习题

9-1　如图 9-28 所示，在一平面内，有两条垂直交叉但相互绝缘的导线，流经两条导线的电流大小相等，方向如图所示，在哪些区域中有可能存在磁感应强度为零的点？(　　)

A. 仅在Ⅰ象限　　B. 仅在Ⅱ象限　　C. 仅在Ⅲ象限　　D. Ⅰ，Ⅳ象限

E. Ⅱ，Ⅳ象限

9-2　在一个载流圆线圈的轴线上放置一个平行于线圈平面的载流直导线，在轴线上 P 点处它们二者产生的磁感应强度的大小分别为 $B_1=3$ T，$B_2=5$ T，方向如图 9-29 所示，求 P 点处的磁感应强度 $\boldsymbol{B}$。

9-3　如图 9-30 所示，真空中，有一无限长载流直导线 LL' 在 A 点处折成直角。在平面 LAL' 内，求 P，R，S，T 四点处磁感应强度的大小。图 9-30 中，$d=4.00$ cm，电流 $I=20.0$ A。

9-4　有电流 I 的无限长导线折成如图 9-31 所示的形状，已知圆弧部分的半径为 R，试求导线在圆心 O 处的磁感应强度的大小和方向。

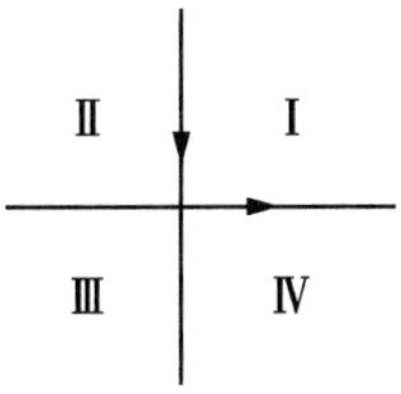

图 9-28　习题 9-1 图

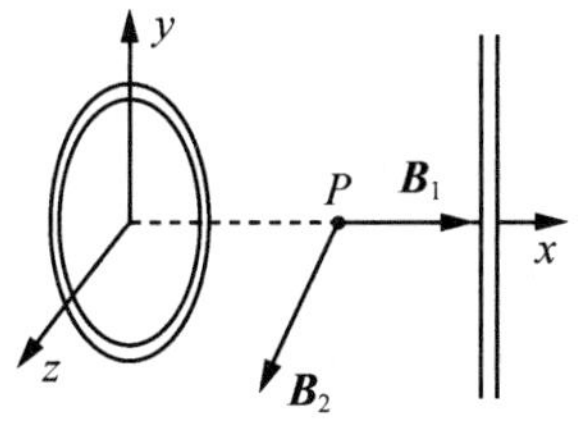

图 9-29　习题 9-2 图

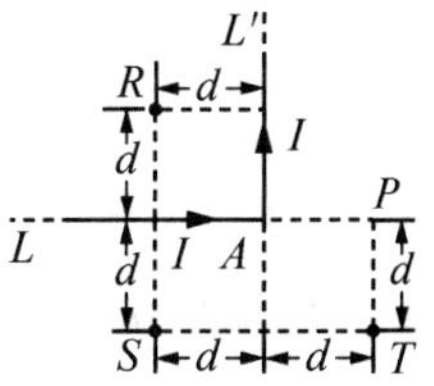

图 9-30　习题 9-3 图

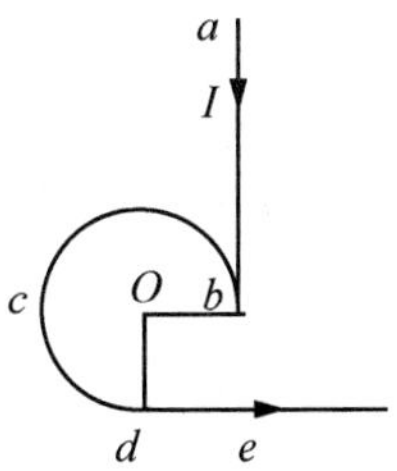

图 9-31　习题 9-4 图

9-5　一条无限长载流直导线在一处弯折成半径为 R 的圆弧如图 9-32 所示。试利用毕奥-萨伐尔定律求：(1)当圆弧为半圆周时，圆心 O 处的磁感应强度；(2)当圆弧为 $\frac{1}{4}$ 圆周时，圆心 O 处的磁感应强度；(3)扇形中心 O 处的磁感应强度。

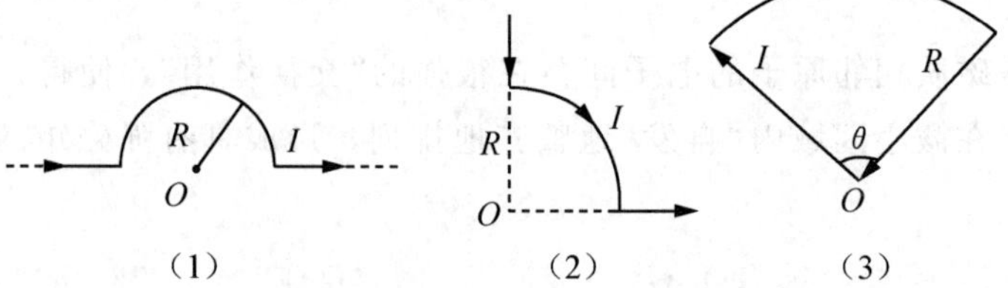

图 9-32　习题 9-5 图

9-6　一边长为 $a=0.15$ m 的立方体如图 9-33 放置。有一均匀磁场 $\boldsymbol{B}=6\boldsymbol{i}+3\boldsymbol{j}+1.5\boldsymbol{k}$(T)通过立方体所在区域，计算：(1)通过立方体上阴影面积的磁通量；(2)通过立方体六面的总磁通量。

9-7　在均匀磁场 $\boldsymbol{B}$ 中，取一半径为 R 的圆，圆面的法线 $\boldsymbol{n}$ 与 $\boldsymbol{B}$ 呈 60°角，如图 9-34 所示。求通过以该圆为边缘线的半球面 S_1 和以该圆为边缘线的任意曲面 S_2 的磁通量。

9-8　如图 9-35 所示，在一通有电流 I 的无限长载流导线的右侧有面积分别为 S_1 和 S_2 的两个矩形回路，回路与长直导线共面，矩形的一边长与导线平行，求通过 S_1 和 S_2 回路的磁通量之比。

9-9　如图 9-36 所示为一长直同轴电缆的横截面，导体的内、外半径分别为 R_1 和 R_2。如果电流 I 由内导体流入而从外导体流出，试求磁感应强度的分布。

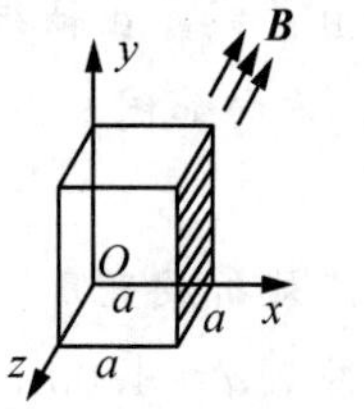

图 9-33　习题 9-6 图

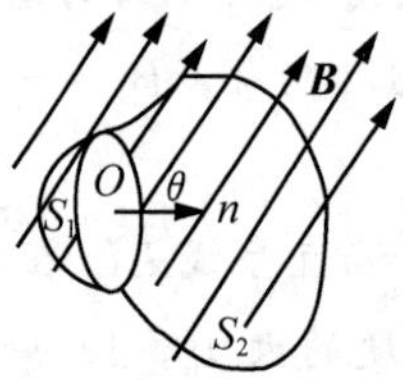

图 9-34　习题 9-7 图

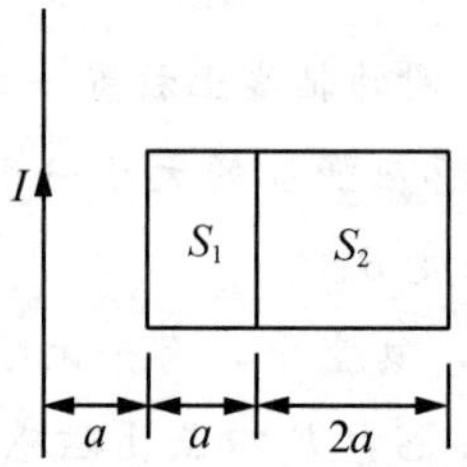

图 9-35　习题 9-8 图

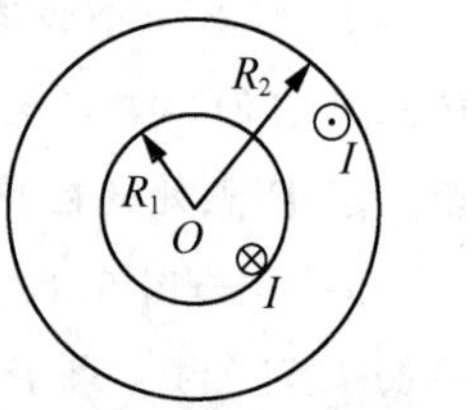

图 9-36　习题 9-9 图

9-10　两根导线沿半径方向引到铁环上的 A，B 两点(如图 9-37 所示)，并在很远处与电源相连，求环中心的磁感应强度。

9-11　如图 9-38 所示，两长直导线中电流 $I_1=I_2=10$ A，且方向相反。对图中三个闭合回路 a，b，c 分别写出安培环路定理等式右边电流的代数和，并讨论：(1)在每一闭合回路上各点 $\boldsymbol{B}$ 是否相同？(2)能否由安培环路定理直接计算闭合回路上各点 $\boldsymbol{B}$ 的量值？(3)在闭合回路 b 上各点的 $\boldsymbol{B}$ 是否为零？为什么？

9-12　两平行长直导线相距 $d=40$ cm，每根导线载有电流 $I_1=I_2=20$ A，电流流向如图 9-39 所示。求：(1)两导线所在平面内与该两导线等距的一点 A 处的磁感应强度；(2)通过图中阴影所示面积的磁通量。($r_1=r_3=10$ cm，$L=25$ cm)

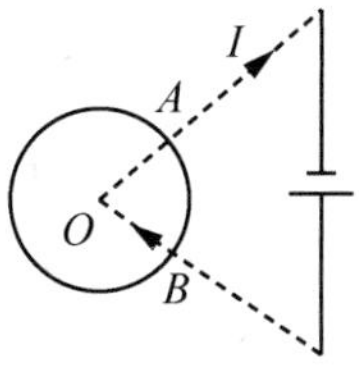

图 9-37　习题 9-10 图

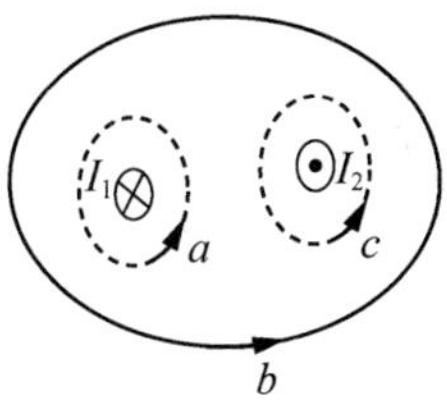

图 9-38　习题 9-11 图

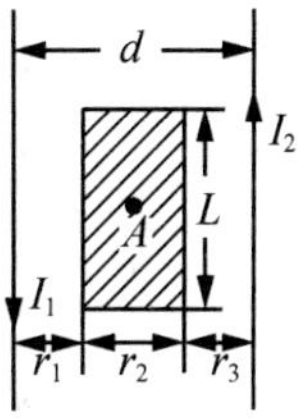

图 9-39　习题 9-12 图

9-13　一根长导体直圆管，内径为 a，外径为 b，电流 I 沿管轴方向，并且均匀地分布在管壁的横截面上。空间某点 P 至管轴的距离为 r，求下列三种情况下，P 点的磁感应强度：(1)$r<a$；(2)$a<r<b$；(3)$r>b$。

9-14　一根很长的同轴电缆，由一导体圆柱(半径为 a)和一同轴的导体圆管(内、外半径分别为 b，c)构成。使用时，电流 I 从一导体流入，从另一导体流回。设电流都是均匀地分布在导体的横截面上，求：(1)导体圆柱内($r<a$)；(2)两导体之间($a<r<b$)；(3)导体圆管内($b<r<c$)；(4)电缆外($r>c$)各点处磁感应强度的大小。

9-15　螺线管长 0.50 m，总匝数 $N=2\ 000$，请问：当通以 1 A 的电流时，管内中央部分的磁感应强度多大？

9-16　已知 10 号裸铜线能够通过 50 A 电流而不致过热，对于这样的电流，导线表面上的 $\boldsymbol{B}$ 有多大？已知导线的直径为 2.54 mm。

9-17　直径 $d=0.02$ m 的圆形线圈共 10 匝，通以 0.1 A 的电流时，请问：(1)它的磁矩是多少？(2)若将该线圈置于 1.5 T 的磁场中，它受到的最大磁力矩是多少？

9-18　如图 9-40 所示，一长直导线 ab，通有电流 I_1，旁边同一平面内垂直放置导线 cd，cd 上通有电流 I_2，已知 c 端到 ab 的距离为 1 cm，d 端到 ab 的距离是 10 cm。求导线 cd 所受的作用力。

9-19　边长为 0.2 m 的正方形线圈，共有 50 匝，通以电流 2 A，把线圈放在磁感应强度为 0.05 T 的均匀磁场中，请问：在什么方位时，线圈所受的磁力矩最大？磁力矩等于多少？

9-20　如图 9-41 所示，在磁感应强度为 $\boldsymbol{B}$ 的均匀磁场中，通过一半径为 R 的半圆导线中的电流为 I。若导线所在平面与 $\boldsymbol{B}$ 垂直，求该导线所受的安培力。

9-21　一通有电流为 I 的长导线，弯成如图 9-42 所示的形状，放在磁感应强度为 $\boldsymbol{B}$ 的均匀磁场中，$\boldsymbol{B}$ 的方向垂直纸平面向里。请问：此导线受到的安培力为多少？

9-22　一载有电流 $I=10.0$ A 的硬导线，转折处为半径 $R=0.10$ m 的 1/4 圆周 ab。均匀外磁场的大小为 $B=1.0$ T，其方向垂直于导线所在的平面如图 9-43 所示，求圆弧 ab 部分所受的力。

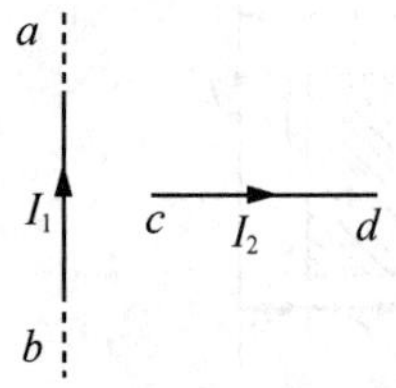

图 9-40　习题 9-18 图

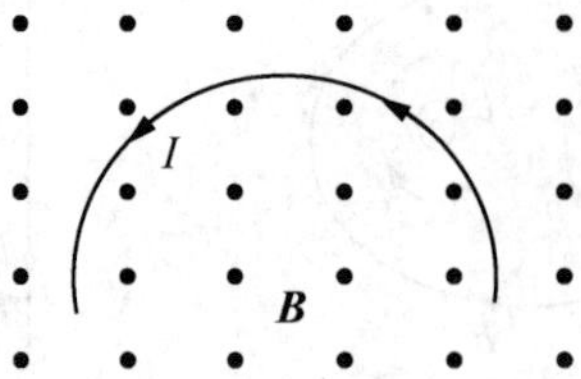

图 9-41　习题 9-20 图

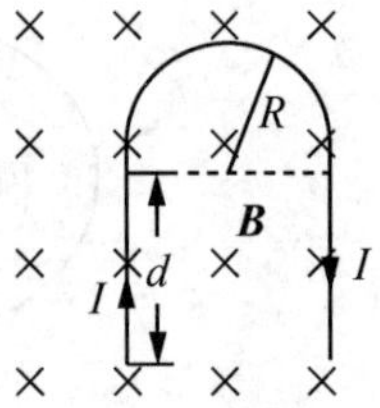

图 9-42　习题 9-21 图

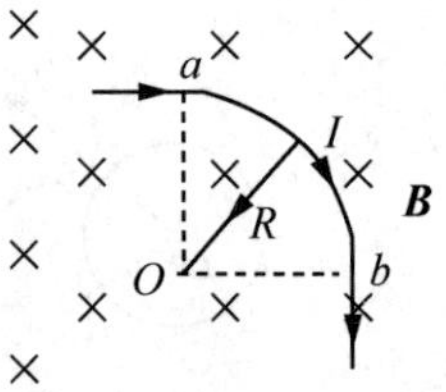

图 9-43　习题 9-22 图

9-23　已知地面上空某处地磁场的磁感应强度 $B=0.4\times10^{-4}$ T，方向向北。若宇宙射线中有一速率 $v=5\times10^{7}\ \mathrm{m\cdot s^{-1}}$ 的质子，垂直地通过该处，求质子所受到的洛伦兹力，并与它受到的万有引力相比较。

9-24　(1)空间某一区域中有均匀电场 $\boldsymbol{E}$ 和均匀磁场 $\boldsymbol{B}$，且两者方向相同。一个电子以速度 $\boldsymbol{v}$ 沿垂直于 $\boldsymbol{E}$ 和 $\boldsymbol{B}$ 的方向射入此区域。试定性讨论电子的运动轨迹；(2)空间某一区域中有相互垂直的均匀电场 $\boldsymbol{E}$ 和均匀磁场 $\boldsymbol{B}$，一个电子以速度 $\boldsymbol{v}$ 射入此区域，试分别就 $\boldsymbol{v}$ 与 $\boldsymbol{E}$ 同向和反向两种情况，定性讨论电子的运动；并与力学中已知的质点运动规律相比较，作出说明。

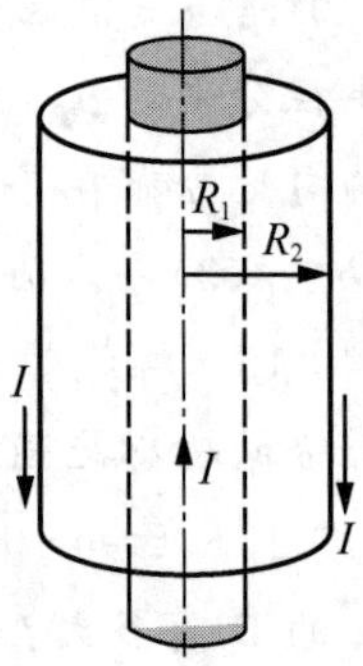

图 9-44　习题 9-25 图

*9-25　如图 9-44 所示，一半径为 R_1 的无限长圆柱体(导体 $\mu\approx\mu_0$)中均匀地通有电流 I，在它外面有半径为 R_2 的无限长同轴圆柱面，两者之间充满着磁导率为 μ 的均匀磁介质，在圆柱面上通有相反方向的电流 I。试求：(1)圆柱体外、圆柱面内一点的磁场；(2)圆柱体内一点的磁场；(3)圆柱面外一点的磁场。

第 10 章　电磁感应

在丹麦物理学家奥斯特发现电流的磁效应后，英国物理学家法拉第(M. Faraday，1791—1867)就开始思考磁能否产生电的问题，经过十年的实验研究，法拉第于 1831 年发现了磁的电效应——电磁感应现象，并总结出电磁感应定律。电磁感应现象的发现，促进了电磁理论的发展，为麦克斯韦电磁场理论的建立奠定了基础。电磁感应的发现还标志着新技术革命和工业革命即将到来，使现代电力工业、电工和电子技术得以建立和发展。

本章要点

本章主要讲解电磁感应现象的基本规律以及感应电动势产生的机制和计算方法，介绍在电工技术中常见的自感和互感现象、磁场的能量以及麦克斯韦电磁场理论基本概念。

10.1　电流　电动势

物理思想：自然辩证法

由于一切磁现象从本质而言都与电流或运动电荷有关，我们在讨论电磁现象规律之前，首先对电流作进一步了解。

10.1.1　电流　电流密度

1. 电流

电荷的定向运动形成电流，在一定的电场力作用下，电流可以在金属导体、电解液或电离气体中形成。从微观上看，电流实际上是带电粒子的定向运动，形成电流的带电粒子称为载流子。载流子可以是电子、质子和离子等。本节主要涉及的是大量载流子在电场力作用下形成的传导电流。

电流的强弱用电流强度来描述。电流强度是单位时间内通过导体某一横截面的电量，简称电流，用 I 表示。若在 $\mathrm{d}t$ 时间内，通过导体某截面的电荷量为 $\mathrm{d}q$，则通过该截面的电流强度为

$$I=\frac{\mathrm{d}q}{\mathrm{d}t}$$

如果导体中的电流不随时间而变化，这种电流叫作恒定电流。

电流强度是标量，习惯上常将正电荷的运动方向规定为电流的方向。在导体中电流的方向总是沿着电场方向从高电势处指向低电势处。在国际单位制中，电流强度的单位是安培(A)。它是国际单位制(SI 制)中的七个基本单位之一。

2. 电流密度

当电流在大块导体或不均匀导体中流动时，导体中不同位置电流的大小和方向都可能不同，形成一定的电流分布。为精确描述电流在导体中各点的分布，引入电流密度矢量 $\boldsymbol{j}$。规定：导体中任一点电流密度的方向与该点电流方向相同，大小等于通过该点垂直于电流方向单位面积的电流。在国际单位制中，电流密度的单位是安培/平方米($\mathrm{A\cdot m^{-2}}$)。

设在载流导体内的任一点处取一面元 d$\boldsymbol{S}$，如图 10-1 所示，d$\boldsymbol{S}$ 与该处电流方向成 θ 角，面元在垂直于电流方向上的投影面积为 $\mathrm{d}S_{\perp}=\mathrm{d}S\cos\theta$，通过该面元的电流强度为 d$I$，则该点电流密度为

$$j=\frac{\mathrm{d}I}{\mathrm{d}S\cos\theta}$$

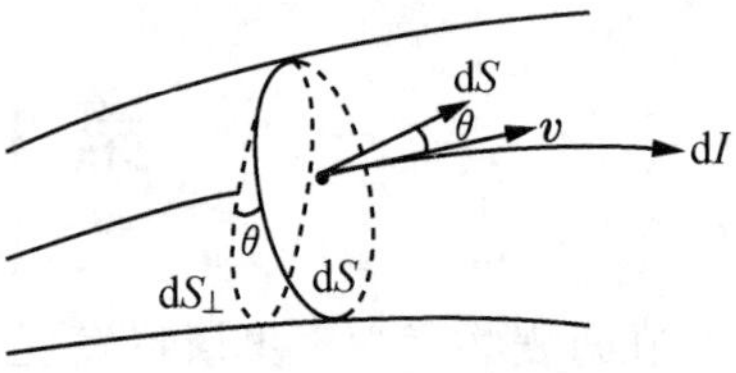

图 10-1　电流密度的定义图

上式可写成 $\mathrm{d}I=j\,\mathrm{d}S_{\perp}=j\,\mathrm{d}S\cos\theta=\boldsymbol{j}\cdot\mathrm{d}\boldsymbol{S}$。

因此，通过导体任一有限面积 S 的电流为

$$I=\int_S \boldsymbol{j}\cdot\mathrm{d}\boldsymbol{S} \tag{10-1}$$

在金属中只有一种载流子，即自由电子。在没有外加电场的情况下，金属中的电子做无规则的运动，平均速度为零，所以不产生电流。在外加电场中，金属中的电子还将有一个定向运动，实际运动是热运动和定向运动的叠加，由于热运动的各向同性，其电磁效应相互抵消，因而只有电子的定向运动对电磁效应起作用，由此形成电流。这个定向运动的平均速度称为漂移速度。电流的大小和方向都依赖于电子的漂移速度。下面我们来讨论它们之间的关系。

以 S 表示导体的横截面积，则在时间间隔 dt 内，通过横截面 S 的电子数应是在柱体体积为 $Sv\mathrm{d}t$ 内的全部电子。设单位体积中的自由电子数为 n，电子的电量为 e，故在 dt 时间内通过该截面的总电量 $\mathrm{d}q=enSv\mathrm{d}t$，由电流的定义可得通过导体横截面 S 的电流为

$$I=\frac{\mathrm{d}q}{\mathrm{d}t}=neSv \tag{10-2}$$

10.1.2　电源　电动势

我们知道，如果在导体两端维持恒定的电势差，导体中就会有恒定的电流。那么，怎样才能维持恒定的电势差呢？

1. 电源

如图 10-2(a)所示，用一根导线将充电后的电容器的正负极板连接起来，就可以获得一个电流，但这只是一个暂态电流，而不是一个恒定电流。其原因很简单，此时的电流是由静电场驱动的，随着电流的生成，两极的电荷迅速减少，电压降低，电场衰减，最后达到静电平衡，电流停止。如果我们想获得一个恒定电流，就必须维持电荷分布的恒定。维持电荷分布恒定的基本做法是：当载流子是正电荷时，就应该在载流子不断地通过导线由正极流到负极的同时，不断地把载流子再由负极输运回正极，从而形成一个恒定的电荷分布和电场分布，实现一个恒定的电流循环，其示意图如图 10-2(b)。

把正电荷载流子由低电势的负极输运回高电势的正极，需要有力的作用，自然界中能用的力有很多，但唯独不能用静电力，因为这种力的作用就是要克服静电力，把正电荷载流子由低电势的负极运回到高电势的正极。这些力我们通称为非静电力，记作 $\boldsymbol{F}_{\mathrm{k}}$。在正电荷载流子由负极输运到正极过程中，非静电力要克服静电力做功，把其他形式的能量转化为电能。这种能依靠非静电力做功而维持一个电流的装置，或在电路中提供非静电力的装置称为电源。电源中非静电力的做功过程，就是把其他形式的

能量转换为电能的过程，故电源实际上是把其他形式的能量转换为电能的装置。电源的作用，使我们联想到水泵的作用，水泵可以使水从由水位低处经水泵移到水位高处，如图 10-2(c)所示。

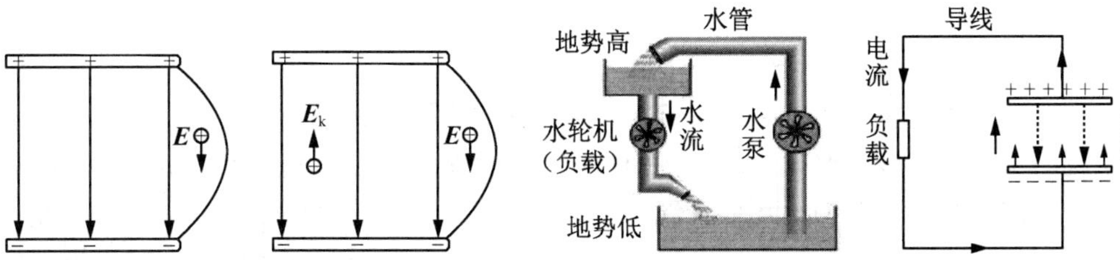

（a）暂态电流的形成　（b）稳恒电流的形成　（c）电源与水泵作用的类比

图 10-2　电源

2. 电动势

在不同类型的电源内，非静电力的机制各不相同，如化学电池中的非静电力来源于化学作用，普通发电机中的非静电力来源于电磁感应，温差电源的非静电力来源于与温度差和电子的浓度差相联系的电子扩散作用等。而且使相同的正电荷由负极移到正极时，非静电力做的功也不同，这说明不同的电源转化能量的本领不同。为了表述不同电源转化能量的本领大小，在这里引入“电动势”的概念。在电源把单位正电荷经电源内部从负极移向正极的过程中，非静电力所做的功就是电源电动势。如果 W_k 为电源内部非静电力把电荷 q 从负极移到正极所做的功，ε 表示电源电动势，则按照上述电动势的定义，有

$$\varepsilon=\frac{W_k}{q} \tag{10-3}$$

在国际单位制中，电动势的单位也是伏特(V)。由定义，电动势是标量，但为便于标明电源在电路中供电的方向，习惯上常规定电动势的方向为从负极经电源内部到正极的指向。这实际上就是非静电力的方向。

要注意，虽然电动势和电势差的单位相同，但二者是完全不同的物理量。电动势是描述电源内非静电力做功本领的物理量，其大小仅取决于电源本身的性质，而与外电路无关。

下面由场的概念出发来阐述电动势的含义。从场的概念看，非静电力的作用等效于非静电场的作用，如图 10-3 所示，用 $\boldsymbol{E}_k$ 表示非静电场的场强，则它对电荷 q 的非静电力 $\boldsymbol{F}_k=q\boldsymbol{E}_k$。在电源内，电荷 q 由负极移到正极时非静电力所做的功为

$$W_k=\int_-^+\boldsymbol{F}_k\cdot \mathrm{d}\boldsymbol{l}=\int_-^+ q\boldsymbol{E}_k\cdot \mathrm{d}\boldsymbol{l}$$

将上式代入式(10-3)，则有

$$\varepsilon=\int_-^+\boldsymbol{E}_k\cdot \mathrm{d}\boldsymbol{l} \tag{10-4}$$

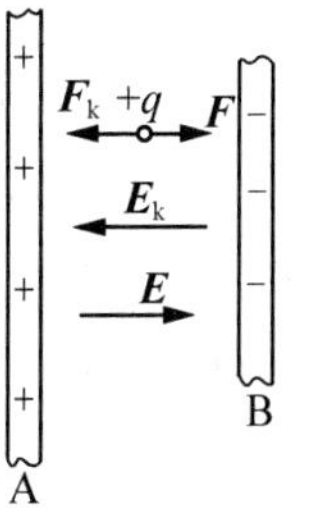

图 10-3　电源电动势

即电源电动势为非静电场强由电源负极到正极的线积分。显然，积分只在电源内部存在非静电场的区域进行。

对于闭合回路，因为非静电电场强度 $\boldsymbol{E}_k$ 只存在于电源内部，外电路中的 $\boldsymbol{E}_k$ 为 0，即在外电路上 $\int_{外} \boldsymbol{E}_k \cdot d\boldsymbol{l} = 0$。所以可将电动势表示为非静电场强 $\boldsymbol{E}_k$ 沿闭合电路的环流，即

$$\varepsilon = \oint_l \boldsymbol{E}_k \cdot d\boldsymbol{l} \tag{10-5}$$

式(10-5)是电动势的又一种表示法，它比式(10-4)更具普遍性。式(10-4)适用于非静电场力集中在一段电路内(如电池内)时，用场的概念表示的电动势；式(10-5)还适用于整个回路中都存在非静电场的情况。

电磁感应现象

科学家介绍：法拉第

10.2 电磁感应定律

10.2.1 电磁感应现象

法拉第在实验中发现，用伏打电池给一组线圈通电或断电的瞬间，另一组线圈中有电流产生，如图 10-4(a)所示；随后法拉第又发现磁铁与闭合线圈相对运动时，线圈中也有电流产生，如图 10-4(b)所示。经过大量实验研究，法拉第总结出产生这种电流的几种情况：变化的电流，变化的磁场，运动的磁铁，在磁场中运动的导体。这些实验大致可归纳为两种情况：一是闭合回路保持不动但周围的磁场发生变化；二是闭合回路和磁场间发生了相对运动。

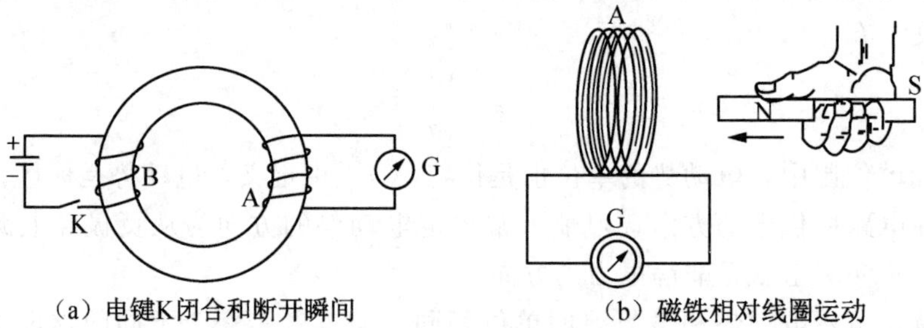

(a) 电键K闭合和断开瞬间　　(b) 磁铁相对线圈运动

图 10-4　电磁感应实验

无论用上述什么方法产生电流，可以发现它们的共同点是穿过闭合回路的磁通量都发生了改变。由此可得到如下结论：当穿过一个闭合导体回路所包围的面积的磁通量发生变化时(不论这种变化是由什么原因引起的)，在回路中就有电流产生。这种现象称为电磁感应现象，回路中产生的电流称为感应电流。回路中出现电流，表明回路中存在电动势，这种由于磁通量的变化而产生的电动势称为感应电动势，记作 ε_i。

10.2.2 法拉第电磁感应定律

法拉第通过大量实验总结归纳出了电磁感应基本定律。法拉第认为，感应电流只是回路中存在感应电动势的外在表现，由闭合回路中磁通量变化直接产生的结果是感应电动势。故电磁感应定律表述如下：通过闭合回路所围面积的磁通量发生变化时，回路中就有感应电动势产生，感应电动势的大小正比于磁通量对时间变化率的负值。即

$$\varepsilon_i = -k\frac{d\Phi_m}{dt}$$

式中，k 是比例系数，它的值取决于上式各量的单位，在国际单位制中，ε_i 的单位是伏特(V)，Φ_m 的单位是韦伯(Wb)，t 的单位是秒(s)，此时 $k=1$，则

$$\varepsilon_i = -\frac{d\Phi_m}{dt} \tag{10-6}$$

式中的负号反映了感应电动势的方向，我们将在后面讨论。

式(10-6)只适用于单匝线圈所构成的回路，如果回路有 N 匝线圈，且穿过每匝线圈的磁通量均相同，都为 Φ_m，那么通过 N 匝密绕线圈总的磁通量则为 $\Psi_m = N\Phi_m$。我们常把 Ψ_m 称为磁通链数，简称磁链。因此，对 N 匝线圈的感应电动势的计算，应该用下面的表示式

$$\varepsilon_i = -N\frac{d\Phi_m}{dt} = -\frac{d(N\Phi_m)}{dt} = -\frac{d\Psi_m}{dt}$$

若闭合回路的电阻为 R，由全电路欧姆定律可得回路中的感应电流为

$$I_i = \frac{\varepsilon_i}{R} = -\frac{1}{R}\frac{d\Phi_m}{dt} \tag{10-7}$$

利用上式以及 $I=\frac{dq}{dt}$，可计算出由于电磁感应的缘故，在 t_1 到 t_2 时间内($\Delta t = t_2 - t_1$)通过闭合导体回路的电荷量。设在时刻 t_1 穿过回路所围面积的磁通量为 Φ_{m1}，在时刻 t_2 穿过回路所围面积的磁通量为 Φ_{m2}。在 Δt 时间内，通过回路的感应电荷量为

$$q = \int_{t_1}^{t_2} I\,dt = -\frac{1}{R}\int_{\Phi_{m1}}^{\Phi_{m2}} d\Phi_m = \frac{1}{R}\left|\Phi_{m1} - \Phi_{m2}\right| \tag{10-8}$$

确定感应电动势的方向，可以有两种方法。

一是由法拉第电磁感应定律判定，式(10-6)中的负号反映的就是感应电动势的方向。具体方法是：先标定一个方向为回路的绕行正方向，并规定回路所围面积的正法线方向 $\boldsymbol{n}$ 与回路绕行方向遵守右手螺旋法则。然后确定通过回路面积的磁通量 Φ_m 的正负：穿过回路面积的 $\boldsymbol{B}$ 的方向与正法线方向 $\boldsymbol{n}$ 相同时 Φ_m 为正，相反则 Φ_m 为负，最后再考虑 Φ_m 的变化。(如图 10-5 所示)

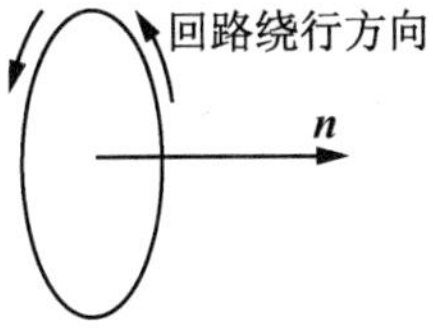

图 10-5　回路正法线方向的确定

从式(10-6)来看，感应电动势 ε_i 的正、负只由 $\frac{d\Phi_m}{dt}$ 决定。若 $\frac{d\Phi_m}{dt}>0$，则 $\varepsilon_i<0$；若 $\frac{d\Phi_m}{dt}<0$，则 $\varepsilon_i>0$，表示电动势 ε_i 的方向与回路选定的绕行正方向相同。图 10-6 给出了线圈中磁通量变化的情形，我们都选定图中箭头方向为回路的绕行方向，则可按上述方法判断回路中的电动势方向，如图 10-6 所示。

俄国物理学家楞次(H. F. Lenz，1804—1865)在 1833 年提出了一种判断感应电流方向的法则，称为楞次定律。其内容是：闭合回路中感应电流的方向，总是使它所产生的磁场反抗引起感应电流的磁通量的变化。

当线圈向磁棒的 N 极运动[如图 10-7(a)所示]或磁棒的 N 极向线圈移动[如图 10-7(b)所示]时，穿过线圈的磁通量增加。由楞次定律可知，感应电流所激发的磁场将阻碍线圈

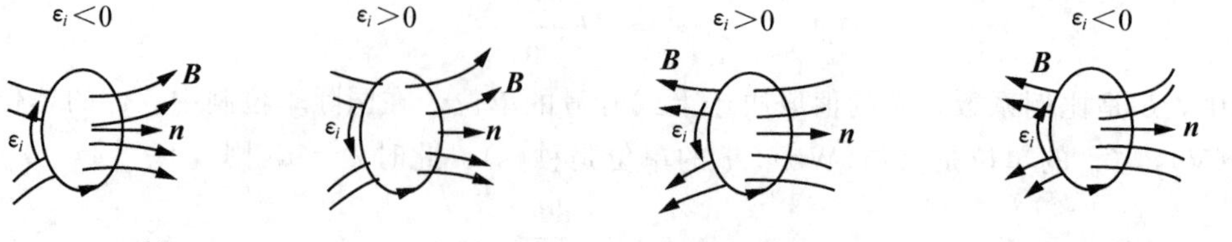

(a) $\Phi_m>0,\ \dfrac{d\Phi_m}{dt}>0$ (b) $\Phi_m>0,\ \dfrac{d\Phi_m}{dt}<0$ (c) $\Phi_m<0,\ \dfrac{d\Phi_m}{dt}<0$ (d) $\Phi_m<0,\ \dfrac{d\Phi_m}{dt}>0$

图 10-6 感应电动势方向的确定

中磁通量的增加，因此感应电流所激发的磁场方向应当与磁棒的磁场方向相反，以反抗磁棒在线圈内磁通量的增加。根据右手定则，可判定感应电流的方向(俯视为顺时针方向)。当线圈向磁棒的 S 极运动[如图 10-7(c)所示]或磁棒的 S 极向线圈移动时[如图 10-7(d)所示]，穿过线圈的磁通量增加。由楞次定律可知，感应电流所激发的磁场方向，同图10-7(a)(b)一样仍与磁棒的磁场方向相反。根据右手定则可判定此时感应电流的方向(俯视为逆时针方向)。如图 10-7(e)所示，如果磁棒的 N 极离开线圈或线圈背离磁棒的 N 极运动，则穿过线圈的磁通量减少，那么感应电流所激发的磁场方向应当与磁棒的磁场方向相同，以补偿磁棒在线圈内磁通量的减少。据此可判定线圈中感应电流的方向(俯视为逆时针方向)。

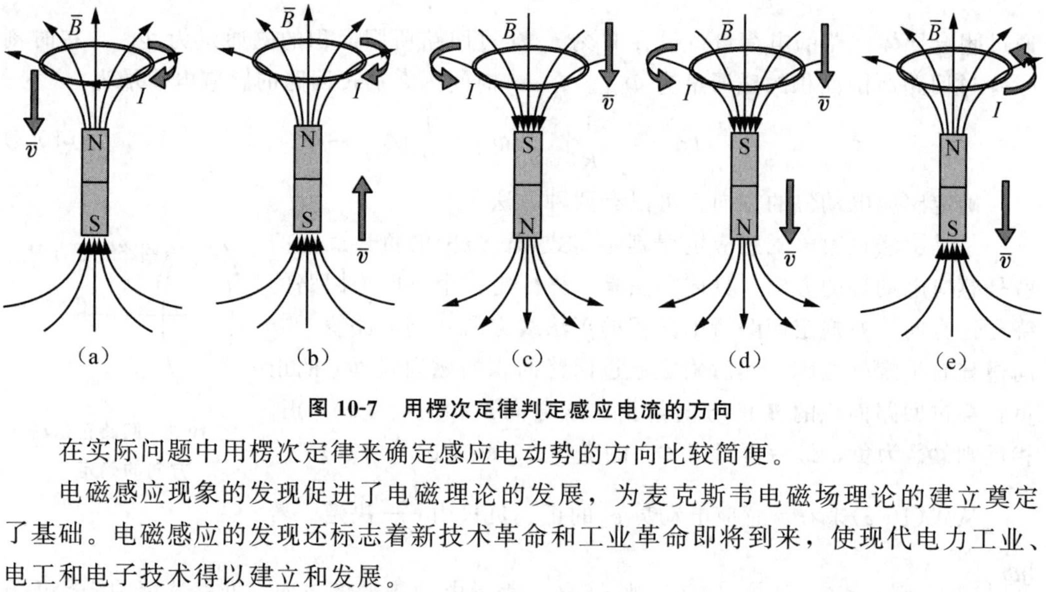

(a) (b) (c) (d) (e)

图 10-7 用楞次定律判定感应电流的方向

在实际问题中用楞次定律来确定感应电动势的方向比较简便。

电磁感应现象的发现促进了电磁理论的发展，为麦克斯韦电磁场理论的建立奠定了基础。电磁感应的发现还标志着新技术革命和工业革命即将到来，使现代电力工业、电工和电子技术得以建立和发展。

例 10-1 如图 10-8 所示，在通有电流 $I=I_0+kt$(I_0，k 皆为正的恒量，t 为时间)的长直导线近旁有一等腰直角三角形线框 MNP，两者共面，MN 与直导线平行，且相距为 a，三角形的直角边的长也是 a。求线框中感应电动势的大小和方向。

解 建立如图 10-8 所示的直角坐标系 Oxy，则 NP 边满足的方程为 $y=2a-x$。长直电流所激发的磁场是非均匀磁场，在 x 处激发的磁感应强度的大小 $B=\dfrac{\mu_0 I}{2\pi x}$，方向垂直纸面向里。取如图 10-8 所示的面积元 d$\boldsymbol{S}$(阴影部分，其法向取垂直纸面向里)，则通过面积元 d$\boldsymbol{S}$ 的磁通量

$$d\Phi_m = \boldsymbol{B}\cdot d\boldsymbol{S} = B\cdot y\,dx = \frac{\mu_0 I}{2\pi x}(2a-x)\,dx$$

穿过直角三角形所包围面积的总磁通量为

$$\Phi_m = \int_S d\Phi_m = \int_a^{2a} \frac{\mu_0 I}{2\pi x}(2a-x)\,dx$$

$$= \frac{\mu_0 I a}{2\pi}(2\ln 2 - 1) = \frac{\mu_0 a(I_0 + kt)}{2\pi}(2\ln 2 - 1)$$

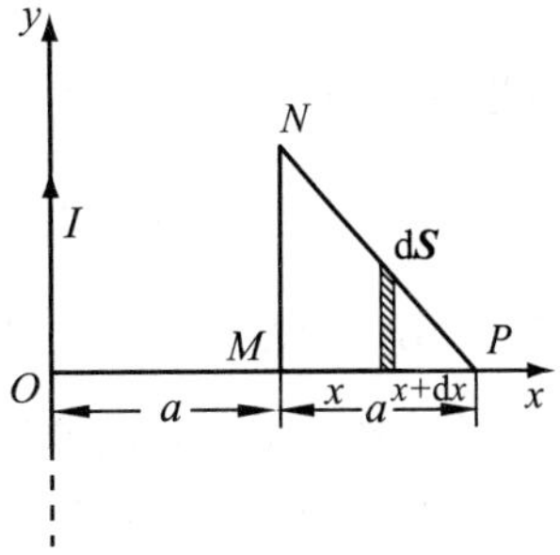

图 10-8　例 10-1 图

由法拉第电磁感应定律得线框内的感应电动势为

$$\varepsilon_i = -\frac{d\Phi_m}{dt} = -\frac{\mu_0 k a}{2\pi}(2\ln 2 - 1)$$

因为 $\varepsilon_i < 0$，所以 ε_i 的方向与回路绕行方向相反，即沿逆时针方向。

由楞次定律亦可得到，为了反抗穿过线圈所包围面积、垂直图面向里的磁通量的增加，线圈中 ε_i 的绕行方向是逆时针的。

若线框由 N 匝导线组成，线圈的总感应电动势为

$$\varepsilon_i = -N\frac{d\Phi_m}{dt} = -\frac{\mu_0 N k a}{2\pi}(2\ln 2 - 1)$$

例 10-2　在磁感强度为 $\boldsymbol{B}$ 的均匀磁场中，有一平面线圈，由 N 匝导线绕成。线圈以角速度 $\boldsymbol{\omega}$ 绕如图 10-9 所示 OO' 轴转动，$OO' \perp \boldsymbol{B}$，设开始时线圈平面的法线 $\boldsymbol{n}$ 与矢量 $\boldsymbol{B}$ 平行，求线圈中的感应电动势。

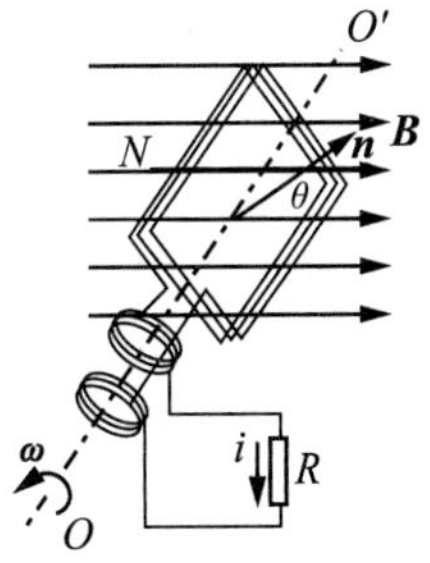

图 10-9　例 10-2 图

解　因 $t=0$ 时，线圈平面的法线 $\boldsymbol{n}$ 与矢量 $\boldsymbol{B}$ 平行，所以任一时刻线圈平面的法线 $\boldsymbol{n}$ 与矢量 $\boldsymbol{B}$ 的夹角为 $\theta=\omega t$。因此任一时刻穿过该线圈的磁通链

$$\Psi_m = N\Phi_m = NBS\cos\theta = NBS\cos\omega t$$

根据电磁感应定律，这时线圈中的感应电动势为

$$\varepsilon_i = -\frac{d\Psi_m}{dt} = -\frac{d}{dt}(NBS\cos\omega t) = NBS\omega\sin\omega t$$

式中，N，B，S 和 ω 都是常量，令 $NBS\omega = \varepsilon_m$，叫作电动势振幅，则

$$\varepsilon_i = \varepsilon_m \sin\omega t$$

如果回路电阻为 R，则电路中的电流为

$$I_i = \frac{\varepsilon_m}{R}\sin\omega t = I_m \sin\omega t$$

式中，$I_m = \dfrac{\varepsilon_m}{R}$ 叫作电流振幅。

上述结果说明，在匀强磁场内转动的线圈中产生的电动势随时间周期性变化，这种电动势称为交变电动势。在交变电动势的作用下，线圈中的电流也是交变的，称为交变电流或交流，这就是交流发电机的电磁原理。我国工业和民用交流电的频率为 50 Hz。

10.3 动生电动势和感生电动势

法拉第电磁感应定律表明，不论何种原因，只要穿过回路所包围面积的磁通量发生变化，回路中就要产生感应电动势。根据磁通量的定义式 $\Phi_m=\int_S B\cos\theta \mathrm{d}S$，不难看出引起磁通量变化的原因不外乎两类：一类是磁场分布保持不变，导体回路或导体在磁场中运动，由此产生的感应电动势，称为动生电动势；另一类是导体回路不动，磁场随时间发生变化，由此产生的感应电动势，称为感生电动势。下面，我们分别讨论这两种电动势。

10.3.1 动生电动势

如图 10-10 所示，在匀强磁场 $\boldsymbol{B}$ 中，有一闭合回路 $abcda$，长为 L 的导线 ab 以速度 $\boldsymbol{v}$ 向右运动，滑动时保持 ab 与 dc 平行。由于导线和磁场之间的相对运动将在 ab 段产生感应电动势，这就是动生电动势。

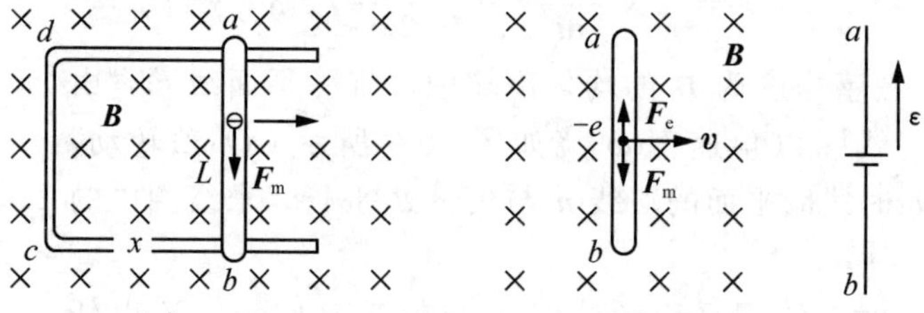

图 10-10 动生电动势

导线 ab 在如图 10-10(a)所示位置时，通过闭合回路 $abcda$ 所包围面积 S 的磁通量大小为

$$\Phi_m=B\cdot S=BLx$$

式中，x 为 cb 的长度，当 ab 在运动时，x 对时间的变化率 $\frac{\mathrm{d}x}{\mathrm{d}t}=v$，所以动生电动势的数值为

$$\varepsilon_i=\left|-\frac{\mathrm{d}\Phi_m}{\mathrm{d}t}\right|=\frac{\mathrm{d}}{\mathrm{d}t}(BLx)=BL\frac{\mathrm{d}x}{\mathrm{d}t}=BLv \tag{10-9}$$

我们很容易确定动生电动势的方向为由 b 指向 a，a 点的电势高于 b 点。

从微观上看，当 ab 以 $\boldsymbol{v}$ 向右运动时，ab 上的自由电子被带着以同一速度向右运动，因而每个自由电子都受到洛伦兹力 $\boldsymbol{F}_m$ 的作用，$\boldsymbol{F}_m=-e\boldsymbol{v}\times\boldsymbol{B}$。

式中，$-e$ 为电子所带的电量，$\boldsymbol{F}_m$ 的方向沿导线由 a 指向 b，电子在洛伦兹力的作用下，沿导线由 a 端向 b 端移动，在导体回路中形成电流。显然，洛伦兹力就是动生电动势的非静电力。如果导体 ab 没有与导体框架相接触，如图 10-10(b)所示，洛伦兹力驱使电子向导体 b 端累积，致使 b 端成负电端，即低电位端，a 端则由于电子的减少而积累正电，成为正电端，即高电位端，从而在导体内形成静电场。此时电子还要受到静电场力 $\boldsymbol{F}_e$ 的作用，当静电场力 $\boldsymbol{F}_e$ 与洛伦兹力 $\boldsymbol{F}_m$ 相平衡时，a，b 两端间便有稳定的电动势。可见，在磁场中运动的一段导体就相当于一个电源。

由电源电动势定义知，电源把单位正电荷经电源内部从负极移向正极的过程中，非静电力所做的功为电源电动势。这里，非静电场强就是作用在单位正电荷上的洛伦兹力，用 $\boldsymbol{E}_k$ 表示，则 $\boldsymbol{E}_k=\frac{\boldsymbol{F}_m}{-e}=\boldsymbol{v}\times\boldsymbol{B}$。

由电源电动势的定义知，ab 中产生的动生电动势就是这种非静电力场作用的结果。因此

$$\varepsilon_i=\int_-^+\boldsymbol{E}_k\cdot \mathrm{d}\boldsymbol{l}=\int_b^a(\boldsymbol{v}\times\boldsymbol{B})\cdot \mathrm{d}\boldsymbol{l} \tag{10-10}$$

积分遍及整个导线。式中，ε_i 的方向就是 $\boldsymbol{v}\times\boldsymbol{B}$ 的矢积方向，即若其大小 $\varepsilon_i>0$，ε_i 的方向为由 b 指向 a；若其大小 $\varepsilon_i<0$ 时，ε_i 则为由 a 指向 b。

因为 $\boldsymbol{v}\perp\boldsymbol{B}$，而且单位正电荷受力的方向就是 $\boldsymbol{v}\times\boldsymbol{B}$ 的矢积方向，并与 $\mathrm{d}\boldsymbol{l}$ 方向一致，于是有 $\varepsilon_i=\int_b^a(\boldsymbol{v}\times\boldsymbol{B})\cdot \mathrm{d}\boldsymbol{l}=\int_b^a vB\,\mathrm{d}l=vBL$。

这是从微观上分析动生电动势产生的原因所得的结果，显然它与通过回路磁通量变化计算的结果式(10-9)是一致的。无论是动生电动势还是感生电动势，都是由磁通量的变化引起的，都可以根据法拉第电磁感应定律计算电动势。式(10-10)为我们提供了另一种计算动生电动势的重要方法，可见，计算动生电动势有两种方法可供选择，式(10-10)是计算动生电动势的普遍式。若导线是闭合的，上式结果与法拉第电磁感应定律结果相同，若导线为非闭合，法拉第电磁感应定律不能直接使用，但上式仍成立。

例 10-3 如图 10-11 所示，一根长为 L 的铜棒，在磁感应强度为 $\boldsymbol{B}$ 的均匀磁场中以角速度 $\boldsymbol{\omega}$ 在与磁场方向垂直的平面内绕棒的一端 O 匀速转动，求铜棒中的动生电动势，并回答哪一端电势高。

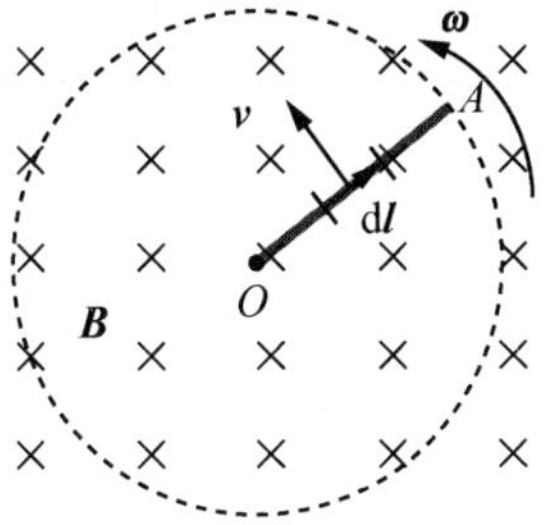

图 10-11 例 10-3 图

解法 1： 用电动势定义求解

虽然铜棒是在均匀磁场中运动，但旋转中铜棒上各处的线速度均不相同，需用积分法求解。

在棒上距 O 为 l 处取线元 $\mathrm{d}\boldsymbol{l}$，规定 $\mathrm{d}\boldsymbol{l}$ 方向由 O 指向 A，其速度大小 $v=l\omega$，方向垂直于 OA，也垂直于磁场 $\boldsymbol{B}$，显然 $\boldsymbol{v}$，$\boldsymbol{B}$，$\mathrm{d}\boldsymbol{l}$ 相互垂直，按动生电动势公式(10-10)，该线元上的动生电动势 $\mathrm{d}\varepsilon_i$ 大小为

$$\mathrm{d}\varepsilon_i=(\boldsymbol{v}\times\boldsymbol{B})\cdot \mathrm{d}\boldsymbol{l}=vB\sin(\boldsymbol{v},\ \boldsymbol{B})\mathrm{d}l\cos\pi=-Bv\,\mathrm{d}l=-B\omega l\,\mathrm{d}l$$

式中，负号表明 $\mathrm{d}\varepsilon_i$ 的方向与选取的线元 $\mathrm{d}\boldsymbol{l}$ 的方向相反，即由 A 指向 O，O 端电势较高。

长度为 L 的金属棒可以分成许多小段，各小段均有 $\mathrm{d}\varepsilon_i$，而且方向都相同。整个金属棒可以看作是各小段的串联。其总电动势大小等于各小段动生电动势的代数和。于是有

$$\varepsilon_i=-\int_O^A \mathrm{d}\varepsilon_i=\int_0^L B\omega l\,\mathrm{d}l=\frac{1}{2}B\omega L^2$$

ε_i 的方向为由 A 指向 O，故 O 端电势高。

也可以这样确定电动势的方向：因为自由电子受到的洛伦兹力方向由 O 指向 A，

所以 A 端聚集了负电荷为负端，因而 O 端为正端，O 端电势较高。

解法 2：用法拉第电磁感应定律求解。

可以这样理解此题：当棒转过 $\mathrm{d}\theta$ 角时，它所扫过的扇形面积为 $\mathrm{d}S=L^2\mathrm{d}\theta/2$，通过此面积的磁感线显然都被此棒所切割，如棒 $\mathrm{d}t$ 时间内转过角 $\mathrm{d}\theta$，有 $\omega=\frac{\mathrm{d}\theta}{\mathrm{d}t}$，则棒在单位时间内所切割的磁感线数目，即为所求的金属棒中的动生电动势大小。由于金属棒是在均匀磁场中转动，因此 $\mathrm{d}t$ 时间内通过扇形面积的磁通量为 $\mathrm{d}\Phi_\mathrm{m}=\boldsymbol{B}\cdot\mathrm{d}\boldsymbol{S}=B\mathrm{d}S$，由电磁感应定律可得感应电动势大小为

$$\varepsilon_\mathrm{i}=\left|\frac{\mathrm{d}\Phi_\mathrm{m}}{\mathrm{d}t}\right|=\frac{B\mathrm{d}S}{\mathrm{d}t}=\frac{1}{2}BL^2\frac{\mathrm{d}\theta}{\mathrm{d}t}=\frac{1}{2}BL^2\omega$$

显然，这一结果与第一种解法得到的结果完全相同，ε_i 方向的判断也可同第一种解法。

例 10-4 直导线 AB 以速率 v 沿平行于载流长直导线的方向运动，AB 与载流长直导线共面，且与它垂直，如图 10-12 所示。设长直导线中的电流强度为 I，导线 AB 的长度为 L，A 端到直导线的距离为 d，求导线 AB 中的动生电动势，并判断哪端电势较高。

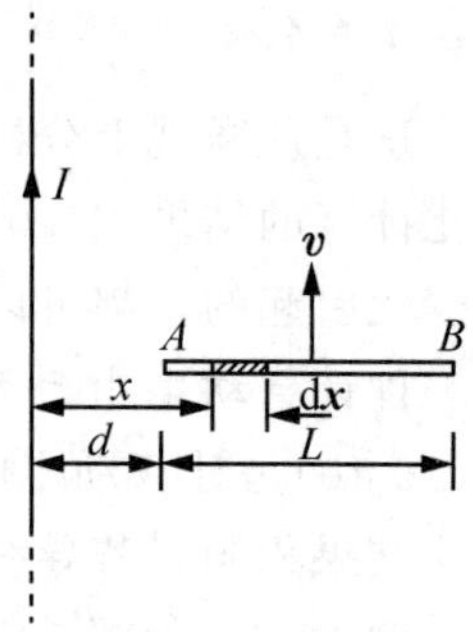

图 10-12 例 10-4 图

解 用电动势定义求解。

长直载流导线所激发的磁场是非匀强磁场，导线 AB 上各处的磁场大小不同。在导线 AB 上距长直载流导线 x 处取一线元 $\mathrm{d}\boldsymbol{x}$，取其正方向由 A 指向 B。该线元所在处磁感应强度的大小为 $B=\frac{\mu_0 I}{2\pi x}$。

显然 $\boldsymbol{v}$，$\boldsymbol{B}$，$\mathrm{d}\boldsymbol{l}$ 相互垂直，按动生电动势公式(10-10)，该线元 $\mathrm{d}\boldsymbol{x}$ 上的动生电动势 $\mathrm{d}\boldsymbol{\varepsilon}_\mathrm{i}$ 大小为

$$\mathrm{d}\varepsilon_\mathrm{i}=(\boldsymbol{v}\times\boldsymbol{B})\cdot\mathrm{d}\boldsymbol{x}=vB\cos\pi\mathrm{d}x=-Bv\mathrm{d}x=-\frac{\mu_0 I}{2\pi x}v\mathrm{d}x$$

由此可得 AB 导线上总电动势大小为

$$\varepsilon_\mathrm{i}=\int_A^B\mathrm{d}\varepsilon_\mathrm{i}=-\int_d^{d+L}\frac{\mu_0 I}{2\pi x}v\mathrm{d}x=-\frac{\mu_0 Iv}{2\pi}\ln\frac{d+L}{d}$$

负号表明 ε_i 的方向与选取的线元正方向相反，即由 B 指向 A，A 端电势较高。

10.3.2 感生电动势

在如图 10-4(a)所示的实验中，当线圈 B 的开关合上及断开的瞬时，线圈 A 中的电流计指针会发生偏转，这是因为开关合上及断开时，随时间变化的电流激发变化的磁场，使通过线圈 A 的磁通量发生变化，从而在线圈中产生感应电动势，形成感应电流。这种由于磁场的变化而产生的电动势就是感生电动势。

产生感生电动势时，非静电力是什么？由于回路不动，导线中的自由电子没有宏观上的定向运动，因此回路中产生感生电动势的非静电力不是洛伦兹力。另外，它也不是库仑力，因为库仑力是静止电荷的相互作用，这里并不存在对线圈 A 中的自由电

子施加库仑力的静止电荷。为探索感生电动势非静电力的本质，麦克斯韦分析和研究了有关的实验现象，由于这时的感应电流是原来宏观静止的电荷受非静电力作用形成的，这种力能对静止电荷发生作用，故本质上是电场力，并且这种电场是变化的磁场引起的。于是，麦克斯韦认为，随时间变化的磁场在其周围会激发一种电场，这种电场称为感生电场，其场强用 $\boldsymbol{E}_{\mathrm{k}}$ 表示。感生电场对电荷有力的作用，正是这种力提供了感生电动势的非静电力。

感生电场与静电场的相同之处就是都对电荷有作用力，但是，这两种电场的性质有很大的区别。静电场存在于静止电荷周围的空间内，而感生电场则是由变化磁场所激发的；静电场的电场线起始于正电荷，终止于负电荷，静电场是保守场；而感生电场则不同，单位正电荷在感生电场中绕闭合回路一周，感生电场力所做的功不等于零，根据电动势的定义，应等于回路中的感生电动势，即

$$\varepsilon_{\mathrm{i}}=\oint_{L}\boldsymbol{E}_{\mathrm{k}}\cdot\mathrm{d}\boldsymbol{l}$$

这是由麦克斯韦感生电场的假设而得到的感生电动势表示式。

上式表明感生电场的环流一般不等于零，即感生电场是非保守场，同时也说明感生电场线是无头无尾的闭合曲线，所以感生电场也称为涡旋电场。

由于感生电动势可由法拉第电磁感应定律表示，上式可表示为

$$\varepsilon_{\mathrm{i}}=\oint_{L}\boldsymbol{E}_{\mathrm{k}}\cdot\mathrm{d}\boldsymbol{l}=-\frac{\mathrm{d}\Phi_{\mathrm{m}}}{\mathrm{d}t}\tag{10-11}$$

式中，Φ_{m} 是通过回路所围曲面的磁通量。

从场的观点来看，场的存在并不取决于空间有无导体回路存在，变化的磁场总是要在空间激发感生电场。因此，无论闭合回路是否由导体组成，也无论回路是处在真空或介质中，式(10-11)均适用。也就是说，如果有导体回路存在，感生电场的作用就是驱使导体中的自由电子定向运动，从而形成感应电流。如果不存在导体回路，但变化磁场激发的感生电场还是客观存在的。近代科学实验证实麦克斯韦提出的感生电场是客观存在的，并且在实际中得到了很重要的应用，如电子感应加速器就是利用感生电场来加速电子的。

物理应用：
涡电流及应用

由于磁通量 $\Phi_{\mathrm{m}}=\int_{S}\boldsymbol{B}\cdot\mathrm{d}\boldsymbol{S}$，所 以，式(10-11)也可以写成

$$\varepsilon_{\mathrm{i}}=\oint_{L}\boldsymbol{E}_{\mathrm{k}}\cdot\mathrm{d}\boldsymbol{l}=-\frac{\mathrm{d}}{\mathrm{d}t}\int_{S}\boldsymbol{B}\cdot\mathrm{d}\boldsymbol{S}$$

若闭合回路是静止的，即所围曲面面积不随时间变化，上式亦可写成

$$\varepsilon_{\mathrm{i}}=\oint_{L}\boldsymbol{E}_{\mathrm{k}}\cdot\mathrm{d}\boldsymbol{l}=-\int_{S}\frac{\mathrm{d}\boldsymbol{B}}{\mathrm{d}t}\cdot\mathrm{d}\boldsymbol{S}$$

考虑到 $\boldsymbol{B}$ 不仅是时间的函数，而且也是空间的函数，所以有

$$\varepsilon_{\mathrm{i}}=\oint_{L}\boldsymbol{E}_{\mathrm{k}}\cdot\mathrm{d}\boldsymbol{l}=-\int_{S}\frac{\partial\boldsymbol{B}}{\partial t}\cdot\mathrm{d}\boldsymbol{S}\tag{10-12}$$

物理应用：
电磁悬浮技术

上式是电磁学的基本方程之一，它给出了变化的磁场 $\frac{\mathrm{d}\boldsymbol{B}}{\mathrm{d}t}$ 和它所激

发的感生电场 $\boldsymbol{E}_k$ 之间的定量关系。式中 $\frac{\partial \boldsymbol{B}}{\partial t}$ 是闭合回路所围面积内的磁感应强度随时间的变化率，且 $\frac{\partial \boldsymbol{B}}{\partial t}$ 与 $\boldsymbol{E}_k$ 线的绕行方向遵从左螺旋关系（如图 10-13 所示）。

根据式(10-12)，在磁场具有一定对称性的条件下，可由 $\oint_L \boldsymbol{E}_k \cdot d\boldsymbol{l} = -\int_S \frac{\partial \boldsymbol{B}}{\partial t} \cdot d\boldsymbol{S}$ 求 $\boldsymbol{E}_k$ 的分布，在一般情况下，求感生电场的空间分布则比较困难。

当处在变化的磁场中的是大块金属导体或该导体在磁场中运动时，由于电磁感应，其内部会出现涡旋状感应电流，这些电流在金属内部形成一个个闭合回路，简称涡电流或涡流。

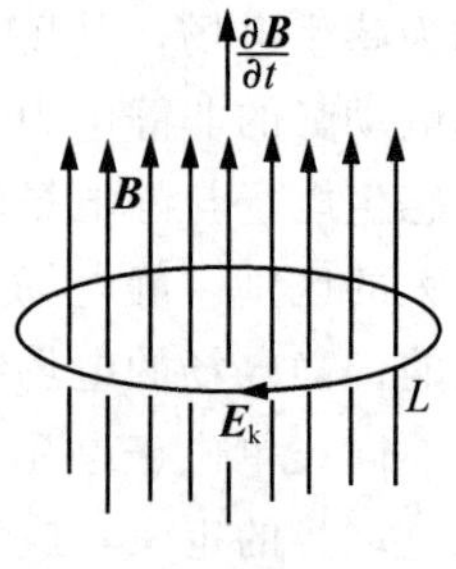

图 10-13　$\frac{\partial \boldsymbol{B}}{\partial t}$ 与 $\boldsymbol{E}_k$ 线成左螺旋关系

*10.4　自感与互感

由法拉第电磁感应定律可知，当穿过闭合回路的磁通量发生改变时，该闭合回路内就一定有感应电动势出现。前面几节我们研究了动生和感生电动势，本节我们将把法拉第电磁感应定律应用到实际电路中去，讨论在实际中有着广泛应用的两种电磁感应现象——自感和互感。

10.4.1　自感

如图 10-14 所示，当回路中电流发生变化时，它所激发的磁场使穿过自身回路的磁通量也发生变化，因而在回路中激发感应电动势。这种因回路电流变化而在回路中引起的电磁感应现象称为自感现象，所产生的感应电动势叫作自感电动势。通过前面学习我们已经知道，通过一个线圈回路的磁通量发生变化时，就会在线圈回路中产生感应电动势，而不管其磁通量改变是由什么原因引起的。

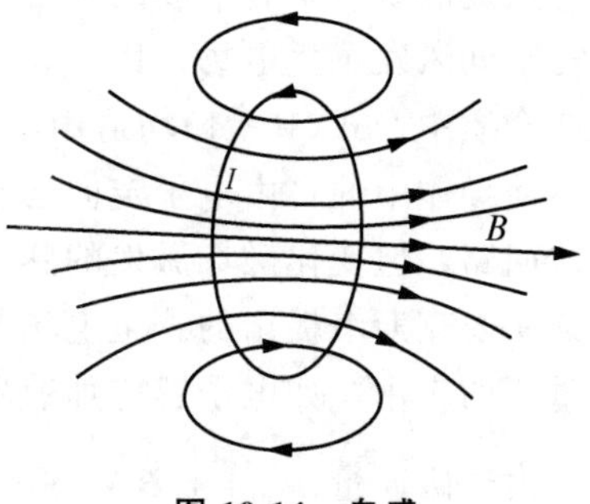

图 10-14　自感

考虑一闭合回路，通以电流 i，根据毕奥-萨伐尔定律，此电流在空间任一点激发的磁场与电流 i 成正比，当通电回路是一个密绕线圈，或一个环形螺线管，或一个边缘效应可忽略的直螺线管，在这些情况下，由回路电流 i 产生的穿过每匝线圈的磁通量 Φ_m 都可看作是相等的，因而穿过 N 匝线圈的磁链 $\Psi = N\Phi_m$ 与线圈中的电流强度 i 成正比，即

$$\Psi = Li \tag{10-13}$$

式中，L 为比例系数，称为回路的自感系数，简称自感。

自感在量值上等于回路中的电流为单位电流时，穿过回路本身所围面积的磁通量。它是表征回路电磁性质的物理量，只与回路的大小、形状、线圈的匝数以及周围磁介质的性质有关。在国际单位制中，自感的单位是亨利，其符号是 H。由式(10-13)可知，1 H=1 Wb·A^{-1}。实际应用时由于亨利单位太大，常用的是毫亨(mH)、微亨(μH)。

当回路的大小、形状以及周围磁介质的磁导率不变而回路电流随时间变化时，根据法拉第电磁感应定律，回路中的自感电动势为

$$\varepsilon_L=-\frac{\mathrm{d}\Psi}{\mathrm{d}t}=-\frac{\mathrm{d}(Li)}{\mathrm{d}t}=-\left(L\frac{\mathrm{d}i}{\mathrm{d}t}+i\frac{\mathrm{d}L}{\mathrm{d}t}\right)$$

当线圈本身参数不变，且周围介质为弱磁质(无铁磁质)时，自感系数是一与电流无关的恒量，即$\frac{\mathrm{d}L}{\mathrm{d}t}=0$，则

$$\varepsilon_L=-L\frac{\mathrm{d}i}{\mathrm{d}t} \tag{10-14}$$

上式表明，当电流变化率相同时，自感系数 L 越大的回路，其自感电动势也越大。

式中，负号是楞次定律的数学表示，它指出自感电动势的方向总是反抗回路中电流的改变。当电流增加时，自感电动势与原电流的方向相反；当电流减小时，自感电动势与原电流的方向相同。可见，任何回路中只要有电流的改变，就必将在回路中产生自感电动势，自感电动势起着反抗回路电流变化的作用。换句话说，任何载流回路都具有保持原有电流不变的特性，这种特性被称为电磁惯性。显然，对于相同的电流变化率$\frac{\mathrm{d}i}{\mathrm{d}t}$，回路的自感系数 L 越大，自感电动势 ε_L 也越大，改变原有电流就越困难，所以，自感系数是电路电磁惯性的量度。

自感现象在电工和无线电技术中有广泛的应用。自感线圈是一个重要的电路元件，在电路中具有“通直流，阻交流；通低频，阻高频”的特性，如电工中的镇流器、无线电技术中的振荡线圈等。另外，将自感线圈与电容共同组成滤波电路，可使某些频率的交流信号顺利通过，而将另一些频率的交流信号挡住，从而达到滤波的目的。还可以利用自感线圈与电容器构成谐振电路。

在某些情况下，自感又是非常有害的。例如，大型的电动机、发电机等，它们的绕组线圈都具有很大的自感，在电闸接通和断开时，强大的自感电动势可能使电介质击穿，因此必须采取措施保证人员和设备的安全。

自感系数的计算一般比较复杂，一般用实验方法进行测量。对于一些形状规则的简单回路，可以通过计算求得。

例 10-5 求长直螺线管的自感系数。

解 设长直螺线管的长度为 L，横截面积为 S，总匝数为 N，充满磁导率为 μ 的磁介质，且 μ 为恒量。当通有电流 i 时，螺线管内的磁感强度大小为

$$B=\mu ni=\frac{\mu Ni}{L}$$

式中，μ 为充满螺线管内磁介质的磁导率。

则通过螺线管中每一匝的磁通量为 $\Phi_\mathrm{m}=BS$。

通过 N 匝螺线管的磁链为 $\Psi=N\Phi_\mathrm{m}=NBS=\frac{\mu N^2Si}{L}$。

根据自感的定义式(10-13)，可得螺线管的自感系数

$$L=\frac{\Psi}{i}=\frac{\mu N^2S}{L}$$

设 $n=\dfrac{N}{L}$ 为螺线管上单位长度的匝数，$SL=V$ 为螺线管的体积，则上式还可写为 $L=\mu n^2V$。

由结果可知，螺线管的自感系数只与自身参数有关。

10.4.2 互感

两个邻近的载流回路，由于一个回路的电流变化而在另一回路中产生感应电动势的现象称为互感现象，所产生的感应电动势叫作互感电动势。

如图 10-15 所示，两个相邻的线圈 1 和 2，分别通有电流 I_1 和 I_2，由毕奥-萨伐尔定律，I_1 产生的磁感应强度与 I_1 成正比，因此 I_1 产生的穿过线圈 2 的磁通量 Ψ_{21} 也与 I_1 成正比，即

$$\Psi_{21}=M_{21}I_1$$

式中，M_{21} 是比例系数。同理，线圈 2 中电流 I_2 所产生的穿过线圈 1 的磁通量 Ψ_{12} 与 I_2 成正比，即

$$\Psi_{12}=M_{12}I_2$$

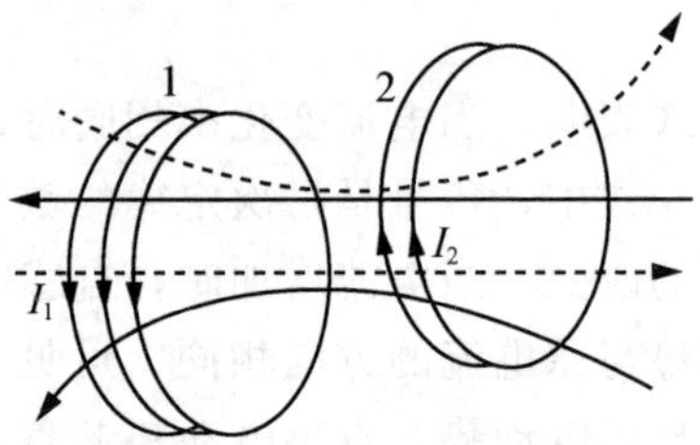

图 10-15　互感现象

式中，M_{12} 是比例系数。理论和实验都证明，在两个回路的大小、形状、匝数、相对位置以及周围磁介质的磁导率都保持不变时，M_{21} 和 M_{12} 是相等的。如果令 $M_{21}=M_{12}=M$，则上述两式为

$$\Psi_{21}=MI_1 \tag{10-15a}$$

$$\Psi_{12}=MI_2 \tag{10-15b}$$

M 称为两个回路的互感系数，简称互感。它与两回路的结构(形状、大小、匝数)、相对位置及周围磁介质的磁导率有关，而与回路中的电流无关。如果回路周围有铁磁质存在，互感系数就与回路中的电流有关。

由式(10-15a)、式(10-15b)可知，两个回路间的互感 M 在数值上等于其中一个线圈中的电流为一个单位时，穿过另一回路所围面积的磁通量。互感系数的单位和自感系数一样，在国际单位制中为亨利(H)，常用的是毫亨(mH)或微亨(μH)等。

在两回路的自身条件不变的情况下，当回路 1 中电流发生改变时，将在回路 2 中激起互感电动势 ε_{21}。根据法拉第电磁感应定律，其大小为

$$\varepsilon_{21}=-\frac{\mathrm{d}\Psi_{21}}{\mathrm{d}t}=-M\frac{\mathrm{d}I_1}{\mathrm{d}t} \tag{10-16a}$$

同理，回路 2 中电流发生变化时，在回路 1 中激起互感电动势 ε_{12}，大小为

$$\varepsilon_{12}=-\frac{\mathrm{d}\Psi_{12}}{\mathrm{d}t}=-M\frac{\mathrm{d}I_2}{\mathrm{d}t} \tag{10-16b}$$

两式中的负号表示，在一个线圈中所激起的互感电动势要反抗另一线圈中电流的变化。

由此可见，一个线圈中的互感电动势正比于另一个线圈的电流变化率，也正比于它们的互感系数。当电流变化量一定时，互感系数越大互感电动势就越大，互感系数是表征两个回路相互感应能力强弱的物理量。

互感现象在无线电技术和电磁测量中有广泛应用，通过互感线圈能够使能量或信号由一个线圈传递到另一个线圈。各种变压器以及电压和电流互感器都是利用互感现

象制成的。但在有的情况下互感却是有害的。例如，电路间由于互感而相互干扰，影响正常工作，这时可采用磁屏蔽等方法来减少这种干扰。

与自感系数一样，互感系数通常是通过实验来测定的，只有在一些简单回路的情况下才可以通过计算求得。

例 10-6 变压器是根据互感原理制成的。如图 10-16 所示，设某一变压器的原线圈和副线圈是相同的两个长度为 l、半径为 R 同轴长直螺线管，它们的匝数分别为 N_1 和 N_2，管内磁介质的磁导率为 μ。求：(1)两线圈间的互感系数；(2)两线圈的自感系数和互感系数的关系。

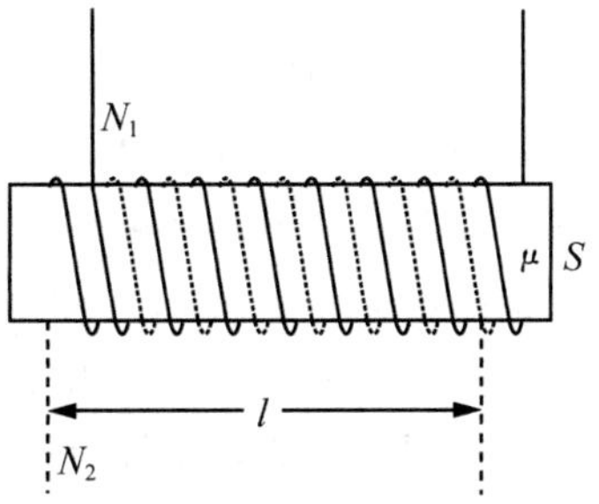

图 10-16 例 10-6 图

解 (1)设原线圈 1 中通有电流 I_1，管内的磁场可视为均匀磁场，磁感应强度 $\boldsymbol{B}_1$ 的大小为 $B_1=\mu n I_1=\mu\dfrac{N_1}{l}I_1$。

$\boldsymbol{B}_1$ 的方向与螺线管的轴线平行，通过副线圈的磁通量为

$$\Psi_{21}=MI_1=N_2B_1S_2=\mu\frac{N_1N_2S_2}{l}I_1$$

由互感系数的定义，互感系数为

$$M=\frac{\mu N_1N_2S_2}{l}$$

(2)由例 10-5 的计算结果，长直螺线管自感系数 $L=\dfrac{\mu N^2S}{l}$，故原线圈和副线圈的自感系数分别为 $L_1=\dfrac{\mu N_1^2S}{l}$，$L_2=\dfrac{\mu N_2^2S}{l}$。

由此可得 $M^2=L_1L_2$，即 $M=\sqrt{L_1L_2}$。

应该指出，这一结果只有在两个线圈各自产生的磁感应线完全通过对方线圈时才能成立，即它只是在无漏磁通存在的全耦合状态下才成立。一般情况下，$M<\sqrt{L_1L_2}$，可写成

$$M=k\sqrt{L_1L_2}$$

式中，k 为耦合系数，其值取决于两线圈的相对位置，通常 k 小于 1。

10.5 磁场的能量

我们知道，充电后的电容器储存一定的电能，那么，一个通有电流的线圈是否也储存了某种形式的能量呢？

在带电系统的形成过程中，外力必须克服静电力做功，以消耗其他形式的能量为代价，而转化为带电系统的电场能。同样，在电流形成的过程中，也要消耗其他形式的能量，而转化为电流的磁场能量。先考察一个具有自感的简单电路。

在如图 10-17 所示电路中，设灯泡的电阻为 R，其自感很小可以忽略不计。线圈由粗导线绕成，且自感系数 L 较大，而电阻很小，可忽略不计。

当电键闭合前，电路中没有电流，线圈也没有磁场。如果将电键倒向 2，线圈与电源接通，电流由零开始逐渐增大，最后达到稳定值。在电流增大的过程中，线圈里产生与电流方向相反的自感电动势以阻碍电流的增大，电源必须提供能量克服自感电动势做功。可见，电流在线圈内建立磁场的过程中，电源提供的能量分成两部分：一部分转化为电阻 R 上的焦耳热；另一部分还要克服自感电动势做功，而转化为线圈内的磁场能量。在电流达到稳定值 I 后，如果把电键突然倒向 1，此时电源虽已切断，但灯泡却不会立即熄灭，甚至会在瞬间显得更明亮后才熄灭。这是由于切断电源时，线圈中会产生与原来电流方向相同的、足够大的自感电动势，来反抗线圈中电流的突然消失，从而使线圈中的电流由 I 逐渐消失，线圈中的磁场能也随之逐渐消失。下面定量研究电路中电流增长时能量的转换情况。

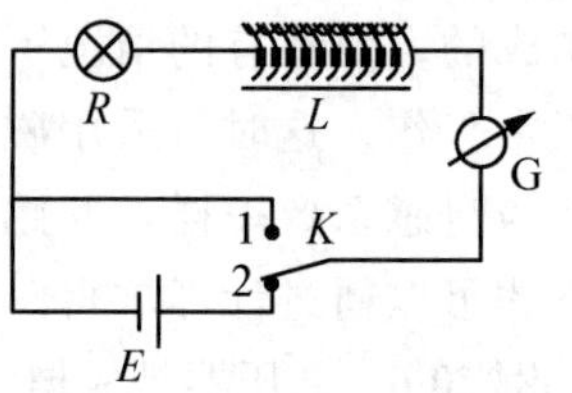

图 10-17　自感电路中的能量转换

设电路接通后回路中某瞬时的电流为 i，此时线圈中产生的自感电动势为 $\varepsilon_L=-L\dfrac{\mathrm{d}i}{\mathrm{d}t}$，由全电路欧姆定律得

$$\varepsilon-L\frac{\mathrm{d}i}{\mathrm{d}t}=Ri$$

对上式两边同乘 $i\mathrm{d}t$，有

$$\varepsilon i\mathrm{d}t-Li\mathrm{d}i=Ri^2\mathrm{d}t$$

当合上开关，时间从 $0\to t$ 时，相应电流从 $0\to I$，对上式积分得

$$\int_0^t\varepsilon i\mathrm{d}t=\int_0^i Li\mathrm{d}i+\int_0^t Ri^2\mathrm{d}t$$

式中，$\int_0^t\varepsilon i\mathrm{d}t$ 是 $0\to t$ 这段时间内电源提供的能量；$\int_0^t Ri^2\mathrm{d}t$ 是这段时间内消耗在电阻上的焦耳热；$\int_0^t Li\mathrm{d}i$ 是电源克服自感电动势所做的功。由于在电路中的电流从零增加到稳定值过程中，电路附近的空间只是逐渐建立一定强度的磁场，而无其他变化，所以，电源克服自感电动势所做的功在建立磁场的过程中转化成了磁场的能量。

显然，一个自感为 L，通有电流 I 的线圈所储存的磁能为

$$W_{\mathrm{m}}=\int_0^i Li\mathrm{d}i=\frac{1}{2}LI^2 \tag{10-17a}$$

载流线圈中的磁场能量通常又称为自感磁能。从公式中可以看出：在电流相同的情况下，自感系数 L 越大的线圈，回路储存的磁场能量越大。

螺线管的自感系数 $L=\mu n^2V$，而 $I=\dfrac{B}{\mu n}$。代入式(10-17a)得

$$W_{\mathrm{m}}=\frac{1}{2}LI^2=\frac{1}{2}\mu n^2VI^2=\frac{1}{2}\frac{B^2}{\mu}V$$

因 $B=\mu H$，或 $H=\dfrac{B}{\mu}=nI$，可得磁场能量的另一表达式

$$W_{\mathrm{m}}=\frac{1}{2}BHV \quad 或 \quad W_{\mathrm{m}}=\frac{1}{2}\mu H^2V \tag{10-17b}$$

V 为螺线管的体积，在通电时，管内的磁场应占据整个体积，所以 V 为充满磁场的空间体积。

长直螺线管内的磁场均匀地分布在体积 V 内，因此单位体积内的磁场能量，叫作磁能密度，用 ω_m 表示为

$$\omega_m=\frac{W_m}{V}=\frac{1}{2}\frac{B^2}{\mu}=\frac{1}{2}BH=\frac{1}{2}\mu H^2 \tag{10-18}$$

式(10-18)虽然是从长直螺线管这一特殊情况导出的，但可证明它具有普遍性，在任何磁场中均成立。式(10-17b)表明，磁场具有能量，磁场的能量存在于磁场所在的整个空间中。

由此可见，磁场与电场一样，是一种物质形态，因而具有能量。磁场能量与其他形式的能量可以相互转换，电磁感应现象就是能量转换的一种具体形式。对于均匀磁场，磁场能量 W_m 等于磁能密度 ω_m 乘磁场体积 V。磁场非均匀时，可把磁场所在空间划分为许多体积元 dV。任一体积元内，磁场可认为是均匀的，磁场能量等于磁能密度与磁场存在的空间体积的乘积，即

$$dW_m=\omega_m dV$$

则整个非均匀磁场的总磁能为

$$W_m=\int_V \omega_m dV$$

式中，积分应遍及磁场所分布的空间。

例 10-7 两个"无限长"的同轴圆筒状导体组成同轴电缆，其间充满磁导率为 μ 的磁介质，设内外圆筒的半径分别为 R_1 和 R_2，电流 I 由内筒流走，从外筒流回，如图 10-18 所示。求：(1)电缆内单位长度所存储的磁能；(2)电缆单位长度的自感。

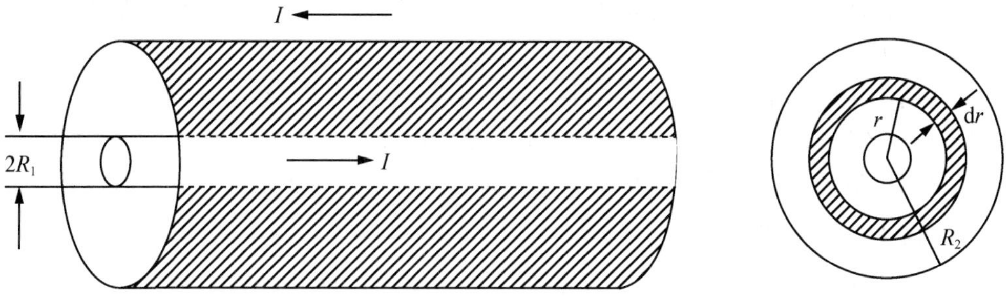

图 10-18 例 10-7 图

解 (1)根据电流的对称分布，由安培环路定理可求得，电缆内两同轴圆筒之间的磁感应强度大小为 $B=\dfrac{\mu I}{2\pi r}$。

取一半径为 r、厚度为 dr、长为 l 的同轴薄圆柱壳层为体积元，薄壳层的体积为 $dV=2\pi rl\,dr$。

薄壳层任意一点的磁场能量密度为 $\omega_m=\dfrac{B^2}{2\mu}=\dfrac{\mu I^2}{8\pi^2 r^2}$，则体积元 dV 内的磁场能量

$$dW_m=\omega_m dV=\frac{\mu I^2}{8\pi^2 r^2}2\pi rl\,dr=\frac{\mu I^2 l}{4\pi}\frac{dr}{r}$$

长为 l 的一段电缆内、外壳之间储存的磁能

$$W_m=\int_V \varepsilon_m \mathrm{d}V=\frac{\mu I^2 l}{4\pi}\int_{R_1}^{R_2}\frac{\mathrm{d}r}{r}=\frac{\mu I^2 l}{4\pi}\ln\frac{R_2}{R_1}$$

故，单位长度电缆内所储存的磁能$\frac{W_m}{l}=\frac{\mu I^2}{4\pi}\ln\frac{R_2}{R_1}$。

(2)由(10-17a)$W_m=\frac{1}{2}LI^2$，可求出单位长度电缆的自感为

$$\frac{L}{l}=\frac{W_m}{l}\frac{2}{I^2}=\frac{\mu}{2\pi}\ln\frac{R_2}{R_1}$$

*10.6 电磁场与电磁波

科学家介绍：麦克斯韦

拓展阅读：麦克斯韦的电磁理论

前面几章，我们分别介绍了静电场和恒定磁场的基本性质和基本规律，静电场和恒定磁场都是不随时间变化的静态场，然而最普遍的情形却是随时间变化的电磁场。法拉第电磁感应定律涉及变化的磁场能激发电场，麦克斯韦在研究了安培环路定律应用于随时间变化的电路电流间的矛盾之后，提出了“变化的电场激发磁场”的概念，从而进一步揭示了电场和磁场的内在联系及依存关系。在此基础上，麦克斯韦把特殊条件下总结出的电磁现象的规律归纳成体系完整的普遍的电磁场理论——麦克斯韦方程组。由电磁场理论，麦克斯韦还预言了电磁波的存在。1888 年，赫兹用实验证实了电磁波的存在，这给予了麦克斯韦电磁场理论以决定性的支持。

本节我们从麦克斯韦感生电场假设和位移电流假设入手，介绍反映电磁运动规律的麦克斯韦方程组。

麦克斯韦对电磁学的实验定律进行了多年研究，除提出“感生电场”概念外，又提出了“位移电流”的概念，于 1865 年建立了完整的电磁场理论——麦克斯韦方程组，并进一步指出电磁场可以波的形式传播，而且预言光是一定频率范围内的电磁波。

10.6.1 位移电流

麦克斯韦不仅认识到变化的磁场能激发感生电场，而且还在电磁理论的研究中，进一步提出了“随时间变化的电场能够激发磁场”的思想。这一思想是在研究电流连续性问题时作为一种假设提出来的。

我们知道，恒定电流和它所激发的磁场遵循安培环路定理，即

$$\oint_L \boldsymbol{H}\cdot\mathrm{d}\boldsymbol{l}=\int_S \boldsymbol{j}\cdot\mathrm{d}\boldsymbol{S}=I$$

式中，I 是穿过以 L 回路为边界的任意曲面 S 的传导电流，$\boldsymbol{j}$ 是电流密度。由于恒定电流是闭合的(连续的)，所以穿过以 L 为边界的任意曲面的电流都完全相同。

在电流非恒定情况下，安培环路定理是否仍然成立？以含有电容器的电路为例，无论电容器是充电还是放电，电路中的电流是随时间变化的非恒定电流。在电容器两极板之间无电流通过，即电流是不连续的。如图 10-19(a)所示，在极板 A 附近任取

一环路L，以L为边界分别取S_1和S_2两曲面，其中S_1是与导线相交的平面，S_2是在两极板之间的曲面，不与导线相交。对于曲面S_1，因有传导电流I_c穿过S_1面，由安培环路定理得

$$\oint_L \boldsymbol{H} \cdot \mathrm{d}\boldsymbol{l} = \int_{S_1} \boldsymbol{j} \cdot \mathrm{d}\boldsymbol{S} = I_c$$

对于曲面S_2，没有传导电流穿过，由安培环路定理得

$$\oint_L \boldsymbol{H} \cdot \mathrm{d}\boldsymbol{l} = \int_{S_2} \boldsymbol{j} \cdot \mathrm{d}\boldsymbol{S} = 0$$

上述结果表明，在非恒定电流的磁场中，磁场强度沿回路L的环流与选取的曲面有关，选取不同的曲面时，环流有不同的值，这说明安培环路定理不适用于非恒定电流的情形。

麦克斯韦认为上述矛盾的出现，是由于把磁场强度的环流看作是由唯一的传导电流决定的，而传导电流在电容器两极板间却中断了。他注意到，在电容器充放电过程中，电容器两极板间虽无传导电流，却存在着电场，电容器极板上自由电荷随时间变化的同时，极板间的电场也随时间变化着。

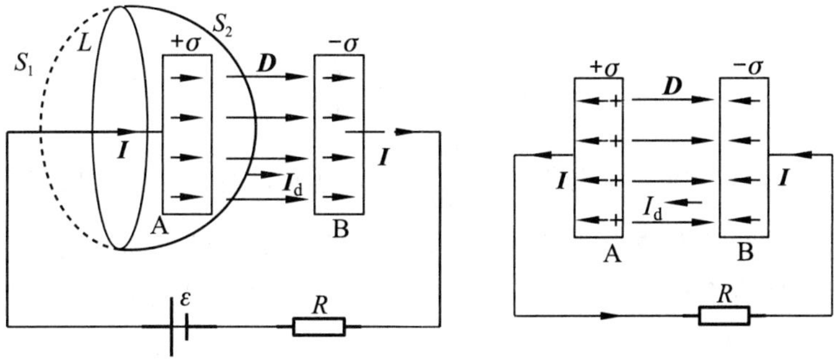

(a) 充电时　　(b) 放电时

图 10-19　位移电流

设某一时刻电容器极板A上的电荷面密度为$+\sigma$，极板B上的电荷面密度为$-\sigma$。极板面积为S，由电荷守恒定律，电路中的传导电流为极板上的电量随时间的变化率，即

$$I_c = \frac{\mathrm{d}q}{\mathrm{d}t} = \frac{\mathrm{d}(\sigma S)}{\mathrm{d}t} = S\frac{\mathrm{d}\sigma}{\mathrm{d}t}$$

故传导电流密度为$j_c = \frac{\mathrm{d}\sigma}{\mathrm{d}t}$。

平行板电容器极板间电位移矢量的大小为$D=\sigma$，电位移矢量的通量$\Phi_D = DS = \sigma S$，在电容器的充放电过程中，极板上的电荷面密度σ随时间变化(充电时增加，放电时减少)，同时极板间的电位移矢量的大小、电位移通量均随时间变化，它们随时间的变化率分别为

$$\frac{\mathrm{d}D}{\mathrm{d}t} = \frac{\mathrm{d}\sigma}{\mathrm{d}t}, \quad \frac{\mathrm{d}\Phi_D}{\mathrm{d}t} = S\frac{\mathrm{d}\sigma}{\mathrm{d}t}$$

从上述结果可以看出，极板间电位移矢量随时间的变化率$\frac{\mathrm{d}D}{\mathrm{d}t}$在数值上等于电路中

传导电流密度 j_c；极板间电位移通量随时间的变化率 $\frac{d\Phi_D}{dt}$ 在数值上等于电路中的传导电流强度 I_c。并且当电容器充电时，电容器两极板间的电场增强，所以 $\frac{d\boldsymbol{D}}{dt}$ 的方向与 $\boldsymbol{D}$ 的方向相同，也与导线中传导电流的方向相同；当电容器放电时，如图 10-15(b)所示，电容器两极板间的电场减弱，所以 $\frac{d\boldsymbol{D}}{dt}$ 的方向与 $\boldsymbol{D}$ 的方向相反，但仍和导线中传导电流 I_c 的方向一致。因此，如果把电路中的传导电流和电容器内的电场变化联系起来考虑，可以设想，如果把电容器两极板间电场的变化看作相当于某种电流在流动，即以 $\frac{d\Phi_D}{dt}$ 表示某种电流，那么，它就可以替代极板间中断了的传导电流，整个电路中的电流仍可视为保持连续。于是，麦克斯韦提出了“位移电流”的概念，并定义：电场中某一点位移电流密度矢量的大小 j_d 等于该点电位移矢量对时间的变化率的大小；通过电场中某一截面的位移电流 I_d 等于通过该截面的电位移通量对时间的变化率，即

$$j_d = \frac{dD}{dt} \tag{10-19}$$

$$I_d = S\,\frac{dD}{dt} = \frac{d\Phi_D}{dt}$$

传导电流具有磁效应，麦克斯韦将 $\frac{d\Phi_D}{dt}$ 视为电流，便很自然地假定，位移电流同样具有磁效应，即位移电流和传导电流一样，也会在周围的空间激发磁场。麦克斯韦认为电路中可同时存在传导电流 I_c 和位移电流 I_d，并把传导电流与位移电流的代数和称为全电流，用 I_s 表示，即全电流 I_s 为

$$I_s = I_c + I_d \tag{10-20}$$

麦克斯韦运用这种思想把从恒定电流总结出来的磁场规律推广到一般情况，既包括传导电流也包括位移电流所激发的磁场。他指出：在磁场中沿任一闭合回路，$\boldsymbol{H}$ 的线积分在数值上等于穿过以该闭合回路为边界的任意曲面的传导电流和位移电流的代数和。即一般情况下，安培环路定理被推广为

$$\oint_L \boldsymbol{H} \cdot d\boldsymbol{l} = I_s = I_c + I_d \tag{10-21a}$$

该式又称为全电流定律。对于任何回路，全电流是处处连续的。

$$\oint_L \boldsymbol{H} \cdot d\boldsymbol{l} = \int_S \left(\boldsymbol{j}_c + \frac{\partial \boldsymbol{D}}{\partial t}\right) \cdot d\boldsymbol{S} \tag{10-21b}$$

上式表明：不仅传导电流可以在空间激发磁场，位移电流也可以在空间激发磁场。这样，对图 10-19 中取 S_1 或取 S_2 的情形，结果都是一样的。从而，也就解决了电容器充放电过程中电流的连续性问题。此定理还表明传导电流和位移电流(即变化的电场)都能激发涡旋磁场。

我们应该注意，传导电流和位移电流是两个不同的物理概念：虽然在产生磁场方面，位移电流和传导电流等效，但在其他方面两者并不相同。传导电流意味着电荷的流动，通过导体时放出焦耳-楞次热，而位移电流只是电场的时间变化率，在本质上并

不是电荷的定向运动，当然也不会产生热效应。假定位移电流具有磁效应，也就是假定随时间变化的电场能够在其周围激发磁场，这正是麦克斯韦位移电流假设的核心思想。这一假设早已为实验所证实。

在通常情况下，电介质中的电流主要是位移电流，传导电流可忽略不计；而在导体中则主要是传导电流，位移电流可以忽略不计。但在高频电流情况下，导体内的位移电流和传导电流同样起作用，不可忽略。

10.6.2 麦克斯韦方程组

库仑、安培等多位物理学家经过努力，建立了静电场和恒定磁场的基本规律。考虑到随时间变化的电场和磁场的情况，麦克斯韦提出了感生电场和位移电流两个基本假设，前者指出了变化的磁场要激发涡旋电场，后者则指出变化的电场要激发涡旋磁场。这两个假设揭示了电场和磁场之间的内在联系。存在变化电场的空间必存在变化的磁场，同样，存在变化磁场的空间必存在变化电场；变化电场和变化磁场是紧密联系在一起的，它们构成一个统一的电磁场整体。这就是麦克斯韦关于电磁场的基本概念。1865 年，麦克斯韦提出了表述电磁场普遍规律的四个方程，即麦克斯韦方程组。

一般情况下，电场可能既包括由自由电荷产生的电场 $\boldsymbol{E}^{(1)}$，$\boldsymbol{D}^{(1)}$，也包括变化磁场产生的电场 $\boldsymbol{E}^{(2)}$，$\boldsymbol{D}^{(2)}$，因此电场强度 $\boldsymbol{E}$ 和电位移 $\boldsymbol{D}$ 是两种场的矢量和，即

$$\boldsymbol{E}=\boldsymbol{E}^{(1)}+\boldsymbol{E}^{(2)}，\boldsymbol{D}=\boldsymbol{D}^{(1)}+\boldsymbol{D}^{(2)}$$

同时，磁场包括传导电流激发的磁场 $\boldsymbol{B}^{(1)}$，$\boldsymbol{H}^{(1)}$，也包括位移电流(变化的电场)激发的磁场 $\boldsymbol{B}^{(2)}$，$\boldsymbol{H}^{(2)}$，磁感应强度 $\boldsymbol{B}$ 和磁场强度 $\boldsymbol{H}$ 也是两种磁场的矢量和，即

$$\boldsymbol{B}=\boldsymbol{B}^{(1)}+\boldsymbol{B}^{(2)}，\boldsymbol{H}=\boldsymbol{H}^{(1)}+\boldsymbol{H}^{(2)}$$

1. 电场的高斯定理

$\boldsymbol{D}^{(1)}$ 穿过闭合曲面的通量等于闭合曲面包围的自由电荷的代数和；$\boldsymbol{D}^{(2)}$ 是涡旋场，故穿过闭合曲面的通量等于 0。则可得电场的高斯定理为

$$\oint_S \boldsymbol{D}\cdot \mathrm{d}\boldsymbol{S}=\sum_i q_i$$

上式表明，在任何电场中，通过任何闭合曲面的电位移通量等于该闭合曲面包围的自由电荷的代数和，即与静电场中的高斯定理一样。

2. 磁场的高斯定理

传导电流和变化电场激发磁场的方式不同，但它们所激发的磁场都是涡旋场，磁感应线都是闭合的。因此，在任何磁场中，通过任意闭合曲面的磁通量恒等于零。则可得磁场的高斯定理为

$$\oint_S \boldsymbol{B}\cdot \mathrm{d}\boldsymbol{S}=0$$

该式与稳恒磁场中的高斯定理形式也一样。

3. 电场的环路定理

由
$$\oint_l \boldsymbol{E}\cdot \mathrm{d}\boldsymbol{l}=\oint_l \boldsymbol{E}^{(1)}\cdot \mathrm{d}\boldsymbol{l}+\oint_l \boldsymbol{E}^{(2)}\cdot \mathrm{d}\boldsymbol{l}=0+\left[-\int_S \frac{\partial \boldsymbol{B}}{\partial t}\right]\cdot \mathrm{d}\boldsymbol{S}$$

得
$$\oint_l \boldsymbol{E}\cdot \mathrm{d}\boldsymbol{l}=-\int_S \frac{\partial \boldsymbol{B}}{\partial t}\cdot \mathrm{d}\boldsymbol{S}$$

上式揭示了变化磁场激发电场的规律。它表明，在任何电场中，电场强度沿任意闭合路径的线积分等于通过该路径所围面积的磁通量随时间变化率的负值。

4. 磁场的环路定理

$$\oint_l \boldsymbol{H} \cdot \mathrm{d}\boldsymbol{l} = I_c + I_d = \int_S \left(\boldsymbol{j}_c + \frac{\partial \boldsymbol{D}}{\partial t}\right) \cdot \mathrm{d}\boldsymbol{S}$$

上式揭示了传导电流和变化电场激发磁场的规律。它表明，在任何磁场中，磁场强度沿任意闭合路径的线积分等于通过以该闭合路径为边界的任意曲面的全电流。

上述四个方程称为麦克斯韦方程组的积分形式，相应地还有四个微分形式的方程，本课程不予介绍。麦克斯韦方程组是电磁理论的基础和核心，当给定电荷和电流分布时，根据初始条件和边界条件，由该方程组可求得电磁场在空间的分布情况及随时间的变化情况。

麦克斯韦方程组是对电磁场基本规律所做的总结性、统一性的简明而完美的描述。麦克斯韦电磁场理论是从宏观电磁现象总结出来的，可以应用在各种宏观电磁现象中，在高速领域中也是正确的。但在分子原子等微观过程的电磁现象中，麦克斯韦理论不完全适用，需要由更普遍的量子电动力学来解决，麦克斯韦理论可以看作是量子电动力学在某些特殊条件下的近似规律。

麦克斯韦方程的科学价值主要体现在如下几方面。

①它完整地反映和概括了电磁场的运动规律，能推断和解释一切电磁现象，且逻辑体系严密、数学形式简洁。

②它预言了光的电磁本性，将光学和电磁学统一起来。

③电磁场是最简单的规范场，蕴藏着完美的对称结构——时空对称、电磁对称。

④它在技术上的应用促进了电子技术和生产力的高度发展，可以说近当代的电报、无线电、雷达、电视、电子计算机等都只不过是麦克斯韦方程的应用而已。

回顾一百多年电磁学发展的历史，无不对麦克斯韦方程的巨大成就惊叹不已。正如爱因斯坦评价时说：“这个理论从超距作用过渡到以场为基本量，以致成为一个革命的理论。”

物理应用：探雷器是如何工作的

知识拓展：电磁波与人类文明

电磁波

本章小结

习 题

10-1 有两个同轴导体圆柱面；它们的长度均为 20 m，内圆柱面的半径为 3 mm，外圆柱面的半径为 9 mm，若两圆柱面之间有 10 μA 电流沿径向流过，求通过半径为 6 mm 的圆柱面上的电流密度。

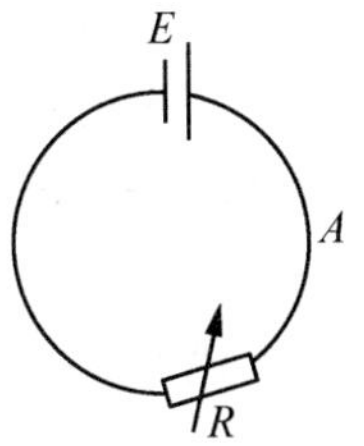

图 10-20 习题 10-2 图

10-2 如图 10-20 所示，一导体回路 A 接入电源，可变电阻为 R。请问：当电阻值 R 变化时，回路中产生的感应电流方向如何？

10-3 如图 10-21 所示，一矩形金属线框，以速度 $\boldsymbol{v}$ 从无场空间进入一均匀磁场中，然后又从磁场中出来，到无场空间中。不计线圈的自感，下面哪一条图线正确地表示了线圈中的感应电流对时间的函数关系？(从线圈刚进入磁场时开始计时，I 以顺时针方向为正)

10-4 如图 10-22 所示，一矩形线圈，放在一无限长载流直导线附近，开始时线圈与导线在同一平面内，矩形的长边与导线平行。若矩形线圈分别以图 10-4(a)(b)(c)(d)所示的四种方式运动，则在开始瞬间，以哪种方式运动的矩形线圈中的感应电流最大？

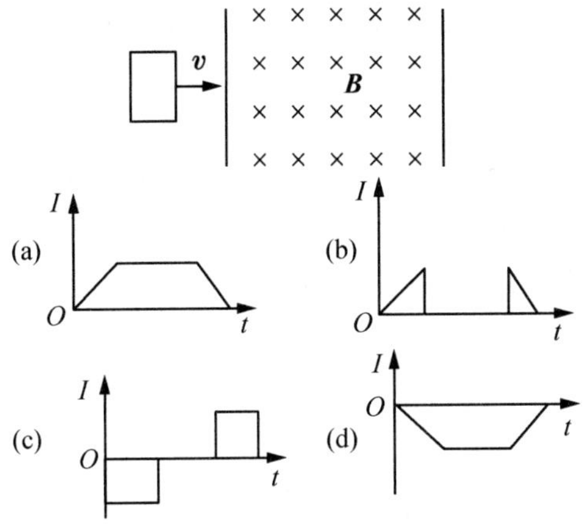

图 10-21 习题 10-3 图

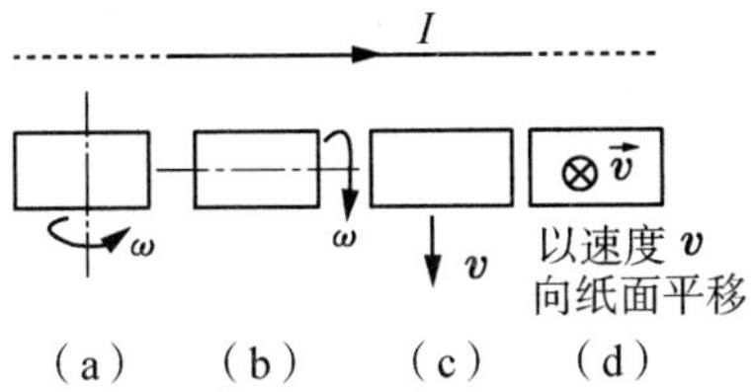

图 10-22 习题 10-4 图

10-5 如图 10-23 所示，长度为 l 的直导线 ab 在均匀磁场 $\boldsymbol{B}$ 中以速度 $\boldsymbol{v}$ 移动，求直导线 ab 中的电动势。

10-6 自 $t=t_0$ 到 $t=t_1$ 的时间内，若穿过闭合导线回路所包围面积的磁通量由 Φ_{m_0} 变为 Φ_{m_1}，求这段时间内通过该回路导线中任一横截面的电荷 q，设回路导线的电阻为 R。

10-7 如图 10-24 所示，在通有电流 $I=I_0+kt$(I_0、k 皆为正的恒量，t 为时间)的长直导线近旁有一等腰直角三角形线框 MNP，两者共面，MN 与直导线平行，且相距 a，三角形的直角边的长也是 a。求线框中感应电动势的大小和方向。

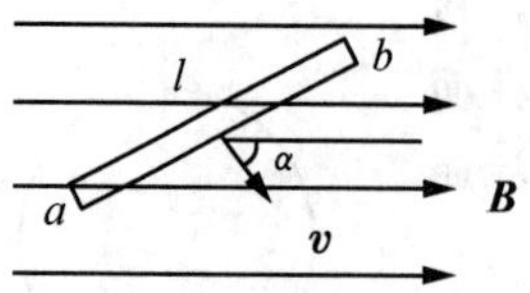

图 10-23　习题 10-5 图

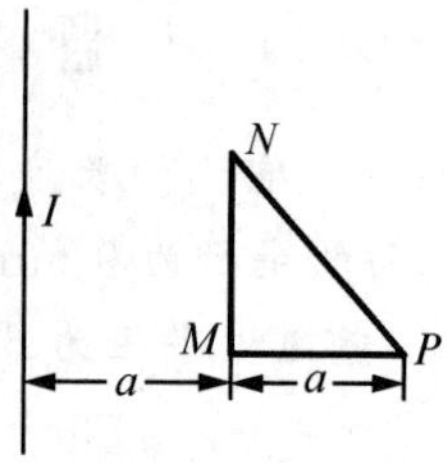

图 10-24　习题 10-7 图

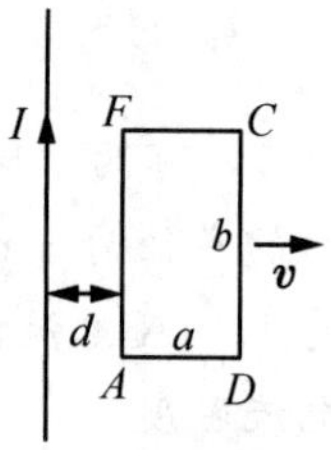

图 10-25　习题 10-8 图

10-8　一长直导线，通有电流 $I=5$ A，在与其相距 $d=5\times10^{-2}$ m 处放一矩形线圈，线圈 1 000 匝。线圈在如图 10-25 所示的位置以速度大小 $v=3\times10^{-2}$ m·s^{-1} 沿垂直于长导线的方向向右运动的瞬时，线圈中的感应电动势是多少？方向如何？（设线圈长 $b=4.0\times10^{-2}$ m，宽 $a=2\times10^{-2}$ m）

10-9　题 10-8 中，如果线圈保持不动，而在长直导线中通有交变电流 $I=10\sin 100\pi t$ A，t 以 s 计。线圈中的感应电动势是多少？

10-10　如图 10-26 所示，通过回路的磁感应线与线圈平面垂直指向纸内，磁通量依以下关系式变化 $\Phi_m=(6t^2+7t+1)\times10^{-3}$ Wb，式中 t 以 s 计。求 $t=2$ s 时回路中感应电动势的大小和方向。

10-11　有一无限长螺线管，单位长度时间线圈的匝数为 n，在管的中心放置一绕了 N 匝、半径为 r 的圆形小线圈，其轴线与螺线管的轴线平行，设螺线管内电流变化率为 $\frac{\mathrm{d}I}{\mathrm{d}t}$，求小线中的感应电动势。

10-12　如图 10-27 所示，一根长直导线通有电流 I，周围介质的磁导率为 μ，在此长直导线近旁有一条长为 L 的导体棒 CD，它以速度 $\boldsymbol{v}$ 向右做匀速运动的过程中，保持与长直导线平行。求此棒运动到 $x=d$ 时的动生电动势，并判断此棒两端 C，D 哪一端电势较高。

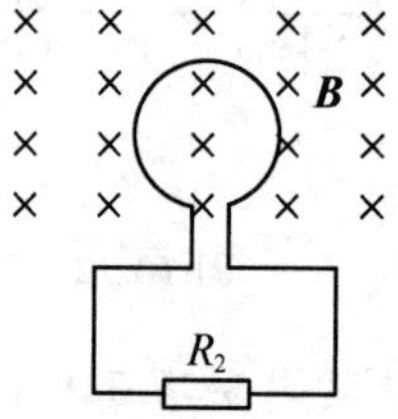

图 10-26　习题 10-10 图

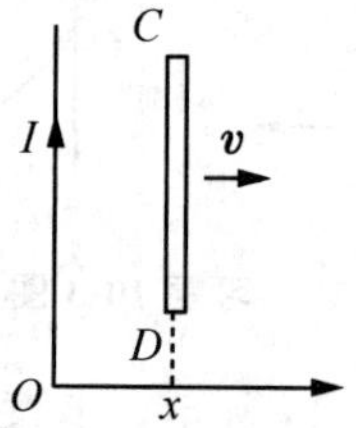

图 10-27　习题 10-12 图

10-13　ab 和 bc 两段金属棒，其长均为 10 cm，在 b 处相接呈 30°角，水平放置在均匀磁场中，如图 10-28 所示。磁感应强度 $B=2.5\times10^{-2}$ T。若使导线在均匀磁场中以速度大小 $v=1.5$ m·s^{-1} 运动，请问：a，c 两端之间的电势差为多少？并指出哪端电势高。

10-14　长为 L 的金属棒 ab，水平放置在均匀磁场中，如图 10-29 所示。金属棒可绕 O 点在水平面内以角速度 $\boldsymbol{\omega}$ 旋转，O 点离 a 端的距离为 $\frac{L}{k}$。求 a，b 两端的电势差，

并指出哪端电势高。(设 $k>2$)

10-15　将导线 ab 弯成如图 10-30 所示的形状(其中 cd 是一半圆，半径 $R=0.10$ m，ac 和 bd 两段的长度均为 $l=0.10$ m)，整个导线可在均匀磁场(磁感应强度大小为 0.5 T，方向垂直纸面向里)中绕轴线 ab 转动，转速为 3 600 $\mathrm{r\cdot min^{-1}}$。设电路的总电阻为 1 000 Ω。求导线中的感应电动势和感应电流以及它们的最大值各是多少。

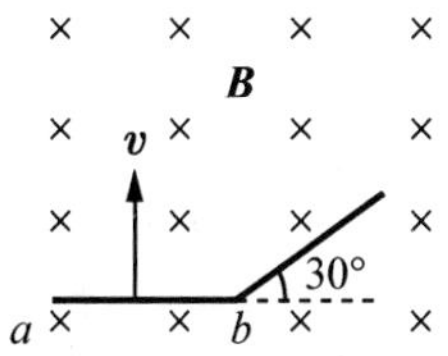

图 10-28　习题 10-13 图

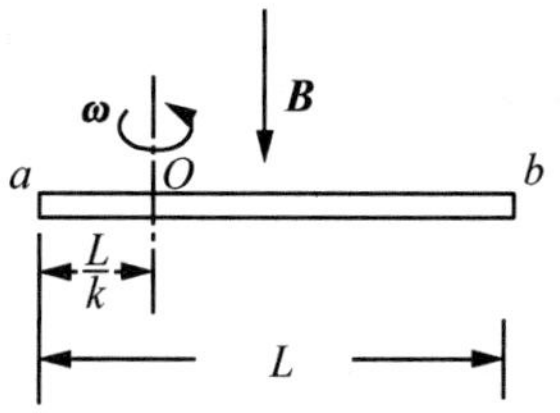

图 10-29　习题 10-14 图

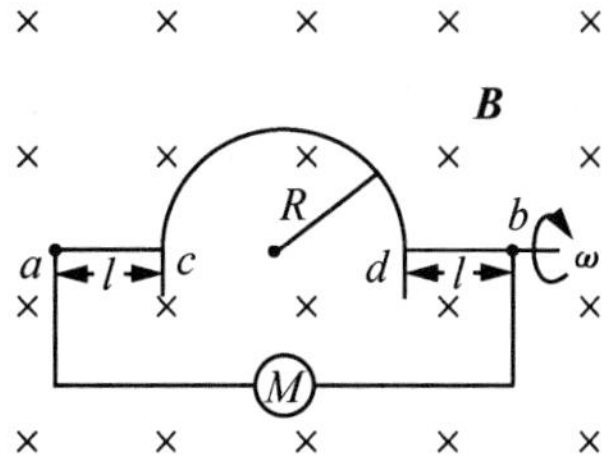

图 10-30　习题 10-15 图

10-16　如图 10-31 所示，一均质梯形导线框，边长 $AF=0.2$ m，$FC=AD=0.4$ m，$CD=0.6$ m，在均匀磁场中绕铅直对称轴 OO' 以匀角速大小 $\omega=5\ \mathrm{rad\cdot s^{-1}}$ 转动。磁感强度的方向水平向右，大小为 $B=2.5\times10^{-2}$ T。当线框转到图示的位置时，求线框中的感应电动势。

10-17　如图 10-32，有一弯成 θ 角的金属架 COD，导体 MN 以恒定速度 $\boldsymbol{v}$ 在金属架上垂直 MN 向右滑动。已知匀强磁场 $\boldsymbol{B}$ 方向垂直纸面向外，设 $t=0$ 时，$x=0$，求框架内感应电动势的变化规律。

*10-18　在半径为 R 的圆柱形体积内充满磁感应强度为 $B(t)$ 的均匀磁场，有一长度为 L 的金属棒放在磁场中，如图 10-33 所示。设 $\dfrac{\mathrm{d}B}{\mathrm{d}t}$ 为已知，求棒两端的感生电动势。

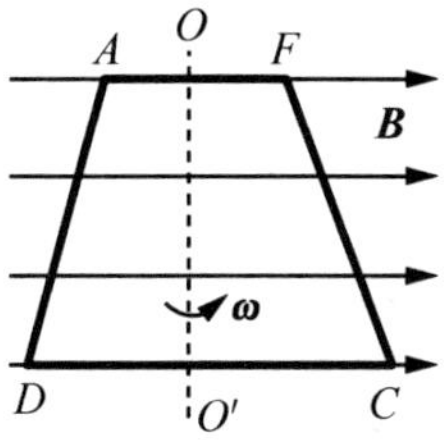

图 10-31　习题 10-16 图

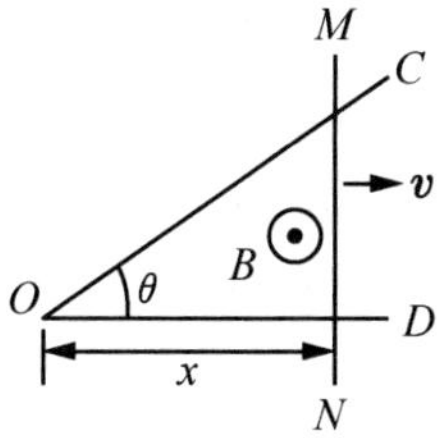

图 10-32　习题 10-17 图

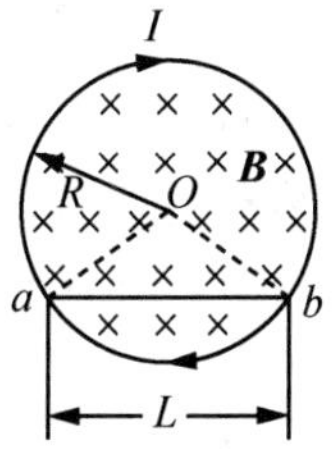

图 10-33　习题 10-18 图

10-19　一纸筒长 30 cm，截面直径为 3.0 cm，筒上绕有 500 匝线圈，求此线圈的自感。

10-20　在磁导率为 μ 的均匀无限大的磁介质中，有一无限长直导线与一长宽分别为 l 和 b 的矩形线圈处在同一平面内，直导线与矩形线圈的一侧平行，且距离为 d，求它们的互感。

10-21　一密绕的螺绕环，单位长度的匝数为 n，环的截面积为 S，另一个匝数为 N 的小线圈套绕在环上。求：(1)两个线圈间的互感；(2)当螺绕环中的电流变化率为 $\dfrac{\mathrm{d}I}{\mathrm{d}t}$ 时，在小线圈中产生的互感电动势的大小。

10-22　如图 10-35 所示，设有一电缆，由两个“无限长”同轴圆筒状的导体组成，其间充满磁导率为 μ 的磁介质。某时刻在电缆中沿内圆筒和外圆筒流过的电流强度 i 相等，但方向相反。设内、外圆筒的半径分别为 R_1 和 R_2，求单位长度电缆的自感系数及所贮存的磁能。

*10-23　如图 10-36 所示，圆形小线圈 C_2 由绝缘导线绕制而成，其匝数 $N_2=50$，面积 $S_2=40\ \text{cm}^2$，今把它放在半径为 $R_1=20\ \text{cm}$，匝数 $N_1=100$ 的大线圈 C_1 的圆心处，两者同轴共面。试求：(1)两线圈的互感；(2)当大线圈的电流以 $5\ \text{A}\cdot\text{s}^{-1}$ 的变化率减小时，小线圈中的感应电动势为多大。

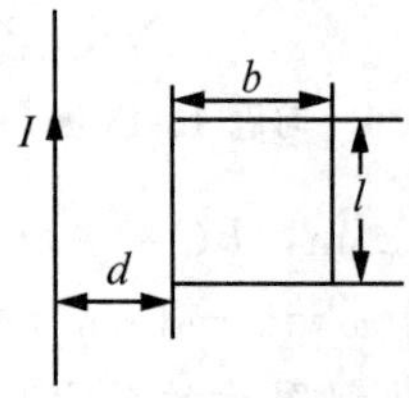

图 10-34　习题 10-20 图

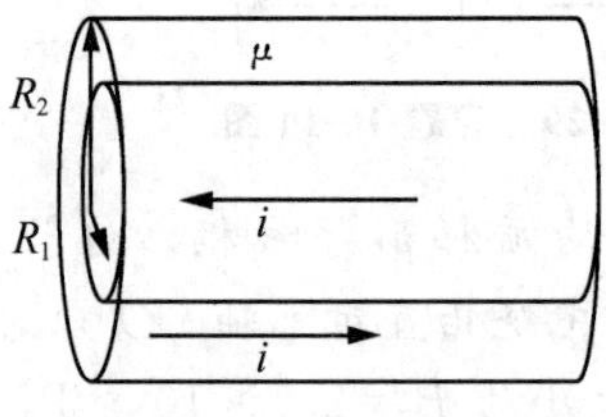

图 10-35　习题 10-22 图

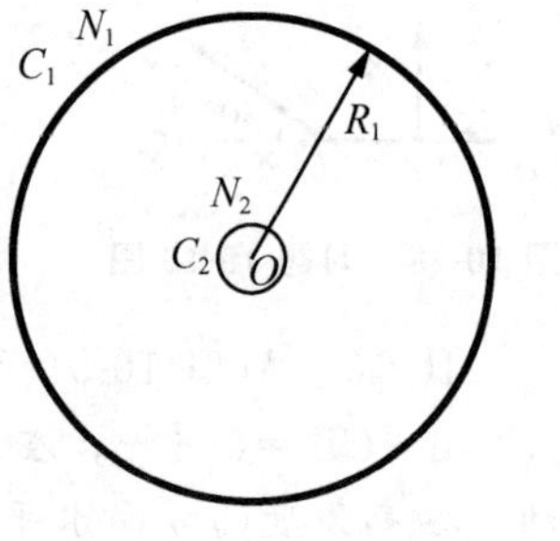

图 10-36　习题 10-23 图

*10-24　如图 10-37 所示，一长直螺线管线圈 C_1，长度为 l，截面积为 S，共绕 N_1 匝表面绝缘的导线，在 C_1 上再绕另一与之共轴的线圈 C_2，其长度和截面积都与线圈 C_1 相同，共绕 N_2 匝表面绝缘的导线。线圈 C_1 称为原线圈，线圈 C_2 称为副线圈。螺线管内磁介质的磁导率为 μ。求：(1)这两个共轴螺线管的互感系数；(2)两螺线管的自感系数与互感系数的关系。

*10-25　一半径为 R 的圆形平行板电容器，与一交流电源相连，极板上电荷量随时间的变化关系为 $q=q_0\sin\omega t$，忽略电容器的边缘效应。试求：

(1)两极板间位移电流密度的大小；

(2)两极板间距离中心轴线为 $r(r<R)$处的磁场强度 $\boldsymbol{H}$ 的大小；

(3)两极板间离中心轴线距离为 $r(r>R)$处的磁场强度 $\boldsymbol{H}$ 的大小。

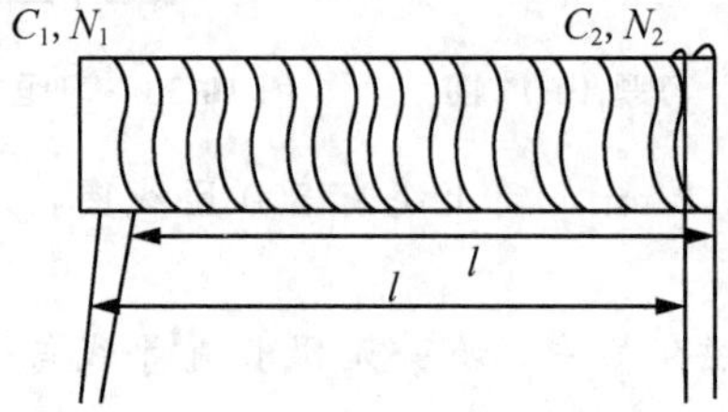

图 10-37　习题 10-24 图

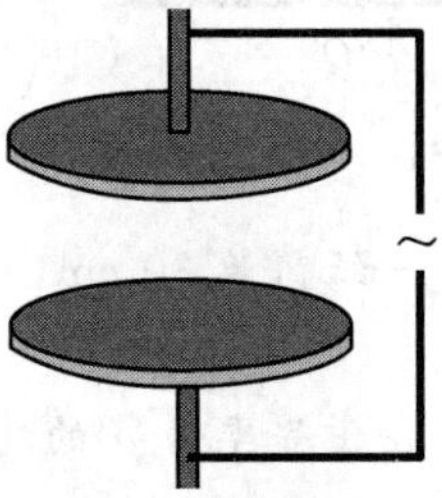

图 10-38　习题 10-25 图

*10-26　一平行板电容器，两极板间充满空气($\varepsilon_r\approx1$)，两极板都是半径为 $r=10\ \text{cm}$ 的圆金属片。充电时，极板间电场强度的时间变化率 $\dfrac{\mathrm{d}E}{\mathrm{d}t}=5.0\times10^{12}\ \text{V}\cdot\text{m}^{-1}\cdot\text{s}^{-1}$，求两极板间的位移电流强度 I_d。

点亮文明——光学篇

光学(optics)，是研究光(电磁波)的行为、性质，以及光和物质相互作用的物理学分支学科，也是与光学工程技术相关的学科。从狭义来说，光学是关于光和视见的科学，“optics”一词早期只用于跟眼睛和视见相联系的事物。而今天常说的光学是广义的，是研究从微波、红外线、可见光、紫外线直到X射线和γ射线的宽广波段范围内的电磁辐射的产生、传播、接收和显示，以及与物质相互作用的科学。通常把光学分成几何光学、物理光学和量子光学。在中学学习了几何光学，本篇介绍物理光学。

约在公元前400年，中国的《墨经》中记录了世界上最早的光学知识。它有8条关于光学的记载，叙述影的定义和生成，光的直线传播性和针孔成像，并且以严谨的文字讨论了在平面镜、凹球面镜和凸球面镜中物和像的关系。

光学在现代生活、科技、军事、农业、医学和检测等各方面都有着极其广泛而重要的应用，如3D电影、太阳能电池、纳米材料、紫外线杀菌、拍摄X光片、植物的光合作用，以及激光武器、红外线遥感技术、精密仪器检测等。现代光学不仅促进了物理的发展，并与化学、生命科学、信息科学、材料科学等领域的交叉日渐广泛和深入，同时也为应用发展研究提供了广阔的前景，已成为高技术领域发展所依托的重要学科基础之一。

物理学史：
光学的进展

2015年距阿拉伯学者伊本·海赛姆的五卷本光学著作诞生恰好一千年。为此，联合国宣布2015年为“光和光学技术国际年”，以纪念千年来人类在光领域的重大发现。一千年来，光和光学技术带给人类文明巨大的进步，光让我们从黑暗走向了现代文明。

课外阅读：
几何光学简介

第 11 章　波动光学

本章要点

光是一种电磁波。通常意义上的光是指可见光，即能引起人视觉的电磁波。其波长范围为 380～760 nm，频率范围为 $7.8\times10^{14}\sim3.9\times10^{14}$ Hz。波长从短到长呈现由紫到红的不同颜色。

光学是物理学中发展较早的一个分支。17 世纪初，建立了光的反射与折射定律，奠定了几何光学的基础。对光本性的认识，17 世纪后期有两派不同的学说。一派是以牛顿为代表的光的微粒说，认为光是从发光体发出的、以一定速度向空间传播的弹性微粒；另一派是以惠更斯为代表的光的波动说，认为光是在介质中传播的一种波动。受当时科学技术发展水平的局限，人们无法判断两种学说的优劣，由于牛顿的威望，这一时期微粒说占有统治地位。19 世纪初，通过对光的干涉、衍射和偏振等现象的研究，奠定了光的波动理论基础。19 世纪中期，麦克斯韦建立了电磁场理论，把光波纳入电磁波范围，使光的波动论发展到一个新的高度。20 世纪初，通过对黑体辐射、光电效应和康普顿效应的研究，证实了光的量子性，人类对光本性的认识又向前迈进了一大步，即光具有波粒二象性。

我国古代在光学发展史上曾有过重要贡献。早在周朝，我国已经利用铜凹镜取火，用铜锡合金制成的镜子照人。在公元前 400 年的墨经中，还系统记载了光的直线传播以及平面镜、凸面镜和凹面镜的成像。到了宋朝，科学家沈括在《梦溪笔谈》中对小孔成像、凸面镜、凹面镜和球面镜的成像、虹霓、月蚀，以及凹面镜的焦点等现象都作了详细的叙述。所有这些，在世界科学史上均占有重要的地位。

本章介绍波动光学的基本知识，它以光的波动性为基础，研究光的传播和规律，主要内容包括光的干涉、衍射、偏振及一些应用实例。

11.1　杨氏双缝干涉

杨氏双缝干涉

11.1.1　光的相干性

干涉现象是波动过程的基本特征之一。在波动中已经指出：由频率相同、振动方向相同、相位相同或相位差保持恒定的两个相干波源所发出的波是相干波，在两束相干波相遇的区域里，即产生干涉现象。干涉现象随处可见。例如，使两个频率相同的音叉在房间里振动，就可以听到房间里有些点的声振动始终很强，而另一些点的声振动始终很弱。水波的干涉现象也容易被观察到。

然而，对于光波，就不容易观察到干涉现象。例如，教室里多盏日光灯也产生不了干涉作用。这表明两个普通光源或同一普通光源的两个不同部分发出的光，即使它们频率相同，也不能构成相干光源，这是由普通光源的发光机制所决定的。

1. 光源

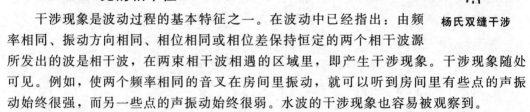

发射光波的物体统称为光源。最常见的光源有太阳、白炽灯和水银灯等。按照发

光机理不同，常见的发光光源可分为几个类别：利用电激发引起发光的电致发光，如闪电、霓虹灯、半导体发光二极管等；利用光激发引起发光的光致发光，如日光灯，它是通过灯管内气体放电产生的紫外线激发管壁上的荧光粉而发光的；由化学反应而发光的化学发光，如燃烧过程、萤火虫的发光、磷在空气中缓慢氧化而发出的磷光。除此之外还有热辐射发光，任何物体都向外辐射电磁波，低温时，物体以辐射红外线为主，高温时则可辐射可见光、紫外线等。

一般普通光源(指非激光光源，如白炽灯、钠光灯、太阳等)的发光机理是处于激发态的原子或分子自发辐射导致的发光，即光源中的原子吸收了外界能量而处于激发态，这些激发态是极不稳定的，电子在激发态上存在 $10^{-11}\sim10^{-8}$ s 的平均时间后，就会自发地回到低激发态或基态，同时向外辐射电磁波(光波)。一般情况下，各个原子的激发与辐射是彼此独立、随机、间歇进行的，每个原子先后发射的不同波列，以及不同原子发射的各个波列，彼此之间在振动方向和相位上没有联系，完全是随机的。因而不同原子在同一时刻所发出的波列在频率、振动方向和相位上各自独立，同一原子在不同时刻所发出的波列之间振动方向和相位也各不相同。即使能够找到两个波列符合相干条件，它们也能产生相干现象，但由于这一现象持续时间最长只有大约 10^{-8} s，人的眼睛对这一现象不能做出反应，因此观察不到干涉现象。正是由于普通光源中原子、分子发光的随机性和间歇性，我们得到的一束普通光是由频率不一定相同、振动方向各异、无确定相位差的一系列各自独立的波列所组成。

因而通常认为，两个独立的光源不是相干光源，同一光源不同部分所发出的光也不能构成相干光，而只有来自同一波列的光才是相干的。

2. 相干光

在前面有关机械波的内容中我们讨论了波的叠加原理，两列(或多列)波在空间传播时，空间各点都参与每列波在该点引起的振动，它们相遇区域内任一点的振动是各列波单独存在时在该点产生振动的合成。波的叠加原理对光波也适用，对于光波来说，振动传播的是电场强度 $\boldsymbol{E}$ 矢量和磁场强度 $\boldsymbol{H}$ 矢量，实验证明，能引起视觉和对其他感光物质起作用的是 $\boldsymbol{E}$ 矢量，我们称之为光矢量。若两束光的光矢量满足相干条件，则它们是相干光，相应的光源叫相干光源。所以光波的叠加就是两光波在相遇点所引起的 $\boldsymbol{E}$ 矢量的振动叠加。

设有 S_1 和 S_2 两个光源，发出频率相同、振动方向相同的两列光波，它们的振动方程分别为

$$E_1=E_{10}\cos(\omega t+\varphi_{10})$$
$$E_2=E_{20}\cos(\omega t+\varphi_{20})$$

如图 11-1(a)所示，这两个光源发出的光波传播到空间任一相遇点 P 的振动方程分别为

$$E_1=E_{10}\cos\left(\omega t-\frac{2\pi}{\lambda}r_1+\varphi_{10}\right)$$

$$E_2=E_{20}\cos\left(\omega t-\frac{2\pi}{\lambda}r_2+\varphi_{20}\right)$$

P 点的合振动等于两列光波引起的分振动的叠加，如图 11-1(b)所示。即叠加后 P

点合振动的振幅(光振幅)E_0 为

$$E_0=\sqrt{E_{10}^2+E_{20}^2+2E_{10}E_{20}\cos\Delta\varphi}$$

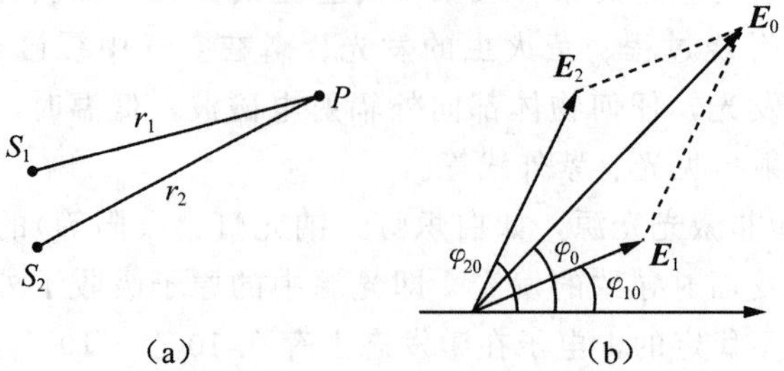

图 11-1　光波的叠加

由第五章式(5-23)可得 $I=\frac{1}{2}\rho E_0^2\omega^2 u$ 知，平均光强度 I 正比于光振幅 E_0 的平方。将上式对时间取平均，可得叠加后的平均光强

$$I=I_1+I_2+2\sqrt{I_1I_2}\ \overline{\cos\Delta\varphi}$$

式中，$\Delta\varphi$ 为两个分振动在 p 点的相位差，其值为

$$\Delta\varphi=\left(\omega t+\varphi_{20}-\frac{2\pi r_2}{\lambda}\right)-\left(\omega t+\varphi_{10}-\frac{2\pi r_1}{\lambda}\right)=(\varphi_{20}-\varphi_{10})-\frac{2\pi}{\lambda}(r_2-r_1)\quad(11\text{-}1\text{a})$$

由上面两式可知，合振动平均光强取决于两列光波在相遇点所引起的相位差 $\Delta\varphi$。对上述结果讨论如下。

(1)相干叠加。

若 $\Delta\varphi$ 是恒定的，则 $\overline{\cos\Delta\varphi}=\cos\Delta\varphi$，有 $I=I_1+I_2+2\sqrt{I_1I_2}\cos\Delta\varphi$，如图 11-2 所示，当 $\Delta\varphi=\pm 2k\pi(k=0,1,2,\cdots)$，$I=I_{\max}=I_1+I_2+2\sqrt{I_1I_2}$，此处为干涉相长；当 $\Delta\varphi=\pm(2k+1)\pi(k=0,1,2,\cdots)$，则 $I=I_{\min}=I_1+I_2-2\sqrt{I_1I_2}$，此处则干涉相消；即光强出现周期性的干涉相长与干涉相消现象。故两光源为相干光源，相干叠加必须满足振动频率相同、振动方向相同、相位差恒定的条件。

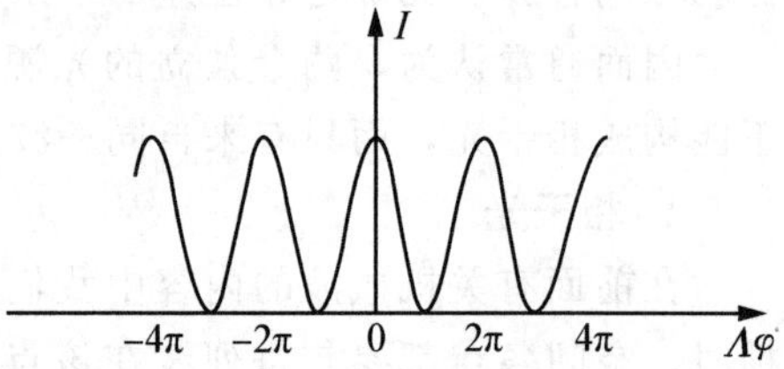

图 11-2　干涉光光强分布

(2)非相干叠加。

若 $\Delta\varphi$ 不恒定，余弦函数在一个周期内的平均值为零，即 $\overline{\cos\Delta\varphi}=0$，所以 $I=I_1+I_2$。光波的这种叠加是光强的直接相加，不会引起光强的重新分布。这种叠加是非相干叠加。

光的相干条件首先要求相干光源发出的光具有相同的频率。具有单一频率的光称为单色光，普通光源发出的光不是单一频率的，而是由许多频率成分组成的复色光。两个普通光源发出的光或同一光源不同部分发出的光都是不相干的，都不会产生干涉现象。

但是，受激辐射就不同了，它是在一定频率的外界光波“诱导”下原子受激发出光波列的过程。受激辐射的光波列即激光，其振动方向、振动频率和初相位都与外来光波相同，因此，激光是一种相干性很好的光。

特例：若两波源具有相同的初相位，即 $\varphi_{20}=\varphi_{10}$，则式(11-1a)演变为

$$\Delta\varphi=\frac{2\pi(r_2-r_1)}{\lambda}=\frac{2\pi\delta}{\lambda} \tag{11-1b}$$

式中，令 $\delta=r_2-r_1$，表示两波源至 P 点的波程差，则$\frac{2\pi\delta}{\lambda}$为波程差引起的相位差。这是一个重要公式，它把波程差 δ 与相位差 $\Delta\varphi$ 直接联系起来。

由(11-1b)得

$$\delta=\begin{cases}\pm k\lambda & (k=0,\ 1,\ 2,\ \cdots)，\text{干涉相长}\\ \pm(2k+1)\lambda & (k=0,\ 1,\ 2,\ \cdots)，\text{干涉相消}\end{cases} \tag{11-2}$$

这是当 $\varphi_{20}=\varphi_{10}$ 时以波程差表示的相干条件。

3. 获得相干光的方法

单频的激光光源具有很好的相干性，但在现实生活中我们也能观察到普通光的干涉现象，如油膜上的干涉条纹。那么怎么获得相干光呢？可以设想把单一光源发出的光波分成两列，各自经不同路径再使其相遇，这时原来的波列分成了频率相同、振动方向相同的两束光，而且相遇时总有恒定的相位差，满足相干条件，即实现自我相干。获得相干光的具体方法有两种。

(1)分波面法。

在光源 S 发出的同一波列的波面上取 S_1，S_2 的两部分作为子光源。由于 S_1，S_2 位于同一波面上，这两列光具有相同的频率、振动方向和初相位，满足相干条件，如图 11-3(a)所示。

(2)分振幅法。

同一光源发出的光波列入射到介质表面，利用反射和折射，将其分成两列或多列。这样，各子波列就具有相同的频率、振动方向和恒定的相位差，满足相干条件，如图 11-3(b)所示。

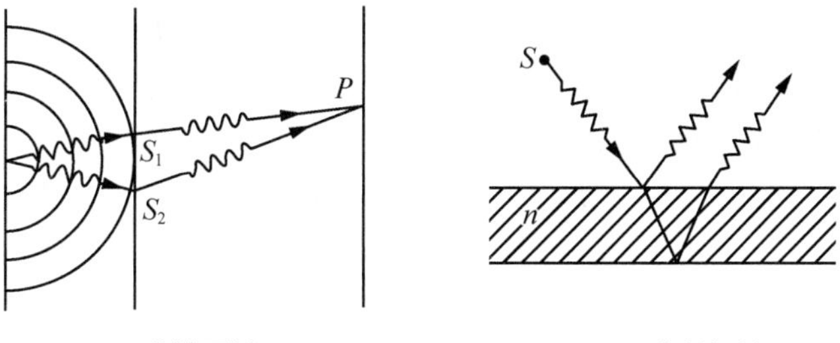

(a) 分波面法　　(b) 分振幅法

图 11-3　获得相干光的方法

11.1.2　杨氏双缝干涉

1. 杨氏双缝干涉实验

科学家介绍：托马斯·杨

托马斯·杨在 1801 年首次采用分波面法获得相干光，实现了光的干涉，并在历史上第一次测定了光的波长。杨氏双缝干涉的实验装置如图 11-4 所示。用一普通单色光源(如钠光灯)照亮狭缝 S 作为线光

源，在其后的遮光屏上开有两个与 S 平行且等距的狭缝 S_1 和 S_2，两缝之间的距离很小。它们是同一波面上分出的两个同相的单色光源，满足相干条件，它们发出的光在空间相干叠加产生干涉现象，在图 11-4 中的观察屏上可以观察到一系列稳定的明暗相间的干涉条纹。

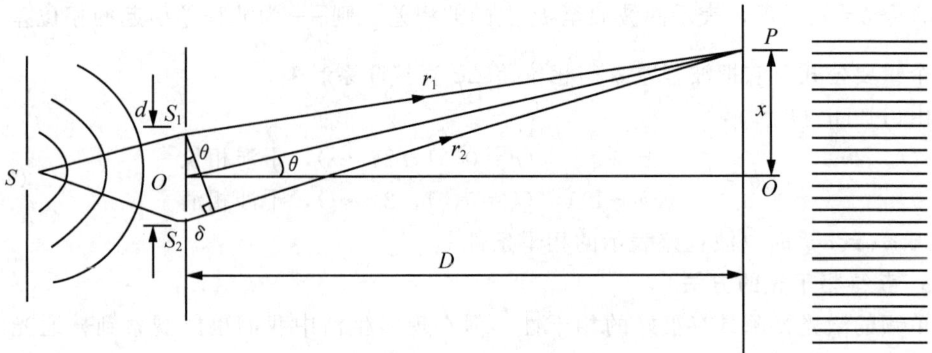

图 11-4　杨氏双缝干涉

下面对双缝干涉进行定量分析。处理光的干涉问题，应紧抓“波程差”这一关键，当装置处在空气中时，我们首先来计算相干光源 S_1 和 S_2 发出的光到达观察屏上任一点的波程差 δ。

如图 11-4 所示，考虑观察屏上一点 P，从 S_1 和 S_2 到 P 的距离分别为 r_1 和 r_2，由于 S_1，S_2 可以看成是距离为 d 的两个同相位相干光源，因此它们在 P 点的干涉结果仅由 S_1，S_2 发出的相干波列到达 P 点的波程差 δ 决定。

设双缝间的距离为 d，缝至屏的距离为 $D(D\gg d)$，从 S_1 和 S_2 发出的光到达 P 点的波程差 $\delta=r_2-r_1$。设双缝的中垂线与屏交于 O 点，P 到屏幕对称中心 O 的距离为 x。在通常的观测条件下，θ 角很小，$D\gg d$，$D\gg x$，所以

$$\delta=r_2-r_1=d\sin\theta\approx d\tan\theta=d\cdot\frac{x}{D} \tag{11-3}$$

设入射光波长为 λ，由上式及式(11-2)相干波叠加干涉加强与减弱的条件可知，P 点干涉加强(明条纹)及干涉减弱(暗条纹)的条件为

$$\delta=\frac{d}{D}x=\begin{cases}\pm k\lambda & (k=0,\ 1,\ 2,\ \cdots)，干涉相长\\ \pm(2k+1)\lambda & (k=0,\ 1,\ 2,\ \cdots)，干涉相消\end{cases}$$

干涉条纹明/暗纹中心距 O 点距离分别为

$$x=\begin{cases}\pm k\dfrac{D}{d}\lambda & (k=0,\ 1,\ 2,\ 3,\ \cdots)\quad 明纹\\ \pm(2k+1)\dfrac{D}{2d}\lambda & (k=0,\ 1,\ 2,\ 3,\ \cdots)\quad 暗纹\end{cases} \tag{11-4}$$

式中，k 为干涉条纹的级次。当 $k=0$ 时，$x=0$，对应图 11-4 中的 O 点，相应的明条纹为零级明纹，因它在 $x=0$ 处，故也称中央明纹。相应于 $k=1$，$k=2$，…，对应的明条纹称为第一级明纹、第二级明纹……式中正负号表示各级干涉条纹对称分布在中央明纹的两侧。

显然，杨氏双缝干涉条纹为平行于狭缝的直条纹，相邻的两明纹或两暗纹中心间的间距即明纹或暗纹宽度 Δx 都相同，由式(11-4)求得均为

$$\Delta x = x_{k+1} - x_k = \frac{D}{d}\lambda \tag{11-5}$$

可见，Δx 与 k 无关，即干涉条纹在 O 点两边是对称、等距离分布的。

由以上公式可以得出以下结论。

①由于光的波长 λ 很小，只有 d 足够小而 D 足够大，使得干涉条纹间距 Δx 大到可以分辨，才能观察到干涉条纹。一般 d 的数量级为 10^{-3} m，而双缝到屏幕的距离 D 通常取米的数量级。

②对入射的单色光，若已知 d 与 D 值，可通过测量出第 k 级条纹与中央明条纹间距离的方法，由式(11-4)计算入射光的波长。

③当 d，D 值固定不变时，干涉条纹间距 Δx 与光波长 λ 成正比，波长小(如紫光)则干涉条纹间距小，波长大(如红光)则干涉条纹间距大。当用白光入射时，除中央明纹为白色外，其他各级明纹因条纹间距的不同彼此错开，形成自内向外由紫到红排列的彩色条纹。

例 11-1 杨氏双缝实验中，屏与双缝间的距离 $D=1$ m，用钠光灯作单色光源($\lambda=589.3$ nm)，求：(1)$d=2$ mm 和 $d=10$ mm 两种情况下，相邻明纹间距。(2)如肉眼能分辨的两条纹的间距最小为 0.15 mm，现用肉眼观察干涉条纹，双缝的最大间距。

解 (1)相邻两明纹间距为

$$\Delta x = x_{k+1} - x_k = \frac{D}{d}\lambda$$

当 $d=2$ mm 时

$$\Delta x = \frac{1\times 589.3\times 10^{-9}}{2\times 10^{-3}}\ \text{m} = 2.95\times 10^{-4}\ \text{m} = 0.295\ \text{mm}$$

当 $d=10$ mm 时

$$\Delta x = \frac{1\times 589.3\times 10^{-9}}{10\times 10^{-3}}\ \text{m} = 5.89\times 10^{-5}\ \text{m} = 0.059\ \text{mm}$$

(2)如 $\Delta x=0.15$ mm

$$d = \frac{D}{\Delta x}\lambda = \frac{1\times 589.3\times 10^{-9}}{0.15\times 10^{-3}}\ \text{m} \approx 3.93\times 10^{-3}\ \text{m} = 3.93\ \text{mm} < 4\ \text{mm}$$

结果表明在这样的条件下，双缝间距 d 必须小于 4 mm 才能看到干涉条纹。

例 11-2 用白光做双缝干涉实验时，能观察到几级清晰可辨的彩色条纹?

解 用白光照射时，除中央明纹为白光外，两侧形成内紫外红的对称彩色条纹。当 k 级红色明纹迟于 $k+1$ 级紫色明纹出现时，条纹就发生重叠。

k 级红色明纹位置：$x_{k红} = k\dfrac{D}{d}\lambda_{红}$；

$k+1$ 级紫色明纹位置：$x_{k+1紫} = (k+1)\dfrac{D}{d}\lambda_{紫}$。

由 $x_{k红} = k\dfrac{D}{d}\lambda_{红} = x_{k+1紫} = (k+1)\dfrac{D}{d}\lambda_{紫}$ 的临界情况可得 $k\lambda_{红} = (k+1)\lambda_{紫}$。

将 $\lambda_{红}=760\ \text{nm}$，$\lambda_{紫}=400\ \text{nm}$ 代入解得 $k=1.1$。

k 只能取整数，所以应取 $k=1$。

这一结果表明，在中央明纹两侧，只有第一级彩色条纹是清晰可辨的。

洛埃德镜实验

2. 洛埃德镜实验

洛埃德(H. Lloyd)于 1834 年提出了一种更简单的观察干涉的装置，如图 11-5 所示。洛埃德镜是一块平面反射镜 L 从狭缝 S 发出的光，一部分直接射到屏 E 上，另一部分掠射(即入射角接近 90°)到平面镜 L 上，经平面镜反射到光屏上。反射光可看成是由 S 对平面镜 L 所成的虚像 S'发出的，故 S 和 S'就相当于双缝，发生与杨氏双缝干涉实验中相似的干涉现象。即这两部分光也是分波面的相干光，在屏上产生干涉条纹。当两光相遇时，在相遇区(图 11-5 中阴影部分)的屏 E 上可以观察到明暗相间的干涉条纹，相应的分析计算可依照杨氏双缝干涉的条纹计算公式进行。

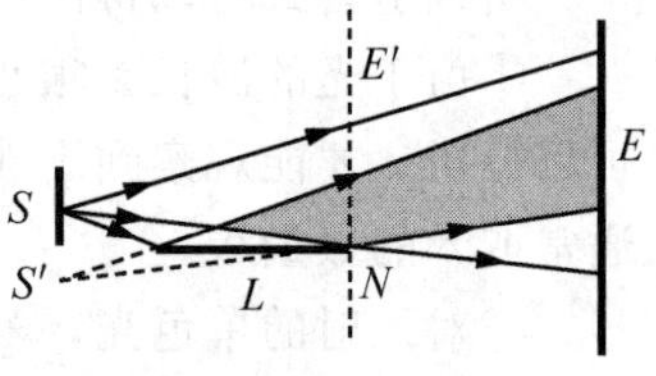

图 11-5　洛埃德镜实验光路图

但有一点和杨氏双缝干涉不同，当把屏幕移到和平面镜的边缘相接触的位置 $E'N$ 时，发现接触点 N 处屏上出现的是暗条纹。可是此时从 S 和 S'发出的光到达接触点 N 处的波程相等，该处应出现明纹。同样，其他各级条纹也如此，即按波程差计算应该是出现明纹的地方，实际观察到的却是暗纹；应该出现暗纹的地方，实际观察到的却是明纹。这表明，由镜面反射出来的光和直接射到屏上的光在 N 处发生了相位 π 的突变，由于直接射到屏上的光的相位不会变化，所以只能认为是那束从空气射向玻璃平面镜发生反射时的反射光的相位突变了 π。这一变化等效于反射光在反射过程中损失或附加了半个波长的波程，这种现象称为半波损失。

实验表明：在掠射(入射角 $i\approx 90°$)或正入射(入射角 $i\approx 0°$)的情况下，当光从光疏介质(折射率较小的媒质)射向光密介质(折射率较大的介质)界面而被反射时，就会产生半波损失。即反射光的相位较之入射光的相位有 π 的突变，反射光的波程在反射过程中损失或附加了半个波长。

以上结果提示我们，在讨论光波叠加计算波程差时，必须虑及半波损失，否则可能会得出与实际情况相反的结果。

3. 光程与光程差

相位差的计算在分析光的干涉现象中十分重要。洛埃德镜实验告诉我们，相干光有在不同介质中传播相遇的情形。为了便于计算相干光在不同介质中传播相遇时的相位差，引入"光程"的概念。

(1)光程 L。

光在折射率为 n 的介质中传播时，光振动的相位沿传播方向逐点落后。用 λ'表示光在介质中的波长，则通过路程 l 时，光振动相位落后的值为

$$\Delta\varphi=\frac{2\pi l}{\lambda'} \tag{11-6}$$

由波动学知识可知，单色光在不同介质中传播时，其频率不变，速度发生变化。

频率为 ν 的单色光在折射率为 n 的介质中传播的速度为 $v=\frac{c}{n}$。

用 λ 表示光在真空中的波长，$\lambda=\frac{c}{\nu}$，所以光在介质中的波长为

$$\lambda'=\frac{v}{\nu}=\frac{1}{n}\frac{c}{\nu}=\frac{\lambda}{n}$$

显然，在不同介质中，同一频率单色光的波长是不同的，如图 11-6(a)所示。将上式代入式(11-6)，有

$$\Delta\varphi=\frac{2\pi}{\lambda}nl=\frac{2\pi}{\lambda}L \tag{11-7}$$

上式与光在真空中传播路程 nl 时所引起的相位落后相同。由此可知，同频率的光在折射率为 n 的介质中通过 l 的距离引起的相位落后和在真空中通过 nl 的距离时引起的相位落后相同，$L=nl$ 就叫作与路程 l 相应的光程，表明光在折射率为 n 的介质中通过的几何路程 l 相当于光在真空中通过 nl 的路程。

它实际上是把光在介质中通过的路程按相同相位变化折合到真空中的路程，这样折合可以统一地用光在真空中的波长 λ 来计算光的相位变化。

由上式及图 11-6(a)还可看出，光在折射率为 n 的介质中通过几何路程 l 所发生的相位变化，相当于光在真空中通过 nl 的路程所发生的相位变化。所以，光波在介质中传播时，其相位的变化不仅与光波传播的几何路程和真空中的波长有关，而且还与介质的折射率有关。

(2)光程差 Δ。

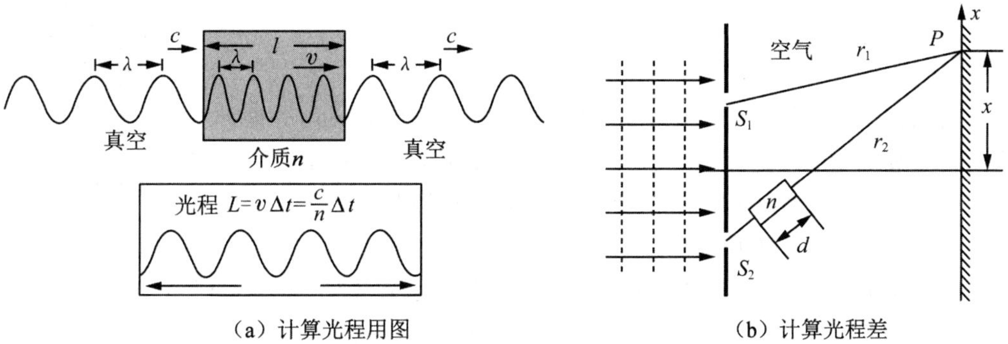

(a) 计算光程用图　　(b) 计算光程差

图 11-6　光程与光程差

下面讨论两列光波在空间相遇时的相位差与光程差。如图 11-6(b)所示，单色光源 S_1 与 S_2 发出的两束光在 P 点相遇，其中一束光通过空气(折射率 n_1 近似为 1)，而另一束光还要经过一段折射率为 n_2、厚度为 d 的介质。这两束光到达相遇点的光程分别为 $L_1=n_1r_1$，$L_2=n_1(r_2-d)+n_2d$，两者的光程差为

$$\Delta=L_2-L_1=n_1(r_2-d)+n_2d-n_1r_1=(r_2-r_1)+(n_2-1)d$$

由式(11-1a)和式(11-7)可知这两列波在相遇点的相位差为

$$\Delta\varphi=\left(\omega t+\varphi_{20}-\frac{2\pi L_2}{\lambda}\right)-\left(\omega t+\varphi_{10}-\frac{2\pi L_1}{\lambda}\right)=(\varphi_{20}-\varphi_{10})+\frac{2\pi}{\lambda}\Delta$$

当 $\varphi_{20}=\varphi_{10}$ 时
$$\Delta\varphi=\frac{2\pi}{\lambda}\Delta$$
这样，相位差也可用光程差 Δ 来表示。

相干光干涉加强或减弱的条件
$$\Delta\varphi=\frac{2\pi}{\lambda}\Delta=\begin{cases}\pm 2k\pi & k=0,\ 1,\ 2\cdots\text{加强}\\ \pm(2k+1)\pi & k=0,\ 1,\ 2\cdots\text{减弱}\end{cases}$$
用光程差表示为
$$\Delta=\begin{cases}\pm k\lambda & k=0,\ 1,\ 2\cdots\text{加强}\\ \pm(2k+1)\dfrac{\lambda}{2} & k=0,\ 1,\ 2\cdots\text{减弱}\end{cases}\qquad(11\text{-}8)$$

4. 薄透镜的等光程性

另外，在干涉和衍射实验装置中，经常用到透镜。透镜的插入对光路中的光程会产生什么影响呢？理论和实验都表明，透镜具有等光程性，由物点发出的沿不同方向到达像点的各条光线，都具有相同的光程。如图 11-7 所示，从物点 S 到达像点 S' 的各条光线，具有不同的几何路程，它们在透镜玻璃中经过的路程也不同，几何路径较长的光线在玻璃中经过的路程较短，几何路径较短的光线在玻璃中经过的路程较长，而玻璃的折射率大于空气，折合成光程后，各条光线具有相同的光程。可见，透镜只改变各条光线的传播方向，不产生附加的光程差。

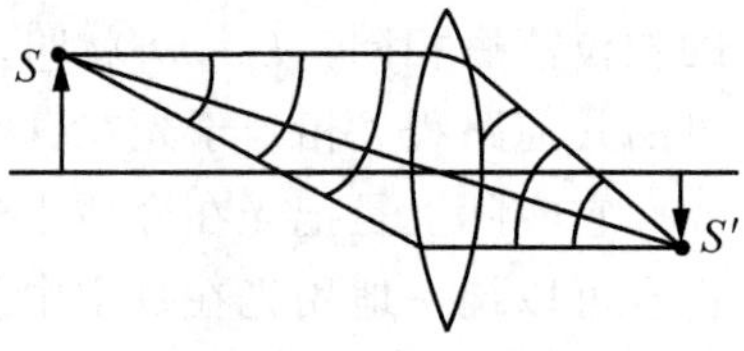

图 11-7　薄透镜的等光程性

11.2　薄膜干涉

薄膜干涉

前面讨论的是用分波面法产生的干涉，本节我们研究用分振幅法产生的干涉，薄膜干涉就是一种最常见的分振幅干涉。所谓薄膜是指透明介质形成的厚度很薄的一层介质膜，如肥皂液膜、浮于水面的油膜、光学仪器透镜表面所镀的膜层等，当光照射到透明薄膜上时，经薄膜上下两表面产生的反射光(或透射光)相互叠加而产生的干涉称为薄膜干涉。如肥皂泡上的彩色条纹，水面油膜上的条纹，昆虫翅翼上所呈现的彩色花纹都是薄膜干涉的结果。下面讨论薄膜干涉的基本原理。

11.2.1　厚度均匀薄膜的干涉

当一束光射到两种介质的界面时，它将被分成两束，一束为反射光，另一束为折射光，从能量守恒的角度来看，反射光和折射光的振幅都要小于入射光的振幅，这相当于振幅被“分割”了[如图 11-8(a)所示]。这是采用分振幅法获得相干光的。

如图 11-8(a)所示，一厚度均匀的平行平面薄膜折射率为 n_2、厚度为 e，置于折射率为 n_1 和 n_3 的介质中，设有一条波长为 λ 的单色光线以入射角 i 射到薄膜上表面 A 点，经薄膜上、下表面反射后产生两条相干的平行光 1 和 2。光线 1 由薄膜上表面反射回原介质 n_1 内。光线 2 从 A 点折射进入薄膜 n_2 内，再从薄膜下表面 C 点反射回薄膜

n_2 内，最后从上表面 B 点射出回原介质 n_1，经透镜 L 汇聚于焦平面上一点 P 叠加产生干涉。我们在 P 处放上光屏，就能在屏上观察到干涉现象。

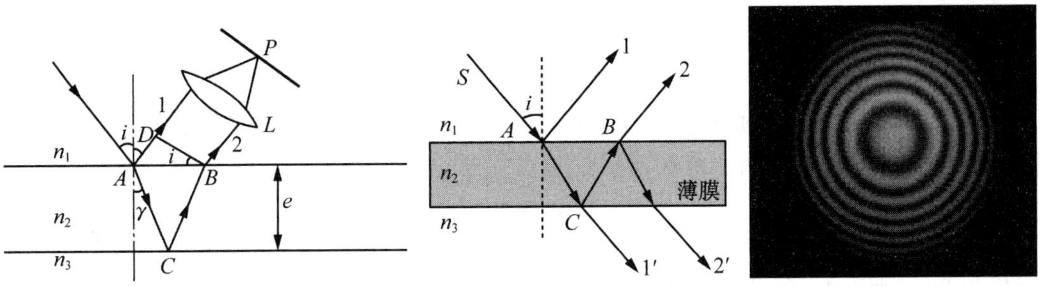

（a）相干光的获得及光路图　（b）反射光与透射光互补　（c）等倾干涉条纹

图 11-8　薄膜干涉

现在来计算两光线 1、2 在 P 点相遇时的光程差。从反射点 B 作光线 1 的垂线 BD，由于从 D 到 P 和从 B 到 P 的光程相等(薄透镜的等光程性，即透镜不引起附加的光程差)，所以这两束光线之间的光程差为

$$\Delta=n_2(\overline{AC}+\overline{CB})-n_1\overline{AD}+\Delta_2$$

式中 Δ_2 为半波损失，等于 $\pm\frac{\lambda}{2}$ 或 0，由光束在薄膜上、下表面反射时有无附加光程差决定。

当满足 $n_1>n_2>n_3$ 或 $n_1<n_2<n_3$ 时，不存在附加光程差，无半波损失 $\Delta_2=0$；

当满足 $n_1<n_2>n_3$ 或 $n_1>n_2<n_3$ 时，要考虑附加光程差，有半波损失 $\Delta_2=\frac{\lambda}{2}$。

从图上几何关系：$\overline{AC}=\overline{BC}=\frac{e}{\cos\gamma}$，$\overline{AD}=\overline{AB}\sin i=2e\cdot\tan\gamma\cdot\sin i$，代入上式，得

$$\Delta=2n_2\frac{e}{\cos\gamma}-2n_1e\tan\gamma\sin i+\Delta_2$$

式中，e 为薄膜厚度，γ 为折射角。根据折射定律 $n_1\sin i=n_2\sin\gamma$，可得光程差

$$\Delta=2e\sqrt{n_2^2-n_1^2\sin^2 i}+\Delta_2 \tag{11-9a}$$

设 $n_1>n_2<n_3$(如 $n_1=n_3$ 为空气，则 $n_1=n_3>n_2$)，有半波损失，我们在此取 $\Delta_2=\frac{\lambda}{2}$。由上式，平行平面薄膜反射光干涉的明暗纹条件为

$$\Delta=2e\sqrt{n_2^2-n_1^2\sin^2 i}+\frac{\lambda}{2}=\begin{cases}\pm k\lambda & 明纹\\ \pm(2k+1)\lambda & 暗纹\end{cases}\quad(k=0,\ 1,\ 2,\ 3,\ \cdots) \tag{11-9b}$$

在实验中通常使光线垂直入射膜面，即 $i=\gamma=0$，则

$$\Delta=2n_2e+\frac{\lambda}{2}=\begin{cases}\pm k\lambda & 明纹\\ \pm(2k+1)\lambda & 暗纹\end{cases}\quad(k=0,\ 1,\ 2,\ 3,\ \cdots) \tag{11-9c}$$

应注意的是，光程差中是否附加半波损失应根据具体条件确定，若薄膜上下表面

反射的两束光都不存在半波损失或都存在半波损失，光程差中不计入$\frac{\lambda}{2}$的附加光程差，若两反射光中有一个存在半波损失，则光程差中必须计入$\frac{\lambda}{2}$的附加光程差。

透射光也有干涉现象。这时，光线1′(如图11-8b所示)是由光线直接透射而来的，而光线2′是光线折入薄膜后，在C点和B点处经两次反射后再透射出来的。仍设$n_1>n_2<n_3$，则光线2′的这两次反射都是由光疏介质入射到光密介质的，两次都存在半波损失，对计算光程差无影响，$\Delta_2=\frac{\lambda}{2}+\frac{\lambda}{2}=\lambda$，或$\Delta_2=\frac{\lambda}{2}-\frac{\lambda}{2}=0$，其对应相位的变化为$2\pi$，所以不存在反射时的附加光程差。因此，这两束透射相干光1′和2′的光程差是

$$\Delta=2e\sqrt{n_2^2-n_1^2\sin^2 i}$$

与式(11-9b)相比较，两者的光程差相差$\left|\frac{\lambda}{2}\right|$，可见反射光相互加强时，透射光将相互减弱，而当反射光相互减弱时，透射光将相互加强，两者是互补的。

由式(11-9)可知，当n_1，n_2一定时，光程差Δ由薄膜厚度e和入射角i决定。薄膜干涉可分为以下两种情况。

①如果厚度e不变，即介质薄膜厚度各处均等，此时光程差Δ仅由入射光的倾角i决定。凡以相同倾角入射的光，经膜的上、下表面反射后产生的相干光束都有相同的光程差，从而对应于干涉图样中的同一级条纹，我们把这种干涉称为等倾干涉，形成的干涉条纹称为等倾干涉条纹，如图11-8(c)所示。

②如果i不变，薄膜厚度e变化，即平行光入射到厚度不均的薄膜上，这时光程差Δ仅与薄膜厚度e有关，薄膜厚度e相等处对应的光程差相等，形成同一级干涉条纹。我们把这种干涉称为等厚干涉，形成的干涉条纹称为等厚干涉条纹。

在图11-8中，若所用光源是非单色的，各种波长的光各自在薄膜表面形成自己的一套单色干涉条纹，它们互相错开，因而在薄膜上形成色彩绚丽的条纹。

例11-3 一油轮漏出的油在海水表面形成一层厚度为$e=460$ nm的薄油污层，已知油折射率$n_2=1.20$，海水折射率$n_3=1.33$。(空气的折射率$n_1=1$)

(1)如果太阳刚好位于海面正上空，一直升机上的驾驶员从机上向下观察，他看到油层呈现什么颜色?

(2)如果一潜水员潜入该区域水下向上观察，又将看到油层呈什么颜色?

解 太阳垂直照射在海面上，驾驶员和潜水员看到的分别是反射光干涉和透射光干涉的结果，他们所见的颜色是实现干涉加强的那些波长的光的颜色。

(1)由于油的折射率小于其下层海水的折射率但又大于其上面空气的折射率，在油层上、下表面反射的光均存在半波损失，故两反射光光程差为

$$\Delta=2n_2e$$

干涉加强时有

$$\Delta=2n_2e=k\lambda \quad (k=1,\ 2,\ \cdots)$$

干涉加强的光波长为

$$\lambda=\frac{2n_2e}{k}$$

$$k=1,\ \lambda_1=2n_2e=2\times1.20\times460=1104\ \text{nm}$$

$$k=2,\ \lambda_2=n_2e=1.20\times460=552\ \text{nm}$$

$$k=3,\ \lambda_3=\frac{2}{3}n_2e=\frac{2}{3}\times1.20\times460=368\ \text{nm}$$

其中波长 $\lambda_2=552$ nm 的绿光在可见光范围内，而其他干涉加强的光分布在红外或紫外区域，所以，驾驶员看到油膜呈现绿色。

(2)因反射光与透射光互补，故透射光的光程差与反射光相比要附加半波损失项，即

$$\Delta=2n_2e+\frac{\lambda}{2}$$

干涉加强时有

$$\Delta=2n_2e+\frac{\lambda}{2}=k\lambda\quad(k=1,\ 2,\ \cdots)$$

干涉加强的光波长为

$$\lambda=\frac{4n_2e}{2k-1}$$

$$k=1,\ \lambda_1=2208\ \text{nm}$$

$$k=2,\ \lambda_2=736\ \text{nm}$$

$$k=3,\ \lambda_3=442\ \text{nm}$$

$$k=4,\ \lambda_4=315\ \text{nm}$$

在可见光范围内的有 $\lambda_2=736$ nm 和 $\lambda_3=442$ nm，一个为红光，另一个为紫光，故潜水员看到油膜呈紫红色。

薄膜干涉的一个重要应用是提高或降低光学仪器的透射率，当光入射到两种介质表面上反射时，会带走一定的光能，透射光强度则会减小。若界面数量增多，损失的光能也随之增大。为了减少因反射而损失的光能，常采用镀膜的方法，为这个目的而镀的膜为增透膜。有些光学仪器则需要减少透射光的能量，由于入射光和透射光的总能量是守恒的，减少透射光的能量也就是增加反射光能量，这时镀的膜称为增反膜。例如，宇航员头盔和面甲上都须镀上反射红外线的增反膜来屏蔽红外辐射。在放映机中可用红外反射镜(通过可见光)，滤掉光源中的红外线，避免电影胶片过热。

镀膜技术依据的原理就是薄膜干涉。下面通过例题来讨论。

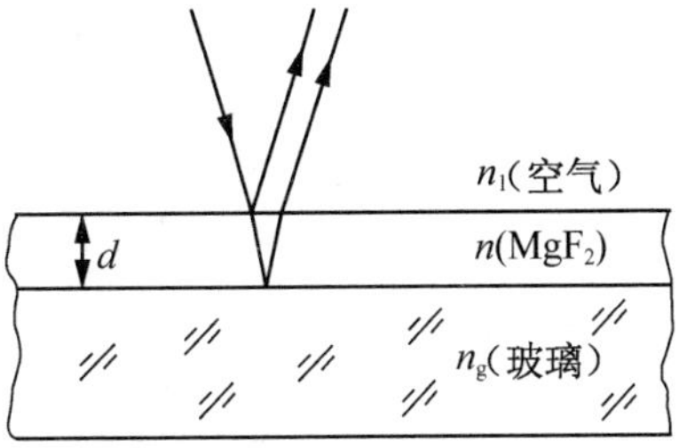

图 11-9　增透膜

例 11-4　一些光学仪器中，为增加某种波长的光的透射率而在光学器件表面镀膜。如图 11-9 所示，为使垂直于透镜($n_g=1.50$)入射的黄绿光($\lambda=550$ nm)透射率增强，应尽量减小其反射损

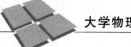

失，使黄绿光产生反射相消。可以在透镜表面镀一层增透膜 MgF_2（$n=1.38$）。求镀膜的最小厚度。

解　光线以接近正入射的方向入射到薄膜上，设镀膜厚度为 e，在上表面反射（$n>n_1$）和在下表面反射（$n<n_g$）时均有半波损失，对计算光程差无影响。则入射光在薄膜上、下表面反射的光程差为

$$\Delta=2ne$$

反射光干涉相消的条件为

$$\Delta=2ne=(2k+1)\frac{\lambda}{2}\quad(k=0,\ 1,\ 2,\ \cdots)$$

由此得

$$e=\frac{(2k+1)\lambda}{4n}\quad(k=0,\ 1,\ 2,\ \cdots)$$

当 $k=0$ 时，薄膜厚度最小，其值为

$$e=\frac{\lambda}{4n}=\frac{550}{4\times1.38}\ \text{nm}\approx100\ \text{nm}$$

在照相机等光学仪器的镜头表面镀上 MgF_2 薄膜后，能使对人眼视觉最灵敏的黄绿光反射减弱而透射增强。因而这样的镜头在白光照射下，其反射常给人以蓝紫色的视觉。

所以，如果在镜头前面涂上一层增透膜，那么膜的厚度等于某单色光（如红光）在增透膜中波长的四分之一时，这层膜反射回去的红光就会发生干涉相消，人在镜头前就将看不到红光，因为这束红光已经全部穿过镜头了。

薄膜等厚干涉是测量和检验精密机械零件或光学元件的重要方法，在现代科学技术中有广泛应用，下面介绍两种有代表性的等厚干涉实验。

11.2.2　劈尖干涉

劈尖干涉

劈尖形介质薄膜是最简单的厚度不均匀薄膜。如图 11-10 所示，两块平板玻璃，一端叠合，另一端夹一薄片或细丝，这样在两玻璃板之间形成一空气薄层，叫作空气劈尖。图 11-10(a) 为劈尖干涉的实验装置，图中 M 为倾斜 45°放置的半透射半反射平面镜，从单色光源 S 发出的光经光学系统成为平行光束，经 M 反射后垂直入射到空气劈尖 W，由劈尖上、下表面反射的光束相干叠加形成干涉条纹，通过显微镜 T 可对干涉条纹进行观察和测量。

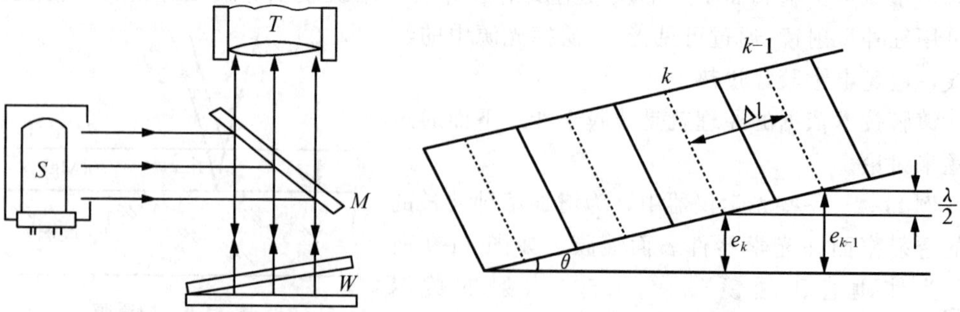

(a) 劈尖干涉仪器光路图　　(b) 干涉条纹间距计算

图 11-10　劈尖的干涉

如图 11-10(b)所示，设在某入射点处空气薄膜的厚度为 e，当平行单色光垂直($i=0$)入射于这样的两玻璃片时，在劈尖的上下两表面所引起的反射光线将形成相干光。注意：由劈尖下表面反射的光有半波损失，故该处两束相干光在相遇点的光程差为

$$\Delta=2ne+\frac{\lambda}{2} \tag{11-10}$$

式中，n 为劈尖膜的折射率，对空气劈尖膜 $n=1$，$\frac{\lambda}{2}$是光波在空气膜下表面(空气与玻璃分界面)反射时引起的半波损失。

根据光程差可进一步确定条纹的以下特点。

①形成明暗纹的条件为

$$\Delta=2e+\frac{\lambda}{2}=\begin{cases} k\lambda & (k=1,\ 2,\ 3,\ \cdots) \quad 明纹 \\ (2k+1)\lambda & (k=0,\ 1,\ 2,\ 3,\ \cdots) \quad 暗纹 \end{cases} \tag{11-10a}$$

上式表明，同一级明纹或同一级暗纹对应相同厚度的空气层，因而劈尖干涉是等厚干涉。由于两玻璃片接触处为劈尖的棱边，等厚线是平行于棱边的直线，所以干涉条纹是平行于劈尖棱边的明暗相间的直条纹。由上式还可看出，厚度 e 大处对应条纹级次 k 大，从劈尖棱边开始条纹级次依次增高。在棱边处 $e=0$，但由于半波损失，棱边处形成暗条纹，而事实正是这样。这是“相位突变”的又一个有力证据。

②设第 k 级暗纹(或明纹)处劈尖膜的厚度为 e_k，第 $k+1$ 级暗纹(或明纹)处劈尖膜的厚度为 e_{k+1}，任意两相邻暗纹(或明纹)所对应的空气层厚度差为

$$\Delta e=e_{k+1}-e_k=\frac{\lambda}{2n}=\frac{\lambda}{2} \tag{11-11}$$

③设劈尖的夹角为 θ(通常 θ 角很小，$\sin\theta\approx\theta$)，k 级纹到棱边的距离

$$l_k=\frac{e_k}{\sin\theta}\approx\frac{e_k}{\theta} \tag{11-12a}$$

④相邻两明纹(或暗纹)中心间的距离 Δl(叫作条纹宽度)为

$$\Delta l=\frac{\Delta e}{\sin\theta}\approx\frac{\Delta e}{\theta}=\frac{\lambda}{2n\theta}=\frac{\lambda}{2\theta} \tag{11-12b}$$

显然，从上式可知，干涉条纹是等间距的，而且，劈尖的夹角 θ 越小，干涉条纹分布越疏；θ 越大，干涉条纹分布越密。如果劈尖的夹角 θ 过大，干涉条纹就将密不可辨。因此劈尖干涉中，θ 有一定的限度，干涉条纹只能在很尖的劈尖上看到。

可见，如果劈尖的上、下两表面都是光学平面，则干涉条纹是一组平行于棱边的等距离、明暗相间的直条纹，但若某个表面有缺陷，干涉条纹将发生弯曲。在生产中常利用劈尖干涉来检验工件的平整度。用一块平晶 A(即光学平面非常平的标准玻璃块)放在一待检验的工件 B 上，使两者之间形成空气劈尖，如图 11-11(a)所示，用单色光垂直照射玻璃表面并观测干涉条纹，若条纹为等距的平行直条纹，则可判断工件 B 表面是平整的。若工件 B 表面凹凸不平，则干涉条纹会发生弯曲。根据其弯曲的方向可判定缺陷是凸起还是凹下，如图 11-11(b)所示。这种检验方法精度较高，可验得约 $\frac{\lambda}{4}$的凹凸缺陷，即精度在 0.1 μm 左右。

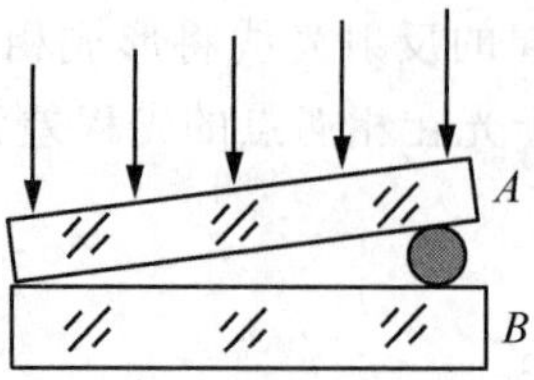

(a)

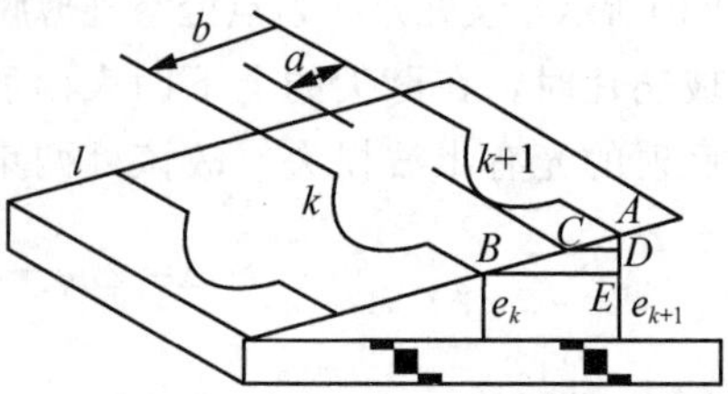

(b)

图 11-11　光学元件表面的检测

11.2.3　牛顿环

牛顿环

牛顿环实验装置如图 11-12(a)所示，在一块平板玻璃 B 上，放置一个曲率半径 R 很大的平凸透镜 A，构成一上表面是球面、下表面是平面的类似于劈形的空气薄膜，当平行单色光垂直照射到此装置上时，在空气膜上下表面发生反射形成相干光，在透镜下表面附近发生等厚干涉。由于以接触点 O 为中心的任一圆周上，空气层的厚度相等，可观察到以接触点 O 为中心的一组圆形干涉条纹，如图 11-12(b)所示，通常称其为牛顿环。

设某反射点膜厚为 e，空气膜 $n=1$，则两束相干光的光程差及牛顿环干涉的明、暗环条件为

$$\Delta=2e+\frac{\lambda}{2}=\begin{cases} k\lambda & (k=1,\ 2,\ 3,\ \cdots) \quad \text{明环} \\ (2k+1)\lambda & (k=0,\ 1,\ 2,\ 3,\ \cdots) \quad \text{暗环} \end{cases}$$

在中心处 $e=0$，两反射光的光程差 $\Delta=\frac{\lambda}{2}$，所以中心为暗斑，如图 11-12(b)所示。

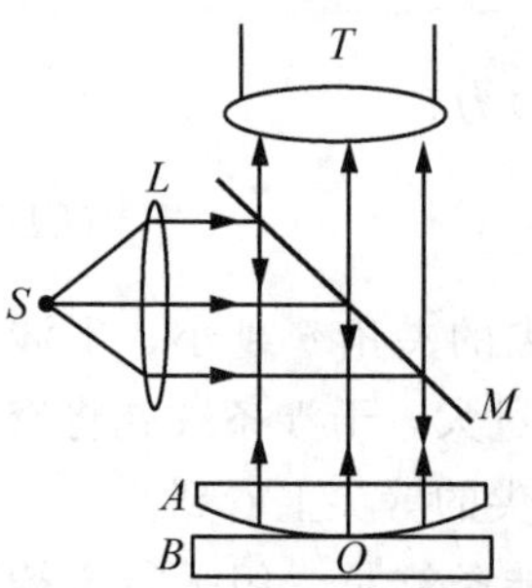

(a) 牛顿环仪器光路图

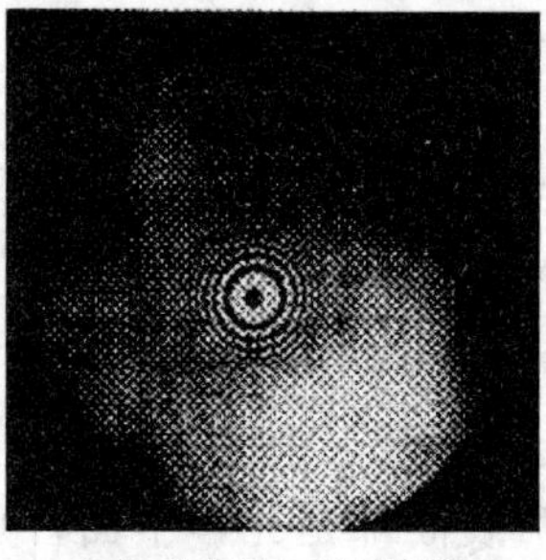

(b) 牛顿环干涉图样

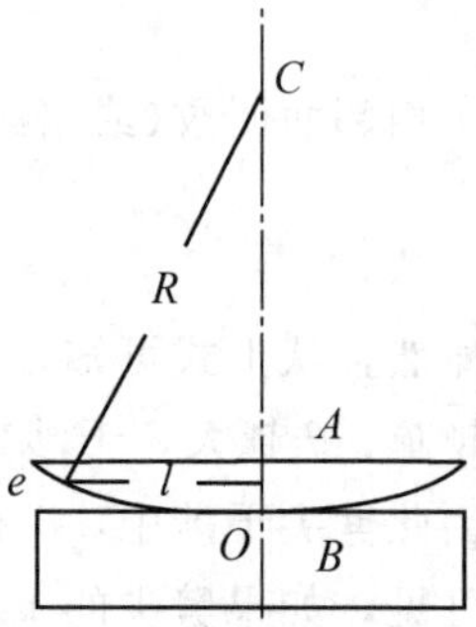

(c) 牛顿环半径计算

图 11-12　牛顿环

设 R 为平凸透镜的曲率半径，r 为干涉条纹半径，图 11-12(c)中的几何关系为

$$r^2=R^2-(R-e)^2=2Re-e^2$$

因 $R\gg e$，所以上式中的 e^2 可以略去，于是

$$e=\frac{r^2}{2R} \tag{11-13}$$

代入上式，可得

$$明环半径 \quad r=\sqrt{\frac{2k-1}{2}R\lambda} \quad (k=1，2，3\cdots) \tag{11-14a}$$

$$暗环半径 \quad r=\sqrt{kR\lambda} \quad (k=0，1，2\cdots) \tag{11-14b}$$

由于 $r\propto\sqrt{k}$，故牛顿环内疏外密。

在实验室中，常用牛顿环测定光波长或平凸透镜的曲率半径。在工业生产中，常利用牛顿环来检验透镜的质量。

11.3 光的衍射

光的衍射现象

与干涉一样，衍射也是波动的重要特征。衍射是指当波遇到障碍物时偏离直线传播的现象。我们对机械波的衍射比较熟悉，但光的衍射现象却不易觉察，这是因为波的衍射现象的发生是有条件的，只有当障碍物的线度和波长在数量级上相近时，才能观察到明显的衍射现象。由于光的波长很短，一般障碍物的线度远大于它，所以我们看到的多是光的直线传播。但当光照射到诸如小孔、细缝、细丝等微小障碍物时，就能观察到明显的衍射现象。

11.3.1 光的衍射现象

如图 11-13 所示，线光源发出的光通过较宽的狭缝时，屏上呈现出平行于狭缝的光斑，它是狭缝在屏幕上的几何投影，反映了光的直线传播特性。如果缩小狭缝的宽度到一定程度，屏上的光斑不但不缩小，反而逐渐增大，而且光斑的亮度分布也发生变化，会呈现明暗相间的条纹，这就是光的衍射现象。

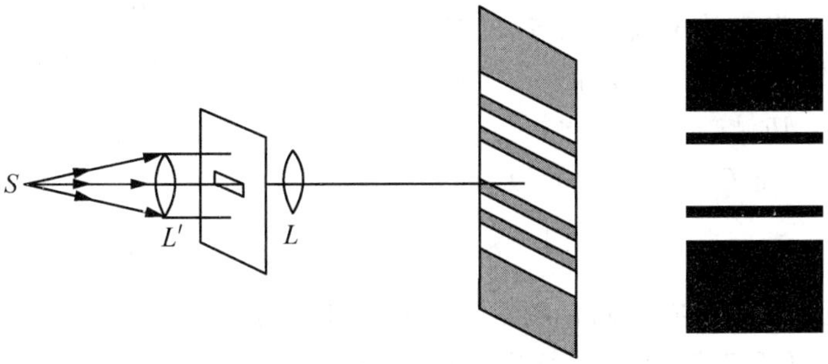

图 11-13 光衍射现象的实验观察

观察衍射现象的实验装置一般由光源 S、衍射屏 R 和接收屏 P 三部分组成。按照它们相互距离的不同可分为两类。一类是衍射屏离光源或接收屏的距离为有限远时的衍射，称为菲涅耳衍射，如图 11-14(a)所示。另一类称为夫琅和费衍射，是光源和接收屏均离衍射屏无限远的情形，此时入射光与衍射光均为平行光，如图 11-14(b)所示，观察这类衍射，须用透镜将平行光聚焦于焦平面上，如图 11-14(c)所示。由于夫琅和费衍射是平行光，数学处理较菲涅耳衍射简单，而且在实际应用中很重要，以下各节主要就夫琅和费衍射进行讨论。

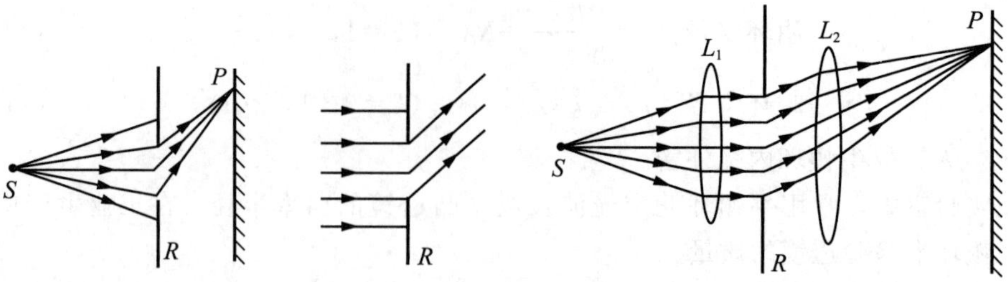

（a）菲涅耳衍射　（b）夫琅和费衍射　（c）在实验室观察夫琅和费衍射

图 11-14　菲涅耳衍射和夫琅和费衍射

11.3.2　惠更斯-菲涅耳原理

在研究波的传播时，惠更斯曾指出，介质中波所到达的各点都可以看作是发射子波的波源，其后任一时刻，这些子波的包迹就决定新的波前。根据惠更斯原理可以确定波的传播方向，可以解释光偏离直线传播的现象，但是，惠更斯原理无法解释为什么在屏上会出现明暗相间的条纹。

菲涅耳继承了惠更斯的“子波”概念，并进一步用“子波相干叠加”的思想，发展了惠更斯原理，形成了惠更斯-菲涅耳原理，其内容如下。

波面上的每一点都可以看作是发射子波的新波源，空间任一点的光振动就是传播到该点的所有子波相干叠加的结果。

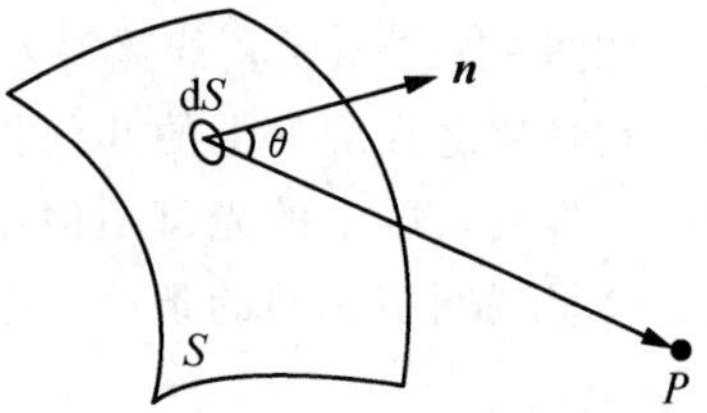

图 11-15　惠更斯-菲涅耳原理

根据惠更斯-菲涅耳原理，如果已知某时刻波面 S，如图 11-15 所示，则空间任意点 P 的光振动是波面上每个面元 $\mathrm{d}S$ 发出的子波在该点叠加后的合振动。菲涅耳具体提出，面元 $\mathrm{d}S$ 发出的子波在 P 点引起的光振动若为 $\mathrm{d}\boldsymbol{E}$，$\mathrm{d}\boldsymbol{E}$ 与 $\mathrm{d}S$ 成正比，与 P 点到 $\mathrm{d}S$ 的距离成反比，而且和倾角 θ 有关。而 P 点的光振动为

$$\boldsymbol{E}=\int_S \mathrm{d}\boldsymbol{E}$$

由于各面元引起的 $\mathrm{d}\boldsymbol{E}$ 不同，更重要的是其相位互不相同，因此原则上可应用惠更斯-菲涅耳原理解决一般衍射问题，但积分计算常常十分复杂，在讨论夫琅和费单缝衍射时，我们将采用半波带法进行巧妙的处理。

科学家介绍：惠更斯、菲涅耳

其实，在本质上干涉和衍射并无区别，干涉现象是把有限多的光束相干叠加，而衍射是指波面上无限多个子波源发出的光束相干叠加。

11.3.3　单缝夫琅和费衍射

宽度远较长度小的狭缝，叫作单缝。1821 年，夫琅和费研究了一种单缝衍射，如图 11-16(a)所示。挡板 K 上开有宽度为 a 的单缝 AB，线光源 S 放在透镜 L_1 的主焦面上，因此从透镜 L_1 穿出的光线形成一平行光束，这束平行光垂直照射于单缝 AB 上，根据惠更斯-菲涅耳原理，单缝所在处的波面上各点都是相干的子波源，它们穿过单缝向

科学家介绍：夫琅和费

各个方向发射的光为衍射光，沿某一方向传播的衍射光与衍射屏法线之间的夹角 θ 称为衍射角。具有相同衍射角的光线经过透镜 L 聚焦于屏幕上同一点，如图 11-16(b)所示，不同衍射角的光线会聚在屏上不同点，形成一组平行于狭缝的明暗相间的直条纹，如图 11-16(d)所示。

下面我们来分析单缝衍射图样的形成及其特点。设入射光波长为 λ，单缝宽度为 a，先来考虑沿入射方向传播、对应衍射角 $\theta=0$ 的衍射光，经透镜 L 后这束光会聚于 O 点，如图 11-16(b)所示的光束①。由于 AB 是同相面，透镜又不会引起附加的光程差，它们到达 O 点时仍保持相同的相位，从而相互加强，该位置对应中央明纹的中心。

下面讨论衍射角为 θ 的任一衍射平行光束，如图 11-16(b)所示的光束②，该光束各条光线到达 Q 点的光程并不相等，但垂直于各光线的 BC 面上各点到达 Q 点的光程相等，故这束光中单缝边缘 A，B 两点发出的光线光程差最大，为

$$\Delta=AC=a\sin\theta \tag{11-15a}$$

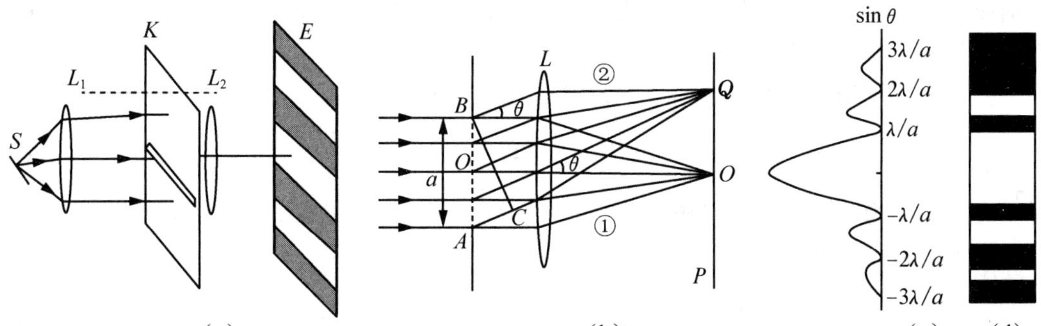

图 11-16　单缝夫琅和费衍射

在图中可以作一些平行于 BC 的平面，使两相邻平面之间的距离等于入射光波长的一半，即$\frac{\lambda}{2}$，如 AC 恰好是$\frac{\lambda}{2}$的整数倍，这些平行平面把单缝 AB 处的波面切割成面积相等的几个波带，称为半波带，如图 11-17 所示。衍射角 θ 不同，单缝处波面上分出的半波带数目也不同，半波带的数目取决于光程差 AC。由于各个半波带的面积相等，所以各个半波带上子波的数目相等，即可认为所有半波带发出的子波强度都是相同的。

如 AC 恰好等于$\frac{\lambda}{2}$的奇数倍，则单缝处波面 AB 也被分割成奇数个半波带。如图 11-17(a)所示，$AC=3\ \frac{\lambda}{2}$，则单缝处波面被分成了 AA_1，A_1A_2，A_2B 三个半波带，相邻的半波带上任何两个对应点发出光波的光程差总是$\frac{\lambda}{2}$，即相位差总是 π，因而两相邻半波带的子波在屏上汇聚点干涉相消。AA_1，A_1A_2，A_2B 三个半波带中，两个相消，还剩下一个，其上的子波到达 Q 点相干叠加形成明纹。即 AC 为$\frac{\lambda}{2}$的奇数倍时，单缝处半波带两两相消的结果，还剩余一个半波带，对应点为明纹中心。

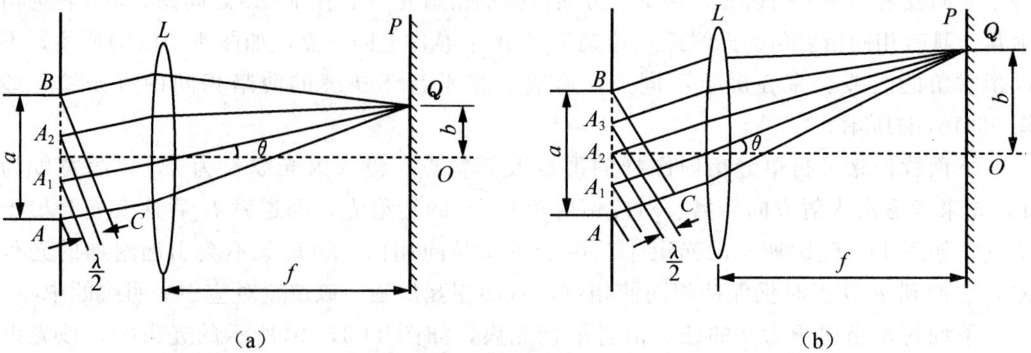

图 11-17　菲涅耳半波带法

如 AC 恰等于$\frac{\lambda}{2}$的偶数倍(如 4 倍)，如图 11-17(b)所示，则单缝处波面 AB 也被分割成偶数个半波带。相邻两半波带各对应子波干涉相消，偶数个半波带两两成对相互干涉相消，对应点应是暗纹中心。

上述分析可用数学方式表述如下，当衍射角 θ 满足

$$a\sin\theta=\pm 2k\frac{\lambda}{2}=\pm k\lambda \quad (k=1, 2, 3\cdots) \tag{11-15b}$$

时，对应点处为暗纹中心，对应于 $k=1$，2…分别为第一级暗纹，第二级暗纹……

而当衍射角 θ 满足

$$a\sin\theta=\pm(2k+1)\frac{\lambda}{2} \quad (k=1, 2, 3\cdots) \tag{11-15c}$$

时，对应点处为明纹中心，对应于 $k=1$，2…分别为第一级明纹，第二级明纹……式中正、负号表示条纹对称分布于中央明纹两侧。

应指出，上式不包括 $k=0$ 的情形，对上式来说，$k=0$ 虽对应于一个半波带形成的亮纹，但仍处在中央明纹范围内，是中央明纹的一个组成部分。值得注意的是，上述两式与杨氏双缝干涉条纹的条件，在形式上正好相反，不要混淆。

由干涉图样可以看到各级明纹有一定宽度，常将两暗纹之间的距离视为明纹的宽度，相邻暗纹对透镜中心所张的角为明纹的角宽度。由式(11-15c)可求出明纹的宽度，中央明纹宽度为两侧的第一级暗纹间距，如果衍射角很小，由式(11-15b)，第一级暗纹距中心 O 的距离为

$$x_1=f\tan\theta_1\approx f\sin\theta_1 \tag{11-16a}$$

其中，$\sin\theta_1=\frac{\lambda}{a}$，于是 $x_1=\frac{f\lambda}{a}$。

中央明纹宽度为

$$\Delta x_0=2x_1=2\frac{f\lambda}{a} \tag{11-16b}$$

其他相邻明纹的宽度为

$$\Delta x=x_{k+1}-x_k=f\sin\theta_{k+1}-f\sin\theta_k=\frac{f\lambda}{a}=\frac{1}{2}\Delta x_0 \tag{11-16c}$$

在单缝衍射条纹中，中央明纹最亮，而且也最宽，其余各级明纹宽度相同，均为中央明纹宽度的一半，但亮度却随级次的增大而迅速衰减。这是因为条纹级次越大，对应的衍射角也越大，单缝处波面 AB 被分成的半波带数也越多，因而未被抵消的半波带面积也越小，故相应的亮纹强度也就越小。应指出的是，对任意衍射角 θ 来说，一般 AC 不是 $\frac{\lambda}{2}$ 的整数倍，AB 不能恰好分成整数个半波带，衍射光束经透镜聚焦后，形成光强介于最明和最暗之间的半明半暗的中间区域。单缝衍射图样相对光强分布如图 11-16(c)和图 11-18 所示。

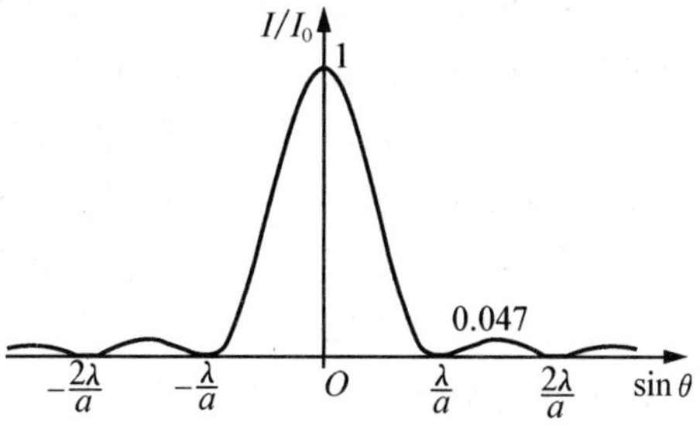

图 11-18　单缝衍射图样相对光强分布

由以上诸式可知，对于一定波长的入射光，缝宽 a 越小，各级条纹的衍射角 θ 越大，屏上条纹的间距也越大，即衍射效果越明显。反之缝宽 a 增大，各级条纹的衍射角 θ 变小，各级条纹向中央明纹靠拢，当 a 增大到一定程度至条纹密不可辨时，衍射现象消失，此时光可看作是直线传播的。可见光的直线传播是障碍物线度远大于光波长时衍射效果不显著的情况。

同样，波长 λ 越长，缝宽 a 越小，则条纹宽度越宽。当 $\frac{\lambda}{a}\to\infty$ 时，则 $\Delta x=\infty$，此时屏幕呈一片明亮；当 $\frac{\lambda}{a}\to 0$，则 $\Delta x=0$，此时屏幕上只显出单一的明条纹，这就是单缝的几何光学像。所以，几何光学是波动光学在 $\frac{\lambda}{a}\to 0$ 时的极限情形。

* 11.3.4　光栅衍射

虽然我们可以利用单缝衍射条纹来测定光波的波长，但是要想使单缝各级衍射条纹分开，缝宽 a 必须要小。可 a 太小，通过的光强又太弱。为了克服这一困难，实际上测定光波的波长时，往往利用光栅所形成的衍射现象。光栅是由大量等宽等间距的平行狭缝构成的光学器件。光栅的种类很多，有透射光栅、反射光栅等。在一块平玻璃片上用金刚石刀尖或电子束刻出一系列等宽等间距的平行刻痕，刀尖划过的刻痕处因漫反射不透光，未刻过的部分则相当于透光的狭缝，这就是一块透射光栅，如图 11-19 所示。光栅的每一条透光狭缝的宽度为 a，两相邻狭缝间不透光部分的宽度为 b，两部分之和 $d=a+b$ 称为光栅常数，其数量级为 $10^3\sim10^4$ nm($10^{-6}\sim10^{-5}$ m)，即 1 cm 宽度内有几千条乃至上万条刻痕。光栅透光缝的总数用 N 表示，光栅常数和总缝数是光栅的两个重要特征参数。

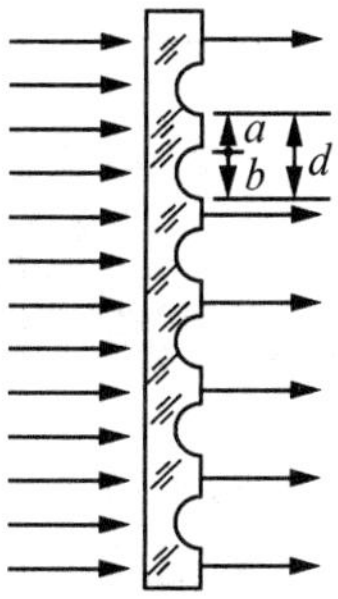

图 11-19　透射光栅

光栅衍射和单缝衍射不同，光栅衍射是多缝干涉和单缝衍射的总效果。当平行光照射到光栅上时，每一条狭缝都要产生单缝衍射，N 条狭缝形成 N 套特征完全相同的单缝衍射条纹；同时，各缝发出的光是相干光，还会发生缝与缝之间的干涉效应，因此，每个缝的单缝衍射和各缝间的多缝干涉共同决定了光栅衍射条纹的分布特征。原来的单缝衍射暗纹处还是暗纹，而明纹处就不全是明区了，缝与缝间干涉相消也形成暗纹，使得暗区增大，而明纹则更细更窄。

如图 11-20(a)所示，根据夫琅和费衍射理论，当平行光垂直投射到光栅上时，通过每个狭缝的光都要产生衍射，若在光栅后面放置一会聚透镜，所有的衍射光通过透镜后将相互干涉，所以光栅的衍射条纹是单缝衍射和多缝干涉的总效果。

设平行光垂直缝面入射，考虑波长为 λ、衍射角为 θ 的平行光，任意两相邻狭缝发出的光到达 P 点时的光程差都相等，均为 $d\sin\theta$。当这一光程差为入射光波长的整数倍时，即

$$\Delta=(a+b)\sin\theta=\mathrm{d}\sin\theta=k\lambda \quad (k=0,\ \pm1,\ \pm2\cdots)$$

光栅上任意两条狭缝发出的衍射角为 θ 的光到达 P 点的光程差也一定是 λ 的整数倍，此时所有狭缝发出的光在 P 点都是同相叠加，缝间干涉将形成明纹。显然，上式为形成明纹的必要条件，称为光栅方程，满足光栅方程的明纹称为主明纹。k 为明纹级数，$k=0$，±1，$\pm2\cdots$所对应的条纹分别称为中央(零级)极大，正、负第一级极大，正、负第二级极大等。当衍射角 θ 不满足光栅方程时，衍射光或者相互抵消，或者强度很弱，几乎成为一片暗背景。

知识拓展：为什么太阳光下的光盘表面会出现彩色光带

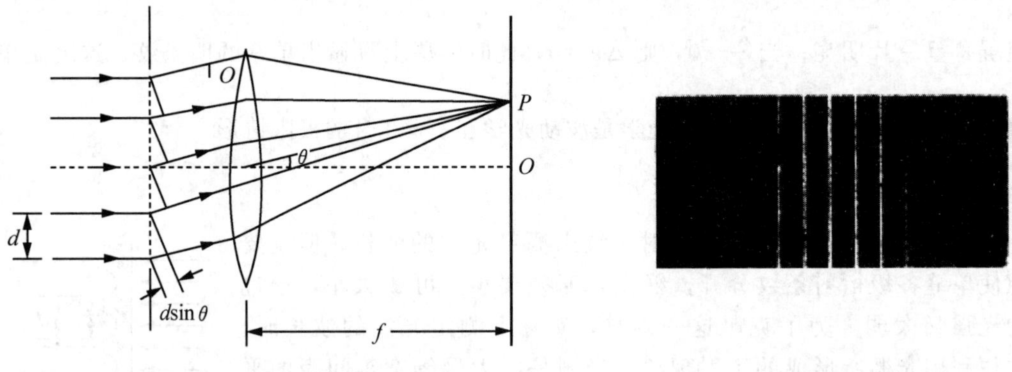

(a) 光栅的多光束干涉　　(b) 光栅衍射图样照片

图 11-20　光栅衍射

可见光栅衍射条纹是在大片暗区的背景上分布着一些分立的亮线，由于光栅相当于多光束干涉，故光栅形成的光谱线特点是明纹细、亮度大、分得开。对给定尺寸的光栅，总缝数 N 越大，条纹就越细、越亮，分得也越开。

光栅不仅适用于可见光波，还能用于红外和紫外光波，常被用来精确地测定光波长及进行光谱分析。以衍射光栅为色散元件组成的摄谱仪和单色仪是物质光谱分析的基本仪器之一。光栅衍射原理也是晶体 X 射线结构分析和近代频谱分析与光学信息处理的基础。

11.4 光的偏振

光的电磁理论指出，光是特定频率范围内的电磁波。光矢量 $\boldsymbol{E}$ 的振动方向与光的传播方向垂直，这说明光是横波。光的干涉和衍射现象揭示了光的波动性，光的偏振现象则进一步证实了光是横波。它们均有力地证明了光的电磁理论的正确性。

光的起偏　　偏检器　　物理应用：怎样选择夏天戴的偏光太阳镜

11.4.1 光的偏振性

光波是由光源中大量原子或分子发出的。普通光源不同原子或分子发出的光波振动方向和初相位是无规则随机分布的。所以在垂直于光传播方向的平面内，光矢量振动方向也是互不相关的，各个方向上光矢量分布均匀，而且各方向光振动的振幅都相同。所以，普通光源所发出的光的光矢量相对于传播方向成轴对称分布，这样的光称为自然光，如图 11-21(a)所示。自然光中任何一个方向的光振动都可以分解成为某两个相互垂直的光振动，所以可以把自然光视为两个互相独立、没有固定相位关系、等振幅且振动方向相垂直的两个光振动，如图 11-21(b)所示。其表示方法如图 11-21(c)所示。

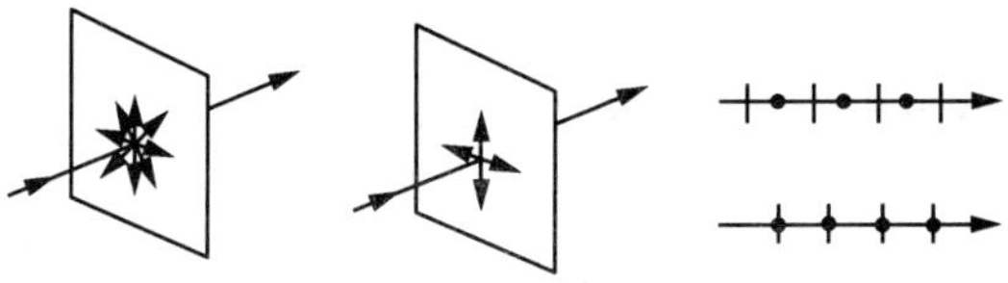

(a)　(b)　(c)

图 11-21　自然光

若光矢量的振动相对于传播方向是不对称的，这种光就称为偏振光。如果采用某种方法，把自然光的两个相互垂直、独立振动分量中的一个完全消除或移走，则光矢量的振动只限于某一固定方向，这种光为线偏振光。如果只把自然光两个相互垂直、独立振动分量中的一部分消除或移走，使得相互垂直的两个独立分量不相等，则得到的是部分偏振光。线偏振光和部分偏振光的表示方法如图 11-22 所示。

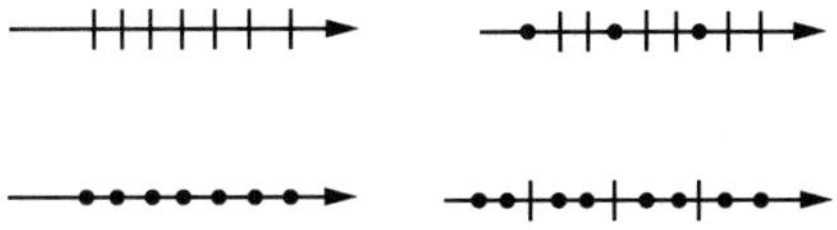

(a) 线偏振光　(b) 部分偏振光

图 11-22　线偏振光和部分线偏振光

从自然光获得线偏振光的过程称起偏，获得线偏振光的器件或者装置叫作起偏器。

起偏器的种类很多，如偏振片、玻璃片堆、尼科耳棱镜等。某些晶体对不同方向的光振动具有选择吸收性，即能够吸收某一方向上的光振动，而对与该方向垂直的光振动分量吸收很少，晶体的这种特性叫作二向色性，如硫酸碘奎宁、硫酸奎宁碱晶粒等。如在透明玻璃片上蒸镀上 0.1 mm 的硫酸碘奎宁，就制成了偏振片。因此偏振片基本上只允许某一特定方向的光振动通过，偏振片允许光矢量通过的方向称为偏振片的偏振化方向，也叫透光轴。光通过偏振片后只剩下一个方向的光振动，从而获得线偏振光。

如图 11-23 所示，两个平行放置的偏振片 P_1 和 P_2，它们的偏振化方向分别用它们上面的一组平行虚线表示。当光强为 I_0 的自然光垂直入射 P_1 时，透射光是沿 P_1 偏振化方向的线偏振光。又由于自然光中光矢量对称均匀，忽略反射损失，透过 P_1 的线偏振光光强只有入射光强的一半，为 $I_0/2$。当 P_1 以光的传播方向为轴慢慢转动时，透过 P_1 的光强不会发生改变。将 P_1 透出的线偏振光入射于偏振片 P_2，并将 P_2 以光的传播方向为轴慢慢转动，由于 P_2 只允许与它偏振化方向相同的光振动分量通过，因此，透过 P_2 的光强将随 P_2 的转动发生变化[如图 11-23(a)所示]。当 P_2 的偏振化方向平行于入射光的光振动方向(P_1 的偏振化方向)时，透过的光强最强[如图 11-23(b)所示]。当 P_2 的偏振化方向垂直于入射光的光振动方向时，透过的光强为零，称为消光[如图 11-23(c)所示]。将 P_2 旋转一周时，透射光光强出现两次最强，两次消光。偏振片 P_2 在这里起的作用是检验入射光是否是偏振光，故称为检偏器。

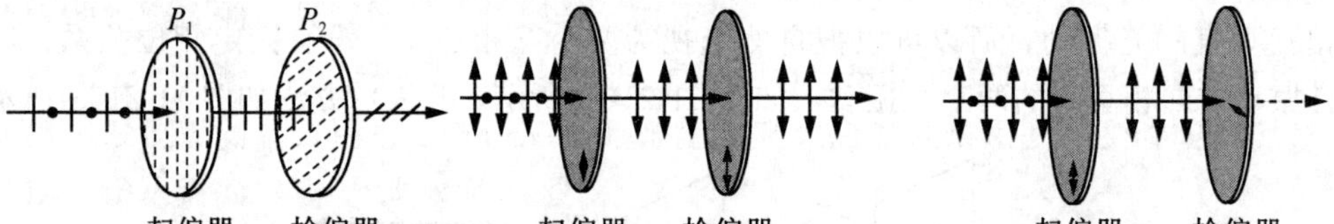

起偏器　检偏器　　起偏器　检偏器　　起偏器　检偏器

(a) 出射光强随P_2的转动发生变化　(b) 出射光强最强最亮　(c) 出射光强最暗为零

图 11-23　起偏与检偏

人们利用光的偏振现象发明了立体电影，照相技术中用于消除不必要的反射光或散射光。光在晶体中的传播与偏振现象密切相关，利用偏振现象可了解晶体的光学特性，制造用于测量的光学器件，以及提供诸如岩矿鉴定、光测弹性及激光调制等技术手段。

11.4.2　马吕斯定律

马吕斯定律　　科学家介绍：马吕斯

法国工程师马吕斯(E. L. Malus，1775—1812)在研究线偏振光透过检偏器后的透射光光强时发现，如果入射线偏振光的光强为 I_1，透射光的光强(不计检偏器对透射光的吸收)为 I_2，检偏器的偏振化方向和入射线偏振光的光振动方向之间的夹角为 α，则

$$I_2 = I_1 \cos^2 \alpha \tag{11-17}$$

上式为马吕斯定律，该定律可用振动的合成和分解进行证明。如图 11-24(a)所示，设 A_1 为入射线偏振光的光振幅，P_2 是检偏器的偏振化方向，入射光的振动方向与

P_2 偏振化方向间的夹角为 α，将光振动分解为平行于 P_2 和垂直于 P_2 的两个分振动，则它们的振幅分别为 $A_1\cos\alpha$ 和 $A_1\sin\alpha$。只有平行于 P_2 的分量可以透过，所以透射光的光矢量振幅 $A_2=A_1\cos\alpha$。

考虑光强与振幅的平方成正比 $I\propto A^2$，则 $I_2=I_1\cos^2\alpha$。

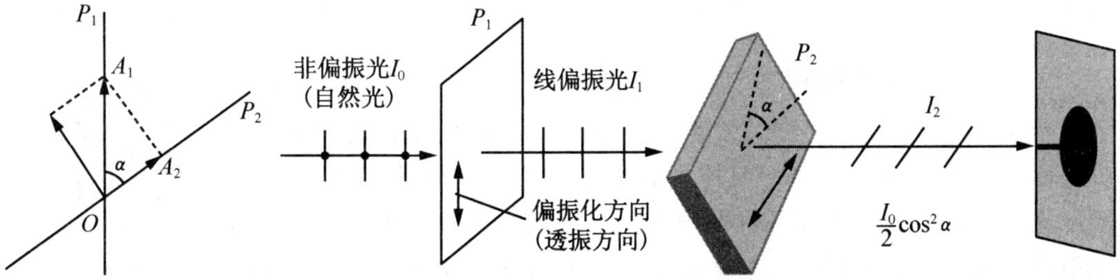

（a）马吕斯定律的证明　　（b）马吕斯定律实验

图 11-24　马吕斯定律

如图 11-24(b)所示，实验中若以强度为 I_0 的自然光入射到偏振片 P_1(作为起偏器)上，获得振动方向与 P_1 透振方向一致的线偏振光，该线偏振光的强度 I_1 为入射自然光 I_0 的一半。即 $I_1=\dfrac{1}{2}I_0$。在光路中放入偏振片 P_2 作为检偏器，其透振方向与 P_1 的夹角为 α，则透过 P_2 的出射光强度 $I_2=I_1\cos^2\alpha=\dfrac{I_0}{2}\cos^2\alpha$。

马吕斯定律说明了入射到偏振片上的线偏振光，其透射光强度的变化规律。

由上式可知，当 $\alpha=0°$ 或 $180°$ 时，$I_2=I_1$，从 P_2 透射出的透射光最强；当 $\alpha=90°$ 或 $270°$ 时，$I_2=0$，从 P_2 透射出的透射光强为零，出现消光现象，即没有光从检偏器射出。当 α 为其他值时，光强介于 0 和 I_1 之间。

例 11-5　如图 11-25(a)所示，在两块正交偏振片(偏振化方向相互垂直)P_1，P_3 之间插入另一块偏振片 P_2，设 P_1 与 P_2 偏振化方向夹角为 α。光强为 I_0 的自然光垂直偏振片 P_1 入射，求转动 P_2 时，透过 P_3 的光强 I 与夹角 α 之间的关系。

解　透过各偏振片的光振动矢量如图 11-25(b)所示，各偏振片只允许光振动中和自己偏振化方向相同的分量通过，透过各偏振片的光振幅为

$$A_2=A_1\cos\alpha,\ A_3=A_2\cos\left(\frac{\pi}{2}-\alpha\right)$$

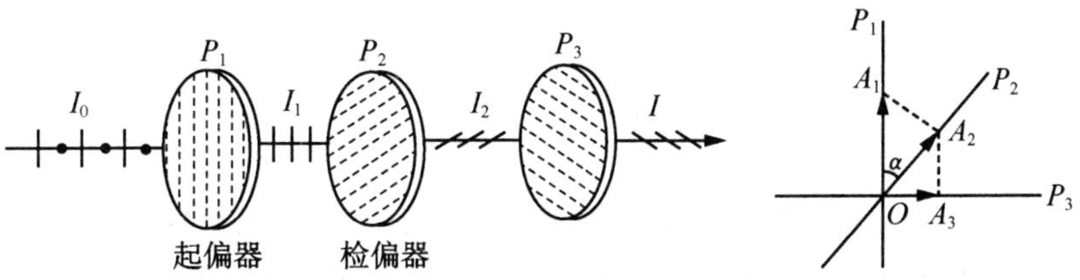

（a）　　（b）

图 11-25　例 11-5 图

所以 $$A_3=A_1\cos\alpha\cos\left(\frac{\pi}{2}-\alpha\right)=\frac{1}{2}A_1\sin 2\alpha$$

于是光强 $$I_3=\frac{I_1}{4}\sin^2 2\alpha$$

又因入射 P_1 的光是自然光，即 $I_1=\frac{I_0}{2}$，所以 $I=I_3=\frac{1}{8}I_0\sin^2 2\alpha$。

布儒斯特定律

11.4.3 布儒斯特定律

早在19世纪初期，人们就在实验中发现，自然光在两种介质的分界面上反射和折射时，不仅传播方向要改变，偏振状态也要变化，反射光和折射光都将成为部分偏振光。一般情况下，反射光中垂直于入射面的振动多于平行于入射面的振动；而折射光中平行于入射面的振动多于垂直于入射面的振动，如图11-26(a)所示。

科学家介绍：布儒斯特

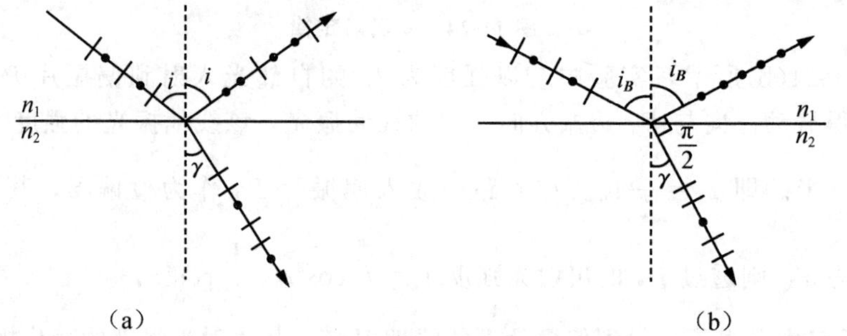

图 11-26　反射光和折射光的偏振

1812年，布儒斯特在实验中发现，反射光的偏振化程度和入射角 i 有关。当入射角为某一特定的角度 i_B，满足

$$\tan i_B=\frac{n_2}{n_1} \tag{11-18}$$

时(式中 n_1 和 n_2 分别是介质1和介质2的折射率)，反射光中只有垂直于入射面的光振动，反射光为线偏振光，如图11-26(b)所示。式(11-18)叫作布儒斯特定律。i_B 称为起偏角或布儒斯特角。

当自然光以布儒斯特角 i_B 入射时，根据折射定律

$$n_1\sin i_B=n_2\sin\gamma$$

玻璃堆

又 $$\tan i_B=\frac{\sin i_B}{\cos i_B}=\frac{n_2}{n_1}$$

所以 $$\sin\gamma=\cos i_B$$

即 $$i_B+\gamma=90^\circ$$

这说明，当入射角为起偏角时，反射光线与折射光线相互垂直。

当自然光以起偏角 i_B 入射时，反射光虽然是完全偏振光，但光强较弱。例如，自然光从空气射向折射率为1.5的玻璃时，起偏角约为 $i_B=56^\circ$，以该角入射，反射光的强度约占入射光强度的7.5%，大部分光能将透过玻璃。为增强反射光的强度同时也提高折射光的偏振化程度，可以把多块相互平行的玻璃片叠放在一起，构成玻璃片堆，

如图 11-27 所示。当入射光以起偏角入射，由于在各个界面上的反射光都是光振动垂直于入射面的偏振光，反射光是强度增大的线偏振光，而折射光中垂直于入射面的分量因多次反射而减弱。当玻璃片足够多时，透射光就接近完全线偏振光了。

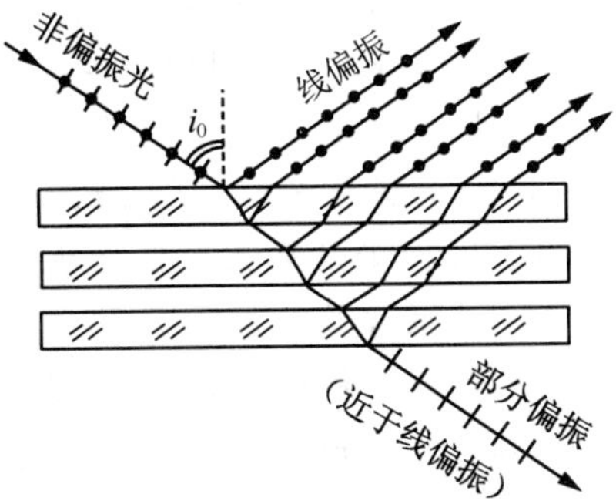

图 11-27　玻璃片堆起偏

反射光的偏振现象在生活中随处可见。例如，当我们驾驶着汽车在柏油马路上迎着太阳行驶时，阳光照射在路面上而反射，路面上的反射太阳光会使我们眩目。因太阳光入射面垂直于路面，而反射光中垂直于入射面的振动多于平行于入射面的振动(即反射光中主要是垂直于图面的光振动，如图 11-28 所示)，这时，如果我们戴上偏振太阳镜，只要镜片的偏振化方向垂直于路面方向，就可以防止眩光耀眼。

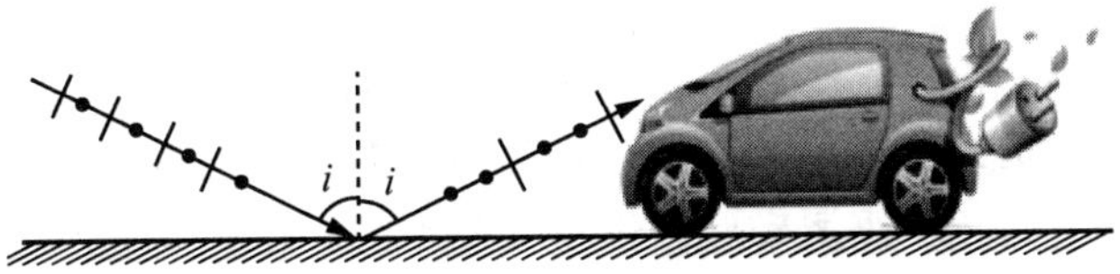

图 11-28　反射光的偏振现象

物理应用：立体电影　　**本章小结**

习　题

11-1　某单色光从空气射入水中，其频率、波速、波长是否变化？怎样变化？

11-2　在杨氏双缝实验中，作如下调节时，屏幕上的干涉条纹将如何变化？试说明理由。

(1)使两缝之间的距离变小；

(2)保持双缝间距不变，使双缝与屏幕间的距离变小；

(3)整个装置的结构不变，全部浸入水中；

(4)光源在平行于 S_1，S_2 连线方向上下微小移动；

(5)用一块透明的薄云母片盖住下面的一条缝。

11-3　低压汞灯发出的光，经过滤光片后，得到黄色光，用它来照射杨氏实验中的双缝。两缝相距 0.4 mm，屏幕距缝 1.5 m，在屏幕上得到一系列黄色的明条纹和暗条纹。从中央明条纹数起(即中央明条纹也数进去)，求在一侧上第五个明条纹中心的位置。(已知光波波长为 $\lambda=560$ nm)

11-4 在杨氏双缝实验装置中，设两缝间的距离为 0.2 mm，屏与缝间距离为 100 cm，用白色光垂直照射，求第一级与第二级干涉条纹中紫光和红光明条纹中心的距离。(已知白光波长范围为 400～800 nm)

11-5 汞弧灯发出的光通过一绿色滤光片后，照射在相距 0.60 mm 的两条狭缝上，在 2.5 m 远处的屏幕上出现干涉条纹。测得相邻两个明条纹中心的距离为 2.27 mm，试求入射光的波长。

11-6 氦氖激光器发出波长为 632.8 nm 的单色光，射在相距 2.2×10^{-4} m 的双缝上。求离缝 1.8 m 处屏幕上观察到干涉明条纹 20 条之间的总距离。

11-7 如图 11-29 所示，两个相干光源 S_1 和 S_2 在空气中发出的光在 P 点相遇。这两束光在真空中的波长均为 λ。S_1 和 S_2 与 P 点的距离相等，均为 d。S_1 发出的光经过空气，S_2 发出的光在途中要经过一段长为 l、折射率为 n 的介质。求这两束相干光到达 P 点时的光程差和相位差(空气的折射率近似为 1)。

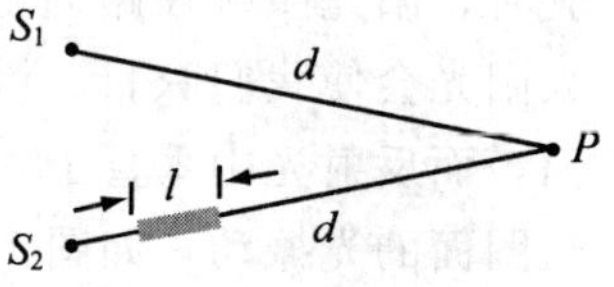

图 11-29 习题 11-7 图

11-8 波长为 λ 的单色平行光垂直照射在薄膜上，经上下两表面反射的两束光发生干涉，如图 11-30 所示，若薄膜的厚度为 e，且 $n_1 < n_2 > n_3$，则两束反射光的光程差为(　　)。

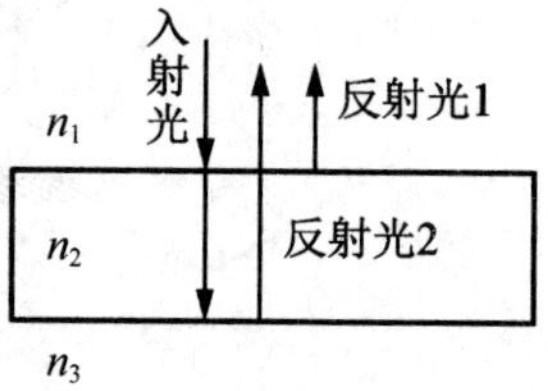

图 11-30 习题 11-8 图

(A) $\Delta = 2n_2e + \dfrac{\lambda}{2n_2}$　　(B) $2n_2e$

(C) $\Delta = 2n_2e + \dfrac{\lambda}{2}$　　(D) $\Delta = 2n_2e + \dfrac{\lambda}{2n_1}$

11-9 一双缝装置的一个缝被折射率为 1.40 的薄玻璃片所遮盖，另一个缝被折射率为 1.70 的薄玻璃片所遮盖。在玻璃片插入以后，屏上原来的中央极大所在点，现变为第五级明条纹。假定 $\lambda = 480$ nm，且两玻璃片厚度均为 d，求 d。

11-10 杨氏双缝干涉实验中，用波长为 589.3 nm 的单色光照射 S 缝，在屏上观察到零级明条纹在 O 点处，如图 11-31 所示。若将 S 缝向上平移至 S' 位置，则零级明条纹移动了 4 个条纹间距的距离。欲使零级明条纹重新回到 O 点，应在哪条缝的后面放一透明的折射率为 1.58 的云母片？此云母片的厚度应为多少？

11-11 洛埃镜干涉装置如图 11-32 所示，镜长 30 cm，狭缝光源 S 在离镜左边 20 cm 的平面内，与镜面的垂直距离为 2 mm，光源波长 $\lambda = 7.2\times10^{-7}$ m，试求位于镜右边缘的屏幕上第一条明条纹到镜边缘的距离。

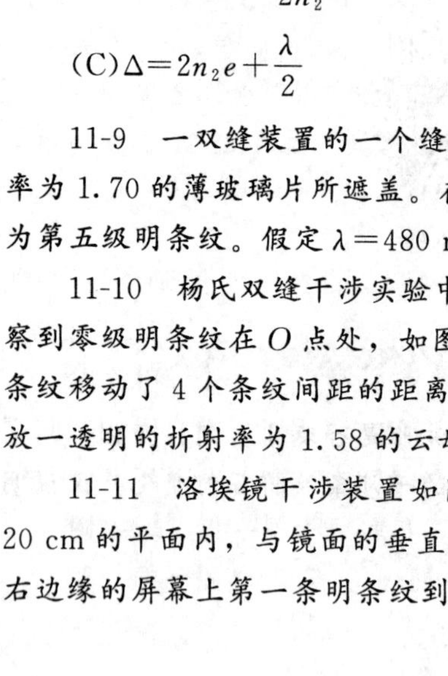

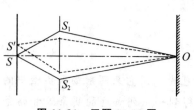

图 11-31 习题 11-10 图

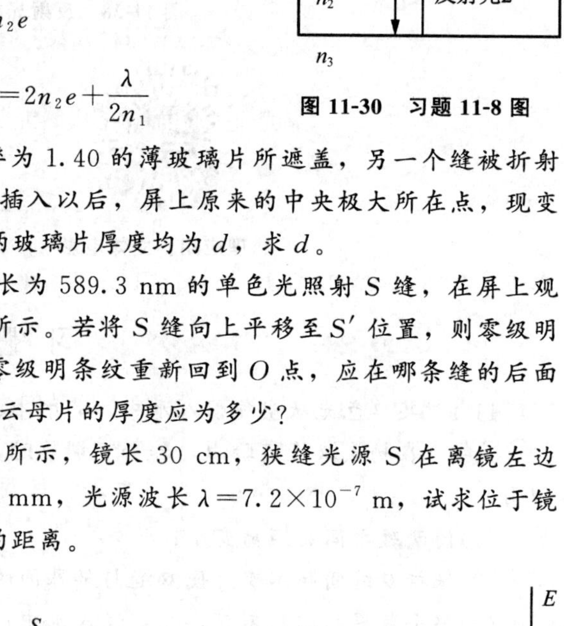

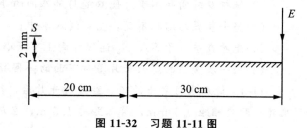

图 11-32 习题 11-11 图

11-12 一平面单色光波垂直照射在厚度均匀的薄油膜上，油膜覆盖在玻璃板上。

油的折射率为 1.30，玻璃的折射率为 1.50，若单色光的波长可由光源连续可调，可观察到 5 000 Å 与 7 000 Å 这两个波长的单色光在反射中消失，试求油膜层的厚度。

11-13　白光垂直照射到空气中一厚度为 3 800 Å 的肥皂膜上，设肥皂膜的折射率为 1.33，试问该膜的正面呈现什么颜色？背面呈现什么颜色？

11-14　在折射率 $n_1=1.52$ 的镜头表面涂有一层折射率 $n_2=1.38$ 的 MgF_2 增透膜，如果此膜适用于波长 $\lambda=5\ 500$ Å 的光，请问：膜的厚度应取何值？

11-15 两块平玻璃板的一端相接，另一端用一圆柱形细金属丝填入两板之间，因此两板间形成一个劈形空气膜，用波长为 546 nm 的单色光垂直照射板面，板面上显示出完整的明暗条纹各 74 条，试求金属丝的直径。

11-16　在牛顿环实验装置中，当用波长 $\lambda=450$ nm 的单色光照射时，测得第三个明环中心的半径为 1.06×10^{-3} m；若改用红光照射，测得第五个明环中心的半径为 1.77×10^{-3} m。求红光的波长和透镜的曲率半径。

11-17　如图 11-33 所示，牛顿环的平凸透镜可以上下移动，若以单色光垂直照射，看见条纹向中心收缩，请问：透镜是向上还是向下移动？

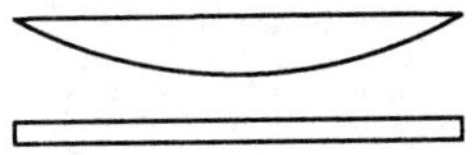

图 11-33　习题 11-17 图

11-18　在宽度 $a=0.6$ mm 的狭缝后 40 cm 处，有一与狭缝平行的屏幕。以平行光自左面垂直照射狭缝，在屏幕上形成衍射条纹，若离零级明条纹的中心 P_0 处为 1.4 mm 的 P 处，看到的是第 4 级明条纹。求：

(1)入射光的波长；(2)从 P 处来看此光波时，在狭缝处的波前可分成几个半波带？

11-19　在白色光形成的单缝衍射条纹中，某波长的光的第三级明条纹和红色光(波长为 630 nm)的第二级明条纹相重合。求该光波的波长。

11-20　以黄色光($\lambda=589$ nm)照射一狭缝，在距缝 80 cm 的屏幕上所呈现的中央条纹之宽度为 2 mm，求此狭缝的宽度。

11-21　一单色平行光垂直照射一单缝，若其第三级明条纹位置正好与 6 000 Å 的单色平行光的第二级明条纹位置重合，求前一种单色光的波长。

11-22　投射到起偏器的自然光强度为 I_0，开始时，起偏器和检偏器的透光轴方向平行。然后使检偏器绕入射光的传播方向转过 30°，45°，60°，试分别求出在上述三种情况下，透过检偏器后光的强度是 I_0 的几倍。

11-23　使自然光通过两个偏振化方向夹角为 60°的偏振片时，透射光强为 I_1，在这两个偏振片之间再插入一偏振片，它的偏振化方向与前两个偏振片均成 30°，请问：此时透射光 I 与 I_1 之比为多少？

11-24　一束自然光从空气入射到折射率为 1.40 的液体表面上，其反射光是完全偏振光。试求：(1)入射角等于多少？(2)折射角为多少？

11-25　利用布儒斯特定律怎样测定不透明介质的折射率？若测得釉质在空气中的起偏振角为 58°，求釉质的折射率。

改变世界——近代物理学篇

19世纪末，面对经典物理学近乎完美的发展，有的物理学家表示："19世纪已经将物理大厦全部建成，今后物理学家只是修饰和完善这座大厦。"经典力学体系真的是最完美的物理学理论吗？

19世纪末，物理学界连续发生了三个重大事件——X射线、放射性和电子的发现。这三大发现以实验事实使得原子不可分、不变化的传统观念发生了动摇。物理学家们曾认为的似乎已经基本上完成了的经典物理学体系，从根本上出现了动摇，这就是所谓的"物理学危机"。

英国物理学家开尔文在题为《遮盖在热和光的动力理论上的19世纪乌云》的演说中说："在物理学晴朗天空的远处，还有两朵令人不安的乌云。"开尔文所说的一朵乌云指的是热辐射的"紫外灾难"，它冲击了电磁理论和统计物理；另一朵乌云指的是迈克尔逊-莫雷实验的"零结果"，它否定了以太的存在。正是这两朵小小的乌云，引发了物理学史上一场伟大的革命，诞生了量子论和相对论。

量子论和相对论，是现代物理学的两大支柱，它们的建立完成了近代物理学的一场深远的革命，改变了传统观念，把人类认识世界的能力提升到了前所未有的高度，为20世纪层出不穷、不断涌现的高科技、新学科、新技术的发展准备了基础。19世纪两朵令人不安的乌云转化为近代物理学诞生的彩霞。物理学不仅仍是自然科学基础研究中最重要的前沿学科之一，而且是生机勃勃地向一切科学技术，甚至经济管理部门渗透的一种力量，它已经而且正在继续改变我们这个世界！

第 12 章　近代物理学简介

以牛顿力学、热力学和麦克斯韦电磁学理论为核心的经典物理学，到 19 世纪 80 年代达到了全盛时期。但当时存在经典物理理论无法解释的两个实验：一个是黑体辐射实验，另一个是迈克尔逊-莫雷实验。进入 20 世纪后，为了解释黑体辐射实验，普朗克、薛定谔等建立了量子论。1887 年，迈克尔逊和莫雷做了一个具有历史意义的判别性的实验，否定了经典电磁理论的以太假说。爱因斯坦在坚信电磁场理论正确性的基础上，摆脱了经典力学时空观的束缚，革命性地提出了以光速不变原理和“普遍的”相对性原理为基础的狭义相对论，于 1905 年发表《论动体的电动力学》论文，建立了狭义相对论，又于 1915 年建立了广义相对论。本章只对狭义相对论作简略的介绍，并介绍量子论的一些主要观点。

本章要点

12.1　狭义相对论

12.1.1　伽利略变换式　经典力学的绝对时空观

1. 伽利略变换式

在力学中，我们曾处理过在不同的惯性参考系中物体的速度、加速度的关系，这里我们再作进一步的讨论。

如图 12-1 所示，有两个惯性参考系 S 和 S'，它们的对应坐标轴相互平行，参照系 S' 相对于参照系 S 沿 x 轴的正方向以速度 $\boldsymbol{v}$ 运动，时间 $t=t'=0$ 时，两坐标系的原点 O 和 O' 重合。

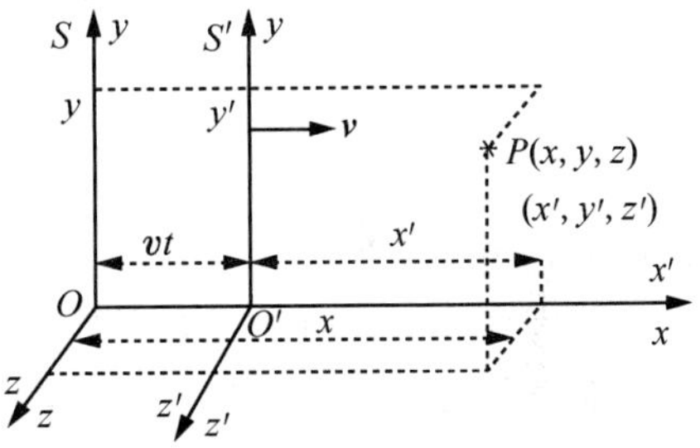

图 12-1　坐标变换

由经典力学可知，在时刻 t，点 P 在这两个惯性参考系中的位置坐标有如下对应关系

$$\begin{cases} x'=x-vt \\ y'=y \\ z'=z \end{cases} \tag{12-1}$$

这就是经典力学(也称牛顿力学)中的伽利略位置坐标变换公式。

若在惯性系 S' 中沿 Ox' 轴放一根细棒，棒两端点在 S 系和 S' 系中的坐标分别为(x_1，x_2)和(x'_1，x'_2)，则它们之间的关系为 $x_1=x'_1+vt$，$x_2=x'_2+vt$，于是，有

$$x_2-x_1=x'_2-x'_1$$

上式表明，由惯性系 S 和 S' 分别量度同一物体的长度时，按伽利略坐标变换式所得的量值是相同的，与两惯性系的相对速度无关。也就是说，经典力学认为：空间的

量度是绝对的，与参考系无关。

此外，在经典力学中，时间的量度也是绝对的，与参考系无关。一事件在 S' 系中所经历的时间与 S 系中所经历的时间相同，即 $\Delta t'=\Delta t$。

因此，如果把经典力学中的绝对时间也考虑进来，并以两惯性参考系相重合的时刻作为在两参考系中计时的起点，那么，式(12-1)应写成如下形式，即

$$\begin{cases}x'=x-vt\\y'=y\\z'=z\\t'=t\end{cases}\quad 或 \quad \begin{cases}x=x'+vt'\\y=y'\\z=z'\\t=t'\end{cases}\tag{12-2}$$

这些变换式就叫作伽利略时空坐标变换式，它以数学形式表述了经典力学的时空观。

2. 力学相对性原理(伽利略相对性原理)

把式(12-2)中的前三式对时间求一阶导数，就得到经典力学中的速度变换，即伽利略速度变换式。

$$\begin{cases}u'_x=u_x-v\\u'_y=u_y\\u'_z=u_z\end{cases}\tag{12-3a}$$

其矢量形式为

$$\boldsymbol{u}'=\boldsymbol{u}-\boldsymbol{v}\tag{12-3b}$$

把式(12-3a)对时间求导数，就得到经典力学中的加速度变换法则

$$\begin{aligned}a'_x&=a_x\\a'_y&=a_y\\a'_z&=a_z\end{aligned}\tag{12-4a}$$

其矢量形式为

$$\boldsymbol{a}'=\boldsymbol{a}\tag{12-4b}$$

加速度变换式说明在所有惯性系中，加速度是不变量。由于经典力学中质量和力也是与参考系的选择无关的物理量，所以，牛顿第二定律在所有惯性系中都具有相同的数学表述，即

$$\boldsymbol{F}=m\boldsymbol{a},\quad \boldsymbol{F}'=m\boldsymbol{a}'$$

上述结果表明，当由惯性系 S 变换到惯性系 S' 时，牛顿运动方程的形式不变，即牛顿运动方程对伽利略变换式是不变式。

由此可见，对于所有的惯性系，牛顿力学的规律都应具有相同的形式。这就是经典力学的相对性原理。它在宏观、低速的范围内，是与实验结果相一致的。

3. 经典力学的绝对时空观

伽利略坐标变换对时间、空间性质作了如下两条假设。

①$t=t'$，$\Delta t=\Delta t'$，即时间间隔与参考系的运动状态无关；

②$\Delta L=\Delta L'$，即空间长度与参考系的运动状态无关。

经典力学认为空间只是物质运动的“场所”，是与其中的物质完全无关而独立存在的，并且是永恒不变、绝对静止的。因此，空间的量度(如两点间的距离)就应当与惯性系无关，是绝对不变的。另外，经典力学还认为，时间也与物质的运动无关，而在

永恒地、均匀地流逝着的，时间是绝对的。总之，时间和空间是彼此独立的，互不相关，并且不受物质和运动的影响，这就是经典力学的时空观，也称绝对时空观。

然而，实践证明，绝对时空观是不正确的。对电磁现象的研究表明：电磁现象所遵从的麦克斯韦方程组不服从伽利略变换。例如，当一颗恒星在发生超新星爆发时，它的外围物质向四面八方飞散，即有些抛射物向着地球运动，在研究超新星爆发过程中光线传播引起了疑问，按经典理论计算观察到超新星爆发的强光的时间持续约 25 年，而实际持续时间约为 22 个月，这怎么解释？

12.1.2 迈克尔逊-莫雷实验

在涉及电磁现象，包括光的传播现象时，经典力学的伽利略原理和伽利略变换遇到了不可克服的困难。麦克斯韦电磁场理论所预言的电磁波，在真空中传播的速度与光的传播速度相同，在赫兹实验确认存在电磁波以后，光作为电磁波的一部分，在理论上和实验上就逐步被确定了。另一方面，力学早就指出，传播机械波需要弹性介质。因此，19 世纪的物理学家自然想到，光和电磁波的传播也需要一种弹性介质，称为“以太”。他们认为，以太充满整个空间，包括真空，并且可以渗透一切物质的内部。在相对以太静止的参考系中，光的速度在各个方向都是相同的，这个参考系被称为以太参考系。于是，以太参考系就作为了所谓的绝对参考系了。倘若有一运动参考系，它相对于绝对参考系以速度 $\boldsymbol{v}$ 运动，由经典力学的相对性原理可知，光在运动参考系中的速度为

$$\boldsymbol{c}'=\boldsymbol{c}-\boldsymbol{v} \tag{12-5}$$

式中，$\boldsymbol{c}$ 是光在绝对参考系中的速度，$\boldsymbol{c}'$ 是光在运动参考系中的速度，从上式可以看出，在运动参考系中，光的速度在各方向上是不相同的。

科学家介绍：迈克耳孙

不难想象，如果能借助某种方法测出运动参考系相对于以太的速度，那么，作为绝对参考系的以太也就能被确定了。为此，历史上确曾有许多物理学家做过很多实验来寻找绝对参考系，但都得出了否定的结果，其中最著名的是迈克尔逊和莫雷所做的实验。

迈克尔逊-莫雷实验装置是迈克尔逊干涉仪，其测量原理如图 12-2(a)所示。由光源 S 发出波长为 λ 的光，入射到半透半反镜 G 后，一部分反射到平面镜 M_2 上，再由 M_2 反射回来透过 G 到达望远镜 T；另一部分则透过 G 到达 M_1，再由 M_1 和 G 反射也到达 T。假定 G 到 M_1 和 M_2 的距离均为 l，且 M_1 和 M_2 间不严格垂直，那么，在望远镜的目镜中将看到等厚干涉条纹。

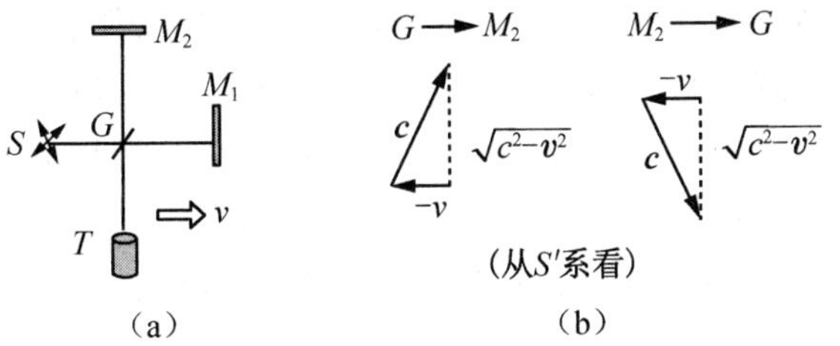

图 12-2 迈克尔逊-莫雷实验原理图

现把固定在地球上的整个实验装置作为运动参考系(也叫实验室参考系)，假设它相对于绝对参考系(即以太参考系)以速度 $\boldsymbol{v}$ 运动。而从实验室参考系来看，以太则以 $-\boldsymbol{v}$ 的速度相对实验室参考系运动，光在以太中不论沿哪个方向的速度均为 c。

如果取以太参考系为 S 系，实验室参考系为 S'系，从 S'系来看，光从 G 到 M_1 的速度大小为 $c-v$，而光从 M_1 到 G 的速度大小为 $c+v$。于是，从 S'系来看，光从 G 到 M_1，然后再由 M_1 回到 G 所需的时间为 $t_1=\dfrac{l}{c-v}+\dfrac{l}{c+v}=\dfrac{2l}{c\left(1-\dfrac{v^2}{c^2}\right)}$。

另外，如图 12-2(b)所示，光从 G 到 M_2 和自 M_2 到 G 的速度均为 $\sqrt{c^2-v^2}$，所以，从 S'系来看，光从 G 到 M_2，然后再由 M_2 回到 G 所需的时间为

$$t_2=\frac{2l}{c\sqrt{1-\dfrac{v^2}{c^2}}}$$

由以上两式可以看出，从 S'系来看，G 点发出的两束光到达望远镜的时间差应为

$$\Delta t=t_1-t_2=\frac{2l}{c\left(1-\dfrac{v^2}{c^2}\right)}-\frac{2l}{c\sqrt{1-\dfrac{v^2}{c^2}}}$$

$$=\frac{2l}{c}\left[\left(1+\frac{v^2}{c^2}+\cdots\right)-\left(1+\frac{v^2}{2c^2}+\cdots\right)\right]$$

由于 $v\ll c$，故上式可写成 $\Delta t=\dfrac{l}{c}\dfrac{v^2}{c^2}$，于是，两光束的光程差为

$$\Delta=c\Delta t\approx l\frac{v^2}{c^2}$$

若把整个仪器旋转 90°，光程差将变号，则前后两次的光程差为 2Δ。在此过程中，望远镜的视场内应看到干涉条纹移动 ΔN 条，即

$$\Delta N=\frac{2\Delta}{\lambda}\approx 2l\frac{v^2}{\lambda c^2} \tag{12-6}$$

式中，λ，c，l 均为已知，如能测出条纹移动的条数 ΔN，即可算出地球相对于以太的绝对速度，从而就可以把以太作为绝对参考系了。

在迈克尔逊-莫雷实验中，l 约为 10 m，光的波长 $\lambda=5.0\times10^2$ nm，取地球公转的速度为 $3\times10^4\ \mathrm{m\cdot s^{-1}}$，由上式可以算出，干涉条纹移动的条数 ΔN 约为 0.4。而迈克尔逊干涉仪的精度已达到条纹的 1/100，因此，应能毫不困难地观察到这 0.4 条条纹的移动。但他们没有观察到这个预期的条纹移动，即 $\Delta N=0$。以后又有许多人在不同季节、时刻、方向上反复重做迈克尔逊-莫雷实验，近年来，利用激光使这个实验的精度大为提高，但结论却没有任何变化。

迈克尔逊-莫雷实验测到以太漂移速度为零，得出的结论是：作为绝对参考系的以太是不存在的。这对以太理论是一个沉重的打击，被人们称为是笼罩在 19 世纪物理学上空的一朵乌云。由此可见，任何物理学的知识理论都不会也永远不会是终极的真理，

一定会存在它的局限性和尚未搞清楚的问题，要想解决旧的物理理论存在的问题，就必须突破传统观念的束缚，提出新的观点，建立一套新的理论，从而推动科学不断地向前发展。当时一位具有变革思想的青年学者——爱因斯坦突破经典时空观的束缚，勇于创新，创立了狭义相对论，为物理学的发展树立了新的里程碑。所以不要迷信权威，要勇于探索真理，树立正确的科学观。

12.1.3 狭义相对论的基本原理

科学家介绍：
爱因斯坦

1. 狭义相对论的两条基本原理

爱因斯坦坚信世界的统一性和合理性。他在深入研究经典力学和麦克斯韦电磁场理论的基础上，认为相对性原理具有普适性，无论是对经典力学或者是对麦克斯韦电磁场理论皆如此。他还认为相对于以太的绝对运动是不存在的，光速是一个常量，它与惯性系的选取无关。1905 年，爱因斯坦摒弃了以太假说和绝对参考系的假设，提出了两条狭义相对论的基本原理。

(1)相对性原理。物理定律在所有的惯性系中都具有相同的表达形式，即所有的惯性参考系对运动的描述都是等效的。这就是说，不论在哪一个惯性系中做实验都不能确定该惯性系的运动。换言之，对运动的描述只有相对意义，绝对静止的参考系是不存在的。

(2)光速不变原理。真空中的光速是常量，它与光源或观测者的运动无关，即不依赖于惯性系的选择。

这两条原理非常简明，但意义非常深远，是狭义相对论的基础，是 20 世纪初物理学的最伟大最深刻的变革，以极大的创新性促进了 20 世纪的科学技术的巨大发展，具有划时代的意义。

2. 洛伦兹变换式

爱因斯坦的思维

伽利略变换与狭义相对论的基本原理是不相容的，因此需要寻找一个满足狭义相对论基本原理的变换式，这就是洛伦兹变换式。

设有两个惯性系 S 和 S'，其中惯性系 S' 沿 xx' 轴以速度 $\boldsymbol{v}$ 相对 S 系运动(如图 12-3 所示)，以两个惯性系的原点相重合的瞬时作为计时的起点。若有一个事件发生在点 P，从惯性系 S 测得点 P 的坐标是 x，y，z，时间是 t；而从惯性系 S' 测得点 P 的坐标是 x'，y'，z'，时间是 t'；这里请特别注意，在伽利略变换中，$t=t'$，即事件发生的时间是与惯性系的选取无关的。这是被伽利略变换采纳的一条直接来自日常经验的定则，然而在狭义相对论中，却不能如此。由狭义相对论可导出该事件在两个惯性系中的时空坐标变换式如下所示。

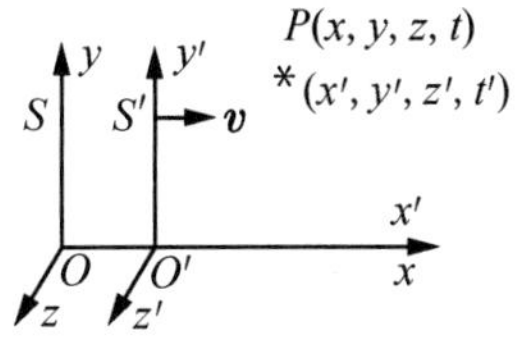

图 12-3 洛伦兹变换式用图

$$\begin{cases} x'=\dfrac{x-vt}{\sqrt{1-\beta^2}}=\gamma(x-vt) \\ y'=y \\ z'=z \\ t'=\dfrac{t-\dfrac{v}{c^2}x}{\sqrt{1-\beta^2}}=\gamma\left(t-\dfrac{v}{c^2}x\right) \end{cases} \tag{12-7}$$

式中，$\beta=v/c$，$\gamma=1/\sqrt{1-\beta^2}$，$c$ 为光速。

从式(12-7)可解 x，y，z，t，即逆变换式为

$$\begin{cases} x=\gamma(x'+vt') \\ y=y' \\ z=z' \\ t=\gamma\left(t'+\dfrac{v}{c^2}x'\right) \end{cases} \tag{12-8}$$

式(12-7)、式(12-8)都叫作洛伦兹变换式。

对洛伦兹变换，需注意以下几点。

①在相对论中，洛伦兹变换占据中心地位，相对论物理定律的数学表达式在洛伦兹变换下保持不变；

②洛伦兹变换是同一事件在不同惯性系中两组时空坐标的变换关系，应用时必须确认(x, y, z, t)和(x', y', z', t')确实是代表同一事件；

③各个惯性系中的钟和尺必须相对该参照系处于静止状态；

④不仅 x'是 x，t 的函数，而且 t'也是 x，t 的函数，即相对论把时间和空间，时间、空间和物质的运动不可分割地联系起来了；

⑤因为$\sqrt{1-v^2/c^2}$不应是虚数，所以 $v\leqslant c$，即任何物体的运动速度不能超过光速；

⑥当 $v\ll c$ 时，$\gamma=1/\sqrt{1-v^2/c^2}\to 1$，洛伦兹变换过渡为伽利略变换。这说明，伽利略变换只是洛伦兹变换的一种特殊情况，洛伦兹变换更具普遍性。通常把 $v\ll c$ 叫作经典极限条件或非相对论条件。

3. 洛伦兹速度变换式

现考虑一个质点 P 在某一瞬时的速度。设在 S 系的速度为$\boldsymbol{u}(u_x, u_y, u_z)$，在 S' 系的速度为$\boldsymbol{u}'(u'_x, u'_y, u'_z)$，对式(12-7)求微商可得

$$\begin{cases} u'_x=\dfrac{u_x-v}{1-\dfrac{v}{c^2}u_x} \\ u'_y=\dfrac{u_y}{\gamma\left(1-\dfrac{v}{c^2}u_x\right)} \\ u'_z=\dfrac{u_z}{\gamma\left(1-\dfrac{v}{c^2}u_x\right)} \end{cases} \tag{12-9}$$

式(12-9)叫作洛伦兹速度变换式，其逆变换式为

$$
\begin{cases}
u_x = \dfrac{u'_x + v}{1 + \dfrac{v}{c^2} u'_x} \\
u_y = \dfrac{u'_y}{\gamma\left(1 + \dfrac{v}{c^2} u'_x\right)} \\
u_z = \dfrac{u'_z}{\gamma\left(1 + \dfrac{v}{c^2} u'_x\right)}
\end{cases} \tag{12-10}
$$

讨论：如在 S 系中沿 x 方向发射一光信号，则 $u_x = c$，求：在 S' 系中观察，光的速度是多少？

根据洛伦兹速度变换式，得 $u'_x = \dfrac{u_x - v}{1 - \dfrac{v u_x}{c^2}} = \dfrac{c - v}{1 - \dfrac{vc}{c^2}} = c$，可见，光速不变。光速在任何惯性系中均为同一常量，这与伽利略速度变换的结果完全不同，却符合光速不变原理和实验事实。

12.1.4 狭义相对论的时空观

运用洛伦兹变换式可以得到许多与我们的日常经验大相径庭的、令人惊奇的重要结论。下面我们首先讨论同时的相对性，然后再讨论长度的收缩和时间的延缓。

1. 同时的相对性

在相对论时空观念中，同时的相对性占有重要地位。经典物理认为所有惯性系具有同一的绝对的时间，于是，同时也是绝对的。就是说，如果有两个事件，在某个惯性系中观测是同时的，那么，在所有其他惯性系中观测也都是同时的。狭义相对论则指出不能给同时性以任何绝对的意义，两个事件在某个惯性系中观测是同时的，但在另一惯性系中观测时，一般来说就不再是同时的了。这就是狭义相对论的同时的相对性。

首先定性分析一个理想实验，如图 12-4 所示。一相对地面惯性系（S 系）以速度 $\boldsymbol{v}$ 匀速行驶的列车，通常称为爱因斯坦火车。取车厢为另一惯性系（S'系），设在车厢的正中央 M 处有一光源 M'，当 M' 与 S 系中的 M 点重合时（M 是 S 系的发光点），光源闪光。设车厢后壁接收器接收到光信号为事件 1，车厢前壁接收器接收到光信号为事件 2。

图 12-4 同时的相对性的理想实验

根据光速不变原理，在车厢（S'系）光信号沿 x' 轴的正、反方向传播速度都是 c，光源在车厢正中央，所以事件 1，2 为同时事件。在地面参考系（S 系），光信号沿 x 轴的正、反方向传播的速度也是 c。但车厢前后门随车厢一起沿 x 轴正向以速度 $\boldsymbol{v}$ 相对地面运动，后门向 M 点接近，前门远离 M 点。所以同一光信号先到达后门，后到达前门，即事件 1，2 不是同时事件。

这个例子说明，在一个惯性系中的两个同时事件，在另一个惯性系中观测不是同时的，这是时空均匀性和光速不变原理的一个直接结果。

同时的相对性也可由洛伦兹变换式求得。设在惯性系 S 系中 x_1，x_2 两处发生两事件，时间间隔为 $\Delta t=t_2-t_1$。那在 S'系中这两事件发生的时间间隔是多少？

S 系(地面参考系)：事件 1(x_1, y_1, z_1, t_1)、事件 2(x_2, y_2, z_2, t_2)时间间隔为

$$\Delta t=t_2-t_1$$

S'系(车厢参考系)：事件 1(x_1', y_1', z_1', t_1')、事件 2(x_2', y_2', z_2', t_2')时间间隔为

$$\Delta t'=\frac{\Delta t-\frac{v}{c^2}\Delta x}{\sqrt{1-\beta^2}}$$

讨论：①$\Delta x\neq 0$，$\Delta t=0$ 同时不同地，得 $\Delta t'\neq 0$，不同时；

②$\Delta x=0$，$\Delta t\neq 0$ 同地不同时，得 $\Delta t'\neq 0$，不同时；

③$\Delta x=0$，$\Delta t=0$ 同地同时，得 $\Delta t'=0$，同时；

④$\Delta x\neq 0$，$\Delta t\neq 0$ 不同时不同地，得 $\Delta t'\neq 0$，不同时。

结论：沿两个惯性系运动方向，不同地点发生的两个事件，在其中一个惯性系中是同时的，在另一惯性系中观察则不同时，所以同时具有相对意义；只有在同一地点，同一时刻发生的两个事件，在其他惯性系中观察才是同时的。

2. 长度的收缩

在伽利略变换中，两点之间的距离或物体的长度是不随惯性系而变的。例如，长为 1 m 的尺子，不论在运动的车厢里或在车站上去测量它，其长度都是 1 m。那么，在洛伦兹变换中，情况又是怎样的呢？

设有两个观察者分别静止于惯性参考系 S 和 S'中，S'系以速度 $\boldsymbol{v}$ 相对 S 系沿 Ox'轴运动。一细棒静止于 S'系中并沿 Ox'轴放置，如图 12-5 所示。S'系中观察者若测得棒两端点的坐标为 x_1'，x_2'，则棒长为 $l'=x_2'-x_1'$，通常把观察者相对棒静止时所测得的棒长度称为棒的固有长度 l_0，在此处 $l_0=l'$。

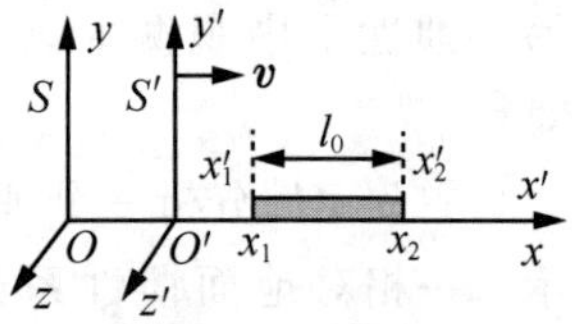

图 12-5　长度的收缩

而 S 系中的观察者则认为棒相对 S 系运动，并同时$(t_1=t_2=t)$测得棒两端坐标为 x_1，x_2，则 S 系中测得棒长 $l=x_2-x_1$，利用洛伦兹变换式(12-7)，得

$$l_0=x_2'-x_1'=\frac{(x_2-vt)-(x_1-vt)}{\sqrt{1-\frac{v^2}{c^2}}}$$

$$=\frac{x_2-x_1}{\sqrt{1-\frac{v^2}{c^2}}}=\frac{l}{\sqrt{1-\frac{v^2}{c^2}}}$$

即

$$l=l_0\sqrt{1-\frac{v^2}{c^2}}=l_0\sqrt{1-\beta^2} \tag{12-11}$$

讨论：①由于$\sqrt{1-\beta^2}<1$，故$l<l_0$，物体沿运动方向的长度收缩，这称为洛伦兹收缩。

②若将物体固定于 S 系，由 S'系测量，同样出现长度收缩现象。

③长度具有相对意义。长度的收缩是普遍的时空性质，与物体的具体性质(如材料结构等)无关，在相对物体静止的惯性系中，测得物体的长度最长。两个相对静止的物体长度的比较即固有长度的比较，才有绝对的意义。

④长度的收缩只发生在运动方向上，与运动垂直的方向并不发生长度收缩。

⑤长度的收缩是测量的结果，不能说成看到了长度收缩。

例 12-1 设想有一光子火箭，相对于地球以速率 $v=0.95c$ 直线飞行，若以火箭为参考系测得火箭长度为 15 m，请问：以地球为参考系，此火箭有多长?

解 由式(12-11)得

$$\begin{aligned} l &= l_0\sqrt{1-\beta^2} \\ &= 15\sqrt{1-0.95^2}\ \text{m} = 4.68\ \text{m} \end{aligned}$$

以地球为参考系，测得光子火箭只有 4.68 m 长。

例 12-2 长为 1 m 的棒静止地放在 $O'x'y'$平面内，在 S'系的观察者测得此棒与$O'x'$轴成 45°角，请问：从 S 系的观察者来看，此棒的长度以及棒与 Ox 轴的夹角是多少?设 S'系相对 S 系的运动速度 $v=\sqrt{3}c/2$。

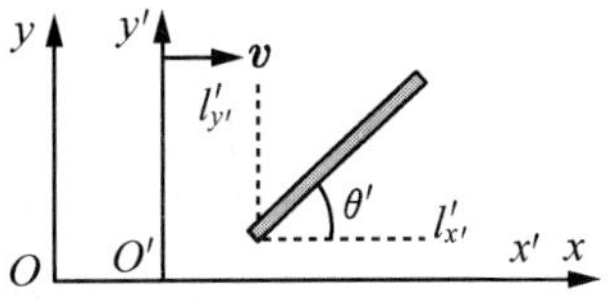

图 12-6 例 12-2 图

解 在 S'系：$\theta'=45°$，$l'=1$ m

$$l'_{x'}=l'_{y'}=l'\cos 45°=\sqrt{2}/2\ \text{m}$$

由于 S'系沿 Oy 轴相对 S 系的速度为零，故以 S 系中的观察者来看，此棒长在 Oy 轴上的分量 l_y 与 $l'_{y'}$相等，保持不变。

在 S 系：$l_y=l'_{y'}=\sqrt{2}/2$ m

$$l_x=l'_{x'}\sqrt{1-\beta^2}=l'\cos 45°\sqrt{1-\frac{v^2}{c^2}}=\frac{\sqrt{2}}{4}\ \text{m}$$

所以，$l=\sqrt{l_x^2+l_y^2}=0.79$ m，则

$$\theta=\arctan\frac{l_y}{l_x}\approx 63.43°$$

可见，以 S 系中的观察者来看，运动着的棒不仅长度要收缩，而且还要转向。

3. 时间的延缓

在狭义相对论中，如同长度不是绝对的那样，时间间隔也不是绝对的。

设 S'系中有一只静止的钟，在同一地点 $B(x')$先后发生两个事件：从 B 发射光信号(x', t'_1)和 B 接受光信号(x', t'_2)，于是在 S'系中的钟所记录两事件的时间间隔为

$$\Delta t'=t'_2-t'_1=2d/c$$

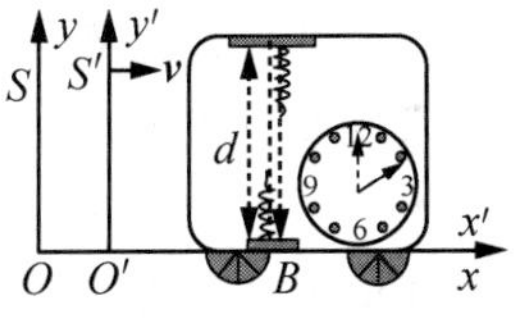

图 12-7 时间的延缓

在 S 系中观测两事件，则时空坐标为(x_1, t_1)，(x_2, t_2)，根据洛伦兹变换，得

$$t_1=\gamma\left(t'_1+\frac{vx'}{c^2}\right),\ t_2=\gamma\left(t'_2+\frac{vx'}{c^2}\right)$$

则在 S 系中观测两事件的时间间隔为：$\Delta t=\gamma\left(\Delta t'+\frac{v\Delta x'}{c^2}\right)$。

因为 $\Delta x'=0$，所以 $\Delta t=t_2-t_1=\gamma\Delta t'$，即

$$\Delta t=\frac{\Delta t'}{\sqrt{1-\beta^2}}$$

因为 $\gamma>1$，所以 $\Delta t>\Delta t'$。这就是说，在 S'系中所记录的某一地点发生的两个事件的时间间隔，小于由 S 系中所记录该两事件的时间间隔，因此可以说，运动着的钟走慢了，这就是时间延缓效应。

一个过程，在某惯性系发生在同一地点，则相对静止的惯性系测量到过程的时间间隔数值最小，即过程的时间间隔最短，我们叫它为该过程的固有时间，记作 Δt_0，则

$$\Delta t=\frac{\Delta t'}{\sqrt{1-\beta^2}}=\frac{\Delta t_0}{\sqrt{1-\beta^2}} \tag{12-12}$$

综上所述，狭义相对论指出了时间和空间的量度与惯性参考系的选择有关。时间与空间是相互联系的，并与物质有着不可分割的联系。不存在孤立的时间，也不存在孤立的空间。时间、空间与运动三者之间的紧密联系，深刻地反映了时空的性质，这是正确认识自然界乃至人类社会所应持有的基本观点，所以说，狭义相对论的时空观为科学的、辩证的世界观提供了物理学上的论据。

例 12-3 设想一光子火箭以 $v=0.95c$ 速率相对地球做直线运动，火箭上宇航员的计时器记录他观测星云用去 10 min，则地球上的观察者测此事用去多少时间？

解 设火箭为 S'系、地球为 S 系，

已知火箭上宇航员的计时器记录他观测星云用去 10 min，即 $\Delta t'=10$ min，则地球上的观察者测此事用去的时间为

$$\Delta t=\frac{\Delta t'}{\sqrt{1-\beta^2}}=\frac{10}{\sqrt{1-0.95^2}}\ \text{min}=32.03\ \text{min}$$

可见，运动的钟似乎走慢了。

12.1.5 相对论性动量和能量

1. 动量与速度的关系

在经典力学中，速度为$\boldsymbol{v}$、质量为 m 的质点的动量表达式为

$$\boldsymbol{p}=m\boldsymbol{v} \tag{12-13}$$

由于在经典力学中，质点的质量是不依赖于速度的常量，而且在不同惯性系中质点的速度变换遵守伽利略变换，因此，可以说经典力学中的动量守恒定律是建立在伽利略速度变换和质量与运动速度无关的基础之上的。

但是，在狭义相对论中，惯性系间的速度变换是遵守洛伦兹变换的，这时若使动量守恒表达式在高速运动情况下仍然保持不变，就必须对式(12-13)进行修正，使之适合洛伦兹速度变换式。按照狭义相对论的相对性原理和洛伦兹速度变换式，当动量守恒表达式在任意惯性系中都保持不变时，质点的动量表达式应为

$$\boldsymbol{p}=\frac{m_0\boldsymbol{v}}{\sqrt{1-(v/c)^2}}=\gamma m_0\boldsymbol{v} \tag{12-14}$$

式中，m_0 为质点静止时的质量，$\boldsymbol{v}$ 为质点相对某惯性系运动时的速度。

当质点的速率远小于光速($v \ll c$)时，$\gamma \approx 1$，$\boldsymbol{p} \approx m_0\boldsymbol{v}$，这与经典力学的动量表达式(12-13)是相同的，式(12-14)为相对论性动量表达式。

为了不改变动量的基本定义(质量×速度)，人们便把式(12-14)改写成

$$\boldsymbol{p}=m\boldsymbol{v}$$

式中
$$m=\gamma m_0=\frac{m_0}{\sqrt{1-(v/c)^2}} \tag{12-15}$$

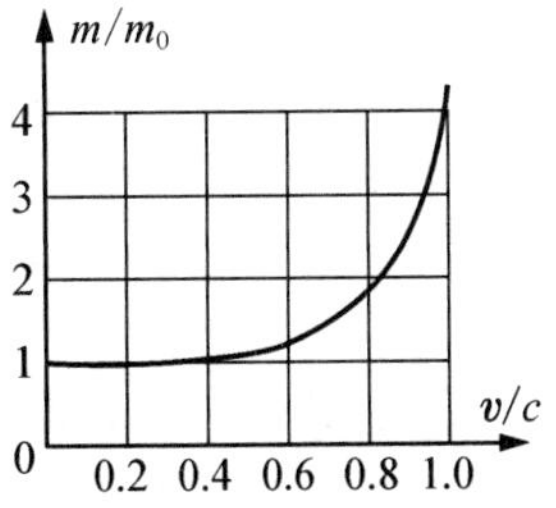

图 12-8　质量的相对性

可见，在狭义相对论中，质量 m 是与物体运动速度有关的，称为相对论性质量。而 m_0 则是质点相对某惯性系静止时的质量，故称为静质量。式(12-15)是质量与速度的关系式，其表达的质量的相对性可用图 12-8 表示。

一般来说，宏观物体的运动速度比光速小得多，其质量和静质量很接近，因而可以忽略其质量的改变。但是对于微观粒子，如电子、质子、介子等，当它们的速度与光速很接近时，其质量和静质量就有显著的不同。

2. 狭义相对论力学的基本方程

当有外力 $\boldsymbol{F}$ 作用于质点时，由相对论性动量表达式得

$$\boldsymbol{F}=\frac{\mathrm{d}\boldsymbol{p}}{\mathrm{d}t}=\frac{\mathrm{d}}{\mathrm{d}t}\left(\frac{m_0\boldsymbol{v}}{\sqrt{1-\beta^2}}\right) \tag{12-16}$$

上式为相对论力学的基本方程。当 $v \ll c$ 时，$m \to m_0$，$\boldsymbol{F}=m_0\dfrac{\mathrm{d}\boldsymbol{v}}{\mathrm{d}t}=m_0\boldsymbol{a}$，变为牛顿第二定律。

若作用在质点系上的合外力为零，则系统的总动量应当不变，为一守恒量。由相对论性动量表达式可得，系统的动量守恒定律为

当
$$\sum_i \boldsymbol{F}_i=0 \text{ 时，} \sum_i \boldsymbol{p}_i=\sum_i \frac{m_{0i}\boldsymbol{v}_i}{\sqrt{1-\beta^2}}=\text{常矢量} \tag{12-17}$$

总之，相对论性的动量概念、质量概念，以及相对论的力学方程式和动量守恒定律式具有普遍的意义，而经典力学则只是相对论力学在物体低速运动条件下的很好的近似。

3. 质量与能量的关系

由相对论力学的基本方程式(12-16)出发，可以得到狭义相对论中另一重要的关系式——质量与能量关系式。

为使讨论简单，设一质点在 x 方向的变力作用下，由静止开始沿 x 轴做一维运动。当质点的速率为 v 时，它所具有的动能的大小等于外力所做的功，即

$$E_k=\int_0^x F_x\,\mathrm{d}x=\int_0^x \frac{\mathrm{d}p}{\mathrm{d}t}\mathrm{d}x=\int_0^p v\,\mathrm{d}p$$

利用 $d(pv)=p\,dv+v\,dp$，上式可写为 $E_k=pv-\int_0^v p\,dv$。

将式(12-14)代入得

$$E_k=\frac{m_0v^2}{\sqrt{1-\beta^2}}-\int_0^v\frac{m_0v}{\sqrt{1-v^2/c^2}}dv$$

积分得

$$\begin{aligned}E_k&=\frac{m_0v^2}{\sqrt{1-v^2/c^2}}+m_0c^2\sqrt{1-v^2/c^2}-m_0c^2\\&=\frac{m_0c^2}{\sqrt{1-v^2/c^2}}-m_0c^2\end{aligned}$$

由式(12-15)，上式可写成

$$E_k=mc^2-m_0c^2 \tag{12-18}$$

这是相对论性动能表达式，它是质点运动时的能量与静止时的能量之差。爱因斯坦把 $E_0(E_0=m_0c^2)$称作物体的静能量，它是物体静止时所具有的能量；把 $E(E=mc^2)$称作物体运动时的能量或总能量。

当 $v\ll c$ 时，

$$\begin{aligned}E_k&=\frac{m_0c^2}{\sqrt{1-v^2/c^2}}-m_0c^2\\&=m_0c^2\left(1+\frac{1}{2}\frac{v^2}{c^2}-\cdots\right)-m_0c^2\\&\approx\frac{1}{2}m_0v^2\end{aligned}$$

这就回到牛顿力学中的质点动能公式。

由式(12-18)可得 $mc^2=E_k+m_0c^2$，爱因斯坦由此提出 mc^2 是质点运动时具有的总能量，即

$$E=mc^2 \tag{12-19}$$

上式是爱因斯坦质能关系式，表明物质的质量和能量之间有密切的联系，是不可分割的，相对论能量和质量守恒是一个统一的物理规律。它是物理学中最简洁却又最深刻地揭示自然本质的一个优美、伟大的公式。

由此可得：质量变化同时伴随着能量变化，总质量守恒表示总能量守恒，反之亦然。这是相对论的又一极其重要的推论。相对论的质能关系为开创原子能时代提供了理论基础，这是一个具有划时代意义的理论公式，即

$$\Delta E=\Delta mc^2 \tag{12-20}$$

4. 质能公式在原子核裂变和聚变中的应用

在原子核的裂变(如原子弹)和聚变(如氢弹)过程中会有大量的能量被释放出来，并遵守能量守恒定律，所释放的能量可用相对论的质能关系式进行计算。

(1)核裂变。

有些重原子核能分裂成两个较轻的核，同时释放出能量，这个过程称为裂变。其中典型的是铀原子核$^{235}_{92}U$ 的裂变。$^{235}_{92}U$ 中有 235 个核子，其中 92 个为质子，143 个为中

子。在热中子的轰击下，$^{235}_{92}U$ 裂变为 2 个新的原子核和 2 个中子，并释放出能量 Q，其反应式为

$$^{235}_{92}U+^{1}_{0}n\rightarrow ^{139}_{54}Xe+^{95}_{38}Sr+2^{1}_{0}n$$

实际上，Q 是在核裂变过程中，铀原子核与生成的原子核和中子之间的能量之差。在这种情况下，生成物的总静质量比 $^{235}_{92}U$ 的质量要减少 0.22 u(原子质量单位，其符号为 u，1 u=1.66×10^{-27} kg)。因此，由质能公式可知，1 个 $^{235}_{92}U$ 在裂变时释放的能量为

$$\begin{aligned} Q &= \Delta E=\Delta m\cdot c^2 \\ &=(0.22\times1.66\times10^{-27})\times(3\times10^8)^2\ \text{J} \\ &=3.29\times10^{-11}\ \text{J}\approx200\ \text{MeV} \end{aligned}$$

这个能量值看似很小，其实不然，因为 1 g $^{235}_{92}U$ 的原子核数约为 $6.02\times10^{23}/235=2.56\times10^{21}$。所以 1 g $^{235}_{92}U$ 的原子核全部裂变时所释放的能量可达 $3.29\times10^{-11}\times2.56\times10^{21}$ J$=8.42\times10^{10}$ J。值得注意的是，在热中子轰击 $^{235}_{92}U$ 核的生成物中有多于一个的中子，若它们被其他铀核所俘获，将发生新的裂变，形成链式反应，利用链式反应可制成反应堆。我国于 1958 年建成首座重水反应堆，1991 年和 1994 年建成秦山核电站和大亚湾核电站，并在近年内不断发展。

(2)轻核聚变。

由轻核结合在一起形成较大的核，同时还有能量被释放出来，这个过程称为聚变。一个典型的轻核聚变是两个氘核($^{2}_{1}H$，氢的同位素)聚变为氦核 $^{3}_{2}He$，其反应式为

$$^{2}_{1}H+^{2}_{1}H\rightarrow ^{3}_{2}He+^{1}_{0}n+3.27\ \text{MeV}$$

式中 n 为中子，3.27 MeV 则为在核聚变过程中释放出的能量。

应当强调指出，似乎聚变过程释放的能量比起裂变过程释放的能量要小，其实不然。因为氘核的质量轻，1g $^{2}_{1}H$ 的原子核数约为 10^{23} 数量级，所以就单位质量而言，轻核聚变释放的能量要比重核裂变释放的能量大许多。

虽然轻核聚变能释放出巨大的能量，为建造轻核聚变反应堆、发电厂提供了美好的前景。但是，要实现受控轻核聚变，必须要克服两个 $^{2}_{1}H$ 核之间的库仑排斥力。据计算，只有当 $^{2}_{1}H$ 具有 10 keV 的动能时，才可以克服库仑排斥力，也就是说，只有当温度达到 10^8 K 时，才能使 $^{2}_{1}H$ 的动能具有 10 keV，从而实现两轻核的聚变。在恒星(如太阳)内部，温度已超过 10^8 K，所以在恒星内部充斥着等离子体(带正、负电的粒子群)，它们进行着剧烈的核聚变。氢弹爆炸无可辩驳地证明了氢同位素聚变热核反应。

我国 1964 年成功爆炸第一颗原子弹，成为第五个拥有原子弹的国家；1967 年成功爆炸第一颗氢弹；1970 年中国第一颗人造卫星发射成功，成为第五个发射人造卫星的国家。20 世纪五六十年代是极不寻常的时期，以毛泽东同志为核心的第一代党中央领导集体，为了保卫国家安全、维护世界和平，高瞻远瞩，果断地作出了独立自主研制“两弹一星”的战略决策。大批优秀的科技工作者，包括许多在国外已经有杰出成就的科学家，以身许国，怀着对新中国的满腔热爱，响应党和国家的召唤，义无反顾地投身到这一神圣而伟大的事业中来。在当时国家经济、技术基础薄弱和工作条件十分艰苦的情况下，自力更生，发奋图强，用较少的投入和较短的时间，突破了核弹、导弹和人造卫星

等尖端技术，中国的“两弹一星”是20世纪下半叶中华民族创建的辉煌伟业。

5. 动量与能量的关系

相对论性动量 p、静能量 E_0 和总能量 E 之间的关系，是非常简单而又很有用的。

“两弹一星”功勋

由上述可知，在相对论中，静质量为 m_0、运动速度为 v 的质点的总能量和动量，可由下列公式表示

$$E=mc^2=\frac{m_0c^2}{\sqrt{1-\frac{v^2}{c^2}}},\ p=mv=\frac{m_0v}{\sqrt{1-\frac{v^2}{c_2}}}$$

由这两个公式中消去速度 v 后，得到动量和能量之间的关系为

$$(mc^2)^2=(m_0c^2)^2+m^2v^2c^2$$

由于 $p=mv$，$E_0=m_0c^2$ 和 $E=mc^2$，所以上式可写成

$$E^2=E_0^2+p^2c^2 \tag{12-21}$$

这就是相对论性动量与能量关系式，它们的关系可以用图12-9中的直角三角形表示。

科学家介绍：“两弹一星”功勋

如果质点的能量 E 远远大于其静能量 E_0，即 $E\gg E_0$，则(12-21)可近似写成

$$E\approx pc \tag{12-22}$$

此式可表述像光子这类静质量为零的粒子的动量与能量关系。

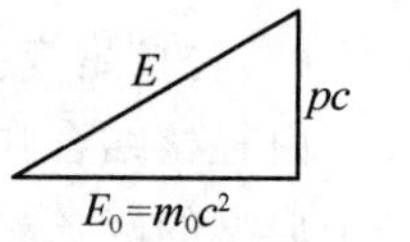

图12-9　相对论性动量与能量的关系

光子，$m_0=0$，$v=c$，则 $p=E/c=mc$。

我们知道，频率为 ν 的光束，其光子的能量为 $h\nu$，而 h 为普朗克常量。由式(12-22)可得，光子的动量为

$$p=\frac{E}{c}=\frac{h\nu}{c}=\frac{h}{\lambda} \tag{12-23}$$

式中，λ 为此光束的波长，可见，光子的动量与光的波长成反比。由此，人们对光的本性的认识又深入了一步。

狭义相对论的建立是物理学发展史上的一个里程碑，具有深远的意义。它揭示了空间和时间之间，以及时空和运动物质之间的深刻联系。这种相互联系，把经典力学中认为互不相关的绝对空间和绝对时间，结合成一种统一的运动物质的存在形式。

例12-4　设一质子以速度 $v=0.80c$ 运动，求其总能量、动能和动量。

解　质子的静能 $E_0=m_0c^2=938\ \text{MeV}$，则其总能量为

$$E=mc^2=\frac{m_0c^2}{\sqrt{1-\frac{v^2}{c^2}}}=1\ 563\ \text{MeV}$$

质子的动能为

$$E_k=E-m_0c^2=625\ \text{MeV}$$

质子的动量为

$$p=mv=\frac{m_0v}{\sqrt{1-\frac{v^2}{c^2}}}=6.68\times10^{-19}\ \text{kg}\cdot\text{m}\cdot\text{s}^{-1}$$

动量也可如此计算，因为 $cp=\sqrt{E^2-(m_0c^2)^2}=1250\ \text{MeV}$

所以 $p=1250\ \mathrm{MeV}/c$

例 12-5 已知一个氚核($^3_1\mathrm{H}$)和一个氘核($^2_1\mathrm{H}$)可聚变成一氦核($^4_2\mathrm{He}$)，并产生一个中子$^1_0\mathrm{n}$，请问：这个核聚变中有多少能量被释放出来?

解 核聚变反应式为$^2_1\mathrm{H}+^3_1\mathrm{H}\rightarrow^4_2\mathrm{He}+^1_0\mathrm{n}$，且静能量分别为

$$m_0c^2(^2_1\mathrm{H})=1875.628\ \mathrm{MeV},\quad m_0c^2(^3_1\mathrm{H})=2808.944\ \mathrm{MeV}$$

$$m_0c^2(^4_2\mathrm{H})=3727.409\ \mathrm{MeV},\quad m_0c^2(^1_0\mathrm{n})=939.573\ \mathrm{MeV}$$

氘核和氚核聚变为氦核的过程中，静能量减少了 $\Delta E=17.59\ \mathrm{MeV}$。

上述反应发生在太阳内部的聚变过程中，可见，太阳因不断辐射能量而使其质量不断减小。

12.2 量子物理

上一节我们提到，19 世纪末经典物理无法解释的两个实验：一个是迈克尔逊-莫雷实验，另一个是黑体辐射实验。为了解释迈克尔逊-莫雷实验，产生了狭义相对论。同样地，1900 年瑞利和金斯用经典的能量均分定律来说明热辐射现象时，出现了所谓的“紫外灾难”。为了摆脱经典物理学的困境，一些思想敏锐而又不为旧观念束缚的物理学家重新思考了物理学中的某些基本概念，经过艰苦而又曲折的道路，终于在 20 世纪初期诞生了量子理论。

1900 年普朗克首先引入“能量子”概念，从理论上得到黑体辐射公式，成功地解释了黑体辐射实验，标志着量子论的诞生。1905 年爱因斯坦提出光量子概念，成功解释了光电效应，促进了量子论的发展。1913 年玻尔把量子概念运用到解释氢原子的结构，取得成功。以这三项成功为主要标志的量子论，通常称为旧量子论(早期量子论)。在此基础上，一些理论物理学者和实验物理学者进行更深入的探索。1924 年德布罗意提出了实物粒子(电子、质子、原子、分子等)也具有波粒二象性的假说；1925 至 1927 年间薛定谔、海森堡等人建立了量子力学。1927 年后，量子力学被广泛地用来研究微观物理学的各领域如原子物理、核物理、固体物理等，取得重大成就，量子论成为近代物理学的基础理论。

下面介绍早期量子论，其主要内容有：黑体辐射，普朗克能量子假设；爱因斯坦光量子假设，爱因斯坦的光电效应方程；光子和自由电子相互作用的康普顿效应；德布罗意假设，波粒二象性；测不准关系等。

12.2.1 黑体辐射 普朗克能量量子化假设

1. 黑体辐射

(1)热辐射。

实验表明，任何物体在任何温度下，都向外辐射各种波长的电磁波。在不同的温度下辐射出的各种电磁波的能量因波长的分布而不同，这种能量按波长的分布随温度而不同的电磁辐射叫热辐射。

为了定量描述某物体在一定温度下辐射的能量按波长的分布，引入“单色辐射本领”(也叫单色辐出度)、辐射出射度(简称辐出度)的概念。

单色辐出度：从热力学温度为 T 的物体的单位面积上，单位时间内，在波长 λ 附近单位波长范围内所辐射的电磁波能量，称为单色辐射出射度，简称单色辐出度。显然，单色辐出度是物体的热力学温度 T 和波长 λ 的函数，用 $M_\lambda(T)$ 表示。

辐出度：单位时间，从单位面积上所辐射出的各种频率(或各种波长)的电磁波的能量总和，称为辐射出射度，简称辐出度。它只是物体的热力学温度 T 的函数，用 $M(T)$ 表示，其值显然可由 $M(T)$ 对所有波长的积分求得，即 $M(T)=\int_0^\infty M_\lambda(T)\mathrm{d}\lambda$。

(2)黑体。

任何物体在任何温度下，不仅能辐射电磁波，还能吸收电磁波。理论和实验表明辐射本领大的表面，吸收本领也大，反之亦然。物体表面越黑吸收本领越大，辐射本领也越大。能全部吸收投射在它上面的各种波长的电磁波的物体叫作绝对黑体，简称黑体。

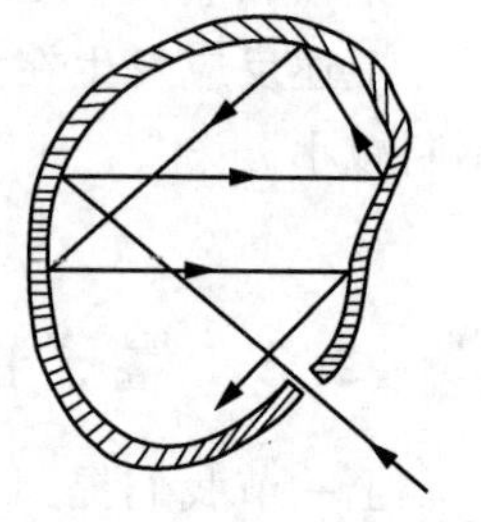

图 12-10　绝对黑体模型

黑体也是理想模型。在自然界，绝对黑体是不存在的，即使最黑的煤烟也只能吸收入射电磁辐射的 95%。若不管用什么材料制成一个空腔，在腔壁上开一小孔，如图 12-10 所示，就是一个绝对黑体模型。

因为入射到小孔的电磁波，进入小孔后在腔内多次反射被吸收，几乎没有电磁波再从小孔出来，它与构成空腔的材料无关。从辐射的角度看，如果将空腔加热到一定温度，内壁发出的辐射也是经过多次反射后射出小孔，所以小孔的辐射实际上就是绝对黑体的辐射。

2. 黑体辐射的实验规律

(1)斯特藩-玻耳兹曼定律。

我们已经知道，温度为 T 的黑体在它的电磁辐射中包含各种波长的电磁波，而不同波长电磁波的单色辐出度也不尽相同，这就是说，单色辐出度与波长之间存在一定的关系。1879 年奥地利物理学家斯特藩(J. Stefan，1835—1893)从实验中发现，黑体的单色辐出度 $M_\lambda(T)$ 与波长 λ 之间的关系曲线如图 12-11 所示。据此，斯特藩得出曲线下的面积，即黑体的辐出度 $M(T)$，与热力学温度 T 的四次方成正比，即

$$M(T)=\int_0^\infty M_\lambda(T)\mathrm{d}\lambda=\sigma T^4 \tag{12-24}$$

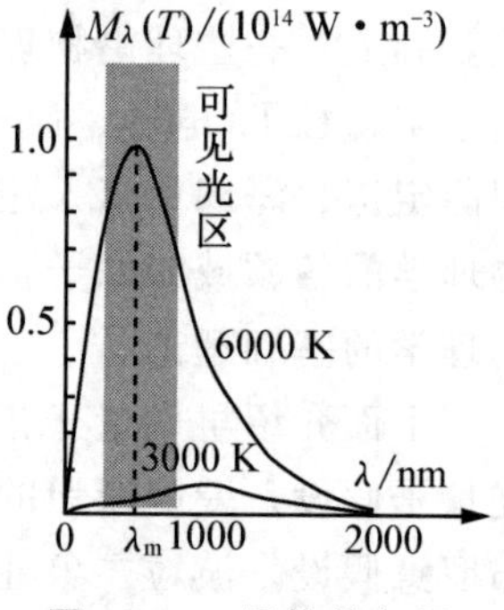

图 12-11　黑体单色辐出度实验曲线

玻耳兹曼也于 1884 年从热力学理论得出上述结果，故上式常称为斯特藩-玻耳兹曼定律。式中，σ 叫作斯特藩-玻耳兹曼常数，其值为 $\sigma=5.670\times10^{-8}\ \mathrm{W\cdot m^{-2}\cdot K^{-4}}$。

(2)维恩位移定律。

在任意温度下，黑体的辐射本领都有一个极大值，这个极大值对应的波长用 λ_m 表示，称为峰值波长。维恩找到 λ_m 与温度 T 有如下的关系

$$\lambda_m T=b \tag{12-25}$$

实验测得 $b=2.898\times10^{-3}\ \mathrm{m\cdot K}$，称为维恩常数，式(12-25)称为维恩位移定律。

例 12-6 (1)温度为 20 ℃的黑体，其单色辐出度的峰值所对应的波长是多少？

(2)太阳的单色辐出度的峰值波长 $\lambda_m = 483\ \text{nm}$，试由此估算太阳表面的温度。

(3)以上两辐出度之比为多少？

地球为什么
足够温暖

解 (1)由维恩位移定律得

$$\lambda_m = \frac{b}{T_1} = \frac{2.898 \times 10^{-3}}{293}\ \text{m} = 9\ 890\ \text{nm}$$

(2)相对于太阳表面的发光情况，其背景可视为黑体，发光的太阳亦可视为黑体中的小孔。于是太阳表面的热力学温度为

$$T_2 = \frac{b}{\lambda_m} = \frac{2.898 \times 10^{-3}}{483 \times 10^{-9}}\ \text{K} \approx 6\ 000\ \text{K}$$

(3)由斯特藩-玻耳兹曼定律得

$$M(T_2)/M(T_1) = (T_2/T_1)^4 = 1.76 \times 10^5$$

3. 瑞利-金斯公式 经典物理的困难

探求单色辐出度 $M_\nu(T)$ 的数学表达式，对热辐射的理论研究和实际应用都是很有意义的。因此，19 世纪末，许多物理学家试图由经典电磁理论和经典统计物理出发，从理论上找出与实验相一致的 $M_\nu(T)$ 数学表达式，并对黑体辐射的频率分布作出理论说明。但这都未能如愿，反而得出与实验不相符合的结果，其中最有代表性的是瑞利(J. W. Rayleigh，1842—1919)和金斯(J. H. Jeans，1877—1946)按照经典理论得出的 $M_\nu(T)$ 的数学表达式，即

$$M_\nu(T) = \frac{2\pi\nu^2}{c^2} kT \qquad (12\text{-}26)$$

式中，k 为玻耳兹曼常量，c 为光速，上式叫作热辐射的瑞利-金斯公式。

根据式(12-26)可作出单色辐出度 $M_\nu(T)$ 与 ν 的图线，如图 12-12 所示，从图中可以看到，在低频(长波)部分，由经典理论得出的瑞利-金斯公式与实验符合得很好，但是在高频(短波)部分，却出现巨大的分歧。从图中可以看出，对于温度给定的黑体，由瑞利-金斯公式给出的黑体的单色辐出度 $M_\nu(T)$ 将随频率的增高(即波长的变短)而趋于“无限大”，这通常称为“紫外灾难”。

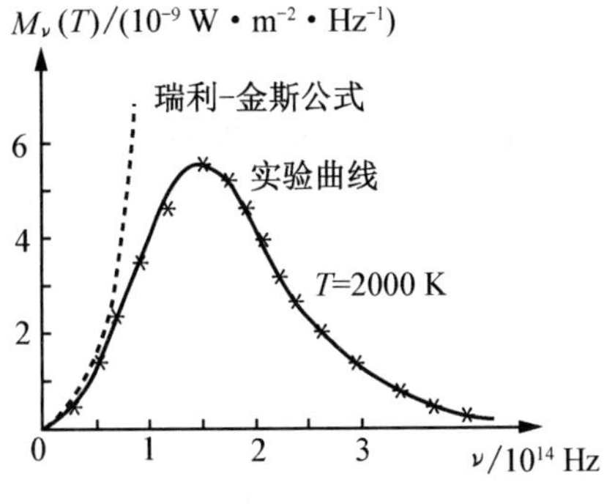

图 12-12 实验曲线与瑞利-金斯公式的比较

但实验却指出，对于温度给定的黑体，在高频范围内，随着频率的增高，单色辐出度 $M_\nu(T)$ 将趋于零。热辐射的经典理论与实验之间的分歧是不可调和的，“紫外灾难”给 19 世纪末期看来很和谐的经典物理理论带来了很大的困难，使许多物理学家感到困惑不解。虽然用经典物理学理论研究热辐射得出的维恩、瑞利-金斯这两个公式都与实验不符，但是他们在物理学史上仍然具有非常重大的意义，这是因为它们明显地暴露了经典物理学的缺陷。所以实事求是、严

谨治学的科学素养非常重要，不好的数据不可怕，隐瞒篡改数据才可怕。如果当时科学家们隐瞒了热辐射的真实数据，那么就不会有之后普朗克提出量子假设，也不会有现在的量子力学及其应用。

正如开尔文在 1900 年指出的那样，物理学理论的天空飘浮着两朵乌云，它们动摇了经典物理理论的基础。

4. 普朗克假设　普朗克黑体辐射公式

要从理论上解释黑体辐射定律，就必须找出黑体的单色辐射本领 $M_\nu(T)$ 与 ν，T 的具体函数形式。19 世纪末，许多物理学家在经典物理学的基础上试图寻找这一关系式，结果都失败了。1900 年，普朗克利用内插法提出了一个与实验符合得非常好的全新的公式

$$M_\nu(T)\mathrm{d}\nu=\frac{2\pi h}{c^2}\frac{\nu^3\mathrm{d}\nu}{\mathrm{e}^{h\nu/kT}-1} \tag{12-27}$$

此式称为普朗克公式。式中，c 为真空中光速，k 为玻耳兹曼常数，e 为自然对数的底，h 为普朗克常数，由实验测定 $h=6.63\times10^{-34}\ \mathrm{J\cdot s}$。

为推导出这个公式，普朗克作了如下两条假设，其中第二条假设是与经典理论相矛盾的。

(1)黑体由带电简谐振子组成(把组成空腔壁的分子、原子的振动看作线性简谐振动)，这些简谐振子辐射电磁波和周围的电磁场交换能量。

(2)这些简谐振子的能量不能连续变化，只能取一些分立值，这些分立值是最小能量 ε 的整数倍，即 ε，2ε，3ε，…，$n\varepsilon$，…(n 为正整数)，而且假设频率为 ν 的简谐振子的最小能量为 $\varepsilon=h\nu$，称为能量子。这就是说，简谐振子的能量

科学家介绍：
普朗克

$$\varepsilon=nh\nu\quad(n=1,2,3,\cdots) \tag{12-28}$$

根据普朗克公式可以推导出斯特藩-玻耳兹曼定律和维恩位移定律，说明理论与实验符合得很好。

普朗克的能量子假设打破了经典物理认为能量是连续的概念，这是一个新的重大发现，开创了物理学的新时代。普朗克常数 h 是近代物理学最重要的常数之一，它是近代物理学和经典物理学的判据。因此，人们把 1900 年普朗克提出的量子假设作为量子论的起点。

例 12-7　设一音叉尖端质量为 0.050 kg，将其频率调到 $\nu=480$ Hz，振幅 $A=1.0$ mm。

求：(1)尖端振动的量子数；(2)当量子数由 n 增加到 $n+1$ 时，振幅的变化是多少？

解　(1)音叉尖端的振动能量为

$$E=\frac{1}{2}m\omega^2A^2=\frac{1}{2}m(2\pi\nu)^2A^2=0.227\ \mathrm{J}$$

由 $E=nh\nu$ 可得，音叉尖端的能量为 E 时的量子数

$$n=\frac{E}{h\nu}=7.13\times10^{29}$$

其基元能量 $h\nu=3.18\times10^{-31}$ J。

(2)因 $E=nh\nu=\frac{1}{2}m(2\pi\nu)^2A^2$，所以，$A^2=\frac{E}{2\pi^2m\nu^2}=\frac{nh}{2\pi^2m\nu}$

取微分得 $2A\,\mathrm{d}A=\frac{h}{2\pi^2m\nu}\mathrm{d}n$，两边再同除以 A^2，并改写为微小有限大小变化的情形，

得 $\Delta A=\frac{\Delta n}{n}\frac{A}{2}$，

已知 $\Delta n=1$，代入得 $\Delta A=7.01\times10^{-34}$ m。

可见，音叉尖端振幅的变化是非常小的。在宏观范围内，能量量子化的效应是极不明显的，即宏观物体的能量完全可视作是连续的。

12.2.2 光电效应 光的波粒二象性

1. 光电效应

图 12-13 是研究光电效应的实验装置示意图。当紫外线照射在金属 K 的表面上时，如 K 接电源的负极，A 接电源的正极，则可以观察到电路中有电流。这是由于当光照射到金属 K 上时，金属中的电子从表面上逸出来，并在加速电势差 $U=V_A-V_K$ 的作用下从 K 到达 A，从而在电路中形成电流 I，这称为光电流。在光照射下，电子从金属表面逸出的现象，叫作光电效应。逸出的电子，叫作光电子。

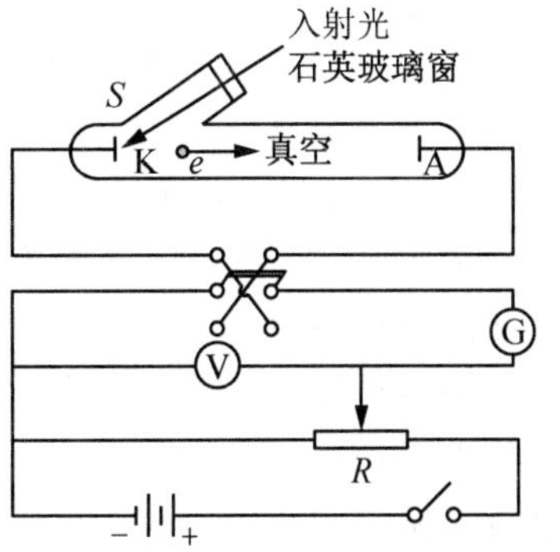

图 12-13 光电效应实验装置示意图

如将 K 接正极、A 接负极，则光电子离开 K 后，将受到电场的阻碍作用。当 K、A 之间的反向电势差等于 U_0 时，从 K 逸出的动能最大(即 $E_{k,max}$)的电子刚好不能到达 A，电路中没有电流，则 U_0 叫作遏止电势差。遏止电势差 U_0 与 $E_{k,max}$ 之间有如下关系：$E_{k,max}=eU_0$，式中 e 为元电荷。

2. 光电效应实验的规律

(1)光电流强度与入射光强成正比。

当光电流达到饱和时，阴极 K 上逸出的光电子全部飞到了阳极 A 上。单位时间内从金属表面输出的光电子数和光强成正比，如图 12-14 所示。

(2)只有当入射光频率 ν 大于一定的红限频率 ν_0 时，才会产生光电效应。

当入射光频率 ν 降低到 ν_0 时，光电子的最大初动能为零。若入射光频率再降低，则无论光强多大都没有光电子产生，不发生光电效应。ν_0 称为这种金属的截止频率或红限频率。截止频率与材料有关，与光强无关。

(3)使光电流降为零所外加的反向电势差称为遏止电势差 U_0，对不同的金属，U_0 的量值不同。

遏止电势差与入射光频率具有线性关系，如图 12-15 所示。

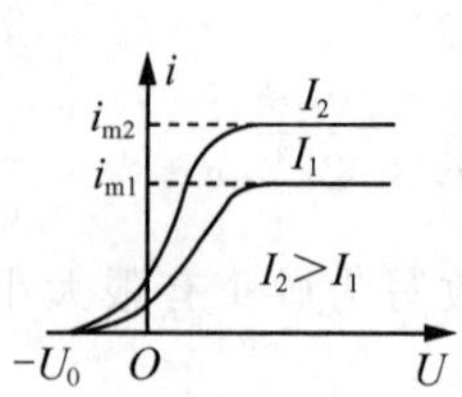

图 12-14　光电流强度与入射光强的关系

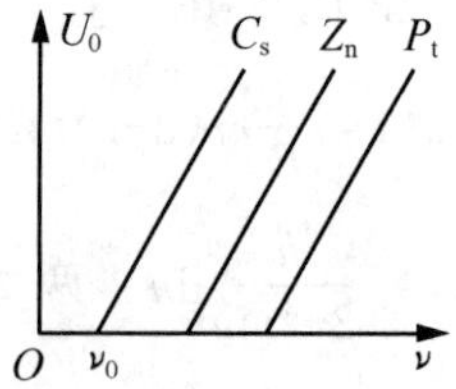

图 12-15　遏止电势差与入射光频率的关系

(4)光电效应是瞬时发生的。

只要入射光频率 $\nu>\nu_0$，无论光多微弱，从光照射阴极到光电子逸出，弛豫时间不超过 10^{-9} s。

用经典物理学中光的电磁波理论说明光电效应的如上实验规律时，遇到很大困难。这主要表现在如下两方面。

①红限问题。

按照经典理论，无论何种频率的入射光，只要其强度足够大，就能使电子具有足够的能量逸出金属，且逸出电子的动能也会相应较大，这与实验结果不符。实验指出，若入射光的频率小于截止频率，无论其强度有多大，都不能产生光电效应，即使在大于红限频率时，光强也不会改变逸出电子的动能。

②瞬时性问题。

按照经典理论，电子逸出金属所需的能量需要有一定的时间来积累，一直积累到足以使电子逸出金属表面为止，这也与实验结果不符。实验指出，光的照射和光电子的释放几乎是同时发生的，在 10^{-8} s 这一测量精度范围内观察不到这种滞后现象，即光电效应可认为是“瞬时的”。

3. 光子　爱因斯坦方程

(1)爱因斯坦光量子假设

为了解决光电效应的实验规律与经典物理理论的矛盾，1905 年爱因斯坦受普朗克能量子概念的启发，对光的本性提出了新的理论。他认为，光束可以看成由微粒构成的粒子流，这些粒子叫作光量子，以后就称为光子。在真空中，每个光子都以光速 c 运动。对于频率为 ν 的光束，光子的能量为

$$\varepsilon=h\nu \tag{12-29}$$

式中，h 为普朗克常量。

按照爱因斯坦的光子假设，频率为 ν 的光束可看成是由许多能量均等于 $h\nu$ 的光子构成的；频率 ν 越高的光束，其光子能量越大；对给定频率的光束来说，光的强度越大，就表示光子的数目越多。由此可见，对单个光子来说，其能量取决于频率，而对一束光来说，其能量既与频率有关，又与光子数有关。

爱因斯坦认为，当频率为 ν 的光束照射在金属表面上时，光子的能量被单个电子所吸收，使电子获得能量 $h\nu$。当入射光的频率 ν 足够高时，可以使电子具有足够大的能量从金属表面逸出，并获得动能。逸出时所需要做的功，称为逸出功 W，电子获得的最大初动能为$\frac{1}{2}mv^2$，由能量守恒定律有

$$h\nu=\frac{1}{2}mv^2+W \tag{12-30}$$

这个方程叫作光电效应的爱因斯坦方程。金属的逸出功是由实验测定的，它的值取决于金属的晶体结构、表面的清洁程度和所处的环境，表 12-1 给出了几种金属逸出功(单位：eV)的近似值。

表 12-1　几种金属的逸出功

钠	铝	锌	铜	银	铂
2.46	4.08	4.31	4.70	4.73	6.35

从爱因斯坦方程式(12-30)可以看出，当光子的频率为 ν_0($W=h\nu_0$)时，电子的初动能 $\frac{1}{2}mv^2=0$，电子刚好能逸出金属表面，则 ν_0 即为上述截止频率，其值为 $\nu_0=W/h$。显然，只有当频率大于 ν_0 的入射光照在金属上时，电子才能从金属表面上逸出来，并具有一定的初动能。如果入射光的频率小于 ν_0，那么电子吸收光子的能量小于逸出功 W，在这种情况下，电子是不能逸出金属表面的，这与实验结果是一致的。所以，只要 $\nu>\nu_0$，电子就会从金属中释放出来且不需要积累能量的时间，光电子的释放和光的照射几乎是同时发生的，是“瞬时的”，没有滞后现象，这与实验结果也是一致的。从式(12-30)还可以看出，光电子动能是与入射光的频率成正比的，这正说明了遏止电势差 U_0 与频率 ν 成正比的实验结果。

此外，按照光子假设还可以知道，在频率一定时，光的强度越大，光束中所含光子的数目就越多。因此，只要入射光的频率大于截止频率，随着光子数的增加，单位时间内吸收光子的电子数也增多，光电流就会增大。所以说，光电流与入射光的强度成正比，这也与实验结果相符合。

至此，我们可以说，原先由经典理论出发解释光电效应实验所遇到的困难，在爱因斯坦光子假设提出后，都顺利地得到了解决。不仅如此，通过爱因斯坦对光电效应的研究，还使我们对光的本性在认识上有了一个飞跃。光电效应显示了光的微粒性。这就是说，某一频率的光束，是由一些能量相同的光子所构成的光子流。在光电效应中，当电子吸收光子时，它吸收光子的全部能量，而不能只吸收其一部分。光子与电子一样，也是构成物质的一种微观粒子。

密立根为光电效应实验做了许多深入细致的研究工作，他通过精密实验验证了光电效应理论的正确性，同时也利用光电效应测定了普朗克常量，这种测定方法在当时是精度最好的。图 12-16 是他为研究金属钠的遏止电势差与入射光频率之间的关系而得到的图线。从图中可以看到，遏止电势差 U_0 与入射光的频率 ν 成正比，图线为一直线。此直线的斜率是 $\Delta U_0/\Delta\nu$，可由实验曲线得到。

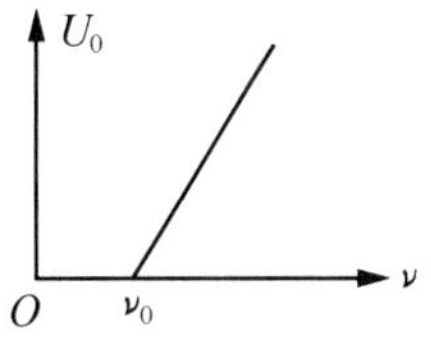

图 12-16　金属钠遏止电势差与入射光频率关系

由光电效应的爱因斯坦方程 $h\nu=\frac{1}{2}mv^2+W$ 和 $eU_0=\frac{1}{2}mv^2$，可得

$$h\nu=eU_0+W$$

因为 W 不变，得 $\Delta U_0/\Delta\nu=h/e$，可推得 $h=\dfrac{\Delta U_0}{\Delta\nu}e$，$e$ 是已知的，由此得到普朗克常量 h。

4. 光电效应在近代技术中的应用

利用光电管制成的光控继电器，可以用于自动控制，如自动计数、自动报警、自动跟踪等。图 12-17 是光控继电器的示意图，它的工作原理是：当光照在光电管上时，光电管电路中产生光电流，经过放大器放大，使电磁铁磁化，而把衔铁吸住。当光电管上没有光照时，光电管电路中没有电流，电磁铁就把衔铁放开。将衔铁和控制机构相连接，就可以进行自动控制。

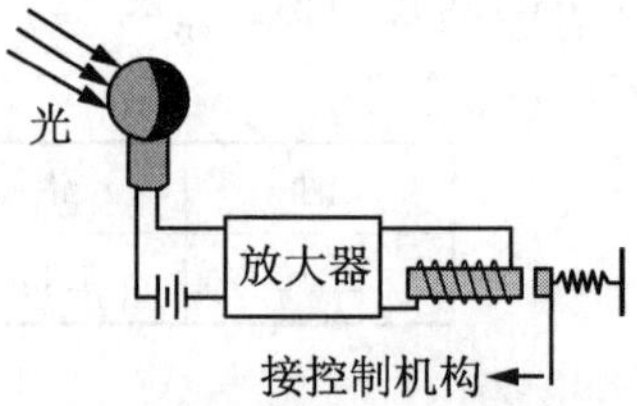

图 12-17　光控继电器示意图

利用光电效应还可以制造多种光电器件，如光电倍增管、电视摄像管等。这里介绍一下光电倍增管，这种管子可以测量非常微弱的光。如图 12-18 所示是光电倍增管的大致结构，它的管内除有一个阴极 K 和一个阳极 A 外，还有若干个倍增电极 K_1，K_2，K_3，K_4，K_5 等，使用时不但要在阴极和阳极之间加上电压，各倍增电极也要加上电压，使阴极电势最低，各个倍增电极的电势依次升高，阳极电势最高。这样，相邻两个电极之间都有加速电场。当阴极受到光的照射时，就发射光电子，并在加速电场的作用下，以较大的动能撞击到第一个倍增电极上。光电子能从这个倍增电极上激发出较多的电子，这些电子在电场的作用下，又撞击到第二个倍增电极上，从而激发出更多的电子。这样，激发出的电子数不断增加，最后阳极收集到的电子数将比最初从阴极发射的电子数增加很多倍(一般为 $10^5\sim10^8$ 倍)。因而，这种管子只要受到很微弱的光照，就能产生很大的电流，它在工程、天文、军事等方面都有重要的应用。

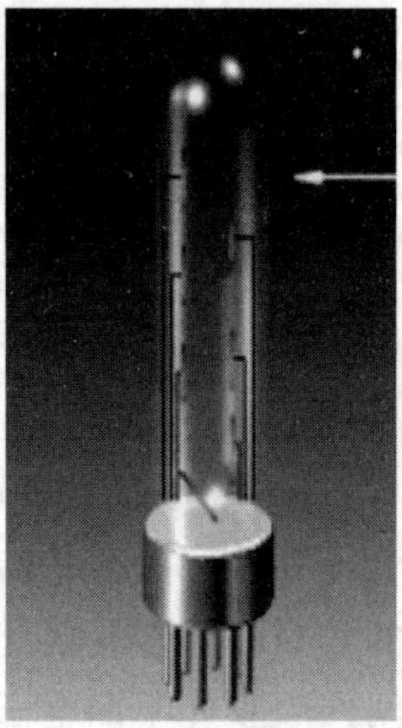
图 12-18　光电倍增管

5. 光的波粒二象性

先讨论一下光子的质量、动量和能量。我们知道，光在真空中的传播速度为 c，即光子的速度应为 c。因此，需要用相对论来处理光子问题。

由狭义相对论的动量和能量的关系式 $E^2=p^2c^2+E_0^2$ 可知，由于光子的静能量 $E_0=0$，因此光子的能量和动量的关系式可写成 $E=pc$。其动量也可写成 $p=\dfrac{E}{c}=\dfrac{h\nu}{c}=\dfrac{h}{\lambda}$。

因此，对于频率为 ν 的光子，其能量和动量分别为

$$E=h\nu,\ p=\frac{h}{\lambda} \tag{12-31}$$

在这里，我们看到，描述光的粒子性的量(E 和 p)与描述光的波动性的量(ν 和 λ)通过普朗克常量 h 被联系起来了。

光电效应实验表明，光由光子组成的看法是正确的，体现出光具有粒子性。而光

的干涉、衍射和偏振现象，又明显地体现出光的波动性。所以说，光既具有波动性，又具有粒子性，即光具有波粒二象性。一般来说，光在传播过程中，波动性表现比较显著；当光和物质相互作用时，粒子性表现比较显著。光所表现的这两重性质，反映了光的本性。应当指出，光子具有粒子性并不意味着光子一定没有内部结构，光子也许由其他粒子组成，只是迄今为止，尚无任何实验显露出光子存在内部结构的迹象，光的粒子性在康普顿效应中得到进一步的体现。

12.2.3 康普顿效应

1920 年，美国物理学家康普顿(A. H. Compton，1892—1962)在观察 X 射线被物质散射时，发现散射 X 射线中含有波长发生变化了的成分。

(1)实验装置。

图 12-19 是康普顿实验装置的示意图。由单色 X 射线源 R 发出的波长为 λ_0 的 X 射线，通过光阑 D 成为一束狭窄的 X 射线，并被投射到散射物质 C(如石墨)上，用摄谱仪 S 可探测到不同散射角 θ 的散射 X 射线的相对强度 I。

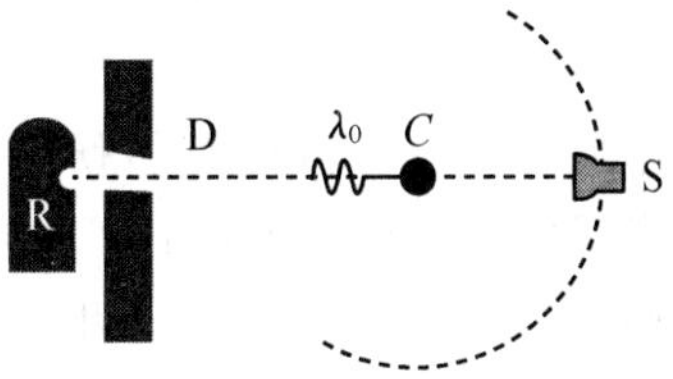

图 12-19　康普顿实验装置示意图

(2)实验结果。

图 12-20 是康普顿的实验结果，从中可以看到，在散射 X 射线中除有波长与入射波长相同的射线外，还有波长比入射波长更长的射线，这种现象就叫作康普顿效应。

科学家介绍：吴有训

实验结果为：

①散射光中除了和原波长 λ_0 相同的谱线外，还有 $\lambda > \lambda_0$ 的谱线；

②波长的改变量 $\Delta\lambda = \lambda - \lambda_0$ 随散射角 θ 的增大而增加；

③对于不同元素的散射物质，在同一散射角下，波长的改变量 $\Delta\lambda$ 相同，与散射物体无关。

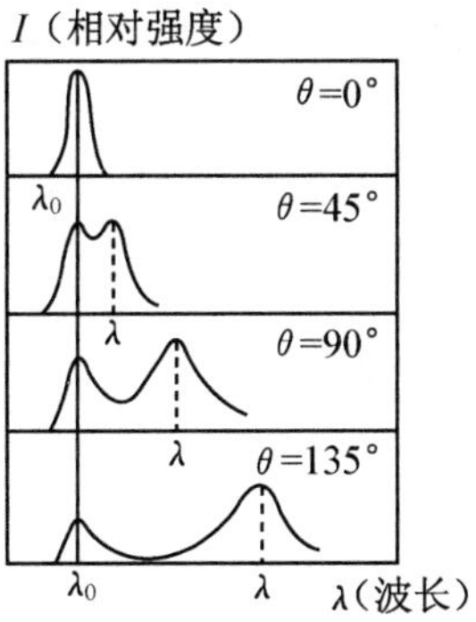

图 12-20　康普顿的实验结果

(3)经典理论的困难。

按照经典波动理论，带电粒子受到入射电磁波的作用而发生受迫振动，从而向各个方向辐射电磁波，散射束的频率应与入射束频率相同，带电粒子仅起能量传递的作用，不应出现波长变长的现象。可见，经典理论无法解释波长变长的散射线。

(4)量子解释

康普顿利用光子理论成功地解释了这些实验结果。1922 年康普顿提出，按照光子学说，频率为 ν_0 的 X 射线可看成是由一些能量为 $\varepsilon_0 = h\nu_0$ 的光子组成的，并假设光子与受原子束缚较弱的电子或自由电子之间的碰撞类似于完全弹性碰撞。依照这个观点，当能量为 $\varepsilon_0(h\nu_0)$ 的入射光子与散射物质中的电子发生弹性碰撞时，电子会获得一部分能量，因此碰撞后散射光子的能量 $\varepsilon(h\nu)$ 比入射光子的能量 ε_0 要小，其频率 ν 也变小，而波长 λ 比入射光的波长 λ_0 要长一些。光子与原子中束缚很紧的电子发生碰撞，近似与整个原子发生弹性碰撞，能量不会显著减小，所以散射束中出现与入射光波长相同的射线。下面来定量地计算波长的变化量，从而可看出波长的变化与哪些因素有关。

如图 12-21 所示为一个光子与束缚较弱的电子做弹性碰撞的情形。因为电子的速度远小于光子的速度，可认为电子在碰撞前是静止的，即 $v_0=0$，并设频率为 ν_0 的光子沿着与 x 轴成 θ 角的方向散射，电子则获得速率 v，并与 x 轴成 φ 的方向运动，这个电子称为反冲电子。

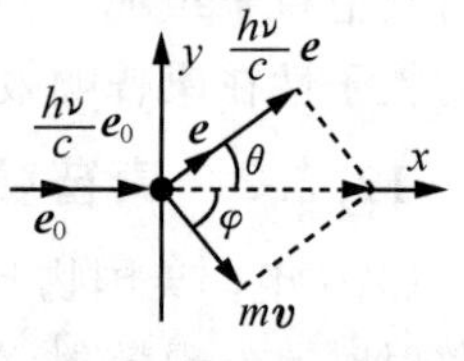

图 12-21　光子与束缚较弱的电子的弹性碰撞

因为碰撞是弹性的，所以应同时满足能量守恒定律和动量守恒定律；又考虑到所研究的问题涉及光子，故这两个定律应写成相对论性的形式。设电子碰撞前后的静质量和相对论性质量分别为 m_0 和 m，由狭义相对论的质能关系可知，其相应的能量为 m_0c^2 和 mc^2。所以，在碰撞过程中，根据能量守恒定律有

$$h\nu_0+m_0c^2=h\nu+mc^2$$

即

$$mc^2=h(\nu_0-\nu)+m_0c^2 \tag{12-32}$$

光子在碰撞后所损失的动量便是电子所获得的动量，设 $\boldsymbol{e}_0$ 和 $\boldsymbol{e}$ 分别为碰撞前后光子运动方向上的单位矢量，于是，根据动量守恒定律可得

$$\frac{h\nu_0}{c}\boldsymbol{e}_0=\frac{h\nu}{c}\boldsymbol{e}+m\boldsymbol{v} \tag{12-33}$$

由此式有

$$m^2v^2=\frac{h^2\nu_0^2}{c^2}+\frac{h^2\nu^2}{c^2}-2\frac{h^2\nu_0\nu}{c^2}\cos\theta$$

或

$$m^2v^2c^2=h^2\nu_0^2+h^2\nu^2-2h^2\nu_0\nu\cos\theta \tag{12-34}$$

将式(12-32)两端平方并与式(12-34)相减，得

$$m^2c^4\left(1-\frac{v^2}{c^2}\right)=m_0^2c^4-2h^2\nu_0\nu(1-\cos\theta)+2m_0c^2h(\nu_0-\nu)$$

由狭义相对论的质量与速度的关系式，可知电子碰撞后的质量 $m=m_0(1-v^2/c^2)^{-1/2}$。这样，上式为 $\frac{c}{\nu}-\frac{c}{\nu_0}=\frac{h}{m_0c}(1-\cos\theta)$，或

$$\Delta\lambda=\frac{h}{m_0c}(1-\cos\theta)=\frac{2h}{m_0c}\sin^2\frac{\theta}{2} \tag{12-35}$$

式中，λ_0 为入射光子的波长，λ 为散射光子的波长。

式(12-35)给出了散射光波长的改变量与散射角 θ 之间的函数关系。$\theta=0$ 时，波长不变；θ 增大时，$\lambda-\lambda_0$ 也随之增加，这个结论与实验结果是一致的。

在式(12-35)中，$\frac{h}{m_0c}$ 是一个常量，称为康普顿波长，其值为 $\lambda_C=\frac{h}{m_0c}=2.43\times10^{-12}$ m，则上式可写为

$$\Delta\lambda=\frac{h}{m_0c}(1-\cos\theta)=\lambda_C(1-\cos\theta) \tag{12-36}$$

式(12-36)称为康普顿公式。

康普顿效应只有在入射光的波长与电子的康普顿波长相比拟时，散射才显著，这就是选用X射线观察康普顿效应的原因。而在光电效应中，入射光是可见光或紫外光，所以康普顿效应不明显。

康普顿效应不仅证实了光的粒子性，而且证实了在微观粒子相互作用的过程中，能量守恒定律和动量守恒定律同样适用。

例12-8 波长$\lambda_0=1.00\times10^{-10}$ m的X射线与静止的自由电子做弹性碰撞，在与入射角成90°角的方向上观察，请问：

(1)散射波长的改变量$\Delta\lambda$为多少？

(2)反冲电子得到多少动能？

(3)在碰撞中，光子的能量损失了多少？

解 (1)由康普顿公式得

$$\begin{aligned}\Delta\lambda &=\lambda_C(1-\cos\theta)\\ &=\lambda_C(1-\cos90^\circ)=\lambda_C\\ &=2.43\times10^{-12}\ \text{m}\end{aligned}$$

(2)由式(12-32)，有$mc^2-m_0c^2=h\nu_0-h\nu$反冲电子的动能为

$$\begin{aligned}E_k &=mc^2-m_0c^2=\frac{hc}{\lambda_0}-\frac{hc}{\lambda}\\ &=\frac{hc}{\lambda_0}\left(1-\frac{\lambda_0}{\lambda}\right)=\frac{hc}{\lambda_0}\left(1-\frac{\lambda_0}{\lambda_0+\Delta\lambda}\right)=\frac{hc\Delta\lambda}{\lambda_0(\lambda_0+\Delta\lambda)}=295\ \text{eV}\end{aligned}$$

(3)光子损失的能量等于反冲电子的动能，也为295 eV。

12.2.4 德布罗意波

1. 德布罗意假设

科学家介绍：
德布罗意

概括前面对光的性质的研究，我们可以说，光的干涉和衍射现象为光的波动性提供了有力的证明，而新的实验事实——黑体辐射、光电效应和康普顿效应为光的粒子性(即量子性)提供了有力的论据。光束可以看作以光速运动的光流，而每个光子具有能量和动量。光子的能量和动量分别为$E=h\nu$，$p=\dfrac{h}{\lambda}$。能量和动量是粒子性的特征量，而频率和波长是波动性的特征量，它们通过作用量子h联系起来。这样，在1923年到1924年，光具有波粒二象性已被人们所理解和接受。但是，像电子这样的粒子，它的粒子性早已为人们所认识，它们是否也具有波动性呢？法国一位年轻人德布罗意试图把粒子性和波动性统一起来，他提出：20世纪以来，在辐射理论上，比起波动的研究方法来，过于忽略了粒子的研究方法；在实物理论上，是否发生了相反的错误呢？是不是关于“粒子”的图像我们想得太多，而过分地忽略了波的图像呢？在题为《关于量子理论的研究》的论文中指出：光学理论的发展历史表明，曾有很长一段时间，人们徘徊于光的粒子性和波动性之间，实际上这两种解释并不是对立的，量子理论的发展证明了这一点。同时他又认为，20世纪初发展起来的光量子理论，过于强调粒子性，他企盼把粒子观点和波动观点统一起来，给予“量子”以真正的含义。

自然界在许多方面都是明显地对称的，德布罗意大胆类比，合理猜测，创造性地提出了物质波的假设，即假设所有具有动量和能量的像电子那样的物质客体都具有波动性。德布罗意这种勇于创新的精神，值得我们今天继承和发展。

德布罗意把对光的波粒二象性的描述，应用到了实物粒子上。一个质量为 m 以速度 $\boldsymbol{v}$ 做匀速运动的实物粒子，既具有以能量 E 和动量 $\boldsymbol{p}$ 所描述的粒子性，也具有以频率 ν 和波长 λ 所描述的波动性。它的能量 E 与频率 ν、动量 $\boldsymbol{p}$ 的大小与波长 λ 之间的关系，和光子的能量、动量公式相类似，即 $E=h\nu$，$p=\dfrac{h}{\lambda}$。

按照德布罗意假设，以动量大小 p 运动的实物粒子的波的波长为

$$\lambda=\frac{h}{p} \tag{12-37}$$

式中，h 为普朗克常量。这种波叫作德布罗意波，或物质波，式(12-37)叫作德布罗意公式，它描述了体现实物粒子波动性的波长，与体现实物粒子粒子性的动量之间的关系。波动性和粒子性统一在一个客体上是因其有二象性的本质。

若一个静质量为 m_0 的粒子，其速率 v 较光速 c 小很多，则粒子的动量可写为 $p=m_0v$，粒子的德布罗意波长即为

$$\lambda=\frac{h}{m_0v}$$

若粒子的速率 v 与光速 c 可以比较，则按照相对论，其动量为 $p=\gamma m_0v$，于是德布罗意波长为 $\lambda=\dfrac{h}{\gamma m_0v}$。

在宏观尺度范围内，由于 h 是非常小的量，实物粒子物质波的波长非常短，宏观物体的德布罗意波长小到实验难以测量的程度，因此，在通常情况下，实物粒子仅表现出粒子性。但到了微观尺度范围，实物粒子的波动性就会显现出来。

例 12-9　一束电子中，电子的动能为 200 eV，求此电子的德布罗意波长。

解　因为 $v\ll c$，可以不用相对论来处理，则电子的动能 $E_k=\dfrac{1}{2}m_0v^2$，得

$$\begin{aligned} v &= \sqrt{\frac{2E_k}{m_0}} \\ &= \sqrt{\frac{2\times 200\times 1.6\times 10^{-19}}{9.1\times 10^{-31}}}\ \text{m}\cdot\text{s}^{-1}=8.4\times 10^{6}\ \text{m}\cdot\text{s}^{-1} \end{aligned}$$

因为 $v\ll c$，所以

$$\begin{aligned} \lambda &= \frac{h}{m_0v}=\frac{6.63\times 10^{-34}}{9.1\times 10^{-31}\times 8.4\times 10^{6}}\text{m} \\ &= 8.67\times 10^{-2}\ \text{nm} \end{aligned}$$

此波长的数量级与 X 射线波长的数量级相当。

2. 德布罗意波的实验证明

德布罗意波是否存在最终需要实验予以证明。从例题 12-9 可见，电子的德布罗意波长与 X 射线的波长相当。所以用一般可见光的衍射方法是难以测到像电子、质子、中子等物质粒子的波动性的。1927 年，戴维森和革末率先采用了类似布拉格父子解释

X 射线衍射现象的方法，认为晶体对电子物质波的衍射理应与对 X 射线的衍射满足相同的条件，即满足布拉格公式。

(1)戴维森—革末电子衍射实验。

实验装置如图 12-22 所示。电子从灯丝 K 射出，经电势差为 U 的加速电场，通过狭缝 D 后成为很细的电子束，投射在镍晶体 M 上。电子束在晶体面上散射后进入电子探测器 B，其电流 I 由电流计 G 测出。实验时使电子束与散射线之间的夹角 θ 保持不变，并测量在不同加速电压下散射电子束的强度。

实验发现，电子探测器中的电流出现明显的选择性。例如，只有在加速电压 $U=54$ V，且 $\theta=50°$时，探测器中电流才有极大值，如图 12-23 所示。

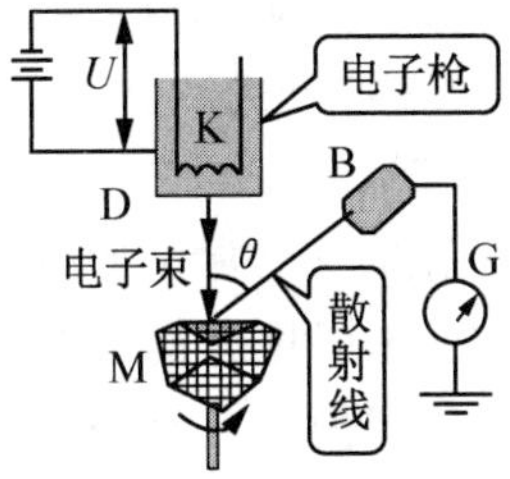

图 12-22　戴维森-革末实验示意图

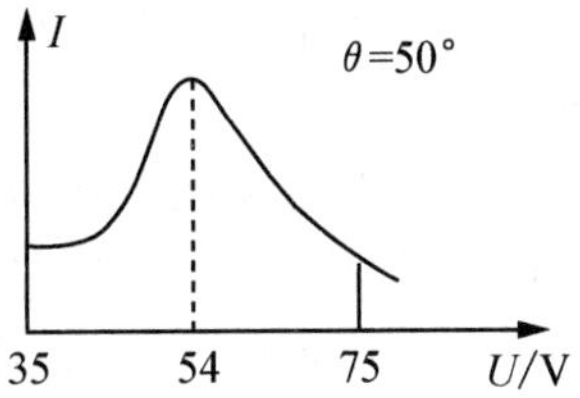

图 12-23　电流出现峰值

设晶体是间隔均匀的原子规则排列而成的，两相邻晶面间的距离为 d，而 λ 是电子束的物质波波长，如图 12-24 所示。从图中可以看出，由这两个相邻平面反射的电子束的相干加强的条件为

$$2\Delta=2d\sin\frac{\theta}{2}\cos\frac{\theta}{2}=k\lambda$$

即

$$d\sin\theta=k\lambda$$

这与 X 射线在晶体上衍射时的布拉格公式一样。

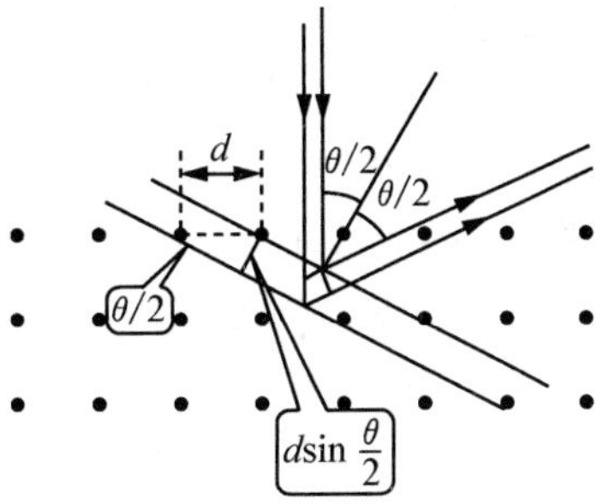

图 12-24　两相邻晶面电子束反射射线的干涉

利用德布罗意公式，以及电子的速率与加速电压的关系 $v=(2eU/m)^{1/2}$，可得

$$d\sin\theta=kh\sqrt{\frac{1}{2emU}}$$

已知镍晶体原子间距 $d=2.15\times10^{-10}$ m，把它以及 e，m，h 和加速电压 $U=54$ V 代入上式，得 $\sin\theta=0.777k$。

因为 k 是整数，所以只有 k 取 1 时，$\sin\theta$ 才能小于 1，故由上式可得

$$\theta=\arcsin 0.777=51°$$

可见，由实验得出的 $\theta=50°$与理论计算值 $\theta=51°$相差很小。这表明，电子确实具有波动性，德布罗意关于实物具有波动性的假设首次得到实验证实。

(2)G. P. 汤姆孙电子衍射实验。

在戴维森和革末利用电子在晶面上的散射，证实了电子的波动性的同一年，英国物理学家 G. P. 汤姆孙独立地从实验中观察到电子透过多晶薄片时的衍射现象，如图 12-25 所示，电子从灯丝 K 逸出后，经过加速电压为 U 的加速电场，再通过小孔 D，

成为一束很细的平行电子束，其能量约为数千电子伏。当电子束穿过一多晶薄片 M(如铝箔)后，再射到照相底片 P 上，就获得了衍射图样。

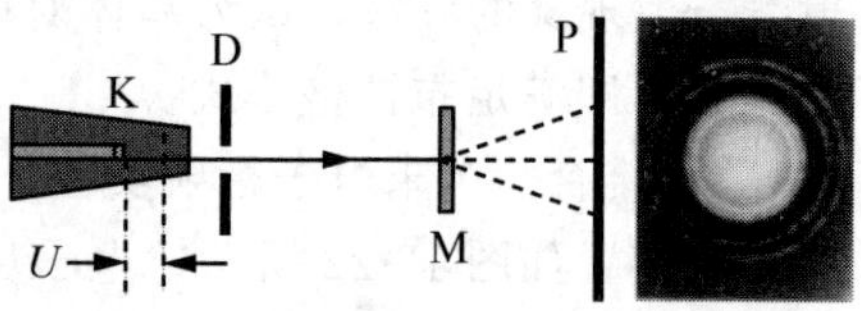

图 12-25　电子束透过多晶铝箔的衍射

这个实验是 1927 年 G.P. 汤姆孙做的，G.P. 汤姆孙的父亲 J.J. 汤姆孙，因发现电子(1897 年)于 1906 年获得诺贝尔物理学奖。父子二人，一个发现了电子，另一个证实了电子的波动性，都获得了诺贝尔物理学奖。这一巧合，在科学史上是罕有的趣事。

需要特别指明，不仅是电子，而且其他实物粒子，如质子、中子、氦原子和氢分子等都已被证实有衍射现象，都是具有波动性的。所以，波动性乃是粒子自身固有的属性，而德布罗意公式正是反映实物粒子波粒二象性的基本公式。

3. 应用举例

微观粒子的波动性已经在现代科学技术上得到应用。一个常见的例子是电子显微镜，其分辨率较光学显微镜高，这是因为电子束的波长比可见光的波长要短得多的缘故。我们知道，光学仪器的分辨率和波长成反比，波长越短，分辨率越高。普通的光学显微镜由于受可见光波长的限制，其分辨率不可能很高。而电子的德布罗意波长比可见光短得多，当加速电势差为几百伏特时，电子的波长和 X 射线相近。若加速电势差增大到几十万伏特以上，则电子的波长更短。由于技术上的原因，直到 1932 年世界上第一台电子显微镜(SEM)才由德国人鲁斯卡(E. Ruska，1906—1988)及其合作者研究成功。其原理与光学显微镜相似，只不过电子束是由磁透镜聚焦后照射在样品表面上形成衍射图像的。目前电子显微镜的分辨率已达 0.2 nm，所以，电子显微镜在研究物质结构、观察微小物体方面具有显著的功能，是当代科学研究的重要工具之一。

1981 年，德国人宾宁(G. Binnig，1947—　)和瑞士人罗勒(H. Rohrer，1933—2013)制成了扫描隧道显微镜(STM)，他们两人因此与鲁什卡共获 1986 年诺贝尔物理学奖。STM 横向分辨率可达 0.1 nm，纵向分辨率已达 0.001 nm，它对纳米材料、生命科学和微电子学有不可估量的作用。

4. 德布罗意波的统计解释

对于实物粒子波动性的解释，是玻恩在 1926 年提出概率波的概念时而得到一致公认的。

对比光和实物粒子的衍射图像，可以看出实物粒子的波动性和粒子性之间的联系。对于光的强度问题，爱因斯坦已从统计学的观点提出：光强的地方，光子到达的概率大；光弱的地方，光子到达的概率小。玻恩用同样的观点来分析戴维森—革末实验(或电子衍射图样)，认为，电子流出现峰值(或衍射图样出现亮条纹)处电子出现的概率大；而不是峰值处电子出现的概率小。对于电子是如此，对于其他微观粒子也是如此。至于个别粒子在何处出现，有一定的偶然性；但是大量粒子在空间何处出现的空间分布却服从一定的统计规律。也就是说，在某处德布罗意波的强度是与粒子在该处邻近出现的概率成正比，物质波的这种统计性解释把粒子的波动性和粒子性正确地联系起来了，成为量子力学的基本观点之一。

应该强调指出，德布罗意波与经典物理学中研究的波是截然不同的。机械波是机械振动在空间的传播，而德布罗意波则是对微观粒子运动的统计描述。所以，我们绝不能把微观粒子的波动性机械地理解为经典物理学中的波动性。

12.2.5 不确定关系

在经典力学中，粒子(质点)的运动状态是用位置坐标和动量来描述的，而且这两个量都可以同时准确地予以测定，这就是我们经典力学的确定性。因此可以说，同时准确地测定粒子(质点)在任意时刻的坐标和动量是经典力学赖以保持有效的关键。然而，对于具有二象性的微观粒子来说，是否也能用确定的坐标和确定的动量来描述呢？下面我们以电子单缝衍射为例来进行讨论。

设有一束电子沿 Oy 轴射向屏上缝宽为 b 的狭缝。于是，在照相底片上，可以观察到如图 12-26 所示的衍射图样。如果仍用坐标和动量来描述这束电子的运动状态，那么，我们不禁要问：一个电子通过狭缝的瞬时，它是从缝上哪一点通过的呢？也就是说，电子通过狭缝的瞬时，其坐标 x 为多少？

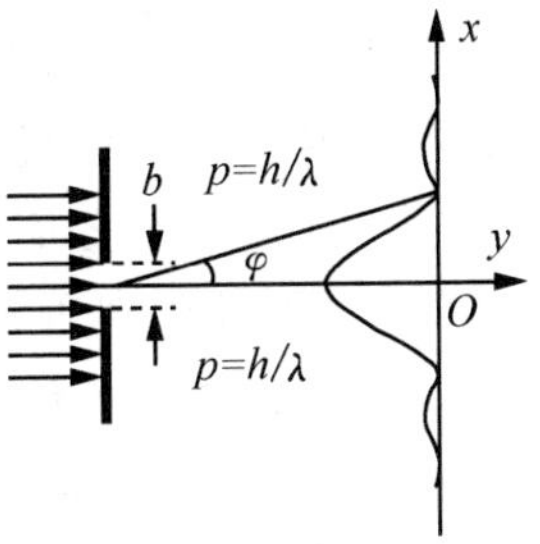

图 12-26　电子的单缝衍射

显然，对于这一问题，我们无法准确地回答，因为该电子是以一定的概率出现在狭缝区域内的，即我们不能准确地确定该电子通过狭缝时的坐标。然而，该电子确实是通过了狭缝，因此，我们可以认为，电子在 Ox 轴上的坐标的不确定范围为 $\Delta x=b$。

在同一瞬时，由于衍射，电子动量的大小虽未变化，但动量的方向有了改变。由图 12-26 可以看到，如果只考虑一级(即 $k=1$)衍射图样，则电子被限制在一级最小的衍射角范围内，有 $\sin\varphi=\lambda/b$。因此，电子动量沿 Ox 轴方向的分量的不确定范围为

$$\Delta p_x=p\sin\varphi=p\,\frac{\lambda}{b}$$

由德布罗意公式知
$$\lambda=\frac{h}{p}$$

上式可写为
$$\Delta p_x=\frac{h}{b}$$

科学家介绍：海森伯

这样，在电子通过狭缝的瞬时，其坐标和动量都存在着各自的不确定范围，并且由上面的讨论可知，这两个量的不确定度是互相关联着的：缝越窄(b 越小)，则 Δx 越小而 Δp_x 越大，反之亦然。不难看出，Δx 和 Δp_x 具有下述关系，即

$$\Delta x\Delta p_x=h$$

式中，Δx 是在 Ox 轴上电子坐标的不确定范围，Δp_x 是沿 Ox 轴方向电子动量分量的不确定范围。

一般来说，如果把衍射图样的次级也考虑在内，上式应改写成

$$\Delta x\Delta p_x\geqslant h \tag{12-38}$$

这个关系式叫作不确定关系，有时也把这个关系称为不确定原理(测不准原理)。

不确定关系是海森伯于1927年提出的，这个关系明确指出：对于微观粒子不能同时用确定的位置和确定的动量来描述。对微观粒子来说，试图同时确定其位置和动量

是办不到的，也是没有意义的。

对不确定关系，做几点说明。

①微观粒子同一方向上的坐标与动量不可同时准确测量，它们的精度存在一个终极的不可逾越的限制，即位置不确定量和动量不确定量的乘积，不能小于作用量子 h。

物理成就：
“墨子号”
量子通信卫星

②不确定的根源是微观粒子既具有粒子性又具有波动性的“波粒二象性”，这是微观粒子的根本属性。

③因作用量子 h 是一个极小的量，对宏观粒子，$\Delta x \Delta p_x \to 0$，可视为其位置和动量能同时准确测量。所以，不确定关系只对微观粒子起作用，而对宏观物体(质点)就不起作用了，这也说明为什么经典力学对宏观物体(质点)仍是十分有效的，即不确定关系提供了一个是否可用经典理论的判据。

“墨子号”卫星

本章小结

④对于微观粒子，h 不能忽略，Δx、Δp_x 不能同时具有确定值。此时，只有从概率统计角度去认识其运动规律。在量子力学中，将用波函数来描述微观粒子，不确定关系是量子力学的基础。

习题

12-1　下列说法中正确的是(　　)。

(1)两个相互作用的粒子系统对某一个惯性系满足动量守恒，对另一个惯性系来说，其动量不一定守恒；

(2)在真空中，光的速度与光的频率、光源的运动状态无关；

(3)在任何惯性系中，光在真空中沿任何方向的传播速率都相同。

(A)只有(1)(2)是正确的　　(B)只有(1)(3)是正确的

(C)只有(2)(3)是正确的　　(D)三种说法都是正确的

12-2　按照相对论的时空观，下列叙述中正确的是(　　)。

(A)在一个惯性系中，两个同时的事件，在另一个惯性系中一定是同时事件

(B)在一个惯性系中，两个同时的事件，在另一个惯性系中一定是不同时事件

(C)在一个惯性系中，两个同时又同地的事件，在另一个惯性系中一定是同时同地事件

(D)在一个惯性系中，两个同时不同地的事件，在另一个惯性系中只可能同时不同地

(E)在一个惯性系中，两个同时不同地事件，在另一个惯性系中只可能同地不同时

12-3　一根细棒固定在 S' 系中，它与 Ox' 轴的夹角 $\theta'=60°$。如果 S' 系以速度 $\boldsymbol{u}$ 沿 Ox 方向相对于 S 系运动，S 系中观察者测得细棒与 Ox 轴的夹角(　　)。

(A)等于 $60°$

(B)大于 $60°$

(C)小于 $60°$

(D)当 S' 系沿 Ox 正方向运动时大于 $60°$，而当 S' 系沿 Ox 负方向运动时小于 $60°$

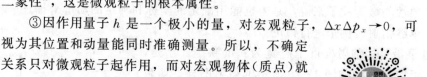

12-4 一艘飞船的固有长度为 L，相对于地面以速度 v_1 做匀速直线运动，从飞船中的后端向飞船中的前端的一个靶子发射一颗相对于飞船速度大小为 v_2 的子弹。在飞船上测得子弹从射出到击中靶的时间间隔是(c 表示真空中的光速)(　　)。

(A) $\dfrac{L}{v_1+v_2}$　　(B) $\dfrac{L}{v_2-v_1}$

(C) $\dfrac{L}{v_2}$　　(D) $\dfrac{L}{v_1\sqrt{1-(v_1/c)^2}}$

12-5 设 S' 系以速率 $v=0.60\,c$ 相对于 S 系沿 xx' 轴运动，且在 $t=t'=0$ 时，有 $x=x'=0$。

(1)若有一事件，在 S 系中发生于 $t=2.0\times10^{-7}$ s，$x=50$ m 处，则该事件在 S' 系中发生于何时刻？

(2)若有另一事件，在 S 系中发生于 $t=3.0\times10^{-7}$ s，$x=10$ m 处，则在 S' 系中测得这两个事件的时间间隔为多少？

12-6 设有两个参考系 S 和 S'，它们的原点在 $t=0$ 和 $t'=0$ 时重合在一起。一个事件在 S' 系中发生于 $t'=8.0\times10^{-8}$ s，$x'=60$ m，$y'=0$，$z'=0$ 处，若 S' 系相对于 S 系以速率 $v=0.60c$ 沿 xx' 轴运动，该事件在 S 系中的时空坐标为多少？

12-7 一列火车长 0.30 km(火车上观察者测得)，以 100 km·h^{-1} 的速度行驶，地面上的观察者发现有两个闪电同时击中火车前后两端。请问：火车上的观察者测得两闪电击中火车前后两端的时间间隔为多少？

12-8 设在正负电子对撞机中，电子和正电子以速度 $0.90c$ 相向飞行，它们之间的相对速度为多少？

12-9 设想有一粒子以 $0.050c$ 的速率相对实验室参考系运动。此粒子衰变时发射一个电子，电子的速率为 $0.80c$，电子速度的方向与粒子运动方向相同。试求电子相对实验室参考系的速度。

12-10 设宇宙飞船中的观察者测得脱离它而去的航天器相对它的速度为 1.2×10^8 m·s^{-1}，同时，航天器发射一枚空间火箭，航天器中的观察者测得此火箭相对它的速度为 1.0×10^8 m·s^{-1}。请问：(1)此火箭相对宇宙飞船的速度为多少？(2)如果以激光光束来替代空间火箭，此激光光束相对宇宙飞船的速度又为多少？请将上述结果与伽利略速度变换所得结果相比较，并理解光速是物体速度的极限。

12-11 在惯性系 S 中观察到有两个事件发生在同一地点，其时间间隔为 4.0 s，从另一个惯性系 S' 中观察到这两个事件的时间间隔为 6.0 s，设 S' 系以恒定速率相对 S 系沿 xx' 轴运动。请问：从 S' 系中测量到这两个事件的空间间隔是多少？

12-12 在 S 系中有一根原长为 l_0 的棒沿 x 轴放置，并以速率 u 沿 xx' 轴运动。若 S' 系以速率 v 相对 S 系沿 xx' 轴运动，请问：在 S' 系中测得此棒的长度为多少？

12-13 若从一个惯性系中测得宇宙飞船的长度为其固有长度的一半，请问：宇宙飞船相对此惯性系的速度为多少(以光速 c 表示)？

12-14 两艘飞船相向运动，它们相对地面的速率都是 v。在 A 船中有一根米尺，米尺顺着飞船的运动方向放置。请问：B 船中的观察者测得该米尺的长度是多少？

12-15 如果一架飞机以 2 000 km·h^{-1} 的速度飞行，试计算需飞行多长时间，飞机上的钟才会与地球上的钟产生 1 s 的时差。

12-16　若一个电子的总能量为 5.0 MeV，求该电子的静能、动能、动量和速率。

12-17　一个被加速器加速的电子，其能量为 3.00×10^{9} eV。请问：(1)这个电子的质量是其静质量的多少倍？(2)这个电子的速率为多少？

12-18　在电子的湮没过程中，一个电子和一个正电子相碰撞而消失，并产生电磁辐射。假定正负电子在湮没前均静止，由此估算辐射的总能量。

12-19　下列物体中属于绝对黑体的是(　　)。

(A)不辐射可见光的物体

(B)不辐射任何光线的物体

(C)不能反射可见光的物体

(D)不能反射任何光线的物体

12-20　天狼星的温度大约是 11 000 ℃，试由维恩位移定律计算其辐射峰值的波长。

12-21　用辐射高温计测得炼钢炉口的辐射出射度为 22.8 $W\cdot cm^{-2}$，试求炉内温度。

12-22　关于光子的性质，有以下说法：

(1)不论真空中或介质中的速度都是 c；　　(2)它的静止质量为零；

(3)它的动量为 $h\nu/c$；　　(4)它的总能量就是它的动能；

(5)它有动量和能量，但没有质量。

其中正确的是(　　)。

(A)(1)(2)(3)　　(B)(2)(3)(4)　　(C)(3)(4)(5)　　(D)(3)(5)

12-23　钨的逸出功是 4.52 eV，钡的逸出功是 2.50 eV，分别计算钨和钡的截止频率。哪一种金属可以用作可见光范围内的光电管阴极材料？

12-24　钾的截止频率为 4.62×10^{14} Hz，以波长为 435.8 nm 的光照射，求钾放出的光电子的初速度。

12-25　光电效应和康普顿效应都是光子和物质原子中的电子相互作用的过程，其区别何在？在下面几种理解中，正确的是(　　)。

(A)两种效应中电子与光子组成的系统都服从能量守恒定律和动量守恒定律

(B)光电效应是由电子吸收光子能量而产生的，而康普顿效应则是电子与光子的弹性碰撞过程

(C)两种效应都相当于电子与光子的弹性碰撞过程

(D)两种效应都属于电子吸收光子的过程

12-26　在康普顿效应中，入射光子的波长为 3.0×10^{-3} nm，反冲电子的速度为光速的 60%，求散射光子的波长及散射角。

12-27　一个具有 1.0×10^{4} eV 能量的光子与一个静止自由电子相碰撞，碰撞后，光子的散射角为 60°。请问：(1)光子的波长、频率和能量各改变多少？(2)电子的动能、动量和运动方向又如何？

12-28　求动能为 1.0 eV 的电子的德布罗意波的波长。

12-29　考虑到相对论效应，试求实物粒子的德布罗意波长的表达式。设 E_k 为粒

子的动能，m_0 为粒子的静止质量。

12-30　关于不确定关系 $\Delta x \Delta p_x \geqslant h$，有以下几种理解：

(1)粒子的动量不可能确定，但坐标可以被确定；

(2)粒子的坐标不可能确定，但动量可以被确定；

(3)粒子的动量和坐标不可能同时确定；

(4)不确定关系不仅适用于电子和光子，也适用于其他粒子。

其中正确的是(　　)。

(A)(1)(2)　　(B)(2)(4)　　(C)(3)(4)　　(D)(4)(1)

12-31　电子位置的不确定量为 5.0×10^{-2} nm 时，其速率的不确定量为多少？

12-32　一颗质量为 40 g 的子弹以 1.0×10^{3} m·s^{-1} 的速率飞行，求：(1)其德布罗意波的波长；(2)若测量子弹位置的不确定量为 0.10 mm，求其速率的不确定量。

12-33　试证：如果粒子位置的不确定量等于其德布罗意波长，那么该粒子速度的不确定量大于或等于其速度。

附录 A 一些常用的物理常数

A.1 通用常数

真空中光速： $c=299\ 792\ 458\ \mathrm{m\cdot s^{-1}}$

真空中磁导率： $\mu_0=4\pi\times10^{-7}\ \mathrm{N\cdot A^{-2}}$

真空中介电常数： $\varepsilon_0=8.854\ 187\ 817\times10^{-12}\ \mathrm{F\cdot m^{-1}}$

引力常数： $G-6.674\ 30\times10^{-11}\ \mathrm{m^3\cdot kg^{-1}\cdot s^{-2}}$

普朗克常数： $h=6.626\ 075\ 5\times10^{-34}\ \mathrm{J\cdot s}$

A.2 电磁常数

基本电荷量： $e=1.602\ 177\ 33\times10^{-19}\ \mathrm{C}$

玻尔磁子： $\mu_B=9.274\ 015\ 4\times10^{-24}\ \mathrm{J\cdot T^{-1}}$

核磁子： $\mu_N=5.050\ 786\ 6\times10^{-27}\ \mathrm{J\cdot T^{-1}}$

A.3 物理化学常数

阿伏伽德罗常数： $N_A=6.022\ 136\ 7\times10^{23}\ \mathrm{mol^{-1}}$

原子质量常数： $1\mu=1.660\ 540\ 2\times10^{-27}\ \mathrm{kg}$

玻尔兹曼常数： $k_E=1.380\ 658\times10^{-23}\ \mathrm{J\cdot k^{-1}}$

理想气体摩尔体积： $V=22.414\ 10\ \mathrm{L\cdot mol^{-1}}$

A.4 原子常数

精细结构常数： $\alpha=7.297\ 353\ 08\times10^{-3}$

里德伯常数： $R=109\ 737\ 31.534\ \mathrm{m^{-1}}$

玻尔半径： $a_0=0.529\ 177\ 249\times10^{-10}\ \mathrm{m}$

A.5 电子、μ 介子常数

电子静止质量： $m_e=9.109\ 389\ 7\times10^{-31}\ \mathrm{kg}$

电子荷质比： $\dfrac{e}{m_e}=-1.758\ 819\ 62\times10^{11}\ \mathrm{C\cdot kg^{-1}}$

电子康普顿波长： $\lambda_e=2.426\ 310\ 58\times10^{-12}\ \mathrm{m}$

经典电子半径：　$r_e = 2.817\ 940\ 92 \times 10^{-15}$ m

电子磁矩：　$\mu_e = 928.477\ 01 \times 10^{-26}$ J·T^{-1}

μ 子静止质量：　$m_\mu = 1.883\ 532\ 7 \times 10^{-28}$ kg

A.6 质子常数

质子静止质量：　$m_p = 1.672\ 623\ 1 \times 10^{-27}$ kg

质子电子质量比：　$\frac{m_p}{m_e} = 1\ 836.152\ 701$

质子康普顿波长：　$\lambda_p = 1.321\ 410\ 02 \times 10^{-15}$ m

质子磁矩：　$\mu_p = 1.410\ 607\ 61 \times 10^{-26}$ J·T^{-1}

质子回转磁半径：　$r_p = 26\ 751.525\ 5 \times 10^4$ rad·s^{-1}·T^{-1}

A.7 中子常数

中子静止质量：　$m_n = 1.674\ 928\ 6 \times 10^{-27}$ kg

中子康普顿波长：　$\lambda_n = 1.319\ 591\ 10 \times 10^{-15}$ m

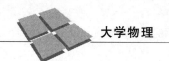

附录B 矢量基础

矢量代数在物理学中是常用的数学工具，它可用较为简洁的数学语言表达某些物理量及其变化规律，这有助于加深对物理量及物理定律的理解。这里主要介绍矢量的概念、矢量合成、矢量的乘法以及矢量函数的微分和积分。希望读者随着课程的进行，经常查阅本附录有关内容，这样就可以熟练掌握矢量的基本概念和运算方法。

B.1 矢量概念

1. 矢量定义

在普通物理学范围内，我们经常遇到两类物理量，一类是标量物理量(简称标量)，如质量、时间、体积等，它们仅有大小和单位，并遵循通常的代数运算法则；另一类是矢量物理量(简称矢量)，如位移、速度、力等，它们不仅有大小和单位，还有方向，它们遵循矢量代数运算法则。

2. 矢量表示

矢量通常用黑粗体字母(如 **A**)来表示，作图时常用有向线段表示(见图 B-1)。线段的长短按一定比例表示矢量的大小，箭头的指向表示矢量的方向。

矢量的大小称为矢量的模，矢量 **A** 的模常用符号 $|\boldsymbol{A}|$ 或 A(A 为白体)表示。则

$$\boldsymbol{A}=|\boldsymbol{A}|\boldsymbol{A}^0=A\boldsymbol{A}^0$$

式中，$\boldsymbol{A}^0$ 是矢量 **A** 方向的单位矢量，$|\boldsymbol{A}^0|=1$。

如果有一个矢量，其模与矢量 **A** 的模相等，方向相反，这时就可用 $-\boldsymbol{A}$ 来表示这个矢量(见图 B-1)。

如图 B-2 所示，如把矢量 **A** 在空间平移，则矢量 **A** 的大小和方向都不会因平移而改变。矢量的这个性质称为矢量平移的不变性，它是矢量的一个重要性质。

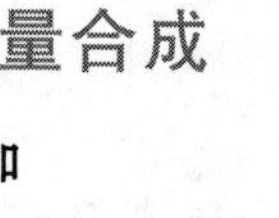

图 B-1 作图时矢量的表示方法

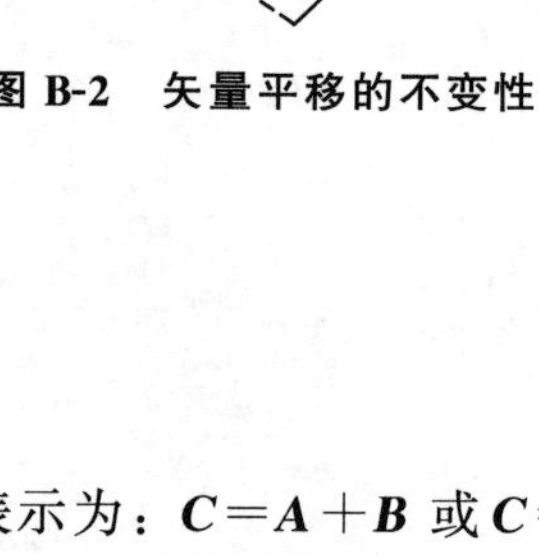

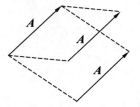

图 B-2 矢量平移的不变性

B.2 矢量合成

1. 矢量相加

两个矢量合成时，遵守平行四边形法则，表示为：$\boldsymbol{C}=\boldsymbol{A}+\boldsymbol{B}$ 或 $\boldsymbol{C}=\boldsymbol{B}+\boldsymbol{A}$，**C** 称为矢量 **A** 与 **B** 的合矢量；而 **A**，**B** 称为矢量 **C** 的分矢量。它们之间的关系如图 B-3 所示，满足交换率。

对多个矢量，合成时用多边形法则(见图 B-4)。

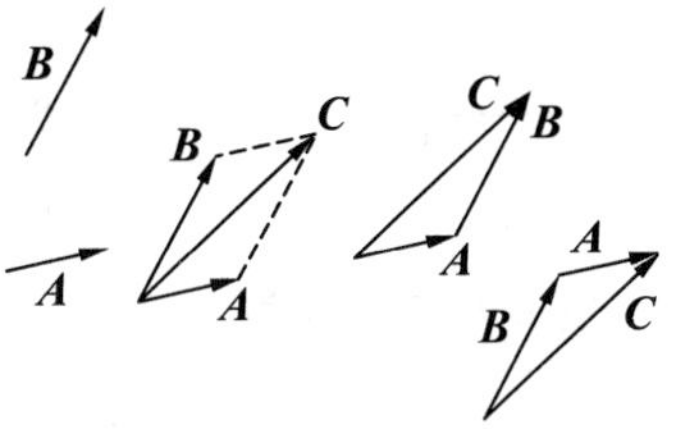

图 B-3　两矢量合成

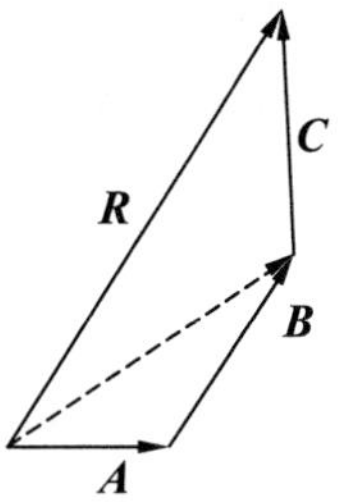

图 B-4　多矢量合成

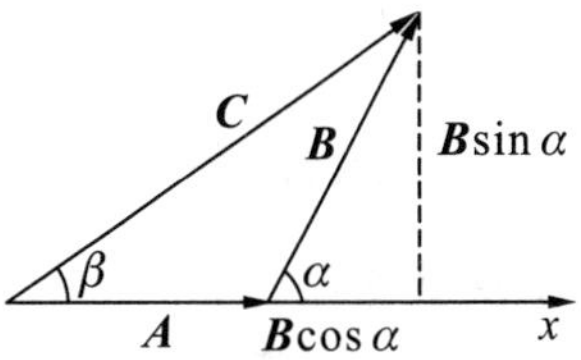

图 B-5　合矢量的计算

合矢量的大小和方向，除了上述几何作图法外，还可由计算求得。

设 α 为矢量 $\boldsymbol{A}$ 和 $\boldsymbol{B}$ 之间小于 π 的夹角，合矢量 $\boldsymbol{C}$ 与矢量 $\boldsymbol{A}$ 的夹角为 β，由图 B-5 可知，合矢量 $\boldsymbol{C}$ 的大小和方向分别为

$$C=\sqrt{A^2+B^2+2AB\cos\alpha}, \qquad \beta=\arctan\frac{B\sin\alpha}{A+B\cos\alpha}$$

2. 矢量合成的解析法

(1)矢量在直角坐标轴上的表示。

根据矢量合成法则，一个矢量 $\boldsymbol{A}$ 可用空间直角坐标系 $Oxyz$ 3 个坐标轴上的分矢量表示。设 $\boldsymbol{i}$，$\boldsymbol{j}$，$\boldsymbol{k}$ 分别为 x，y，z 三个坐标轴的单位矢量，A_x，A_y，A_z 为 $\boldsymbol{A}$ 在三个坐标轴上的投影，如图 B-6 所示，则

$$\boldsymbol{A}=A_x\boldsymbol{i}+A_y\boldsymbol{j}+A_z\boldsymbol{k}$$

$$A=|\boldsymbol{A}|=\sqrt{A_x^2+A_y^2+A_z^2}$$

$\boldsymbol{A}$ 的方向可由 3 个方向余弦决定，即

$$\cos\alpha=\frac{A_x}{A},\ \cos\beta=\frac{A_y}{A},\ \cos\gamma=\frac{A_z}{A}$$

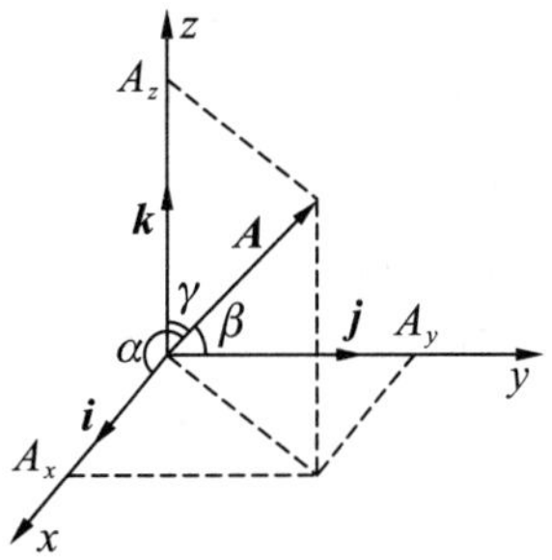

图 B-6　矢量在直角坐标轴上的表示

(2)矢量合成的解析法。

$$\boldsymbol{R}=\boldsymbol{A}+\boldsymbol{B}+\boldsymbol{C}+\cdots$$

$$R_x=A_x+B_x+C_x+\cdots$$

$$R_y=A_y+B_y+C_y+\cdots$$

$$R_z=A_z+B_z+C_z+\cdots$$

$$R=\sqrt{R_x^2+R_y^2+R_z^2}$$

$\boldsymbol{R}$ 的方向可由 3 个方向余弦决定，即

$$\cos\alpha=\frac{R_x}{R},\ \cos\beta=\frac{R_y}{R},\ \cos\gamma=\frac{R_z}{R}$$

3. 矢量相减

两个矢量 $\boldsymbol{A}$ 与 $\boldsymbol{B}$ 之差也是一个矢量，可用 $\boldsymbol{A}-\boldsymbol{B}$ 表示。矢量 $\boldsymbol{A}$ 与 $\boldsymbol{B}$ 之差可定义成矢量 $\boldsymbol{A}$ 与矢量$(-\boldsymbol{B})$之和，其中$(-\boldsymbol{B})$表示与矢量 $\boldsymbol{B}$ 的大小相等而方向相反的一矢量，即$\boldsymbol{A}-\boldsymbol{B}=\boldsymbol{A}+(-\boldsymbol{B})$或

$$\boldsymbol{A}-\boldsymbol{B}=(A_x-B_x)\boldsymbol{i}+(A_y-B_y)\boldsymbol{j}+(A_z-B_z)\boldsymbol{k}$$

如同两矢量相加一样，两矢量相减也可以采用平行四边形法则，如图 B-7(a)所示，

从图 B-7(b)中也可以看出，如两矢量 **A** 和 **B** 从同一点画起，则自 **B** 末端向 **A** 末端作一矢量，就是矢量 **A** 与 **B** 之差 **A**－**B**，方向指向 **A**。

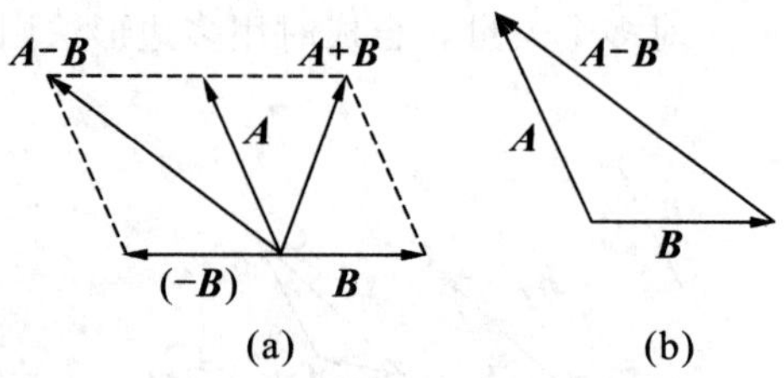

图 B-7 两矢量相减

B.3 矢量乘法

1. 矢量数乘

若 $\boldsymbol{C}=m\boldsymbol{A}$，则 $C=mA$；$m>0$ 时，**C** 的方向与 **A** 相同；$m<0$ 时，**C** 的方向与 **A** 相反。

2. 矢量标积(点乘)

(1)定义。

$\boldsymbol{A}\cdot\boldsymbol{B}=AB\cos\theta$，$\theta$ 为 **A**，**B** 的夹角，为标量。

(2)性质。

①若 $\theta=0$，(**A**，**B** 平行同向)则 $\boldsymbol{A}\cdot\boldsymbol{B}=AB$。

②若 $\theta=\pi$，(**A**，**B** 平行反向)则 $\boldsymbol{A}\cdot\boldsymbol{B}=-AB$。

③若 $\theta=\frac{\pi}{2}$，(**A**，**B** 垂直)则 $\boldsymbol{A}\cdot\boldsymbol{B}=0$。

(3)推论。

①$\boldsymbol{A}\cdot\boldsymbol{A}=A^2$。

②$\boldsymbol{i}\cdot\boldsymbol{i}=\boldsymbol{j}\cdot\boldsymbol{j}=\boldsymbol{k}\cdot\boldsymbol{k}=1$。

③$\boldsymbol{i}\cdot\boldsymbol{j}=\boldsymbol{j}\cdot\boldsymbol{k}=\boldsymbol{k}\cdot\boldsymbol{i}=0$。

④$\boldsymbol{A}\cdot\boldsymbol{B}=(A_x\boldsymbol{i}+A_y\boldsymbol{j}+A_z\boldsymbol{k})\cdot(B_x\boldsymbol{i}+B_y\boldsymbol{j}+B_z\boldsymbol{k})=A_xB_x+A_yB_y+A_zB_z$。

(4)实例。

功 $W=Fs\cos(\boldsymbol{F},\boldsymbol{s})=\boldsymbol{F}\cdot\boldsymbol{s}$($\boldsymbol{F}$ 为恒力)。

3. 矢量矢积(叉乘)

(1)定义。

$\boldsymbol{C}=\boldsymbol{A}\times\boldsymbol{B}$，为矢量。

大小：$C=|\boldsymbol{C}|=AB\sin\theta$，$\theta$ 为 **A**，**B** 的夹角。

方向：**C** 垂直于 **A**，**B** 决定的平面，指向由右手螺旋定则决定，即右手四指从 **A** 经由小于 π 的角转向 **B** 时大拇指伸直时所指的方向，如图 B-8 所示。

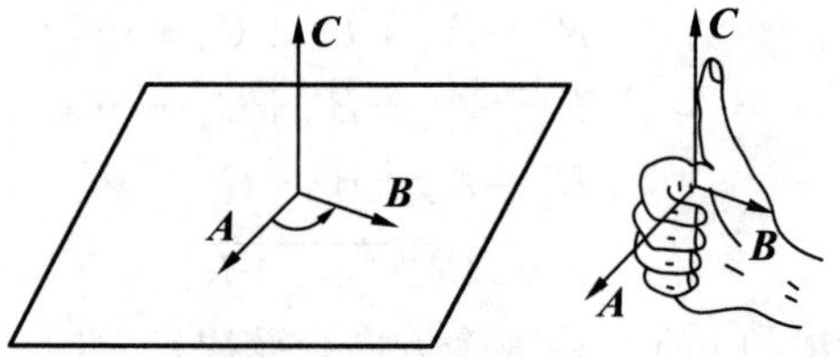

图 B-8 矢量矢积

(2)性质。

①若 $\theta=0$ 或 π，(**A**、**B** 平行)，则 $\boldsymbol{A}\times\boldsymbol{B}=0$。

②若 $\theta=\frac{\pi}{2}$，(**A**、**B** 垂直)，则 $|\boldsymbol{A}\times\boldsymbol{B}|=AB$。

③$\boldsymbol{A}\times\boldsymbol{B}=-(\boldsymbol{B}\times\boldsymbol{A})$。

(3)推论。

①$\boldsymbol{A}\times\boldsymbol{A}=0$。

②$\boldsymbol{i}\times\boldsymbol{i}=\boldsymbol{j}\times\boldsymbol{j}=\boldsymbol{k}\times\boldsymbol{k}=0$。

③$\boldsymbol{i}\times\boldsymbol{j}=\boldsymbol{k}\quad \boldsymbol{j}\times\boldsymbol{k}=\boldsymbol{i}\quad \boldsymbol{k}\times\boldsymbol{i}=\boldsymbol{j}$。

④$\boldsymbol{A}\times\boldsymbol{B}=(A_x\boldsymbol{i}+A_y\boldsymbol{j}+A_z\boldsymbol{k})\times(B_x\boldsymbol{i}+B_y\boldsymbol{j}+B_z\boldsymbol{k})$。

可用行列式表示：

$$\boldsymbol{A}\times\boldsymbol{B}=\begin{vmatrix}\boldsymbol{i} & \boldsymbol{j} & \boldsymbol{k}\\ A_x & A_y & A_z\\ B_x & B_y & B_z\end{vmatrix}$$

(4)实例。

力矩 $\boldsymbol{M}=\boldsymbol{r}\times\boldsymbol{F}$（$\boldsymbol{r}$ 为 $\boldsymbol{F}$ 作用点的位置矢量）。

B.4 矢量函数的微分

设有矢量函数 $\boldsymbol{A}(t)=A_x(t)\boldsymbol{i}+A_y(t)\boldsymbol{j}+A_z(t)\boldsymbol{k}$，且 $A_x(t)$，$A_y(t)$，$A_z(t)$可导，$\boldsymbol{i}$，$\boldsymbol{j}$，$\boldsymbol{k}$ 代表空间固定直角坐标轴正方向的单位矢量，它们是不变的。

1. $\boldsymbol{A}(t)$在 t 处的导数记为$\dfrac{\mathrm{d}\boldsymbol{A}}{\mathrm{d}t}$，定义为

$$\frac{\mathrm{d}\boldsymbol{A}}{\mathrm{d}t}=\lim_{\Delta t\to 0}\frac{\Delta\boldsymbol{A}}{\Delta t}$$

因为 $\Delta\boldsymbol{A}=\Delta A_x\boldsymbol{i}+\Delta A_y\boldsymbol{j}+\Delta A_z\boldsymbol{k}$（注意：$\boldsymbol{i}$，$\boldsymbol{j}$，$\boldsymbol{k}$ 不变）

$$\lim_{\Delta t\to 0}\frac{\Delta\boldsymbol{A}}{\Delta t}=\lim_{\Delta t\to 0}\frac{\Delta A_x}{\Delta t}\boldsymbol{i}+\lim_{\Delta t\to 0}\frac{\Delta A_y}{\Delta t}\boldsymbol{j}+\lim_{\Delta t\to 0}\frac{\Delta A_z}{\Delta t}\boldsymbol{k}$$

故

$$\frac{\mathrm{d}\boldsymbol{A}}{\mathrm{d}t}=\frac{\mathrm{d}A_x}{\mathrm{d}t}\boldsymbol{i}+\frac{\mathrm{d}A_y}{\mathrm{d}t}\boldsymbol{j}+\frac{\mathrm{d}A_z}{\mathrm{d}t}\boldsymbol{k}$$

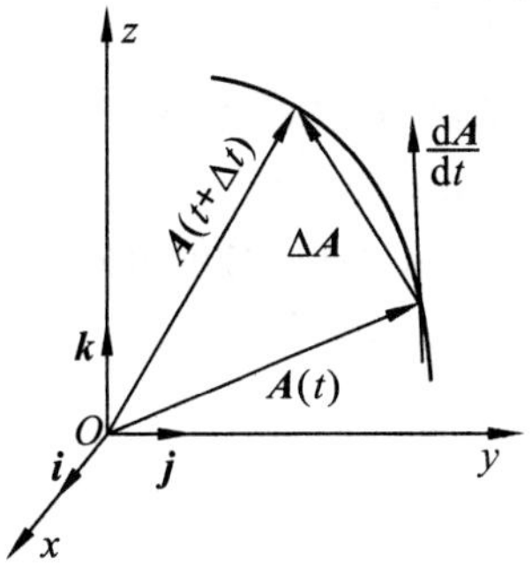

图 B-9 矢量函数的导数

矢量函数 $\boldsymbol{A}(t)$的导数$\dfrac{\mathrm{d}\boldsymbol{A}}{\mathrm{d}t}$仍是矢量，它的方向沿 $\boldsymbol{A}(t)$的矢端曲线的切线方向，指向 $\boldsymbol{A}(t)$增加的一方，如图 B-9 所示。它的模或大小为

$$\left|\frac{\mathrm{d}\boldsymbol{A}}{\mathrm{d}t}\right|=\sqrt{\left(\frac{\mathrm{d}A_x}{\mathrm{d}t}\right)^2+\left(\frac{\mathrm{d}A_y}{\mathrm{d}t}\right)^2+\left(\frac{\mathrm{d}A_z}{\mathrm{d}t}\right)^2}\text{（遵从矢量运算法则，几何相加）}$$

注意：$\boldsymbol{A}$ 是矢量，它的大小和方向都是可变的。$\dfrac{\mathrm{d}\boldsymbol{A}}{\mathrm{d}t}$是矢量 $\boldsymbol{A}$ 的瞬时变化率，它包括 $\boldsymbol{A}$ 的大小和方向两方面变化所产生的影响；而 $A=|\boldsymbol{A}|$只是矢量 $\boldsymbol{A}$ 的大小，$\dfrac{\mathrm{d}A}{\mathrm{d}t}$仅表示 $\boldsymbol{A}$ 的大小的瞬时变化率，完全不包含 $\boldsymbol{A}$ 的方向变化所产生的影响；$\dfrac{\mathrm{d}\boldsymbol{A}}{\mathrm{d}t}$是矢量，$\dfrac{\mathrm{d}A}{\mathrm{d}t}$是标量。因此$\dfrac{\mathrm{d}\boldsymbol{A}}{\mathrm{d}t}$和$\dfrac{\mathrm{d}A}{\mathrm{d}t}$是完全不同的，并且$\dfrac{\mathrm{d}\boldsymbol{A}}{\mathrm{d}t}$的大小也不等于$\dfrac{\mathrm{d}A}{\mathrm{d}t}$，即$\left|\dfrac{\mathrm{d}\boldsymbol{A}}{\mathrm{d}t}\right|\neq\dfrac{\mathrm{d}A}{\mathrm{d}t}$。

2. $\boldsymbol{A}(t)$的微分

$$\mathrm{d}\boldsymbol{A}=\mathrm{d}A_x\boldsymbol{i}+\mathrm{d}A_y\boldsymbol{j}+\mathrm{d}A_z\boldsymbol{k}$$

方向沿 $\boldsymbol{A}(t)$ 矢端曲线的切线，大小为

$$|\mathrm{d}\boldsymbol{A}|=\sqrt{(\mathrm{d}A_x)^2+(\mathrm{d}A_y)^2+(\mathrm{d}A_z)^2}$$

值得注意的是，$|\mathrm{d}\boldsymbol{A}|$ 是 $\boldsymbol{A}(t)$ 矢端曲线的弧微分，即 $\mathrm{d}s=|\mathrm{d}\boldsymbol{A}|$。

3. 常用公式

$$\frac{\mathrm{d}}{\mathrm{d}t}(\boldsymbol{A}+\boldsymbol{B})=\frac{\mathrm{d}\boldsymbol{A}}{\mathrm{d}t}+\frac{\mathrm{d}\boldsymbol{B}}{\mathrm{d}t};\qquad \frac{\mathrm{d}}{\mathrm{d}t}(C\boldsymbol{A})=C\frac{\mathrm{d}\boldsymbol{A}}{\mathrm{d}t}(C\text{ 为常量});$$

$$\frac{\mathrm{d}}{\mathrm{d}t}[f(t)\boldsymbol{A}(t)]=f(t)\frac{\mathrm{d}\boldsymbol{A}}{\mathrm{d}t}+\frac{\mathrm{d}f(t)}{\mathrm{d}t}\boldsymbol{A};\qquad \frac{\mathrm{d}}{\mathrm{d}t}(\boldsymbol{A}\cdot\boldsymbol{B})=\frac{\mathrm{d}\boldsymbol{A}}{\mathrm{d}t}\cdot\boldsymbol{B}+\boldsymbol{A}\cdot\frac{\mathrm{d}\boldsymbol{B}}{\mathrm{d}t};$$

$$\frac{\mathrm{d}}{\mathrm{d}t}(\boldsymbol{A}\times\boldsymbol{B})=\frac{\mathrm{d}\boldsymbol{A}}{\mathrm{d}t}\times\boldsymbol{B}+\boldsymbol{A}\times\frac{\mathrm{d}\boldsymbol{B}}{\mathrm{d}t}。$$

B.5 矢量函数的积分

1. $\boldsymbol{B}(t)$ 的不定积分

若
$$\frac{\mathrm{d}\boldsymbol{A}}{\mathrm{d}t}=\boldsymbol{B}(t)=B_x(t)\boldsymbol{i}+B_y(t)\boldsymbol{j}+B_z(t)\boldsymbol{k}$$

则
$$\boldsymbol{A}+\boldsymbol{C}=\int\boldsymbol{B}(t)\mathrm{d}t=\boldsymbol{i}\int B_x(t)\mathrm{d}t+\boldsymbol{j}\int B_y(t)\mathrm{d}t+\boldsymbol{k}\int B_z(t)\mathrm{d}t$$

式中，$\boldsymbol{C}$ 为任意常矢量(大小、方向都不随时间变化)。可见，$\boldsymbol{B}(t)$ 的不定积分是 t 的矢量函数。

2. $\boldsymbol{B}(t)$ 的定积分

(1)定义。

$$\int_a^b\boldsymbol{B}(t)\mathrm{d}t=\lim_{\substack{n\to\infty\\ \Delta t_i\to 0}}\sum_{i=1}^{n}\boldsymbol{B}(t_i)\Delta t_i$$

(2)计算。

若 $\frac{\mathrm{d}\boldsymbol{A}}{\mathrm{d}t}=\boldsymbol{B}(t)$，则 $\boldsymbol{A}=\int_a^b\boldsymbol{B}(t)\mathrm{d}t$。通常先取三个分量式分别积分，然后再合成，即

$$A_x=\int_a^b B_x(t)\mathrm{d}t,\quad A_y=\int_a^b B_y(t)\mathrm{d}t,\quad A_z=\int_a^b B_z(t)\mathrm{d}t$$

则 $\boldsymbol{A}=A_x\boldsymbol{i}+A_y\boldsymbol{j}+A_z\boldsymbol{k}$。

习题参考答案

第1章

1-1　略

1-2　质点做圆周运动，$\boldsymbol{v}=-R\omega\cos\omega t\boldsymbol{i}+R\omega\sin\omega t\boldsymbol{j}$，$\boldsymbol{a}=R\omega^2\sin\omega t\boldsymbol{i}-R\omega^2\cos\omega t\boldsymbol{j}$

1-3　$\boldsymbol{v}=a_0t+\frac{a_0}{2b}t^2$，$\Delta x=\frac{1}{2}a_0t^2+\frac{a_0}{6b}t^3$

1-4　(1)$y=19-\frac{1}{2}x^2$；(2)$\bar{\boldsymbol{v}}=2\boldsymbol{i}-6\boldsymbol{j}\,(\mathrm{m\cdot s^{-1}})$；(3)$\boldsymbol{v}=2\boldsymbol{i}-4\boldsymbol{j}\,(\mathrm{m\cdot s^{-1}})$，$a_\tau=\frac{8}{\sqrt{5}}$，$a_n=\sqrt{3.2}$

1-5　$v=ct+\frac{Tc}{\pi}\cos\frac{\pi t}{T}-\frac{Tc}{\pi}$，$s=\frac{1}{2}ct^2=\frac{T^2c}{\pi^2}\sin\frac{\pi}{T}-\frac{Tc}{\pi}t$

1-6　$v'=-\frac{v}{\cos\theta}$

1-7　$v=h\omega\sec^2\omega t$，$a=2h\omega^2\sec^2\omega t\cdot\tan\omega t$

1-8　$\boldsymbol{v}=4\boldsymbol{i}+16b\boldsymbol{j}\,(\mathrm{m\cdot s^{-1}})$，$\boldsymbol{a}=32b\boldsymbol{j}\,(\mathrm{m\cdot s^{-2}})$

1-9　$71.11°\geqslant\theta_1\geqslant69.92°$或$27.92°\geqslant\theta_2\geqslant18.89°$

1-10　(1)$x=(t^3-3t+10)$ m　(2)$\Delta x=2$ m，$\Delta s=6$ m

1-11　$v=\sqrt{Ax^2+\frac{B}{2}x^4}$

1-12　270 m

1-13　$x=\frac{1}{2}$，$y=1$

1-14　(1)$\boldsymbol{a}=-b\boldsymbol{e}_t+\frac{(v_0-bt)^2}{R}\boldsymbol{e}_n$；(2)$t=\frac{v_0}{b}$，(3)$n=\frac{v_0^2}{4\pi Rb}$

1-15　(1)$\omega=0.5\ \mathrm{rad\cdot s^{-1}}$，$a_t=1\ \mathrm{m\cdot s^{-2}}$，$a=e_\tau+0.5e_n$；(2)$\theta=5.33$ rad

1-16　(1)$a_t=4.8\ \mathrm{m\cdot s^{-2}}$，$a_n=230.4\ \mathrm{m\cdot s^{-2}}$；(2)$\theta=3.16$ rad；(3)$t=0.55$ s

1-17　$v=5.36\ \mathrm{m\cdot s^{-1}}$

1-18　(1)$\theta=60°$，$t\approx1.0\times10^3$ s；(2)$\theta=90°$，$t\approx9.1\times10^2$ s，对岸的下游约500 m处

1-19　平行于y'轴的直线，$\boldsymbol{a}=g\boldsymbol{j}$

1-20　$v_1=11.2$ km/h，$\alpha_1=26.6°$，$v_2=11.2$ km/h，$\alpha_2=63.4°$

第 2 章

2-1 $\frac{d^2x}{dt^2}+\frac{F_0k}{m}t-\frac{F_0}{m}=0$，$v=v_0+\frac{F_0}{m}t-\frac{F_0k}{2m}t^2$，$x=v_0t+\frac{F_0}{2m}t^2-\frac{F_0k}{6m}t^3$

2-2 (1)$v=\frac{v_0}{1+\frac{k}{m}v_0t}$；(2)$x=\frac{m}{k}\ln\left(1+\frac{k}{m}v_0t\right)$

2-3 $t=\frac{mv_L}{2F}\ln 3$，$s=\frac{mv_l^2}{2F}\ln\frac{4}{3}$

2-4 $F=\sqrt{F_x^2+F_y^2}=800\ \mathrm{N}$

2-5 略

2-6 (1)$a_1=1.96\ \mathrm{m\cdot s^{-2}}$，$a_2=-1.96\ \mathrm{m\cdot s^{-2}}$，$a_3=-5.88\ \mathrm{m\cdot s^{-2}}$；(2)$T_1=1.57\ \mathrm{N}$，$T_2=0.785\ \mathrm{N}$

2-7 $f=7.2\ \mathrm{N}$

2-8 $v=\sqrt{\frac{2k}{m}\left(\frac{1}{x}-\frac{1}{x_0}\right)}\ \mathrm{m\cdot s^{-1}}$

2-9 (1)$T_1=5.94\times10^3\ \mathrm{N}$，$T_2=1.98\times10^3\ \mathrm{N}$；(2)$T_1'=3.24\times10^3\ \mathrm{N}$，$T_2'=1.08\times10^3\ \mathrm{N}$

2-10 $h=R-\frac{g}{\omega^2}$

2-11 $\omega=\sqrt{\frac{2g\cos\alpha}{l}}$，$N=3mg\cos\alpha$

2-12 (1)$v=v_0e^{k'y}$，$k'=\frac{b}{m}$；(2)$y=2.5\ln 10$

2-13 $v_0=\sqrt{2gh}$

2-14 $T=\frac{3}{4}mg$

2-15 (1)系统将向右边运动；(2)$a=0.12\ \mathrm{m\cdot s^{-2}}$；(3)$T=520\ \mathrm{N}$

2-16 $s=14.2\ \mathrm{m}$

2-17 (1)$F=98\ \mathrm{N}$时，$a_A=a_B=0$，$T=49\ \mathrm{N}$；
(2)$F=196\ \mathrm{N}$时，$a_A=a_B=0$，$T=98\ \mathrm{N}$；
(3)$F=392\ \mathrm{N}$时，$a_A=0$，$a_B=9.8\ \mathrm{m\cdot s^{-2}}$，$T=196\ \mathrm{N}$；
(4)$F=784\ \mathrm{N}$时，$a_A=9.8\ \mathrm{m\cdot s^{-2}}$，$a_B=29.4\ \mathrm{m\cdot s^{-2}}$，$T=392\ \mathrm{N}$

2-18 (1)$T=77.3\ \mathrm{N}$，$N=68.4\ \mathrm{N}$；(2)$a=17\ \mathrm{m\cdot s^{-2}}$

2-19 略

2-20 略

2-21 $\omega=\sqrt{\frac{2g}{a}}$，$T=2\ \mathrm{mg}$

2-22　$h=\frac{1}{3}R$ 处

第 3 章

3-1　$\boldsymbol{I}=54\boldsymbol{i}$ Ns，$\boldsymbol{v}_t=27\boldsymbol{i}\ \mathrm{m\cdot s^{-1}}$

3-2　$I=-\frac{kA}{\omega}$

3-3　$I=\frac{2\pi mgR}{v}$

3-4　$m_1:m_2:m_3=2:1:\sqrt{3}$

3-5　$v=\frac{3(v_0-gt)}{2\sin\alpha}$

3-6　$v_A=-0.4\ \mathrm{m\cdot s^{-1}}$，$v_B=3.6\ \mathrm{m\cdot s^{-1}}$

3-7　$W_{Oa}=0$，$W_{ab}=18$ J，$W_{Ob}=17$ J，$W_{OcbO}=7$ J

3-8　(1)$W=3.25$ J；(2)$v=1.8\ \mathrm{m\cdot s^{-1}}$

3-9　$W=882$ J

3-10　$W=mga\sin\theta+\frac{1}{2}ka^2\theta^2$

3-11　(1)$v_B=3.13\ \mathrm{m\cdot s^{-1}}$，$v_C=4.43\ \mathrm{m\cdot s^{-1}}$，$v_D=4.12\ \mathrm{m\cdot s^{-1}}$；(2)$a_B=12.96\ \mathrm{m\cdot s^{-2}}$，$a_C=19.6\ \mathrm{m\cdot s^{-2}}$，$a_D=17.7\ \mathrm{m\cdot s^{-2}}$；(3)$F_B=8.82\times10^{-2}$N，$F_C=0.176$ N，$F_D=0.153$ N

3-12　$\overline{f}=\frac{Mm^2v_0^2}{2s(M+m)^2}$或$\overline{f}=\frac{Mm(M+2m)v_0^2}{2(s+l)(M+m)^2}$，$-\Delta E_k=\frac{Mmv_0^2}{2(M+m)}$

3-13　$s=1.2$ m

3-14　$v_2=m_1\cos\theta\sqrt{\frac{2gh}{(m_1+m_2)(m_2+m_1-m_1\cos\theta)}}$

3-15　$v=\frac{1}{2}\sqrt{3gl}$

3-16　$\Delta s=0.41$ cm

3-17　(1)$W_f=-\frac{3}{8}mv_0^2$；(2)$\mu=\frac{3v_0^2}{16\pi gr}$；(3)$N=\frac{4}{3}$(圈)

3-18　$E_P=\frac{k}{2r^2}$

3-19　(1)$E_P=\frac{A}{2}x^2-\frac{B}{3}x^3$；(2)$\Delta E_P=\frac{5}{2}A-\frac{19}{3}B$

3-20　$a_n=0.89\ \mathrm{m\cdot s^{-2}}$，$N=0.8$ mg

3-21　$v_0\approx319\ \mathrm{m\cdot s^{-1}}$

3-22　$V_{小球}=\sqrt{\frac{2MgR}{M+m}}$，$V_{木块}=-m\sqrt{\frac{2gR}{M(M+m)}}$

3-23 (1)$x=-\frac{m_1-m_2}{m_1+m_2}x_0$；(2)$x=0$；(3)$x_0=(m_1+m_2)\sqrt{\frac{gh}{2m_1k}}$

3-24 $r=\frac{4kq^2}{mv_0^2}$，$v=\frac{v_0}{2}$

3-25 略

3-26 $S=2.3\ \mathrm{m}$

3-27 $v'_B=4.7\times10^7\ \mathrm{m\cdot s^{-1}}$，$\theta_B=54°6'$；(2)$\theta_A=22°20'$

3-28 略

3-29 (1)$W=\frac{Gmm'h}{R(R+r)}$；(2)$r=\sqrt{\frac{2Gm'h}{R(R+r)}}$

3-30 略

第4章

4-1 (1)$\alpha=12.6\times10^2\ \mathrm{rad\cdot s^{-2}}$，$N=2.5$(转)；(2)$W=111.03\ \mathrm{J}$；(3)$\omega'=1.26\times10^3\ \mathrm{rad\cdot s^{-1}}$，$v=1.89\times10^2\ \mathrm{m\cdot s^{-1}}$，$a=2.38\times10^5\ \mathrm{m\cdot s^{-2}}$

4-2 $F=314\ \mathrm{N}$

4-3 $M=\frac{1}{18}mgl$

4-4 (1)$a=\frac{(m_1-\mu m_2)g}{m_1+m_2+J/r^2}$，$T_1=m_1(g-a)$，$T_2=m_2(a-\mu g)$；(2)略

4-5 $a_1=\frac{r_1(m_1r_1-m_2r_2)}{J_1+J_2+m_1r_1^2+m_2r_2^2}g$，$a_2=\frac{r_2(m_1r_1-m_2r_2)}{J_1+J_2+m_1r_1^2+m_2r_2^2}g$，

$T_1=\frac{J_1+J_2+m_2r_1r_2+m_2r_2^2}{J_1+J_2+m_1r_1^2+m_2r_2^2}m_1g$，$T_2=\frac{J_1+J_2+m_1r_1r_2+m_1r_1^2}{J_1+J_2+m_1r_1^2+m_2r_2^2}m_2g$

4-6 (1)$a_C=\frac{2}{3}g$；(2)$T=\frac{mg}{6}$

4-7 $n_1=30\ \mathrm{r\cdot min^{-1}}$ 时，$E_{k1}=1.97\times10^4\ \mathrm{J}$，$W'=1.75\times10^4\ \mathrm{J}$

4-8 $\frac{\mathrm{d}E_k}{\mathrm{d}t}=-1.99\times10^{25}\ \mathrm{J\cdot s^{-1}}$，$t=1.05\times10^{15}\ \mathrm{s}$

4-9 中间：$L=4ml^2\omega$，系统：$L=14ml^2\omega$

4-10 $x=11.8\ \mathrm{m}$，$v=1.69\ \mathrm{m\cdot s^{-1}}$

4-11 略

4-12 $\Delta\omega=\frac{mR^2}{J}\omega$，$\Delta E_k=\frac{mR^2+J}{2J}mR^2\omega^2$

4-13 $t=5\ \mathrm{s}$

4-14 $\omega=0.186\ \mathrm{rad\cdot s^{-1}}$，方向与人跳离竹筏的方向相反

4-15 (1)$\omega=8.89\ \mathrm{rad\cdot s^{-1}}$；(2)$\theta=94°12'$

4-16 (1)$L=3.75\ \mathrm{kg\cdot m^2\cdot s^{-1}}$；(2)$M_{外}=9.8\ \mathrm{N\cdot m}$

4-17 n^2 倍

4-18 (1)$L=630\ \text{kg}\cdot\text{m}^2\cdot\text{s}^{-1}$；(2)$\omega=8.67\ \text{rad}\cdot\text{s}^{-1}$；(3)$E_k=2.73\times10^3\ \text{J}$

第 5 章

5-1 $T=\frac{2\pi}{\omega}=2\pi\sqrt{\frac{ml}{2qE}}$

5-2 $5.06\times10^3\ \text{s}=84\ \text{min}$

5-3 (1)$\varphi=-\frac{\pi}{3}$；(2)0.052 m；$-0.094\ \text{m}\cdot\text{s}^{-1}$；$-0.512\ \text{m}\cdot\text{s}^{-2}$；(3)0.833 s

5-4 (1)$x=0.02\cos 4\pi t$ m；(2)$x=0.02\cos(4\pi t+\pi)$ m；

(3)$x=0.02\cos\left(4\pi t+\frac{\pi}{2}\right)$ m；(4)$x=0.02\cos\left(4\pi t+\frac{3}{2}\pi\right)$ m；

(5)$x=0.02\cos\left(4\pi t+\frac{\pi}{3}\right)$ m；(6)$x=0.02\cos\left(4\pi t+\frac{4}{3}\pi\right)$ m

5-5 (2)$A=0.1$ m，$9.9\ \text{rad}\cdot\text{s}^{-1}$，1.58(Hz)；(3)$x=0.1\cos(9.91t+\pi)$ m

5-6 (1)-0.208 m，5.13×10^{-3} N，指向平衡位置 O；(2)0.667 s

5-7 $\frac{\mathrm{d}g}{g}=-2\frac{\mathrm{d}T}{T}$；$9.802\ \text{m}\cdot\text{s}^{-2}$

5-8 (1)$x=0.02\cos\left(2\pi t+\frac{3}{4}\pi\right)$ m

5-9 $\frac{2\pi}{3}$ 或 $\frac{4\pi}{3}$

5-10 (1)$Y=0.1\cos(\pi t+\pi)$ m；(2)$0.314\ \text{m}\cdot\text{s}^{-1}$；(3)$-0.493\ \text{m}\cdot\text{s}^{-2}$；(4)0.33 s

5-11 (1)6×10^{-2} m，1.256 s；(2)-6×10^{-2} m，0.15 N，指向 $+x$；(3)6×10^{-2} m，0，$-1.5\ \text{m}\cdot\text{s}^{-2}$；(4)$4.5\times10^{-3}$ J

5-12 $x=10\cos(2t+23^\circ)$ cm

5-13 (1)0.1 m；(2)$\frac{\pi}{2}$

5-14 (1)0.038 m；(2)0

5-15 $x=y$；$x^2+y^2-\sqrt{3}xy=\frac{A^2}{4}$；$x^2+y^2=A^2$

5-16 略

5-17 略

5-18 (1)8.33×10^{-3} s，0.25 m；(2)$y=4\times10^{-3}\cos(240\pi t\pm8\pi x)$ m

5-19 (1)$y=0.02\cos(500\pi t-20\pi)$ m；$v=-10\pi\sin(500\pi t-20\pi)\ \text{m}\cdot\text{s}^{-1}$；
(2)$y=0.02\cos(50\pi-20\pi x)$ m；(3)$u=\lambda\nu=0.1\times250=25\ \text{m}\cdot\text{s}^{-1}$

5-20 (1)$y=0.06\cos\left(\frac{\pi}{5}t-\frac{3}{5}\pi\right)$ m；(2)$-\frac{3}{5}\pi$；(3)6×10^{-2} m，0.1 Hz；(4)20 m

5-21 $y=0.03\cos\left(\pi\times10^4t-100\pi x-\frac{\pi}{2}\right)$ m

5-22　(1)A，$\frac{B}{C}$，$\frac{B}{2\pi}$，$\frac{2\pi}{B}$，$\frac{2\pi}{C}$；(2)$y=A\cos B\left(t-\frac{C}{B}l\right)$；(3)$\Delta\varphi=CD$

5-23　(1)8π，其运动状态：$y=0.08$ m；$v=0$；(2)$x=0.4$ m：2.2 s

5-24　(1)$y=3\cos\left(4\pi t+\frac{\pi}{5}x\right)$ m；(2)$y=3\cos\left(4\pi t+\frac{\pi}{5}x-\pi\right)$ m；

(3)$y_C=3\cos\left(4\pi t-\frac{13}{5}\pi\right)$，$y_D=3\cos\left(4\pi t+\frac{9}{5}\pi\right)$

5-25　(1)8.2π；(2)π

5-26　(1)1.28×10^{-2} W·m^{-2}；(2)3.18×10^{-3} W·m^{-2}

5-27　1.58×10^{5} W·m^{-2}；3.79×10^{3} J

5-28　10.32π

5-29　(1)3π；(2)$A=|A_1-A_2|$

5-30　－14，－12，－10，－8，－6，－4，－2，0，2，4，6，8，10，12，14(m)

第 6 章

6-1　(1)－40 ℃；(2)$T=574.59$ K；(3)不存在

6-2　(1)$a=\frac{100\ ℃}{X_o-X_i}$；(2)$b=\frac{-100\ ℃X_i}{X_o-X_i}$

6-3　(1)8.4 cm；(2)107 ℃

6-4　6.29×10^{-5} m^3

6-5　262 次

6-6　-1.52×10^{5} J

6-7　(1)A 到 B：200 J，750 J，950 J；B 到 C：0 J，－600 J，－600 J；C 到 A：－100 J，－150 J，－250 J；

(2)100 J　100 J

6-8　(1)－50 650 J　－12 662.5 J　－63 312.5 J；

(2)－81 040 J　－12 662.5 J　－93 702.5 J

6-9　$a\left(\frac{1}{V_1}-\frac{1}{V_2}\right)$　$2.5a\left(\frac{1}{V_2}-\frac{1}{V_1}\right)$　$1.5a\left(\frac{1}{V_2}-\frac{1}{V_1}\right)$

6-10　(1)41.3 mol；(2)4.29×10^{4} J；(3)1.71×10^{4} J；(4)4.29×10^{4} J

6-11　略

6-12　(1)3.15×10^{3} J　3.15×10^{3} J；(2)22.4×10^{3} J　22.4×10^{3} J

6-13　(1)29.4%；(2)425 K

6-14　900 J　300 J

6-15　9.972×10^{3} J

6-16　1.05×10^{4} J

6-17　$\eta=1-\frac{1}{\delta^{\gamma-1}}$

6-18　略

6-19　(1)热机；(2)12.3%

6-20　6.7%

6-21　(1)$\frac{5}{2}(P_2V_2-P_1V_1)$；(2)$\frac{1}{2}(P_2V_2-P_1V_1)$；(3)$3(P_2V_2-P_1V_1)$

6-22　3.22×10^4 J　32.2 W

6-23　93.3 K

6-24　2.75×10^5 J　1.70×10^5 J

6-25　$S_2-S_1=C_P\ln\frac{T_2}{T_1}$

6-26　(1)350 K；(2)$C_v\ln\frac{T_f}{T_1}+C_v\ln\frac{T_f}{T_{21}}$；(3)略

第 7 章

7-1　1.8 N

7-2　5.8 m

7-3　(1)7.64×10^{-4} N；(2)1.14×10^{23} m·s^{-2}

7-4　$\frac{4\pi r}{e}\sqrt{\pi\varepsilon_0 mr}$

7-5　3.78 N

7-6　(1)0 N；(2)1.92×10^{-9} N

7-7　3.1×10^6 V·m^{-1}

7-8　$\frac{1}{\pi\varepsilon_0}\frac{r_0 e\cos\theta}{x^3}$

7-9　$F=-9$ N

7-10　(1)2.41×10^3 N·C^{-1}；(2)5.27×10^3 N·C^{-1}

7-11　3.245×10^4 N·C^{-1}，$\theta=\arctan\frac{E_1}{E_2}=33.69°$

7-12　$\theta=\pi/2$

7-13　$E=0$

7-14　$\pi R^2\sigma/2\varepsilon_0$

7-15　$E_{外}=1\times10^4$ V·m^{-1}(方向向外)，$E_{内}=3\times10^4$ V·m^{-1}(B 指向 A)

7-16　(1)$E=0(r<R_1)$；(2)$E=\frac{\lambda}{2\pi\varepsilon_0 r}(R_1<r<R_2)$；(3)$E=0(r>R_2)$

7-17　(1)$E=\rho r/\varepsilon_0(0\leqslant r\leqslant d/2)$；(2)$E=\rho d/2\varepsilon_0(r\geqslant d/2)$

7-18　$\rho R^3/3\varepsilon_0 a^2$ 方向由 O 指向为 O'，$\rho a/3\varepsilon_0$ 方向由 O 指向为 O'。证明略

7-19　$q_0 q/6\pi\varepsilon_0 R$

7-20　0　-10^{-3} J　2.275×10^{-3} J

7-21　-1.5×10^{-5} J　1.0×10^{-5} N·C^{-1}

7-22　略

7-23　(1)$\frac{d}{\sqrt{3}-1}$；(2)$\frac{d}{4}$

7-24　(1)8.85×10^{-9} C·m^{-2}；(2)6.6×10^{-9} C

7-25　$\frac{\lambda_0}{4\pi\varepsilon_0}\left(1-a\ln\frac{a+l}{a}\right)$

7-26　略

7-27　$m\varepsilon_0 v^2/ql$

7-28　$\sqrt{v_1^2+\frac{q\lambda R}{m\varepsilon_0\sqrt{h}}}$

7-29　8.98×10^4 kg　2.8(个)

7-30　$\boldsymbol{g}=-\frac{Gm}{r^2}\boldsymbol{e}_r$，$\oiint_s \boldsymbol{g}\cdot d\boldsymbol{S}=-4\pi Gm$

第 8 章

8-1　D

8-2　B

8-3　D

8-4　D

8-5　C

8-6　D

8-7　D

8-8　(1)$V_A=\frac{\rho}{2\varepsilon_0}(R_2^2-R_1^2)$，$V_B=\frac{\rho}{6\varepsilon_0}\left(3R_2^2-r_B^2-2\frac{R_1^3}{r_B}\right)$；

(2)$E_A=0$，$E_B=-\frac{\partial U_B}{\partial r_B}=\frac{\rho}{3\varepsilon_0}\left(r_B-\frac{R_1^3}{r_B^2}\right)$

8-9　(1)$Q_A=6.67\times10^{-9}$ C，$Q_B=1.33\times10^{-8}$ C；(2)$V_A=V_B=6.0\times10^3$ V

8-10　(1)$C=\frac{\varepsilon_0 S}{d-t}$；(2)对电容值无影响

8-11　(1)$C=\frac{\varepsilon S}{d}$；(2)$W_e=\frac{1}{2}CU_{12}^2=\frac{\varepsilon SU_{12}^2}{2d}$

8-12　(1)$C=3.13\times10^{-6}$F；(2)$Q_1=1\times10^{-5}$F　$U_1=100$ V

8-13　$U_{max}=73.6$ kV

8-14　(1)$Q=9.02\times10^5$ C　(2)$\rho=1.137\times10^{-12}$ C·m^{-3}

8-15　(1)$C=2C_1$；(2)$C=3C_1$

8-16　(1)4 μF；(2)4 V，6 V，2 V

8-17　(1)$\sigma_{max}=2.66\times10^{-6}$ C·m^{-2}；(2)$W_e=9.03\times10^{-3}$ J

第 9 章

9-1　E

9-2　5.8 T

9-3　$B_P=5.00\times10^{-5}$(T)，方向⊗；$B_R=1.71\times10^{-4}$(T)，方向⊙；
$B_S=7.07\times10^{-5}$(T)，方向⊗；$B_T=2.94\times10^{-5}$(T)，方向⊗

9-4　$\frac{3\mu_0 I}{8\pi R}$

9-5　(1)$\frac{\mu_0 I}{4R}$；(2)$\frac{\mu_0 I}{8R}$；(3)$\frac{\mu_0 I\theta}{4\pi R}$

9-6　(1)0.135 Wb；(2)0

9-7　$-\frac{\pi R^2 B}{2}$；$\frac{\pi R^2 B}{2}$

9-8　1∶1

9-9　$(r<R_1)$：$B_1=\frac{\mu_0 Ir}{2\pi R_1^2}$；$(R_1<r<R_2)$：$B_2=\frac{\mu_0 I}{2\pi r}$；$(r>R_2)$：$B_3=0$

9-10　0

9-11　(1)各点不同；(2)不能；(3)不为零

9-12　(1)4.0×10^{-5}(T)，方向⊙；(2)$\frac{\mu_0 IL}{\pi}\ln 3=2.2\times10^{-6}$ Wb

9-13　$r<a$：$B=0$；$a<r<b$：$B=\frac{\mu_0 I(r^2-a^2)}{2\pi r(b^2-a^2)}$；$r>b$：$B=\frac{\mu_0 I}{2\pi r}$

9-14　(1)$\frac{\mu_0 Ir}{2\pi a^2}$；(2)$\frac{\mu_0 I}{2\pi r}$；(3)$\frac{\mu_0 I}{2\pi r}\left(1-\frac{r^2-b^2}{c^2-b^2}\right)$；(4)0

9-15　5.0×10^{-3} T

9-16　$B=7.88\times10^{-3}$T

9-17　(1)$3.14\times10^{-4}\boldsymbol{n}$ A·m²；(2)4.71×10^{-4}(N·m)

9-18　$\frac{\mu_0 I_1 I_2}{2\pi}\ln 10$；垂直 cd 向上

9-19　$\varphi=\frac{\pi}{2}$，0.2 N·m

9-20　$2BIR$　方向向上

9-21　$2BIR$　方向向上

9-22　1.41 N　与 ob 成 45°斜向上

9-23　洛伦兹力 $\boldsymbol{f}=3.2\times10^{-16}$ N；万有引力 $F\approx1.6\times10^{-26}$ N；$\frac{f}{F}=2.0\times10^{10}$

9-24　(1)电子受到的一个电场力 $Fe=eE$，方向与场强 $\boldsymbol{E}$ 相反，在场强 $\boldsymbol{E}$ 的反方向上做(类似于平抛的)匀加速曲线运动，同时，电子还受到一个垂直于 $\boldsymbol{E}$ 和 $\boldsymbol{B}$ 所在平面的磁场力 $\boldsymbol{F}_m$，其大小 $F_m=evB$，因而，在垂直于 $\boldsymbol{E}$ 和 $\boldsymbol{B}$ 的平面内还有一个匀速圆周运动的分运动。

(2) $\boldsymbol{v}$ 与 $\boldsymbol{E}$ 同向：电场力 $F_e = eE$ 的方向与场强 $\boldsymbol{E}$ 相反，也与速度相反，电子沿 $\boldsymbol{E}$ 的方向的分运动为匀减速直线运动，同时，电子还受到一个垂直于 $\boldsymbol{E}$ 和 $\boldsymbol{B}$ 所在平面的磁场力 $\boldsymbol{F}_m$，其大小 $F_m = evB$，因而，在垂直于 $\boldsymbol{E}$ 和 $\boldsymbol{B}$ 的平面内还有一个匀速圆周运动的分运动；当 $\boldsymbol{v}$ 与 $\boldsymbol{E}$ 反向：电场力 $F_e = eE$ 与场强 $\boldsymbol{E}$ 反向但速度同向，电子沿 $\boldsymbol{E}$ 方向的分运动为匀加速直线运动，同时，电子还受到一个垂直于 $\boldsymbol{E}$ 和 $\boldsymbol{B}$ 所在平面的磁场力 $F_m = evB$，因而，在垂直于 $\boldsymbol{E}$ 和 $\boldsymbol{B}$ 的平面内还有一个匀速圆周运动的分运动。

9-25　(1) $B=\dfrac{\mu I}{2\pi r_1}(R_1<r_1<R_2)$；(2) $\dfrac{\mu_0}{2\pi}\dfrac{Ir_2}{R_1^2}(0<r_2<R_1)$；(3) $0(r_2>R_2)$

第 10 章

10-1　$13.3\ \mu\text{A}\cdot\text{m}^{-2}$

10-2　略

10-3　C

10-4　C

10-5　$Blv\cdot\sin\alpha$

10-6　$\dfrac{1}{R}\left|\Phi_{m1}-\Phi_{m0}\right|$

10-7　$\dfrac{\mu_0 ak}{2\pi}(2\ln 2-1)$；逆时针

10-8　6.86×10^{-6} V；顺时针

10-9　$-8.4\times10^{-3}\cos 100\pi t$ V

10-10　3.1×10^{-2} V；逆时针

10-11　$-N\mu_0 n\pi r^2\dfrac{\mathrm{d}I}{\mathrm{d}t}$

10-12　$\dfrac{\mu ILv}{2\pi d}$；C 端电势高

10-13　7.0×10^{-3} V；a 端高

10-14　$\dfrac{1}{2}\omega Bl^2\left(1-\dfrac{2}{k}\right)$；$a$ 端高

10-15　$2.96\sin 120\pi t$ V；$2.96\times10^{-3}\sin 120\pi t$ A；2.96 V；2.96×10^{-3} A

10-16　1.73×10^{-2} V

10-17　$B\tan\theta v^2 t$，方向为 $M\to N$

10-18　$\dfrac{\partial B}{\partial t}\dfrac{1}{2}L\sqrt{R^2-\dfrac{L^2}{4}}$；$a\to b$

10-19　7.4×10^{-4} H

10-20　$\dfrac{\mu l}{2\pi}\ln\dfrac{d+b}{d}$

10-21　(1)$N\mu_0 nS$；(2)$N\mu_0 nS\dfrac{dI}{dt}$

10-22　$\dfrac{\mu_0}{2\pi}\ln\dfrac{R_2}{R_1}$，$\dfrac{\mu_0 I^2}{4\pi}\ln\dfrac{R_2}{R_1}$

10-23　(1)6.28×10^{-6} H；(2)3.14×10^{-5} V

10-24　(1)$\dfrac{\mu N_1 N_2 S}{l}$；(2)$\dfrac{\mu N_1^2 S}{l}$，$\dfrac{\mu N_2^2 S}{l}$，$M=\sqrt{L_1 L_2}$

10-25　(1)$\dfrac{q_0\omega}{\pi R^2}\cos\omega t$；(2)$\dfrac{rq_0\omega}{2\pi R^2}\cos\omega t$；(3)$\dfrac{q_0\omega}{2\pi r}\cos\omega t$

10-26　1.4 A

第 11 章

11-1　υ 不变；波长、波速变小

11-2　(1)条纹变疏；(2)条纹变密；(3)条纹变密；(4)零级明纹在屏幕上做相反方向的上下移动；(5)零级明纹向下移动

11-3　±8.4 mm

11-4　2 mm；4 mm

11-5　544.8 nm

11-6　0.0984 m

11-7　$(d-l)+nl-d=(n-1)l$；$2\pi(n-1)\dfrac{l}{\lambda}$

11-8　C

11-9　8.0 μm

11-10　S_1；4.06 μm

11-11　4.5×10^{-2} mm

11-12　6731Å

11-13　正面紫红色，背面绿色

11-14　最薄厚度为 996Å

11-15　2.01×10^{-5} m

11-16　696.2 nm；1.0 m

11-17　向上

11-18　(1)467 nm；(2)9

11-19　450 nm

11-20　0.47 mm

11-21　4 286 Å

11-22　$\dfrac{3}{8}$，$\dfrac{1}{4}$，$\dfrac{1}{8}$

11-23　2.25

11-24 (1)54°28′；(2)35°32′

11-25 1.6

第 12 章

12-1 C

12-2 C

12-3 C

12-4 C

12-5 (1)1.25×10^{-7} s；(2)2.25×10^{-7} s

12-6 93 m，0，0，2.5×10^{-7} s

12-7 -9.26×10^{-14} s

12-8 $0.994c$

12-9 $0.817c$

12-10 (1)1.94×10^{8} m·s^{-1}；(2)c

12-11 1.34×10^{9} m

12-12 $l_0[(c^2-v^2)(c^2-u^2)]^{1/2}(c^2-vu)^{-1}$

12-13 $0.866c$

12-14 $\dfrac{c^2-v^2}{c^2+v^2}$ m

12-15 1.85×10^{4} s

12-16 0.512 MeV；4.489 MeV；2.66×10^{-21} kg·m·s^{-1}；0.995 c

12-17 (1)5.86×10^{3}；(2)$0.999999985c$

12-18 1.02 MeV

12-19 D

12-20 257 nm

12-21 1.42×10^{3} K

12-22 B

12-23 1.09×10^{15} Hz；0.603×10^{15} Hz；钡

12-24 5.74×10^{5} m·s^{-1}

12-25 B

12-26 4.35×10^{-3} nm；63°36′

12-27 (1)1.22×10^{-3} nm，-2.30×10^{16} Hz，-95.3 eV；(2)95.3 eV，5.27×10^{-24} kg·m·s^{-1}，59°32′

12-28 1.23 nm

12-29 $\dfrac{hc}{\sqrt{E_k^2+2E_k m_0 c^2}}$

12-30 C

12-31 1.46×10^{7} m·s^{-1}

12-32 (1)1.66×10^{-35} m；(2)1.66×10^{-28} m·s^{-1}